中国海洋发展报告

China's Ocean Development Report

(2011)

国家海洋局海洋发展战略研究所课题组

海洋出版社

2011年 · 北京

图书在版编目（CIP）数据

中国海洋发展报告．2011/国家海洋局海洋发展战略所课题组编著．—北京：海洋出版社，2011.4
ISBN 978－7－5027－7997－9

Ⅰ.①中…　Ⅱ.①国…　Ⅲ.①海洋战略－研究报告－中国－2011
Ⅳ.①P74

中国版本图书馆CIP数据核字（2011）第062731号

责任编辑：白　燕　张　荣
责任印制：刘志恒
海洋出版社　出版发行
http://www.oceanpress.com.cn
北京市海淀区大慧寺路8号　邮编：100081
北京画中画印刷有限公司印刷　　新华书店发行所经销
2011年4月第1版　2011年4月北京第1次印刷
开本：787mm×1092mm　1/16　印张：41.5
字数：808千字　定价：210.00元
发行部：62147016　邮购部：68038093　总编室：62114335

《中国海洋发展报告（2011）》编辑委员会

在新的历史起点上实现海洋事业新跨越[①]

（代 序）

国家海洋局局长 刘赐贵

2010年是我国“十一五”规划的收官之年，也是海洋事业再创辉煌的一年。“十一五”时期我国经济社会发展取得重大成就，我国海洋事业实现跨越式发展。尽管受到国际金融危机的影响，但海洋经济依然保持快速发展的强劲势头。据统计，“十一五”期间我国海洋经济年均增速为13.5%。辽宁沿海经济带、河北曹妃甸工业区、天津滨海新区、山东半岛蓝色经济区、上海浦东新区、浙江海洋经济发展示范区、江苏沿海经济区、福建海峡西岸经济区、广东海洋经济综合开发试验区、广西北部湾经济

① 原文为国家海洋局局长刘赐贵在2011年“全国海洋厅局长会议”上的讲话，本文略有删节和修改。

区和海南国际旅游岛等沿海区域开发布局的形成，更使海洋经济的发展如虎添翼。2011 年是我国“十二五”规划的开局之年，开好局起好步，对我国海洋事业的发展具有承上启下的重要意义和作用。

一、“十一五”期间我国海洋工作的回顾与总结

回眸“十一五”，我国海洋事业的发展取得了骄人的业绩。

推动海洋战略研究与规划的制定。2008 年国务院批准我国首部海洋工作综合性规划——《国家海洋事业发展规划纲要》。2010 年，我们组织开展的海洋发展战略研究取得了突破性进展，研究成果已被中共中央“十二五”规划建议稿所采纳，为“十二五”乃至今后一个时期我国海洋事业的科学、和谐、有序发展指明了方向。

强化涉海法律制度建设。2007 年，海域使用权在《物权法》中被确立为基本用益物权，从而确立了海域物权制度在我国民事基本法律体系中的地位。2009 年《海岛保护法》获得全国人大常委会审议通过，第一次以法律的形式确立了海洋行政主管部门在海岛保护与开发利用工作中的行政主体地位，成为我国海洋法制建设史上又一座新的里程碑。

促进海洋经济快速发展。2008 年国家海洋主管部门及时出台了为扩大内需、促进经济平稳较快发展做好服务保障工作的政策措施。2010 年，围填海计划指标正式纳入国民经济和社会发展计划，成为国家宏观调控经济和社会发展的 11 项专项计划之一。过去 5 年来，全国累计确权海域面积 194 万公顷。通过围填海解决工业和城镇建设用地面积超过 7 万公顷，平均带动 7 万亿元投资，解决了 3 000 多万人口就业。

增强科技创新能力。2007 年，我国成功发射了第二颗海洋卫星。2009 年，极地考察工作取得令世人瞩目的成就，在海拔 4 000 多米的南极冰盖最高点建成了我国首个南极内陆考察站——昆仑站。2010 年，我国第四次北极考察首次抵达北极点。大洋科学考察迈上了新的台阶，继 2006 年首次完成环球大洋科学考察后，又组织了 4 个航次 925 天的考察，进一步提升了我国大洋综合科学认知水平。“海龙”号无人缆控潜水器、深海浅钻等高新装备的研制应用，标志着我国深海高新技术调查装备研发和应用能力已部分达到世界先进水平。2010 年，“蛟龙”号载人潜水器海试下潜深度达到 3 759米，使我国成为继美国、法国、俄罗斯、日本之后，第 5 个掌握 3 500 米以上大深度载人深潜技术的国家。

维护国家海洋权益。2008 年，中国海监对我全部主张管辖海域实施定期维权巡航执法。2009 年，中国向联合国提交了关于 200 海里外大陆架外部界限的初步信息，向世界郑重宣示了我国在东海等周边海域的海洋权利主张。2010 年，我国提交了位于西南印度洋的硫化物矿区申请，有效维护了我国在国际海底的应有权益。

提供社会公益服务。2008 年，中央涉海各部门和地方通力合作，奋力抗击青岛附近海域暴发的特大浒苔灾害，为确保奥运会青岛奥帆赛的如期举行作出了重要贡献。为保护和改善海洋生态环境，5 年来，各级海洋部门共建立各级、各类海洋保护区 100 多处，包括新建海洋特别保护区 30 多处，初步形成了布局基本合理、类型相对齐全、功能渐趋完善的海洋保护区体系。

落实国家重大专项。“十一五”期间，摸清我国近海资源环境家底的“908 专项”全面实施并即将收官。这些专项的实施，为有效服务沿海地区经济社会发展、维护国家海洋权益作出了重要贡献，也带动了海洋系统的基础设施建设，极大地提升了海洋系统的科技支撑能力。

完善海洋工作的体制和机制。在 2008 年机构改革中，国务院首次赋予国家海洋主管部门加强海洋战略研究和对海洋事务综合协调两大职能，主要职责由过去的 7 条增加到现在的 11 条。地方海洋管理机构在新一轮体制改革中都得到了加强，如福建省海洋部门升格为政府组成部门，天津局变为直属局，上海、广西都有了专门的海洋局，标志着地方海洋工作体制向综合管理和统一执法的改革方向迈出了一大步。

海洋主管部门同辽宁等省、区、市政府签订了进一步促进地方海洋事业发展的共建协议；同环保部、文物局等签订了战略合作协议；与教育部共建北大、清华等 17 所重点院校海洋学科，同上海等省市政府共建上海海洋大学等 3 所海洋高校。上述合作机制的建立，不仅进一步强化了我局履行统筹协调海洋事务的职责，而且为海洋事业营造了更加和谐有利的发展环境。

开展海洋意识和文化的宣传和教育。海洋文化建设与海洋意识宣传力度不断加大。从 2008 年起，在全国范围内持续开展了内容丰富、广受关注的世界海洋日暨全国海洋宣传日系列活动，海洋知识竞赛、海洋夏令营、海洋博览会等已打造成宣传海洋的品牌。全国海洋科普教育基地建设正逐步由沿海向内陆延伸，社会力量积极参与的多元化海洋宣传格局逐步形成。厦门国际海洋周、青岛国际海洋节、舟山海洋文化节等海洋节庆活动已成为各地增强海洋意识、促进经济社会发展的助推器。这些都在全社会进一步营造起了宣传海洋、热爱海洋、奉献海洋的浓厚氛围。

刚刚过去的 2010 年，海洋系统广大干部职工努力贯彻执行党中央、国务院对海洋工作的各项指示，自觉学习实践科学发展观，团结一致、顽强拼搏、奋发进取，各项职能工作都取得了新的重要进展。海洋经济管理工作进一步深化，2010 年全国海洋生产总值将达到 3.8 万亿元，比上年增长 12%，占国内生产总值的比重将超过 9.6%；海洋规划与法律体系建设进一步完善，《全国海洋经济发展“十二五”规划纲要》和《国家海洋事业发展“十二五”规划》已纳入国务院“十二五”审批规划计划；海域使用管理工作进一步加强，全面部署了新一轮海洋功能区划修编工作；海岛保护工作取得显著成效；海洋环保工作顺利开展；海洋科技工作稳步推进；海洋公益服务成效显著；海洋国际合作全面展开；海洋工作机构与人才队伍建设不断加强；海洋执法和权益维护工作成绩显著；极地大洋工作顺利开展。

二、“十二五”时期海洋事业发展的思路和展望

“十二五”时期是我国全面建设小康社会的关键时期，也是海洋工作在新的历史起点上实现新跨越的攻坚阶段。纵观国内外形势，海洋工作既面临着难得的发展机遇，也面临着多方面的严峻挑战。党中央、国务院对海洋工作给予了前所未有的重视。十七届五中全会通过的《中共中央关于制定国民经济和社会发展第十二个五年规划的建议》中明确提出：要“发展海洋经济。坚持陆海统筹，制定和实施海洋发展战略，提高海洋开发、控制、综合管理能力。科学规划海洋经济发展，发展海洋油气、运输、渔业等产业，合理开发利用海洋资源，加强渔港建设，保护海岛、海岸带和海洋生态环境。保障海上通道安全，维护我国海洋权益”。这一重要论述是党中央统筹国际国内两个大局，从战略高度对“十二五”海洋事业发展做出的全面部署，是我们当前和今后一个时期全力做好海洋工作必须牢牢遵循的指导方针。

“十二五”时期，我国海洋工作的指导思想是：以邓小平理论和“三个代表”重要思想为指导，贯彻落实党中央、国务院一系列指示精神，以科学发展为主题，以促进海洋经济发展方式转变为主线，创新工作思路，完善体制机制，努力使海洋综合管理更加有力，海洋生态环境更加健康，海洋科技创新更加进步，海洋公益服务更加优质，海洋权益维护更加有效，为建设现代化海洋强国和服务经济社会发展全局作出新的更大贡献。

“十二五”时期，海洋工作的基本思路：一是要着力做好国家海洋事业发展总体战略的制定和实施工作。树立现代海洋观念，把握全球海洋未来发展态势，研究制定国家海洋发展战略。二是要着力做好促进沿海地区经济社会率先发展的服务工作。综合运用海域使用管理、海岛保护管理、生态环境管理以及科技创新与公益服务等手段，主动服务临海产业布局的调整和发展方式的转变，大力促进海洋生物资源、海水利用、海洋能、海洋装备制造业等海洋战略性新兴产业的发展，不断提高海洋经济增长的质量和效益，努力推动海洋经济成为沿海地区新的经济增长点、新的财税增长点和新的就业增长点。三是要着力做好维护国家权益和海上通道安全的保障工作。着眼国际、国内两个大局，扎实做好大陆架和专属经济区的定期维权巡航执法。不断增强我国在地区海洋事务中的主导地位和国际海洋事务中的影响力。继续深化极地科学考察，加大对国际海域的勘查力度，为确保海上通道安全提供服务保障。四是要着力做好海域海岛管理和生态环境保护工作。建立健全海洋功能区划规划体系，强化围填海管理。

合理配置海域资源，规范海洋开发秩序。健全海岛管理体制，规范无居民海岛使用。完善海洋环境保护工作机制，实行污染物排放标准和总量控制制度。五是要着力做好科技创新和海洋公益服务工作。大力实施科技兴海计划，加大海洋新资源、新能源技术的研究开发力度，努力提升海洋科技对海洋经济增长的贡献率。开展“数字海洋”建设，推进基础数据的统一管理和共享。加强全国海洋预报体系建设，积极开展海洋灾害风险调查和区划工作，完善海洋灾害的应急响应与处置机制。

为了实现海洋事业新跨越，2011 年要扎实抓好六大主要任务：

（一）推进制定和实施海洋发展战略，加强规划和立法工作。继续深化海洋发展战略研究，力争取得实质性进展。完成“十二五”期间海洋工作的综合性、专项性规划。积极开展海洋基本法、渤海区域法以及大洋资源勘探开发管理法等的立法研究。

（二）坚持陆海统筹，全力推动海洋经济实现又好又快发展。完善海洋功能区划体系。全面完成全国和省级海洋功能区划修编并报国务院批准，适时启动市县级海洋功能区划的编制工作。积极推进国家海洋经济运行监测与评估能力建设。力争《国家海洋经济运行监测与评估能力建设项目》尽快立项开工，构建国家、海区、省（区、市）三级海洋经济运行监测网络。合理有序围填海，对围填海实施年度计划管理，重点保障基础设施、产业政策鼓励发展项目和民生领域用海需求，确保国务院批准的沿海发展战略和区域规划得到有效落实。创新海岛管理，按照《海岛保护法》的要求，抓紧编制海岛保护规划，开展海岛整治、修复和保护工作。严格落实无居民海岛使用权审批、登记和有偿使用等制度。积极推动科技兴海向纵深发展，指导和支持各地结合实际加快落实《全国科技兴海规划纲要（2008—2015 年）》。大力推动国家科技兴海基地和国家海洋高技术产业基地建设，以此带动海洋战略性新兴产业聚集，充分发挥科技对发展海洋经济的支撑和引领作用。大力推动“数字海洋”建设，尽快编制完成“数字海洋”总体建设方案并付诸实施，努力使“数字海洋”系统真正成为海洋综合管理、人民群众生活和国家海洋安全的综合基础信息平台。着力加强防灾减灾能力建设，进一步合理布局和加密布设海洋观测站点，增加海洋观测手段，提高运行管理水平，完善海洋灾害应急预案。加强气候变化影响评估与趋势预测，稳步推进海洋领域应对气候变化的工作。重视海水利用和海洋能开发，持续增强海水利用技术与装备制造的自主创新能力，不断降低海水利用成本，加快海水利用工作体制机制建设。大力推进深海装备业发展和海底矿产资源勘探，适应我国深海油气资源勘探、开展深远海调查以及国际海底资源探查的迫切需求，努力推动深海技术的联合攻关，并以此带动相关技术的产业化发展。积极推进海洋文化建设工作，繁荣海洋文化事业，发展海洋文化产业，树立“大海洋文化”观念，努力挖掘和提升海洋文化内涵，充分开发利用和保护海洋历史文化遗迹遗址。

（三）加强海洋环境保护，打造海洋生态环境。以海洋环境影响评价审查为重点，规范区域围填海规划环评和海岸工程围填海工程的环评审批；建立完善海洋生态保护与管理格局，选划建设一批海洋特别保护区、海洋生态修复示范工程，扼制海洋生物多样性衰减趋势；推进创新型海洋环境监测与评价体系建设，在有条件的省市建立县级海洋环境监测机构，建立一体化的监测与评价岗位责任制和资质管理制度；强化海洋环境突发事件风险管理，着手制定《海洋环境突发事件应急监测技术规范》等工作规范，针对核电产业，强化放射性污染监管能力建设；做好海洋标准计量和质量监督工作。加强对海洋标准的制修订工作，加大海洋行业实验室能力验证和海洋计量监督检查工作力度；强化海洋工程的环评审批，贯彻落实国家产业政策和节能减排要求，充分发挥海洋工程环境许可的闸门作用，以总量控制和海洋主体功能区划为抓手，强化海洋工程的环评审批，推动沿海转变经济发展方式，引导沿海经济健康发展。

（四）实施海洋重大基础设施项目，拓展海洋发展空间。加强重大海洋技术攻关，继续实施好极地、大洋科学考察，强化基础设施建设，发挥重大项目支撑发展的作用。

（五）全力维护我国海洋权益，强化管辖海域的控制力。维护国家海洋权益是我们的一项核心使命，必须始终不渝地放在重中之重的位置。全面深化定期维权巡航工作，同时积极推进省级海监机构参与维权巡航执法工作。进一步深化我国同南海周边国家在联合海洋学调查、防灾减灾、生态环境保护等海洋领域的合作，努力营造和谐互利的区域海洋合作氛围。积极参与国际事务和对港澳台合作，努力提升我国在各国际海洋组织中的话语权和影响力，进一步密切与港澳及台湾地区在科技、环保、海上执法等领域的务实合作。

（六）做好海洋宣传工作，增强全社会、全民族的海洋意识，推动海洋工作又好又快发展。努力营造良好的外部舆论环境，办好世界海洋日暨全国海洋宣传日系列活动，支持沿海各地业已形成的富有地方特色的海洋宣传节庆、论坛活动。加强海洋宣传工作队伍和工作机制建设，逐步打造一支专业化、固定化的宣传工作队伍，进一步增强海洋宣传工作的时效性和权威性。

我们已经站在一个新的历史起点上。让我们紧密团结在以胡锦涛同志为总书记的党中央周围，认真贯彻落实科学发展观，进一步增强发展海洋事业的责任感、使命感和紧迫感，努力抓住发展思路，把准发展定位，破解发展难题，奋力开创海洋工作科学发展的新局面，以优异成绩迎接中国共产党成立90周年，为建设海洋强国，全面实现小康社会作出新的更大的贡献！

编 写 说 明

2006 年以来，国家海洋局海洋发展战略研究所组织编写了关于中国海洋发展的系列年度报告。《中国海洋发展报告》立足全面论述我国海洋事业发展的战略与政策、法律与权益、经济与科技、资源与环境等方面的重大理论和实践问题，客观评介海洋在建设和谐社会、实施可持续发展战略中的作用，系统报道国内外海洋事务的发展现状和趋势，向有关部门提出关于中国海洋发展战略的对策和建议，为社会公众普及海洋知识、提高海洋意识提供阅读和参考读本。

各版《中国海洋发展报告》的框架和结构大体不变，但每年的主题和内容有所不同，以求全面总结本年度我国海洋事业的发展，客观反映世界海洋事务的现状，科学分析当前发展存在的问题以及预测未来的发展方向和领域。《中国海洋发展报告（2011）》的主题是海洋生态环境保护和资源开发。本年度报告中，我们适当加大了海洋生态环境保护和资源开发方面的内容和篇幅，结合 2010 年中国和世界海洋事务发展的特点，对社会和公众关注的一些热点和难点问题进行了评述。

海洋发展战略研究所的科研人员承担了《中国海洋发展报告（2011）》的研究、撰写和出版工作，各章节执笔人如下：

第一部分　中国海洋发展的宏观环境

第 1 章　海洋的基本情况　　贾宇

第 2 章　中国海洋发展的国际环境　　张海文

第 3 章　中国海洋发展的周边环境　　付玉

第二部分　海洋法律与海洋权益

第 4 章　国际海洋法律制度　　张丹　张颖

第 5 章　中国海洋法律制度　　吴继陆

第 6 章　中国的海洋权益　　密晨曦

第 7 章　中国的海洋安全　　疏震娅

第三部分　海洋经济与海洋科技

第 8 章　世界海洋经济和科技的发展　　俞沪明　刘明

第 9 章　中国海洋经济的发展　　张平

第 10 章　中国海洋科技的发展　　刘明

第 11 章　中国海洋经济发展规划　　刘容子
第四部分　海洋生态环境与海洋资源
第 12 章　世界海洋生态环境保护　　丘君
第 13 章　中国海洋生态环境保护　　丘君
第 14 章　中国海洋生态环境安全　　丘君　刘岩
第 15 章　中国海洋环境灾害　　郑淑英
第 16 章　中国海洋资源开发利用　　郑淑英
第 17 章　中国海洋可持续发展　　刘岩
第五部分　海洋政策与海洋管理
第 18 章　国际海洋政策发展　　李军
第 19 章　中国海洋政策　　王芳
第 20 章　中国海洋管理　　付玉
第 21 章　中国海洋执法　　刘家沂
第 22 章　海洋资源开发战略　　王芳　杨金森
结语　　高之国
附件　　李明杰

本书图表除注明来源者外，均为海洋发展战略研究所制作。

《中国海洋发展报告》的编写工作得到了国家海洋局的大力支持。我们对国家海洋局各级领导的指导和关心，对全体编撰人员的辛勤劳动和贡献表示最诚挚的谢意。

我们希望把《中国海洋发展报告》做成一部面向广大社会公众和国家决策层的科学、权威性的海洋国情咨文，做成全面记载、客观反映和专业评述我国海洋事业发展进程和成就的系列报告。囿于我们的水平和认识，本报告作为学术研究的成果，难免有不足之处，敬请读者批评指正。

《中国海洋发展报告（2011）》编辑委员会

2011 年 3 月

目　录

第一部分　中国海洋发展的宏观环境

第二部分　海洋法律与海洋权益

第三部分　海洋经济与海洋科技

第四部分　海洋生态环境与海洋资源

附　件

第一部分
中国海洋发展的宏观环境

第一章　海洋的基本情况

海洋是全球生命支持系统的一个基本组成部分，也是环境的重要调节器和自然资源的宝库。海洋对于国家发展和人类生存具有重大战略意义，是21世纪人类社会生存和可持续发展的物质基础。

一、世界的海洋

地球上海洋和陆地水体共同构成了水圈，水圈的主要水体是海洋。海洋的面积约为3.61×10^8平方千米，平均厚度3.8千米，体积137×10^{17}立方米，占整个地球体积的0.0127%；质量是141×10^{16}吨，占整个地球的0.024%；平均密度为1.03克/立方厘米，是地球平均密度的18.66%①。

（一）海洋和陆地

地球的总面积约为5.1×10^8平方千米。其中，陆地面积为1.49×10^8平方千米，占地球表面积的29.2%；海洋的面积为3.61×10^8平方千米，占地球表面积的70.8%，海陆面积之比为2.5∶1②。地球表面的大部分被海水覆盖，海洋中的海水占地球总水量的97.3%③。人类生存的地球其实是个“水球”。

海洋分割了陆地，亚洲、非洲、美洲、欧洲、大洋洲和南极洲都被海洋所包围。海洋又是连通的，构成统一的世界大洋。

1. 海和洋

海洋的主要部分为洋，或称大洋，约占海洋总面积的90.3%。大洋远离大陆，面积广阔，深度一般大于2 000米，有独立的风、潮汐和洋流系统。

世界大洋通常被分为四大部分，即太平洋、大西洋、印度洋和北冰洋。各大洋的范围如下：太平洋的北侧通过白令海峡与北冰洋相通，东边以通过南美洲最南端的合

---

① 李文华：国家自然科学基金项目《全球资源态势与对策》(www.hfsy.cn/book/16/gljx/ts016064.pdf 2005－7－21)。

② 冯士筰等编：《海洋科学导论》，北京：高等教育出版社1999年版，第20页。

③ 李文华：国家自然科学基金项目《全球资源态势与对策》。

恩角的经线与大西洋分界，西以经过塔斯马尼亚岛的经线（146°51′E）与印度洋分界。印度洋与大西洋的界线是经过非洲南端厄加勒斯角的经线（20°E）。大西洋与北冰洋的界线是从斯堪的纳维亚半岛的诺尔辰角经冰岛、过丹麦海峡至格陵兰岛南端的连线。北冰洋以北极为中心，被亚欧大陆和北美洲所环保，是世界上最小、最浅、最寒冷的洋。

太平洋面积最大，若包括附属海有 179.679×10^6 平方千米，占地球表面总面积的35.2%，占世界海洋总面积的49.8%。海洋的最深处位于太平洋的马里亚纳海沟，深约11 034米。大西洋的面积只有太平洋的一半，印度洋和北冰洋就更小了。世界各大洋（不含附属海）的情况见表1－1。

表1－1　世界各大洋的面积和深度（不包括附属海）

名称	面积（平方千米）	平均深度（米）	最大深度（米）
太平洋	165.246×10^6	4 282	11 034
大西洋	82.422×10^6	3 925	9 218
印度洋	73.443×10^6	3 963	7 450
北冰洋	5.03×10^6	2 179	5 449
总面积	326.141×10^6		

数据来源：冯士筰等编，《海洋科学导论》，北京：高等教育出版社1999年版，第22页。

大洋四周的边缘部分称为海。海濒临陆地，深度较浅。根据国际水道测量组织的材料，全世界共有54个海，面积只占世界海洋总面积的9.7%。按照所处位置，海可以分为边缘海、陆间海和内海。边缘海位于大陆边缘，以半岛、岛屿或群岛与大洋分隔，如日本海。陆间海指位于大陆之间的海，面积和深度都较大。地中海，顾名思义，是著名的陆间海，北美洲的加勒比海是最大的陆间海，约275万平方千米。加勒比海也是沿岸国家最多的海，有20多个沿岸国。内海是深入大陆内部的海，面积较小，如渤海、波罗的海等。

最大的海是太平洋的珊瑚海，面积约为479万平方千米；最小的海是欧亚之间的马尔马拉海，约1.1万平方千米；岛屿最多的海是爱琴海，有1 400多个岛屿；最浅的海是亚速海，平均深度只有8米。

2. 海岛

海岛（Sea Island）指的是海洋中的岛屿。关于海岛的定义，自然科学与法学有所差异。自然科学上的海岛是指海洋中与大陆分离、四周环水的陆地区域。《海洋学术语·海洋地质学》规定，海岛是“散布于海洋中、面积不小于500平方米的小块陆地”。1982年《联合国海洋法公约》把海岛确定为“四面环水并在高潮时高于水面的自然形成的陆地区域。”①中华人民共和国国家标准（GB/T18190—2000）海洋学术语——海洋地质学将岛屿划为两类，大于500平方米的称为海岛，小于500平方米的称为礁②。

世界上大大小小的群岛、海岛数不胜数。有近岸岛屿，也有远离大陆的岛屿；有群岛，也有孤岛。最大的岛屿是格陵兰岛，面积约为215.56万平方千米。最大的群岛是亚洲的马来群岛，面积约为243万平方千米。以旅游胜地著称的有夏威夷群岛、塞班岛；以历史意义著称的有第二次世界大战中发生过著名战役的中途岛、硫磺岛；有特殊生态价值的如加拉帕戈斯群岛；比基尼岛因被美国作为核武器试验基地而闻名于世。太平洋中部有很多面积较小的岛屿或群岛，如密克罗尼西亚、美拉尼西亚、波利尼西亚，印度洋中的塞舌尔群岛、查戈斯群岛，大西洋中的亚速尔群岛等。大洋中的岛屿面积虽小，但因处于大洋腹地，成为联系各大洲的中间地带，在海、空交通和通讯方面发挥着重要的作用。

有些国家是由群岛组成的，如号称“千岛之国”的印度尼西亚，约有13 600多个大小岛屿。印度洋上的马尔代夫，陆地面积只有298平方千米，平均海拔1.2米。位于太平洋中南部的图瓦卢，陆地面积只有26平方千米。这些岛国不仅国土面积狭小，而且海拔高度低，受海平面上升的影响，国土的全部或部分都可能被淹没。

太平洋西部分布着很多岛屿，形成了一条条岛链。如以南千岛群岛、日本列岛、台湾岛及其附属岛屿、菲律宾群岛组成的第一岛链；北起日本列岛，经小笠原群岛、硫黄列岛、马里亚纳群岛、雅浦群岛、帛琉群岛，向南延至哈马黑拉马岛等岛群组成的第二岛链。

海洋中的岛屿是具有相对独立生态环境的地理单元。海岛因其所处的地理位置、环境、大小及资源的不同，对国家的经济发展、国防安全具有重要的价值和影响。许多海岛还成为国家安全的海上防线。

3. 海峡和运河

海峡（Straits）是指位于大陆与大陆之间、大陆与岛屿之间或岛屿与岛屿之间，连接两个海或洋的狭窄水道。两块陆地之间的狭长水道，天然形成的是海峡，人工后天

① 《联合国海洋法公约》第121条第1款。

② 国家质量技术监督局发布的国家标准《海洋学术语——海洋地质学》规定：海岛（sea island）：散布于海洋中面积不小于500平方米的小块陆地，又称屿或岛屿。礁（reef）：海洋中隐现水面、面积小于500平方米的岩石称为礁。高潮时露出水面者称明礁；高潮时不露出海面，低潮时露出海面者称干出礁；从未露出海面者称暗礁。

挖掘形成的是运河。海峡和运河都是处于两块陆地之间的狭长水域，连接两个海或者连接海和洋。

全世界有上千个大小不同的海峡，适于航行的海峡约有130个，经常用于国际航行的主要海峡约有40多个。其中，世界公认具有重要战略地位的海峡包括：马六甲海峡、台湾海峡、巽他海峡、白令海峡、达达尼尔海峡（Dardanelles Strait），多佛尔海峡和墨西拿海峡，麦哲伦海峡（Straits of Magellan），直布罗陀海峡（Strait of Gibratar）等。

白令海峡（Bering Strait）位于亚洲大陆最东端的杰日尼奥夫角和美洲大陆最西端的威尔士王子角之间，分割亚洲大陆和北美大陆、连结北太平洋与北冰洋。白令海峡长约60千米，宽约35～86千米，平均水深42米，最大水深52米。望加锡海峡（Makassar Strait）位于印度尼西亚群岛的中段，在加里曼丹岛和苏拉威西岛之间，是西太平洋与印度洋之间的重要战略要道，长约800千米，宽约130～370千米，平均水深967千米。多佛尔海峡（Strait of Dover，法国称为“加来海峡”）介于英法之间，长30～40千米，水深24～64米，是连接北海和大西洋的通道。博斯普鲁斯海峡（Bosporus Strait）和达达尼尔海峡位于欧亚分界线，是黑海通往地中海的唯一通道。直布罗陀海峡位于西班牙最南端和摩洛哥最北端之间，是地中海进出大西洋的唯一通道，全长65千米，宽14～43千米，水深50～1 181米。在苏伊士运河通航后，直布罗陀海峡成为连接大西洋与印度洋、太平洋的捷径，被称为“西方的生命线”，具有重要的经济和战略地位。霍尔木兹海峡（Hormuz Strait）位于伊朗和阿拉伯半岛之间，长150千米，宽55～90千米，水深10～219米。霍尔木兹海峡沟通波斯湾和阿拉伯海，扼中东石油运输“大动脉”的咽喉。曼德海峡（Bab El－Mandeb）位于阿拉伯半岛西部与东非岬角之间，连通地中海、红海、亚丁湾和印度洋，长约50千米，西水道宽约25.8千米，东水道宽约323千米。麦哲伦海峡位于南美洲南端与火地岛等岛屿之间，是连接太平洋和大西洋的自然水道，长约580千米，宽3.2～48千米，水深20～1 170千米。1881年7月23日，麦哲伦海峡的沿岸国阿根廷和智利缔结条约，宣布海峡中立化，双方不在海峡两岸修筑任何工事，允许一切国家的商船和军舰自由航行。1941年两国修改修筑工事的规定，但仍保证各国船舶自由通航。

巴拿马运河（Panama Canal）位于中美洲的巴拿马，处在南、北美洲之间最窄处，长约81.3千米，水深约13.5米，宽152～304米，将太平洋和大西洋连接起来。由巴拿马运河通行比经由麦哲伦海峡的航线缩短了5 000～14 000千米。苏伊士运河（Suez Canal）连接地中海和红海，是贯通大西洋和印度洋的通洋运河，长161千米，水深

12～15 米，宽 180～200 米，承担着往来于欧亚两洲 80% 的海运业务[①]。

海峡是海上交通的枢纽和战略要冲。军事家们常把海峡称作“瓶颈地区”、“咽喉要道”，扼住这些“瓶颈”、“咽喉”就控制了海上舰船的通道和交通补给线。海峡往往也是一种要塞，易守难攻。有些海峡战略地位十分重要。一些海洋强国或毗邻海峡的国家在海峡附近设有众多的海、空军基地，监视海峡的通航情况。

（二）海洋地形地貌[②]

1. 海岸带

海岸线是海洋与陆地的分界线，一般指大潮所达到的高潮线，在海图上表现为平均大潮高潮的水陆分界线。海岸线包括大陆岸线和岛屿岸线。受地壳运动、冰川融化、入海河流泥沙等因素的影响，海岸线是不断发生变化的，海水入侵或后退都会造成海岸线的变化，这种变化有时还会很大。

海岸带是海洋和陆地相互交接和作用的地带，一般包括海岸、海滩和水下岸坡三部分。海岸是高潮线以上狭窄的陆上地带，在特大高潮或暴风浪时会被淹没，又称潮上带。海滩是高潮和低潮之间的地带，高潮时被海水淹没，低潮时露出水面，又称潮间带。水下岸坡是低潮线以下直到波浪作用所能到达的海底部分，又称潮下带。

关于海岸带的范围或宽度的认识差别较大。狭义的海岸带仅限于海岸线附近较窄而狭长的沿岸陆地和近岸海域。如：斯里兰卡海岸带的宽度为向陆、向海各 300 米和 2 000 米；毛里求斯海岸带向陆一侧的宽度为自高潮线起 1 000 米，向海到近岸珊瑚礁的末端约 50 米等深线。广义的海岸带向海扩展到沿海国管辖海域的外部界限，一般是到 12 海里领海的外部界限，如西班牙，也有的到 200 海里专属经济区或大陆架的外部边界；向陆一侧已超过自海岸线起 1 000 千米。海岸线两侧的陆地、沙滩、海湾、岛屿、滩涂、沼泽、湿地、河口、海域等都被包括在海岸带之内。

海岸带地区是陆域环境与海域环境交叉耦合和相互作用、海陆区位优势的集合体，是人口最密集和经济社会发展最快的黄金地带。目前世界上 60% 以上的人口居住在距离海岸线 100 千米以内的海岸带地区。人口趋海移动的势头仍未消减，进入 21 世纪以来，沿海地区的人口可能达到人口总数的 3/4。

---

① 海峡和运河的数据主要来自总参谋部测绘局编制，《世界地图集》，北京：星球地图出版社 2006 年版；郭琨编著《海洋手册》，北京：海洋出版社 1984 年版。

② 本部分内容主要参考冯士筰等主编《海洋科学导论》，北京：高等教育出版社 1999 年版；郭琨编著《海洋手册》，北京：海洋出版社 1984 年版。

2. 大陆边缘

如果把海水抽干的话，可以看到海底的地形崎岖复杂，包括大陆架、大陆坡、大陆基、深海平原、海隆、海脊、海沟和深海丘陵等。

按照地质结构的分类，地球分为大陆地壳和大洋地壳。大陆边缘是从大陆地壳向大洋地壳的过渡带，由大陆架、大陆坡和大陆基组成。大陆架是大陆向海洋的自然延伸而被海水淹没的浅水地带，范围是从低潮线起，以极其平缓的坡度延伸到坡度突然变大的地方为止。大陆架的平均坡度约为0°07′，深度一般不超过200米，平均深度约130米。世界各地大陆架的宽度不等，有的地方大陆架很狭窄，有的地方几乎没有大陆架，有些地区的大陆架宽达数百千米。就全球而言，大陆架的平均宽度约为70千米，总面积约为270万平方千米，约占世界海洋总面积的7.6%。

由大陆架海区继续向外伸展，坡度陡然变大，形成一个陡峭的斜坡，称为大陆坡。大陆坡是分开大陆和大洋的巨大斜坡，坡度较陡，平均坡度为4°17′。各大洋中大陆坡的宽度差异较大，从十几千米到几百千米不等，大陆坡的面积约占世界海洋总面积的15.3%。

大陆基又叫大陆隆或大陆裾，是自大陆坡坡麓缓缓倾向洋底的扇形地带，表面坡度平缓，平均坡度在0.5°~1°之间，水深2 000~5 000米。大陆基的面积约为1 900万平方千米，约占整个大洋底的5%。

3. 大洋中脊

大洋中脊即海底山脉，全长6.5万千米，贯穿四大洋，是世界上最长、规模最大的山系。大洋中脊又称中央海岭，顶部水深约在2~3千米，宽度从数百至数千千米不等，约占洋底面积的32.8%。大西洋的洋中脊从冰岛开始，纵贯整个大西洋。

（三）海洋的价值

在占据地球表面积的2/3的广阔海洋中，蕴藏着丰富的自然资源，包括海洋生物资源和非生物资源；海洋空间资源，如海岸带、海岛、水体、海底空间；海洋可再生能源，包括潮汐能、波浪能、海流能、盐差能、温差能、风能等。

1. 矿产资源

（1）油气资源

石油是一种成分复杂的碳氢化合物的混合物，呈液体状态的称为石油，呈气体形式的是天然气。世界海洋油气资源丰富。据估计，全球海洋油田的最终可采储量接近

1 万亿桶（约 1 400 亿吨），目前探明储量约 200 亿吨，约占世界油气总资源量的 45%。1995 年海洋石油年产量已占世界石油总产量的 31%。海洋天然气储量约 140 万亿立方米，目前探明储量约 80 万亿立方米。海洋石油产量在世界石油总产量中所占的比例越来越大，2000 年达到 36.0%。根据英国道格拉斯统计数据，到 2015 年，海洋石油产量将占世界石油产量的 39%。从世界范围来看，深海油气开发将成为新一轮油气资源开发热点①。

世界已探明的四大海洋油气区包括北海、波斯湾、墨西哥湾和加勒比海的帕里亚湾和委内瑞拉湾。其中，波斯湾是海洋油气资源最丰富的地区，面积约 150×10^4 平方千米，已探明储量 120 多亿吨，约占世界海洋石油探明储量的 50%。

（2）天然气水合物

天然气水合物也称可燃冰，是由碳氢气体和水分子结合而成的冰晶状固体化合物。海洋天然气水合物主要分布于海底陆坡、海槽及盆地中，少量分布在极地大陆架上，总和约占世界大洋面积的 1/10。根据国际天然气潜力委员会的初步统计，世界各大洋天然气水合物的总量换算成甲烷气体约为 $1.8 \times 10^{16} \sim 2.1 \times 10^{16}$ 立方米②，大约相当于世界煤、石油和天然气等总储量的两倍，是一种潜在的新型能源。海洋大国都在积极探索天然气水合物的储量和开发。至 1996 年，已在 50 多个海域发现了大规模的气体水合物矿藏③。

（3）金属矿产资源

世界洋底沉积着极为丰富的矿产资源，包括锰、钴、镍、铜、锑、铁等战略金属矿产。

锰结核是由铁锰的氧化物和氢氧化物组成的球形、椭圆形等结核状物体，富含铁、锰、铜、钴、钼、镍等金属元素，呈地毯状大面积分布于海底表层，主要分布于太平洋、印度洋和大西洋水深 4 000 ~ 6 000 米的海底。据估算，全球大洋底多金属结核资源总量约为 3 万亿吨，具有商业开发潜力的多金属结核资源总量为 200 亿 ~ 800 亿吨④。每获得 100 万吨锰结核，一年就能生产 27 万吨锰、16 000 吨镍、13 000 吨铜和 2 800 吨钴⑤。

富钴结壳富含钴、锰等金属，呈结壳状分布，主要集中在海山、海脊和海台的斜坡和顶部。太平洋约有 50 000 座海山的富钴结壳贮量丰富，结壳形成厚度可达 25 厘

① 孟蓁：《和平维护和利用海洋油气资源的思考》，《中国石油报》2010 年 12 月 15 日。
② 参考中国驻国际海底管理局网站数据。
③ 冯士筰等编：《海洋科学导论》，北京：海洋出版社 1999 年版，第 53 页。
④ 联合国：《锰结核资源评价》（海底矿物丛书 第一卷）中国大洋矿产资源研究开发协会译 1995 年。
⑤ 李文华：国家自然科学基金项目《全球资源态势与对策》。

米。据估计，大约635万平方千米的海底（占海底面积1.7%）为富钴结壳所覆盖。据此推算，钴总量约为10亿吨。

热液硫化物是一种含有铜、锌、铅、金、银等多种金属元素的海底矿产资源，主要分布在2 000米水深的大洋中脊和断裂活动带上，海底热液硫化物资源有4亿多吨。

（4）其他矿产资源

海水是地球上最大的液体矿藏，含有近80种元素。其中，碘820亿吨、溴95亿吨、金1 500万吨、铀45亿吨、钾550亿吨。用途广泛的盐主要来自海洋，每4.166立方千米海水里含盐1.66亿吨。从海水中提取的盐除5%供食用外，其余可用来制作14 000多种产品。

此外，滨海砂矿也是主要的海洋矿产资源，种类较多，开采方便，产量较大。磷钙石或磷钙土是一种磷酸盐矿物，是制造磷肥的主要原料。海底磷钙石储量非常丰富，总储量估计可达3 000亿吨。海底煤矿、铁矿、硫磺、盐矿、砂矿等的开发潜力也都十分巨大①。

2. 生物资源

地球上动物界的32个门类中，已知并被命名的海洋生物约有23万种。其中，植物约2万种，鱼类15 000多种，比较重要的捕捞对象如鱼、虾、贝、藻等800多种，年可捕量2亿～3亿吨，养殖品种约200种，尚有约200万种有待认识。

鱼类是人类蛋白质的重要来源之一。世界上所消费蛋白质的12%来自海洋鱼类，海洋渔业占全球渔业产量的90%。世界海洋渔业资源总可捕量约2亿～3亿吨，目前的捕捞量不足1亿吨。根据世界粮农组织统计，2008年世界海洋渔业捕捞总产量为7 952万吨，占世界渔业捕捞总产量的88.6%；海水养殖总产量为3 537万吨，其中养殖鱼类1 966万吨②。海洋为人类提供的食物要比陆上全部耕地所提供的食物多1 000倍。

3. 可再生能源

海洋可再生能源包括海洋潮汐能、海洋波浪能、海流能、海洋盐差能、海洋温差能、海洋风能等。1981年联合国教科文组织出版的《海洋能开发》估计，世界海洋蕴藏在海岸线附近的可开发海洋能约64亿千瓦，是当时世界电站装机容量的两倍。据科学家计算，海浪蕴藏有电能高达90万亿千瓦小时③。

---

① 李文华：国家自然科学基金项目《全球资源态势与对策》。

② Food and Agriculture Organization of the United Nations, World Aquaculture Production by Inland and Marine Waters 2008, Yearbooks of Fishery Statistics Summary Tables, Rome, 2010, p. 39.

③ 李文华：国家自然科学基金项目《全球资源态势与对策》。

4. 海水资源

海洋是水资源的宝库，集中了地球97% 的水。将海水淡化用于农业灌溉的前景十分广阔。已有100多个国家在应用海水淡化技术，海水淡化日产量3 775万吨。海水直接利用的范围也非常广泛。

此外，广袤的海洋还为人类提供了辽阔的空间资源，港口航道资源，填海造陆、修建海底隧道和海上仓库、海水养殖和海洋旅游等都需要利用海域。随着科技的进步，经济实力的增强，人类活动的空间必将向海洋深处和远处扩展。

5. 航道资源

海洋是维持经济运行的"蓝色大动脉"，海上运输至今仍是人类最便捷、经济和无可替代的交通运输方式。全球海运量持续提升，已从1970年的1×10^{10}吨，发展到2007年的3×10^{10}吨。

受全球气候变暖的影响，北极地区海冰不断融化，冰区缩小，夏季北极航道的全线开通将成为可能。加拿大北部沿岸的"西北航道"和俄罗斯北部沿岸的"东北航道"，将使欧洲、亚洲和北美洲之间的海上航线大大缩短。近年来，索马里海盗的猖獗使通过苏伊士运河船只的安全费用增加了10倍①，北极地区海上通道越来越受到关注。以从圣彼得堡到海参崴为例，走北冰洋航线为1.428万千米，走大西洋—地中海—苏伊士运河—印度洋—太平洋航线的路程为2.32万千米。从鹿特丹到日本的横滨，经由北极的航线要比现在经由苏伊士运河的航线缩减40%的路程。从上海到德国汉堡的距离将缩短6 400千米。从伦敦到东京的习惯航线须经巴拿马运河，整个航程约1.3万海里，若能采用北极航线则航程将缩短为8 850海里。

二、人与海洋

人类对海洋的认识、探索和利用是一个漫长的过程。从"渔盐之利"和"舟楫之便"的靠海吃海与就近航海，到16世纪的地理大发现，直到20世纪的第二次世纪大战，海洋成为世界交通的重要通道。第二次世界大战以后，海洋是人类生存与发展的重要空间已成共识。

（一）对海洋的认识和利用

沿海地区的原始人类，主要的生产活动是从海边采拾贝类，以海贝肉作为他们维

① 陈嶒：《参与开发北极 挪威投中国一票》，载《法制晚报》A22版，2011年1月27日。

持生存的主要食物。随着生产力的发展，到夏、商、周代海洋捕捞技术已有初步发展，有了鱼钩、鱼叉等简单的渔具。到了春秋时代已经广泛使用船只。

古人还从海洋里获取食盐。春秋时代，海产鱼虾贝类和食盐已经成为沿海地区和内地进行交换的重要商品。秦始皇统一中国后曾经四次巡海。汉代中国开辟了多条海上航线，一路东航日本，另一路经过马六甲海峡，到印度东岸、斯里兰卡、波斯湾和红海，将中国的丝绸经海路运往波斯、罗马。这条“海上丝绸之路”沟通了太平洋与印度洋。唐、宋时期，中国的造船技术更加先进，航海事业更加繁荣，往南、往西可到东南亚“南洋诸国”、阿拉伯以及非洲东岸的广大地区，往东可以到达高丽（朝鲜）、日本以及堪察加半岛。

地中海地区的海上活动也发展较快，他们航行于欧洲沿岸以至非洲的西海岸。阿拉伯、印度的航海船舶也已活动于从中国沿海到非洲东海岸之间。但是，直到15世纪，世界各国的航海活动都是就近航海，亚洲与欧洲之间没有直接的海上航路。亚洲人或欧洲人都没有直航美洲或大洋洲，更没有全球性的航路。

15世纪以后，随着世界大航海时代的到来，一系列“地理大发现”的航海活动，使人们认识和相信，地球是圆的，海洋包围着陆地，通过海洋可以到达地球上的各个大陆和岛屿。发现新大陆和开辟新航路，使人类对海洋的认识，从满足生存的初级需要提高到进行世界交通的重要通道。环球航行扩大了世界市场，增加了商品流通的范围，促进了商业的革命性变化，开始了近代的殖民掠夺，推动了西欧资本主义经济的发展，一个资本主义时代随之到来。

（二）对海洋的争夺与控制

中世纪以后，随着封建制度的确立，君主对土地的领有权开始向海洋方面发展。英国国王就曾自称为“不列颠海洋的主权者”、“诸海的主权者”、“海洋之王”、“四面八方的英国海之主”。在地中海区域，威尼斯主张对亚得里亚海拥有主权，热那亚和比萨则要求利古里亚海；在北欧，瑞典主张控制波罗的海，丹麦—挪威联合王国主张控制北海；葡萄牙主张对全部印度洋和摩洛哥以南的大西洋的主权，而西班牙则主张对太平洋和墨西哥湾的主权。

“地理大发现”引起了瓜分海洋的欲望与斗争。教皇尼古拉五世于1454年1月6日发布敕令，将非洲西岸已经发现和即将发现的土地给予葡萄牙国王阿方索五世。1493年5月4日、1493年9月25日，教皇亚历山大六世的两道指令，将大西洋分给西班牙与葡萄牙。1496年，英王亨利七世发布诏书，指示英国船舶驶往东、西、北三个方向的所有国家、港口和海洋，去寻找尚未为基督教徒知道的一切岛屿、国家、区域或属地。

（三）海洋国土概念的形成

随着国际贸易的日益扩大，任何国家企图完全控制海洋在客观上已经不可能。于是，到了 18 世纪，许多国际法学者都采取了公海自由的立场。1702 年，荷兰法学家宾刻舒克（Bynkershoek）将海洋区分为领海和公海，领海属于沿岸国的主权管辖，而公海则不属于任何国家。

1791 年 8 月 22 日，法国颁布法令，规定法国沿海水域的宽度为 2 海里，1794 年的法令规定为 4 海里。1867 年，美国用 720 万美元从俄国买下阿拉斯加后，迅速制定了关于在白令海内猎杀海豹的规则，主张对公海的一部分行使管辖权和控制权。1886 年，美国拿捕了一艘在美国领海外白令海上猎捕海豹的英国船舶，引起了英美两国间的争端。1893 年关于该案的仲裁裁决，再次确认了公海自由原则①。

与此同时，顺应新兴资产阶级日益关于打破少数海洋强国对海洋的垄断和控制，以有利于航海贸易的要求，许多国家放弃了对广阔海洋的要求，出现了许多确定领海宽度的主张和方法。如以船舶航行一定时间的距离作领海宽度的“航程说”；以目力所及的地平线作领海界限的“视野说”，以岸上大炮射程为限的“大炮射程说”。其中，“大炮射程说”得到普遍赞同。宾刻舒克在其《海洋领有论》（De dominio maris）中，更进一步指出：“陆地上的控制权终止在武器力量终止之处。”由于当时大炮的平均射程为 3 海里，一些国家便规定其领海宽度为 3 海里。因为大炮射程不断扩大，对领海的宽度也争论不休。

1930 年在海牙召开的国际法编纂会议，很快就领海的性质取得一致意见，即领海是国家领土的一部分，国家依国际法行使领海主权。但对于领海的宽度莫衷一是，有 3 海里、4 海里、6 海里和 12 海里等不同主张。

20 世纪联合国主持召开了三次海洋法会议。1982 年第三次联合国海洋法会议通过的《联合国海洋法公约》（以下简称《公约》），确定“沿海国……陆地领土及其以外邻接的一带海域，在群岛国的情形下……群岛水域以外邻接的一带海域，称为领海”②，领海宽度为从测算领海宽度的基线量起 12 海里，领海受国家主权支配和管辖。国家主权不仅及于领海，也扩展到领海以上的空间及其海床和底土。领海的水面、水体、海床、底土及其上空，构成国家领土的组成部分。

（四）人与海洋

海洋是富饶美丽的，也是恐怖可怕的。风暴潮、海啸、厄尔尼诺现象、拉尼娜现

① 魏敏主编：《海洋法》，北京：法律出版社 1987 年版，第 11 页。

② 《公约》第 2 条第 1 款。

象、巨大海浪等，都可以造成极其严重的灾难，威胁人类安全。2004 年 11 月 26 日发生的印度洋海啸共造成沿岸国家约 20 万人死亡、数万人失踪。在这次强烈地震和海啸中，包括印度尼西亚、印度、泰国在内的 7 个亚洲国家和 1 个非洲国家受到重创。

海平面上升会对沿海国造成不可逆转的威胁。2001 年 11 月，美国华盛顿地球政策研究所发表的一份报告说，由于温室效应导致的海平面上升，南太平洋岛国图卢瓦的 1.1 万国民将被迫移民新西兰，图卢瓦将成为全球第一个因海平面上升而进行全民迁移的国家。根据国际气候变化专家组的研究报告，到目前为止，海平面已经上升了 20 ~ 30 厘米。据估计，该国的岛屿将于 50 年内遭海水淹没。而太平洋上的其他低地岛国，如基里巴斯、库克群岛、瑙鲁和西萨摩亚等国也出现了类似的情况。瑙鲁共和国的总统哈里斯曾经表示，太平洋上有这么多的低地岛国，如果世界各国不重视海平面上升问题，就等于是现代版的大屠杀。

部分濒海大陆国家的低洼地带也同样受到海平面上升的威胁。据环保专家的估计，21 世纪海平面上升最高可达 1 米。海平面每上升 1 米，海岸线就将退缩 1 500 米。拥有灌溉耕地平原的亚洲国家，如孟加拉国、中国、印度、泰国、越南、印度尼西亚等国大面积的耕地将被吞噬。根据美国马里兰大学环境科学中心的研究，在未来的 50 年里，美国将逐步丧失 3.6 万平方千米的土地。在过去的 100 多年间，由于全球气温升高，海平面平均每年约上升 1 ~ 1.5 毫米。如果 21 世纪全球温度上升 1.5 ~ 4.5℃，而海平面按照预测的态势上升，全球人口的 1/3 都将受到影响。

海洋污染已经成为联合国环境规划署提出的威胁人类的十大环境祸患之一。海洋污染包括石油污染、有毒有害化学物质污染、放射性污染、固体垃圾污染、有机物污染以及海水缺氧等。大量陆源污染物入海也是导致海洋环境危机不断加剧的原因之一。主要污染物包括生产和生活污水、石油、有毒有害化学物质、放射性物质等。另外，人口趋海移动也造成了很大的环境压力。油船泄漏或沉没导致大规模海洋环境污染。1978 年，美国标准石油公司的超级油轮“阿莫科卡迪兹”号在法国布列坦尼海岸触礁搁浅，泄漏约 22 万吨原油，造成严重的海洋石油污染。2002 年 11 月，装有 7.7 万吨燃料油的巴哈马籍油轮“威望”号在西班牙西北部海域搁浅并发生燃料油泄漏，使沿海 4 000 名渔民无法捕鱼，大约 150 种动物受到威胁。

2010 年 4 月位于墨西哥湾的英国石油钻井平台“深水地平线”发生爆炸。在历时 87 天的堵漏过程中，海洋深处涌出的约 490 万桶原油流入墨西哥湾，污染了 6 500 ~ 180 000 平方千米的海域和 120 多英里长的海岸，严重破坏了墨西哥湾沿岸的海洋和野生动物栖息地，危及该地区的渔业和旅游业，美国的路易斯安那等 4 个州的全部和部分区域先后宣布进入紧急状态。

第 65 届联合国大会关于海洋和海洋法的秘书长报告认为，对海洋安全的威胁主要包括海盗海盗和海上武装抢劫，针对航运、近海设施等的恐怖行为，跨国有组织犯罪等。2009 年，向国际海事组织报告的全世界海盗和海上武装抢劫为 406 起，比 2008 年的 306 起增长了 32.7%。2010 年上半年，世界各地已经报告了 212 起袭击事件，其中东非 84 起、南海 60 起、印度洋 25 起、西非 19 起、南美 14 起、阿拉伯海 10 起。海盗和海上武装抢劫最猖狂的地区是亚洲和索马里海域①。

三、海洋对国家民族生存发展的重要意义

（一）人类社会的发展越来越依赖海洋

21 世纪是海洋世纪，人类的可持续发展将越来越多地依赖海洋。海洋是人类生存环境的重要支持系统：海洋占地球总面积的 71%，既是影响地球环境变化的重要源泉，也是尚未充分开发利用的自然资源宝库，还将成为人类经济活动的立体空间。海洋是开发自然资源的潜在基地，海洋经济正在成为世界经济的新增长点。

海洋是国际政治、经济和军事斗争的重要舞台。海洋划界争端、海底油气资源争端、渔业资源争端、深海矿产资源勘探开发以及深海生物资源利用的竞争十分激烈，海洋权益的维护与争夺也将更加尖锐。海洋领域的斗争将超出以往控制海上交通线和战略要地以及通过海洋制约陆地的性质，发展到以海洋空间和资源为中心的海洋本身的争夺，成为关系到民族生存和发展的战略性争夺；争夺海洋的力量将由单纯的武装力量发展到政治外交力量、经济开发能力和海洋科技力量与军事力量相结合的综合海上力量。

（二）海洋安全关乎国家安全

传统海洋安全以军事安全为主。在多极化时代，许多国家仍然面临海洋强国从海上入侵的严重威胁，传统海洋军事安全仍然是影响国家兴衰的重大战略问题，大多数沿海国家还要以海洋作为国防前哨。美国前总统约翰·肯尼迪强调："控制海洋意味着安全。控制海洋意味着和平。控制海洋就能意味着胜利。"

冷战结束后，随着世界多极化和经济全球化的不断发展，国际形势发生了深刻变化，传统安全威胁的影响相对下降。由于各种国际矛盾的存在和世界发展的不平衡性，一些非传统安全因素日渐突出。海洋领域的非传统安全威胁主要表现为海盗、海上恐怖活动猖獗，成为威胁全球安全的国际公害；海洋环境污染和生态系统危机，不断加剧造成全球公害；围绕海洋划界及资源开发的国际争端对国家安全与地区安全构成新

① 第 65 届联合国大会关于海洋和海洋法的秘书长报告，第 25 ~ 27 页，联合国文件序号 A/65/69/Add. 2。

的威胁。

（三）海洋通道越来越重要

海洋是世界政治经济地理结构的一个重要环节，经济全球化时代的海洋通道安全越来越重要。海运是重要的运输方式，世界大洋上的重要航线是世界经济一体化的大通道。包括：北大西洋航线，西欧加勒比海航线，西欧、地中海航线，西欧、北美经地中海苏伊士运河至中东、印度、远东澳大利亚航线，西欧、地中海和北美东岸至南美东海岸航线，西欧、北美经好望角至印度洋航线，北太平洋航线，远东至加勒比海、北美东海岸航线，澳新（澳大利亚、新西兰）至北美东西海岸间港口的南太平洋航线，远东至澳新航线，远东至中东航线。

通航海峡都是重要的海上通道咽喉点，在军事上和经济上都有重要战略意义。海洋大国重点关注和控制的16个通航海峡，都是从事海洋运输的国家要用的通道。这些海峡被封锁，世界上绝大多数国家的经济发展都要受影响。

（四）海洋对国家民族生存发展具有现实重要性

当前，人类遇到了资源短缺、人口膨胀与环境恶化三大难题。一些重要陆上矿产资源濒临枯竭或严重不足。全球有近20%的城市缺水，约有8亿人缺粮，全球贫困人口已达13亿。环境污染、生态恶化已相当严重，除南极洲大陆外，地球上没有遭到污染的“净土”很难寻觅。在资源、人口和环境问题的巨大压力面前，人们现实地将目光投向了辽阔的海洋。海洋是巨大的资源宝库，是陆地战略资源的接替区。

人类对海洋开发利用已由最初的“兴渔盐之利、行舟楫之便”发展成为结构完整的产业体系。在海洋交通运输业、船舶制造业、海盐和盐化工业以及海洋捕捞业等海洋传统产业不断发展的同时，海洋油气业、海水增养殖业、滨海旅游、海滨砂矿业、海洋服务业和海水直接利用业等海洋新兴产业不断涌现。人类对海洋的依赖日趋增强，经济高速发展的国家和地区，无不得益于海洋。海洋已经成为21世纪确立国家地位和经济实力的决定性因素之一，发展海洋事业已成为大趋势和各国的战略抉择。

四、中国的海洋自然地理

中国位于亚洲大陆的东部，太平洋的西岸。中国大陆的东部是渤海、黄海、东海和南海，属于太平洋的边缘海，呈大半径的圆弧形环绕着中国大陆，台湾岛东部直接面临太平洋，整个海域的自然地理分布范围南北跨度约38个纬距，东西跨度约24个经度。中国是位于北半球的沿海国，渤、黄、东、南四海皆属闭海或半闭海，四海之外有岛链环绕，除台湾岛外不能直接面向大洋，海洋自然地理条件先天不利。

（一）中国周边的海洋

1. *渤海*

渤海是中国的内海，深入中国大陆，北、西、南面是中国的辽宁、河北、山东和天津三省一市，东面通过渤海海峡与黄海沟通。渤海海峡北起辽东半岛西南端的老铁山角，南至山东半岛北端的蓬莱角（与黄海的共同界限）。渤海东北－西南向长约555千米，东西宽约346千米，总面积约为7.7万平方千米，平均水深18米，最深处位于老铁山水道西侧，深约83米①。

2. *黄海*

黄海位于中国大陆和朝鲜半岛之间，属半封闭型陆架浅海。黄海西部和北部与中国大陆相接，西北部经渤海海峡与渤海相通，东邻朝鲜半岛。南以长江北岸的启东嘴与济州岛西南角连线同东海相连，东南到济州海峡西侧并经朝鲜海峡、对马海峡与日本海相通。山东半岛顶端成山角与朝鲜半岛长山串之间的连线（韩国主张成山角至白翎岛的连线），将黄海划分为南、北两部分。

黄海面积近38万平方千米，东西宽约300海里②（最窄处104海里），南北长约470海里，平均水深44米，最大深度位于济州岛北侧，为140米。海底平均坡度为1′21″。

根据国际海道测量组织（International Hydrographic Organization，IHO）1953年出版的《海洋的名称与界限》（Names and Limits of Oceans and Seas），黄海的范围如下：

北部界限：自辽东半岛西南端老铁山西角（38°43′35″N，121°08′E）向东北，沿中国海岸至39°50′N，124°10′E点位（鸭绿江口）。

东部界限：朝鲜半岛西岸，自39°50′N，124°10′E点位（鸭绿江口）向南，至34°35′50″N，126°16′50″E点位；接着，自该点位向西南，至珍岛北端（34°35′20″N，126°15′E），并沿其西海岸至其西端（34°25′10″N，126°05′25″E）；自珍岛西端向西南，至玉岛北端（34°21′40″N，126°00′50″E），并至间屿（34°12′25″N，125°48′E）的连线；自间屿向东南，至济州岛西端（33°17′15″N，126°09′45″E）的连线（与日本海的共同界限）。

---

① 冯士筰等编：《海洋科学导论》，北京：高等教育出版社1999年版，第434页。

② 1海里=1.852千米。

南部界限：自济州岛西端向西南至中国大陆海岸长江口北角（31°42′N，121°54′E）的连线（与东海的共同界限）。

西部界限：自长江口北角向北，沿中国大陆海岸至山东半岛北端蓬莱角（37°49′45″N，120°44′30″E）；自蓬莱角向东北至辽东半岛西南端老铁山西角（38°43′35″N，121°08′E）的连线（与渤海的共同界限）。

3. 东海

《海洋的名称与界限》中关于东海（East China Sea）的范围和界限具体如下：

北部界限：自长江口北角（31°42′N，121°54′E）向东北，至济州岛西端（33°17′15″N，126°09′45″E）的连线（与黄海的共同界限）；自济州岛西端向东南，沿该岛西岸至其南端扶南角（33°11′30″N，126°17′30″E）；自扶南角向东南至福江岛西南端大濑琦（32°36′35″N，128°36′E）的连线；自大濑琦向东南，沿福江岛南岸至其南端（32°34′15″N，128°46′30″E）；自福江岛南端向东至九州岛西岸野母琦（32°34′N，129°44′30″E）的连线（与日本海的共同界限）。

东部界限：自野母琦向东南，沿九州岛西、南海岸至该岛东南海岸火琦（31°16′40″N，131°08′E）；自火琦向南，至种子岛北端喜志鹿琦（30°50′N，131°03′30″E）的连线；自喜志鹿琦向南，沿该岛西岸至其南端门仓琦（30°20′35″N，130°52′20″E）；自门仓琦，向西南，至喜界岛东端（28°21′30″N，130°02′10″E），再至冲绳岛东北岸安田小岛（26°44′30″N，128°20′10″E）的连线；自安田小岛向西南，沿冲绳岛西岸至该岛南端荒琦（26°04′17″N，127°40′50″E）；自荒琦向西南，至宫古岛东端东平安名琦（24°43′N，125°28′10″E），再至波照间岛（24°03′N，123°47′E）的连线（与菲律宾海的共同界限）。

南部界限：自波照间岛向西北，至与那国岛西端西琦（24°26′40″N，122°56′05″E），再至台湾岛东北端三貂角（25°00′30″N，122°00′40″E）的连线（与菲律宾的共同界限）；自三貂角向西北，沿台湾岛北岸至该岛北端富贵角（25°17′45″N，121°32′30″E）；自富贵角向西至海坛岛北端庠角（25°40′N，119°47′10″E），再至中国大陆海岸25°42′N，119°36′E点位（与台湾海峡的共同界限）。

西部界限：中国大陆海岸，自25°42′N，119°36′E点位向北至长江口北角（31°42′N，121°54′E）。

根据上述界限，东海自然海区面积约为70万平方千米。除了上述界定的范围之外，我国通常将东海范围界定为：北部界限是长江口北岸至济州岛的高山里之间的连线，南部界限是广东省南澳岛至台湾岛南端鹅銮鼻之间的连线。根据此界限范围，东海自然海区面积约为77万平方千米。

东海南北纬度跨度为12°30′，东西跨度为14°42′，自东北－西南向长约700海里，东西宽约400海里，平均深度约为370米，台湾岛东北方的冲绳海槽的最大深度达2 719米[①]。东海北接黄海，与太平洋及邻近海域间有许多海峡相通，东北部穿过朝鲜海峡与日本海相通；东出大隅、吐噶喇、宫古等海峡与太平洋相通；向南穿过台湾海峡进入南海，东南毗邻菲律宾海，海上交通四通八达。

4. 南海

南海（South China Sea）是西太平洋的边缘海之一，在中国大陆所濒临的四大海区中面积最大。南海属半封闭海，四周为华南大陆、中南半岛、加里曼丹岛、巴拉望岛、吕宋岛、台湾岛等大陆、半岛和岛屿。南海的北面是中国大陆，东面隔以菲律宾群岛与太平洋相邻，南面隔以大其他群岛与印度洋为邻，西邻中南半岛和马来半岛。南海东北部经台湾海峡与东海相通，又经巴士海峡、巴林塘海峡和巴布延海峡与太平洋相连，东南部经民都洛海峡、巴拉巴克海峡与苏禄海相通。南部经卡里马塔海峡、加斯帕海峡与爪哇海相接，西南经马六甲海峡与印度洋相通。

《海洋的名称与界限》中关于南海的具体范围如下：

北部界限：雷州半岛西南端滘尾角向东，沿中国海岸至韩江口（23°27′30″N，116°52′E）；自韩江口至南澳岛西端长山尾（23°25′50″N，116°56′25″E）的连线；自长山尾向东，沿该岛南岸至其东南端（23°23′35″N，117°07′15″E）；自南澳岛东南端向东南，沿该岛南浅滩至台湾岛南端鹅銮鼻（21°53′45″N，120°51′30″E）的连线（与台湾海峡的共同界限）。

东部界限：鹅銮鼻向东南至亚米岛东端（21°06′30″N，121°57′25″E）；接着，自亚米岛向南至巴林塘岛东端（19°57′20″N，122°08′35″E），再向南至吕宋岛东北端恩加尼奥角（18°35′N，122°08′E）的连线；自恩加尼奥角向南，通过吕宋岛至其西南岸的富埃戈角（14°08′N，120°34′30″E）；自富埃戈角向西南至卢邦岛西北端帕拉帕格角（13°51′N，120°04′30″E）；自帕拉帕格角向东南，至民都洛岛西北端卡拉维特角（13°26′45″N，120°18′E）；（从台湾岛鹅銮鼻到民都洛岛卡拉维特角：与菲律宾海的共同界限）；自卡拉维特角向西南，至布桑加岛西北端（12°18′40″N，119°51′45″E），再至卡布利岛北端（11°26′45″N，119°29′50″E）；接着向南，通过该岛，至其南端（11°25′45″N，119°35′E）；自卡布利岛南端向南，至巴拉望岛东北端卡布利角（11°25′N，119°30′E）的连线；自卡布利角向西南，沿巴拉望岛西岸至该岛西南端布

① 冯士筰等编：《海洋科学导论》，北京：高等教育出版社1999年版，第435页。另见管秉贤：《中国大百科全书 海洋科学》1987年版，第169页。

利卢延角（8°20′30″N，117°10′30″E）；自布利卢延角向西南，至班卡兰岛西北端（8°14′50″N，117°04′50″E）；自班卡兰岛西北端向西南，通过塞坎岛礁脉（8°11′40″N，116°59′E）和巴拉巴克岛西浅滩（7°55′N，116°9′E）的西侧，至东马来西亚北端森潘芒阿扬角（7°02′N，116°44′45″E）的连线；（从民都洛岛卡拉维特角到东马来西亚森潘芒阿扬角：与苏禄海的共同界限）；接着，自森潘芒阿扬角向西南，沿加里曼丹岛西北海岸至东马来西亚南端达都角。

南部界限：自达都角向西北至小苏比岛（3°03′N，108°51′30″E），接着至塞努阿岛（4°00′40″N，108°25′20″E），再至纳土纳群岛北方的塞卡通岛（4°47′50″N，108°25′20″E），再至纳土纳群岛北方的塞卡通岛（4°47′50″N，108°01′25″E）；自塞卡通岛向西南，至阿南巴斯群岛的纳纳斯礁（3°19′50″N，105°57′E），接着至芒凯岛西端（3°05′30″N，105°35′E），再至达马尔岛（2°44′30″N，105°22′50″E）；自达马尔岛向西南，至宾坦岛北端伯拉基特角（1°13′50″N，104°34′10″E）的连线；（从东马来西亚达都角到宾坦岛伯拉基特角：与纳土纳海的共同界限）；自伯拉基特角向西北，至佩德拉布兰克礁的霍斯堡灯塔（1°19′50″N，104°24′30″E），又至西马来亚东南端帕纽索普角（1°22′10″N，104°17′05″E）的连线（与新加坡海峡的共同界限）。

西部界限：自帕纽索普角向西北，沿西马来西亚东岸至吉兰丹河口东侧（6°13′N，102°13′40″E）；自吉兰丹河口东侧向东北，至越南西南端金瓯角（8°36′40″N，104°43′15″E）的连线（与泰国湾的共同界限）；自金瓯角向东、向北，至越南海岸莱角（17°05′N，107°07′15″E）；自越南莱角向东北，至中国海南岛西南端莺歌咀（18°30′N，108°41′30″E）的连线；自莺歌咀向东北，通过海南岛至该岛西北海岸临高角（20°00′30″N，109°42′40″E）；自临高角向东北，至中国雷州半岛西南端滘尾角（20°13′30″N，109°55′15″E）的连线（与北部湾的共同界限）。

南海海域面积约为350万平方千米，相当于渤海、黄海和东海总面积的2.8倍。海域平均深度为1 212米，南海最大深度为5 377米，位于马尼拉海沟南端。

南海中分布有许多岛屿、沙洲、暗沙及礁滩，一般总称为南海诸岛。南海诸岛大都是由珊瑚礁石形成的，或露出海面，或藏于水下，大小共达200余个。按其自然分布情况，南海诸岛分为东沙群岛、西沙群岛、中沙群岛（包括黄岩岛）和南沙群岛四大岛群，分布范围大致在3°57′~21°N，109°30′~117°50′E之间。南北相距约1 800千米，东西相距约900千米。

南海的地理位置决定了它在交通、经济和政治等方面，从古至今始终居于非常重要的地位。在漫长的历史进程中，南海周边国家或籍入中国版图，或为藩属，或长期友好交往，在文化、习俗、历史等方面有着非常深厚的渊源，中国曾是南海周边乃至东方经济最发达的国家。迄今，中国经济的发展对环南海乃至东亚经济的繁荣，依然发挥着重要的积极的作用，这是中国与南海周边国家政治区位关系的基础。

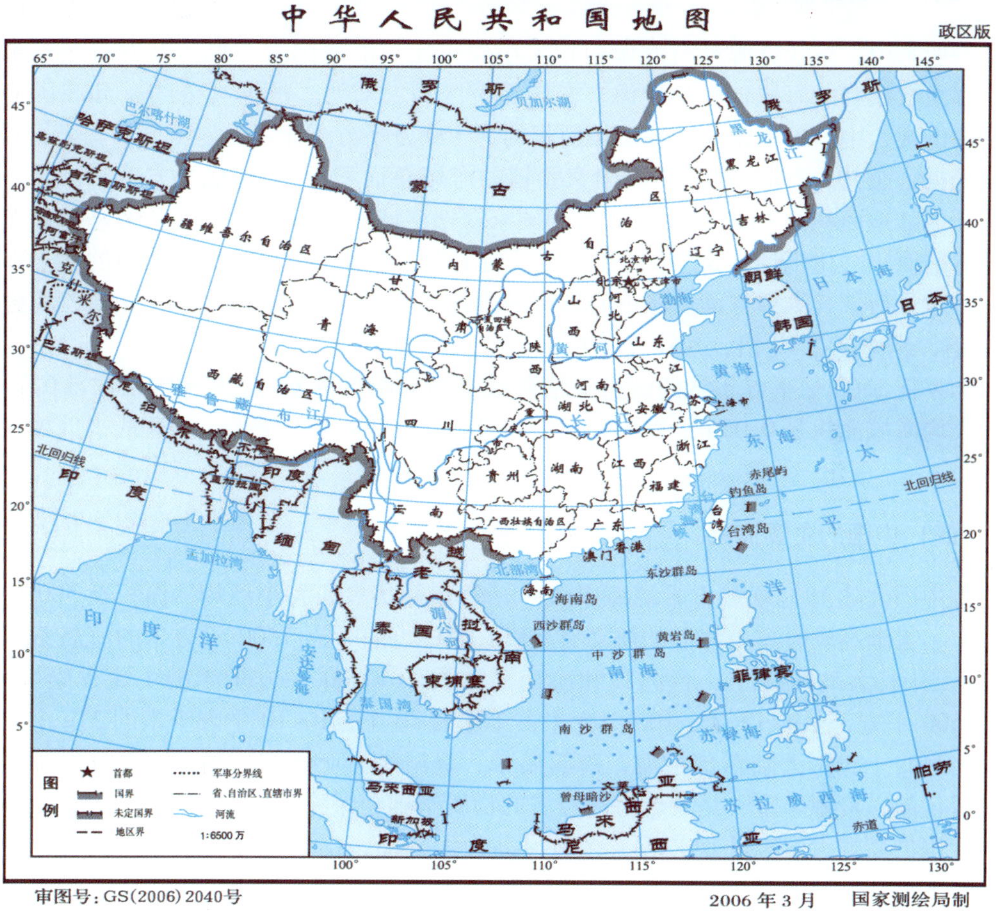

图 1－1　中国周边的海洋

（二）海岸线

中国是位于北半球的沿海国，海岸线处于热带和亚热带。中国是海岸线长度最长的国家之一，大陆海岸线约 18 000 多千米，岛屿岸线约 14 000 千米，亚洲大陆海岸线总长约为 69 900 千米，中国占 25.7%，中国的海岸线长度居世界第三位。但是，由于中国陆地国土面积大，单位面积平均拥有的海岸线很短。中国海岸线长度与陆地国土面积之比是 0.001 88，居世界第 94 位，低于世界大多数沿海国，中国的广大内陆地区利用海洋是不方便的。

（三）海域面积

一般来说，海洋资源量与海域面积大小成正比。沿海国家有勘探开发自然资源的主权和主权权利的海域，包括领海、专属经济区和大陆架。根据《公约》和我国的有关法律法规，中国可主张的管辖海域面积约为300万平方千米。

根据《公约》，可以划归沿海国家管辖的海域总面积近1.09亿平方千米，除南极洲以外的陆地面积约1.36亿平方千米，国家管辖海域面积与陆地面积之比为0.96。中国的海陆面积之比不到0.3，远低于世界平均水平，与8个海岸相邻或相向的海上邻国相比排位最后。日本单方面主张的管辖海域面积是其陆地国土面积的11.9倍，朝鲜是2.17倍，越南是2.19倍，菲律宾是6.31倍，印度尼西亚是2.84倍。

如果把1.09亿平方千米的国家管辖海域平均分给世界63亿人（包括内陆国）的话，人均海域面积是0.026平方千米，中国只有0.002 9平方千米，远远低于世界平均水平。

（四）中国的主要海岛

在中国大陆18 000多千米的海岸线外，分布着众多的大小岛屿，面积在500平方米以上、大潮高潮时露出海面的海岛有6 961个[①]，面积小于500平方米的海岛不计其数[②]。其中特大岛屿2个：台湾岛和海南岛。大于1 000平方千米的1个：崇明岛；100~500平方千米的12个；10~100平方千米的70个；1~10平方千米的279个。这些岛屿环布于我国大陆东部沿海，跨越温带、暖温带、亚热带、热带4个气候带，地理位置优越，资源丰富，是发展海洋经济的物质基础和保障。

我国的岛屿大多离陆地较近，多数海岛为大陆岛，山地、丘陵较多，成为大陆的天然屏障。从北向南分布的主要岛屿和群岛包括：

1. 长山群岛

长山群岛位于辽东半岛东南岸的外侧、黄海北部，呈北东向展布，共有大小岛屿114个，面积约155平方千米，总人口约8万，北边的石城岛距大陆仅9千米，东边的海洋岛距大陆不过60千米，群岛分布的海域面积达3 428平方千米，石城岛最大，面积约30平方千米。

---

① 未计入台湾、香港、澳门及附属岛屿，下同。

② 《全国海岛资源综合调查报告》编写组：《全国海岛资源综合调查报告》，北京：海洋出版社1996年版，第7页。另见杨文鹤主编《中国海岛》（2000年版），该书第3页称我国有面积在500平方米以上的海岛6 500多个。

2. 庙岛群岛

庙岛群岛位于辽东半岛和山东半岛之间，东侧是黄海，西侧为渤海，由 32 个大小岛屿组成，面积 52 平方千米，各相邻岛屿间及其与半岛间的最大距离均不超过 24 海里。庙岛群岛属于丘陵地带，南部岛屿多，岸坡缓冲，北部岸陡水深，西部岛屿多为岩岸，东部岛屿多为砾石滩。庙岛群岛纵列于渤海海峡，是辽东半岛和山东半岛的桥梁，北京和天津的门户。

3. 舟山群岛

舟山群岛是中国最大的群岛，有大小岛屿 1 339 个，占中国海岛总数的 20%，分布海域面积 22 000 平方千米，陆地面积 1 371 平方千米，其中 1 平方千米以上的岛屿 58 个，占群岛总面积的 96.9%，整个群岛呈北东向依次排列，南北长约 160 千米，东西宽约 108 千米，南部大岛较多，海拔较高，排列密集，北部多为小岛，地势较低，分布较散，其中舟山岛最大，面积 502 平方千米。舟山群岛多为山丘地带，地处长江入海处，是上海和浙江的门户。

4. 台湾岛

台湾岛我国最大的岛屿，长轴走向为北北东方向，南北长 394 千米，东西最宽处 144 千米，面积 35 778 平方千米，岸线长 1 139 千米，位于东海和南海之间，周围有 200 多个小岛，包括澎湖列岛，钓鱼列岛属于台湾的附属岛屿。台湾岛地处西太平洋航线的要冲，从东海到南海，从东北亚到东南亚，从太平洋到中东、欧洲、非洲的海上航线都要经过台湾附近海域，战略地位十分重要。

5. 万山群岛

万山群岛位于珠江口正南方，一般指东起九龙半岛南端与担杆岛的担杆头连线以西，西至崖门口西岸与大襟岛西岸连线以东，北自虎门，南到大襟岛南的三杯酒岛范围内的所有岛屿，共有大小岛屿 300 多个。主要岛屿有大濠岛、香港岛、三灶岛、横琴岛、南水岛、淇澳岛等 10 个大岛及佳蓬列岛、担杆列岛、三门列岛、高栏列岛等岛群，以大濠岛最大，面积 141.6 平方千米。万山群岛是整个珠江三角洲、香港、澳门的海上屏障。

6. 海南岛

海南岛位于广东和广西沿海，与广东有琼州海峡相隔，为我国第二大岛，长轴为北东南走向，长约 300 千米，宽约 180 千米，面积 34 000 平方千米，海岸线长1 618 千米。

7. 南海诸岛

南海诸岛是西沙群岛、中沙群岛、东沙群岛和南沙群岛四组群岛的总称，位于南海之中，是西太平洋通往印度洋、东亚通往南亚、西亚、非洲和欧洲的必经之路。

西沙群岛有海岛 32 个，每个海岛的面积都大于 500 平方米，海岛陆域总面积约为 7.17 平方千米。西沙群岛又可分为宣德和永乐两个群岛①。中沙群岛位于西沙群岛东南方，由中沙大环礁、黄岩岛、中南暗沙和宪法暗沙等 20 余个礁滩沙组成②。南沙群岛分布在北纬 3°37′～12°40′和东经 108°10′～119°之间的南海海域，是南海最大的一组岛礁群，由大约 230 多个岛屿、暗礁、浅滩、沙洲组成，包括 25 个岛屿、128 个露出水面或隐于水中的岩礁和 77 个露出水面或隐于水中的滩沙。1983 年，中国地名委员会受权公布我国南海诸岛部分标准地名，包括群岛、岛屿、沙洲和礁滩等群体和个体名称 287 个③。

南海诸岛由中国人民最早发现、最早命名、最早进行管辖和行使主权，构成中国领土不可分割的组成部分。中国对南沙群岛及其附近海域拥有无可争辩的主权④。

（五）主要海峡和水道

中国面临的渤海、黄海、东海和南海都是闭海或半闭海，进出世界大洋要经过诸多海峡和水道，这些海峡和水道对于中国经济发展和国防安全都具有非常重要的意义。

1. 朝鲜海峡

朝鲜海峡（Korea Strait）位于朝鲜半岛与日本九州岛之间，呈东北—西南走向，长约 300 千米，宽约 180 千米，水深 50～150 米。朝鲜海峡沟通日本海和黄海、东海，是东北亚海上的交通枢纽，也是中国经东海和黄海进入日本海的唯一通道。

2. 琉球群岛诸海峡

琉球群岛包括大小岛屿 50 多个，形成了海峡、水道 20 多处，其中的大隅海峡、吐

---

① 杨文鹤主编：《中国海岛》，北京：海洋出版社，2000 年版，第 267～268 页。

② 杨文鹤主编：《中国海岛》，北京：海洋出版社，2000 年版，第 268 页。

③ “中国地名委员会受权公布我国南海诸岛部分标准地名”，《人民日报》，1984 年 4 月 25 日。

④ 参阅中华人民共和国外交部文件，“中国对西沙群岛和南沙群岛的主权无可争辩”，1980 年 1 月 30 日，载于《中国国际法年刊》（1982 年），第 459～460 页。

噶喇海峡、宫古海峡等是东海与太平洋之间的重要通道，也是我国沿海诸港口东出太平洋必经之路的重要航道。

3. 台湾海峡

台湾海峡位于中国的福建、广东与台湾岛之间，呈狭长的东北—西南走向，北通东海，南接南海。海峡北口以福建省的海坛岛北端庠角—台湾岛富贵角一线为界，南口以南澳岛东南端至台湾岛鹅銮鼻一线为界。台湾海峡长约 380 千米，宽约 130 ~ 230 千米，水深 40 ~ 1 680 米①。

4. 巴士海峡

巴士海峡（Bass Strait）位于中国的台湾岛南端与菲律宾的吕宋岛之间，南北宽约 370 千米，水深 2 000 ~ 5 126 千米。海峡中有巴坦群岛和巴布延群岛，把海峡分割成巴士海峡、巴林塘海峡和巴布延海峡。这些海峡位于西太平洋的重要的国际航道上，是东南亚与东北亚的往来要道，也是东南亚国家往来于夏威夷和美国、加拿大西海岸的通道②。

5. 马六甲海峡

马六甲海峡（Strait of Malacca）位于亚洲东南部马来半岛和苏门答腊岛之间，呈西北—东南走向，全长 1 080 千米，宽 37 ~ 370 千米，水深 25 ~ 113 米③。马六甲海峡是沟通南海、太平洋和印度洋的咽喉要道，是世界上最繁忙的航道之一，战略地位非常重要。马六甲海峡的两岸分属马来西亚、印度尼西亚和新加坡。1960 年和 1969 年，印度尼西亚与马来西亚先后宣布将其领海扩大到 12 海里后，马六甲海峡实际上已经成为有关国家的领海海峡。1971 年马来西亚、新加坡和印度尼西亚三国发表联合声明，宣布马六甲海峡不是国际海峡，声明承认各国船舶享有无害通过权，但飞机飞越时需经批准，军舰通过时应事先通知。1977 年 3 月三国又签署了《关于马六甲海峡、新加坡海峡安全航行的三国协议》，重申了上述原则。

6. 巽他海峡

巽他海峡（Sund Strait）位于印度尼西亚爪哇岛和苏门答腊岛之间，是沟通南海与

---

① 总参谋部测绘局编制：《世界地图集》，北京：星球地图出版社 2006 年版，第 44 页。

② 郭琨编著：《海洋手册》，北京：海洋出版社 1984 年版，第 17 页。

③ 总参谋部测绘局编制：《世界地图集》，北京：星球地图出版社 2006 年版，第 44 页。

印度洋的重要通道之一。长约 150 千米，宽 22～100 千米，水深约为 55 米①，海峡内有许多岩礁和岛屿。

（六）主要海洋资源

中国周边海域有丰富的海洋资源，包括生物资源、油气资源、矿产资源等。中国海域是海洋生产力高值区，近海渔场总面积为 281 万平方千米，海洋生物已鉴定的种类达 2 万多种，其中鱼类占世界数的 14%。中国的海洋渔业已经连续 19 年位居世界第一。

中国有远景的沉积盆地 247.2 万平方千米，占世界有远景沉积盆地总数的 3.2%；中国海洋沉积盆地面积 60.5 万平方千米，占世界海洋沉积盆地的 2.3%。关于中国近海的油气资源储量，国内外有各种不同的估计。国外有些专家估计的范围是可采储量 40 亿～164 亿吨。

中国的海滨砂矿种类繁多，已探明具有工业储量的砂矿有：锆石、锡石、独居石、钛铁矿、磷亿矿、铬铁矿、磁铁矿、金红石、石英砂、砂金和金刚石等。

中国是水资源不足的国家。直接利用海水是解决工业水资源不足的一个重要的途径。海水制盐是利用海水的主要途径，中国沿海有广阔的适合建立盐场的滩涂，有 500 多万亩②盐田，全国原盐产量的 70% 以上是海盐。

中国海洋能总蕴藏量丰富。其中，沿海可开发的潮汐能坝址有 400 多处，测算总装机容量为 2 000 多万千瓦。还有波浪能、潮流能、海洋热能、盐差能。目前，只有潮汐能和波浪能有小规模利用。

五、小　结

海洋是全球生命支持系统的基本组成部分，也是环境的重要调节器和自然资源的宝库，人类的生存和发展越来越依赖海洋。伴随着人类对海洋的开发和利用，对海洋及其资源的争夺的争夺也越来越激烈。中国大陆东部四海环绕，海岸线漫长，岛屿众多，海洋资源丰富。海洋与中华民族的生存和发展息息相关，是 21 世纪可持续发展的重要物质基础。

---

① 郭琨编著：《海洋手册》，北京：海洋出版社 1984 年版，第 18 页

② 1 亩 =0.0667 公顷。

第二章　中国海洋发展的国际环境

一、联合国与海洋事务

联合国在海洋领域开展了许多卓有成效的工作，尤其是在建立国际海洋政治与法律新秩序、促进海洋科学与技术的发展、倡导海洋开发与利用的新理念、加强发展中沿海国能力建设等方面和领域都作出了重要贡献；同时，也为世界各国搭建了海洋事务合作与交流的国际平台。《联合国宪章》设立了6个主要机关：大会，安全理事会，经济及社会理事会，托管理事会，国际法院和秘书处。但是，联合国系统组织要大得多，它包括15个专门机构及其他实体。

（一）联合国在全球海洋事务中的作用

海洋事务已经构成联合国系统中许多机构和组织的重要工作内容之一。多年来，联合国大会已将海洋问题列为专门议题之一，讨论并通过联合国秘书长所做的关于海洋与海洋法决议。凭借其众多机构和组织的框架网络和经验，联合国已经在全球海洋事务中发挥着愈来愈重要的作用。

1. 组织编纂国际海洋法

在国际海洋法律编纂方面，联合国始终发挥着重要的组织和协调作用。联合国不仅先后组织制定了1958年日内瓦海洋法四个公约和1982年《联合国海洋法公约》（以下简称《公约》），而且在其相关机构和组织框架下，在国际海底矿产资源和公海渔业资源等方面，继续组织编制执行《公约》的相关协定和规章。在《公约》的实施和执行方面，联合国继续发挥着督促和引导作用。联合国大会十分重视《公约》规定得以一致适用（例如，第64/71号决议，第5段）。在这方面，秘书长负有明确的职责，“努力促进更好地了解《公约》和关于第十一部分的《协定》，以确保其有效执行”，并“确保适当满足各国、特别是发展中国家提出的任何关于执行该《公约》和《协定》规定方面的咨询和援助的请求”。[①] 在联合国秘书长提交联大会议的“关于海洋与

① 第六十五届联合国大会关于海洋和海洋法的秘书长报告，第28页，联合国文件序号A/65/69。

海洋法报告”中，一般都包括介绍《公约》及其协议等的批准和执行情况；秘书长反复呼吁尚未批准《公约》的国家要加快加入《公约》的进程。

2. 协调全球海洋事务

在协调与促进世界海洋事务方面，联合国发挥着独特作用。每年召开的联合国大会和一些非正式磋商进程为各国阐述其对国际海洋事务的关切和国家立场提供了重要平台。联合国也是世界各国和地区协调与平衡相互之间海洋利益的一个重要场所。

3. 传播海洋科学成就

联合国相关组织和机构在促进现代海洋科学与技术新发展，组织开展海洋调查，更新人类对海洋的知识，传播海洋科学新成就等方面均发挥着重要作用。例如，2006年秘书长“关于海洋和海洋法报告”全面介绍了关于极端环境下生物基因资源的研究及其在医药等领域应用新成就，并指出利用海洋遗传资源的问题所引起的科学、技术、社会经济、环境、政策和法律方面的问题是国际社会面临新挑战。

4. 倡导海洋新理念

联合国在倡导海洋新理念方面发挥着有影响力的作用。在海洋综合管理，基于海洋生态系统的管理等理念基础上，2006 年联合国秘书长关于海洋与海洋法报告提出，需要优先管理对海洋生态系统造成负面影响的人类活动，从而确保为当代以及后代养护并以可持续的方式使用和开发海洋。

（二）联合国涉海机构

在联合国系统内，有许多机构或机制直接参与国际海洋事务，并发挥着重要的作用。

1. 联合国大会

联合国大会（简称“联大”），是联合国的主要审议、监督和审查机构。由联合国所有 192 个会员国组成。[①]联合国大会自成立以来一直对世界海洋事务进行管理，最显著的贡献是召集了第三次联合国海洋法会议，并在历经 10 余年的会议上讨论通过了被誉为“海洋宪章”的《公约》。联大是联合国框架下有权审查海洋事务和海洋法的全球性机构（第 49/28 号决议）。自 1983 年以来，联大在海洋领域的职责主要是审议和

① http：//www. un. org/zh/members/index. shtml 2010 - 11 - 18。

审查全球海洋事务和海洋法工作，主要体现为在每届联大会议上讨论并通过秘书长提交的“关于海洋和海洋法问题的报告”，并以联大决议形式予以发布。联大也是世界各国讨论全球海洋事务、宣示本国海洋问题的立场和主张、协调各方利益和立场的重要舞台。

此外，针对一些比较敏感问题和专业性较强问题，联合国还设立了一些非正式的协商机制。

（1）联合国海洋事务不限成员名额非正式协商进程

为了促进改善海洋事务方面的合作与协调，根据联合国大会1999年11月24日第54/33号决议，设立了一个不限成员名额的海洋事务非正式协商进程（简称“协商进程”）。“协商进程”的唯一职责是“在第7/1号决定提出的原则和实用性的基础上促进有效、建设性地审议大会现有任务”。[①]其主要作用是促进各国对秘书长“关于海洋与海洋法的报告”初稿进行全面讨论，以便利大会每年能通过审议秘书长关于海洋和海洋法的报告，通过提出可由大会审议的具体问题，尤其是确定必须由联合国大会审议的特定新问题，以便有效地、建设性地审查海洋事务的发展情况。“协商进程”的工作重点放在确定需要在政府间和机构间层面加强协调与合作的领域。

2000年5月30日至6月2日在纽约联合国总部召开了“协商进程”第一次会议。大会最初决定该“协商进程”为期3年。但是，在随后召开的联合国大会上，经过审查该进程的工作成效，分别做出了延长该“协商进程”的决议，例如，2002年12月12日第57/141号决议、2005年11月29日第60/30号决议、2008年12月5日第63/111号决议和2009年12月4日第64/71号决议的决定，历次将该进程各延长3年。

“协商进程”的工作方式是每年召开一次会议。由两位联合主席协调。通过全体会议和讨论小组开展工作。会上重点讨论的主题将反映在大会题为“海洋和海洋法”的年度决议中。自2000年至2010年底，该协商进程共召开了11次会议。[②]

“协商进程”最显著特征是其会议参与者十分广泛。根据大会第54/33号决议，联合国所有会员国、专门机构成员、《公约》所有缔约方、根据大会有关决议长期应邀以观察员身份参加大会工作的实体、主管海洋事务的政府间组织、《21世纪议程》中确定各主要群体都应邀参加协商进程会议。该协商进程体会议和讨论小组对所有与会者开放，讨论小组由于具有非正式性质，特别有利于各主要群体代表的充分发表意见。

该协商进程会议成果通常包括一份报告，包含以下方面内容：①向大会建议的商定要点，这一般是在会议最后一天的全体会议上经过讨论，以共同主席预先编写并事

---

① 2009年联合国秘书长关于海洋与海洋法报告，第6页，A/64/66。

② 相关各次会议报告可参阅联合国网站：http：//www. un. org/Depts/los/consultative_process/meetings_consultative_process. pdf.

先提供的草案为基础；②共同主席编写的讨论摘要；③大会今后关于海洋和海洋法的工作应关注的问题清单。

为了帮助发展中国家，尤其是最不发达国家、小岛屿发展中国家和内陆发展中国家的代表出席“协商进程”的会议，根据联大第55/7号决议设立了一项自愿信托基金，为上述国家代表参会提供必要的资助。

中国政府高度重视、积极参与了“协商进程”。中国代表团多次就所关切的议题和问题表明立场，提出相关建议。

（2）国家管辖范围以外区域海洋生物多样性的养护和可持续利用问题的不限成员名额非正式特设工作组①

为了应对海洋科学和技术的新发展而出现的新问题，即：如何管理对国家管辖范围以外区域中的海洋生物资源和遗传基因开展科学研究与开发利用问题，联合国设立了此非正式的工作组，主要以研讨会等形式，在专家层面开展广泛的讨论。

（3）全球海洋环境报告与评估进程②

根据联合国大会第60/30号决议，设立全球海洋环境报告与评估进程。作为海洋环境状况全球报告和评估的经常程序的起始阶段是“评估各项评估”（简称AoA）。这是迄今为止联合国系统为更好协调海洋治理问题而发起的最广泛倡议。其核心建议是呼吁建立一个以现有全球、区域、国家制度和程序为基础，综合所有可用信息、包括社会经济数据及如何有效利用海洋和海域等的机制。通过实施经常程序，能够为决策者找到、并利用完善和可持续的解决方案应对正面临的挑战方面提供帮助。③

2. 联合国秘书长

联合国秘书长在海洋领域发挥着重要的协调和组织作用，每年向联大提交“关于海洋与海洋法问题报告”。一般来说，该决议主要包括以下方面内容：关于《公约》和相关协定及文书的执行情况，包括各国批准《公约》的最新动态情况；国家实践、海洋权利主张和海洋区划界的最新动态概述；国际航运活动；海上人员、海事安全；海洋科学和技术；海洋生物资源的保全和管理、海洋生物多样性、海洋环境的保护和养护、气候变化；小岛屿发展中国家；争端解决；国际合作与协调的最新动态。

根据《公约》的相关规定，联合国秘书长是相关各方重要文件的保存人。根据《公约》第16条第2款、第47条第2款、第75条第2款和第84条第2款等规定，沿海国应向联合国秘书长交存标明其直线基线、群岛基线以及其领海和专属经济区的外

① 关于该工作组的各次会议讨论详情可参见本报告其他相关部分和联合国网站。

② 关于该进程的进展情况可参见本报告其他相关部分和联合国网站。

③ AoA + SDM + layout_CHINESE + LR. pdf

部界限、沿海国与邻国之间已经划定的专属经济区分界线、大陆架外部界限及其与邻国之间已经划定的大陆架分界线位置的海图或座标表。根据第 76 条第 9 款的规定，沿海国还应将永久标明其大陆架外部界限的海图和有关情况，包括大地基准点，交存于联合国秘书长，秘书长应将这些情报妥为公布。根据《公约》第 306 条和第 307 条等规定，各国对《公约》的批准书、确认书和加入书等也应交存于联合国秘书长。

3. 联合国海洋事务和海洋法司

联合国海洋事务和海洋法司是联合国系统关于海洋和海洋法事务的专业机构，实质上与联合国秘书处一起承担了联合国系统的海洋法领域执行秘书处的工作，在国际海洋法领域发挥着重要的编辑和协调作用。该司由司长领导，司长向联合国法律顾问负责。该司的核心职能有七项①，主要工作包括：为秘书长、联合国大会、《公约》缔约国大会、大陆架界限委员会以及一些非正式磋商进程等部门或机制提供国际法律咨询和服务，也担任着大陆架界限委员会的秘书处工作；为保管各国依据《公约》交存给联合国秘书长的海图和地理坐标表以及其他各类文件建立了相关设施，还建立一个地理信息系统；通过“海洋区通告”告知《公约》各缔约国的海图和地理坐标的交存情况；起草联合国涉及海洋法方面的各类文件，包括秘书长关于海洋事务与海洋法的报告等；编辑各国海洋立法；编辑和管理联合国海洋法网站；参加其他国际组织或机构涉及海洋事务和海洋法会议；组织有关专家编制并出版了关于《公约》各部分内容的解释等指南性文件，等等。

由于《公约》已经实施 10 余年，不断出现新问题，该部门已经开始组织专家对其出版的各指南开始订正工作。例如，自 2008 年起，已组织专家对联合国 1991 年出版物《海洋科学研究：联合国海洋法公约有关条款实施指南》（简称《指南》）进行了订正并由联合国正式出版。经订正后《指南》向各国介绍了沿海国和研究国可以实施《公约》条款的手段，侧重于《公约》关于海洋科学研究的核心条款的实施，尤其是船舶进入其他国家专属经济区开始海洋科研究活动应获得同意的程序，《指南》第三部分指明了一些最佳做法，并就实施《公约》有关条款提供了一些实际指导。《指南》附件包括有标准表格，以便利同意海洋科学项目的程序。

4.《联合国海洋法公约》缔约国会议

《公约》第 319 条第 2 款（e）项规定，秘书长应“按照本公约召开必要的缔约国

① 关于联合国海洋事务和海洋法司的职能和活动详情可参见联合国网站：
http：//www. un. org/zh/law/sea/ocean. shtml
http：//www. un. org/zh/law/sea/about_doalos. shtml

会议”。随着《公约》的生效，第一次缔约国会议于1994年11月21～22日在纽约联合国总部召开。

缔约国会议最初的职责是讨论海洋法法庭事项，其中最主要的任务是法庭的设立、法官选举以及法庭的行政事项和法庭预算等财务事项。随着《公约》各项制度的进一步实施，缔约国会议讨论的问题也包括了大陆架界限委员会和国际海底管理局等机构的有关事项，包括选举委员会的委员和国际海底管理局法律与技术委员会的委员等。自2009年以来，会议讨论的重点之一是大陆架界限委员会的工作量问题。[①]

目前，缔约国会议是《公约》各缔约方讨论有关程序性事宜的最广泛平台，每年召开一次。主要就涉及《公约》一些程序性事务进行讨论和做出决议，包括讨论和选举依据《公约》设立的各机构的成员。例如，国际海洋法法庭的法官和大陆架界限委员会委员以及他们的酬薪，审议通过这些机构的预算等。对于缔约方会议是否可以就《公约》的解释和适用等实质性问题展开讨论的问题，各缔约方之间尚有分歧。

5.《公约》设立的机构

依据《公约》先后设立了三个专业机构，即：国际海底管理局、国际海洋法法庭和大陆架界限委员会。[②] 这些机构均不是常驻性质的，除了日常行政人员和最高职位负责人之外，其余成员一般都只在年度性工作会议或有临时性任务时才赴任。关于这三机构的具体情况详见本系列报告的其他章节内容。

6. 专门机构和组织

联合国系统中，下列机构都在不同程度上涉及海洋事务，包括联合国粮食及农业组织、国际民用航空组织、国际农业发展基金、国际劳工组织、国际海事组织、联合国教育科学及文化组织（简称“教科文组织”）、联合国工业发展组织、世界气象组织、联合国开发计划署和联合国环境规划署、国际原子能机构等。其中一些机构和组织还是有关海洋领域和事务的专门主管部门，例如，国际海事组织、教科文组织等。

国际海事组织是联合国系统专门负责船舶、航行安全和防止海洋环境污染的业务主管部门，在国际船舶适航条件管理、促进海洋航行与运输安全方面，尤其是在水文测量和海图绘制方面发挥着重要作用。

---

① 有关缔约国历次会议情况及其报告可参见联合国网站：
http：//www. un. org/Depts/los/meetings_states_parties/SPLOS_documents. htm
http：//www. un. org/Depts/los/meetings_states_parties/SPLOS_documents. htmJHJReports of the Meetings

② 这些机构的相关工作详见本报告其他相关部分的内容。

教科文组织下设的政府间海洋学委员会（简称“海委会”）是国际海洋科学和技术领域的专门组织协调机构和权威机构，长期推进国际合作、全球观测系统和海洋保护区等领域发挥着重大作用，包括海洋对全球环境变化和可持续发展的影响、海洋生物多样性的保护与管理、保存水下文化遗产等方面，组织实施了一系列重大国际项目，例如，全球海洋观测系统（GOOS）项目等；组织讨论并通过了2001年《保护水下文化遗产公约》；与联合国环境规划署共同领导开展定期全球海洋状况评价工作，并于2009年4月完成了“评估各项评估”的草案。

为了推进《公约》第十三部分相关规定的贯彻实施，海委会专门设立了“海洋与海洋法专家咨询机构”（ABELOS/IOC），为海委会提供国际法律咨询。自从2004年以来，该咨询机构一直负责组织讨论在世界各海域，特别是沿海国专属经济区内，收集海洋数据活动中如何适用《公约》法律框架的问题，旨在起草一份法律咨询文件，以便为由海委会主持或参加的、涉及在沿海国专属经济区从事海洋基础数据收集活动的全球性或区域性海洋项目（或计划）的实施提供法律指导。2003年，海委会大会通过了该咨询机构起草的《关于转让海洋技术的标准和准则》。该标准和准则的指导原则是，海洋技术的转让必须始终按照公平合理的条款和条件进行，并应使有关各方能公平地受益于海洋科学相关活动的发展，特别是旨在促进发展中国家社会和经济的活动。海委会还建立了信息交换机制，以协助感兴趣的发展中国家和发达国家建立技术转让的适当伙伴关系。

上述机构和组织分别从各个方面和领域涉及国际或区域性海洋事务，并发挥着不同的作用。例如，联合国粮农组织在管理海洋捕捞，保护海洋特别是公海生物多样性方面起了重要作用。国际原子能机构在摩纳哥设有海洋环境实验室。该实验室是联合国系统中唯一的海洋实验室，得到了联合国环境规划署和教育、科学及文化组织的协助，共同对全球海洋环境污染的情况进行研究，包括保护海洋环境免受放射性和非放射性物质污染，运用核和同位素技术追踪海洋污染过程，揭示污染影响等。关于渔业问题，联合国工业发展组织（工发组织）和《拉姆萨尔湿地公约》秘书处等国际组织为解决一些同渔业有关的问题也开展了一些活动。

二、其他涉海国际组织

合作与交流是当代国际海洋事务的重要特征之一。联合国秘书长在其报告中也强调必须加强主管国际组织的能力，在全球、区域、次区域和双边各级，通过与各国政府的合作方案，协助各国建立海洋科学以及可持续管理海洋及其资源的能力。越来越多的国际性、区域性组织与沿海国家在海洋领域的合作不断拓展和深化，合作方式和模式也在不断创新。除了联合国系统的机构和组织之外，还有其他许多机构和组织也都以各种形式涉及国际海洋事务。

（一）海洋航行与运输的组织

有许多国际组织在维护国际海洋航行安全、船舶安全、船员安全和航行保障等方面发挥着重要作用，其中包括国际水道测量组织、国际水文学组织、国际劳工组织和世界气象组织。

国际水文学组织正采取相应措施，建设和改进水文服务和海图制作的能力。近年来，海事组织通过了 3 项新的分道通航办法和修订了 5 项现行分道通航办法，包括相关的定线制。国际劳工组织实施了一个 5 年行动计划，以促进快速、广泛批准和有效实施《海事劳工公约》，目标是在五年内拥有足够的已登记批准国数目，从而使该公约生效。

（二）海洋生物与非生物资源的组织

有一些国际组织的任务和工作或多或少地也涉及海洋自然资源领域，包括海洋生物资源、非生物资源以及海洋可再生能源等领域，包括国际捕鲸委员会、世界知识产权组织、世界卫生组织、世界贸易组织、世界海关组织和经济合作与发展组织等。

涉及知识产权较多的新领域是国际海底海洋生物研究领域。海洋遗传资源的有关科研和研发活动直接与专利相关，目前还存在一些未能明确的问题。例如，世界贸易组织《与贸易有关的知识产权协议》提及“微生物”和“微生物方法”，但未给予界定（第 27 条）。《国际承认用于专利程序的微生物菌种保藏布达佩斯条约》也提及微生物，但也没有给以界定。除了其他部分之外，《公约》第十三部分的规定“海洋科学研究”直接与海洋遗传资源专利问题相关。除《公约》外，其他一些国际文书，包括《生物多样性公约》、《濒危物种公约》和其他有关知识产权的条约，也与海洋科学研究和自然资源的开发利用与管理具有一定的相关性。

海洋渔业资源历来是人类开发利用海洋自然资源的主要对象之一。海洋渔业资源养护与管理具有悠久的历史。在各类国际涉海机构和组织中，渔业类占了很大的比重，有大量的国际组织或区域性组织在从事海洋渔业及其相关管理活动和工作。在《公约》制定之前，除了建立专属渔业区或渔业养护区外，还建立了有关渔业管理的国际委员会。据统计，在 1972 年之前，就已经有 20 个以上的国际渔业机构。例如，中东大西洋渔业委员会、印度洋渔业委员会、国际大西洋金枪鱼养护委员会、南东大西洋渔业委员会等。在《公约》及其随后制定的关于跨界和高度洄游鱼类种群的协定的生效实施之后，国际渔业资源的养护和管理也得到了新发展。

（三）海洋环境与生态保护的组织

海洋环境与生态的保护与保全问题受到了国际社会越来越务实的重视，除了许多专门性的国际海洋环境保护和污染防治的国际公约及其所设立的专门机构之外，还有许多政府间和非政府间的国际组织在这方面也开展了大量的有效工作。例如，全球环境基金、世界保护联盟、世界自然保护联盟等。

全球环境基金在世界各海域设立了众多了项目，指导和协助相关地区性海域环境保护或修复工作。全球环境基金与开发署等共同设立了东亚海项目、太平洋岛屿海洋渔业管理项目等。其中太平洋岛屿海洋渔业管理项目的目标是，在西太平洋热带水域大型海洋生态系统的海洋跨界鱼类种群和相关生态系统方面，向小岛屿发展中国家提供更加完善的科学资料和知识，包括加强这些地区国家的能力。世界自然保护联盟在推动海洋保护区建设方面起了重要作用。

三、区域性组织

（一）区域性政府间组织

海洋事务历来是许多区域性政府间组织所关注的问题。区域性组织也在国际海洋事务及其相关的法律框架建设中发挥了重要作用。其中最显著的一个例子是《公约》创新制度之一，即第五部分专属经济区。“承袭海”的概念从提出到发展成为专属经济区概念，得到国际普遍性接受，最终被写入《公约》，历经了约 40 余年的发展历程。在此发展过程中，拉美、非洲和亚洲等沿海国及相关的各区域政府组织发挥了决定性的作用。对沿海 200 海里范围的管辖权主张，先由智利和秘鲁等拉美沿海国，于 1947 年用国家宣言形式，以“承袭海”的概念率先提出，逐步发展成为区域性会议宣言。例如，1972 年 6 月加勒比海国家会议通过的《圣多明各宣言》，与圣多明各会议几乎同时召开的非洲国家海洋法问题区域讨论会通过的《雅温得总结报告结论》，1973 年 5 月，非洲统一组织部长理事会通过的《关于海洋法的宣言》以及 1973 年 9 月 9 日第四次不结盟国家首脑会议通过的《蒙得维的亚海洋法宣言》等，均明确支持沿海国此项主张，对推动 200 海里海洋权主张被正式写入《公约》起到了不可或缺的作用。

其他许多区域性政府间组织也分别涉及海洋事务，例如，美洲国家组织、北大西洋公约组织、欧盟、东南亚国家联盟、太平洋岛国论坛、加勒比国家联盟和美洲国际组织等。

（二）区域非政府间组织

各种各样的非政府间组织，也在不同角度和层面涉及海洋事务，尤其是在海洋管理与海洋环境保护等方面发挥着独特的协调和引领的作用。例如，全球环境基金、联合国开发计划署和国际海事组织分别于1994年和2000年共同发起的“防止东亚海域环境污染计划”及“东亚海域环境管理伙伴关系计划”，简称“东亚海计划”。主要目的是通过实施海洋的可持续发展，建立相关国家、相关部门间的合作伙伴关系，解决跨行政管理边界的热点海域的环境管理问题。目前所有东亚沿海国均参加该计划。该计划先后选定东亚部分沿海国沿岸海域作为示范区，努力指导和帮助当地政府及其他有关方面提高海洋综合管理能力。

四、小　结

海洋事务已经成为国际热点问题，也是国际政治领域的重要议题之一。一方面，以联合国系统为中心的众多国际组织和区域性组织在海洋领域发挥着不可或缺的作用。这种重要作用尤其突出表现在国际海洋秩序、法律制度的构建与发展，海洋意识和知识的更新与发展，各方海洋利益和立场的协调等方面。另一方面，国际或区域性组织也是各国就有关海洋议题开展讨论、协调立场的重要平台，是各国阐述其海洋政策和主张、施展其国家影响力的重要场所。

多样化的合作已成为促进海洋事务发展的重要方式之一。主要合作方式包括国际组织或机构之间的合作，国际组织与区域性组织之间的合作，国际组织与相关国际或区域性项目/计划之间的合作，国际组织和沿海国之间的合作等。

国际组织或机构之间的合作。各国际组织或机构在其职责范围内开展了多方面的海洋合作，尤其在促进世界海洋科学发展和加强发展中国家能力建设方面取得了重大成就。在海洋领域，各相关组织和机构不仅单独开展工作，而且积极开展了许多跨机构和组织之间的多种形式合作。例如，一方面，海委会组织实施了许多全球性海洋科学研究项目，包括“ARGO全球海洋观测网”等。另一方面，海委会还与国际水道测量组织共同成立了世界大洋深度图联合指导委员会，通过一个为期12个月深海洋科学的国际培训计划，对新一代水深测量科学家和水道测量员进行培训。又如，考虑到非洲海岸沿线漂流浮标收集的数据越来越多，政府间海洋学委员会与世界气象组织合作，于2010年4月在南非开普敦举办一次关于如何使用浮标收集的数据的讨论会。

国际组织或机构与区域组织或机构、沿海国之间的合作。目前，此类合作的形式非常灵活多样，并取得一定成就。合作形式之一是国际组织共同资助设立一个区域性机构或实施一个区域性项目。例如，“东亚海计划”，旨在促进东亚各国在本地区开展海洋综合管理及合作。合作形式之二是国际机构与沿海国之间的直接合作。例如，发展中沿海国青年人可通过申请国际海底管理局所设立基金的资助，到由国际海底管理局指定的有关国家大学里，其中包括中国同济大学，攻读硕士和博士学位；沿海国在此过程中所提供的支撑服务和相关资助亦可算作是开展“南南合作”的一个新举措。

总之，在国际海洋事务中，各种方式或形式的国际交流与合作日益活跃和广泛。我国积极参与了相关国际和区域性组织的活动；当然，也仍然存在着发挥更大作用的空间。

第三章　中国海洋发展的周边环境

中国是北半球的沿海国，位于太平洋西岸，周边海洋环境和形势较为复杂，海洋发展受到周边地区的深刻影响。中国濒临黄海、东海和南海，与8个国家海上相邻，即：朝鲜、韩国、日本、菲律宾、马来西亚、文莱、印度尼西亚和越南。此外，中国周边海域地处重要的国际海上通道，具有重大政治、经济和战略价值，受到美国、印度等域外大国的高度关注，见图3－1。

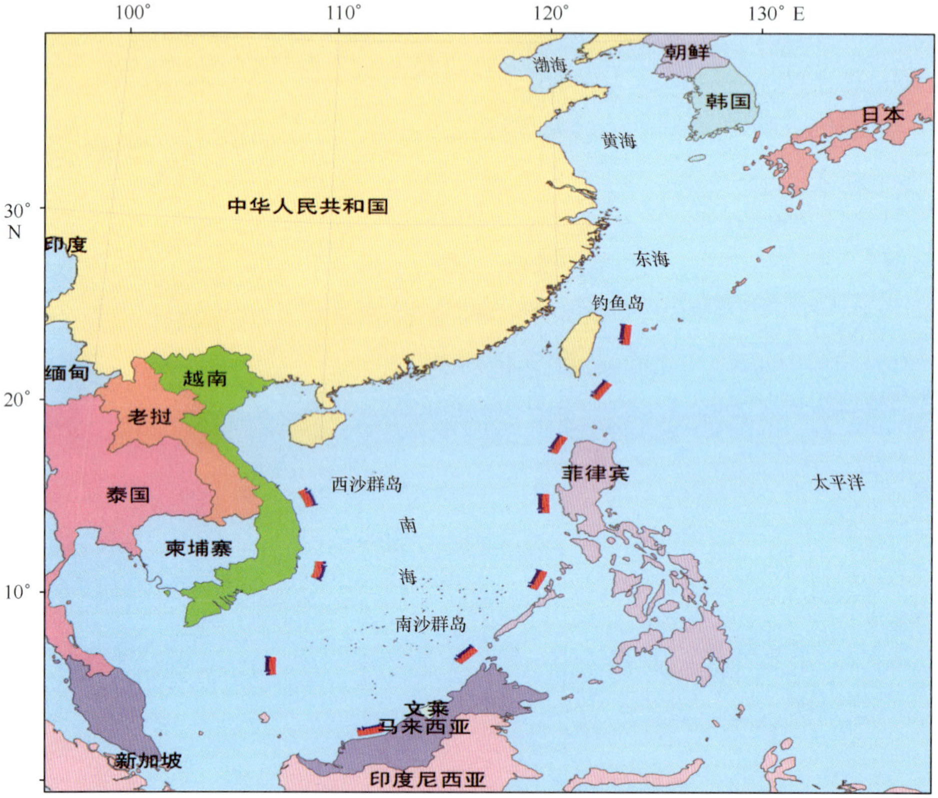

图3－1　中国及海上邻国地理位置示意图

一、周边海洋的政治形势

中国海上周边国家和地区社会制度复杂多样，经济和社会发展程度差别较大，但其共同点为与海洋在政治、经济、文化等方面的联系紧密，重视对海洋的管理和控制。中国海上邻国大多制定了国家层面海洋发展政策和战略，以期扩大海洋管辖范围、强化海洋管理，从海洋中获得最大利益。2010 年，一些周边国家加快了争夺海洋权益的步伐，域外大国介入地区海洋事务使原本复杂的海上局势更加敏感。中国继续坚持和平外交政策和睦邻友好的地区政策，积极参与国际和区域合作，维护周边海上安全和地区环境的稳定。

（一）周边国家的海洋战略与政策

周边国家普遍重视海洋事务，大多制订了高规格的海洋发展政策和战略，设定明确的海洋发展目标。有些国家将海洋战略提升为国家战略的重要组成部分，从各方面加强对海洋的控制和开发，力图在与周边国家的海洋权益争夺中占得先机。

1. 朝鲜民主主义人民共和国

朝鲜位于朝鲜半岛北部，西滨黄海，东临日本海，由朝鲜半岛和 3 300 个大小岛屿组成，海岸线长约 6 000 千米[①]。朝鲜东侧沿海海域寒暖流交汇，并与世界三大渔场之一的西北太平洋渔场相邻，渔业资源丰富，海洋渔业是朝鲜重要的产业之一。朝鲜于 1977 年 6 月 21 日宣布建立 200 海里专属经济区，成为东北亚第一个设立专属经济区的国家。朝鲜主张其专属经济区水域从领海基线量起至 200 海里，在无法划至 200 海里的海域则划至海洋半分线。朝鲜在其宣布的专属经济区内积极行使管辖权，规定未经有关机构的事先批准，外国人、渔船和航空器等不得在其专属经济区内从事捕鱼、设置设施、调查、勘探和开发等活动[②]。朝鲜最高领导人金正日于 2009 年 8 月视察金正淑海军大学时说，朝鲜是个海洋国家，海军在过去和今后都占有特别重要的地位，为此要进一步加强和发展海军力量[③]。2010 年 3 月，韩国“天安”号沉没事件发生后，朝鲜对美韩联合或韩国单独进行的频繁军事演习进行强烈抗议。

---

① 新华网：朝鲜简介 . http：//news. xinhuanet. com/travel/2008 -09/10/content_9895625. htm，2008 -09 -10。

② 杨金森、高之国编著：《亚太地区的海洋政策》，北京：海洋出版社 1990 年版，第 54 ~55 页。

③ 高浩荣、姚西蒙：《金正日称朝鲜是海洋国家，要进一步加强海军力量》，新华网平壤 8 月 12 日电，中国网 www. china. com. cn，2010 -09 -19。

2. 大韩民国

韩国位于朝鲜半岛的南部，三面环海，岛屿3 000多个。韩国海岸线长11 000多千米，主张管辖海域44.4万平方千米，为陆地面积的4.5倍。海洋在韩国受到高度重视。韩国于2004年即出台海洋政策文件《海洋与水产发展基本计划》，即《海洋韩国21》（Ocean Korea 21，OK21），确立了将韩国建设成世界第五大海洋强国的目标。《海洋韩国21》提出要通过蓝色革命，大力维护和扩展国家海洋权益，依靠振兴和发展海洋产业，使韩国从陆地型国家发展为海洋型国家。韩国海洋政策与战略提出发展有特色的海洋事业：第一，世界化，即海洋开发面向全球；第二，未来化，为子孙后代建设舒适的海洋国土空间；第三，实用化，以发展国家经济为先导开发海洋；第四，地方化，保持具有地区特性的海洋开发。2010年4月，韩国宣布“南部海域阳光带计划”，计划斥巨资将其南部海域发展成经济发达的全球物流和旅游中心。

韩国海洋政策与战略的基本目标与措施包括：创建充满活力和高生产力的国家管辖海域；创造洁净、安全的海洋环境；制定和实施海洋科技开发综合计划；推动高附加值海洋产业的发展；打造世界一流的海洋服务产业；发展可持续利用的海洋渔业；全面利用海洋资源、能源和空间；积极参与国际事务，扩展对外合作与交流。

2008年2月，韩国撤销原有海洋水产部，成立国土、交通与海洋事务部，将渔业并入农业部，成立食品、农业、森林和渔业部。在此轮机构调整后，韩国海岸警备队成为土地、交通和海洋事务部的一个相对独立的机构①。

3. 日本国

日本位于太平洋西岸，是一个由东北向西南延伸的弧形岛国。西隔东海、黄海、朝鲜海峡、日本海与中国、朝鲜、韩国和俄罗斯相望②。日本约50%的人口居住在沿海地区，国民摄取的动物蛋白40%来自海洋水产品，进出口货物的99%依赖海上运输。同时，由于经济快速发展、人口急剧增加及海岸带过度开发等原因，日本同样面临海洋环境恶化和资源减少等诸多问题。随着全球范围内对海洋资源、环境与安全的广泛关注，日本制定了比较完整的国家海洋政策和战略，包括完整的国家海洋法律体系。日本海洋政策的核心为“海洋立国”，加强海洋资源开发，拓展海上战略空间，在海洋

---

① 韩国土地、交通和海洋事务部网站，http：//english. mltm. go. kr/USR/WPGE0201/m_18272/DTL. jsp，2009－12－06；及食品、农业、森林和渔业部网站，http：//english. mifaff. go. kr/USR/WPGE0201/m_374/DTL. jsp，2009－12－06。

② 新华资料：《日本概况》，http：//news. xinhuanet. com/ziliao/2002－04/01/content_329931. htm，2010－08－21。

安全方面除加强自身军事力量外重视美日同盟。

2007 年 7 月，日本颁布实施《海洋基本法》及《海洋构筑物安全水域设定法》，修订《海洋污染及海上灾害防止法》，允许把工厂等排放出的二氧化碳封存在海底。上述法律是《公约》生效后日本综合性海洋政策的核心内容，其总体战略目标是把日本从岛屿国家建设成海洋强国，将对日本推进海洋事务、建设海洋强国进程产生重要影响。日本于 2007 年 4 月成立了设在内阁官房的综合海洋政策本部，本部长由日本首相担任，国土交通大臣兼海洋政策担当大臣担任副本部长，由国土交通省、经济产业省等 8 个省厅的 37 名工作人员组成。综合海洋政策本部具体负责制定日本的中长期海洋基本计划，并协调与海洋有关的行政事务。至此，日本政府完成了加强海洋资源开发向海洋大国迈进的海洋管理制度和机制建设。

日本不断强化各海洋领域的法制建设，加强对海洋权益的争夺。2008 年 3 月，日本政府批准了根据《海洋基本法》制定的《海洋基本计划》。该“计划”是日本自 2008 年后 5 年内的海洋政策指针。该“计划”指出，将推进海洋资源的勘探开发，包括专属经济区内的天然气水合物及含稀有金属的海底矿床等，并力争在今后 10 年内将这些资源投入使用。此外，为确保海上物资运输，该“计划”设定了明确目标，在 10 年内将目前人数骤减的日籍船员人数增加 50%，日籍船只在 5 年内增加 1 倍[①]。2009 年 6 月 19 日，日本表决通过《应对海盗法》，为日本政府派遣自卫队打击海盗提供了法律依据。2010 年 4 月 18 日，日本通过了《低潮线保全和基地设施整备法案》。该法案的立法目的主要有两个：一是对划定为日本领海基线的海岸低潮线进行保护；二是规定对主张专属经济区和大陆架至关重要的岛礁制定开发、利用和保护的特别规划[②]。这是继《应对海盗法》之后综合海洋政策本部建议并获得通过的第二部法律。

日本重视日美同盟。在 2010 年度《防卫白皮书》中，日本强调驻日美军的重要意义，认为必须确保作为遏制力量的驻日美军的存在及机动应对各种事态的体制，以发挥日美安保体制的作用。白皮书指出，驻日美国海军、空军和海军陆战队可以作为一个整体发挥作用。2010 年 12 月，日本出台《2011 年度以后的防卫计划大纲》，进一步突破其第二次世界大战后和平宪法规定的“专守防卫”政策，将“机动防卫力量”作为日本未来防卫力量建设的新指针，防范恐怖袭击和侵占离岛。新大纲的一个重大变化之一，就是将日本防卫的重点从北方转向南方，着重加强西南诸岛地区的防卫。根据新大纲，“强化西南岛屿的防卫态势”、“在处于防卫空白的离岛配置部队”将成为今后 10 年日本防卫政策的重点动向。在加强海上自卫队和航空自卫队的武器装备时，

---

① 瞿影：《日政府批准 <海洋基本计划>》，《中国海洋报》2008 年 3 月 25 日第 A3 版。

② 李明杰：《评日本众议院通过 <低潮线保全和基地设施整备法案>》，《中国海洋报》2010 年 5 月 25 日第 1 版。

将大幅度增加部署在西南诸岛海域的自卫队潜艇和舰艇数量。新大纲还指出，要加强西南群岛的防卫态势，必须向一些没有自卫队驻守的离岛派遣最低限度的部队。另外，在与那国岛也将部署约 100 人的陆上自卫队沿岸监视部队①。日本新防卫大纲所勾划的军事大国之路令其亚洲邻国感到不安，或将对东海等海域的安全局势造成负面影响。

4. 菲律宾共和国

菲律宾位于亚洲东南部，西濒南海，东临太平洋，是一个群岛国家，共有大小岛屿 7 107 个，海岸线长 17 460 千米，陆地面积为 30 万平方千米②。菲律宾是较早宣布实施群岛制度的国家。1978 年 6 月，菲律宾颁布总统法令，宣布建立 200 海里专属经济区。菲律宾是东南亚国家联盟（ASEAN）主要成员国之一，也是亚洲太平洋经济合作组织（APEC）的成员国。海洋在菲律宾的发展中具有重要作用，海洋事业的发展受到高度重视。菲律宾海洋政策的总目标是，基于菲律宾的群岛国国情，把海洋作为国家发展的主要依托和国家经济基础的战略组成部分，发展海洋经济与相关技术，维护国家海洋国土完整，保护海洋环境与生态，积极推进实施《公约》，并从中获得最大的国家利益③。2006 年菲律宾总统行政令 533 号把实施海岸带综合管理定为国策。内阁海事和海洋事务委员会负责制定国家海洋政策及海洋管理的综合协调④。

2009 年 2 月 17 日，菲律宾国会通过《领海基线法案》，将中国的黄岩岛和南沙群岛部分岛礁划为“所属岛屿”。中国政府对此法案提出了严正抗议，并重申：黄岩岛和南沙群岛历来都是中国领土的一部分；中华人民共和国对这些岛屿及其附近海域拥有无可争辩的主权。任何其他国家对黄岩岛和南沙群岛的岛屿提出领土主权要求，都是非法的，无效的⑤。

5. 马来西亚联邦

马来西亚地处东南亚，位于太平洋和印度洋之间，国土被南海分隔成东、西两部分，陆地面积近 33 万平方千米。西马位于马来半岛南部，北与泰国接壤，南与新加坡

---

① 袁杨、刘俊：《令人忧虑的日本 <防卫计划大纲>》，中国网 http：//www. china. com. cn/military/txt/2010 – 12/21/content_21583126. htm，2010 – 12 – 24。

② 国家统计局：《国际统计数据 2009：国土面积与人口密度》，http：//www. stats. gov. cn/tjsj/gtsj/gjsj/2009/t20100407 – 402632574. htm，2011 – 02 – 12。

③ 国家海洋局国际合作司：《世界主要国家和地区海洋政策和战略》，2007 年 12 月，第 213 – 217 页。

④ Michael Garcia，Progress in the Implementation of the Philippine National Marine Policy：Issues and Options，United Nations – The Nippon Foundation Fellow，New York，2005，p. 58.

⑤《中国外交部发表声明严正抗议菲律宾通过“领海基线法案”》，《环球视野》。转引自《中国青年报》2009 年 2 月 19 日。

隔柔佛海峡相望，东临南海，西濒马六甲海峡；东马主要包括沙捞越州和沙巴州，位于加里曼丹岛北部，面向南海。马来西亚有过辉煌的海洋史。早在15世纪，马来西亚就是世界最繁忙的贸易中心之一，其港口在世界享有盛名。近几十年来，马来西亚港口发展迅速，巴生港（KELANG）是其主要集装箱港口之一。海洋产业是马来西亚贸易增长的重要促进因素，在经济中占有重要地位。石油和天然气是马来西亚最重要的出口物资，均来自海洋。海运和渔业的作用也十分突出，90%以上的出口通过海洋运输，渔业为其提供了众多的就业机会。

为全面发展海洋事业，推进海洋开发利用和管理，马来西亚采取了一系列措施：成立了统一负责海上执法工作的海洋执法局；拟订了海岸带综合管理政策，颁布海洋管理法规，形成了系统的海洋管理法规体系。马来西亚海洋政策宗旨是：通过合理管理与开发，使海岸带更健康，生产力更高，同时将海洋提供的利益公平分配给包括子孙后代在内的所有人[①]。马来西亚国家海洋局成立于2000年11月，隶属马来西亚科技创新部，主要任务是通过对海洋科学的研究与发展，更加合理地进行海洋资源的管理与利用。作为马来西亚海洋管理的政府机构，马来西亚国家海洋局还制定了促进海洋综合管理的五大目标：一是制定国家海洋学研究和发展的政策与进度表；二是积极推动马来西亚国内和国际海洋方面的战略合作；三是充分开发海洋研究和发展的潜能，使之得到最大化利用；四是探索有关海洋科学的共性技术；五是推动、加强国内海洋机构之间的合作[②]。

马来西亚与中国在海洋科技领域的合作进展顺利。中国与马来西亚有关部门于2009年6月签署了《中华人民共和国政府与马来西亚政府海洋科技合作协议》。该协议的签署，标志着中马两国在海洋领域的互信逐步增强，为两国未来海洋领域的合作向机制化、稳定化和长期化方向发展奠定了坚实基础，同时也为南海周边国家间开展互利合作树立了典范。

6. 文莱达鲁萨兰国

文莱达鲁萨兰国位于亚洲东南部、加里曼丹岛北部，北濒南海，东南西三面与马来西亚的沙捞越州接壤，并被沙捞越州的林梦地区分隔为不相连的东西两部分。海岸线长约161千米，沿海为平原，内地多山地，有30多个岛屿。东部地势较高，西部多沼泽地。属热带雨林气候，炎热多雨，年均气温28℃。

文莱国土总面积约为5 800平方千米，人口约40万。文莱石油储量和产量仅次于

① 国家海洋局国际合作司：《世界主要国家和地区海洋政策和战略》，2007年12月，第205～207页。

② 张艳：《马来西亚：重视海洋研究与发展》，《中国海洋报》2009年6月9日第3版。

印度尼西亚，居东南亚第二，液化天然气的出口居世界第二位。海洋石油和天然气的生产和出口是文莱的经济支柱，占其国内生产总值的36%和出口总收入的95%。人均国内生产总值1.9万美元，是世界最富的国家之一。近年来，文莱政府大力推行经济多元化和私营化政策，力图改变过分依赖石油和天然气的单一经济结构[①]。文莱的200海里专属经济区是在《1982年文莱渔业法案》中予以宣布的[②]。1984年12月5日，文莱签署《公约》，目前正在积极改革其海洋事务管理机构，以保证实现海洋利益最大化。

根据马来西亚外交部在吉隆坡发表的声明，马来西亚与文莱于2009年3月最终确定两国海上边界、建立商业安排区、确定两国陆地边界划分程序等。声明指出，互换书最终确定了两国领海、大陆架和专属经济区的界线[③]。

7. 印度尼西亚共和国

印度尼西亚位于亚洲东南部，是世界上最大的群岛国家，由太平洋和印度洋之间17 000多个大小岛屿组成，其中约6 000个有人居住，有“千岛之国”之称[④]。印度尼西亚拥有长达54 716千米的漫长海岸线（世界银行数据），是较早宣布实施群岛制度的国家。1957年12月3日印度尼西亚政府宣布其领海宽度为12海里，1980年3月21日宣布建立200海里专属经济区。印度尼西亚于1983年10月通过《专属经济区法》，主张除协议外，以“中间线”或等距离线划界。1997年初，印度尼西亚成立了国家海事委员会。2000年印度尼西亚成立海洋渔业部，旨在统筹管理国家海洋工作，制定并实施海洋政策，加强海洋管理，以最佳的方式，最有效地可持续利用海洋资源和海洋提供的各种服务，加强对海洋和渔业资源的巡航监视和管理，恢复治理近海和海洋环境生态系统，提高海洋事务和渔业管理的科技含量[⑤]。

根据印度尼西亚外长的公开讲话，印度尼西亚与马来西亚目前正在进行15项有关边界问题的谈判，此前两国签署的16项有关海域边界协议已得到批准[⑥]。

---

① 新华资料：《文莱概况》，新华网，http：//news. xinhuanet. com/ziliao/2002 -06/17/content_444337_2. htm，2010 -08 -24。

② 俞力莎：《东南亚南海争端国颁布的法律文件及相关规定》，《三联生活周刊》2010年第46期，第60页。

③ 熊平、黄循颖：《马来西亚说马与文莱两国边界划分问题已解决》，新华网。http：//news. xinhuanet. com/world/2010 -05/03/c_1271080. htm，2010 -08 -24。

④ 新华网：《印度尼西亚概况》，http：//news. xinhuanet. com/ziliao/2002 -06/18/content_445743. htm，2010 -01 -10。

⑤ 《印度尼西亚的海洋事务管理》：《中国海洋报》2007年11月16日第2版。

⑥ 崔海培：《印度尼西亚与马来西亚将于9月初商讨海洋边界问题》，中国日报网，http：//www. chinadaily. com. cn/hqgj/2010 -08/25/content_11203199. htm，2010 -09 -01。

8. 越南社会主义共和国

越南地处中南半岛东部，东部和南部濒临南海，海岸线长约 3 260 千米，有大小岛屿约 2 600 个，港湾数十处。越南西南紧邻泰国湾，扼守太平洋与印度洋海上交通要道。1977 年 5 月，越南发布《关于越南领海、毗连区、专属经济区和大陆架的声明》，宣布越南领海宽度为 12 海里，毗连区宽度为 24 海里，专属经济区宽度为 200 海里，大陆架为“越南大陆自然延伸部分的海床和底土，凡是大陆架边缘离计算越南领海宽度的基线不到 200 海里的地方，大陆架扩展到这一基线以外 200 海里”。1982 年 11 月，越南发表《关于越南领海基线的声明》，公布了其大陆领海基线的 11 个基点的坐标。越南国会于 1994 年批准了《公约》。

2001 年越共“九大”召开后，越南大力推行海洋发展战略，努力成为 21 世纪东盟乃至世界的海洋大国。越共十届四中全会通过的《至 2020 年海洋战略规划》，是越南海洋战略的最新发展。该规划是越南今后一个时期海洋事务发展的全面战略，明确了越南到 2020 年建成“海洋强国”的目标，要求努力发展海洋经济，从海洋最大限度的获取战略、军事和经济利益[①]。2010 年 5 月，越南政府宣布了一项总金额高达 85 亿美元的海岛防务与开发计划，拟开发对象中包括与中国有主权争议的南沙群岛（越南称长沙群岛）。越南将在 2010—2020 年间发展从西南部靠近柬埔寨的富国岛，到北部吉婆岛的一串岛屿。越南将开发这些岛屿的旅游、渔业和农林业资源，同时增加对它们的防务投资。该计划宣称，越南要将这些岛屿建设成其“外围国防要塞”。南沙群岛也将包括在这一“外围国防要塞”的建设计划中，但该计划没有说明要对这些岛屿进行经济开发[②]。

与越南雄心勃勃的海洋发展战略相适应，越南的军事战略，尤其是海军战略作了较大幅度的调整，把海军的发展放在了军队建设的首要位置，制定了近期、中期和远期的海军发展规划，并大力提升海军军事装备。2010 年，越南向加拿大订购 6 架 DHC－6“双水獭”400 系列海陆两栖飞机，用于越南海军组建首支固定翼飞机编队，其中一些飞机特别设计用于海事巡逻[③]。除大力提升海军军事装备外，越南海军还加强了与美国、印度等国海军的联系。2010 年 8 月，美国“乔治·华盛顿”号航母高调访问越南后，越美两国军事关系迅速升温。

为加强海洋开发与管理，越南于 2008 年 9 月成立“海洋海岛总局”。该局主要职

---

① 于向东：《越南全面海洋战略的形成述略》，《当代亚太》2008 年第 5 期，第 100～107 页。

② 王丰：《越南制定 85 亿美元海岛开发计划，南沙群岛包括在内》，《中国海洋报》2010 年 5 月 14 日第 4 版。

③ 朱凤岚：《亚太国家维护海洋权益的举措》，《中国社会科学院院报》，2006 年 4 月 4 日。

责包括：参与海岛和海洋领域的国防、和平和外交战略及政策的制定；开展海洋和海岛开发利用的综合管理；调查海洋和海岛资源和环境；开展海洋、海岛和大洋的考察、勘探和研究；保护海洋和海岛环境①。

（二）周边海洋形势

由于域外势力的介入以及周边一些国家加快海洋权益争夺的步伐，2010 年中国周边的海上安全形势不稳定因素增多，周边海上军事演习空前密集，局部海域发生武装冲突。

美国高调重返东南亚。除与日本、韩国等国举办联合军事演习外，美国不断加强与南海周边国家的联系。2010 年 7 月，美国国务卿希拉里·克林顿在越南河内举办的东盟地区论坛外长会议上发表讲话，大谈维护南海航行自由的重要性和紧迫性，强调南海与美国国家利益的关系。9 月 24 日，美国总统奥巴马与东盟 10 国领导人在纽约举行峰会，双方会后发表联合声明，强调“海上安全”及“自由航行”的重要性。

2010 年，中国周边海域各类高级别军事演习空前密集。6～8 月，美国主导参与国最多、全球规模最大的海上演习“环太平洋”联合军事演习，日本、韩国、马来西亚、印度尼西亚等国参加。韩美日以“天安舰事件”为由，连续举行了多次联合或单独军事演习。8 月 10 日，越南和美国在南海举行首次联合军事演习，美国“乔治·华盛顿”核动力航母及“约翰·麦凯恩”号驱逐舰参与演习。

2010 年 9 月 7 日，日本巡逻船在钓鱼岛附近海域冲撞中国渔船，并非法抓扣渔民渔船。中国外交部就此事向日方提出严正交涉，指出，“钓鱼岛及其附属岛屿是中国固有领土。日方对在该岛海域作业的中国渔船适用日本国内法是荒唐、非法和无效的，中方决不接受。”② 外交部强烈敦促日方立即无条件放人放船，避免事态进一步升级。9 月 13 日，被日方扣押的中国渔船上的 14 名船员回国，船长詹其雄于 9 月 25 日回到中国。日本非法抓扣中国渔民、海船的行为对中日关系造成严重影响。

“天安舰事件”和延坪岛炮击事件使朝韩海上局势变得复杂敏感。2010 年 3 月 26 日，韩国“天安”号警戒舰在黄海朝韩两国争议海域白翎岛和大青岛之间巡逻，在船尾发生不明原因爆炸后沉没，造成 46 名船员遇难。韩国“天安”号军民联合调查团 5 月 20 日公布的正式调查结果称，“天安”号警戒舰是被朝鲜小型潜艇发射的鱼雷击沉的。朝鲜对此予以坚决否认。韩国在“天安舰事件”发生后，作为军事应对措施之一，

---

① 中国驻胡志明市总领事馆经济商务室：《越南成立海洋海岛总局》，2008 年 9 月 5 日。

② 外交部：《2010 年 9 月 9 日外交部发言人姜瑜举行例行记者会》，外交部网站，http：//www. fmprc. gov. cn/chn/gxh/mtb/fyrbt/t738955. htm，2010－09－13。

在黄海举行密集单独或联合军演。“天安舰事件”发生近8个月后，2010年11月23日，朝韩在韩国西部延坪岛①海域互射炮弹，朝鲜半岛紧张局势升级，引起国际社会的广泛关注和担忧。事件发生后，朝韩互相指责对方引发冲突。针对“天安”号事件和朝韩黄海交火事件引发的朝鲜半岛紧张局势，中国积极开展外交活动，大力劝和促谈，努力维护朝鲜半岛的和平稳定。

（三）中国与海上邻国的交流与合作

中国重视在外交、经贸、安全等领域与周边国家进行友好合作和交流。在外交领域，国务院总理温家宝于2010年10月29日出席在越南河内举行的中日韩领导人会议，与韩国总统李明博、日本首相菅直人就中日韩合作和其他共同关心的问题交换意见。温家宝表示，中日韩合作是东亚合作的重要组成部分，在三方共同努力下，中日韩合作保持着良好势头，无论地区和国际形势如何变幻，都要从战略高度牢牢把握三国合作的正确方向，坚持对话，增进互信，化解分歧，推动三国合作不断取得进展。

中国一贯重视国际交流与合作，积极参与区域性及双边交流与合作机制，并寻求与有关国家建立海上联络机制，包括召开年会和应对紧急事态的专家会议以及在防卫部门之间开通热线等，以确保海上安全。2010年7月，中国海监总队与大韩民国海洋警察厅在中国进行工作会晤。这是根据2009年12月15日双方签署的《合作谅解备忘录》举办的第二次业务工作会晤②。

中国积极与周边国家开展海洋科技合作。中国与朝鲜、韩国、马来西亚和印度尼西亚等国签署了政府间海洋科技合作协议或备忘录。《中华人民共和国与马来西亚政府海洋科技合作协议》签订于2009年6月，是中国与南海周边国家签署的第一个政府间海洋科技合作协议，内容涵盖海洋管理、海洋生态环境保护、海洋科学研究与调查、海洋防灾减灾、海洋资料交换等众多领域。该《协议》的签署，标志着中马两国在海洋领域的互信逐步增强，为两国未来在海洋领域的合作向机制化、稳定化和长期化方向发展奠定了法律基础，同时也为南海周边国家间开展互利合作树立了典范。中马海洋科技合作联委会第一次会议于2010年3月在北京举行。2010年5月，中国海洋领域首个海外联合研究中心——“中－印度尼西亚海洋与气候联合中心”在印度尼西亚首都雅加达正式运行。该中心将促进中国和印度尼西亚在海洋与气候领域的合作，共同提高两国应对气候变化的能力。2010年11月，中国国家海洋局第三海洋研究所与印度尼西亚科学院海洋研究中心签署海洋科技合作备忘录。双方将在海洋生物多样性保护

---

① 延坪岛位于仁川东北方约83.2千米，在朝鲜瓮津半岛的下方。该岛靠近韩朝有争议的北方界线，属“西海五岛”之一，目前由韩国控制，但朝鲜声称拥有主权。

② 《2010海洋大事记》，《海洋开发与管理》2010年第12期，第79页。

与生态系统管理、海洋环境保护与监测技术、海洋生物资源开发与利用等 3 个领域开展合作和交流，国家海洋局第三研究所还将为印度尼西亚科学院海洋研究中心提供上述相关领域的技术培训。双方同意在南中国海等海域联合开展海洋生态环境合作调查研究。

表 3 - 1　中国与海上邻国签署政府间海洋科技合作协议或备忘录情况

	名　称	签订时间
1	中华人民共和国国家海洋局和朝鲜民主主义人民共和国气象水文局海洋科学技术合作议定书	1986 年 5 月 18 日
2	中华人民共和国国家海洋局和大韩民国海洋水产部海洋科学技术合作谅解备忘录	2007 年 6 月 13 日续签
3	中华人民共和国国家海洋局和大韩民国海洋水产部关于建立中韩海洋科学共同研究中心的议定书	2007 年 6 月 13 日续签
4	中华人民共和国国家海洋局和印度尼西亚共和国海洋渔业部海洋领域合作谅解备忘录	2007 年 11 月 10 日
5	中华人民共和国政府与马来西亚政府海洋科技合作协议	2009 年 6 月 3 日

资料来源：国家海洋局网站，http：//woa. gov. cn/soa/governmentaffairs/guojihezuo/a010814index_1，2010 - 11 - 8。

二、周边海洋的开发形势

中国周边的东亚和东南亚地区，是世界上经济发展最快的地区。该地区拥有世界近一半的人口，贡献了世界近 1/4 的生产总值[①]。东亚海拥有全球 30% 的珊瑚礁和红树林，贡献了年均 40% 的渔获量和 80% 以上的养殖产量。每年世界一半左右的商船驶经马六甲海峡和龙目海峡[②]。东亚海陆上 100 千米的地带，承载了东亚国家近 77% 人口，并为这些国家贡献了 40% ~60% 的国民生产总值[③]。海洋开发与利用为东亚及东南亚经济作出了显著的贡献。

（一）海洋油气资源

尽管目前东南亚的深海油气活动规模较小，但资源潜力受到寻找深海区块的大型石油公司的重视[④]。据预测，亚太地区将成为继北海和墨西哥湾后，全球海上油气工业

① WIKI, *East Asian Community*, 2007; list of countries by GDP, IMF, 2007.

② PEMSEA 1994 - 2010, A Regional Mechanism Facilitating Sustainable Environmental Benefits in River Basins, Coasts, Islands and Seas, 2007, Quezon City, Philippines.

③ PEMSEA, Sustainable Development Strategy for the Seas of East Asia, 2003, Quezon City, Philippines.

④ 江怀友等：《世界海洋石油工业勘探现状与方法》，《石油知识》2008 年第 5 期，第 7 ~9 页。

的第三大战略区。近年来，东南亚海域海洋油气设施数量迅速增加，数量已超过4 000个[①]。印度尼西亚和马来西亚处在亚洲海洋油气勘探开发的前列，越南亦在积极推进。这些国家主要依靠外部技术力量，大多立足于南中国海的深海区。2009年，中国海上邻国石油产量为10 720万吨，占世界石油产量的2.8%，天然气产量为13 860万吨油当量，占世界天然气总产量的5.2%。马来西亚、菲律宾、越南和文莱的石油全部产自海上。越南、文莱、印度尼西亚和马来西亚为石油净出口国[②]。越南海洋石油产量近年增长较快，2009年石油产量达到1 680万吨，比上年度增长9%，占世界石油产量的0.4%[③]。

表3-2　中国周边海域主要产油国家2009年石油探明储量及产量

国家	石油储量（万桶）	占世界比例（%）	石油产量（万吨）	占世界比例（%）	天然气储量（亿立方米）	占世界比例（%）	天然气产量（万吨油当量）	占世界比例（%）
马来西亚	550 000	0.4	3 320	0.9	23 800	1.3	5 640	2.1
越南	450 000	0.3	1 680	0.4	6 800	0.4	720	0.3
印度尼西亚	440 000	0.3	4 900	1.3	31 800	1.7	6 470	2.4
文莱	110 000	0.1	820	0.2	3 500	0.2	1 030	0.4
合计	1 550 000	1.1	10 720	2.8	65 900	3.6	13 860	5.2

数据来源：BP, Statistical Review of World Energy 2010

（二）海洋捕捞与水产养殖

海洋渔业是人类蛋白质的重要来源。根据世界粮农组织统计，世界海洋渔业捕捞2008年总产量为7 952万吨，占世界渔业捕捞总产量的88.6%。亚洲海洋渔业捕捞总产量为4 011万吨，占世界海洋渔业捕捞总量的50.4%。印度尼西亚、菲律宾和越南渔民及养殖者数量众多。联合国环境规划署发表报告指出，由于海洋污染、气候变化以及过度捕捞，到2050年左右，全球几乎所有海域的捕鱼量都将随渔业资源的减少而下降。随着全球渔业资源量的不断下降，捕捞作业渔民数量减少，养殖渔民数量上升。例如，为控制海洋捕捞强度，养护和合理利用海洋生物资源，中国自1987年开始实施海洋捕捞渔船数量和功率总量控制的“双控”制度，采取多种措施减少渔船数量。

---

① Infield Energy Analysts, the Second Edition of the Regional Perspectives Offshore Asia Pacific Oil & Gas Market Update, quoted from Lee Cordner, CSCAP Study Group Safety and Security of Offshore Installations in the Asia Pacific, October 2010.

② International Energy Agency, Key World Energy Statistics 2009, Paris, 2009, p. 13.

③ BP, Statistical Review of World Energy 2010, http://www.bp.com/productlanding.do?categoryId=6929&contentId=7044622, 2010-08-25。

表3-3 世界内陆和海洋渔业产量（万吨）①

	2002	2003	2004	2005	2006	2007	2008
内 陆							
捕捞	841	863	860	938	976	997	1 022
养殖	2 173	2 313	2 523	2 689	2 877	3 074	3 295
小计	3 014	3 176	3 383	3 627	3 853	4 071	4 317
海 洋							
捕捞	9 100	8 823	9 237	9 206	8 971	7 993	7 952
养殖	2 554	2 710	2 927	3 086	3 260	3 408	3 537
小计	11 654	11 533	12 164	12 292	12 231	11 401	11 489
全球总产量	14 668	14 709	15 547	15 919	16 084	15 472	15 806

数据来源：Food and Agriculture Organization of the United Nations，Yearbooks of Fishery Statistics Summary Tables，Rome，2010

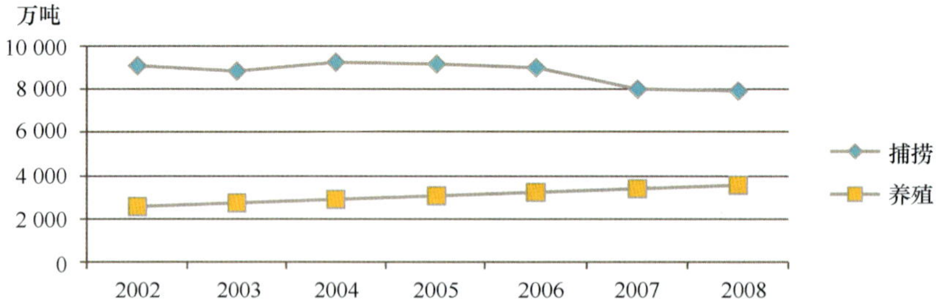

图3-2 世界渔业捕捞产量和养殖产量变化

（三）海洋交通运输

海运是国际贸易和经济全球化的支柱，全世界80%的货物贸易量通过海运完成。亚洲的经济与海运息息相关，处在许多海运产业的前沿。中国周边海域为世界主要海运运输航线。南海是当今世界最繁忙的航运通道之一，全球超过50%的海上运输经过此地②。马六甲海峡连接安达曼海和南海、沟通太平洋与印度洋，是世界上最繁忙的海运线路之一。据估算，每天约有1 100多万桶石油从中东等地运往东亚，每年通过的商船总数有5万多艘。根据澳大利亚相关数据预测，到2020年每天将有2 000万桶石油

① 捕捞统计数据中不包括水生植物。

② U. S. Energy Information Administration，The South China Sea，http：//www. eia. doe. gov/emeu/cabs/South_China_Sea/Shipping. html，2011-01-10。

通过马六甲海峡[1]。中国及海上周边国家与海运业的联系体现在多个方面：全世界20%的海员来自菲律宾；韩国集装箱货轮制造业世界第一；世界各地的许多港口经营者来自中国香港；2009年，中国运输船舶总吨位处于世界第三位，中国的造船业和拆船业分别处于世界第二及第一位；印度尼西亚、马来西亚、菲律宾和韩国在不断发展外贸的同时，已建立起海运产业链，从企业整合和规模经济中受益。亚洲地区参与海运和相关产业的趋势仍在继续[2]。

根据联合国贸易与发展会议发布的《世界海运回顾2010》，近年来，亚洲货物装载量增至世界的41%，排在世界第一位。世界前10大最繁忙港口中有9个分布在亚洲，其中有8个分布在中国及其周边海域；亚洲领衔世界集装箱市场，世界最大的20家班轮运输公司中有15家在亚洲[3]。由于受到全球经济危机的影响，2009年世界海运贸易量下跌4.5%，为79.4亿吨。亚太地区商品出口贸易量较上年度下降12%，集装箱贸易量大幅下跌[4]。2010年，在中国（含港澳台）及其海上邻国注册的油轮、集装箱等商船总吨位达到17 611万吨，占世界商船总吨位的14.8%[5]。

（四）滨海旅游

亚太地区的滨海旅游业是经济的重要组成部分，大海（Sea）、阳光（Sun）、沙滩（Sand）组合的“3S”是亚太滨海旅游的特色之一。2009年，国际旅游业因受到国际金融危机的影响，国际旅游人次较2008年下降4.2%，为8.8亿人次，旅游收入下降5.7%。国际旅游业自2009年第四季度开始复苏。世界旅游组织预测，2010年国际旅游人次将增长3%～4%。2009年，中国及其海上邻国接待的国际游客共达到1.02亿人次，旅游总收入为869亿美元，游客人次和收入分别占亚太市场份额的56.5%和42.7%。其中，中国和马来西亚接待国际游客人次分别为5 090万和2 360万，居世界第4和第9位。东南亚旅游业在亚洲地区表现最好，2009年接待国际游客人次增加1%，其中，马来西亚和印度尼西亚分别增加7%和1%[6]。越南将海洋旅游作为未来10年旅游重点发展方向，计划优先发展海洋、海岛及文化生态旅游。

---

① S. JAYAKUMAR, Opening Session Keynote Address, Charting A New Framework for International Cooperation in the Straits of Malacca and Singapore, 2008.

② UNCTAD, Review of Maritime Transport 2010, p. 168.

③ UNCTAD, Review of Maritime Transport 2010, p. 168.

④ UNCTAD, Review of Maritime Transport 2010, p. 141.

⑤ UNCTAD, UNCTAD Handbook of Statistics 2010, United Nations, P. 319 – 328.

⑥ UNWTO, Tourism Highlights, 2010 Edition, United Nations World Tourism Organization, Facts and Figures section at www. unwto. org.

表 3－4　中国及海上邻国国际旅游业情况

区域	国际游客人数（万人次）						国际旅游业收入（亿美元）			
国家	2009	2008	2007	09/08	08/07	占亚太地区的比重（2009）	2009	2008	2007	占亚太地区的比重（2009）
中国	5 088	5 305	5 472	－4. 1	－3. 1	28. 1	396. 8	408. 4	372. 3	19. 5
印度尼西亚	632	623	550	1. 4	13. 2	3. 5	63. 2	73. 8	53. 5	3. 1
日本	679	835	835	－18. 7	0. 0	3. 7	103. 1	108. 2	93. 3	5. 1
韩国	782	689	645	13. 4	6. 9	4. 3	94. 4	90. 8	61. 4	4. 6
马来西亚	2 365	2 205	2 097	7. 2	5. 1	13. 1	157. 7	152. 8	140. 5	7. 8
菲律宾	302	314	309	－3. 9	1. 5	1. 7	23. 3	43. 9	49. 3	1. 1
越南	375	424	423	－11. 5	0. 2	2. 1	30. 5	39. 3	34. 8	1. 5
合计	10 223	12 403	12 338			56. 5	869	917. 2	805. 1	42. 7

数据来源：UNWTO，Tourism Highlights，2010 Edition，United Nations World Tourism Organization，Facts and Figures section at www. unwto. org

（五）海洋可再生能源

海洋可再生能源潜力巨大。据国际能源机构统计，仅潮汐能和波浪能的能量就是现阶段全世界发电量的 4 倍①。目前欧洲和北美处在海洋能开发的前列。在亚洲地区，中国、韩国和日本拥有一定的海洋可再生能源开发技术，并逐步加大投入。

近年来，韩国政府加大了对可再生能源的投资，海洋可再生能源研发等活动资金大幅增加，用于技术研发、教育等领域。韩国现有海洋能发电能力为 25. 4 万千瓦时，另有 1 000 千瓦时能力在建。韩国政府大力提倡“绿色 GDP”，并于 2008 年发布了可再生能源的长期战略，将海洋能作为可再生能源的重要组成部分，正在进行海洋热能利用的可行性研究。韩国可再生能源的总体目标是到 2030 年满足全国能源需求的 11%，海洋可再生能源的贡献率为全部可再生能源的 4. 7%②。2009 年，韩国启动了由知识经济部资助的包括潮流发电等在内的 3 个研发项目以及一项在大学中促进海洋能源教育和研发的 5 年计划。2010 年 11 月，韩国知识经济部部署在韩国海域建设大规模海上风力发电园区，总发电规模达到 2 500 兆瓦，投资 9. 2 万亿韩元，计划于 2019 年建成③。

① Tom Denniss，Tapping the Energy of Waves and Tides，2009，Issue No. 64.

② International Energy Agency Implementing Agreement on Ocean Energy Systems，OES－IA Annual Report，Portugal，2009，p. 101－102.

③ 钟田：《韩国将建超大规模海上风力发电园区》，《中国海洋报》2010 年 11 月 12 日第 4 版。

日本海洋温差能发电技术处于世界前列。1990 年在鹿儿岛县建成的 1 000 千瓦温差能发电站，是世界上最大的实用型海水温差能发电系统。日本新能源和工业技术开发组织（New Energy and Industrial Technology Development Organization）于 2009 年启动海洋可再生能源先进技术计划，将首次支持海洋能的研究和开发，首批支持的项目涉及海洋热能及波浪能等。三井工程与造船等日本公司已同意开展一项使用海洋能技术的示范计划，并宣布将启动一个 10 兆瓦示范项目的建设①。

三、周边海洋的环境保护

中国周边海域人口众多，环境和资源保护压力较大。为改善东海、黄海、南海等海域的海洋环境，促进可持续发展和海洋综合管理，有关国家采取多项措施保护环境，并协同联合国环境署（UNEP）、全球环境基金（GEF）等国际环境机构，在这些海域实施环境和资源项目，对生态环境进行监测、评估和保护。

（一）基本状况

全球海洋生态系统正在发生重大变化，各大洋都受到负面影响。导致变化的因素包括气候变化（如气候变暖和海洋酸化）、声污染、营养结构的扰动、渔业的相互作用、有害藻类以及环境污染物②。

在黄海和东海，海岸带人口稠密，人类活动对于海岸及河口地区水质、海洋生境及渔业的影响逐渐加大。在人口稠密的主要城市周边海域，捕捞、海运和大规模工业制造和加工给环境与生态系统带来很大压力。在西北太平洋地区，渔业可持续发展是主要问题之一，过度捕捞的危险性正在加大，尤其是在人口稠密的沿海区域。随着工业化的进行，来自大气和陆地的污染问题呈加重趋势。

在南海，最为突出的环境问题包括：鱼类等生物资源的非可持续利用，尤其是过度捕捞和海底拖网等破坏性捕鱼方式造成的破坏；多个传统高经济价值生物种群下降，低价值种群增加；生境丧失及退化，包括海草床、珊瑚和红树林大量丧失；生态系统改变、有害藻华、生物种群改变；水质富营养化；大型水坝建设和围海造地等陆地活

① International Energy Agency Implementing Agreement on Ocean Energy Systems, OES－IA Annual Report, Portugal, 2009, p. 70－71.

② 全球环境基金：科技咨询小组报告《展望 GEF－5 及之后的新科技、新机遇》，2010 年 5 月。

动对海洋环境的影响等[①]。由于海水温度急剧升高，印度尼西亚西北部海域的珊瑚目前正以有史以来最快的速度消亡，这种危害已经波及整个印度尼西亚以及马来西亚、越南等海域，而且还有继续向北扩散的趋势[②]。

（二）管理与保护行动

海洋空间的各种问题彼此密切相关，需要从跨学科、跨部门和跨区域的角度进行整体考虑。联合国大会在决议中重申必须根据《公约》的规定，促进国家、区域和全球各级别的合作和协调，支持各国海洋综合管理和可持续利用海洋的行动[③]。

为改善东海、黄海、南海等海域的海洋环境，促进可持续发展和海洋综合管理，联合国环境署（UNEP）、全球环境基金（GEF）、联合国开发计划署（UNDP）等众多国际环境机构在这些海域设立了多个环境和资源保护项目。如，全球环境基金（GEF）资助开展的黄海大海洋生态系项目（YSLME），旨在减轻黄海的生态压力；全球国际水域评估项目（GIWA）和联合国环境署在南海实施项目，致力于扭转南海和泰国湾环境恶化的趋势。为保护西北太平洋地区的海洋环境，联合国环境署建立了海上搜救及西北太平洋行动计划（NOWPAP），加强韩、中、日等政府之间跨地区的合作。为保护和改善黄海海域的生态环境，促进黄海资源的可持续开发利用，中韩自1997年开始启动“中韩黄海环境联合研究”项目，对黄海环境进行联合调查研究。2008年，中韩开展了第12次黄海环境联合调查研究工作。

全球环境基金（GEF）/联合国开发计划署（UNDP）/联合国项目事务厅（UN-OPS）/东亚海伙伴关系计划（PEMSEA）是亚洲海域重要的区域性环境保护和海洋管理机构，在东亚海实施海洋综合管理推广项目。东亚海伙伴关系计划制定了东亚海可持续发展战略，作为东亚海域各国地方政府监察综合沿海管理方案的现有状况、对策、影响和结果的行动工具。东亚海域环境管理伙伴关系还致力于提高该地区的能力建设水平，制定了海洋综合管理的研究生课程，使下一代领导人掌握规划和管理海岸及海洋所需要的知识和技能。此外，东亚海域环境管理伙伴关系正在建立涉及多所国家级大学和研究机构的海洋综合管理学习中心，这些中心已成立综合沿海管理培训员核心小组，向地方政府实施海洋综合管理的单位提供技术援助。2009年，8个成员国签署

---

① UNEP and IOC - UNESCO 2009, An Assessment of Assessments, Findings of the Group of Experts. Start - up Phase of a Regular Process for Global Reporting and Assessment of the State of the Marine Environment including Socio - economic Aspects. ISBN 978 - 92 - 807 - 2976 - 4, 2009.

② 常旭旻：《印度尼西亚珊瑚礁死亡向亚洲其他海域扩散》，人民网 - 环保频道，http://env.people.com.cn/GB/12607199.html，2010 - 11 - 15。

③ 联合国大会：《第六十三届会议大会决议》，A/RES/63/111，2009年2月2日发布，第2页。

协议，认可东亚海伙伴关系计划的法人资格，使该组织提升为完全的国际机构，以进一步促进海洋综合管理的实施[①]。

为促进东亚海行动计划中各国整体政策的协调，联合国环境署于1981年建立了东亚海协作体（COBSEA），其秘书处“东亚海事务局”（EAS/RCU）于1991年在泰国成立。东亚海协作体的主要任务包括：创建东亚海域的海洋环境管理指南；海洋环境状态评估及诊断；海洋环境培训及推出东亚海域共同方案、措施等。印度尼西亚、马来西亚、菲律宾、新加坡、泰国、韩国、中国、柬埔寨、越南和澳大利亚等10个国家加入了东亚海协作体。

四、小　结

海洋对于中国及其海上邻国具有重要的政治、经贸、文化和社会价值，和平稳定的海上环境对于中国周边海域国家具有重要意义。2010年，在和平、发展、合作的时代潮流下，中国周边海域环境总体稳定，但域外大国介入程度加深，海洋权益争夺加剧，局部海域军事对峙和冲突增加，不稳定因素增多。同时，在人口众多和资源开发利用的压力下，海洋环境和生态保护形势较为严峻。中国实施睦邻友好的地区政策，积极参与国际和区域合作，保护海洋生态环境，致力于同海上邻国共同推动建设持久和平、共同繁荣的和谐周边海洋环境。和平、稳定、健康的海洋安全环境和自然环境需要中国周边海域各国加强在外交、经贸、安全等领域的对话、友好交流与合作，遵守《公约》和其他相关国际和区域性条约、协定。

① 联合国秘书长关于海洋和海洋法的报告，A/65/69，第32－33页。

第二部分

海洋法律与海洋权益

第四章　国际海洋法律制度

国际海洋法是关于海域的法律地位以及指导国家利用不同海域的原则、规则和制度的总称①，属于国际法的一个部门。国际海洋法是维护国际海洋秩序和国家海洋权益的根本依据，具有理论性与实践性相结合的显著特点。国际海洋法经过不同的发展阶段，形成了现今以《联合国海洋法公约》为主的制度体系，并仍在不断地发展完善之中。

一、国际海洋法的发展

人们对海洋开发利用活动的历史久远，古代即已出现国际海洋法的有关规则。但直至17世纪，随着资本主义的发展和航海贸易的兴起，国际海洋法理论才出现了重要进展。随着人们对海洋资源的需求日益增加，对海洋的权利主张不断增多，海洋法的内容逐渐丰富，进入快速发展阶段。尤其是20世纪50~80年代联合国三次海洋法会议的召开，推动了国际海洋法律制度的空前发展，确立了现代国际海洋法的基本制度。

（一）国际海洋法的产生

从历史发展看，在古代和中世纪的大部分时期，海洋一般被认为是人类所共有，所有国家均有自由利用海洋的权利。到了中世纪后半期，一些海洋大国经济、军事实力不断增强，权力重心逐步由陆地扩展到海洋，出现了将海洋视为“无主物”的新学说。一些海洋强国采取“先占”原则，各自主张对海洋的一部分拥有主权，在海洋上划分势力范围。

由于资本主义的发展，新兴的西欧资本主义国家需要借助海洋向外扩展和进行殖民活动。荷兰作为新兴的海洋势力，在不断扩张的过程中对葡萄牙的海上霸权发起了挑战。代表新兴资产阶级利益的荷兰法学家格劳秀斯发表了著名的《海洋自由论》，为荷兰船只在印度洋的自由航行和贸易进行辩护。他认为海洋是自由的，反对海洋主权。他说“海洋是人类共有的，因为它无边无际，任何人都无法占为已有，还因为无论从

① 王铁崖：《国际法》，北京：法律出版社，1995年版，第256页。

航行方面或从渔业方面看，它都适用于人类共同使用”。[①] 海洋自由论一度遭到海洋大国及其学者的反对，但它符合资本主义发展的客观需要，最终战胜了其他学说，被确立为近代海洋法的中心理论。格劳秀斯提倡海洋自由的同时，还认为沿海国可依其控制能力的大小对邻接海域行使统治权。海洋自由原则的形成和确立，促使各种海域的法律地位趋于明确，出现了“领海”的概念，有了领海和公海的划分。公海自由的原则以及国家对领海的主权，形成传统海洋法的主要内容。而关于领海宽度的问题，一直是此后近200年时间里国际海洋法的基本问题之一。这个时期的海洋法主要是习惯法，没有成文规定。

（二）联合国三次海洋法会议

第二次世界大战后，国际形势发生巨大变化，海洋法的发展也出现重大突破。第三世界国家崛起，在国际舞台上扮演着日益重要的角色。随着科学技术的发展，各国开始出现了对海底、大洋深处和上覆大气层的科学研究，对海底及其底土内的深海矿产资源也进行了勘探和开发。传统的海上活动，诸如航行、捕鱼等也出现了技术的突破，催生出一系列新的法律问题，联合国在20世纪50～80年代接连召开了三次海洋法会议协商解决这些问题。

1. 第一次海洋法会议

1947年11月，第二届联合国大会通过了建立国际法委员会的决议，并确定将海洋法作为最优先处理的项目。按照大会的决议，国际法委员会经过6年的努力，于1956年完成了关于起草海洋法的最后报告，其中包括领海、毗连区、大陆架和公海等共73条条文。1957年2月，第十一届联合国大会决议指出：“应召开一次全权的国际会议以制定海洋法公约，不仅考虑到问题的法律方面，而且要考虑到技术、生物、经济以及政治方面。其工作成果体现在一个或几个国际公约之中。”[②]

1958年2月24日至4月27日，在日内瓦召开了“第一次联合国海洋法会议”。共有86个国家参加，其中79个国家是联合国会员国，7个国家是专门机构成员国。会议成立了5个主要委员会，围绕“领海与毗连区”、“公海：一般制度”、“公海：捕鱼及保护生物资源”、“大陆架”、“内陆国自由进入海洋问题”五个方面对条款草案进行审议，制定和通过了四个公约，即：《领海及毗连区公约》、《大陆架公约》、《公海公约》和《公海渔业和生物资源保护公约》。上述公约分别在1962—1966年间生效。另外，

---

① 转引自周子亚：《海洋法的形成和发展》，《吉林大学社会科学学报》1982年第3期，第36页。中国知网，http：//www. cnki. net/，2010－07－21。

② 1957年2月21日 A/RES/1105（XI），http：//www. un. org/depts/dhl/resguide/r11. htm，2010－12－14。

还有 34 个国家签署了《有关强制解决争端任择性议定书》，规定采用调解、仲裁或国际法院解决有关对海洋法任何公约解释所产生的争端，该《议定书》于 1962 年生效。

第一次联合国海洋法会议的意义在于制定了上述“四个公约”，使海洋法从习惯国际法成为成文的条约法。这次会议也存在很大的局限性。一是由于当时不少亚非国家还没有获得独立未能参加会议，除了《大陆架公约》外，基本上是编纂旧海洋法的原则和规则，有利于海洋大国的利益，不能如实反映广大发展中国家的合理要求。对于拉丁美洲国家 200 海里海洋权的要求未予理睬。对于大陆架的定义，也采用了有利于少数海洋大国的标准——“200 米等深线”或“超过此限度而上覆水域的深度容许其开采海床和底土的自然资源”两个标准。沿海国的技术力量越先进，实际拥有的大陆架范围就会越宽广。二是由于这次会议未能就“领海宽度”这一核心问题达成协议，仅规定“毗连区自测算领海宽度的基线起不得超过 12 海里”。三是这四个公约的影响范围不够广泛，批准公约的国家数量有限。

2. 第二次海洋法会议

为解决第一次会议的遗留问题，联合国于 1960 年 3 月 17 日至 4 月 27 日在日内瓦召开第二次海洋法会议，重新考虑领海宽度和渔业区范围问题。有 88 个国家的代表以及若干联合国专门机构和国际组织的代表参加了此次会议。许多国家在会议上提出了自己的提案。这些提案归纳起来，主要针对两个内容：一是领海宽度问题，主要分歧是 6 海里还是 12 海里；二是在捕鱼区范围问题上，主要争执是承认或否认沿岸国享有排他的捕鱼权。

苏联和亚非 16 个国家的提案意见基本一致，都主张每个国家有权建立 12 海里的领海，而美国、加拿大的提案则认为一国最大领海宽度应为 6 海里，任何对领海宽度的扩大都将破坏海洋自由原则。这两种对立的意见都没能在会议上得以通过，反映出当时世界各国对海洋权益之争的尖锐程度。

3. 第三次海洋法会议

20 世纪 60 年代以后，国际上围绕海洋权益的斗争日益尖锐和复杂。一方面超级大国激烈争夺海上霸权，另一方面众多的第三世界中小国家开始出现自己的声音，强烈要求改变片面有利于海洋大国的局面，尽快建立符合发展中国家利益的新海洋法律秩序。

第三次海洋法会议于 1973 年 12 月在纽约举行。至 1982 年 12 月 10 日止，举行了 11 期共 16 次国际会议，有 164 个国家和联合国专门机构及一些地区组织的代表参加。中国代表团参加了第三次海洋法会议的历次会议，这也是中华人民共和国恢复在联合国的合法席位以后参加的一次重要的国际会议。经过长时间的艰苦谈判，终于在1982年4月以130票赞成、美国等国4票反对，苏联、英国等国17票弃权，正式通过了《联合国海洋法公约》。1982年12月，在第三次海洋法会议的“最后会议”上，《联合国海洋法公约》（简称《公约》）和《第三次联合国海洋法会议最后文件》开放签署，共有包括中国在内的117个国家在《公约》上签字，美国、英国等国家没有签字。

《公约》是第一个在一个文件中对所有海洋法问题进行全面规定的条约。这本身就是一个巨大的成就。《公约》明确确定了领海宽度为12海里；规定了200海里专属经济区制度和对大陆架自然资源的主权权利；确定了国际海底区域及其资源是全人类的共同继承财产；设立了国际海底管理局、大陆架界限委员会和国际海洋法法庭三个涉及海洋法和海洋事务的国际组织和机构保证《公约》的执行。本次会议编纂了《公约》这部人类历史上规模最大、内容最广的现代海洋法典，对确立海洋新秩序、开发利用和保护保全海洋资源、促进世界经济和社会的繁荣进步作出了杰出贡献，是海洋史上光辉的篇章。

二、《联合国海洋法公约》建立的法律制度

《公约》是迄今最全面、最有影响的管理海洋的国际公约，反映了世界上绝大多数国家在开发、利用海洋方面的共同愿望和利益，得到了国际社会的普遍重视。为促进对海洋的公平、合理、有效利用，在妥为顾及所有国家主权的情形下，《公约》建立了一种新的海洋法律制度，将海洋划分为内水、领海、毗连区、用于国际航行的海峡、群岛水域、专属经济区、大陆架、公海、国际海底区域等不同区域（图4－1），明确了不同区域的不同管辖制度和法律地位。主要包括以下内容。

（一）内水

按照《公约》第8条的规定，领海基线向陆地一面的全部水域为“内水”，其法律地位与陆地领土相同，属于沿海国完全的主权范围。内水可以包括一国的河口、领湾、领峡、海港以及直线基线与海岸之间的其他海域。

《公约》并未明确规定内水航行制度，仅指明采用直线基线的效果使原来并未认为是内水的区域被包围在内成为内水，应准许外国船舶在此种水域内无害通过。按照国际习惯法，沿海国对内水享有完全排他的主权，对内水范围内的一切人、物和发生的事件有排他的管辖权。非经沿海国许可，外国船舶不得在一国的内水航行。获准进入沿海国港口的外国船舶，必须严格遵守沿海国有关港务、海关、卫生、海事、环境保

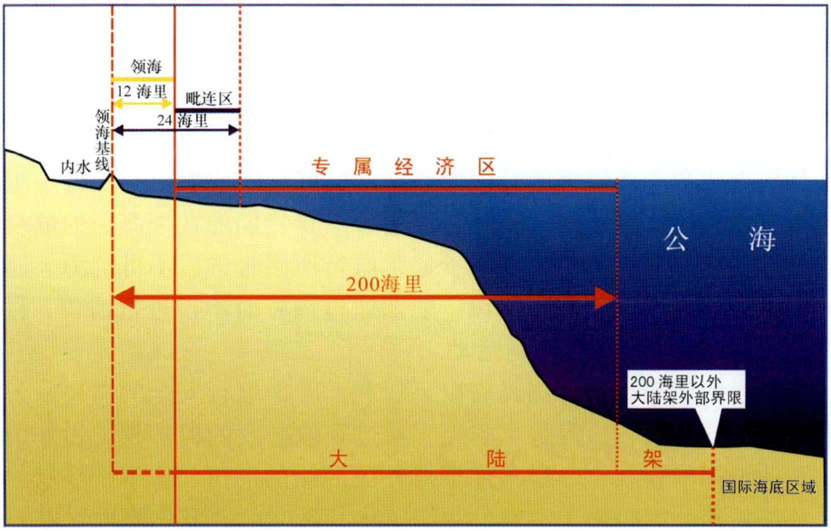

图 4－1　各海洋区域示意图[①]

护等法律的规定。

（二）领海及毗连区

1. 领海宽度和领海基线

领海是沿海国领土主权向海洋扩展的部分，是沿海国陆地领土及其内水以外邻接的一带海域[①]，沿海国主权及于领海的水域、上空、海床和底土，领海是沿海国领土的组成部分。

《公约》第 3 条赋予每一沿海国确定其领海宽度的权利，但其最大宽度从领海基线量起不超过 12 海里。确定领海基线的方法有三种：即：正常基线法、直线基线法和混合基线法。正常基线法是以沿海国官方承认的大比例尺海图所标明的沿岸低潮线作为基线的方法。直线基线法是“在海岸线极为曲折的地方，或者如果紧接海岸有一系列岛屿”的情况下，选择沿岸和岛屿外缘的适当点，以直线连接各相邻点形成一条折线确定领海基线的方法。混合基线法则是交替使用正常基线和直线基线确定领海基线的方法。

① 张海文，贾宇等著/绘制：《〈联合国海洋法公约〉图解》，北京：法律出版社，2010 年版，第 20 页。

2. 领海的无害通过

沿海国行使领海主权时应允许外国船舶无害通过其领海。在《公约》的限制下，所有国家的船舶均享有无害通过领海的权利。所谓“无害”是指外国船舶在通过领海时，不得以任何方式和方法损害沿海国的和平、良好秩序或安全，不得违犯沿海国所制定的关于无害通过的法律和规章。所谓“通过”是指船舶在领海上的继续不停和迅速的航行，允许停船和下锚的情况仅限于通常航行所附带的、不可抗力、遇难所必要的或救助遇险人员、船舶或飞机。所以，船舶通过领海时不得进行捕鱼、科研、测量以及其他与通过没有直接关系的任何活动。

对于无害通过的船舶，沿海国具有以下权利：考虑航行安全的需要，为外国船舶制定航道和分道通航的权利；为防止非无害通过采取必要的保护权、为外国船舶提供特定服务而征收费用的权利；一定条件下对外国商船的刑事、民事管辖权。沿海国的义务包括：不应妨碍外国船舶无害通过领海；将其所知的在其领海内对航行有危险的任何情况妥为公布。

对于军事船舶是否具有无害通过权的问题，《公约》并没有作出明确规定，因此争议不断。《公约》虽然没有限制“无害通过”的船舶的种类，但是赋予沿海国制定船舶无害通过领海的法律和规章的权利。对于军舰不遵守沿海国有关通过领海的法律和规章的情形，沿海国可要求其立即离开领海。因不遵守上述法律规章给沿海国造成损害的，还应由船旗国负国际责任。因此沿海国有权通过立法要求外国军事船舶事先取得许可后才能通过其领海。我国《领海及毗连区法》第 6 条就明确规定了“外国军用船舶进入中华人民共和国领海，须经中华人民共和国政府批准。”

3. 毗连区

毗连区是指在领海之外而又毗连于领海的一个区域，其外部界限是从领海基线算起不超过 24 海里。毗连区是为了保护国家某些利益而设置的特殊区域。沿海国在毗连区中并不享有完全主权，而是一种管制权。沿海国为防止外国船舶在其领土或领海内发生违犯其海关、财政、移民或卫生等法律规章的行为，或处罚在其领土或领海内所发生的违犯上述法律和规章的行为，可以对船舶采取必要的管制，如临检、调查、搜查和逮捕等。此种管制权并不影响毗连区水域的地位，毗连区不是沿海国领土的组成部分。

（三）用于国际航行的海峡

鉴于海峡在国际航运中的重要作用，《公约》第三部分特别规定了用于国际航行的海峡的通行制度，包括两部分内容：一是连接公海或专属经济区的一部分和公海或专属经济区另一部分之间的用于国际航行的海峡。在这种海峡中，所有飞机和船舶均享有过境通行的权利，适用过境通行制度。过境通行制度是指以过境为目的，继续不停、迅速地通过两端连接公海或专属经济区的用于国际航行的海峡①，是一种自由度介于无害通过和航行自由之间的通行制度。《公约》规定了过境通行的飞机和船舶应遵守的义务。《公约》第 40 条规定，外国船舶过境通行时，非经海峡沿岸国事前准许，不得进行任何研究或测量活动。海峡沿岸国有制定关于过境通行的法律和规章的权利，出于船舶安全通过的考虑，可于必要时为海峡航行指定海道和规定分道通航制。海峡沿岸国负有“不应妨碍”和“不应予以停止”过境通行的义务，并有将其所知的海峡内或海峡上空对航行或飞越有危险的任何情况妥为公布的义务。二是《公约》第 45 条规定的用于国际航行的海峡，适用无害通过制度，包括：在公海或专属经济区的一部分和外国领海之间的海峡；由海峡沿岸国的一个岛屿和该国大陆形成的、且该岛向海一面有一条在航行和水文特征方面同样方便的穿过公海或专属经济区的航道的海峡。有关用于国际航行的海峡的通行制度的特别规定，并不影响构成这种海峡的水域的法律地位和海峡沿岸国的主权行使，且不适用于已有专门公约规定其通过制度的海峡。

（四）群岛水域

1. 群岛和群岛国

群岛具有特别的地理特征，因此《公约》第 46 条明确了群岛的定义：“一群岛屿，包括若干岛屿的若干部分、相连的水域或其他自然地形，彼此密切相关，以致这种岛屿、水域和其他自然地形在本质上构成一个地理、经济和政治的实体，或在历史上已被视为这种实体。”一个国家若能证明其全部领土由一个或者多个群岛构成，并可包括其他岛屿，则可主张成为法律意义上的群岛国。群岛国制度是《公约》规定的一项新的海洋法律制度。

2. 群岛基线

《公约》第 47 条规定，群岛国可以用连接群岛最外缘各岛和各干礁的最外缘各点的直线作为群岛基线，这种基线应包括主要的岛屿和一个区域，在该区域内，水域面积和包括环礁在内的陆地面积的比例应在 1∶1 到 9∶1 之间。这种基线并不同于划定领海的直线基线，要受到一定条件的限制：群岛基线的长度不应超过 100 海里，但围绕任

① 张海文，贾宇等著/绘制：《〈联合国海洋法公约〉图解》，北京：法律出版社，2010 年版，27 页。

何群岛的基线总数中至多3%可超过该长度，最长以125海里为限，且不应在任何明显的程度上偏离群岛的一般轮廓。群岛基线是测量群岛国领海、毗连区、专属经济区和大陆架宽度的起始线。

3. 群岛水域的法律地位

群岛基线所包围的水域，称为群岛水域。群岛水域地位特殊，既不同于内水，也不同于领海。群岛国对群岛水域享有主权，其主权及于群岛水域的上空、海床和底土，以及其中所包含的资源。同时，群岛国的主权行使受《公约》有关群岛国规定的限制，主要表现在其他国家在群岛水域内通行的权利，相邻国家在群岛水域的某些区域内的传统捕鱼权利和其他国家维护已铺设的海底电缆的权利。

4. 群岛水域的通过制度

群岛水域的通过，分为“无害通过”和“群岛海道通过”两种情况。

由于国际航行的需要，《公约》第53条规定，群岛国可指定适当的海道和其上的空中航道，以便外国船舶和飞机继续不停和迅速通过或飞越其群岛水域和邻接的领海。所有的外国船舶和飞机都享有这种通过权。如果群岛国没有指定海道或空中航道，外国船舶和飞机可通过正常用于国际航行的航道，行使群岛海道通过权。此外，在不妨碍群岛海道通过和群岛内水制度的情况下，所有国家船舶享有无害通过群岛水域的权利。

（五）专属经济区

1. 沿海国在专属经济区的权利和义务

为了满足沿海国扩大海洋管辖范围、行使更大管辖权利的要求，《公约》第五部分（第55~75条）规定了一项新的制度——专属经济区制度。专属经济区是指领海以外并邻接领海的一个区域，其宽度从领海基线量起不应超过200海里，包括区域内的水体、海床和底土。

沿海国在专属经济区内享有对自然资源（包括生物资源和非生物资源）的主权权利；以及从事经济性开发和勘探，如利用海水、海流和风力生产能活动的主权权利。《公约》第56条第3款的规定说明，虽然专属经济区制度规定了对区域内海床和底土资源的权利，但这一部分实际上适用于大陆架法律制度的规定。此外，沿海国还享有对特定事项的管辖权，包括：人工岛屿、设施和结构的建造和使用，海洋科学研究，海洋环境的保护和保全等。

2. 其他国家在专属经济区内的权利和义务

《公约》第 58 条规定，所有国家，不论是沿海国还是内陆国，在专属经济区内都享有航行、飞越以及铺设海底电缆和管道的自由，但这种自由不得妨碍沿海国的权利。包括内陆国和地理不利国在内的其他国家，可以捕捞生物资源的适当剩余部分。

各国在专属经济区内根据《公约》行使其权利和履行其义务时，应适当顾及沿海国的权利和义务，并应遵守沿海国按照《公约》的规定和其他国际法规则所制定的不相抵触的法律和规章。

3. 剩余权利问题

《公约》采取列举的方式规定沿海国和其他国家在专属经济区的权利和义务，没有穷尽所有活动。随着客观情况的变化发展，产生了一些新的问题。例如，对专属经济区的军事测量活动、水下考古发掘活动的管辖权、剩余捕鱼权的行使等。对于这部分权利的归属，《公约》没有明确规定，就产生了所谓的“剩余权利”问题。《公约》第 59 条只对解决因这种剩余权利而发生的冲突做了原则性规定，“应在公平的基础上参照一切有关情况，考虑到所涉利益分别对有关各方和整个国际社会的重要性，加以解决”。但《公约》同时规定“其他国家在行使权利和履行义务时，应适当顾及沿海国的权利和义务”。因此，其他国家在沿海国专属经济区的活动不应损害沿海国的利益。

（六）大陆架

沿海国的大陆架包括其领海以外依其陆地领土的全部自然延伸，扩展到大陆边外缘的海底区域的海床和底土，如果从测算领海宽度的基线量起到大陆边的外缘的距离不到 200 海里，则扩展到 200 海里的距离。如果沿海国大陆架自然延伸超过 200 海里的，需要根据《公约》第 76 条规定其外部界限，一般不应超过从测算领海宽度的基线量起 350 海里，或 2 500 米等深线外 100 海里。沿海国主张 200 海里以外大陆架的，应向大陆架界限委员会提交其确定 200 海里以外大陆架外部界限的划界案。

沿海国对大陆架的权利，主要表现在对大陆架自然资源享有主权权利。《公约》第 77 条表明，沿海国为勘探大陆架和开发其自然资源的目的，对大陆架行使主权权利。这种主权权利是专属性的，若沿海国不行使此项权利，其他任何人未经沿海国明示同意，不得从事此项活动。沿海国可以通过自己勘探开发，或授权外国人开发来行使这项权利。此外，沿海国享有授权和管理为一切目的在大陆架上进行钻探的专属权利以及对大陆架上的人工岛屿、设施和结构的建造和使用拥有专属管辖权。《公约》第 82 条还要求沿海国对200海里以外的大陆架上的非生物资源的开发，按照一定的比例和年限向国际海底管理局缴付费用或实物，并由国际海底管理局根据公平分享的标准进行分配。

大陆架不是沿海国领土的组成部分，沿海国对大陆架的权利不影响其上覆水域或水域上空的法律地位。所有国家在大陆架上都有铺设海底电缆和管道的权利。沿海国对大陆架权利的行使，不得对航行及《公约》规定的其他国家的其他权利和自由有所侵害，或造成不当的干扰。

（七）公海

公海是指“不包括在国家的专属经济区、领海或者内水或者群岛国的群岛水域内的全部海域”。公海不包括其水域覆盖的海底区域。公海只用于和平目的，对所有国家开放，不受任何国家的支配和管辖。每个国家不论是沿海国还是内陆国，在公海均有航行、飞越、捕鱼、科学研究、铺设海底电缆和管道以及建造国际法容许的人工岛屿和其他设施等六项自由。但是国家在行使这些自由时，应适当考虑到其他国家行使公海自由的利益，并受到《公约》规定的限制。

公海航行自由是公海自由中最主要、最基本的内容。《公约》第90条规定“每个国家，不论是沿海国或内陆国，均有权在公海上行驶悬挂其旗帜的船舶”。也就是说一切国家的船舶，不论是商船或军用船舶，均有权在公海自由航行，除受船旗国管辖和国际法的限制外，不受其他国家的支配和管辖。

《公约》第94～115条规定了船旗国在公海上的义务与管辖权以及各国的一般性义务和管辖权。各国普遍具有的义务包括禁止贩运奴隶的义务、合作制止海盗行为的义务、禁止非法贩运麻醉药品的义务等。为了实现各国公海上的管辖权，《公约》赋予各国一项特别的权利——登临权。一国军舰发现外国船舶有下列嫌疑情况的，可以进行登船检查：①从事海盗行为；②从事奴隶贩卖；③从事未经许可的广播而军舰所属国具有管辖权；④没有国籍；⑤虽悬挂外国旗帜或拒不展示其旗帜，而事实上却与该军舰同属一个国籍。登临权也可以由一国的军用飞机和经正式授权并有清楚标识可以识别的为政府服务的任何其他船舶或飞机行使。此外，若外国船舶违反沿海国法律规章，沿海国可对该外国船舶行使紧追权。此项追逐须在外国船舶或其小艇之一在追逐国的内水、群岛水域、领海或毗连区内时开始，而且只有追逐未曾中断，才可在领海或毗连区外继续进行。追逐到船舶进入其本国领海或第三国领海为止。

（八）国际海底区域

国际海底区域，在《公约》中专称“区域”，是《公约》创立的新的国际法概念，指“国家管辖范围以外的海床和洋底及其底土”，即不包括在国家的内水、领海、专属经济区和大陆架或者群岛国的群岛水域的海床和洋底及其底土内的全部海底区域。沿海国划定其大陆架的外部界限时，也就间接确定了“区域”的边界。

“区域”及其资源是人类的共同继承财产，对所有国家开放，专为和平目的利用，任何国家不应对“区域”的任何部分及其资源主张或行使主权或主权权利。“区域”内资源的一切权利属于全人类，由国际海底管理局代表全人类行使，在没有歧视的基础上公平分配从“区域”内活动中取得的财政及其经济利益。各国在区域内权利的行使，不影响区域上覆水域（公海）及水域上空的法律地位。

《公约》还对“区域”内的海洋科学研究、海洋环境保护、资源开发活动政策和“区域”内活动的管理机构做了规定。国际海底管理局作为“区域”内活动和资源的管理机构，一直致力于“区域”制度的完善和区域资源勘探开发规章的制定，先后于2000年和2010年通过了《“区域”内多金属结核探矿和勘探规章》和《“区域”内多金属硫化物探矿和勘探规章》两部规章。

三、国际海洋法实践的新发展

《公约》生效以来，国际海洋法一直处于快速发展的阶段。国际社会以及有关国家积极践行《公约》。国家实践和国际司法判例不断增加，反过来又促进了国际海洋法的进一步完善。

（一）海洋划界实践

1. 俄罗斯和挪威划界协议

2010年4月27日，挪威首相斯托尔滕贝格与到访的俄罗斯总统梅德韦杰夫在联合新闻发布会上宣布，两国就巴伦支海划界问题达成协议。2010年9月15日，两国签署了《挪威王国和俄罗斯联邦关于巴伦支海和北冰洋海洋划界与合作条约》[①]，正式解决了两国已经谈了40年的海洋边界问题。

巴伦支海靠近斯堪的纳维亚半岛北部，总面积140多万平方千米。挪威和俄罗斯有争议的17.5万平方千米海域不仅鱼类资源丰富，而且海底蕴藏着丰富的石油和天然气资源。为解决争端，挪威和苏联于1970年开始谈判。1975年双方达成暂停勘探、开

---

① “Treaty between the Kingdom of Norway and the Russian Federation concerning Maritime Delimitation and Cooperation in the Barents Sea and the Arctic Ocean”, http://www.norway.org.au/News_and_events/Latest-News/Treaty-on-maritime-delimitation-and-cooperation-in-the-Barents-Sea-and-the-Arctic-Ocean-signed-today/, 2010-10-26。

采争议地区油气资源的协议。1976 年挪威提议就巴伦支海临时捕鱼安排进行谈判，双方达成了规范捕鱼活动的《灰区协定》。苏联解体后，俄罗斯和挪威两国在 2005 年恢复边界谈判①。

在俄、挪 2010 年的条约中，双方同意将巴伦支海争议海域分成大致相等的两部分，西侧归挪威，东侧属俄罗斯（图 4－2）。除了海上分界线，双方还在条约附件中就保持和加强渔业和油气资源管理方面的合作进行了规定。在油气合作领域，两国同意将采用详细规则和程序确保在油气资源跨越海上分界线时，实施有效率和负责任的油气资源的管理②。该条约尚需要得到俄罗斯和挪威两国议会的批准。

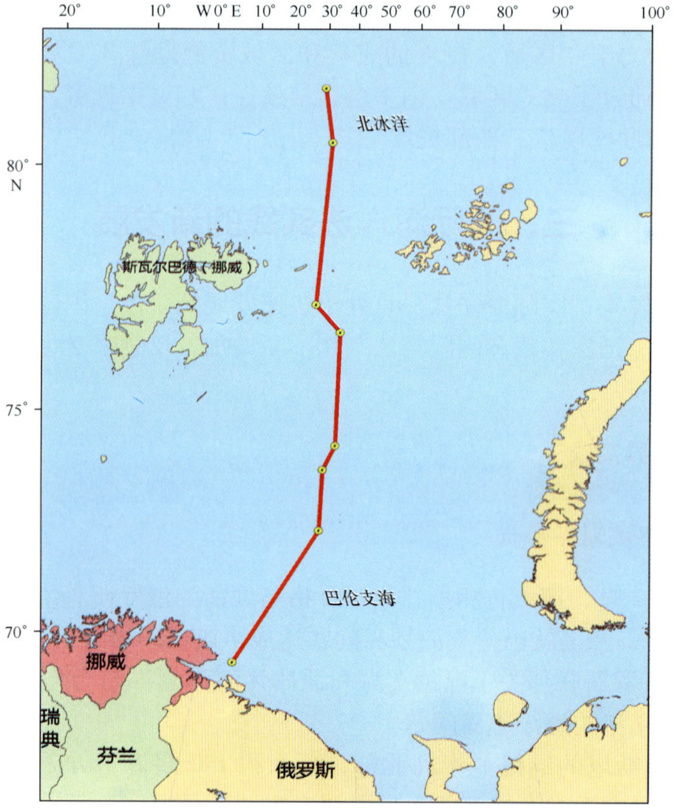

图 4－2　俄罗斯和挪威划界协议示意图

---

① 《俄罗斯与挪威解决 40 年划界争端》，http：//gfsb. newssc. org/html/2010－05/content_949988. htm，2010－04－29。

② 《挪威与俄罗斯就巴伦支海划界问题达成协议》，http：//www. norway. org. cn/News_and_events/1/Norway－and－Russia－reached－an－agreement－on－delimitation－of－the－Barents－Sea/，2010－09－02。

2. 孟加拉国和印度海洋划界仲裁案

孟加拉国与印度长期以来一直存在海上划界问题。孟加拉国和印度在 20 世纪 70 年代开始双边谈判，迄今仍无法就海上划界问题达成共识。印度和孟加拉国分别于 1995 年和 2001 年批准了《公约》。在争端解决机制方面，孟加拉国接受国际海洋法法庭的司法管辖权，而印度则选择接受根据《公约》附件七成立的仲裁法庭的管辖。2009 年 8 月，孟加拉国按照《公约》附件七有关规定，将其与印度的海洋划界争端提交仲裁。

在仲裁法庭仲裁员的选择问题上，孟加拉国和印度没有达成一致意见。孟加拉国请求国际海洋法法庭庭长根据《公约》附件七第 3 条有关规定任命仲裁员。法庭庭长任命德国籍法官鲁迪格尔·沃尔弗鲁姆（Rudigar Wolfrum）为仲裁法庭庭长，意大利籍法官托里奥·特雷韦斯（Tullio Treves）和来自澳大利亚的国际法教授伊万·希勒（I. A. Shearer）为仲裁员。此外，孟加拉国任命前英国牛津大学国际法教授阿兰·罗伟（Alan Vaughan Lowe）为孟方仲裁员；印度任命其前外交部法律顾问斯里尼瓦·拉奥（P. Sreenivasa Rao）为印方仲裁员。上述 5 人组成的仲裁法庭于 2010 年 5 月成立，该案正式进入仲裁程序。

3. 孟加拉国与缅甸海洋划界案

孟加拉国与印度、缅甸都是孟加拉湾的沿岸国。根据勘测，孟加拉湾拥有丰富的油气资源。孟加拉国自 1971 年独立以来同缅甸划分了陆地边界，但尚未划定海上边界。多年来，孟缅两国在孟加拉湾因油气开发和海洋划界而纠纷不断。在 2008 年 11 月，两国曾一度因资源勘探问题引发海上军事对峙。

在两国就孟加拉湾海洋划界问题进行多次磋商未能达成划界协议的情况下，2009 年 10 月 8 日，孟加拉国向缅甸发出通知，将两国之间的争端提交给根据《公约》附件七组成的仲裁庭。2009 年 11 月 4 日和 12 月 12 日，缅甸和孟加拉国先后发表声明，表示“接受国际海洋法法庭的管辖”。孟加拉国在 2009 年 12 月 13 日表示，“鉴于孟加拉国和缅甸双方同意接受国际海洋法法庭的管辖权，并按照《联合国海洋法公约》第 287 条第（4）款的规定，孟加拉国认为法庭为解决双方争端的唯一法院……孟加拉国敦请国际海洋法法庭对孟加拉国和缅甸之间的海洋边界争端行使管辖权”①。

2009 年 12 月 14 日，法庭将该案列为法庭的第 16 号案件。此案系国际海洋法法庭登记的第一起海洋划界案。

---

① 《2009 年国际海洋法法庭年度报告》（SPLOS/204），第 38 ~ 41 段。

图 4－3　孟加拉湾示意图

（二）200 海里外大陆架外部界限的确定

1. 外大陆架划界案和初步信息

据统计，世界上 65 个国家存在 200 海里以外大陆架，其中 54 个国家向大陆架界限委员会（以下简称《委员会》）提交划界案。截至 2010 年 8 月，委员会共收到 53 项划界案和 45 个初步信息（见附件 15）。53 项划界案中，有 48 项为单独提交，5 项为联合提交。45 个初步信息中，42 个为单独提交，3 个为联合提交，另有 10 个国家既提交了划界案也提交了初步信息。委员会对11项划界案提出了建议，4项划界案正在委员会审议中。

2009年5月20日，墨西哥在大陆架界限委员会对其外大陆架划界案（关于墨西哥湾西部多边形区域）作出建议后，向联合国秘书长交存了标明其大陆架外部界限的海图和坐标点，成为世界上首个践行《公约》第76条第9款的国家[①]。2009年8月19日，爱尔兰也向联合国秘书长交存了标明其大陆架外部界限（关于波丘派恩深海平原地区）的海图和坐标点。

2. 外大陆架划界案的审议

（1）巴巴多斯划界案

2008年5月8日，巴巴多斯按照《公约》第76条第8款的规定，向委员会提交了关于从测算领海宽度的基线量起200海里以外大陆架界限的资料。根据委员会公布的执行摘要，巴巴多斯提交的外大陆架划界案包括南部区域和北部区域两个部分（图4－4），其中南部区域与圭亚那和苏里南、北部区域与法国存在潜在权利重叠。针对与划界案有关的各种争议，巴巴多斯表示其同法国、苏里南和圭亚那政府进行了协商，上述国家表示不反对委员会审议该划界案，但大陆架外部界限的设立不应影响其划界。2008年8月，委员会先后收到苏里南及特立尼达和多巴哥给联合国秘书长的照会，两国表示同巴巴多斯在划界案所涉区域存在权利重叠，但不反对委员会审议划界案。2009年9月，委员会收到委内瑞拉给联合国秘书长的照会，委内瑞拉表示其在巴巴多斯划界案所涉南部区域享有权利，划界案的审议不应妨碍两国达成一致，委内瑞拉保留将来反对及对划界案评论的权利。

在2009年3月2日至4月9日召开的大陆架界限委员会第23届会议上，设立了一个小组委员会来审查该划界案。2010年4月8日，小组委员会向委员会提交了“大陆架界限委员会关于2008年5月8日巴巴多斯提交的划界案的建议”。2010年4月15日，委员会以协商一致方式通过了经修正的《大陆架界限委员会关于2008年5月8日巴巴多斯提交的划界案的建议》。在该“建议”中，委员会认可巴巴多斯具有划定200海里外大陆架界限的法定权利，总体上同意了巴巴多斯采用的划界方法，建议巴巴多斯考虑《公约》附件二第9条有关规定，在委员会有关建议的基础上划定200海里外大陆架外部界限。

---

① 《公约》第76条第9款规定：“沿海国应将永久标明其大陆架外部界限的海图和有关情报，包括大地基准点，交存于联合国秘书长。秘书长应将这些情报妥为公布。”

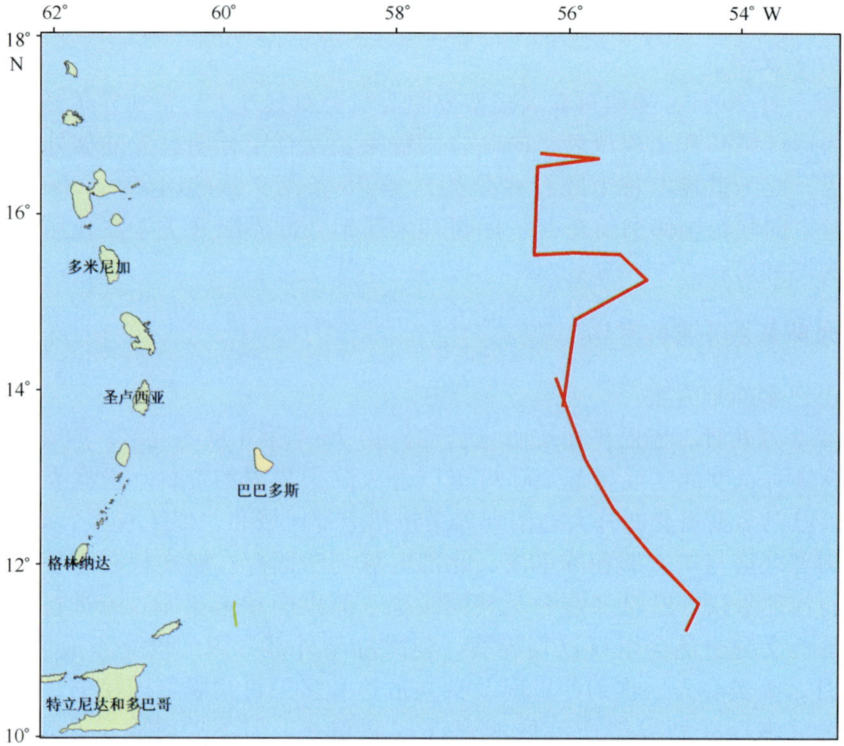

图 4－4　巴巴多斯提出的大陆架外部界限示意图

（2）英国阿松森岛划界案

2008 年 5 月 9 日，英国向委员会提交了关于阿松森岛 200 海里以外大陆架界限的资料。阿松森岛是英国海外领地圣赫勒拿的属地，位于大西洋中部，主岛面积约为 88 平方千米。根据委员会公布的执行摘要，英国表示，阿松森岛由于拥有在该岛上工作和生活的人员从事经济活动的长期和持续的历史，符合《公约》第 121 条关于岛屿专属经济区和大陆架的规定。英国提出的阿松森岛 200 海里外大陆架外部界限见图 4－5。

在 2009 年 3 月 2 日至 4 月 9 日召开的委员会第 23 届会议上，设立了一个小组委员会来审查该划界案。2010 年 4 月 15 日，委员会以协商一致方式通过了《大陆架界限委员会关于 2008 年 5 月 9 日大不列颠及北爱尔兰联合王国提交的关于阿松森岛的划界案的建议》。在该“建议”中，委员会指出，在审议该划界案以及英国此后提供的信件和所作陈述中所含的科学和技术文件的基础上，委员会认为在阿松森岛地区，划界案中所提供的坡脚点不能满足《公约》第 76 条以及《大陆架界限委员会科学和技术准则》第 5 章和第 7 章的要求，这些坡脚点不能作为建立阿松森岛地区大陆边外缘的基础。

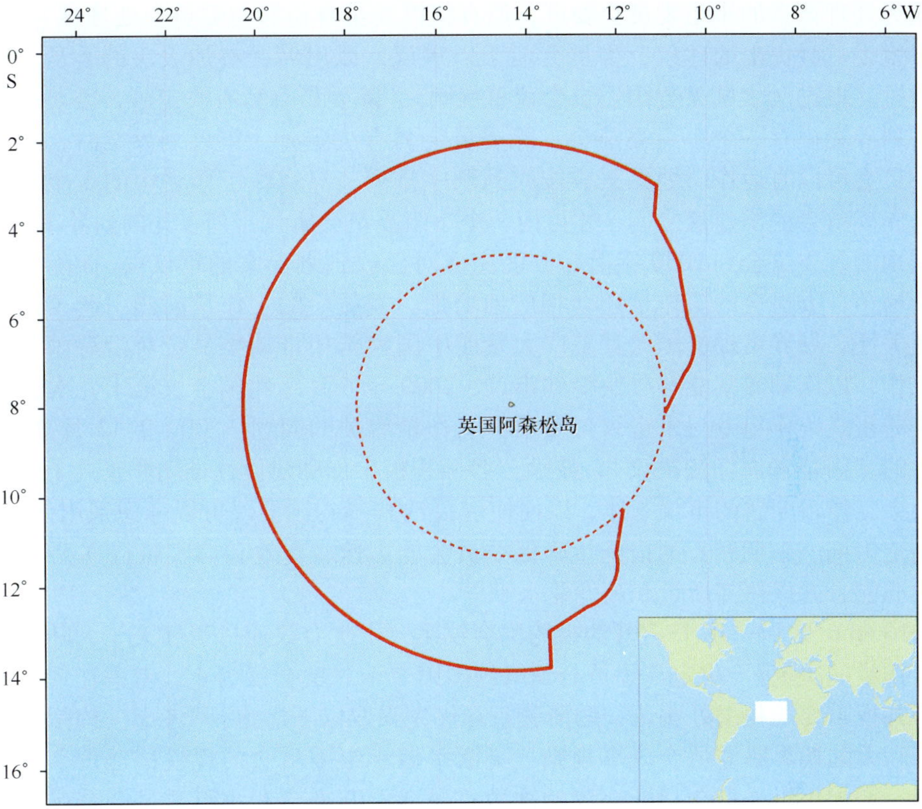

图 4－5 英国提出的阿松森岛大陆架外部界限示意图

由此，委员会认为英国不能在阿松森岛周围区域建立 200 海里外大陆架外部界限。

3. 大陆架界限委员会工作量问题

“大陆架界限委员会”是《公约》设立的专门机构，负责对沿海国提交的有关 200 海里外大陆架的外部界限的科学和技术资料进行审议并提供建议。根据《公约》，委员会由 21 名委员组成，委员是地质学、地球物理学或水文学方面的专家，由《公约》缔约国从其国民中选出，委员以个人身份任职。委员在执行委员会职务期间的费用由提出委员会委员候选人的缔约国承担。除委员会另有决定外，委员会应由 7 名委员组成的小组委员会执行职务。小组委员会的主要职责在于先行对沿海国提出的划界案进行审议，并在此基础上向委员会提出建议。根据《公约》，为已提出划界案的沿海国国民的委员会委员，或曾提供关于划界的科学和技术咨询意见以协助该国的委员会委员，不得成为处理该案的小组委员会委员，但有权以委员身份参与委员会处理该案的程序。对于小组委员会提出的建议，委员会应予以审议，以出席并参加表决的委员2/3多数核准通过。根据《大陆架界限委员会议事规则》，除委员会另有决定外，委员会应为审议每一划界案设立一个小组委员会。除委员会另有决定外，审议划界案时，只有3个小组委员会可同时运作。划界案应按收到顺序排列。只有在工作之中的3个小组委员会之一向委员会提出建议之后，才可由一个小组委员会审议排列在先的划界案①。

据预测，委员会到2030年前后方能完成对已收到划界案的审议②。而随着划界案的不断增多，委员会的工作量还会相应地增加。委员会的工作量问题引起了国际社会的广泛关注。划界案提交国尤其是广大发展中国家希望推动委员会对沿海国划界案的审议工作，以期划界案能够尽快得到审议。2009年6月缔约国会议第十九次会议成立了一个非正式工作组专门来审议与委员会工作量有关的问题。2009年12月第64届联大通过的“海洋和海洋法决议”，鼓励“各国积极参加和建设性推动非正式工作组目前对委员会工作量问题的审议工作，以便使《公约》缔约国会议可以考虑采用何种办法，包括制定短期、中期和长期措施，确保委员会能迅速、有效和切实履行《公约》为其规定的职能，并保持高质量和高专业水平”③。

2010年6月14—18日召开的缔约国会议第二十次会议通过了《关于大陆架界限委员会工作量的决定》。决定请委员会到缔约国第二十二次会议为止，考虑在现有资源范围内，并视需要与秘书处协调，酌情紧急和优先采取以下措施：“考虑公约附件二的有关规定和大陆架界限委员会议事规则，灵活掌握小组委员会的规模；延长小组委员会的会期；增加小组委员会召开会议的次数；灵活召开全会和小组委员会会议；在切实可行和能力允许的情况下，可责成小组委员会审查不止一份划界案；委员会成员经划界案提出国同意可远距离办公。”决定还要求继续由非正式工作组来处理委员会的工作量问题，特别是评估可能必须采取的进一步措施，包括设立全职委员会的可能性④。

委员会工作量问题是目前国际社会普遍关注的热点问题。由于委员会对划界案的审议工作不仅关系到划界案提交国的切身利益，而且还关系到“区域”的范围，进而关系到国际社会的共同利益，因此，委员会为解决工作量问题而采取的任何变革都不应以降低其工作质量为代价。

---

① 《大陆架界限委员会议事规则》（CLCS/52），第51条。

② 2009年6月1日，委员会收到古巴提交的划界案，这是委员会收到的第51项划界案。在第十九次缔约国会议上，大陆架界限委员会主席向会议作了题为“大陆架界限委员会工作量增加引起实际困难的现状”报告，提出了一个审议已收到的划界案和通过各项建议的预测时间表。参见：《第十九次缔约国会议的报告》（SPLOS/203），第83段。

③ 第64届联大《海洋和海洋法决议》（A/RES/64/71），第52段。

④ 《关于大陆架界限委员会工作量的决定》（SPLOS/216）。

（三）国际海底区域制度的新发展

《公约》以及《关于执行 1982 年 12 月 10 日 <联合国海洋法公约> 第十一部分的协定》①（以下简称《执行协定》）共同确立了“区域”的基本制度，内容涉及“区域”内资源勘探开发、海洋科学研究、海洋环境保护等方面。国际海底管理局（以下简称“管理局”）是根据《公约》成立的国际机构，代表全人类行使职权，负责组织和控制“区域”内活动，特别是管理“区域”资源。在管理局的推动下，“区域”资源探矿和勘探等相关制度取得重大进展。

1. “区域”资源探矿和勘探制度

多金属结核是最早引起国际社会关注和研究程度较高的“区域”矿产资源。2000 年 7 月 13 日，管理局通过了第一部深海“采矿法典”——《“区域”内多金属结核探矿和勘探规章》。

2010 年 5 月 7 日，管理局大会全体一致地通过了《“区域”内多金属硫化物探矿和勘探规章》（以下简称《硫化物规章》）。《硫化物规章》由 10 个部分和 4 个附件组成。对探矿者的权利和义务、勘探申请、勘探合同的形式和内容等方面作了详细规定。在《硫化物规章》制定过程中，管理局充分地考虑到了多金属硫化物资源的特点，采用了区块、区块组等新的概念，对管理局的参与方式进行了变通，提出了采用“累进规费制”的备选收费办法。

2010 年 5 月 7 日，中国大洋矿产资源研究开发协会向管理局提出了国际上第一份硫化物勘探许可申请。管理局法律和技术委员会将在 2011 年 7 月召开的会议上审查这一申请②。

2. 担保国的责任和赔偿责任问题

2010 年 3 月，瑙鲁共和国向管理局提出了《就担保国的责任和赔偿责任问题请国际海洋法法庭海底争端分庭提供咨询意见的提议》③。在 2010 年 4 月 26 日至 5 月 7 日管理局第 16 届会议期间，理事会对该提议进行了审议，并通过了《国际海底管理局理

---

① 《执行协定》从“缔约国的费用和体制安排”、“企业部”、“决策”、“审查会议”、“技术转让”、“生产政策”、“经济援助”等九个方面对《公约》第十一部分的内容作了实质性的修改和补充。根据协定规定，《执行协定》和《公约》应作为单一的文本来解释和适用，如果《执行协定》与《公约》第十一部分有任何不一致的地方，应以《执行协定》的规定为准。

② 《第二十次缔约国会议的报告》（SPLOS/218），第 61 段。

③ 《就担保国的责任和赔偿责任问题请国际海洋法法庭海底争端分庭提供咨询意见的提议》（ISBA/16/C/6）。

事会关于依照<联合国海洋法公约>第一九一条请求发表一项咨询意见的决定》①，请国际海洋法法庭海底争端分庭就以下问题发表咨询意见：（1）《公约》缔约国在依照《公约》特别是依照第十一部分以及1994年《关于执行1982年12月10日<联合国海洋法公约>第十一部分的协定》担保区域内的活动方面有哪些法律责任和义务？（2）如果某个缔约国依照《公约》第一五三条第2（b）款担保的实体没有遵守《公约》特别是第十一部分以及1994年《协定》的规定，该缔约国应担负何种程度的赔偿责任？（3）担保国必须采取何种适当措施来履行《公约》特别是第一三九条和附件三以及1994年《协定》为其规定的义务？

国际海洋法法庭将该案列为法庭的第17号案件。该案是国际海洋法法庭及其海底争端分庭收到的第一个咨询案。海底争端分庭于2010年5月18日发布命令，邀请管理局及其大会观察员以及《公约》缔约国就上述问题向海底争端分庭提交书面意见。包括中国在内的12个国家以及管理局、世界自然保护联盟和国际海洋金属联合组织3个政府间国际组织在海底争端分庭规定的期限内提交了书面咨询意见。联合国环境规划署在2010年9月1日提交了书面咨询意见。此外，国际绿色和平组织和世界自然基金会也向海底争端分庭提交了书面咨询意见。2010年9月14—16日，海底争端分庭举行公开听证，9个国家以及管理局、世界自然保护联盟、联合国教科文组织政府间海洋学委员会3个国际组织做了口头陈述。海底争端分庭于2011年2月1日发表了咨询意见。

中国政府在2010年8月18日向海底争端分庭提交了书面咨询意见。这是我国首次向国际海洋法法庭提交书面声明。中国政府在声明中指出担保国根据《公约》和《执行协定》所承担的责任和义务应当是合理的和适度的，既要足以使担保国对承包者进行监督，同时又应防止给担保国造成过度的负担②。

根据《公约》以及管理局有关规章规定，除国家和管理局企业部外，其他实体从事“区域”内资源的勘探和开发活动均需要由国家提供担保，担保承包者在开展“区域”内活动时能够遵守合同、管理局制订的规则、规章和程序以及《公约》。《公约》对于担保国的责任和赔偿责任问题规定过于原则，在实践中，担保国应承担哪些责任和赔偿责任并不明确。明确担保国的责任和赔偿责任是“区域”资源勘探和开发活动深入发展的客观要求，有利于促进“区域”资源、环境等方面的保护，对于“区域”法律制度的发展具有重要意义。

---

① 《国际海底管理局理事会关于依照<联合国海洋法公约>第一九一条请求发表一项咨询意见的决定》（ISBA/16/C/13）。

② “WRITTEN STATEMENT OF THE PEOPLE’S REPUBLIC OF CHINA”，http://www.itlos.org/start2_en.html，2010-09-02。

（四）涉海国际条约的新发展

除了《公约》之外，在国际海事、海洋渔业、海洋环境等领域还存在诸多条约。这些条约与《公约》有着密切的联系，是国际海洋法律的重要组成部分，补充和发展了《公约》所建立的海洋法律制度。

1. 国际海事条约

国际海事组织是联合国负责海上航行安全和防止船舶造成海洋污染的专门机构。该组织的宗旨为：促进各国间的航运技术合作，鼓励各国在促进海事安全，提高船舶航行效率，防止和控制船舶对海洋污染方面采取统一的标准，处理有关的法律问题。国际海事组织制定和修改了多项条约，内容涉及海事安全、防止海洋受船舶污染、便利海上运输、提高航行效率及海事责任等诸多方面（表4－1）。

表4－1　主要国际海事条约

领域	条约名称	生效日期	中国参加情况
海事安全	1966年国际载重线公约	1968年7月21日	1973年10月5日交存加入书
	1972年国际海上避碰公约	1977年7月15日	1980年1月7日交存加入书 同日对中国生效
	1972年国际集装箱安全公约	1977年9月6日	1980年9月23日交存加入书 1981年9月23日对中国生效
	1974年国际海上人命安全公约	1980年5月25日	1975年6月20日签署 1980年1月7日交存核准书
	1976年国际海事卫星组织公约	1979年7月16日	1979年7月13日签署 1979年7月16日对中国生效
	1978年国际海员培训、发证和值班标准公约	1984年4月28日	1979年6月3日签署 1984年4月28日对中国生效
	1979年国际海上搜寻救助公约	1985年6月22日	1980年9月11日签署 1985年6月24日交存核准书
	1988年制止危及海上航行安全非法行为公约	1992年3月1日	1988年10月25日签署 1991年8月20日提交批准通知书 1992年3月1日开始对中国生效
	1989年国际救助公约	1996年7月14日	1994年3月30日交存加入书 1996年7月14日对中国生效

续表

领域	条约名称	生效日期	中国参加情况
海洋污染	1969 年国际干预公海油污事故公约	1975 年 5 月 6 日	1990 年 2 月 23 日交存加入书 1990 年 5 月 24 日对中国生效
	1969 年国际油污损害民事责任公约	1975 年 6 月 19 日	1980 年 1 月 30 日交存接受书 1980 年 4 月 30 日对中国生效
	1972 年防止倾倒废物及其他物质污染海洋的公约	1975 年 8 月 30 日	1985 年 11 月 14 日交存加入书
	经 1978 年议定书修正的 1973 年国际防止船舶造成污染公约	1983 年 10 月 2 日	1983 年 7 月 1 日交存加入书 1983 年 10 月 2 日对中国生效
	1990 年国际油污防备、反应和合作公约	1995 年 5 月 13 日	1998 年 3 月 30 日交存加入书 1998 年 6 月 30 日对中国生效
	2000 年有毒有害物质污染防备、反应和合作议定书	2007 年 6 月 14 日	2009 年 11 月 19 日交存加入书 2010 年 2 月 19 日对中国生效
	2001 年国际控制船舶有害船底防污系统公约	2008 年 9 月 17 日	–
	2004 年控制管理船舶压载水和沉积物国际公约	–	–
责任和赔偿	1976 年海事索赔责任限制公约	1986 年 12 月 1 日	–
	1996 年国际载运有毒有害物质损害的责任和赔偿公约	–	–
	2001 年国际燃油污染损害民事责任公约	2008 年 11 月 21 日	2008 年 12 月 9 日递交加入书 2009 年 3 月 9 日对中国生效

资料来源：根据国际海事组织网站（http：//www. imo. org）以及外交部网站（http：//www. mfa. gov. cn）相关资料编制整理。

2009 年 11 月 23 日至 12 月 4 日，国际海事组织第 26 次大会在总部伦敦召开，期间更新了国际海事组织 2010—2015 年战略规划及未来两年的高级别行动计划。国际海事组织提出的 2010—2015 战略规划①，提出三大战略：提高该组织的地位和效率；制定和维持安全、有效和环境友好的航运综合框架；提高航运形象，灌输品质文化和环境意识。由三大战略方向分解为 13 项具体的战略方向，主要包括：国际海事组织作为航运技术与法律问题的国际论坛、成员国统一实施国际海事组织公约、国际海事组织能力建设、建立和维护风险管理框架、海上人命安全、海事交通网络安全、减少和消除

① 第 A. 1011（26）号决议。

海运对环境带来的负面影响等。国际海事组织提出的 2010—2011 年两年高级别行动计划①，针对战略规划的 13 项具体战略方向，提出 74 项高级行动计划，约 370 项计划成果。国际海事组织 2010—2015 年战略规划及未来两年的高级别行动计划，为国际海事组织未来的发展以及国际海事条约的制定与修订指明了方向。

在国际海事组织的大力推动下，一批重要的国际海事条约取得了实质性进展。2009 年 10 月，《伦敦公约》缔约国第 31 次协商会议和《伦敦议定书》缔约国第 4 次会议召开，通过了对《伦敦议定书》第 6 条的修正案。该修正案允许在一定条件下将二氧化碳流出口到其他国家处置，为二氧化碳流的出口问题提供了法律依据。2010 年 3 月 26 日，国际海事组织海洋环境保护委员会第 60 次会议通过了《经 1978 年议定书修正的 1973 年国际防止船舶造成污染公约》附件一的修正案。修正案添加了第 9 章关于在南极地区使用或携带油料的特殊规定，除了保障其他船只安全和进行搜救的船只以外，禁止一切船只在南极地区携带或使用重油②。修正案的通过对于保护南极地区海洋环境具有积极作用。2010 年 7 月 28 日，《<制止危及海上航行安全非法行为公约>2005 年议定书》和《<制止危及大陆架固定平台安全非法行为议定书>2005 年议定书》生效。《<制止危及海上航行安全非法行为公约>2005 年议定书》极大地扩展了在原条约下的刑事犯罪名目，采用了登船检查的新规则。《<制止危及大陆架固定平台安全非法行为议定书>2005 年议定书》扩大了原议定书规定的犯罪范围。上述议定书的生效，对于打击海上犯罪活动、维护海上航行安全和保障海上固定平台的安全具有重要意义。

2. 海洋渔业条约

2009 年 11 月 18—23 日召开的联合国粮农组织大会上，批准了《港口国预防、制止和消除非法、不报告、不管制捕鱼的措施协定》（以下简称《港口国措施协定》）。该协定将在获得 25 个国家批准的 30 天后生效。在大会通过该协定后，联合国粮农组织中的 11 个成员国当即签署了该协定。截至 2010 年 4 月 30 日，共有 16 个国家签署了该协定。《港口国措施协定》是第一个专门针对非法、不报告、不管制捕鱼活动的具有法律约束力的国际协定，也是唯一一个要求非船旗国和船旗国一起打击类似活动的协定，对于促进国际海洋渔业的发展具有重要意义。

在《港口国措施协定》中，各国一致同意采取若干步骤，加强各自港口对非法、

---

① 第 A. 1012（26）决议。

② 修正案所禁止携带或使用的重油是在 15℃时密度高于每立方米 900 千克的重油；除了重油以外，修正案还禁止船只在南极地区携带或使用在 15℃时密度高于每立方米 900 千克或在 50℃时动黏度高于每秒 180 立方毫米的其他油料，或沥青、焦油或其感光乳剂。

不报告、不管制捕鱼活动的管制。协定的要点包括：要求入港的外籍渔船必须事先向专门指定的港口申请许可，同时提供其活动及船上鱼品的信息；要求各国对渔船进行定期核查，并为核查工作制定一系列标准；各缔约方必须确保其港口和检验人员获得适当装备和培训；如拒绝船舶入港，港口国应公开通报情况，该船舶的船旗国主管部门则应采取后续行动；呼吁建立一个信息交流网络，使各国能够共享涉嫌非法捕捞的船只的信息；协定还包含旨在帮助资源短缺的发展中国家履行其义务的条款。上述措施适用于未悬挂港口国国旗的外籍渔船，但是各国可酌情将这些措施用于本国捕捞船队。

鉴于当前国际上非法、不报告和不管制捕鱼行为的严重性，该协定所强调的港口国措施对于在海上打击非法、不报告和不管制捕鱼活动所能发挥的作用将非常重要，对于发展中国家提高打击非法、不报告和不管制捕鱼活动能力也将起到促进作用。

四、小　结

《公约》将海洋划分成具有不同法律地位和管辖制度的区域，为海洋建立了全面的法律秩序，对和平利用海洋、保护海洋环境起了至关重要的作用。《公约》生效以来，国际社会积极实践《公约》有关规定，促进了国际海洋法的进一步完善。沿海国积极向大陆架界限委员会提交外大陆架划界案和初步信息，委员会审议划界案工作取得积极进展，国际社会对委员会工作日益重视，积极寻求妥善解决委员会工作量问题的方法。经过多年的谈判协商，《硫化物规章》正式出台。关于富钴结壳资源的规章也有望在较短时间内获得通过。“区域”资源探矿和勘探制度取得重要进展。管理局积极行使其职能，就担保国责任和赔偿责任问题请国际海洋法法庭提供咨询意见。该问题的明确将有利于促进管理局的工作和“区域”活动的开展。沿海国向国际海洋法法庭提交海洋划界争端案件，是对《公约》争端解决机制的积极实践。国际海洋法法庭受理管理局提出的咨询意见案，有利于促进法庭在《公约》解释和适用方面真正发挥作用。国际海事条约和海洋渔业条约等涉海国际条约的不断补充、发展和完善，既反映了当前海事安全、海洋环境保护、海洋渔业资源养护等领域的实践需求，又在客观上补充和发展了《公约》所建立的海洋法律制度，在整体上促进了国际海洋法的发展。

第五章 中国海洋法律制度

一、中国海洋法律制度概况

中国海洋法律制度是为维护国家海洋权益、开发利用海洋资源和保护海洋生态环境等制定的相关法律原则和规则的总称。中国的海洋法律制度是随着海洋开发利用活动的发展而产生和发展的。当代海洋法律制度是为满足国内海洋管理需要并在国际海洋法的影响下逐渐建立和发展起来的。中国已经建立起海洋管理的主要法律制度，并将随着时代的发展而不断完善。[①]

（一）中国海洋法律制度的产生和发展

中国海洋法律制度的产生和发展大体可分为三个阶段：古代自成体系的海洋管理制度、近现代海洋法律法规的出现以及当代海洋法律制度的建立和完善。

1. 中国古代海洋管理制度

中国古代海洋管理制度主要涉及三个方面：海洋渔业、海洋盐业和海上贸易。古代中国对海洋行业的管控十分严密，但鲜有专门的海洋立法，相关制度既有国家在海洋方面的政策，也有针对具体活动的法例和命令等。中国制度化的海洋渔业管理在明清时期已经形成。海洋盐业同其他盐业一样，由国家集中生产和销售。明清时期对海洋盐业生产用地，即濒海地区的滩涂荡地进行统一拨付，并通过编造盐册等方式加强管理。中国有着悠久的海上贸易历史并逐步形成了独具特色的市舶制度。市舶贸易是中国古代海上贸易的主要形式，肇端于唐，兴起于宋元，没落于明清。宋代有关市舶法律制度总称为市舶条法或条约、条贯等。

2. 中国近代海洋法律制度

鸦片战争后，包括国际海洋法在内的近代国际法开始传入中国。清朝政府开始利

---

① 详细介绍请参见国家海洋局海洋发展战略研究所的年度报告《中国海洋发展报告》——（2008 年、2009 年、2010 年）的相关章节。本章第二节和第三节重点介绍以上报告未涉及的海岛保护制度和地方海洋立法情况。

用国际海洋法的某些规则处理海上问题。1875 年清政府声明沿岸 10 里以内为中国的领海。1899 年签订的中国和墨西哥通商条约规定了双方领海宽度为三力克（约 30 里）。

民国时期颁布了一系列涉海法律法规。在渔业管理方面，1929 年 11 月 11 日颁布了中国历史上第一部《渔业法》，而后颁布实施了《渔业法实行细则》。1931 年 6 月 25 日公布了《渔业警察规程》。中国近代第一部海商法《中华民国海商法》于 1929 年 12 月颁布实施。1931 年 4 月颁布的《领海范围定为三海里令》，首次明确了中国领海的宽度。1947 年国民政府内政部重新命名并公布了包括南沙群岛在内的南海诸岛全部岛礁沙滩名称共 159 个。1947 年 12 月，内部发行的官方地图——《南海诸岛位置图》上，划出十一段由国界线标绘方式构成的断续线，不仅标注东沙、西沙、中沙和南沙群岛的整体名称，而且还标出曾母暗沙及大部分岛礁的个体名称。1948 年 2 月，国民政府公开发行了《中华民国行政区域图》及其附图《南海诸岛位置图》，首次以地图的方式正式标绘和发布了南海断续国界线。

民国政府还参加了一些涉海国际条约，如 1925 年参加了《斯匹茨卑尔根条约》，使中国获得了自由进入位于北极圈内的斯匹茨卑尔根群岛地区水域、在该岛及其水域从事生产和商业活动的权利。

3. 中国当代海洋法律制度的建立和完善

从新中国成立到 20 世纪 70 年代末的海洋法律制度高度关注维护国家主权和国防安全。新中国成立后，面临着复杂的海上安全形势。中国政府在 1958 年 9 月 4 日发布了《中华人民共和国政府关于领海的声明》（以下简称《领海声明》）。《领海声明》宣布我国领海宽度为 12 海里，一切外国飞机和军用船舶，未经中国政府许可，不得进入中国的领海和领海上空。为了维护国家主权和海上安全，中国在部分海域划定了禁航区和封闭水道。1953 年 7 月 1 日划定了舟山群岛的禁航区界限，禁止国内外船只进入禁航区。1953 年 10 月 18 日，划定了庙岛列岛禁航区。1956 年的《关于商船通过老铁山水道的规定》明确了商船在此海域的航行事项。1964 年，国务院发布《外籍非军用船舶通过琼州海峡管理规则》。1976 年的《中华人民共和国交通部海港引航工作规定》，明确提出其立法目的是“为了维护中华人民共和国的主权，保障港口、船舶安全”①。

从 20 世纪 70 年代末至 90 年代初，中国海洋法律制度快速发展，出台了一系列关于渔业、交通、环保和资源开发的法律法规。1979 年 2 月，国务院颁布《水产资源繁殖保护条例》，接着又颁布了《渔政管理工作暂行条例》（1979 年）和《渔港监督管理

① 国家海洋局政策法规办公室编，《中华人民共和国海洋法规选编》，北京：海洋出版社 2001 年版，第 106 页。

规则（试行）》（1980 年）。1986 年，出台了《中华人民共和国渔业法》（以下简称《渔业法》），1987 年制定了《渔业法实施细则》，对海洋渔业资源的保护起到了重要作用。在海洋运输和港口监督管理方面，中国颁布实施了《国际航行船舶试行电讯卫生检疫规定》（1979 年）、《对外国籍船舶管理规则》（1979 年）、《中华人民共和国海上交通安全法》（以下简称《海上交通安全法》，1983 年），《海上国际集装箱运输管理规定》[①]（1990 年）等法律法规。1982 年颁布的《中华人民共和国对外合作开采海洋石油资源条例》（以下简称《对外合作开采海洋石油资源条例》，2001 年 9 月 23 日修订），对中外合作开采海洋石油等方面进行了明确的规定。1982 年通过的《中华人民共和国海洋环境保护法》（以下简称《海洋环境保护法》）是中国海洋领域第一部法律。为贯彻实施《海洋环境保护法》，中国先后颁布了 7 个配套法规，[②] 以及一系列相关规章和标准，形成了较为全面的海洋环境保护法律制度。除上述法律法规外，这一时期制定的其他法律法规，如 1986 年颁布的《中华人民共和国矿产资源法》（以下简称《矿产资源法》），1990 年 3 月公布实施的《盐业管理条例》以及 1993 实行的《中华人民共和国水生野生动物保护实施条例》等，对于规范海洋开发活动，促进涉海产业发展，以及保护海洋资源和环境也起到了重要作用。

从 20 世纪 90 年代至今，中国制定和出台了一大批涉海基本法律，并对原有的部分涉海法律法规进行了修改。1992 年 2 月 25 日的《中华人民共和国领海及毗连区法》（以下简称《领海及毗连区法》），规定了领海及毗连区制度。1996 年 5 月 15 日发布的《关于中华人民共和国领海基线的声明》，公布了大陆沿岸及西沙群岛的 77 个基点。1998 年 6 月 26 日颁布的《中华人民共和国专属经济区和大陆架法》（以下简称《专属经济区和大陆架法》），规定了中国专属经济区和大陆架的范围、中国对专属经济区和大陆架的权利、保障行使权利的措施以及专属经济区和大陆架划界原则等重要问题。《领海及毗连区法》和《专属经济区和大陆架法》正式确定了中国管辖海域的范围、相关海域的各项权利和相关主张，是维护领土主权和海洋权益的基本法律，也为开展海洋综合管理提供了重要的法制基础。2001 年 10 月 27 日颁布的《中华人民共和国海域使用管理法》（以下简称《海域使用法》），正式确立了海域使用管理制度。2009 年 12 月 26 日，第十一届全国人民代表大会常务委员会第十二次会议通过了《中华人民共

① 1998 年对该法进行了修订，2002 年因《国际海运条例》生效而废止。

② 它们是：《防止船舶污染海域管理条例》（1983 年）、《海洋石油勘探开发环境保护管理条例》（1985 年）、《海洋倾废管理条例》（1985 年）、《防止拆船污染环境管理条例》（1988 年）、《防治陆源污染物污染损害海洋环境管理条例》（1990 年）、《防治海岸工程建设项目污染损害海洋环境管理条例》（1990 年）、《防治海洋工程建设项目污染损害海洋环境管理条例》（2006 年）。其中，1983 年的《防止船舶污染海域管理条例》在《防治船舶污染海洋环境管理条例》（2009 年）生效后废止。

和国海岛保护法》（以下简称《海岛保护法》），已于2010年3月生效实施。这一时期，一大批涉海法律法规迅速出台，涉及海洋资源开发与保护、海洋生态环境保护、海上交通安全、海洋调查、海底电缆管道铺设与保护、海底文物保护、海水资源利用和海洋能利用等各个领域，对于调整和规范各种涉海活动起到了重要的作用。

（二）中国海洋法律制度的主要内容及特点

从我国建立和完善海洋法律制度的目的及意义看，我国海洋法律制度主要规定了三个方面的内容：维护领土主权和海洋权益、规范海洋开发秩序和保护海洋生态环境。

1. 维护领土主权和海洋权益

维护领土主权和海洋权益，保障海上安全一直是我国海洋法律制度的重要内容。除了《领海声明》、《关于中华人民共和国领海基线的声明》、《领海及毗连区法》和《专属经济区和大陆架法》外，我国其他相关法律法规都把维护海洋权益和海上安全作为立法宗旨或重要的立法原则。在《海上交通安全法》、《渔业法》、《矿产资源法》、《海域使用管理法》和《测绘法》等主要法律均有明确的规定。《海上交通安全法》规定，“外国籍非军用船舶，未经主管机关批准，不得进入中华人民共和国的内水和港口”，“外国籍军用船舶，未经中华人民共和国政府批准，不得进入中华人民共和国领海”（第11条）。《海域使用管理法》规定“保障海上交通安全”、“保障国防安全，保证军事用海需要”是编制海洋功能区划必须遵守的原则（第11条）。为了加强涉外海洋科研管理，我国专门颁布了《涉外海洋科学研究管理规定》，对在我国管辖海域内进行涉外海洋科学研究活动、海洋科学研究的国际交流与合作做了规定。此外，我国还颁布了其他一些关于海洋权益和海上安全的规范性文件。① 2006年8月25日，中国依据《联合国海洋法公约》第298条规定，向联合国秘书长提交书面声明，对于《公约》第298条第1款所规定的事关海洋权益和海上安全的任何争端（即涉及海洋划界、领土争端、军事活动等争端），中国政府不接受《公约》第15部分第2节规定的任何国际司法或仲裁管辖。②

---

① 如《关于加强东海海上航行和渔业安全意见的通知》（国务院办公厅、中央军委1993年5月27日发布）、《中华人民共和国海关总署关于转发 <国务院关于海关执行缉私任务的船舶在海上行使紧追权的批复> 和执行 <领海及毗连区法>》有关问题的通知》（1993年）、《专属经济区渔政巡航管理规定》（国渔指［2005］83号）、《中华人民共和国管辖海域外国人、外国人船舶渔业活动管理暂行规定》（农业部2007年发布）、《外国的组织或者个人来华测绘管理暂行办法》（中华人民共和国国土资源部令2007年第38号）。

② 见外交部网站：http：//www. fmprc. gov. cn/chn/pds/ziliao/tytj/tyfg/t270754. htm，2010－12－27。

2. 规范海洋开发秩序

开发利用海洋自然资源和空间资源也一直是海洋法律制度的重要内容。规范海洋开发秩序是我国主要海洋立法的重要任务之一，《渔业法》、《矿产资源法》、《海域使用管理法》以及包括《港口法》在内的关于海上交通运输的法律法规起到了重要作用。《渔业法》及其《实施细则》规定了对渔业资源的开发、利用的管理机关及其权限，并对“养殖业”、“捕捞业”、“渔业资源的增殖和保护”等问题做了较为详细的规定，确立了养殖业实行许可证制度、种苗审批制度；对捕捞业实行确定可捕量制度、限额制度、发放捕捞许可证制度；到公海或他国管辖海域从事捕捞的审批；限定捕捞场所、时间、方法和工具；渔业资源的增殖和保护制度（渔业资源增殖保护费制度，实行捕捞禁、限措施）以及禁渔区和禁渔期等。在我国“领域和管辖海域”的矿产资源勘查、开采活动适用《矿产资源法》（第 2 条），我国政府还发布实施了《矿产资源法实施细则》、《对外合作开采海洋石油资源条例》、《对外合作开采陆上石油资源条例》①、《矿产资源勘查区块登记管理办法》、《矿产资源开采登记管理办法》、《地质资料管理条例》等 20 多项配套法规和规章。这些法律法规等规范性文件的颁布和实施，对加强矿产资源规划管理和规范矿产资源开发秩序起到了重要作用。此外，我国就海砂开采业出台了一些专门的规范性文件。

海洋交通运输是利用海洋空间资源的一种形式。2001 年颁布的《国际海运条例》旨在“规范国际海上运输活动，保护公平竞争，维护国际海上运输市场秩序，保障国际海上运输各方当事人的合法权益”（第 1 条）。2003 年的《港口法》主要是“为了加强港口管理，维护港口的安全与经营秩序，保护当事人的合法权益，促进港口的建设与发展”（第 1 条）。我国于 1989 年公布了专门规定电缆管道铺设的法规《铺设海底电缆管道管理规定》。该法的主要规定包括：领海和内水内的铺设活动须经我国批准（第 4 条）；路由、路由调查勘测活动、最后确定的海底电缆、管道路等需经我国主管机关同意或批准。相关的铺设活动不得妨害海上正常秩序（第 11 条）。

《海域使用管理法》及其配套制度，对规范用海秩序起到了极其重要的作用。《海域使用管理法》建立了海洋功能区划、海域使用权和海域有偿使用三项基本制度。海洋功能区划是指“根据海域的区位条件、自然环境、自然资源、开发保护现状和经济社会发展的需要，按照海洋功能标准，将海域划分为不同的使用类型和不同环境质量要求的功能区，用以控制和引导海域使用方向，保护和改善海洋生态环境，促进海洋

---

① 2001 年修订的《对外合作开采陆上石油资源条例》规定，“陆上石油资源”是指蕴藏在陆地全境（包括海滩、岛屿及向外延伸至 5 米水深处的海域）的范围内的地下石油资源（第 28 条第 2 款）。

资源的可持续利用”。[①]

3. 保护海洋生态环境

海洋生态环境保护立法是我国海洋法律制度中最为完备的专门制度。我国已经形成了以《海洋环境保护法》为龙头、以7个配套条例为主干的关于海洋环境保护的法规体系。1982年的《海洋环境保护法》是我国第一部保护海洋环境的综合性法律，也是海洋环境保护的基本法律。该法确立了保护和改善海洋环境、保护海洋资源、防治污染损害、维护生态平衡、保障人体健康、促进经济和社会的可持续发展的基本方针。1999年对该法进行了修订，修订后的《海洋环境保护法》共10章102条，增加了“海洋环境监督管理”和“海洋生态保护”两章，将原法第三章“防止海洋石油勘探开发对海洋环境的污染损害”修改为“防治海洋工程建设项目对海洋环境的污染损害”。相关的配套条例对来自陆地、船舶、海洋开发和建设活动带来的海洋污染的防治作出了专门规定，划分了海洋环境保护工作中相关部门的职责，建立和完善了相关制度，如海洋环境影响评价制度、应急制度、海上污染损害赔偿制度等。

我国制定的与海洋环境保护密切相关的一些法律法规，如《海域使用管理法》、《水污染防治法》、《大气污染防治法》、《固体废物污染环境防治法》、《渔业法》、《环境影响评价法》、《海岛保护法》《自然保护区管理条例》和《无居民海岛保护与利用管理规定》等也对海洋生态环境保护起到了重要作用。

我国缔结和参加的国际公约也对海洋环境保护工作有重要的作用，如《联合国海洋法公约》、《国际油污损害民事责任公约》、《防止倾倒废物及其他物质污染海洋公约》及其1996年议定书、《国际防止船舶造成污染公约》及其1978年议定书、《国际捕鲸管制公约》、《跨界鱼类种群和高度洄游类种群的养护与管理协定》等。从整体上看，我国关于海洋资源与生态环境保护的法律制度建设与其他国家相比，起步并不晚，相关配套制度也比较完备。

中国的海洋法律制度具有一些较为鲜明的特征。从法律渊源上看，我国的海洋法律制度的主要内容是由一系列法律、法规、规章及相关的条约等规范性法律文件规定的。在国家法或宪法性文件层面，有《领海声明》、《领海及毗连区法》和《专属经济区和大陆架法》，这些法律文件涉及我国领土主权、主权权利和管辖权，应归入宪法，

① 张宏声主编：《全国海洋功能区划概要》，北京：海洋出版社，2003年10月第1版，“前言”第3页。

或称其为具有宪法性质的法律。海洋法律制度中的一般法律的数量稍多，约 20 多部[①]。我国有关海洋事务和海洋管理的行政法规数量多于一般法律，适用的范围也更广，几乎涉及海洋事务所有领域，如海洋环境、海洋资源（生物资源和非生物资源）、海洋交通、海洋科技、水下文物及沉船沉物的打捞等。同时，我国有关部委还依据以上法律、法规制定了实施细则或相关规章。除国家层级的立法外，沿海地方也制定了相关条例或规章。[②] 我国缔结和参加的条约和协定也是我国海洋法律制度的重要组成部分，除《联合国海洋法公约》外，还有中韩、中日渔业协定，中越北部湾划界协定等。

从历史发展来看，我国海洋法律制度受国际法的影响较大。1958 年 2 月，第一次联合国海洋法会议召开，中国需要表明在海洋法主要问题，尤其是领海制度上的立场，这是我国发表《领海声明》的一个重要原因。《领海及毗连区法》和《专属经济区和大陆架法》的基本制度和主要内容与《公约》相关规定保持一致，甚至在文字表述上也基本相同。

从适用的地理范围来看，我国海洋法律制度主要适用于我国管辖海域。我国海洋法律制度在空间上的效力一般仅及于我国管辖海域和部分海岸带，不涉及陆地区域主体部分。而国家管辖海域（尤其是专属经济区和大陆架）的法律地位与陆地领土存在极大的差异。这是区别于其他法律制度的一个重要特征。

（三）中国海洋法律制度的健全和完善

2008 年 2 月国务院批准的《国家海洋事业发展规划纲要》明确提出要“坚持统筹兼顾原则，深化海洋综合管理。依据内水、领海、毗连区、专属经济区和大陆架、公海、国际海底及极地区域的不同法律地位和自然属性，统筹协调涉海管理活动，实施以生态系统为基础的海洋区域管理”。该《纲要》对“强化海洋法制建设，推进依法行政”提出了指导性的意见：“建立健全海洋管理法律法规，尽快完善海域使用管理

---

① 若按其内容与海洋管理相关程度，可粗略地划分为两部分，一是主要的或基本的海洋法律，共 9 部：《海洋环境保护法》（1982 年，1999 年修改）、《海上交通安全法》（1983 年）、《海关法》（1987 年，2000 年修订）、《海商法》（1992 年）、《领海及毗连区法》（1992 年）、《专属经济区和大陆架法》（1998 年）、《海域使用管理法》（2001 年）、《港口法》（2003 年）和《海岛保护法》（2009 年）。二是与海洋管理有直接关系的，共 14 部：《水污染防治法》（1984 年，1996 年、2008 年修订）、《全国人民代表大会常务委员会关于在沿海港口城市设立海事法院的决定》（1984 年）、《渔业法》（1986 年，2000 年、2004 年修订）、《矿产资源法》（1986 年，1996 年修改）、《野生动物保护法》（1988 年，2004 年修订）、《环境保护法》（1989 年）、《军事设施保护法》（1990 年）、《文物保护法》（1991 年、2002 年、2007 年修订）、《测绘法》（1992 年，2002 年修订）、《国防法》（1997 年）、《气象法》（1999 年）、《海事诉讼特别程序法》（1999 年）、《可再生能源法》（2005 年，2009 年修订）、《农产品质量安全法》（2006 年）、《物权法》（2007 年）、《循环经济促进法》（2008 年）和《石油天然气管道保护法》（2010 年）。

② 详见本章第三节。

法、海洋环境保护法、海上交通安全法、渔业法等的配套法规，深化领海及毗连区法、专属经济区和大陆架法的配套制度研究。”中国海洋法律制度的发展与完善，应当将海洋综合管理及加快配套立法等方面作为重点：一是推动“海洋入宪”和制定“海洋基本法”。中国宪法曾经提及海洋问题①，但1982年《宪法》历经数次修订，始终没有出现“海”或“海洋”。“海洋入宪”对提高全民海洋意识、完善中国海洋法律制度具有重要作用。制定“海洋基本法”的主要目的是通盘考虑中国海洋事务，统筹维护国家海洋权益、规范海洋开发秩序、保护海洋生态环境、促进海洋科教发展和提供海洋公益服务等问题。二是制定配套法规。如制定《领海及毗连区法》、《专属经济区和大陆架法》、《海域使用管理法》和《海岛保护法》等基本法律的配套法规，更好地发挥其促进和保障海洋综合管理的作用，需要建立和完善的具体制度包括：我国管辖海域巡航执法制度、涉外海洋调查管理制度、海上人工构造物管理制度等。三是制定特定事项的管理制度，如海洋观测预报、极地活动管理和大洋资源勘探开发管理等。

二、中国的海岛法律制度

中国沿海分布着众多海岛，海岛在海洋经济发展、国防建设及维护国家海洋权益等方面具有重要意义。经过近10年的发展，我国建立了专门的海岛管理与保护制度。

（一）中国海岛概况

我国海洋地质学将岛屿划为两类，大于500平方米的称为海岛，小于500平方米的称为礁。②《公约》规定：“岛屿是四面环水并在高潮时高于水面的自然形成的陆地区域。”（第121条第1款）我国《海岛保护法》规定，海岛“是指四面环海水并在高潮时高于水面的自然形成的陆地区域，包括有居民海岛和无居民海岛”（第2条第2款），也就是说，包括500平方米的海岛，也包括500平方米的岩礁。

1988—1995年我国开展的“全国海岛资源综合调查”经调查并反复核实我国沿海11个省、区、市的面积在500平方米以上的海岛共有6 961个；加上台湾、香港和澳门

---

① 起到临时宪法作用的《中国人民政治协商会议共同纲领》规定“保护沿海渔场，发展水产业”（第34条第3款）；1978年《宪法》规定“矿藏、水流、国有的森林、荒地和其他海陆资源，都属于全民所有”（第6条第2款）。

② 国家质量技术监督局发布的国家标准《海洋学术语——海洋地质学》规定如下。

海岛（sea island）：散布于海洋中面积不小于500平方米的小块陆地，又称屿或岛屿。

礁（reef）：海洋中隐现水面、面积小于500平方米的岩石称为礁。高潮时露出水面的为明礁；高潮时不露出海面，低潮时露出海面的为干出礁；低潮时也未露出海面的为暗礁。

管理的海岛，面积在500平方米以上的共计7 372个，总面积约8万平方千米。①

我国海岛分布在南北跨越38个纬度，东西跨越17个经度的海域中。最北端的岛屿是辽宁省的小笔架山，最南端的岛群是海南省的南沙群岛，最东端的岛屿是台湾省钓鱼岛诸岛的赤尾屿。我国海岛分布不均，若以海区分布的海岛数而论，东海最多，约占66%；南海次之，约占25%；黄海居第三位，渤海最少。若以各省（区、市）海岛分布的数量而论（不包括台湾、香港和澳门），第一位是浙江省，岛屿数量约占全国的41.5%；其次是福建省，约占21%；以下依次是广东、广西、山东、辽宁、海南、河北、江苏、上海和天津。

我国有居民海岛②共有433个，约占全国海岛总数的6.2%，其中浙江最多，以下依次是福建、广东、山东、辽宁、海南、广西、江苏、上海和河北。有居民海岛一般较大，资源丰富，有淡水。我国有淡水的海岛约占海岛总数的7%，略多于有居民海岛。我国海岛绝大多数（93.8%）为无居民海岛。无居民海岛是指面积大于500平方米、但该岛不作为公民户籍所在地，包括无人岛屿及临时性有人活动的岛屿，共计6 528个。500平方米以下的海岛和岩礁更多，大约有上万个。无居民海岛主要分布在东南沿海地区，浙江省最多，约占41.2%，以下依次为福建、广东、广西、山东、海南、辽宁、河北、江苏、上海和天津。③

我国海岛及其附近海域具有丰富的自然资源，包括生物资源、旅游资源、港口资源、滩涂资源、森林资源、矿产资源和可再生资源等，是发展海洋经济的重要基础和保障。依托于海岛进行的活动主要有渔业、航运、旅游、农业及部分工业。总体来看，目前我国海岛过度开发和保护不足的情况比较突出。

除经济开发、科研价值外，我国海岛在维护国家安全及海洋权益方面具有重要意义。例如海岛上可以建设军事基地，作为本土防御作战的前沿阵地，扩大防御纵深。海岛还是主张管辖海域的基础：一个能维持人类居住或其本身经济生活的孤岛可以拥有其自身的领海、专属经济区和大陆架，海域面积达43万平方千米；一个不能维持人类居住或者其本身的经济生活的小岛或岩礁也可以拥有领海和毗连区，管辖海域超过1 500平方千米。

（二）中国海岛法律制度的发展

在2003年《无居民海岛保护与利用管理规定》发布之前，我国没有关于海岛开发

---

① 《中华人民共和国海岛保护法释义》编写组：《中华人民共和国海岛保护法释义》，北京：法律出版社，2010年3月第一版，第182页。

② 为我国公民户籍所在地。

③ 《中华人民共和国海岛保护法释义》编写组：《中华人民共和国海岛保护法释义》，北京：法律出版社，2010年3月第一版，第182~183页。

与保护的专门的法律法规，但有部分法律法规涉及我国岛礁主权、开发与管理。1958年的《中华人民共和国政府关于领海的声明》首次正式明确了我国海岛的范围。该声明宣布我国领海宽度为12海里，“这项规定适用于中华人民共和国的一切领土，包括中国大陆及其沿海岛屿，和同大陆及其沿海岛屿隔有公海的台湾及其周围各岛、澎湖列岛、东沙群岛、西沙群岛、中沙群岛、南沙群岛以及其他属于中国的岛屿”（第1条）。1992年的《领海及毗连区法》第2条再次明确规定：“中华人民共和国的陆地领土包括中华人民共和国大陆及其沿海岛屿、台湾及其包括钓鱼岛在内的附属各岛、澎湖列岛、东沙群岛、西沙群岛、中沙群岛、南沙群岛以及其他一切属于中华人民共和国的岛屿。”

1982年通过、1999年修改的《海洋环境保护法》首次规定了海岛的保护问题。“国务院和沿海地方各级人民政府应当采取有效措施，保护红树林、珊瑚礁、滨海湿地、海岛……”（第20条）。对“具有特殊保护价值的海域、海岸、岛屿、滨海湿地、入海河口和海湾等”应当建立海洋自然保护区（第22条第1款第3项）。“开发海岛及周围海域的资源，应当采取严格的生态保护措施，不得造成海岛地形、岸滩、植被以及海岛周围海域生态环境的破坏”（第26条），1994年12月1日开始实施的《中华人民共和国自然保护区条例》再次作了类似规定。[①]

2003年6月17日国家海洋局、民政部和总参谋部联合发布《无居民海岛保护与利用管理规定》（2003年7月1日起施行，简称《规定》），我国开始建立专门的海岛制度。《规定》的主要目的是“保护无居民海岛生态环境，维护国家海洋权益和国防安全，促进无居民海岛的合理利用”（第1条）。《规定》重在保护海岛生态环境以及发挥海岛在维护国家海洋权益和国防安全中的作用。该规定建立和完善的制度主要有以下几个方面：无居民海岛属于国家所有，国家实行无居民海岛功能区划和保护与利用规划制度；单位和个人利用无居民海岛应当依照相关的申请审批制度；对无居民海岛，尤其是领海基点所在无居民海岛等特殊岛礁实行整治和保护；无居民海岛的命名、更名、名称注销及使用应当遵守相关的程序和规则。

2010年3月1日生效的《海岛保护法》适用于我国所有的海岛，包括有居民海岛和无居民海岛[②]。该法总结了《无居民海岛保护与利用管理规定》实施的有关经验，进一步完善海岛保护规划、明确了海岛管理机制及执法机关的职能、细化了特殊岛屿的保护措施等，是我国海岛制度最集中、最新的发展。

---

① 第10条 凡具有下列条件之一的，应当建立自然保护区：……，（三）具有特殊保护价值的海域、海岸、岛屿、湿地、内陆水域、森林、草原和荒漠；……

② 对于低潮高地（在低潮时四面环海水并高于水面但在高潮时没入水中的自然形成的陆地区域）的保护及相关管理活动，比照该法有关规定执行。

我国的《土地法》、《渔业法》、《森林法》、《矿产资源法》和《军事设施保护法》等法律法规的相关规定，也适用于海岛开发、保护与管理等活动。

（三）《海岛保护法》的主要内容

《海岛保护法》于2009年12月26日由第十一届全国人民代表大会常务委员会第十二次会议通过，自2010年3月1日起施行。《海岛保护法》分6章共58条，依次为：总则（7条）、海岛保护规划（8条）、海岛的保护（24条）、监督检查（4条）、法律责任（12条）和附则（3条）。《海岛保护法》的立法宗旨在于保护海岛及其周边海域生态系统，合理开发利用海岛自然资源，维护国家海洋权益，促进经济社会可持续发展（第1条）。该法强调，对海岛应当“保护优先、合理开发、永续利用”（第3条），重点规定了以下三个方面的内容。

1. 海岛管理体制

《海岛保护法》第5条规定：“国务院海洋主管部门和国务院其他有关部门依照法律和国务院规定的职责分工，负责全国有居民海岛及其周边海域生态保护工作。沿海县级以上地方人民政府海洋主管部门和其他有关部门按照各自的职责，负责本行政区域内有居民海岛及其周边海域生态保护工作。国务院海洋主管部门负责全国无居民海岛保护和开发利用的管理工作。沿海县级以上地方人民政府海洋主管部门负责本行政区域内无居民海岛保护和开发利用管理的有关工作。”

关于海岛名称，由国家地名管理机构和国务院海洋主管部门按照国务院有关规定确定和发布（第6条）。

关于海岛保护规划，全国海岛保护规划由国务院海洋主管部门会同本级人民政府有关部门、军事机关，依据国民经济和社会发展规划、全国海洋功能区划，组织编制，报国务院审批（第9条）；省域海岛保护规划由沿海省、自治区人民政府海洋主管部门会同本级人民政府有关部门、军事机关，依据全国海岛保护规划、省域城镇体系规划和省、自治区土地利用总体规划，组织编制，报省、自治区人民政府审批，并报国务院备案（第10条）。

考虑到有居民海岛和无居民海岛在自然地理条件、社会经济发展及既有法律相关规定等方面存在的差异，该法对这两类海岛规定的管理制度有所不同，如在有居民海岛的开发、建设方面，明确要求“应当遵守有关城乡规划、环境保护、土地管理、海域使用管理、水资源和森林保护等法律、法规的规定，保护海岛及其周边海域生态系统”（第23条），明确了国土资源、环境保护、建设、海洋等行政部门的责任。

在设立海洋保护区方面，国务院、国务院有关部门和沿海省、自治区、直辖市人民政府，应根据海岛自然资源、自然景观以及历史、人文遗迹保护的需要，对具有特殊保护价值的海岛及其周边海域，依法批准设立海洋自然保护区或者海洋特别保护区（第 39 条）。

县级以上人民政府有关部门应当依法对有居民海岛保护和开发、建设进行监督检查（第 40 条）。海洋主管部门应当依法对无居民海岛保护和合理利用情况进行监督检查，海洋主管部门及其海监机构依法对海岛周边海域生态系统保护情况进行监督检查（第 41 条）。

2. 海岛保护规划

《海岛保护法》第 2 章规定了国家实行海岛保护规划制度，明确规定海岛保护规划是进行海岛保护与利用的依据（第 8 条第 1 款），并对海岛保护规划的内容以及编制、审批和修改程序作了规定。

海岛规划的编制原则是：遵循有利于保护和改善海岛及其周边海域生态系统，促进海岛经济社会可持续发展的原则（第 8 条第 2 款），编制程序上要求，除涉及国家秘密的外，在报送审批前，海岛保护规划应当征求有关专家和公众的意见，经批准后应当及时向社会公布（第 8 条第 3 款）。第 9 条至第 13 条规定了全国、省域、县域海岛保护规划以及沿海城市、镇海岛保护专项规划的内容、编制、审批（或备案）和修改程序。全国海岛保护规划应当按照海岛的区位、自然资源、环境等自然属性及保护、利用状况，确定海岛分类保护的原则和可利用的无居民海岛以及需要重点修复的海岛等（第 9 条）。

为保障海岛保护规划的编制和修改具有及时、准确的依据，国家建立完善海岛统计调查制度，由国务院海洋主管部门会同有关部门拟定海岛综合统计调查计划，依法经批准后组织实施，发布海岛统计调查公报（第 14 条），并且建立海岛管理信息系统，开展海岛自然资源的调查评估，对海岛的保护与利用等状况实施监视、监测（第 15 条）。

3. 海岛的保护措施

《海岛保护法》第 3 章用了较大的篇幅（24 条）分 4 节对有居民海岛生态系统的保护、无居民海岛的保护及特殊用途海岛的保护作了较为具体的规定。

本章首先从保护对象、禁止的活动及支持的活动三个方面规定了适用于所有海岛保护活动的一般规定。需要保护的对象包括：海岛的自然资源、自然景观以及历史、人文遗迹；海岛植被；海岛生物物种；设置在海岛的军事设施及助航导航、测量、气象观测、海洋监测和地震监测等公益设施。明确禁止的活动包括：改变自然保护区内海岛的海岸线；采挖、破坏珊瑚和珊瑚礁；砍伐海岛周边海域的红树林；破坏、危害军事设施；损毁或者擅自移动公益设施。支持或鼓励的活动包括：利用海岛开展科学研究活动；在海岛建立可再生能源开发利用、生态建设等实验基地。国家安排海岛保护专项资金，用于海岛的保护、生态修复和科学研究活动（第21条）。

有居民海岛生态系统的保护包括保护海岛及其周边海域生态系统。有居民海岛及其周边海域应当划定禁止开发、限制开发区域，并采取措施保护海岛生物栖息地，防止海岛植被退化和生物多样性降低。有居民海岛的开发、建设应当遵守环境影响评价、环境容量及污染物排放、建设用地和用水总量控制等多项制度，并优先使用可再生能源和节水及雨水集蓄、海水淡化、污水再生利用等技术。严格限制三类活动：在有居民海岛沙滩采挖海砂；填海、围海等改变海岸线的行为；填海连岛工程建设。对于在该法施行前因填海连岛工程建设，对生态系统造成严重破坏的，应当进行生态修复。

《海岛保护法》对无居民海岛的保护措施更为严格。首先，该法规定，“无居民海岛属于国家所有，国务院代表国家行使无居民海岛所有权”（第4条），涉及利用特殊用途海岛，或者确需填海连岛以及其他严重改变海岛自然地形、地貌的，由国务院审批（第30条第2款）。其次，开发利用全国海岛保护规划确定的可利用的无居民海岛，应当遵守严格的申请审批程序：向省级人民政府海洋主管部门提出申请，并提交项目论证报告、开发利用具体方案等申请文件；由海洋主管部门组织有关部门和专家审查，提出审查意见；报省级人民政府审批（第30条）。经批准开发利用无居民海岛的，还应当依法缴纳使用金。最后，禁止采石、挖海砂、采伐林木以及进行生产、建设、旅游等活动（第28条），因海岛教学、科学研究确需在无居民海岛采集生物和非生物样本的，需报经海岛所在县级以上地方人民政府海洋主管部门批准（第29条）。此外，建造建筑物或者设施、废弃物处理、旅游开发等方面规定了更严格的要求。

需要特别保护的特殊用途海岛主要有三类：领海基点所在海岛、国防用途海岛、海洋自然保护区内的海岛等具有特殊用途或者特殊保护价值的海岛（第36条）。关于领海基点所在岛屿，应当由省级人民政府划定领海基点保护范围，报国务院海洋主管部门备案。领海基点及其保护范围周边应当设置明显标志。禁止损毁或者擅自移动领海基点标志。禁止在领海基点保护范围内进行工程建设以及其他可能改变该区域地形、地貌的活动。确需进行以保护领海基点为目的的工程建设的，应当在科学论证后，报经国务院海洋主管部门同意方可办理审批手续。县级以上人民政府海洋主管部门应当按照国家规定，对领海基点所在海岛及其周边海域生态系统实施监视、监测。关于国防用途海岛，禁止破坏国防用途无居民海岛的自然地形、地貌和有居民海岛国防用途区域及其周边的地形、地貌；禁止将国防用途无居民海岛用于与国防无关的目的（第38条）。国务院、国务院有关部门和沿海省、自治区、直辖市人民政府，根据海岛自然资源、自然景观以及历史、人文遗迹保护的需要，对具有特殊保护价值的海岛及其周边海域，依法批准设立海洋自然保护区或者海洋特别保护区（第 39 条），依据国家有关制度进行保护和管理。

三、中国的地方海洋立法

地方海洋立法是我国海洋法律制度的重要组成部分，地方海洋立法的健全和完善关系到国家相关法律法规能否得到有效落实。地方海洋立法对完善海洋法制、提高海洋管理水平具有重要作用。

（一）地方海洋立法职权

地方海洋立法是指具有立法权的地方国家机关，依据法律的规定或授权，制定、修改和废止在其行政管理区域内适用的关于海洋管理的地方性法规、自治条例、单行条例或规章。①

我国法律对地方国家机关的立法权限做了明确规定，相关规定也适用于地方海洋立法。依据《中华人民共和国立法法》（以下简称《立法法》）的有关规定，省、自治区、直辖市的人民代表大会及其常务委员会可以制定地方性法规（第 63 条第 1 款）②，这一规定适用我国所有沿海省、自治区和直辖市。作为我国唯一的省级经济特区的海南省和实行民族区域自治的广西壮族自治区，在开展地方海洋立法时还可适用特殊的规定。《立法法》规定："经济特区所在地的省、市的人民代表大会及其常务委员会根据全国人民代表大会的授权决定，制定法规，在经济特区范围内实施"（第 65 条）；"民族自治地方的人民代表大会有权依照当地民族的政治、经济和文化的特点，制定自治条例和单行条例"，"自治条例和单行条例可以依照当地民族的特点，对法律和行政法规的规定作出变通规定，但不得违背法律或者行政法规的基本原则，不得对宪法和民族区域自治法的规定以及其他有关法律、行政法规专门就民族自治地方所作的规定作出变通规定"（第 66 条）。因此，依据我国相关法律，海南和广西在进行地方海洋立法时具有比其他沿海省市更灵活和广泛的职权。

关于地方海洋立法中的规章，是指沿海省、自治区、直辖市和较大的市的人民政

---

① 本部分的相关分析仅限于我国沿海 11 个省（直辖市、自治区）的地方性法规和规章，未包括我国台湾、香港和澳门地区的立法情况。

② 应需注意的是，依据《立法法》的规定，我国较大的市的人民代表大会及其常务委员会根据本市的具体情况和实际需要，在不同宪法、法律、行政法规和本省、自治区的地方性法规相抵触的前提下，也可以制定地方性法规，但需报省、自治区的人民代表大会常务委员会批准后方可施行。

府，根据法律、行政法规和本省、自治区、直辖市的地方性法规，制定的规范性文件。地方政府规章主要规定下列事项：一是为执行法律、行政法规、地方性法规的规定需要制定规章的事项；二是属于本行政区域的具体行政管理事项。

地方海洋立法的内容应当依据法律和行政法规的规定或授权。地方海洋立法的主要任务是具体落实国家法律和行政法规的有关规定，其具体内容由相关上位法规定或授权。如《海域使用管理法》规定“沿海县级以上地方人民政府海洋行政主管部门根据授权，负责本行政区毗邻海域使用的监督管理”（第7条），其“监督管理”的重要内容之一就是制定并实施地方性法规或规章等；“沿海县级以上地方人民政府海洋行政主管部门会同本级人民政府有关部门，依据上一级海洋功能区划，编制地方海洋功能区划”（第10条），地方海洋功能区划是沿海地方海洋开发与保护的重要依据，也是地方立法中的重要法律文件。在海洋环境保护方面，地方海洋立法可以规定相关部门的职责及地方海洋环境质量标准，《海洋环境保护法》对此作了相应的规定和授权，“沿海县级以上地方人民政府行使海洋环境监督管理权的部门的职责，由省、自治区、直辖市人民政府根据本法及国务院有关规定确定”（第5条）；“国家根据海洋环境质量状况和国家经济、技术条件，制定国家海洋环境质量标准。沿海省、自治区、直辖市人民政府对国家海洋环境质量标准中未作规定的项目，可以制定地方海洋环境质量标准。沿海地方各级人民政府根据国家和地方海洋环境质量标准的规定和本行政区近岸海域环境质量状况，确定海洋环境保护的目标和任务，并纳入人民政府工作计划，按相应的海洋环境质量标准实施管理”（第9条）。

地方海洋立法在地方政府管理范围内施行。依据《国务院办公厅关于开展勘定省县两级海域行政区域界线工作有关问题的通知》（国办发［2002］12号）的规定，“海域勘界的范围为我国管辖内海和领海，界线的起点从陆域勘界向海一侧的中点开始，界线的终点止于领海的外部界限。其中，渤海和琼州海峡区域，从起点向海止于12海里处；琼州海峡窄于24海里的区域，从起点向海至于海峡中间线。”因此，地方海洋立法的地理适用范围一般是指各沿海地区管理的海域，从其海岸线至领海外部界限，包括在其行政区内的内水、领海、海岛及其周围海域。[①] 地方管理范围之外的专属经济区和大陆架上相关活动的立法权限在国家，适用国家法律或国务院的行政法规。在具体事务的管理工作中，地方政府的管理范围又有所区别。如，在海域使用管理中，沿海地方对其行政区域内的海域使用权使用有审批权，关于海域使用管理的地方立法的适用范围与上述规定一致。但在海洋渔业管理中，沿海地方关于渔业管理的立法的地理使用范围限于“机动渔船底拖网禁渔区线”以内。《渔业法实施细则》第3条规定，

① 截至2010年12月底，我国沿海县级勘界已基本结束，尚有5条省级界线有待划定。

国家对渔业的监督管理，实行统一领导、分级管理。国务院划定的“机动渔船底拖网禁渔区线”外侧，属于中华人民共和国管辖海域的渔业，由国务院渔业行政主管部门及其所属的海区渔政管理机构监督管理；“机动渔船底拖网禁渔区线”内侧海域的渔业，除国家另有规定者外，由毗邻海域的省、自治区、直辖市人民政府渔业行政主管部门监督管理。

（二）地方海洋立法概况

新中国成立以来，沿海地方政府依据国家法律和政策出台了海洋管理方面的相关法律和政策，其具体数量尚未进行准确的统计。[①] 这些规范性文件早期大多涉及滩涂使用、盐业管理、渔业管理、船舶及港口管理等。在《海洋环境保护法》出台后，部分地方也制定了相关的管理规定。在2002年《海域使用管理法》生效后，沿海地方相继制定了地方性法规或政府规章。随着《海岛保护法》于2010年生效实施，部分地方已开始着手制定相关规定。从整体上看，地方海洋立法涉及的事项没有国家立法范围广泛，现行有效的地方海洋立法主要集中在海域使用管理、海洋环境保护和渔业管理三个方面[②]。

1. 海域使用管理

沿海地方普遍重视海域使用管理立法工作。沿海地方开始重视海域使用管理立法始于20世纪90年代。在1993年5月，经国务院同意，财政部、国家海洋局联合印发了《国家海域使用管理暂行规定》（以下简称《暂行规定》），对海域使用权的出让、海域使用证的管理和海域有偿使用制度做出了明确规定。初次将形式多样的行业部门的事务管理明确为海域管理。这是我国海洋管理制度的一大进步。各沿海地方也开始普遍进行相关立法，广西壮族自治区、天津市、河北省和海南省等沿海地方相继出台有关规范性文件。

2002年1月1日《中华人民共和国海域使用管理法》生效后，山东省于2003年率先出台《山东省海域使用管理条例》后，短短的6年间，各沿海地方均出台了关于海域使用管理的地方立法。除辽宁省、上海市、浙江省和广西壮族自治区出台的是政府规章外，其他7个省市均出台了地方性法规（见表5-1）。

---

① 有研究者认为“据不完全统计，沿海省市地方海洋立法和涉海法规已不下1 000部”。见，王建廷：《我国地方海洋立法技术分析》，《海洋环境科学》第28卷第1期，2009年2月。

② 本部分采用的地方海洋立法规范性文件文本来源于国务院法制办网站、国家海洋局网站、农业部网站和沿海地方政府的官方网站，不一一注明。

表 5-1 沿海地方海域使用管理立法

序号	地方	名称	立法机关	通过时间	生效时间	备注
1	辽宁	辽宁省海域使用管理办法	辽宁省政府	2005-02-28	2005-04-01	
2	河北	河北省海域使用管理条例	河北省人大常委会	2006-11-25	2007-01-01	①
3	天津	天津市海域使用管理条例	天津市人大常委会	2007-11-15	2008-04-01	②
4	山东	山东省海域使用管理条例	山东省人大常委会	2003-09-26	2004-01-01	③
5	江苏	江苏省海域使用管理条例	江苏省人大常委会	2005-05-26	2005-07-01	
6	上海	上海市海域使用管理办法	上海市政府	2005-12-05	2006-03-01	
7	浙江	浙江省海域使用管理办法	浙江省人民政府	2004-01-16	2006-09-01	
8	福建	福建省海域使用管理条例	福建省人大常委会	2006-05-26	2006-07-01	
9	广东	广东省海域使用管理条例	广东省人大常委会	2007-01-25	2007-03-01	
10	广西	广西壮族自治区海域使用管理办法	广西壮族自治区政府	2008-08-29	2008-10-01	④
11	海南	海南省实施《中华人民共和国海域使用管理法》办法	海南省人大常委会	2005-05-27	2005-07-01	⑤

注：①1999 年 11 月 29 日河北省第九届人民代表大会常务委员会第十二次会议通过的《河北省海域管理条例》同时废止。

②1999 年 11 月 5 日市人民政府批准颁布实施的《天津市海域使用管理办法》因该条例生效而废止。

③根据 2004 年 5 月 27 日山东省第十届人民代表大会常务委员会第八次会议关于修改《山东省实施〈中华人民共和国标准化法〉办法》等五件地方性法规的决定修正。

④1997 年 3 月 31 日颁布实施的《广西壮族自治区海域使用管理办法》于 2001 年 12 月 31 日依据《广西壮族自治区人民政府关于修改部分政府规章的决定》修改；2004 年 6 月 29 日由《广西壮族自治区人民政府关于废止部分自治区人民政府规章的决定》废止。

⑤2001 年 10 月 24 日发布生效的《海南省海域使用管理办法》已被 2004 年 6 月 24 日的《海南省人民政府关于废止省政府及省政府办公厅有关文件的通知》废止。

地方海域使用管理立法除规定了《海域使用管理法》规定的海洋功能区划、海域权属管理和海域有偿使用等主要制度外，部分地方相关立法还对《海域使用管理法》未明确的问题做出了具体规定，如海岸线的确定、海域使用金的征收管理、海域使用权的收回补偿和海域的保护等。

关于海岸线，广东、广西和福建三省区明确规定为平均大潮高潮线①。关于海域使用金的征收管理，沿海地方的相关规定有：《海南省海域使用金征收管理办法》（2004年4月17日）、《浙江省海域使用金征收管理办法》（2006年11月30日发布，2007年1月1日起施行）② 和《上海市海域使用金征收管理办法》（2008年8月8日）。这些文件均规定了海域使用金的种类、缴纳方式、管理措施及海域使用金的减免问题。关于海域使用权的收回补偿，辽宁省采用评估方式："因公共利益或者国家安全等原因，需要提前收回海域使用权的，原批准用海的人民政府对海域使用权人应当给予相应补偿。补偿标准可以协商或者委托具有评估资格的评估机构，根据海域使用权人使用海域的年限和开发利用等情况评估确定"（第22条）。福建省则专门出台了《福建省海域使用补偿办法》（2008年5月1日起执行），较为详细地规定了补偿原则、补偿项目和标准、收回与补偿程序，并规定"收回海域使用权所支付的补偿费用，由重新获得海域使用权的单位或者个人承担"（第26条）。

部分地方立法在内容或形式上具有一定特色。海域的保护并非《海域使用管理法》重点规定的内容，但江苏省、河北省和广东省的海域使用管理条例对此作了特别规定，尤其是江苏省和河北省用专章（均为第4章）作了详细的规定。浙江省用专章（第3章）规定了"海域使用论证"相关要求和程序。上海市在各条款后附上了标题，如"第3条（管理部门）市海洋局负责本市海域使用的统一监督管理；中国海监上海市总队受市海洋局的委托，负责本市海域使用的执法检查和行政处罚"等。

2. 海洋生态环境保护

我国海洋生态环境保护工作起步较早，自1982年《海洋环境保护法》生效后，共出台了7个配套法规，国家层面的立法已形成体系。沿海地方专门的海洋环境保护立法始于20世纪90年代中后期，1996年天津市出台我国第一个地方海洋环境保护法律文件《天津市海域环境保护管理办法》。2002—2009年间，除河北省、上海市和广西壮族自治区外，其余各省区均制定了关于海洋环境保护的综合性的地方性法规或规章（见表5－2）。

---

① 《广东省海域使用管理条例》第2条规定："本条例所称海域，是指毗邻本省陆地的平均大潮高潮时水陆分界痕迹线向海一侧的内水及领海的水面、水体、海床和底土"；《广西壮族自治区海域使用管理办法》第2条规定："本办法所称海岸线，是指自治区人民政府按照国家规定和标准确定的平均大潮高潮时水陆分界的痕迹线"；《福建省海域使用管理条例》第2条规定："本条例所称海域，是指毗邻本省陆地的平均大潮高潮时水陆分界痕迹线向海一侧的内水和领海的水面、水体、海床和底土。"

② 《浙江省人民政府关于印发浙江省海域使用金征收管理暂行办法的通知》（浙政发〔2001〕31号）和《浙江省海域使用金征收管理暂行办法实施细则》同时废止。

表 5－2　沿海地方海洋生态环境保护立法

序号	地方	名 称	立法机关	通过时间	生效时间	备注
1	辽宁	辽宁省海洋环境保护办法	辽宁省政府	2006－06－14	2006－08－01	
2	河北	—				①
3	天津	天津市海域环境保护管理办法	天津市政府	1996－01－09	1996－01－09	
4	山东	山东省海洋环境保护条例	山东省人大常委会	2004－09－23	2004－12－01	
5	江苏	江苏省海洋环境保护条例	江苏省人大常委会	2007－09－27	2007－12－01	
6	上海	—				②
7	浙江	浙江省海洋环境保护条例	浙江省人大常委会	2004－01－16	2004－04－01	
8	福建	福建省海洋环境保护条例	福建省人大常委会	2002－09－27	2002－12－01	
9	广东	广东省实施《中华人民共和国海洋环境保护法》办法	广东省人大常委会	2009－03－31	2009－07－01	
10	广西	—				③
11	海南	海南省海洋环境保护规定	海南省人大常委会	2008－07－31	2008－10－01	

注：①河北省未制定关于海洋环境保护的综合性地方性法规或规章。与海洋环境保护密切相关的文件有《河北省防治船舶污染水域管理办法》（2005 年 3 月 1 日），以及关于渤海环境保护的碧海行动计划等。

②上海市未制定关于海洋环境保护专门的综合性法规或规章。与海洋环境保护相关的文件有：《上海市环境保护条例》（1994 年 12 月 8 日通过，1997 年 5 月 27 日修正，2005 年 10 月 28 日修订，2006 年 5 月 1 日起施行）、上海市政府发布的《上海港防止船舶污染水域管理办法》（1996 年 5 月 28 日发布，1996 年 9 月 1 日起施行），以及《上海市金山三岛海洋生态自然保护区管理办法》（1997 年 3 月 2 日上海市人民政府第 38 号令发布）。

③广西壮族自治区未制定关于海洋环境保护专门的综合性法规或规章。与海洋环境保护密切相关的文件有《广西壮族自治区环境保护条例》（1999 年 3 月 26 日广西壮族自治区第九届人民代表大会常务委员会第十次会议通过，根据 2004 年 6 月 3 日广西壮族自治区第十届人民代表大会常务委员会第八次会议《关于修改〈广西壮族自治区环境保护条例〉的决定》修正）。

海洋环境保护地方立法大多依据《海洋环境保护法》的原则和规定，主要内容基本相同，包括：海洋环境保护的管理机制、监督管理的主要措施、陆源污染防止、生态保护、海岸工程及海洋工程污染防治、船舶污染防治及法律责任等，规定了要制定本省行政区域海域的污染物排海总量控制指标和主要污染源排放控制计划，制定地方海洋环境质量标准。

地方政府在海洋环境保护工作中具有重要作用，江苏省和广东省海洋环境保护条例均明确规定海洋环境保护工作情况纳入环境保护责任考核①。重视海洋生态保护是我国海洋环境保护制度的一个重要发展趋势，2007 年通过的《江苏省海洋环境保护条例》对此较为重视，该《条例》用专章（第 3 章）特别规定了“生态保护”，除了规定具体的生态保护措施外，还特别规定“对禁止开发和限制开发的区域，应当给予适当的经济补偿”（第 18 条第 3 款）。福建省（第 15 条）和辽宁省（第 12 条）则详细列明了需要特别加强海洋生态环境保护的区域。

2009 年公布的《广东省实施 < 中华人民共和国海洋环境保护法 > 办法》对海洋生态环境保护制度中的一项重要制度——海洋环境影响评价给予了高度重视。该《办法》第五章专门规定了对海岸工程或者海洋工程建设项目环境影响报告书（表）的内容、编制、审核、批准、听证和公示等各环节的要求。

在立法形式方面，山东、辽宁和海南三省的相关立法条款相对较少（分别为 35 条、37 条和 42 条），没有采用分章规定的形式②。

3. 海洋渔业管理

我国沿海地方的海洋渔业管理立法具有以下两个特点：一是依据《渔业法》的规定制定地方渔业条例或实施办法，将淡水渔业和海洋渔业的管理措施规定在同一规范性文件中③；二是起步早、修订次数多，20 世纪 80 年代中期，各沿海地方即开展了关于海洋渔业管理的立法，福建省和海南省的现行法规分别于 2007 年和 2008 年进行了修订（见表 5－3）。

---

① 《江苏省海洋环境保护条例》第 6 条规定：“海洋环境保护工作实施情况纳入沿海设区的市、县（市、区）人民政府环境保护任期责任目标，实行责任考核、追究制度。”《广东省实施 < 中华人民共和国海洋环境保护法 > 办法》第 4 条规定：“沿海县级以上人民政府应当把海洋环境保护列入本地区国民经济和社会发展规划。海洋环境保护工作纳入沿海各级人民政府环境保护责任考核范围。”

② 天津市、江苏省、福建省、广东省和浙江省相关规定的条款分别为 41 条、45 条、46 条、48 条和 49 条。

③ 沿海地方关于海洋渔业的相关规范性文件还有：《河北省人民政府关于浅海、滩涂开展水产增殖养殖业使用权的试行办法》（河北省人民政府 1984 年 5 月 19 日颁布实施）、《山东省浅海滩涂养殖管理规定》（山东省人民政府 1992 年 11 月 16 日颁布实施）、《辽宁省渔业船舶监督检验条例》（辽宁省人大常委会于 2000 年 11 月 28 日通过，自 2001 年 1 月 1 日起施行）和《福建省浅海滩涂水产增养殖管理条例》（福建省人大常委员会 2000 年 4 月 1 日通过并生效）。

表5－3　沿海地方渔业管理立法

序号	地方	名 称	立法机关	通过时间	生效时间	备注
1	辽宁	辽宁省实施《中华人民共和国渔业法》办法	辽宁省人大常委会	1995－07－28	1995－07－28	①
2	河北	河北省渔业条例	河北省人大常委会	2007－11－23	2008－01－01	②
3	天津	天津市渔业管理条例	天津市人大常委会	2003－10－30	2004－01－01	③
4	山东	山东省实施《中华人民共和国渔业法》办法	山东省人大常委会	1987－09－01	1987－09－01	④
5	江苏	江苏省渔业管理条例	江苏省人大常委会	2002－12－17	2003－03－01	⑤
6	上海	上海市水产养殖保护规定	上海市人大常委会	1985－12－27	1985－12－27	⑥
7	浙江	浙江省渔业管理条例	浙江省人大常委会	2005－11－18	2006－04－01	⑦
8	福建	福建省实施〈中华人民共和国渔业法〉办法	福建省人大常委会	1989－03－01	1989－03－01	⑧
9	广东	广东省渔业管理条例	广东省人大常委会	2003－07－25	2003－09－01	⑨
10	广西	广西壮族自治区渔业管理实施办法	自治区人大常委会	2010－3－31	2010－5－1	⑩
11	海南	海南省实施《中华人民共和国渔业法》办法	省人大常委会	1993－5－31	1993－5－31	⑪

注：①根据2004年6月30日辽宁省第十届人民代表大会常务委员会第十二次会议关于修改《辽宁省实施＜中华人民共和国渔业法＞办法》的决定修正)。辽宁省关于海洋渔业管理的主要规范性文件还有：《辽宁省渔业船舶监督检验条例》(辽宁省第九届人民代表大会常务委员会第十九次会议于2000年11月28日通过，自2001年1月1日起施行，2004年6月30日修订)；《辽宁省海洋渔业安全管理条例》(辽宁省第十届人民代表大会常务委员会第五次会议于2003年9月25日审议通过，自2003年12月1日起施行)。

②1990年9月8日河北省第七届人民代表大会常务委员会第十六次会议公布的《河北省渔业管理条例》同时废止。

③1989年6月21日天津市第十一届人大常委会第九次会议通过的《天津市实施〈中华人民共和国渔业法〉办法》因该条例的生效而同时废止。

④根据1987年12月26日山东省第六届人民代表大会常务委员会第二十九次会议关于修正《山东省实施〈中华人民共和国渔业法〉办法》的决议第一次修正；根据1990年6月2日山东省第七届人民代表大会常务委员会第十六次会议关于修改《山东省实施〈中华人民共和国渔业法〉办法》的决定第二次修正，1990年6月27日重新公布。

⑤1988年12月25日江苏省第七届人民代表大会常务委员会第六次会议通过的《江苏省实施〈中华人民共和国渔业法〉办法》随之废止。该《办法》于1997年7月、1997年12月两次修正。

⑥该规定分别于1989年1月、1997年7月和1997年10月三次修正。

⑦ 1989年1月26日浙江省第七届人民代表大会常务委员会第七次会议通过的《浙江省渔业管理实施办法》于2006年4月1日废止。

⑧《福建省实施〈中华人民共和国渔业法〉办法》历经4次修改，最近于2007年3月28日修订，自2007年5月1日起施行。

⑨1990年2月18日广东省第七届人民代表大会常务委员会通过的《广东省渔业管理实施办法》同时废止。

⑩广西壮族自治区第七届人民代表大会常务委员会第十二次会议于1989年9月16日通过、广西壮族自治区第十届人民代表大会常务委员会第八次会议2004年6月3日修正的《广西壮族自治区渔业管理实施办法》同时废止。

⑪1993年5月31日海南省第一届人民代表大会常务委员会第二次会议通过。根据2008年7月31日海南省第四届人民代表大会常务委员会第四次会议《关于修改〈海南省实施《中华人民共和国渔业法》办法〉的决定》修正，2008年8月1日海南省人民代表大会常务委员会公告第4号公布。

地方海洋渔业管理立法基本包括了《渔业法》及其《实施细则》中相关规定，但各沿海地方也各具特色。相同或相似的方面主要有：对渔业资源的开发、利用的管理机关及其权限，并主要对“养殖业”、“捕捞业”、“渔业资源的增殖和保护”等问题做了相关规定；确立了养殖业实行许可证制度、种苗审批制度；对捕捞业实行确定可捕量制度，限额制度，发放捕捞许可证制度；到公海或他国管辖海域从事捕捞的审批；限定捕捞场所、时间、方法和工具；渔业资源的增殖和保护制度（渔业资源增殖保护费制度、实行捕捞禁、限措施）禁渔区和禁渔期等。

《辽宁省实施<中华人民共和国渔业法>办法》较为简短，但制定了《辽宁省海洋渔业安全管理条例》和《辽宁省渔业船舶监督检验条例》，显示该省对海洋渔业安全、渔民生命和财产安全以及船舶监督检验工作的重视。河北省和天津市重视养殖产品的质量安全，均用专章进行了规定。山东省对养殖水面、滩涂的征用（征收）问题规定得较为详细。江苏省对《渔业法》及其《实施细则》则对“苗种生产”（第2章）、“水产品质量安全”（第5章）和安全生产（第6章）均用专章详细规定。浙江省的相关规定较为全面，其中关于“大中型海洋捕捞渔船应当安装安全救助信息系统终端设备”（第24条）、“渔业船舶所有者或者经营者应当为海上从业人员办理人身保险（第20条）和“水产品质量安全”（第5章）等相关规定非常具体并体现了实际需求。福建省部分规定具有鲜明的地方特色①。广东省用专章（第3章）规定了“水产苗种管理”。海南省关于“渔业资源的增殖和保护”（第5章，共14条）规定的极为明确和具体：各禁渔区、麒麟菜自然保护区、西沙群岛及中沙群岛水产资源保护区的具体坐标、水深，各禁渔期的起止日期；水生动物重点保护对象及其最低可捕标准（具体种类及其长度）；严禁非法捕捉、出售、收购、加工和运输的水生动物，等等。

20世纪80～90年代部分沿海省市还对滩涂开发管理先后出台了相关规定（见表

① 如，“鼓励境内外经济组织和个人依法投资渔业生产。加强闽台渔业交流与合作，鼓励台湾同胞来闽投资渔业生产，发展名特优水产品以及从事水产品的保鲜、加工等活动”（第7条）。

5－4）。河北省、天津市和山东省的相关规定关注于滩涂养殖活动的管理，部分规定因渔业法或土地法的修改、海域使用管理法的出台等原因，已不符合国家相关规定而废止。江苏省、上海市、浙江省、福建省和广东省的滩涂管理涉及滩涂的围垦或综合利用，相关规定均是在《海域使用管理法》生效之前出台的，需要根据《海域使用管理法》及相关法律法规进行清理、修改。

表5－4　沿海地方关于滩涂开发管理的相关规定

序号	地方	名称	立法机关	通过时间	生效时间	备注
1	辽宁	—				
2	河北	河北省人民政府关于浅海、滩涂开展水产增殖养殖业使用权的试行办法	河北省政府	1984－05－19	1984－05－19	失效
3	天津	天津市保护淡水及沿海滩涂水产资源的规定（试行）	天津市人民政府	1984－7－13	1984－07－13	失效
4	山东	山东省浅海滩涂养殖管理规定	山东省人民政府	1992－11－16	1992－11－16	
5	江苏	江苏省滩涂开发利用管理办法	江苏省人民政府	1998－11－11	1998－11－30	
6	上海	上海市滩涂管理条例	上海市人大常委会	1996－10－31	1997－01－01	
7	浙江	浙江省滩涂围垦管理条例	浙江省人大常委会	1996－11－02	1997－01－01	
8	福建	福建省沿海滩涂围垦办法	福建省人大常委会	1996－01－28	1996－01－28	
9	广东	广东省河口滩涂管理条例	广东省人大常委会	2001－01－17	2001－03－01	
10	广西	—				
11	海南	—				

海盐业是我国盐业的重要组成部分，1990年2月9日国务院颁布实施《盐业管理条例》，其中关于盐业资源开发和盐场（厂、矿）保护的有关规定涉及海洋管理的相关法律制度。各沿海地方均依据该条例和相关规定，相继出台或修改了适用于本地区的

规范性文件①。这些文件也对盐业资源开发和盐场保护做了专门规定。地方在海洋盐业资源开发和盐场保护方面，也应当适用《海洋环境保护法》、《海域使用管理法》等法律法规的有关规定。

（三）地方海洋立法的作用及特点

1. 地方海洋立法的作用

地方海洋立法对我国海洋法律制度的建立、完善和实施具有重要的意义，主要体现在两个方面：一是，可以根据各沿海地方的具体情况，依据相关法律法规的原则和规定，制定更为具体详细和明确的规定，使国家海洋立法更具有可操作性，因而得到有效的实施。二是，地方立法还可以在不违背相关立法宗旨和法律原则的情况下，探索多样化的管理方式，制定更加切合地方实际的管理制度，积累立法经验，待条件成熟时吸收到国家相关立法中，进而促进整个海洋法律制度的发展和完善。

目前，我国海洋管理的主要法律制度已经建立，但是许多制度因过于原则化而难以在实际管理工作中得到落实。在国家尚未出台相关配套法规或规章做出具体规定的情况下，地方立法可以在一定程度上弥补这一空白。以我国建立的海域使用管理制度为例，因诸多原因，海岸线的确定和海域使用权的收回补偿是《海域使用管理法》没有具体规定的两个问题，但在实际管理工作中又必须得到解决。有些沿海地方作了明确的规定和有益的探索。地方海洋立法还会对国家的某项重大制度的建立起到重要作用。再以海域使用管理制度为例，我国的海域使用管理制度的建立就直接得益于两个县级的相关规定。1988 年海南建省并成为中国最大的经济特区，海洋开发活动急剧增多。1991 年 1 月 17 日海南省澄迈县人民政府发布了《澄迈县海域使用管理实施办法》，对从海岸线向海延伸 12 海里范围内的开发利用活动，实行海域使用许可证制度；对涉及海域使用的工程，按其占用海域面积拟定了资源补偿费的收费标准。海南省文昌县也出台了《文昌县海岸带和浅海海域管理办法》，对海岸线向海延伸 200 米等深线范围内的海域开发利用项目实行许可证制度。这两个管理办法的基本思路与 11 年后的国家

① 这些文件包括：《辽宁省盐业管理条例》（1996 年）；《河北省盐业管理实施办法》（1992 年 8 月 24 日实施，1989 年的《河北省盐政管理暂行规定》同时废止）；《天津市盐业管理条例》（1997 年，2000 年修正）；《山东省盐业管理条例》（2000 年 12 月 1 日起施行、1992 年的《山东省实施〈盐业管理条例〉办法》同时废止，2004 年修正）；《江苏省盐业管理条例实施办法》（1991 年，1997 年、2004 年、2008 年三次修正）；《上海市盐业管理若干规定》（2001 年）；《浙江省盐业管理条例》（1998 年 12 月 15 日通过、1999 年 2 月 1 日生效，1991 年的《浙江省盐业管理实施办法》同时废止）；《福建省盐业管理办法》（1993 年，1998 年修正）；《广东省盐业管理条例》（1999 年 12 月 12 日公布，2000 年 1 月 1 日起实施）；《广西壮族自治区人民政府关于加强我区盐业管理的通知》（1996 年 7 月 26 日）；《海南省盐业管理实施办法》（1991 年，1997 年修正）。

相关制度非常吻合，有力地促进了我国海域使用管理制度的建立。

2. 地方海洋立法的特点

初步分析我国地方海洋立法的发展及内容，可以看出我国地方海洋立法具有如下几个特点：从启动地方立法的原因上看，一是为实施国家相关法律法规，二是为满足实际管理工作需要探索新的管理方式。这与我国地方海洋立法的主要作用相一致，并且从整体上看，大多属于前一种原因。也正是这种原因，各沿海地方的渔业管理条例或实施办法会随着《渔业法》的修订而修订。从地方立法规定的主要活动来看，主要围绕上述三个方面，即海域使用管理、海洋生态环境保护和海洋渔业管理。从地方立法的具体规定上看，除了规定国家法律规定的主要制度外，大多数沿海地方均对其重视的问题详加规定。此外，各沿海地方关于同一事项的立法因各种原因，在立法水平上也存在明显的差异。

四、小　结

新中国成立以来，特别是改革开放 30 多年来，我国海洋法律制度不断建立和完善，基本的法律制度已经建立，成为我国法律体系的重要组成部分。海洋法律制度的建立和完善，对维护国家海上安全和海洋权益、保护海洋生态环境、规范海洋开发秩序、保障海洋开发者的合法权益均起到了重要作用。2010 年生效的《海岛保护法》是我国海洋法律制度中的一部重要的基本法律，《海岛保护法》的实施也将对保护我国海岛及海洋生态环境，合理开发利用海岛自然资源，维护国家海洋权益等方面具有重要意义。地方海洋立法是我国海洋法律制度的重要组成部分，地方海洋立法与国家海洋立法之间存在着积极互动的过程，地方海洋立法的健全和完善有利于保障国家相关法律法规的有效实施，地方海洋立法的创新和探索也促进了国家海洋法律制度的建立和完善。国家相关部门应当加强对地方海洋立法实践的支持和指导，提高地方海洋立法水平，积极总结地方海洋立法经验，及时在国家立法中加以吸收，进一步完善我国的海洋法律制度。

第六章　中国的海洋权益

随着陆上资源的日益衰竭，海洋资源倍受各国重视。近年来，各国纷纷完善海洋立法、调整海洋战略和政策，在海洋权益问题上暗中角力。中国维护海洋权益面临错综复杂的形势，主要涉及岛礁主权、海域划界、资源开发和海上安全等方面，就管辖海域外的海洋权益而言，也是机遇与挑战并存。2010 年，中国周边海上形势和海洋权益问题引起国际社会的关注，虽然总体局势保持基本稳定，但在黄海、东海和南海方向，海洋权益争端出现一些新变化，海上不安定因素有所增加。

一、中国的海洋权益概述

一般认为，海洋权益是指国家在管辖海域内的权利和利益的总称。海洋权益中的权利，是指沿海国在其管辖海域范围内的主权、主权权利、管辖权和管制权等；利益则是由这些权利派生的各种好处和恩惠。① 依据 1982 年《公约》和相关国际法，国家不仅在其管辖海域范围内享有海洋权利和利益，在公海、“区域”等其管辖海域范围外也享有一定的权利和利益。② 在这个意义上，海洋权利可理解为一个国家依据相关国际法和国内法在海洋上享有的各项权利和自由，海洋利益则是国家通过行使海洋权利可获得的各种好处。随着人类认识海洋和开发利用海洋能力的提高，国家的海洋利益将越来越多。海洋利益是国家利益的重要组成部分，根据海洋的利用价值，可分为海洋政治利益、海洋经济利益、海洋交通利益、海洋安全利益和海洋科研利益等③。在不违反《公约》和其他国际法的前提下，一国还可享有《公约》未明确规定的其他权益，即剩余权利。

《公约》将世界海洋划分为领海、毗连区、专属经济区、大陆架、公海和“区域”等法律地位不同的海域，并赋予各国在不同海域内相应的权利。在法律地位不同的海域，各国享有相应的海洋利益（见图 6－1）。

---

① 杨金森：全面关注国家海洋权益，见高之国，张海文主编：《海洋国策研究文集》，北京：海洋出版社，2007 年版，10 页。

② 本报告中的海洋权益，涵盖国家在管辖海域范围内和管辖海域范围外的权利和利益。在论述“海洋权益”问题时，涉及岛礁主权、内水及领海主权；海洋安全也是海洋权益的重要组成部分，在本报告中另有专章论述。

③ 见注 1，第 14～15 页。

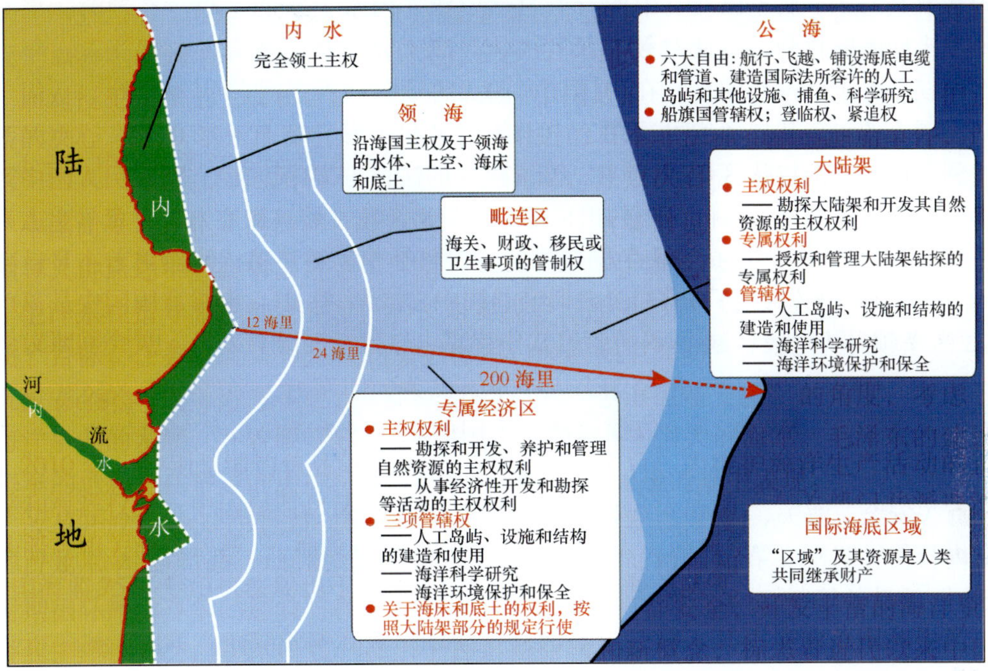

图 6－1　沿海国在各类海域的权利

图片来源：张海文、贾宇等著/绘制：《联合国海洋法公约》图解，北京：法律出版社，2010 年。

（一）管辖海域内的海洋权益

中国于 1992 年和 1998 年分别颁布的《领海及毗连区法》和《专属经济区和大陆架法》，是《公约》相关规定在中国国内法中的具体体现。这两部法律都使用了“海洋权益”这一概念。《领海及毗连区法》规定：“为行使中华人民共和国对领海的主权和对毗连区的管制权，维护国家安全和海洋权益，制定本法。”1998 年《专属经济区和大陆架法》也规定：“为保障中华人民共和国对专属经济区和大陆架行使主权权利和管辖权，维护国家海洋权益，制定本法。”

自 20 世纪 80 年代以来，中国的海洋法律法规逐渐完善，涉及中国的领海主权、毗连区管制权以及对专属经济区和大陆架的主权权利、管辖权等诸多方面，为行使海洋权利和维护海洋利益提供了必要的法律依据和保障。

1. 内水、领海主权和毗连区管制权

内水和领海是中国领土不可分割的组成部分。中国对内水享有完全的主权，包括

对内水及其海床、底土以及其中所有的自然资源、内水上空的主权。在领海，享有同陆地领土同等的权利，行使对领海及其海床、底土以及其中所有的自然资源、领海上空的主权。除了外国船舶享有在中国领海的无害通过权及其他特别规定外，适用于中国陆地领土的法律和规章均可适用于中国的内水和领海。毗连区是为了维护沿海国的某些利益而设立的特殊区域，在《公约》建立的法律框架下，毗连区是专属经济区的一部分。毗连区不是沿海国领土的组成部分，但沿海国在毗连区享有相应的管制权。

《领海及毗连区法》是维护中国领海的主权和毗连区的管制权的最基本、最直接的法律。《领海及毗连区法》规定了中国内水是领海基线向陆地一侧的水域，宣示了中国对12海里领海的主权，赋予外国非军用船舶依法无害通过中华人民共和国领海的权利。该法特别规定“外国军用船舶进入中华人民共和国领海，须经中华人民共和国政府批准”（第6条第2款）①。依据该法，中国的毗连区为领海以外邻接领海的一带海域，宽度为12海里（第4条第1款）。为防止和惩处在中国陆地领土、内水或领海内违反有关安全、海关、财政、卫生或出入境管理的法律、法规的行为，中国有权在毗连区内行使管制权（第13条）。与《公约》的相关规定对照，我国立法强调对涉及“安全”活动的管制权。

需说明的是，中国的陆地领土包括海岛。1958年，《领海声明》明确规定，“……中华人民共和国的一切领土，包括中国大陆及其沿海岛屿，和同大陆及其沿海岛屿隔有公海的台湾及其周围各岛、澎湖列岛、东沙群岛、西沙群岛、中沙群岛、南沙群岛以及其他属于中国的岛屿”。《领海及毗连区法》再次重申，“中华人民共和国的陆地领土包括中华人民共和国大陆及其沿海岛屿、台湾及其包括钓鱼岛在内的附属各岛、澎湖列岛、东沙群岛、西沙群岛、中沙群岛、南沙群岛以及其他一切属于中华人民共和国的岛屿”（第2条第2款）。1996年5月15日，中国政府根据《领海及毗连区法》，发布《中华人民共和国政府关于中华人民共和国领海基线的声明》，宣布了中华人民共和国大陆部分领海基线和西沙群岛的领海基线。

2. 专属经济区和大陆架主权权利和管辖权

专属经济区介于领海和公海之间，具有独立的和特定的法律地位。专属经济区是个立体空间，由海床的上覆水域、海床和底土以及水域上空构成。沿海国的专属经济区不是固有的，需要国家正式宣布。沿海国在专属经济区的权利主要有以下主权权利和管辖权：勘探和开发、养护和管理自然资源的主权权利以及从事经济性开发和勘探

---

① 外国籍军用船舶，未经批准不得进入中国领海。1983年公布的《中华人民共和国海上交通安全法》在第11条第2款中也对此予以明确规定。

等活动的主权权利；对海洋环境保护和保全、海洋科学研究以及海上人工岛屿、设施和结构的管辖权。

大陆架是沿海国领海以外依本国陆地领土的自然延伸。沿海国为了勘探大陆架和开发其自然资源的目的，对大陆架行使主权权利。此种权利具有专属性。沿海国对大陆架的权利不取决于有效或象征的占领或任何明文公告。沿海国在大陆架亦享有上述三项管辖权。沿海国有授权和管理为一切目的在大陆架上进行钻探的专属权利。

《专属经济区和大陆架法》是保障中国对专属经济区和大陆架行使主权权利和管辖权的最基本、最主要的法律依据。《专属经济区和大陆架法》宣示了中国拥有200海里的专属经济区，确认了大陆架自然延伸原则，重申了《公约》赋予沿海国在专属经济区和大陆架的主权权利、管辖权以及授权和管理为一切目的在大陆架上进行钻探的专属权利，强调了中国享有的历史性权利不受影响。

关于生物资源，《专属经济区和大陆架法》规定，国际组织、外国的组织或个人进入中国的专属经济区从事渔业活动，必须经中国主管机关批准，并遵守中国的法律、法规及中国与有关国家签订的条约、协定。为确保专属经济区的生物资源不受过度开发的危害，中国有权采取各种必要的养护和管理措施（第5条）。1986年通过、经2000年和2004年两次修正的《渔业法》中也有此类规定（第8条）。《渔业法》是中国管理包括海洋渔业在内的所有渔业生产活动的法律，也是中国对内水、领海渔业资源行使主权和对专属经济区渔业资源行使主权权利的法律依据。

关于非生物资源，《专属经济区和大陆架法》规定，国际组织、外国的组织或个人对中国的专属经济区和大陆架的自然资源进行勘查、开发活动或在大陆架上进行钻探，须经中国主管机关批准，并遵守中国的法律、法规（第7条）。1982年发布、经2001年修订的《中华人民共和国对外合作开采海洋石油资源条例》对外国企业参与合作开采中国的海洋石油资源的活动予以了规范。该条例明确规定中国在内海、领海、大陆架以及其他属于中国海洋资源管辖海域的油气资源，属于中国所有。在上述海域内，为开采石油而设置的建（构）筑物、作业船舶以及相应的陆岸油（气）集输终端和基地，受中国管辖（第2条）。在维护国家主权和经济利益的前提下，中国允许外国企业参与合作开采中国的海洋石油资源（第1条）。

《海洋环境保护法》涵盖了《公约》有关海洋环境保护条款的基本内容，是中国行使和履行保护管辖海域内海洋环境的权利和义务，维护管辖海域内海洋环境利益的法律依据。《海洋环境保护法》适用范围包括中国的专属经济区和大陆架，就海洋环境监督管理、海洋生态保护、陆源污染物对海洋环境的污染损害防治、海岸及海洋工程建设项目对海洋环境的污染损害防治、倾倒废弃物对海洋环境的污染损害防治、船舶及有关作业活动对海洋环境的污染损害防治等事项进行了规定。根据《海洋环境保护法》，中国先后出台了一系列管理条例，以确保对《海洋环境保护法》的有效执行和对海洋环境的有效保护。

1996年发布的《中华人民共和国涉外海洋科学研究管理规定》是中国在管辖海域内管理涉外海洋科学研究活动，维护国家安全和海洋权益的法律依据。根据此规定，在中国内海、领海内，外方进行海洋科学研究活动，应当采取与中方合作的方式。在中国管辖的其他海域内，外方可单独或与中方合作进行海洋科学研究活动。外方单独或者与中方合作进行海洋科学研究活动，须经国家海洋行政主管部门批准或者由国家海洋行政主管部门报请国务院批准，并遵守中华人民共和国的有关法律、法规（第4条）。

根据《专属经济区和大陆架法》，对人工岛屿、设施和结构的专属管辖权包括有关海关、财政、卫生、安全和出入境的法律和法规方面的管辖权；主管机关有权在专属经济区和大陆架的人工岛屿、设施和结构周围设置安全地带，并可以在该地带采取适当措施，确保航行安全以及人工岛屿、设施和结构的安全（第8条）。

中国在专属经济区和大陆架行使主权权利、管辖权等权利的同时，不影响其他国家在遵守国际法和中国的法律、法规的前提下享有的航行、飞越的自由，铺设海底电缆和管道的自由以及与这些自由有关的其他合法使用海洋的便利。但铺设海底电缆和管道的路线，必须经中国主管机关同意①。

（二）中国管辖海域外的海洋权益

根据《公约》和其他有关条约、协定，中国不仅在管辖海域内享有相应的海洋权益，在公海、“区域”、极地以及他国管辖海域也享有一定的海洋权利和利益。

公海是指沿海国管辖海域外的广阔海洋区域。公海应只用于和平目的，任何国家不得声称将公海的任何部分置于其主权之下。公海自由被视为公海制度的法律基础。公海对所有国家开放，不论其为沿海国或内陆国。各国在公海享有符合国际法规定的各项公海自由，包括：航行自由、飞越自由、铺设海底电缆和管道的自由、建造人工岛屿和其他设施的自由、捕鱼自由和科学研究的自由。中国依法享有上述自由，并且依法享有船旗国管辖权和普遍性管辖权。船旗国管辖是指各国对在其领土内登记并取得该国国籍的船舶以及船舶上的一切人和物以及发生的事所实行的管辖。普遍性管辖是指各国对于公海上发生的违反人类利益的国际罪行以及某些违反国际法的行为行使

① 1989年发布的《铺设海底电缆管道管理规定》，为维护中华人民共和国国家主权和权益，有秩序地铺设和保护海底电缆、管道提供依据。根据该规定第4条，外国的公司、企业和其他经济组织或者个人需要在我国大陆架上铺设海底电缆、管道以及为铺设所进行的路由调查、勘测等活动，应事先通知主管机关，其确定的海底电缆、管道路由，需经主管机关同意。

管辖权。此类罪行或不法行为包括海盗行为、非法广播、贩运奴隶和非法贩运麻醉药品或精神调理物质等。《公约》第110条规定了各国军舰或军用飞机在一定条件下在公海上登临享有完全豁免权以外的船舶的权利①。《公约》第111条规定了沿海国主管当局有充分理由认为外国船舶违反该国法律和规章时，可对该外国船舶实行紧追权。此种紧追可延至公海，直至被追逐的船舶进入其本国领海或第三国领海时终止②。

“区域”是指国家管辖范围以外的海床和洋底及底土，即各国大陆架以外的深海海底及其底土。“区域”资源丰富，包括多金属结核、多金属硫化物、富钴结壳、天然气水合物、深海底生物资源及其他深海资源。《公约》第十一部分规定，“区域”及其资源是人类的共同继承财产。③ 对“区域”内资源的一切权利属于全人类，由国际海底管理局代表全人类行使。“区域”的科学研究和技术发展，也要为全人类的利益服务。《公约》还规定：“在‘区域’内发现的一切考古和历史文物，应为全人类的利益予以保存或处置，但应特别顾及来源国，或文化上的发源国，或历史和考古上的来源国的优先权”④。中国在东北太平洋海底，已获得对7.5万平方千米多金属结核矿区的专属勘探权和优先开采权。

南极地区具有特殊的法律地位。南极条约体系是以1959年签订、1961年生效的《南极条约》为核心、附之以一系列相关国际公约和协定而建立和发展起来的区域性国际法律制度。南极条约体系包括200多项由各缔约国政府批准或在条约协商会议上通过的其他建议和协定。该条约适用于南纬60°以南的地区，包括一切冰架在内。该条约中的任何规定不妨碍或影响任何国家根据国际法对该地区内公海的权利的行使⑤。《南极条约》规定了南极的和平利用，冻结了各国对南极地区的主权要求，促进了各国在南极地区科学考察、和平利用和环境保护等方面的国际合作。

中国于1983年6月8日加入南极条约组织，同日条约对中国生效。1985年10月7

---

① 根据《公约》第110条第1款：“除条约授权的干涉行为外，军舰在公海上遇到按照第九十五和第九十六条享有完全豁免权的船舶以外的外国船舶，非有合理根据认为有下列嫌疑，不得登临该船：（a）该船从事海盗行为；（b）该船从事奴隶贩卖；（c）该船从事未经许可的广播而且军舰的船旗国依据第一〇九条有管辖权；（d）该船没有国籍；或（e）该船虽悬挂外国旗帜或拒不展示其旗帜，而事实上却与该军舰属同一国籍。”

② 根据《公约》，“沿海国主管当局有充分理由认为外国船舶违反该国法律和规章时，可对该外国船舶进行紧追。此项追逐须在外国船舶或其小艇之一在追逐国的内水、群岛水域、领域或毗连区内时开始，而且只有追逐未曾中断，才可在领海或毗连区外继续进行。当外国船舶在领海或毗连区内接获停驶命令时，发出命令的船舶并无必要也在领海或毗连区内。如果外国船舶是在第三十三条所规定的毗连区内，追逐只有在设立该区所保护的权利遭到侵犯的情形下才可进行”（第111条第1款）。“紧追权在被追逐的船舶进入其本国领海或第三国领海时立即终止”（第111条第3款）。

③ 《公约》，第136条。

④ 《公约》，第149条。

⑤ 《南极条约》，第6条。

日，中国被接纳为《南极条约》的协商国。中国根据《公约》、《南极条约》以及相关协定，在南极有科学考察、渔业资源开发等权利以及根据国际法在该地区公海可行使的其他权利。1991 年《南极条约》缔约国在马德里通过《关于环境保护的南极条约议定书》，该议定书于 1998 年正式生效。2002 年，依据该议定书附件 5“区域保护及管理”的规定，第 25 届南极条约协商会议通过决定，将已在南极设立的各类保护区重新划分为“南极特别保护区”与“南极特别管理区”两类。据统计，至 2009 年底，南极条约协商国共在南极地区设立了 71 个“南极特别保护区”。2008 年，我国单独提出的格罗夫山哈丁山南极特别保护区管理计划以及中澳联合提出的阿曼达湾南极特别保护区管理计划获得批准①。截至第 32 届南极条约协商会议，已获准设立的“南极特别管理区”有 7 个，分别由 15 个南极条约协商国和 1 个南极条约缔约国单独或联合提出，其中以美国和澳大利亚为主。中国参与了东南极拉斯曼丘陵特别管理区的申请并获准设立②。

不同于南极地区，北极地区目前尚未形成系统的法律制度。通常认为，北极地区为北极圈（北纬 66°33′）以北区域，包括整个北冰洋以及丹麦、加拿大、美国、俄罗斯、挪威、瑞典、芬兰和冰岛 8 个国家的部分地区。北极地区具有独特的地理位置和丰富的矿产、油气和渔业资源，这决定了其在政治、经济、科研和军事上的战略意义。北极海域涉及海洋权益的突出问题有三个方面：有关国家间的海上边界、200 海里外大陆架界限以及北极航道问题。

北冰洋作为世界海洋的组成部分，在《公约》规定的一般性国际法框架之下，各国对于国家管辖海域以外的公海部分，享有相应的权利和自由。另外，中国于 1925 年加入《斯匹茨卑尔根群岛条约》，享有缔约国应有的权利。1920 年的《斯匹茨卑尔根群岛条约》适用于该条约明确界定的特定范围内，承认挪威对于斯匹茨卑尔根群岛等大小岛屿、岩礁的主权③，对其他缔约各国的船舶和国民，则赋予了在该范围内包括捕鱼和打猎、自由进入、停留、在遵守当地法律规章的前提下平等的从事海洋、工业、矿业和商业的业务等权利。中国在北极地区没有领土和管辖海域，但中国作为《公约》的缔约国和《斯匹茨卑尔根群岛条约》的缔约国，在北极地区应享有两约赋予的相应权利。

---

① 《我国已在南极设立 3 个特别保护区和特别管理区》，http：//www. gov. cn/jrzg/2009 - 11/20/content_1469384. htm，2011 - 01 - 02。

② 顾悦婷，孙波，陈丹红，姜梅：《南极特别管理区现状分析与未来展望》，《极地研究》，第 22 卷第 4 期，2010 年 12 月。

③ 《斯匹茨卑尔根群岛条约》承认挪威对于斯匹茨卑尔根群岛、连同熊岛、包括北纬 74° ~ 81°之间，东经 10° ~ 35°之间一切岛屿在内，特别是西斯匹茨卑尔根、东北地、巴伦支岛、爱崎岛、威治岛、希望岛、查理亲王地以及附属大小岛屿、岩礁，在该条约所规定的条件下，具有充分和完全的主权。

中国在其他国家的管辖海域，也享有一定的海洋权利。例如，中国船舶在他国领海享有的无害通过权、通过群岛水域的无害通过权以及中国船舶和飞机依法享有的群岛海道通过权和在用于国际航行的海峡的过境通行权；经沿海国同意，在他国管辖海域、特别是专属经济区和大陆架进行海洋科学研究的权利等。根据《公约》规定，中国还可以与其他沿海国通过友好协商，签订相关协议，参与分享和勘探开发其他沿海国家专属经济区和大陆架的自然资源。在他国专属经济区和大陆架内，中国同所有国家一样，享有航行和飞越自由，铺设海底电缆和管道的自由以及与这些自由有关的海洋其他国际合法用途。但上述权利不是绝对的和无限制的，中国在他国管辖海域内行使权利的同时，也应遵守《公约》的相关规定，应适当顾及沿海国的权利和义务。

二、中国海洋权益面临的形势

（一）国际海洋权益热点问题

近年来，各国愈来愈关注海上利益的维护和拓展。200 海里外大陆架划界、“区域”范围和资源、海上通道和岛礁主权争端等关系到各国的海洋权益，持续受到国际社会的普遍关注。

1. 200 海里外大陆架划界

200 海里外大陆架划界为各国寻求海洋权益和战略利益带来新的机遇，被视为扩大国家管辖海域和拓展资源储备的最后契机。据估测，可能将有 60 ~ 70 个沿海国家对 200 海里以外的大陆架区域提出主张①。届时，有关国家的管辖海域和“区域”面积都将面临新的调整。中国及周边的 8 个海上邻国，除了朝鲜未提交任何形式的划界资料提交外，日本、菲律宾、越南、印度尼西亚分别单独提交划界案；越南、马来西亚提交联合划界案；中国、韩国和文莱提交了初步信息。大陆架界限委员会对日本和印度尼西亚提交的划界案已成立小组委员会进行审议。

根据《大陆架界限委员会议事规则》的有关规定，如果存在陆上或海上争端，委员会不应审议争端任一当事国提出的申请。越南单独提交的划界案以及越南、马来西亚联合提交的划界案涉及南海岛礁主权争端和大陆架划界争端。中国常驻联合国代表团就马来西亚和越南于 2009 年 5 月 6 日向大陆架界限委员会提交的 200 海里以外大陆

① 国际海底管理局秘书长根据《联合国海洋法公约》第一六六条第款提出的报告（ISBA/16/A/2），国际海底管理局大会第 16 届会议，牙买加金斯顿，2010 年 4 月 26 日至 5 月 7 日，第 73 段。

架划界案、越南 2009 年 5 月 7 日向大陆架界限委员会提交的 200 海里以外大陆架划界案，分别照会联合国秘书长，强调中国对南海诸岛及其附近海域拥有无可争辩的主权，并对相关海域及其海床和底土享有主权权利和管辖权；指出上述划界案严重侵害了中国在南海的主权、主权权利和管辖权，要求委员会不予审理。

2. “区域”范围和资源

“区域”内资源的一切权利属于全人类，由国际海底管理局代表全人类行使。国际海底管理局是《公约》缔约国根据《公约》第十一部分规定安排和控制“区域”内活动，特别是管理“区域”内资源的组织。国际海底管理局正逐步开展有关规则、规范的制订工作，为未来“区域”矿产资源的勘探和开采提供充分的使用权保障，确保对海洋环境的有效保护。继 2000 年通过《“区域”内多金属结核探矿和勘探规章》后，2010 年 5 月，通过了《“区域”内多金属硫化物探矿和勘探规章》[①]。富钴结壳规章草案的通过也指日可待。尽管国际社会对海底新资源的了解程度仍然有限，“区域”内资源的勘探尚处于初级阶段，但上述规章的出台有利于海底新资源的有序开发与利用和各国特别是发展中国家分享“区域”及其资源利益。中国是“区域”活动的积极实践者。中国在太平洋拥有对 7.5 万平方千米多金属结核资源矿区的专属勘探权，在多金属结核进入商业开采时具有优先开发权。2010 年 5 月 7 日，中国大洋矿产资源研究开发协会提出了第一份多金属硫化物勘探许可申请，覆盖西南印度洋部分海脊地区。法律和技术委员会将在 2011 年的会议上审查这一申请[②]。

中国政府一贯认为，应科学合理地划分国家管辖海域和国家管辖范围以外海域的权益，既让沿海国充分行使对其陆地领土全部自然延伸的大陆架的主权权利和管辖权，又应避免侵蚀作为人类共同继承财产的国际海底区域的范围[③]。《公约》第 121 条第 3 款规定，“不能维持人类居住或其本身的经济生活的岩礁，不应有专属经济区或大陆架。”在提交给大陆架界限委员会的 200 海里外大陆架划界案中，有国家以岩礁为基点主张 200 海里外大陆架的情形。此类主张将可能构成对“区域”人类共同继承财产的侵犯。为维护人类社会共同利益，就《公约》的解释达成一致，中国曾联合科特迪瓦和巴基斯坦将以下内容列入《公约》缔约国第 19 次会议议程的补充项目清单：“作为

---

① 国际海底管理局网站：ISBA/16/A/12，http：//www.isa.org.jm/en/sessions/2010/documents，2010－10－01。

② 《联合国海洋法公约》第 20 次缔约国会议的报告（SPLOS/218），美国纽约，2010 年 6 月 14 日至 18 日，第 61 段。http：//daccess－dds－ny.un.org/doc/UNDOC/GEN/N10/447/67/PDF/N1044767.pdf? OpenElement，2010－09－20。

③ 2009 年 12 月 4 日，常驻联合国副代表刘振民大使在第 64 届联大全会关于“海洋和海洋法”议题的发言，http：//www.fmprc.gov.cn/chn/gxh/tyb/zwbd/wshd/t631838.htm，2010－01－20。

人类的共同继承财产的国际海底区域和《联合国海洋法公约》第一二一条”①。会上，关于是否把这一补充项目列入议程，各方表达了不同的看法。在开展非正式协商之后，会议同意把对增列该拟议议程项目的审议推迟到今后一次会议进行。虽然未就该项目列入第19次会议议程之事做出决定，但此问题在会议相关项目下得以交换意见，有几个代表团重申，“根据121条第3款，委员会不应审议涉及第三国已表示反对的区域的划界案中某些内容”；还有一些代表团认为，“在沿海国家行使其划定大陆架的合法权利的利益和国际社会在划定作为人类共同继承财产的‘区域’的利益之间，第121条创造了一种微妙的平衡。”②

3. 海上通道安全

海上运输具有运输量大、成本低廉、便于通行等特点。随着对外贸易和能源需求的快速增长，海上通道利益成为很多国家海上利益的重要组成部分，对一国的国际贸易、能源运输有着直接的影响。海上通道问题，一方面来自于个别国家谋求控制战略通道的潜在威胁；另一方面来自于马六甲海峡、索马里等海域的海盗、海上恐怖分子频繁活动造成的海运安全现实威胁。

随着全球气候变暖，北极航道的开通成为可能。目前北极有两条航道，分别是部分航段位于俄罗斯北部沿海的“东北航道”以及大部分航段位于加拿大北极群岛水域的“西北航道”。北极商业通航一旦实现，将改变长期以来高度依赖巴拿马运河和苏伊士运河的局面，可在很大程度上缩短航程，减少海运成本，且可避开索马里和印度洋等海域的海盗威胁。根据2009年9月2日世界自然基金会发布的报告，由于北极冰雪融化，全球海平面在2100年将会上升1米以上，这引起近期国际上对包括北极航道在内的北极事务的再度热议和关注③。2010年8月，加拿大总理对北极地区开展了为期5天的巡游，视察了“纳努克行动”军演，强调和显视其在北极的主权和军事存在④。其他环北极国家也高度重视北极事务，冰岛和挪威寻求在某些方面的域外合作。加拿大与俄罗斯两国基于国家利益，分别强化对西北航道和东北航道的控制权。就目前而言，北极航道在短期内还难以达到商业通航的标准。北极航道的使用还将受到政治和法律等诸因素的制约和影响。

---

① 《联合国海洋法公约》第十九次缔约国会议相关文件：SPLOS/L. 60，http：//daccess - dds - ny. un. org/doc/UNDOC/LTD/N09/346/54/PDF/N0934654. pdf? OpenElement，2010 - 10 - 01。

② 《联合国海洋法公约》第19次缔约国会议的报告（SPLOS/203），美国纽约，2009年6月22日至26日，第77段，http：//daccess - dds - ny. un. org/doc/UNDOC/GEN/N09/424/11/PDF/N0942411. pdf? OpenElement，2010 - 10 - 01。

③ 世知期刊网：http：//221. 122. 112. 156/bl/gwlx/200910/1498. html，2010 - 11 - 02。

④ 中国网：http：//www. china. com. cn/international/txt/2010 - 08/28/content_20811646. htm，2010 - 09 - 06。

中国位于北半球，地处亚洲大陆以东，太平洋西岸，周边岛链环绕。中国的海洋运输要经过台湾海峡、琼州海峡、巴士海峡、马六甲海峡、苏伊士运河、霍尔木兹海峡、巴拿马运河等许多战略通道。中国是贸易大国，对外进出口货物中，90%经过海上运输通道，每天通过马六甲海峡的船只中，中国船只和为中国运送货物的船只约占60%[①]。中国也是全球第二大石油进口国，石油对外依存度超过50%。因此，海上通道安全对中国的经济发展和能源安全至关重要。但我国海上运输通道主要有以下局限性：一是重要战略资源和对外贸易过分依赖几条运输通道和海峡；二是所经海域敏感地区多，一些地区政局不稳定；三是航程漫长；四是面临海盗、海上恐怖势力等威胁。[②]

4. 岛礁主权争端

部分岛礁地位特殊，或为战略要地，或为资源要地，其价值体现在对航道的控制、拥有附属资源和扩大海防纵深等方面，对国家安全、社会稳定和经济发展有着极其重要的意义。《公约》第121条规定了岛礁在确定沿海国管辖海域时的法律地位和作用，该条第2款规定，“……岛屿的领海、毗连区、专属经济区和大陆架应按照本公约适用于其他陆地领土的规定加以确定”。

国际上存在多处岛礁归属争议（详见附件十九）。在近年来国际法院关于海洋划界的判例中，不乏先确定岛礁主权归属再确定海洋边界的国际司法实践。从现有的解决途径看，除了通过司法判决解决岛礁主权归属外，和平解决岛礁主权归属主要有以下方式：一是提出岛礁主权要求的国家对争议岛礁实行分治，对该区域的海洋资源开发实行管理和控制，从这些活动中取得经济利益。如，位于印度尼西亚南部的帝汶岛曾为荷兰和葡萄牙所分割。根据两国1885年签订的条约，帝汶岛东部和西部的欧库西归属葡萄牙，西部并入荷属东印度（今印度尼西亚）；二是两个或两个以上的国家对岛礁共同行使主权。如英国和法国在1914—1980年间对新赫布里底群岛（今瓦努阿图）的共管；英国和美国从1939年至今对坎顿岛和恩德伯里岛的共同控制；三是在承认一国主权的同时对某些主权权利加以限制，并赋予相关他国以特殊的权利。最典型的是斯瓦尔巴德群岛的主权争端解决模式；四是海岸相邻或相向的国家通过政府间协议的方式，对跨界或权利主张重叠海域的海洋资源进行共同开发，作为争端解决前的临时安排。

---

① 李兵：海上战略通道安全透视，http：//www. rmlt. com. cn/news/201001/20100107414188252. html，2010－06－07。

② 杜正艾：切实维护海上通道安全，http：//theory. people. com. cn/GB/136458/8629886. html，2009－06－06。

（二）中国周边海洋权益问题

2010 年，中国周边海上形势呈现两种态势。一方面，中国同周边国家海洋合作与交流继续推进；另一方面，海洋权益问题依旧存在，并产生一定变化。在黄海，朝鲜半岛问题一波三折，中国的安全利益受到威胁；在东海，日本与中国的海洋权益之争一度激烈，钓鱼岛主权归属仍是东海海洋权益争议的核心问题之一；在南海，多方暗中角力，域外大国高调介入。自北向南，中国的海洋权益面临不同程度的威胁和挑战。

1. 黄海

黄海分属中国、朝鲜和韩国三国的管辖海域。中国要同朝鲜划分领海边界、专属经济区边界和大陆架边界；同韩国划分专属经济区边界和大陆架边界。中韩自 1997 年开始建立正式海洋法磋商机制，就海洋划界及其他海洋法问题交换意见。截止 2009 年 6 月，中韩已举行了 15 轮磋商。苏岩礁是位于东海北部的水下暗礁，所处海域位于两国主张重叠区。中国曾就韩国在苏岩礁修建海洋观测站问题提出交涉，反对韩国在两国专属经济区主张重叠海域的单方面活动，韩国表示苏岩礁不影响两国的海上划界①。

2010 年，朝鲜半岛问题再度引起国际关注，3 月 26 日，韩国“天安”号警戒舰在黄海朝韩两国争议海域发生爆炸而沉没。5 月 20 日，韩国联合调查团宣布“天安”号系因受朝鲜潜艇鱼雷攻击而沉没。该事件导致朝美、朝韩关系骤然紧张，韩美在黄海和日本海多次持续举行联合军演。2010 年 7 月 15 日，中国外交部发言人秦刚在例行记者会上强调，坚决反对任何外国军用舰机在黄海以及其他中国近海从事影响中国安全利益的活动②。

表 6－1　中韩海洋法问题磋商情况

时间	地点	主要议题
2009－06－05	北京	双方就海洋法事务、打击索马里海盗、北极事务、联大六委工作、国际法委员会的工作交换了意见
2008－12－12	釜山	双方就中韩海域划界、外大陆架申请、海洋科研合作、打击海盗国际合作等海洋法问题和其他一般国际法问题交换了意见

① 2006 年 9 月 14 日外交部发言人秦刚在例行记者会上答记者问，http：//www.fmprc.gov.cn/chn/gxh/mtb/fyrbt/jzhsl/t271883.htm，2010－09－16。

② 2010 年 7 月 15 日外交部发言人秦刚举行例行记者会，http：//www.fmprc.gov.cn/chn/pds/wjdt/fyrbt/t717282.htm，2010－08－01。

续表

时间	地点	主 要 议 题
2008－07－04	青岛	双方就海域划界、海洋科研合作等共同关心的海洋法问题交换了意见
2007－12－14	济州岛	双方就海域划界等共同关心的海洋法问题交换了意见
2006－12－06	北京	双方就海洋划界、海洋科学研究等双方共同关心的议题进行讨论
2005－12－06	首尔	双方就海域划界、海洋科研合作和渔业管理等双方共同关心的海洋法问题进行了讨论。中方阐述了按公平原则进行中韩海域划界的立场。双方就中韩第一阶段划界对象水域的范围达成初步共识
2004－12－15	北京	双方就海域划界和其他共同关心的海洋法问题交换了意见，中方还进一步阐述了按公平原则划界的立场
2003－10－07	济州岛	双方就中韩海域划界及其他共同关心的海洋法问题交换了意见。关于海域划界，双方就划界对象水域、划界原则和方法、相关因素等进行了探讨。中方进一步阐述了按公平原则划界的立场
2002－06－18	北京	双方就海域划界的对象水域、划界的原则和方法等问题进一步阐述了各自立场，中方主张依据公平原则，考虑到所有特殊情况和相关因素，取得公平合理的划界结果
2001－05	不详	双方就海域划界问题进一步交换了意见，增进了对彼此的相互了解
2000－03	不详	中方主张以公平原则进行划界，全面考虑与划界有关的所有情况和因素。韩方则主张以中间线进行划界。双方还就分阶段分区域划界继续深入交换了意见，同意继续进行海洋法磋商
1999－05	汉城	继续全面阐述了各自有关海域划界问题的基本原则立场
1997		双方阐述了海域划界的各自有关立场

资料来源：根据外交部政策研究室主编《中国外交》，2001—2010 年以及外交部网站相关资料整理。

7 月 25—28 日，韩美两国在日本海举行了“天安”号事件后的首次联合军事演习。美国核动力航空母舰“乔治·华盛顿”号参加了此次军演①。11 月 23 日，朝鲜和韩国在相关海域存在争议的“北方界线”附近发生交火，导致人员伤亡。11 月 28 日至 12

① 新华网：韩美结束海上联合军演，http：//news. xinhuanet. com/world/2010－07/28/c_12384243. htm，2010－10－26。

月 1 日，韩美 2 在黄海进行军演。外交部发言人秦刚于 2010 年 7 月 13 日举行的例行记者会上表示："朝鲜半岛问题只有通过对话与谈判的和平方式才能得到解决"，呼吁"有关各方多做缓和而不是加剧地区紧张局势的事情，维护而不是损害本地区有关国家安全利益的事情，共同努力，从根本上推动对话与谈判，维护半岛和平与稳定，实现半岛无核化以及东北亚的长治久安"①。

2. 东海

钓鱼岛等岛屿自古以来就是中国的固有领土，中国对钓鱼岛及其附近海域拥有无可争辩的主权。钓鱼岛海域是中国渔民传统的作业渔场，中国对此有充分的历史和法理依据。2010 年 9 月，日本在钓鱼岛附近海域非法抓扣中国渔民渔船，并高调宣称要依据其国内法律审判中国渔民，严重侵犯了中国领土主权和中国公民的人身权利②。10 月 28 日，美国国务卿克林顿在会见日外相前原诚司后公开表示，美日安保条约适用于钓鱼岛，引起中国的强烈不满③。美国多次声称美日安保条约适用于钓鱼岛，并建议举行中美日三边对话，涉足钓鱼岛问题意图显现。中国一直认为要充分利用好现有的亚太各种对话与合作机制，使其为促进本地区和平与发展发挥更加有效的作用。④ 钓鱼岛主权争端成为影响东海局势稳定的重要因素。

2008 年 6 月，中日两国就东海问题达成原则共识，包括以下三项：一是要使东海成为和平、合作、友好之海；二是要在不损害各自法律立场的情况下，在东海选择一个区块进行共同开发；三是日本企业按照中国法律参加春晓油气田的合作开发。合作开发与共同开发有本质区别，中方对春晓油气田拥有完全的主权权利和管辖权。但日本单方面曲解共识，对我在春晓油气田的合法活动频繁进行监视、干扰。中方一贯重

---

① 2010 年 7 月 13 日外交部发言人秦刚举行例行记者会，http：//www. fmprc. gov. cn/chn/pds/wjdt/fyrbt/t716403. htm，2010 - 08 - 01。

② 2010 年 9 月 7 日，中国拖网渔船"闽晋渔 5179"号在钓鱼岛附近海域遭到日本海上保安厅巡逻船冲撞，后又受到日方另外两艘巡逻船跟踪、冲撞、截停、登船、检查。中国向日本提出严正交涉，强调钓鱼岛及其附属岛屿自古就是中国领土，要求日本巡逻船不得在钓鱼岛附近海域进行所谓"执法"活动，更不得采取任何危及中国渔船及人员安全的行为。9 月 13 日，14 名中国船员获释，但释放渔船船长问题陷入僵局，在撞船事件发生 17 天后，日本宣布放还非法抓扣的中国渔船船长，保留所谓处罚权利。

③ 外交部发言人马朝旭在答记者问时说，"中方对克林顿国务卿的有关言论表示严重关切和强烈不满。钓鱼岛自古以来就是中国固有领土，中国对此拥有无可争辩的主权。美日安保条约是冷战时期的产物，是日美之间双边安排，不应损害包括中国在内的第三方的利益。中国政府和人民绝不接受任何把钓鱼岛纳入该条约适用范围的言行。我们希望美日双方多做有利于本地区和平稳定的事情"。http：//www. fmprc. gov. cn/chn/pds/wjdt/fyrbt/t765185. htm，2010 - 10 - 30。

④ 外交部发言人马朝旭答记者问，http：//www. fmprc. gov. cn/chn/pds/wjdt/fyrbt/t765887. htm，2010 - 11 - 09。

视并坚持东海问题原则共识，并努力为落实原则共识创造良好条件。2010 年 5 月，中日两国官员曾就东海问题进行了司长级接触，中国并愿意继续通过司长级接触同日方保持沟通①。日本在钓鱼岛附近海域非法抓扣中国渔船事件致使中日关系受损，第二次东海问题原则共识政府间谈判被迫推迟②。

3. 南海

中国是最早发现和管理南海诸岛的国家，对南海诸岛及其附近海域拥有无可争辩的主权。进入 21 世纪以来，周边国家对南海岛礁的争夺逐渐从军事占领转变为战略角力。南海的海洋划界主张存在多方重叠。马来西亚和越南于 2009 年 5 月 6 日向大陆架界限委员会提交的 200 海里以外大陆架划界案、越南 2009 年 5 月 7 日向大陆架界限委员会提交的 200 海里以外大陆架划界案，侵犯了中国在南海的主权、主权权利和管辖权。中国政府郑重要求委员会对马来西亚和越南联合划界案、越南划界案不予审理。

南海是重要的海上通道，中国一贯尊重各国在南海依国际法享有的航行和飞越自由。2010 年 7 月，美国国务卿希拉里·克林顿在越南河内举行的东盟地区论坛外长会议上宣称：美国深切关注中国与东盟“在南沙群岛和西沙群岛的争端”，因为“争端妨碍了海上贸易的开展”，事关美国“国家利益”③。为了维护中国的主权和合法权益，维护南海稳定，杨洁篪外长在会议上客观评价了南海地区国际航行自由和安全现状，阐述了中国立场和主张，指出南海问题是中国和东盟一些国家间的领土和海洋权益争议，而非中国与东盟的争议④。在 2010 年 9 月 21 日中国外交部发言人姜瑜举行例行记者会上，当有记者请求证实“美国官员透露，中方表示南海是中国的核心利益”时，外交部发言人姜瑜回答：“各国都有核心利益。涉及国家主权、领土完整、重大发展利益的问题对各国都是至关重要的。中方认为，南海问题只是有关国家之间的领土主权和海洋权益的争议，不是中国与东盟之间的问题，更不是地区或国际问题，所以只能也必须由当事双方通过友好协商，以和平方式加以解决。我们坚持‘搁置争议，共同开发’，始终致力于同有关国家通过双边协商加以妥善解决。沟通的渠道也是畅通的。”⑤

---

① 2010 年 5 月 4 日外交部发言人姜瑜举行例行记者会，http：//www. fmprc. gov. cn/chn/pds/wjdt/fyrbt/t689720. htm，2010－06－06。

② 中国新闻网：中方决定推迟第二次东海问题政府间谈判，http：//www. chinanews. com. cn/gn/2010/ 09－11/ 2526502. shtml，2010－10－02。

③ 中国新闻网：http：//www. chinanews. com. cn/gj/2010/09－25/2551661. shtml，2010－09－27。

④ 中国新闻网：http：//www. chinanews. com. cn/gn/2010/07－26/2423966. shtml，2010－09－27。

⑤ http：//www. fmprc. gov. cn/chn/pds/wjdt/fyrbt/t754554. htm，2010－09－22。

三、维护海洋权益的政策举措

面对复杂的海上形势，中国在维护国家海洋权益和周边海上稳定方面做出诸多努力，各领域相互配合，全方位、多层次发展海洋事业，初步形成海洋法律体系，日益重视海洋事务管理，不断加强海上执法队伍建设。同时，积极推动同周边国家的海上问题磋商，显示了通过和平谈判解决海洋争议的诚意。

（一）中国维护海洋权益的主要措施和成效

在21世纪的第一个10年中，中国海洋事业经历了积极的变革和发展。[①] 海洋事业全面推进，为维护海洋权益提供了坚实的基础和保障。

1. 海洋管理能力不断提高

近年来，全民海洋意识不断增强，海洋管理立法不断实现突破，海洋战略研究初见成效，发展规划成果显现；海洋产业不断壮大，海上维权执法全面推进；海洋低敏感领域合作进展顺利，极地科考、“区域”勘察工作取得一定进展和成效。2009年3月31日，中国外交部将条约法律司、亚洲司和欧亚司的原有部分业务进行了适当整合，增设边界与海洋事务司，拟定海洋边界相关外交政策，指导协调海洋对外工作，承担海洋划界、共同开发等相关外交谈判工作为其部分工作职责[②]。

2. 海洋法律制度日益完备

自20世纪80年代以来，中国公布了《领海及毗连区法》、《专属经济区和大陆架法》、《海岛保护法》、《海上交通安全法》、《海洋环境保护法》、《对外合作开采海洋石油资源条例》、《涉外海洋科学研究管理规定》和《铺设海底电缆管道管理规定》等一系列的法律、法规和规定，对不同法律地位的海域内中国享有的相应权益作了规范，涉及海岛保护、海上交通安全、海洋资源开发和保护、海洋生态环境保护和海上科学研究等多个领域，为中国行使主权、主权权利和管辖权，全面维护海洋权益提供了必要的法律依据。

---

① 中国新闻网：国家海洋局局长：中国将加快步伐走向“深海”，http：//www. chinanews. com. cn/gn /2010/09 -05/ 2512595. shtml，2010 -10 -28。

② 于建：边界是这样划出来的，http：//www. fmprc. gov. cn/chn/gxh/xsb/ywfc/t563979. htm，2010 -10 -27。

3. 海上巡航执法持续加强

中国的海上执法力量包括中国海监、渔政、海事、公安边防海警等。中国海军是捍卫海洋权益的重要防御性军事力量。在维护海洋权益方面，中国海监作为一支重要的海上执法力量，担负着在中国管辖海域巡航执法任务。自2006年，中国海监开始执行东海定期维权巡航执法任务。2007年，中国海监将定期巡航区扩展到黄海、南海北部海域。近年来，中国海监全面开展定期维权巡航执法，重点加强了对侵权事件多发海域的巡航监视，及时发现、依据有关法律法规对在我国管辖海域内从事侵犯我国海洋权益的活动进行了监视和制止，包括在我国管辖海域内的非法海洋科研调查、军事测量、勘探开发等活动。2008年12月8日，中国海监船进入钓鱼岛12海里实施了维权巡航行动。2005年，中国对原《专属经济区渔业巡航管理规定》进行了修订完善，中国渔政据此加强了在我国专属经济区的渔政巡航管理，维护专属经济区的正常渔业生产秩序。

4. 双边谈判和磋商稳步推进

2000年我国同越南签订了北部湾划界协定，这是我国与邻国划定的第一条海上界线。2002年中国同有关国家签署《南海各方行为宣言》，并在推动有关后续行动。在共同开发和海上合作方面，2005年12月24日，中朝签署《中朝政府间关于海上共同开发石油的协定》。中日和中韩分别于1997年11月11日和2000年8月3日签订了《中华人民共和国和日本国渔业协定》、《中华人民共和国政府和大韩民国政府渔业协定》。2008年6月18日，中日两国就东海共同开发达成原则共识。对于中日双方在东海问题上的分歧，中方一直主张通过磋商、谈判予以妥善解决，以维护中日的战略互惠关系和两国人民的根本利益。①

（二）2010年中国维护海洋权益的主要举措

2010年，中国继续高度重视维护国家海洋权益，并取得新的进展。10月18日中国共产党第十七届中央委员会第五次全体会议通过的《中共中央关于制定国民经济和社会发展第十二个五年规划的建议》中，明确提出要“保障海上通道安全，维护我国海洋权益”。

---

① 杨洁篪就中国外交政策和对外关系答中外记者问（2010年3月7日），http：//www.fmprc.gov.cn/chn/pds/sp/t662298.htm，2010-03-09。

1. 捍卫领海主权

面对侵犯我领土主权和合法权益的行为，中国政府和人民也表现了坚决维护正当权益的决心。2010 年 9 月发生在钓鱼岛海域附近的日本非法抓扣中国渔船事件，严重伤及中国人民感情。中国政府对日多次提出抗议，并数次召见日本驻华大使。日本的蛮横态度导致第二次东海问题原则共识政府间谈判被推退。10 月 4 日，国务院总理温家宝与日本首相菅直人在布鲁塞尔举行的第八届亚欧首脑会议期间进行了交谈，重申钓鱼岛是中国固有领土。10 月 29 日，中国外交部长杨洁篪在河内举行的东亚领导人系列会议期间会见了日本外相前原诚司，重申中方在钓鱼岛问题上的严正立场。

2. 加强海上巡航执法

2010 年，特别是继钓鱼岛附近海域渔船抓扣事件后，为维护海洋生产活动的正常秩序和海洋权益，中国海监执法船在相关海域加强了执法活动，有关部门并派遣渔政执法船赴相关海域护渔。① 渔政执法从单一的海上执法走向海空结合的立体执法模式，“中国海监 75” 专用执法船也于 10 月入列中国海监南海总队②。

3. 继续开展大洋极地科考调查

2009 年 12 月 26 日至 2010 年 3 月 9 日，大洋 21 航次第五、六航段在西南印度洋执行了首次环境专业调查。不仅采集到了低温热液氧化物烟囱样品，还成功对作业区多金属硫化物热液烟囱、热液羽流的分布进行了较系统的观察和测量，为较好地评价该区热源硫化物资源和环境提供了新的资料。③ 2010 年 5 月，在《“区域” 内多金属硫化物探矿和勘探规章》通过，中国提出了多金属硫化物勘探许可申请，覆盖西南印度洋部分海脊地区，这是国际海底管理局收到的第一份申请。中国重视与各国在极地的科研合作和交流。2010 年 1 月 25 日，驻挪威大使唐国强应邀出席挪威 “北极前沿” 组织举办的主题为 “生活在高北地区” 的研讨会时表示：“中国尊重北极地区国家的主权以及根据国际法享有的主权权利和管辖权，愿就北极问题与各方加强互利合作，为实现北极地区的和平、稳定和可持续发展而努力。中国愿与各国加强北极科研合作，并欢迎各国科学家继续参加中国北极科考站 ‘黄河站’ 的科学观察和中国组织的北极海洋

---

① 外交部发言人姜瑜就中方加强在相关海域执法活动等答问，http：//www.fmprc.gov.cn/chn/pds/wjdt/fyrbt/t753469.htm，2010－09－19。

② 环球网：http：//mil.huanqiu.com/china/2010－05/831906.html，2010－08－26。

③ 大洋 21 航次取得阶段性成果，http：//www.comra.org/haidi/2010/20100421.htm，2010－11－09。

科考。”[①] 目前，我国已成为世界上能够自主制造载人深潜器的少数国家之一，南极“长城站”、“中山站”、“昆仑站”，北极“黄河站”和“雪龙”号破冰船“一船四站”的极地工作格局已经形成。[②]

4. 大力加强海洋意识宣传

2010 年 3 月 24 日，全国海洋宣传工作会议在北京召开，这是全国海洋系统召开的第一次宣传工作会议。会议提出海洋宣传工作应“认准‘一个目标’，突出‘两个方面’，坚持‘三个依靠’，注重‘四个结合’”[③]。2010 年，中国正式将原有 7 月 18 日全国海洋宣传日与 6 月 8 日世界海洋日合并举办。世界海洋日的主题是“我们的海洋：机遇与挑战”，我国的主题为“关爱海洋——我们一起行动”。通过开展不同形式的宣传，国民海洋意识进一步提高，对扭转重陆轻海观念，维护国家海洋权益，促进海洋事业发展有着积极的意义。

5. 努力推进和谐周边建设

中国奉行与邻为善、以邻为伴的睦邻、富邻、安邻的外交政策，同周边国家全面建立起友好合作关系。对于中日两国间存在的一些敏感、复杂的问题，中国主张通过对话，妥善解决，共同维护两国战略互惠关系。2010 年 10 月 4 日，温家宝总理与日本首相菅直人在第八届亚欧首脑会议期间进行了交谈，双方同意加强两国民间交流和政府间沟通，适时实现中日高层会晤。[④] 10 月 29 日，中国外交部长杨洁篪与日本外相前原诚司在河内举行的东亚领导人系列会议期间表示，双方应努力维护和推进中日关系符合两国和两国人民的根本利益，同意保持经常性接触，为改善和发展中日关系作出共同努力。[⑤] 2010 年，中国继续推动与南海周边国家就相关问题的友好磋商。中菲、中越、中马等双边磋商机制正在有效运行，双边对话取得不同程度的积极进展。中越

---

① 中国驻挪威大使唐国强在挪威北极问题研讨会上发表演讲，http：//www. fmprc. gov. cn/chn/ gxh/cgb/zwbd/gzhd/t654696. htm，2010－10－21。

② 国家海洋局局长：让“蓝色国土”成国民经济新增长点，http：//www. gov. cn/jrzg/2010－11/14/ content_1745217. htm，2010－11－16。

③ 认准“一个目标”，是“提高全民族海洋意识”；把握“两个方面”，是既要注重对社会公众的宣传，又要注重对决策层面的宣传；坚持“三个依靠”，是紧紧依靠全社会，依靠沿海省区市，依靠海洋系统广大干部职工；注重“四个结合”，是把海洋宣传与海洋对中华民族伟大复兴的重要意义结合起来，与国家的方针政策结合起来，与海洋知识的普及结合起来，与海洋文化的传承与弘扬结合起来。见“首次全国海洋宣传工作会议在北京召开”，http：//www. soa. gov. cn/hyjww/qghyxcgzhy/hybd/webinfo/2010/03/1265846971274005. htm，2010－08－09。

④ 人民网：http：//xj. people. com. cn/GB/193222/12880038. html，2010－10－29。

⑤ 杨洁篪会见日本外相，重申中方对钓鱼岛问题的严正立场，http：//www. mfa. gov. cn/chn/gxh/tyb/zyxw/t765105. htm，2010－10－29。

于2009年同意启动制定指导解决中越海上问题基本原则协议的磋商。[①] 杨洁篪外长在2010年7月河内举行的东盟地区论坛外长会议上指出，中国和东盟国家已发表《南海各方行为宣言》并已经有了联合工作组会议磋商，条件成熟之时还可举行高官会。[②]

6. 积极开展国际学术交流

国际学术交流是中国和国际社会加强沟通、加深了解和互信的桥梁。2010年5月27—28日，“大陆架和国际海底区域制度科学与法律问题国际研讨会”在北京举行。此研讨会由国家海洋局海洋发展战略研究所和第二海洋研究所共同举办。来自32个国家和地区的170多位代表参加了本次会议，包括来自联合国海洋事务和海洋法司、大陆架界限委员会、国际海洋法法庭、国际海底管理局的多名代表以及国内外著名的海洋法学者和科学家。会议就大陆架和国际海底区域制度相关问题进行了广泛而深入的讨论。9月3—4日，国家海洋局、国际海洋学院和联合国教科文组织政府间海洋学委员会（海委会）在北京共同主办了“第33届世界海洋和平大会暨海委会成立50周年庆典”，会议主题是“海洋、气候变化和可持续发展”。

四、小 结

近年来，各沿海国家纷纷调整本国海洋发展战略，加大对海洋事业的投入，更加重视维护和拓展海上利益。2010年，国际海洋热点问题持续升温，国际政治关系中的涉海因素增多。国际海洋形势的变化，对我国周边海洋权益形势产生一定影响。

中国的海洋权益自北向南面临不同程度的威胁和挑战。黄海形势紧张，朝鲜半岛问题一波三折，不稳定因素有增无减。东海波谲云诡，中日钓鱼岛主权争端依然没有解决。南海周边国家权利主张交叉重叠，域外大国插手本地区事务，折射出南海问题的敏感性和复杂性。中国始终不渝地走和平发展道路，努力推动和谐周边建设，致力于通过友好谈判和平解决领土与海洋权益争端。

---

① 中越两国政府签署陆界勘界文件（2009年11月19日），http：//www.fmprc.gov.cn/chn/gxh/mtb/bldhd/t627968.htm，2010－05－02。

② 中国新闻网：http：//www.chinanews.com.cn/gn/2010/07－26/2423966.shtml，2010－09－27。

第七章　中国的海洋安全

海洋是当今世界各国联系的纽带，是国家交往和国际安全合作的重要舞台，也是国家利益交织点。许多沿海国都面临着不同方向和程度的海洋安全威胁。维护海洋安全是沿海国维护国家安全的重要任务之一①。随着“海洋世纪”的来临和国家安全环境的变化，海洋安全在国家安全中的地位越来越重要。2010 年，周边国家对海洋利益争夺的加剧以及大国因素的存在，沿着朝鲜半岛南下，直至南中国海，中国周边海洋安全热点问题不断。

一、海洋安全概述

从某种意义上说，全球化的国家安全是“边界安全”与“安全边界”的统一。前者是主权、领土安全，后者是利益安全。过去在自然经济下，边界安全和安全边界是合一的。在全球化时代，利益安全并非仅仅只是国土安全。对于拥有漫长海岸线的国家来讲，海洋安全超出了国土范围，逐渐从近海扩展向远海。

（一）海洋安全观

“安全”是人类社会生活中至关重要的问题。国家安全是现代政治学和国际关系理论中的一个重要概念。“国家安全”概念的基本要素包括以下几点：民族和国家的生存不受威胁；国家领土完整不受侵犯；国家的政治独立和主权完整，即维持和发展国家的基本政治经济制度，保证其不受外部势力的干涉和控制；国家经济和社会秩序正常运转。所谓“安全观”，就是对安全问题的基本观点及由此形成的系统理论。“国家安全观”从本质上讲是对国家安全客观状况的主观感受。

海洋安全亦称海上安全，是指国家的海洋权益不受侵害或遭遇风险的状态。海洋安全意味着国家在海洋方向不存在威胁和危险、能有效维护生存和发展利益的状态。海洋安全观，是在一定的时间和空间范围内认识海洋和海洋安全问题。海洋安全观作为国家安全观的一个特定部分，既具有与国家安全观相同的一般理论内涵，又具有一定特殊性。海洋安全观是对国家海洋方向威胁与安全问题的总体的、辩证的认识体系，

① 杨金森：《中国海洋战略研究文集》，北京：海洋出版社，2006 年版，第 321 页。

既包括世界观，也包括方法论，是国家制订安全战略和安全政策的理论基础。

人类海洋安全观的演变大致经历了三个历史阶段，即20世纪中期以前以控制海洋交通要道为目的的海权论、《公约》通过后的海洋权益观以及冷战后以美国为首的西方发达国家提出的“由海向陆”海洋安全观念。

15世纪以前，海上活动的人身安全是人们关注的重点，海洋安全观是朴素而简单的。此时，海洋往往被视为国家安全的天然屏障。海洋安全观与沿海国的自然地理环境和对海洋安全利益的渴求程度密切相关。陆上自然地理环境不利，海上活动自然条件又较优越的国家，为保存和扩大自己生存空间，形成了以“进攻性现实主义”为理论范式的海洋安全观。伴随着地理大发现，人类从此有了将陆地与海洋联系起来思考的世界意识，开始全面利用海洋通道。到了17世纪以后，西方已将视野扩展到全球，西方的海洋安全观率先发生了历史性的飞跃。1890年以后，美国人马汉从16世纪以来西方丰富的海洋安全实践出发，抽象出“海权”这一经典概念，使西方的海洋安全观进入了“海权观”时代，形成了以“海权观”为核心的近代海洋安全观。

1945年美国总统杜鲁门发表的《美国关于大陆架底土和海床自然资源政策的公告》，标志着人类对海洋的利用已日益面向其所拥有资源的开发和利用。这也带来了海洋安全观的新发展。海洋除了重要的通道意义外，其本身所蕴藏的丰富资源和能源对人类有着非同寻常的意义，将直接影响一国未来的生存与发展。海洋本身的巨大价值使之成为各国争夺的主要对象。同时，人类还必须高度重视海洋环境污染问题，确保海洋生态环境的安全。海洋经济安全也成为海洋安全的重要内容。发展和运用海上力量，建立和规范海洋秩序，加强国际海上安全合作，拓展安全方式和手段，日益成为各国海洋安全观和海洋安全政策的重要内容。冷战结束后，随着经济全球化和政治多极化趋势的不断发展，各国对海洋安全的认识发生了一系列明显的变化，出现了一些新型的安全观，其中较有特色的有综合安全观、合作安全观、共同安全观等。

进入21世纪，随着陆地资源的减少和海洋资源开发力度的加大，海洋已成为国家利益拓展的重要战略空间。沿海国的政治、经济、文化、外交都与海洋问题联系密切，安全的范畴不再局限于与军事相关的传统安全问题，日益涉及社会、环境、文化等非传统安全领域。随着时代的不断发展，海洋安全的内涵也在不断发展变化。新世纪海洋观的本质是海洋资源和平开发与保护海洋权益等核心理念[①]。非传统安全威胁的加剧，使得各种涉海权益矛盾日趋尖锐，导致国际斗争日趋复杂化。以互信、互利、平等、协作为核心，进行安全对话等，已经成为世界各国普遍采用的安全手段，以此化

① 魏刚：《不容乐观的海洋安全——由“索马里海盗”劫持货轮说开去》，《解放军报》，2008年11月27日。

解与周边各国的矛盾，寻求自身安全，是综合安全观的重要体现。

（二）国家海洋安全政策

海洋安全引起世界各国的广泛关注和高度重视。为维护海洋权益和确保海洋安全，各国纷纷扩充海洋力量，加速海洋政策调整。由于地缘环境、国力大小、文化传统、经济发展水平、社会制度等方面的差异，各国的海洋安全政策各不相同。按照国家海洋安全战略目标，国家海洋安全政策可以划分为全球型海洋安全政策、区域型海洋安全政策、集体防御型海洋安全政策。

1. 全球型海洋安全政策

（1）美国的海洋安全政策

美国视海洋安全为国家安全的重要组成部分。美国海洋安全政策是美国国家安全政策的重要内容之一。其制定的目标、原则和内容取决于美国的国家安全理念。美国认为国家安全意味着国家利益；获得利益是国家安全的最高目标；美国的利益遍布全世界，美国的国家安全政策是一种全球政策。美国认为，在政治上要保护美国人在本土以外的安全和利益；维护美国盟国和盟友的安全和利益；加强美国在世界各海区的影响。在军事上，保障美国通往世界各海区海上通道的绝对安全和自由；消除影响美国利益的各海区的地区性冲突或战争。经济上，保障美国在世界各海区获得资源和能源的需要，获取海上情报的安全需要等等。

冷战后，海上安全作为美国实现国家战略意图的重点内容，在新的战略形势下得到全新的发展。1990 年，美国颁布冷战后第一个《国家安全战略报告》，提出了美国在 20 世纪 90 年代的安全目标。1992 年发表了《……From The Sea》的战略文件，1994 年又发表了《Forward……From The Sea》的战略文件。一系列政策文件表明，美国将其海上安全“边界”大力外推。

进入 21 世纪以来，美国认为其海洋安全的威胁主要包括美国本土受到的来自海上的威胁、海上恐怖主义的威胁以及地区性大国的崛起对美国霸主地位的挑战。为确保美国的海洋安全，针对海上恐怖主义和防扩散的严峻形势，美国加强了与其他国家的海上安全合作力度。先后于 2002 年和 2003 年发起了《防扩散安全倡议》和《地区海上安全倡议》。2005 年，美国发布了《国家海上安全战略》白皮书。这是美国在国家安全层面上提出的第一个海上安全战略。它全面阐述美国面临的海上安全威胁、海上安全战略目标以及应采取的战略行动。2007 年，美国发布《21 世纪海上力量合作战略》，突出强调“合作”的重要性。它指出，没有一个国家具备足够的资源独自确保整个海域的安全，美国海上力量应当在一个开放的多极世界中，与其他国家加强合作，建立集体安全，保卫美国利益。

美国的国家利益是制定美国安全政策的基础，其利益区域就是其安全涉及的区域。美国政府自称："美国是世界上最强大的国家，美国在全球拥有利益，而且负有责任。"因此，全球各地区均是其安全防御领域。美国当前的海洋安全政策具有鲜明的海上反恐特征，试图以强势的海军力量支撑美国独霸地位，努力构筑美国主导的世界海洋安全秩序。

（2）俄罗斯的海洋安全政策

独特的地理环境、历史和政治体制，造就了俄罗斯独特的海洋安全政策。俄罗斯的海洋安全政策经历了从夺取出海口，到近岸防御，到争霸海洋，到战略回缩近海防御，直到重新挺进"深蓝"的全球海洋安全政策。俄罗斯在世界海洋的国家利益是由其地缘政治地位所确定的。在夺取出海口的政策驱动下，俄罗斯积极进行"海上远征"，由一个内陆国家逐步扩张为濒临北冰洋、波罗的海、黑海和太平洋，拥有约4万千米海岸线的大国。

20世纪50年代，苏联海军总司令戈尔什科夫提出了"国家海上威力"理论。在此基础上，苏联海上力量空前发展，并不断向远洋拓展。冷战时期，苏联的海上活动，尤其是远洋活动空前活跃，其势力范围已不仅仅局限在巴伦支海、波罗的海、地中海和日本海等边缘海，而是急剧扩张到大西洋、印度洋和太平洋，在世界各海域都有苏联的影响。经过全面发展的苏联海上威力不但能够有效地应对来自海洋方向的安全威胁，而且能够与美国争夺海洋霸权[①]。

冷战后，面对日益严峻的安全环境和不断恶化的海洋安全形势，俄罗斯认为其在地缘上受到孤立，国际地位严重削弱。普京执政后，俄罗斯提升了海洋安全的认识层次。在普京的推动下，俄罗斯制定和通过了包括《2010年前俄罗斯联邦海上军事活动的政策原则》、《俄罗斯联邦海军战略（草案）》及《2020年前海洋学说》在内的一系列海洋安全文件，提出了俄罗斯在世界海洋中的国家利益、国家海洋政策的目标和原则。这是俄罗斯首次在国家层面上制定海洋安全政策文件。争取对远海和远洋的控制权依然是俄罗斯的战略追求。当前俄罗斯的海洋安全政策强调海军在维护国家海洋安全和海洋利益方面的重要作用。《2020年前海洋学说》认为，"与保卫、保障俄罗斯在世界海洋中的民族利益和安全相关的海军活动属于国家的最高优先地位的范畴"，"消除威胁并切实保障俄联邦及其盟友在世界海洋中的国家利益和安全，这些任务的完成就基于俄罗斯足够的海军潜力的支持"。

---

① 张炜：《国家海上安全》，北京：海潮出版社2008年版，第252页。

2. 区域型海洋安全政策

（1）日本的海洋安全政策

日本是四面环海的岛国，海洋在其国家战略中具有特殊地位。海洋安全是日本维护整个国家安全的核心和基础。经过传统海权观和海洋战略阶段，日本海洋安全观正向新的综合海权观和海洋战略转变，带有过渡的双重性和不确定性。冷战后，日本对“专守防卫”政策进行了重大调整，最终确定“海洋立国”的综合战略，努力成为海洋国家，从海洋立法、机构设置、加强军备、强化日美同盟等领域进行全方位努力，并将中国视为其主要战略对手。日本近年的海洋安全政策坚持以经济、外交等多种手段维护多样化的海洋安全利益。日本的海洋安全目标正逐步从服务于经济大国战略转为服务于政治大国战略，其视野从日本近海逐步向外拓展。日本的海洋政策对日本未来走向、东亚地区乃至整个亚太的安全都将产生重要影响。

近年来，日本出台了一系列海洋政策，体现了对海洋事务和海洋权益的重视。在海洋政策方面，2002 年制定了《21 世纪初日本海洋政策》，2004 年自民党发表《保卫日本海洋权益宣言》，2005 年，海洋政策研究财团发表《海洋与日本：21 世纪海洋政策提言》。在海洋立法方面，2007 年 4 月，通过了《海洋基本法》和《海洋建筑物安全地带设置法》。《海洋基本法》通过专属经济区开发和安全保障制度、海上运输安全制度、远海孤岛保护制度等一系列重要制度的规定，构建起完整的海上安全保障体系。2010 年 5 月 18 日又通过的《低潮线保全和基地设施整备法案》是日本着手改革海洋管理体制后的第二部立法案①，与近年来日益紧张的争夺海洋资源的大背景有紧密的

---

① 李明杰：《评日本众议院通过 <低潮线保全和基地设施整备法案>》，中国海洋报，2010 年 5 月 25 日第 1888 期第 1 版。

《低潮线保全和基地设施整备法案》于 2010 年 2 月 9 日提交日本众议院审议，由日本内阁官房综合海洋政策本部事务局和国土交通省共同拟定。法案分为 6 个章节，共 20 条，分别为：

第一章“总则”，主要对立法目的和低潮线、低潮线地区、岛屿、港口区域等法案涉及的相关术语进行了解释。

第二章“基本计划”，规定日本政府可以根据需要保护的低潮地区及其基础设施进行调查、规划和制订有关措施。包括：低潮线地区保全的基本方针，为保护低潮线进行的调查、在低潮线海域进行采挖的措施，特定离岛基础设施的保护利用等。

第三章“低潮线保全区域”，这一章主要对低潮线海域进行保护，对保护区域的划定、采挖工程的规划、论证和许可进行了详细规定。

第四章“特定离岛港湾设施”，这一章对特定离岛港湾设施建设的规划、论证和许可进行了详细规定。

第五章“其他规定”，对政府审批的条件、程序、权限进行了规定。

第六章“罚则”，规定了对于违反本法的可给予刑事处罚（拘役并处罚金）、罚款等处罚。

该法附则还对法律的施行日期进行了规定（自通过之日起 3 个月施行），该法的通过还将同时修改日本其他法律，如港湾法、水产资源保护法、自卫队法、海岸法、海洋水产资源开发促进法等。

关联。

2010年9月10日，日本2010年度《防卫白皮书》发布。这是自1970年以来日本发布的第36个《防卫白皮书》。白皮书第一部分增设了“日美安全保障条约缔结50周年”，以强调日美同盟关系的重要性。白皮书还首次为“西南诸岛”增设专栏，介绍“西南诸岛”的防卫情况，并对中国军事发展给予了高度关注。

（2）韩国的海洋安全政策

海上安全一直是韩国国家安全的重要组成部分。在20世纪50～60年代，处在东西方冷战对峙前沿地带的韩国依托美韩同盟确保自身安全。韩国虽然没有提出明确的海上安全观念，但在美国的支持下较好地运用了海上力量。

冷战结束后，韩国的国际和国内环境都发生了很大的变化，韩国提出了新的国家安全政策，并适时提出了21世纪海洋战略，在国家安全战略和海洋战略的基础上，向“自主防卫”过渡，同时通过调整海军的战略方向以及部署重点，加强训练和美韩合作、海上保障力量的建设和努力促进海上安全合作等海上安全实践，在新时期有效地保障了韩国的海上安全。

在国家的海洋战略方面，韩国于2000年5月制定了海洋开发战略《海洋韩国21》，希望在21世纪“通过蓝色革命增强国家海洋权利”；提出要“考虑到新的国际海洋区域，将使用海军和航空防卫能力来维护海洋主权”；“要创造更干净和更安全的海洋环境”。在国家海洋战略中，对海上安全给予更大的重视。

（3）印度的海洋安全政策

印度半岛控制着西方称之为“海上生命线”的印度洋战略通道。作为主要的印度洋周边国家之一，印度长期以来寻求一项确保自身安全和经济利益的大国海洋战略。冷战结束以来，特别是随着印度综合国力的发展以及追寻“大国梦”步伐的加快，印度对印度洋的安全需求持续增大，将确保海洋战略利益、特别是保证印度洋海上石油通道的安全视为保护其基本国家战略利益的头等大事。

印度已形成较全面的海洋安全政策。印度的海洋安全政策强调要保护自身不断增长的海洋利益，采取“区域控制战略”。即：在维护印度洋地区的和平与稳定的同时，又能够保卫印度本国安全的双向战略任务。其实质是以扩张求安全，通过海洋控制和海上威慑来维护其海上利益。这种政策要求确保印度领土的完整，保卫本土和远海岛屿免受来自海上及空中的攻击，保证印度的独立与安全，这其中包括采取措施使大国不敢冒犯印度的重大利益，慑止超级大国对印度洋地区事务的干涉；保卫印度的海洋经济资源和海洋权益。为了完成对印度洋的海洋控制任务，印度制定了“层防战略”，将印度洋划分为三个区域。一是完全控制区（内层防区），包括孟加拉湾、阿拉伯海和沿海岸线300海里以内的印度洋海域。对内层防御区必须取得完全制海权，确保国土、海岸线、领海的安全，控制本国的专属经济区。二是中等控制区（外层防区），是指内层防御区外300～600海里的海域，主要包括霍尔木兹海峡、保克海峡、马六甲海峡等战略通道。在此区域要针对性地取得对远海的控制，战时控制印度洋上的海上通道。三是软控制区，是指印度半岛700海里以外的海域，可以扩张到好望角附近。在此区域实施“软控制”，寻机向印度洋外的海域发展①。

进入21世纪后，印度的国家战略目标日益显示了超越地区性战略、争取世界性大国地位的发展趋势，其海洋安全战略也开始显现出超越印度洋、寻求更大战略空间的特点。2000年初，印度公开宣称“从阿拉伯海的北面到南中国海都是印度的利益范围”，提出面向新世纪的新海洋安全战略——“东方海洋战略”。其战略动向包括：一是加强印度洋重点方向的部署，进一步扩展海上边界，向周边海域辐射影响力；二是增强与东盟国家及日、韩的军事关系，为融入亚太奠定基础；三是全面拓展与东亚国家在海上通道和反恐等安全领域的合作②。印度企图将其海上活动范围和影响力向东延伸至南中国海乃至整个西太平洋地区。这将对中国海洋安全产生重大影响。

3. 集体防御型海洋安全政策

东南亚地区是沟通亚洲、非洲、欧洲以及大洋洲的海上要冲，自然资源丰富，战略地位重要。东南亚国家绝大部分都濒临海洋并依赖海洋发展经济，自古以来与海洋有着千丝万缕的联系，具有较强的海洋意识，非常注重谋求自身海洋利益，确保海洋安全是东南亚国家安全政策的重要内容。冷战后，美、苏（俄）在东南亚的军事对峙基本结束。东南亚国家海洋安全出现了新局面：海上防卫有待加强，海洋权益需要维护，大规模海上冲突可能性降低，非传统安全威胁彰显。东南亚国家普遍调整了海洋安全政策，有了明确相似的安全意识：其一，安全不再仅仅是指军事安全，而是一种包括政治、经济、军事、社会等诸多方面内容的综合概念；其二，维护安全不再只是一国的事情，而是本地区所有国家共同面临的挑战；其三，本地区安全的维护，有赖于东南亚国家间各种形式的安全合作的展开；其四，东南亚地区的安全事务应该由东南亚国家自己来主导③。这些共同安全意识的形成，促进了东南亚国家安全合作的发展。

---

① 张炜：《国家海上安全》，北京：海潮出版社，2008年版，第302页。

② 张炜：《国家海上安全》，北京：海潮出版社2008年版，第306页。

③ 朱进、王光厚：《冷战后东盟一体化论析》，北京科技大学学报（社会科学版），2009年3月第25卷第1期，第38页。

二、中国周边海洋安全形势

海洋在中国的国家安全和经济社会发展中占有举足轻重的地位。进入21世纪，中国在海上方向的战略利益更加重大，全面实现海洋政治、经济和军事安全已经成为国家重大战略问题。和平与发展仍然是当今时代的主题，多边安全对话与合作逐步深化，中国的国际地位和国际影响力日益提高，具有与海上邻国发展传统友谊和区域性经济、政治合作的优势。同时，长期存在的传统安全威胁和日益增多的非传统安全威胁，使中国面临着较为复杂的海上安全形势。2010年，海洋方向上的不稳定、不确定因素持续增多，周边海洋安全热点问题不减，新挑战和新威胁不断出现。

（一）黄海安全形势

2010年，海上突发事件激发了黄海海洋安全形势的潜在不稳定因素，传统海洋军事安全矛盾突出。

黄海周边的朝鲜和韩国由于历史原因，摩擦不断。近年来，海洋更是成为朝、韩两国政治军事斗争的前沿和焦点。朝鲜和韩国在朝鲜半岛西部海域边界划分上存有分歧。“北方限界线”是以美军为首的“联合国军”司令部于1953年8月单方面宣布的，在白翎岛、大青岛、小青岛、隅岛等“西海五岛”水域单方面设定的海上分界线。双方围绕该海域的政治、法律、军事斗争不断，2010年发生了“天安”号事件和“延坪岛炮击”事件。

2010年3月26日夜，韩国“天安”号警戒舰在白翎岛和大青岛间海域发生爆炸沉没。5月20日，韩国公布正式调查结果，认为“天安”号警戒舰沉没事件的原因是“朝鲜小型潜水艇实施的鱼雷攻击”。7月9日，联合国安理会以协商一致方式通过了

“天安”号事件的主席声明[①]。该声明记述了“天安”号遭到攻击，并谴责该行为。但该声明未指明攻击方。9 月 13 日，韩国公布了“天安”号事件的最终调查报告，坚持认为该事件为朝鲜所为。11 月 2 日，朝鲜发表了首份有关“天安”号事件的真相报告书，认为该事件与朝鲜毫无关系，完全是美韩制造的骗局。

2010 年 11 月 23 日，朝韩在延坪岛发生“炮击”事件，2 名韩国军人和 2 名平民死亡，18 人受伤。

朝鲜和韩国均为中国的海上近邻。“天安”号事件和“延坪岛炮击”事件使这一地区出现了一股以军事对峙替代安全对话的态势。中国面临冷战后的一次严峻复杂的安全威胁。地区海上突发事件引发的朝韩争端，令朝鲜半岛局势更趋紧张，引发了一系列安全问题，给黄海的安全局势增添了变数。

韩国是美国在东北亚的重要军事合作伙伴。自第二次世界大战结束以来，美国通过海外驻军、签订防卫协定等方式，实现了在亚太地区的长期军事存在，也逐渐形成了同盟关系。美韩同盟一直是韩国对外关系的支柱。“冷战”后国际格局的变化和韩国国内政治的演变，使得同盟有所松动，“天安”号事件使同盟关系得到修复和巩固。2010 年 7 月 21 日，美韩同盟成立 57 年以来首次举行的美韩外长和防长（2 +2）会议，进一步巩固关系。

“天安”号事件后，美国重申对韩国的安全承诺。2010 年 7 月下旬迄今，举行了一

---

① 联合国安全理事会安全理事会主席声明

安全理事会主席在 2010 年 7 月 9 日安全理事会第 6355 次会议上，就安理会审议的题为“2010 年 6 月 4 日大韩民国常驻联合国代表给安全理事会主席的信（S/2010/281）和其他相关信件”的项目，代表安理会发表声明如下：

“安全理事会注意到 2010 年 6 月 4 日大韩民国（韩国）常驻联合国代表给安全理事会主席的信（S/2010/281）和 2010 年 6 月 8 日朝鲜民主主义人民共和国（朝鲜）常驻联合国代表给安全理事会主席的信（S/2010/294）。”

“安全理事会对 2010 年 3 月 26 日导致韩国海军天安舰沉没并造成 46 人不幸死亡的攻击，感到痛惜。”

“安全理事会认定，这一事件危及该地区及域外的和平与安全。”

“安全理事会对人员丧生和受伤感到痛惜，并向受害者及其家属以及韩国人民和政府表示深切的同情和慰问，同时呼吁对此事件的责任者采取适当且和平的措施，旨在依照《联合国宪章》及国际法的所有其他有关规定，和平解决这一问题。”

“考虑到由韩国牵头、五国参与的军民联合调查组的结论，其中认为朝鲜应为天安舰沉没负责，安全理事会深表关切。”

“安全理事会注意到其他有关各方的反应，包括朝鲜表示与此事件毫无关系。”

“因此，安全理事会谴责导致天安舰沉没的攻击。”

“安全理事会强调防止再对韩国发动或再在该地区发生此类攻击或敌对行动的重要性。”

“安全理事会欢迎韩国表现出的克制并强调维护朝鲜半岛乃至整个东北亚的和平与稳定的重要性。”

“安全理事会呼吁全面遵守《朝鲜停战协定》并鼓励以和平手段解决朝鲜半岛未决问题，通过适当渠道尽早恢复直接对话和谈判，争取避免冲突，防止局势升级。”

“安全理事会重申所有会员国遵守《联合国宪章》各项宗旨及原则的重要性。”

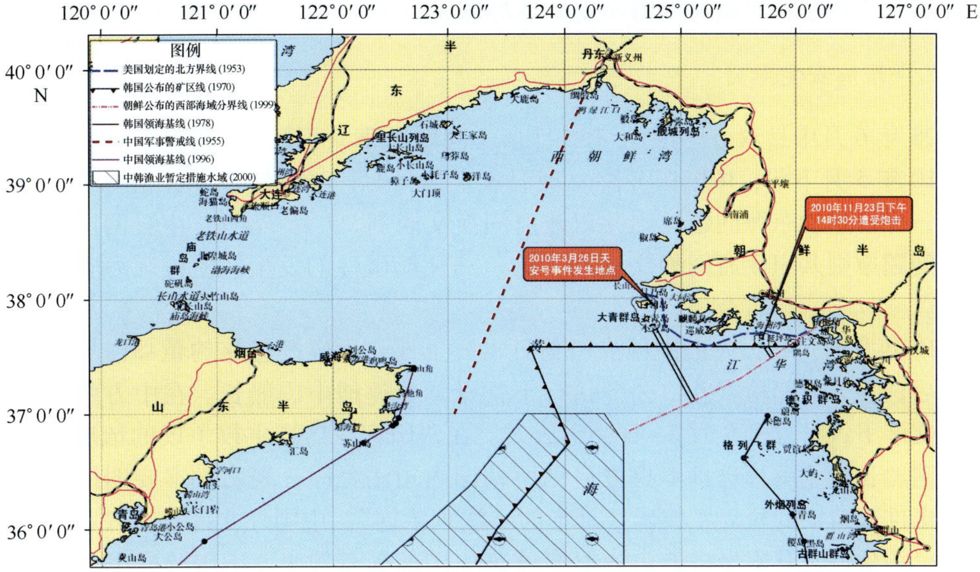

图 7－1　“天安”号事件和“延坪岛炮击”事件发生地点示意图

系列联合军演。

2010 年 7 月 25—28 日，美韩在韩国东部海域（即日本海）进行“不屈的意志”大规模联合海上军事演习。这是 1976 年以来，美韩进行的最大规模的海上、空中、水下立体军演。朝韩延坪岛炮击事件后，朝鲜半岛紧张气氛骤然升温。而在这种敏感情况下，韩美决定在 11 月 28 日举行海上联合军事演习。美第七舰队的核动力航母“乔治·华盛顿”号为首的航母编队参加此次军演。此次军演的海域距中国山东半岛最近不足 200 海里。美国借军演之机，不顾中国的强烈反对，把“乔治·华盛顿”号航空母舰开进黄海，使本已非常紧张的地区局势更加复杂化。中国外交部明确表示，反对任何一方未经允许在中国专属经济区内采取任何军事行动①。黄海作为“京津门户”，是中国十分敏感与重要的地区。美韩在黄海密集的军事演习，不利于在东北亚建立相

① 外交部发言人洪磊答记者问，全文如下：

问：韩美分别宣称，为应对朝韩日前发生的交火事件，将于本月底在黄海举行联合军演，美国“乔治·华盛顿”号航空母舰将参演。中方对此有何评论？

答：中方在有关问题上的立场是一贯和明确的。我们反对任何一方未经允许在中国专属经济区内采取任何军事行动。当前朝鲜半岛形势高度复杂敏感，有关各方务必保持冷静克制，多做有利于缓和局势紧张、维护半岛和地区和平稳定的事情，而不是相反。http：//www. fmprc. gov. cn/chn/gxh/tyb/fyrbt/dhdw/t772435. htm，2011－02－24。

互信赖的安全机制，对黄海的海洋安全形势形成威胁。

（二）东海安全形势

2008 年 6 月中日双方达成的《中日东海问题原则共识》，有利于东海的和平与稳定。2010 年 5 月下旬，中国国务院总理温家宝访日时，与时任日本首相鸠山由纪夫达成共识，尽快启动东海问题原则共识政府间换文谈判。7 月 27 日，中日两国举行了首次东海问题原则共识政府间换文谈判。钓鱼岛撞船事件的发生，使得东海安全形势出现反复。

2010 年 9 月 7 日，一艘中国渔船与日本海上保安厅巡逻船在钓鱼岛海域相撞。事件发生后，日方登船检查并以公务执行干扰嫌疑罪逮捕中国船长。在中方的强烈抗议和严正交涉下，日方于 9 月 24 日决定放人。在两国存在岛屿主权争议的情况下，日方扣押中国船长并企图移送日本检方启动所谓国内司法程序，表明日本妄图用国内法处理撞船事件来造成钓鱼岛主权属于日本的“法理依据”。中国外交部发言人就此事件多次表示，钓鱼岛及其附属岛屿自古以来就是中国的固有领土。中国政府坚定捍卫本国主权和领土完整。日方的行径严重侵犯了中国领土主权和中国公民的人身权利，日方对中方船长进行的任何形式的所谓司法程序都是非法和无效的。中方有权要求日方作出道歉和赔偿。

（三）南海安全形势

南中国海素有“亚洲地中海”之称，是沟通两大洋和连接三大洲的海上交通枢纽。目前，南海有关国家不断采取手段加紧争夺南海的海洋权益，同时域外大国积极渗透，影响地区和平与稳定的不确定因素增加，南海海洋安全形势日趋复杂。

20 世纪 60 年代以来，部分南海周边国家先后对中国南沙群岛的全部或部分岛礁提出了主权要求，并非法侵占了南沙群岛的部分岛礁。近年以来，南海周边国家纷纷采取制订海洋战略、加强海洋立法以及主张和援引国际公约等方式强化其在南海的主张。南海问题已从单纯的岛礁争夺、海域划界和资源开发之争，发展为全方位的海洋战略利益之争。

域外大国不断增强在南海地区的活动，影响南海的安全形势。美国战略重心从欧洲向亚太地区东移，高调重返东南亚。2009 年 7 月，美国与东盟签署了《东南亚友好合作条约》，旨在重新建立美国在东南亚的积极形象，表明美国对东南亚事务的深度介入。2010 年 11 月 15 日，奥巴马与东盟领导人在新加坡举行首次首脑会议，标志美国—东盟双边关系进入一个全新的阶段，东南亚国家对此反应积极。2010 年 7 月，美国国务卿希拉里在越南出席“东盟论坛”时表示，解决南海主权争议是地区稳定的关键，

“是美国国家利益所在”，暗示美国将会进一步插手南海问题。

澳大利亚则推出巨额国防计划，强化与东南亚有关国家的防务合作。2009 年 5 月澳政府公布《在亚洲太平洋世纪中保卫澳大利亚：2030 年的军力》的新国防白皮书，推出 700 亿美元的国防计划，重点扩充海、空军，确保澳北部和近海安全，以应对地区军事增长和全球力量的转移；9 月，澳与越南签署了安保合作伙伴协议，同意加强双边在安全与防务方面的联系。日本不断巩固与东盟国家的友好关系，并通过发展经贸、修建海外军事基地等方式，积极扩大其在该地区的影响力。

（四）海上通道安全形势

随着国际社会对能源需求的日益增加，能源安全与航运安全的问题成为世界关注的焦点。全世界 90% 的贸易靠海运，而 33% 的海运经过东南亚水域。海上通道安全在中国战略全局中具有突出的重要位置。随着中国能源需求量的不断增长，从中东横跨印度洋途经马六甲海峡的海上航线，事实上已成为中国经济发展的主要动脉。马六甲海峡、索马里等海域的海盗、海上恐怖分子频繁活动则是对包括中国在内的有关国家海上航运安全的现实威胁①。

近年来，海上恐怖主义和跨国犯罪活动，已对全球的海洋通道安全构成严重威胁。根据国际海事组织资料统计②，2010 年前 8 个月，全球共发生针对船只的海盗和武装劫持事件 160 起，其中南中国海水域 70 起，占 43.7%；印度洋水域 23 起，占 14.4%。从 2010 年前 8 个月的发展态势看，亚洲海域尤其是东南亚海域海盗和恐怖势力活动猖獗（图 7－2），是影响海洋通道安全的重要因素。

对亚丁湾和索马里为代表的东非海域的海盗活动打击已初显成效。2008 年 6 月 2 日，联合国安理会通过 1816 号决议，授权相关国家在决议生效后 6 个月内，在索马里过渡政府同意的情况下，使用“一切必要手段”，以“对付海盗和海上武装抢劫活动”。2008 年 10 月开始，北约、俄罗斯、欧盟、印度和韩国相继向这一海域派遣战舰打击海盗。2009 年 11 月 30 日，联合国安理会通过第 1897 号决议，决定将在索马里海域打击海盗和武装抢劫行为的授权延长 12 个月，至 2010 年 11 月 30 日。

---

① 李兵：《海上战略通道安全透视》，《人民论坛》，2010.01（上），总第 277 期。

② IMO Reports on Acts of Piracy and Armed Robbery Against Ships：MSC. 4/Circ. 153，MSC. 4/Circ. 154，MSC. 4/Circ. 155，MSC. 4/Circ. 156，MSC. 4/Circ. 157，MSC. 4/Circ. 159.

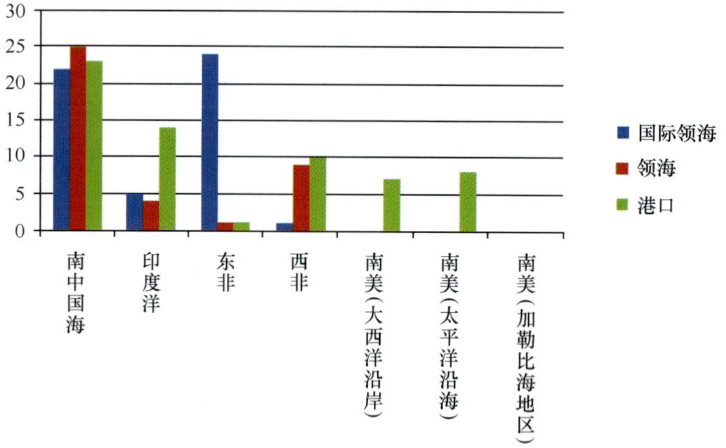

图 7－2　2010 年 1－8 月海盗及武装劫持船舶事件区域分析

数据来源：IMO Reports on Acts of Piracy and Armed Robbery Against Ships：MSC. 4/Circ. 153，MSC. 4/Circ. 154，MSC. 4/Circ. 155，MSC. 4/Circ. 156，MSC. 4/Circ. 157，MSC. 4/Circ. 159.

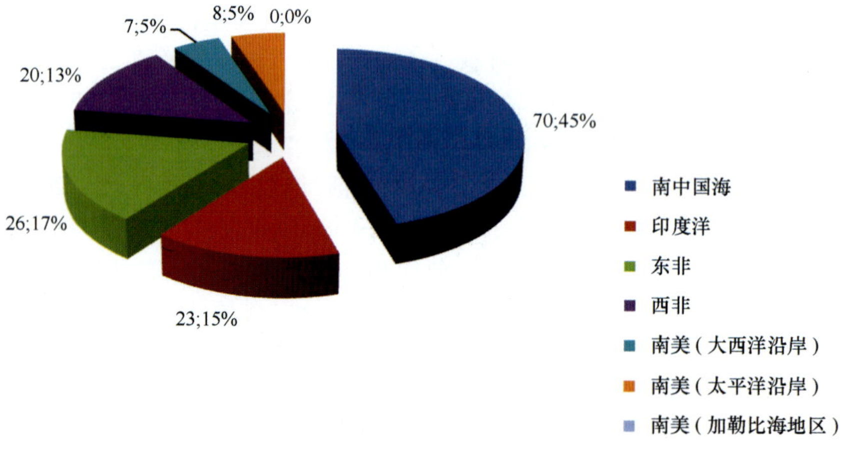

图 7－3　2010 年 1—8 月海盗及武装劫持船舶事件

数据来源：IMO Reports on Acts of Piracy and Armed Robbery Against Ships：MSC. 4/Circ. 153，MSC. 4/Circ. 154，MSC. 4/Circ. 155，MSC. 4/Circ. 156，MSC. 4/Circ. 157，MSC. 4/Circ. 159.

三、中国维护海洋安全的政策和措施

（一）中国的海洋安全政策

中国尚未发表正式的海洋安全政策文件，相关政策散见于各种政府文件或党和国家领导人讲话之中。新中国成立后，党和国家领导人非常关心和重视海洋安全问题。

毛泽东在指导海军创立和建设的长期实践中，逐步形成了关于海军的作用、地位、性质、目标、任务、道路等完整的思想体系。他从保卫海防、防御外敌海上入侵和国家统一安全的角度考虑海军建设问题，还从“保障海道运输安全”的角度，考虑了国家海洋事业的发展，并着眼于建设“海上铁路”和一支强大的海军。毛泽东的建设强大海军的思想是在特定的历史阶段维护中国海洋安全思想的集中表现。

改革开放以来，随着我国现代化建设事业的迅速发展以及国际海洋形势的发展变化，以邓小平为核心的中共第二代领导集体，以务实的精神和宽广的视野，认真总结新时期国际海洋斗争的经验与教训，着眼于维护我国海洋安全，开发丰富的海洋资源，促进我国经济社会的快速发展，提出了许多新命题和新概念，标志着近代以来中国海洋政策发展进入新阶段。第二代领导集体的新海洋观，主要由近海防御的海防战略思想、以“精干”和“顶用”为目标的海军建设思想、以“主权属我、搁置争议、共同开发”为内容的处理海洋争端的思想等三部分构成。

20 世纪 90 年代以来，面对复杂多变的国际形势和中国海洋安全环境的重大变化，以江泽民为核心的党的第三代领导集体，从和平与发展的时代高度、世界格局多极化的广度和经济科技因素上升的深度上，对中国海洋安全问题进行了深刻的反思和探索。提出要从国家安全、国家发展和国家权益的战略高度认识海洋，以海洋经济安全为核心综合考虑海洋安全问题，倡导建立合作安全的海洋安全新模式，坚持综合手段与多种措施并举的方略努力维护海洋安全。

进入 21 世纪，面对我国国家海洋利益不断拓展的需求和我周边海洋安全环境的复杂化，站在国际形势和时代发展的高度，中国共央总书记、国家主席、中央军委主席胡锦涛指出：“要提高维护海洋安全的战略能力，捍卫国家领海和海洋权益，保护国家日益发展的海洋产业、海上运输和能源资源战略通道的安全”①。海军正在逐步确立由近海防御向远海防御积极推进的新的海洋防御战略。新的海洋防御思想，是对国家安

① 冯梁、张春：《中国海上通道安全及其面临的挑战》，《国际问题论坛》，2007 年秋季号（总第 48 期），第 94 页。

全与利益做出的战略思考，是对新世纪海洋防卫全局的深谋远虑，蕴涵着极为丰富和深邃的远海防卫战略思想，包括了新世纪海洋防卫范围向远海海域扩大的要求。

2009 年 9 月 23 日，胡锦涛出席第 64 届联合国大会一般性辩论，发表题为《同舟共济 共创未来》的讲话。他在讲话中提出，要用更广阔的视野审视安全，维护世界和平稳定。胡锦涛说，在人类历史上，各国安全从未像今天这样紧密相连。安全不是孤立的、零和的、绝对的，没有世界和地区和平稳定，就没有一国安全稳定。“我们应该坚持互信、互利、平等、协作的新安全观，既维护本国的安全，又尊重别国安全关切，促进人类共同安全。”①

面对海上安全利益的多元化趋势，中国主张本地区摈弃以结盟、实力、威慑、强权为特征的旧有安全理念和安全逻辑，承认、尊重并超越意识形态、价值观念、社会制度、发展水平的差异，树立以互信、互利、平等、协作为核心的新安全观。中国积极致力于在热点问题上发挥建设性作用，致力于通过友好谈判和平解决领土、领海和海洋权益争端②。

（二）2010 年的中外海上安全合作

海上安全关系着国家未来重大的生存和发展利益，没有海上安全就没有国家安全。2010 年，为应对日益严峻的海上安全问题，中国加强了国际、区域和双边的海上安全合作，不断提升应对海上安全威胁的能力。

1. 首倡分区护航合作

在联合国索马里海盗问题联络小组第一工作组会议上，中国提出了在联合国安理会决议框架下开展分区护航合作的主张。欧盟海军、多国海上力量和北约三方提出了“国际推荐通行走廊协调指南”方案。中国与有关各方在索马里海盗问题联络小组第一工作组会议、分区护航国际合作协调北京会议及“信息共享与防止冲突（SHADE）”巴林会议等多个场合进行了反复磋商，最终达成的原则共识吸收了中方分区护航合作主张和“国际推荐通行走廊协调指南”两方面的内容，体现了各方的共同努力。2010 年 1 月 28 日，联合国索马里海盗问题联络小组全会在美国纽约召开，会议批准了中国与欧盟海军、多国海上力量和北约等就在“国际推荐通行走廊”内实现分区护航合作达

---

① 胡锦涛在联合国讲坛阐述中国新安全观，http：//www. zohi. tv/nationalnews/2009/09/2009 - 09 - 2412271. html，2010 - 06 - 14.

② 2010 年 11 月 4 日外交部发言人洪磊举行例行记者会，http：//www. fmprc. gov. cn/chn/gxh/tyb/fyrbt/jzhsl/t766615. htm，2010 - 11 - 8.

成的原则共识[①]。中国对护航国际合作持积极开放的态度，倡导在联合国安理会有关决议框架下，所有相关国家和组织开展多种形式的双、多边护航合作，共同维护亚丁湾、索马里海域的和平与安宁。

中国从2008年12月26日开始派出护航编队赴亚丁湾、索马里海域开展护航行动。目前中国海军共计派出七批护航编队（详见附件14）。截至2010年12月21日，中国海军护航编队已经为1 301艘外国商船护航，占护航船舶总数的40%以上[②]，为维护亚丁湾、索马里海域的和平与安宁作出了积极贡献。中国海军的护航行动已进入有序接替、常态化运行阶段。中国海军将继续加强与各国护航舰艇的交流与合作，保护我国海上重要运输线安全，同时积极向航经这一海域的外国船舶提供必要的人道主义救援，一如既往地履行好负责任大国的国际义务。

2. 建立中美海上军事安全磋商机制

1998年1月19日，中国国防部和美国国防部签署了《关于建立加强海上军事安全磋商机制协定》的信任措施协定，建立中美海上军事安全磋商机制。2010年10月14—15日，中美海上军事安全磋商机制2010年度会晤在美国夏威夷举行。会晤中，双方就今年以来的中美海上军事安全情况、解决海上军事安全关切的途径等坦诚深入交换了意见，并就下一年度工作小组会议议题达成了一致。这是中美之间由于今年年初停止军事交往以来首次进行的军事领域对话，也是继美国国防部长访华之后进行的具体的专业领域的军事对话，具有重要的现实意义。

3. 参与东盟国防部长扩大会议

2010年10月12日，首届东盟国防部长扩大会议在越南举行。中国国务委员兼国防部长梁光烈率团参会。东盟10国和8个对话伙伴国[③]的国防部长在会上阐述各自的国防政策以及有关地区安全合作的意见主张，探讨在非传统安全领域扩大合作的措施。中国国防部长梁光烈在会上指出，各国应加强非传统安全领域合作，携手应对地区安全的现实课题；构建合理的安全机制，筑牢地区安全合作的平台；稳步推进务实合作，把握地区安全合作的方向。中国赞成会议将非传统安全领域作为合作重点。会议通过的联合声明强调，将推动东盟防长扩大会议成为防务和安全事务的有效平台，以推动

---

① 中国与有关各方就分区护航国际合作达成原则共识，http://military.people.com.cn/GB/1076/52984/10888627.html，2010-2-1.

② 中国海军赴亚丁湾、索马里海域护航两周年全纪录，http://news.xinhuanet.com/mil/2010-12/24/c_12911076_7.htm，2010-12-25.

③ 澳大利亚、中国、印度、日本、新西兰、俄罗斯、韩国和美国。

地区和平、安全和繁荣。

（三）举行海上军事演练

2010年7月，中国先后在东海、黄海、南海地区举行一系列军事演习，内容涉及实战背景下的对抗、保障、支援等①。

7月初，海军东海舰队组织的“东联2010”远海训练。7月17日，解放军在黄海举行代号为“交通备战2010”（简称“交战2010”）的应急保障演练，以假想“他国远程攻击中国海上输送船队”为背景，演练采用战时铁路轮渡装载，这在中国军事交通史上还是第一次。7月25日，解放军南京军区炮兵部队在黄海附近陆上地区进行大规模远程火箭炮火力打击演习。7月26日，南海舰队组织的海军多兵种合同实兵实弹演练在南海举行。北海、东海和南海舰队的主力驱逐舰都有出现。7月27日，解放军济南战区成功举行一次带有实战背景的大规模航空实兵实装装甲部队远程输送演练。7月30日，中国国防部新闻发言人耿雁生指出，这些均属中国军队年度训练计划当中的一些正常的军事演练活动。

四、小　结

在错综复杂的国际关系和愈演愈烈的海洋权益斗争影响之下，中国周边海洋热点问题层出不穷，海上安全形势正发生深刻的变化。在黄海方向，韩朝关系恶化、美韩频繁军演，导致黄海安全形势呈持续紧张状态。在东海方向，日本逐步扩张的防卫政策和加强西南方向防卫的措施为东海安全形势增添变数。在南海方向，周边国家加紧争夺南海权益，南海问题的不确定因素增多，安全形势更加复杂。域外势力对中国周边海洋事务的介入，海洋权益竞争态势的持续激烈，海上通道安全的严峻形势，都对中国的海上安全产生重要影响。

面对复杂多变的海洋形势和海上安全利益多元化的趋势，中国主张本地区摒弃以结盟、实力、威慑、强权为特征的旧有安全理念和安全逻辑，承认、尊重并超越意识形态、价值观念、社会制度、发展水平的差异，树立以互信、互利、平等、协作为核心的新安全观。新时期维护海洋安全的使命更多地是更好利用包括政治、经济、军事、外交、法律、科技全方面的综合手段，构建公平合理、和平开发的新型海洋秩序，创建和谐和安全的周边海洋环境。

---

① 清华大学中美关系研究中心，《中美关系简报》第28期，http://www.chinaelections.org/newsinfo.asp?newsid=184369，2010-10-15.

第三部分

海洋经济与海洋科技

第八章　世界海洋经济与科技的发展

在应对世界金融危机和重振发展的形势下，世界海洋经济表现出较强的抗压性和生命力，并在克服困难中，开拓新领域，迎来新发展。同时，世界海洋科学和技术领域逐渐摆脱财政紧缩的影响，抓住了发展低碳、高效生态经济的战略机遇，加速研发成果向社会、经济和生态效益的转化，为推进世界海洋经济可持续发展孕育了新力量。

一、世界海洋经济的发展

在全球金融危机的影响下，世界经济在2008年到了一个转折点。全球生产总值的年增长率为2%，较2007年的3.7%显著下降（表8－1），也低于1994年至2008年期间3.7%的年均增长率。在2008年世界经济下滑中，发达国家首当其冲，年增长率仅为0.7%。发展中国家的经济增速受到牵连，虽获得5.4%的增长，但较2007年7.3%的增长率，明显下降。转型经济体的经济增速也有较大的降幅，从2007年的8.4%，减为5.4%。中国是近年来世界经济发展的主要引擎，但也未能独善其身，从多年来两位数的经济增幅降至9%。许多人一直期待的发达国家和发展中国家在经济发展上能“脱钩”的现象未能发生。世界经历着第二次世界大战以来首次如此广泛、深刻和同步的经济下滑。作为世界整体经济的一部分，世界海洋经济2008年不可避免地经历了不同程度的衰退。世界范围内海洋产业的格局主要由海洋油气业、海洋渔业、海洋交通运输业和滨海旅游业等构成。

表8－1　2006—2008年世界经济增长率（%）

国家/地区	2006年	2007年	2008年
世界	3.9	3.7	2.0
发达经济体	2.8	2.5	0.7
发展中经济体（含中国、印度和巴西）	7.1	7.3	5.4
转型经济体（含俄罗斯）	7.5	8.4	5.4

资料来源：Review of Maritime Transport 2009, Report by the UNCTAD Secretariat, United Nations, New York and Geneva, 2009, p. 2.

（一）海洋石油天然气业

1. 世界能源结构

长期以来，驱动世界经济的主要能源是石油、煤和天然气。1980 年至 2009 年间，世界能源结构变化的基本趋势是，石油的份额逐步降低，煤炭和天然气的份额略有增长，水电、核电、地热、太阳能和风电等其他能源的份额缓步趋升。从 1980 年至 2006 年的 20 多年间，石油的份额从 46%①降至 36%（图 8－1），减少了 10 个百分点；天然气的份额从 19% 增至 23%，多了 4 个百分点；煤炭的份额从 25% 增至 27%，多 2 个百分点；其他能源（含水电、核电、地热、太阳能和风电）的份额，从 10% 增至 14%，多 4 个百分点。2006 年至 2009 年间，石油的份额从 36% 降至 34%，减少 2 个百分点（图 8－2）；煤炭的份额从 27% 升至 29%，增加了 2 个百分点，在 4 年中的增幅与过去 26 年的增幅相等，增长呈加快的势头。天然气和其他能源的份额保持平稳。

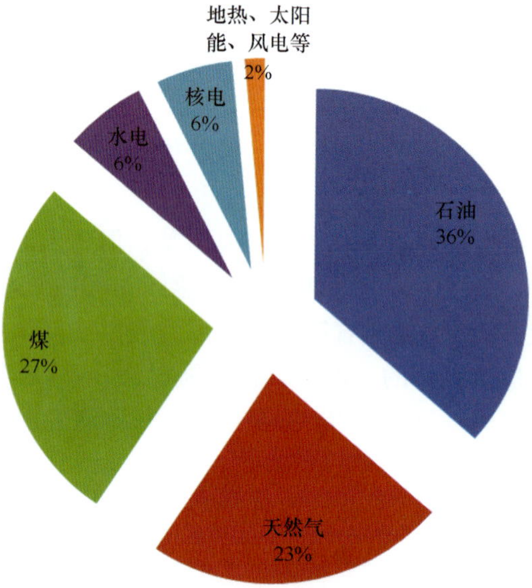

图 8－1　2006 年世界能耗构成

资料来源：US Energy Information Administration，Table 1.8，World Consumption of Primary Energy by Energy Type and Selected Country Groups，2008.

① US Energy Information Administration，Table 1.8，World Consumption of Primary Energy by Energy Type and Selected Country Groups，2008.

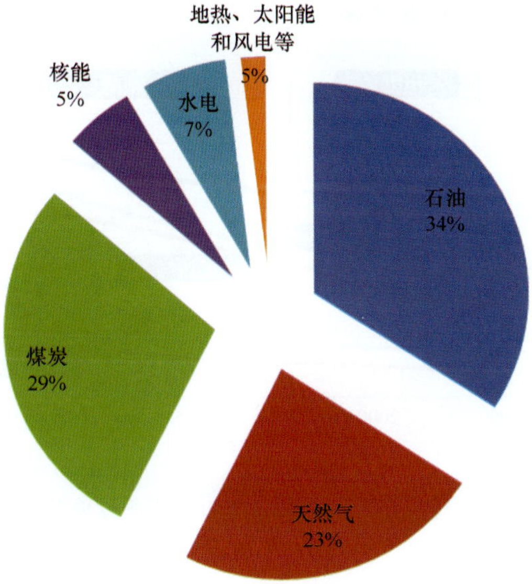

图 8 - 2　2009 年世界能耗构成

资料来源：BP Statistical Review of World Energy, June 2010, http://www.bp.com/statisticalreview.

2008 年开始的世界金融危机影响了世界能源的短期需求。世界能耗总量在 2008 年前保持着递增趋势。2008 年世界总能耗为 113 亿油当量，为 1980 年 66 亿油当量的 1.7 倍。2008 年以来，随着对货物和服务的生产和消费需求的下降，世界可售能源的消费也相应递减。2009 年世界总能耗为 111.6 亿油当量，较 2008 年萎缩了 1.3%。随着世界经济缓慢走出谷底，预计对能源的需求将重新增强。

据预测，2007 年至 2035 年间，在各国政府发展低碳经济政策的引导下，液态能耗增长可能较慢，年均增长率约为 0.9%。而可再生能源增长会较快，年均增长率为 2.6%。未来世界能源总需求年均增长率为 1.4%（图 8 - 3）。虽然液态燃料仍将占主导地位，但其在世界可售能源消费中的份额，将会从 2007 年的 35% 降至 2035 年的 30%。2007 年至 2020 年间，世界天然气需求年均增长为 1.8%。在 2020 年至 2035 年间，随着可再生能源消费的扩大，世界天然气需求年均增长率降为 0.9%。2007 年至 2035 年间，世界煤炭用量的年均增长率为 1.6%，期间大部分增长预期发生在 2020 年以后。同期，在世界发电能源构成中，煤炭的份额保持平稳，约占 42%，液态燃料、天然气和核电的份额会递减，可再生能源的份额会递增。尤其是水电和风电，将为可再生电能的增长分别贡献 54% 和 26%[①]。

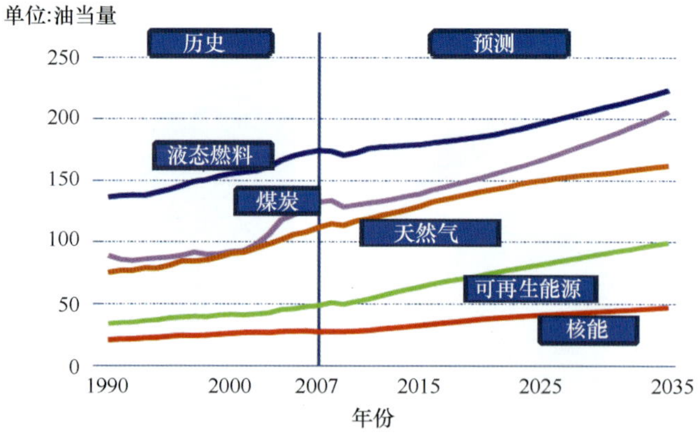

图 8－3　1990—2035 年间世界可售能源分类发展趋势

资料来源：International Energy Outlook 2010，U. S. Energy Information Administration，July 2010，www. eia. gov/oiaf/ieo/index. html.

2. 海洋石油和天然气的贡献

由于液态燃料仍将是世界能源的最大组成部分，加上石油和天然气消耗量的增长快于其储量的发现速度，世界油气总体短缺局面仍将继续。这成为今后推动海洋油气开发的基本动力。在世界金融危机的影响下，世界日产原油由 2008 年的 7 190 万桶减为 2009 年的 6 903 万桶，降幅达 4%（图 8－4）。然而，2008 年以来的世界经济危机未能阻挡海洋油气业的发展。陆地和海洋各自对世界日产原油总量的贡献，在 2008 年为 4 641. 5 万桶和 2561. 4 万桶，所占份额分别为 64% 和 36%；在 2009 年为 3 973 万桶和 2 930 万桶，所占份额分别为 58% 和 42%。2009 年与 2008 年相比，陆地的产量减少了约 669 万桶，降幅为 14%，然而海洋的产量却增加了约 369 万桶，增幅达 13%；就陆地和海洋对世界原油总量贡献而言，海洋的贡献提升了 6 个百分点。

2009 年世界日产天然气总量为 5 446 万桶油当量，较 2008 年减少了 110 万桶油当量，降幅约为 2%（图 8－5），明显小于上述同期原油总产量的降幅。陆地和海洋各自对世界日产可售天然气总量的贡献，在 2008 年为 4 184 万桶和 1 372 万桶，所占份额分别为 75% 和 25%；在 2009 年为 3 621 万桶和 1 825 万桶，所占份额分别为 66% 和 34%。2009 年与 2008 年相比，陆地的产量减少了约 563 万桶，降幅为 13%，然而海洋

① International Energy Outlook 2010，U. S. Energy Information Administration，July 2010，www. eia. gov/oiaf/ieo/index. html.

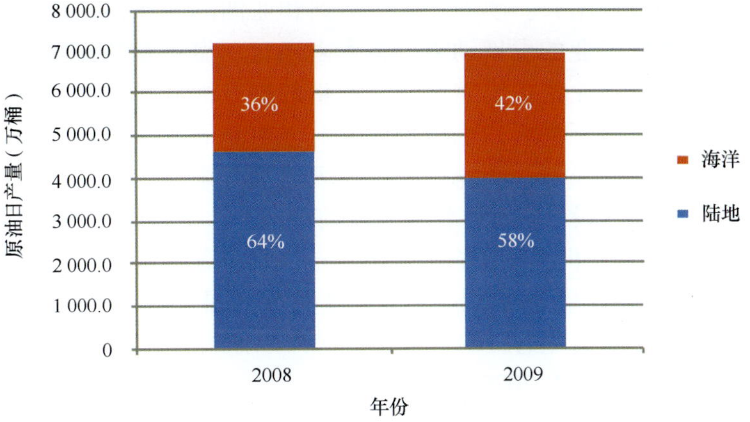

图 8－4　2008 年和 2009 陆地和海洋原油产量

资料来源：OPEC, Tables 14 and 16, OPEC Annual Statistical Bulletin 2008, Austria, 2009; OPEC, Tables 3.7, OPEC Annual Statistical Bulletin 2009, Austria, 2010; Offshore: simple supply forecast, http://www.energyfiles.com/global/offshore.html, 15 August 2010.

的产量却增加了约 453 万桶，增幅达 33%；就陆地和海洋对世界日产可售天然气总量的贡献而言，海洋的贡献提升了 9 个百分点。

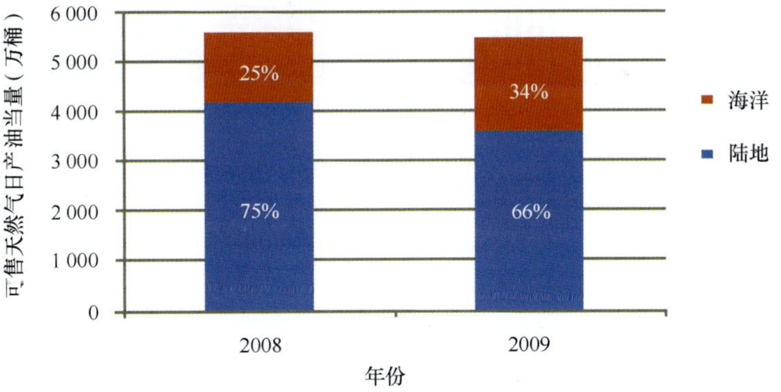

图 8－5　2009 年陆地和海洋可售天然气产量

资料来源：OPEC, Tables 14 and 16, OPEC Annual Statistical Bulletin 2008, Austria, 2009; OPEC, Tables 3.9, OPEC Annual Statistical Bulletin 2009, Austria, 2010; Offshore: simple supply forecast, http://www.energyfiles.com/global/offshore.html, 15 August 2010.

世界各地海洋油气产业发展是不平衡的。由于受到北海油气产业发展前景黯淡的影响，西欧成为近年来海洋油气产量同步下降的唯一地区。北美的海洋油气产量将会从过去数年的下滑中缓慢增长。澳洲、拉丁美洲和亚洲的海洋油气产业发展会较为强劲。拉丁美洲海洋油气产业的发展动力，将大多来自深海产量的提高。许多亚洲和澳洲地区的国家海洋油气产业将主要靠天然气产量的提升而获得进展。中东地区的海洋油气生产在经历近年来的下滑后，也将较快上升。西非的深海原油开采是非洲石油产量增长的重要动力。除埃及外，非洲近海可售天然气开采尚待启动，但伴随内需的改善和液化天然气工厂的建设，仍存在快速发展的前景①。

据预测，到2015年，世界海洋石油和天然气产量将分别达到3 600万桶和2 800万桶油当量，较2009年的产量分别增长约20%和50%（图8－6）。在能源价格、经济发展和环境状况等条件不断变化的影响下，预计海洋原油产量在2017年达到峰值，而海洋天然气产量的峰值将出现在2026年。

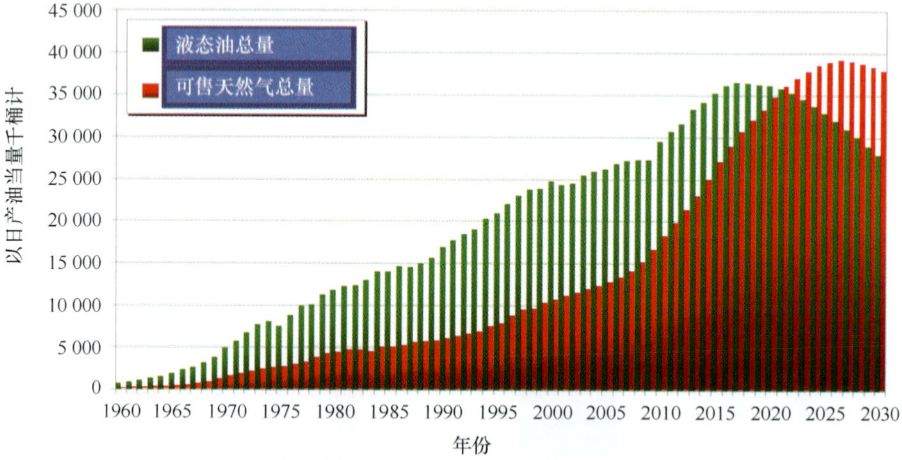

图8－6　海洋油气供应预测简图

资料来源：http：//www. energyfiles. com/global/offshore. html，17 August 2010.

3. 海洋油气开发的环境影响

墨西哥湾溢油是世界自有油气开发以来最大的油污染事件之一，也是世界最严重的人为环境灾难之一，引起了世界舆论的高度关注。2010年4月20日，英国石油公司位于墨西哥湾的“地平线”深海钻井平台井架发生爆炸，导致13人死亡，17人受伤，海底巨量原油涌出。截至2010年8月2日，共计490万桶（约2亿加仑）原油入海，

① Michael R. Smith，“The Offshore Production and Spending Market，” Energyfiles，http：//www. energyfiles. com/samplesfiles/Offshore%20Activity%20and%20Spending%202009. pdf.

扩散面积达6 500~180 000平方千米，污染了密西西比河河口三角洲等重要生态敏感区[①][②]。美国总统奥巴马称之为"巨大的和可能是空前的环境灾难"[③]。科学家认为其环境影响远超1989年"埃克森·瓦尔迪兹"号溢油事件，为美国历史之最[④]。

长期以来，海底油气盆地不断向上覆水域渗漏油气。据统计，造成美国水域碳氢化合物污染的原因，63%为天然渗漏，仅1%为海洋油气钻探和开采。美国加利福尼亚州西南海岸圣巴巴拉天然渗油区每年向太平洋海域天然输入原油量达70 000桶。过去40年中，此类天然漏油致死的海鸟和野生动物的数量，超过了该地近海石油开采所致全部溢油的致死数量。据观测，几十年来，加利福尼亚近海油气开采有助于减少天然油气渗漏，因此有人认为，该地海洋油气开采不仅有利于经济，而且降低了天然渗漏对环境的危害[⑤]。在墨西哥湾溢油事件发生后，世界自然基金会发表题为"没有吸取教训"的文章，认为20年来各国政府和石油行业没有吸取"埃克森·瓦尔迪兹"号溢油事件的教训，是生态灾害再度上演的真正原因[⑥]。

我国的深海油气开发刚刚起步。鉴于深海油气对能源安全的重要性和溢油事故的重大危害，我国海洋油气产业面临确保安全开采的严峻挑战。墨西哥湾漏油事件对我国海上石油开采应起到安全警示作用[⑦]。

（二）海洋渔业

1. 世界渔业的结构性变化

近30年来，世界渔业的总产量趋升，由1980年的7 200万吨增至2007年的1.4亿吨。增产速度在20世纪80年代和90年代较快，但至21世纪以来趋缓（图8-7）。由于过度捕捞和环境影响，世界渔业捕捞产量于2000年达到峰值，其后呈递减态势，而世界养殖产量则稳步显著递增。就世界渔业总产量而言，捕捞的份额从1980年的93%

① "Oil spill dumped 4.9 million barrels into Gulf of Mexico," latest measure shows, http://www.washingtonpost.com/wp-dyn/content/article/2010/08/02/AR2010080204695.html.

② "Deepwater Horizon oil spill," Wikipedia, http://en.wikipedia.org/wiki/Deepwater_Horizon_oil_spill.

③ Obama Gulf Oil Spill Speech, HuffPost Social News, http://www.huffingtonpost.com/2010/05/02/obama-gulf-oil-spill-speech_n_560319.html.

④ Gulf Oil Spill Now Far Worse Than Exxon Valdez, Worst In U.S. History, Scientists Say, HuffPost Social News, http://www.huffingtonpost.com/2010/05/27/gulf-oil-spill-exxon-valdez_n_591840. Html.

⑤ Bruce Allen, "How Offshore and Gas Production Benefits the Economy and the Environment," Backgrounder, No. 2341, Heritage Foundation, November 30, 2009, www.heritage.org/Research/EnergyandEnvironment/bg2341.cfm.

⑥ 刘伯宁，"墨西哥湾漏油事件：没有吸取教训的悲剧"，南方周末，2010年7月1日。

⑦ 安蓓，"墨西哥湾漏油事件警示中国海上石油开采安全"，新华社，http://www.gov.cn/jrzg/2010-06/06/content_1621774.htm，2010年6月6日。

下滑至2007年的64%，而同期养殖的份额从7%升至36%。多年来捕捞和养殖此消彼长的局面导致了近年来世界渔业结构的深刻变化。2006年世界渔业总产量为1.37亿吨，其中1.1亿吨为食用水产品，捕捞和养殖分别占食用水产品的53%和47%①，由此开启了捕捞和养殖在世界食用水产品中平分秋色的新时期。养殖成为当今推动世界渔业发展的主要动力。

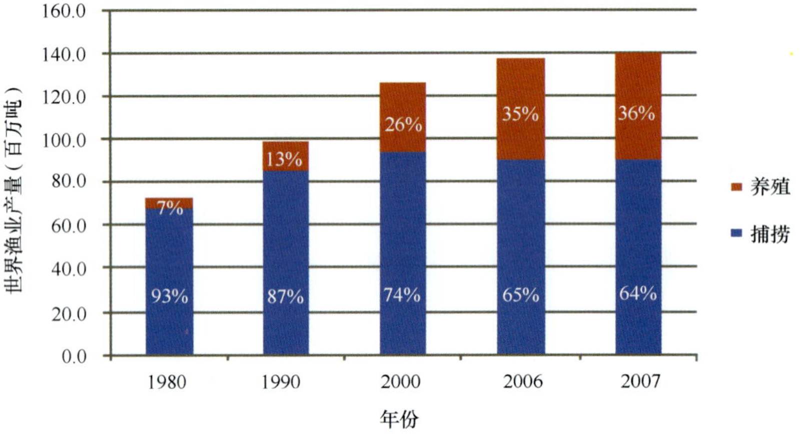

图8-7　1980—2007年捕捞和养殖对世界渔业产量（百万吨）的贡献（%）

资料来源：FAO Yearbook, Fishery and Aquaculture Statistics 2007, Rome, FAO, 2009, 72p.

2. 渔业对社会经济的贡献

2007年世界水产品总量为1.4亿吨，按每吨均价为1 264美元计，总值为1 774亿美元②，不到当年全球生产总值的1%。但这并不能全面地反映世界渔业对社会经济的贡献。半个多世纪以来（1950—2007年），世界人口增长了2.6倍，从约25亿人增至66亿人。同期全球渔业生产增长了7倍，从不到2 000万吨增至1.4亿吨以上。世界人均食鱼量从20世纪60年代的9.9千克递增至2005年的16.4千克，平均增速与世界食用粮食增速基本持平。鱼蛋白占人均蛋白摄入总量的份额一般为7.9%（2005年）。鱼蛋白占人均动物蛋白摄入量的份额因不同地区而异，一般为7%至21%（表8-2），但在一些发展中国家，特别是发展中的小岛屿国家，可达50%。海鱼的营养和保健价值受到日益广泛的关注。海产品富含不饱和脂肪酸，有降低血脂、预防心血管疾病和健脑的作用。初步研究表明，食用富含奥米茄-3脂肪酸的海鱼油，有助于减轻风湿性关

① 联合国粮农组织：The State of World Fisheries and Aquaculture 2008, ISSN 1020-5489, Rome, Italy.

② FAO Yearbook, Fishery and Aquaculture Statistics 2007, Rome, FAO, 2009, p.50.

节炎症状。海产品还富含人体所需的锌和硒等微量元素。

表 8-2　2005 年鱼蛋白在全世界动物蛋白供应量中的比重

地区	百分比%
亚洲	21
非洲	19
低收入缺粮地区	20
北美和中美洲	7.6
欧洲	11

资料来源：Scientific Facts on Fisheries，http：//www.greenfacts.org/en/fisheries/ l-2/06-fish-consumption.

渔业对增加就业的贡献也不可忽视。2006 年，世界直接从事捕捞和养殖的全职和兼职的人数为 4 350 万人，占世界从事农业生产的 13.7 亿人的 3.2%。不定期从事渔业人数为 400 万人。1970 年以来，渔业人数的递增主要出现在中、低收入国家。在工业化国家，渔业人数基本保持平稳或下降，捕捞业人数下降较为明显。与渔业相关的经济活动有水产品加工及其设备的制造，渔具制造，水产保鲜，渔船制造和维修，水产品包装、销售和送发，渔业的研发和行政管理等。对间接从事渔业的人数，迄今尚无正式统计。如按每一直接从事渔业者创造 3 个间接渔业就业机会，世界直接和间接从事渔业（捕捞和养殖）的总人数可达 1.7 亿人。据估算，他们维系着世界 5.2 亿人（约占世界总人口的 7.9%）的生计。

世界各地约有 210 万艘机动渔船（2006 年），不到 12 米长的小型渔船占主导地位，大部分在亚洲和非洲地区，而大于 100 吨和 24 米长的渔船，大多在太平洋、大洋洲、欧洲和北美地区。亚洲和非洲地区的每船捕获量低于其他地区。在过去的 20 多年里，如何应对全球范围内渔船捕捞产能过剩和确保渔业资源的可持续利用，已成为国际社会日益关注的问题之一①。

3. 海洋渔业在世界渔业中的地位

海洋渔业在世界渔业中占主导地位。1980 年至 2007 年间，在世界水产总量中，海洋渔业的份额从 89% 递减为 71%，内陆渔业的份额从 11% 递增为 29%，两者的变化幅度达 18 个百分点（图 8-8）。这种趋势可能还将持续，但最终是否会改变海洋渔业的主导地位，现尚难断言。2002 年至 2007 年期间，内陆水产由 3 200 万吨增至 4 100 万

① FAO Yearbook，Fish facts Scientific Facts on Fisheries，http：//www.greenfacts.org/en/fisheries.

吨，而海洋产量则在1亿吨上下浮动。2007年，海洋渔业产量为9 940万吨，内陆渔业产量为4 100万吨。同年，在世界水产捕捞产量中，海洋捕捞量为8 000万吨，所占份额为89%，内陆水域捕捞量为1 000万吨，所占份额为11%；在世界水产养殖产量中，海水养殖产量为1 930万吨，占38%，内陆水域养殖产量为3 100万吨，占62%。1980年以来，海洋捕捞量在世界水产捕捞总量的占比缓步递减，而陆地养殖产量在世界水产养殖总产量的占比却在缓步递增。

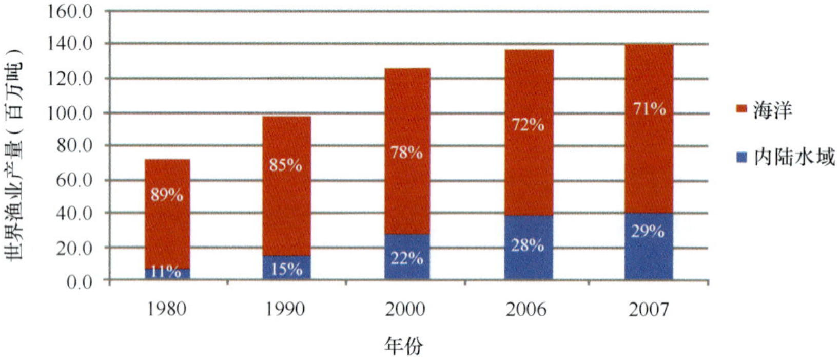

图8-8　1980—2007年海洋和内陆水域对世界渔业总产量的贡献（百分比）

资料来源：FAO Yearbook，Fishery and Aquaculture Statistics 2007，Rome，FAO，2009，72p.

2007年，中国渔业产量（4 600万吨）占世界渔业总产量（1.4亿吨）的33%；中国水产捕捞量（1 466万吨）占世界水产捕捞总量（9 010万吨）的16%，中国的水产养殖产量（3 142万吨）占世界水产养殖总产量（5 030万吨）的62%。在2001年至2007年间，中国在世界水产捕捞和养殖产量占有的份额基本持平①。中国渔业的发展，特别是养殖业的发展，已经并将继续对世界渔业产量的增长做出较大的贡献。2007年，中国的海洋渔业产量（2 551万吨）占世界海洋渔业产量（9 940万吨）的26%；海洋捕捞量（1 244万吨）占世界海洋捕捞量（8 000万吨）的16%；海水养殖产量（1 307万吨）占世界海水养殖产量1 930万吨）的68%。中国的海水养殖业已经成为世界海水养殖的主要力量。

4. 气候变化对海洋渔业的影响

目前，世界海洋渔业资源状况堪忧。1974年至2006年间，在全球海洋渔业资源总量中，海洋渔业资源“充分利用”（已达最大可持续捕获量）的份额，由50%提升至

① FAO Yearbook，Fishery and Aquaculture Statistics 2007，Rome，FAO，2009，72p.

52%，“适度利用”的份额，由40%下滑至20%，而“过度利用”的份额，则由10%扩大至28%。近海鱼类资源，大多衰竭。

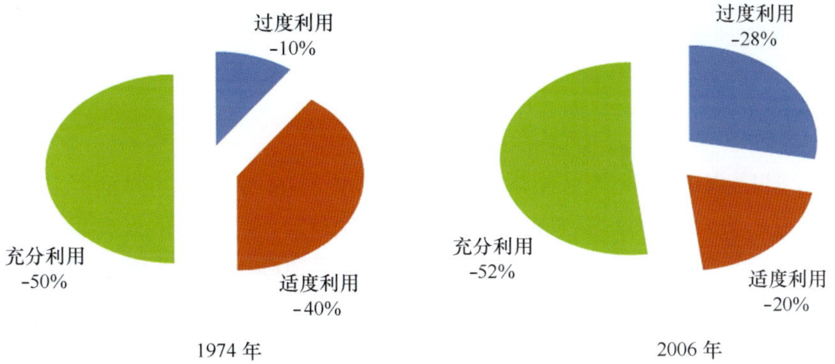

图8-9　1974—2006年海洋渔业资源状况

资料来源：Scientific Facts on Fisheries, http: //www. greenfacts. org/en/fisheries.

除过度捕捞外，气候变化也对海洋渔业产生较大影响。在鱼类生态方面，气候变化会改变海洋和淡水鱼种的分布，暖水鱼种会向极地迁移，其生境的范围和生产力会有所改变。在热带和亚热带大洋、海域和湖泊，生态系统的生产力会下降，在高纬度则会递增。气候变化已经改变了某些特定生物过程的季节性和海洋与淡水的食物网，由此对鱼类繁殖可能造成的后果，尚难预测。陆地和海洋之间、极地和热带地区之间暖化的差异性对气候的影响（如厄尔尼诺现象等），加上极端天气事件（如旱、涝、风灾等），均会影响海洋和淡水生物资源的稳定性。海平面上升、冰川消融、海洋酸化和降雨量、地表水和河流的变化等，均会显著地改变珊瑚礁、湿地、河流、湖泊和河口等生境，进而影响捕捞和养殖环境。

在渔业生产方面，气候变化对鱼类生境、种群结构和分布的影响会改变捕捞和养殖作业、渔获上岸、养殖选址和水产品加工设施定点等方面的安排。极端天气会影响海上作业的安全和渔民居住的环境。水资源短缺的加剧，会增加某些渔民团体为争夺水资源而发生冲突的可能性。鱼群迁移路径和渔季等改变，会造成渔民生活习性的改变。渔业（捕捞和养殖）本身也会影响碳循环。渔业生产、作业、运输、加工和储藏等会增加温室气体的排放，量虽不大，但其影响仍在。渔业活动在燃料和原材料的使用上，在水产品的包装、运输和供应等环节上，均面临节能减排和提高效益的挑战。渔业管理在规划及其实施上，均需关注气候变化与渔业之间的相互影响和作用。随着国际社会对气候变化影响人类环境的日益重视，研究气候变化对海洋渔业资源的影响，也提上工作日程①。研究的重点是气候变化、过度捕捞和环境污染对海洋渔业资源的叠加效应。

（三）海洋交通运输业

1. 国际贸易

近年来全球需求的下降严重影响了世界商品贸易的增长。世界商品出口总量的增速在2006年为8.5%，2007年为6.0%，2008年为2.0%。多年来，世界贸易的增速通常高于世界生产总值增速的2至3倍。2006年至2008年间世界贸易增速下滑的幅度，改变了这种情况，致使世界出口总量的增速未能超出全球产出的增速。2008年9月以后全球贸易的下滑尤为显著，主要原因是贸易融资匮乏。银行停贷，货物滞发，贸易中止。发展中经济体年贸易融资额缺口约在1 000亿~3 000亿美元之间。

2008年，北美的出口增幅仅1.5%，而欧盟的出口增幅则是世界各地区中最小的。由于对进口商品、特别是消费品需求的下降，北美和欧盟的进口大幅下滑，减幅分别为2.5%和1.0%。发展中国家和经济转型国家继续推动着世界商品贸易的增长，但增速已不及2007年。亚洲的出口总量增长了4.5%，但较2007年的两位数增速则有显著降幅。亚洲的进口虽有增长，但增速也不及2007年。亚洲的出口导向型经济体受到世界需求下滑的不利影响更为明显。非洲和中东的发展中经济体的进出口贸易增速均有放缓。原物料（原油和金属等）出口国由于从2008年上半年原物料价格急升中获益，因而仍能保持较高的进口量。非洲的出口增速2007年为4.5%，2008年为3.0%，而2008年的进口增幅达13%。2008年，中东的出口增速为3.0%，进口增幅为10%。拉丁美洲的出口仅增长1.5%，但其进口的增幅达15.5%，为当年世界之最。同年，独联体在出口和进口增速方面分别保持世界第一和第二的地位。独联体的出口增幅，2007年为7.5%，2008年为6.0%，其进口增幅，2007年为20%，2008年为15%②。

2. 海上运输

尽管2008年第四季以来全球经济萎缩和世界商品贸易急剧下滑，国际海上贸易继续保持增长，但增速从2007年的4.5%，递减为3.6%。2008年国际海上贸易总量达81.7亿吨，其中大部分（66.3%）仍为干散货（图8-10）。世界主要卸货地区按经济

① Cochrane, K.; De Young, C.; Soto, D.; Bahri, T. (eds), Climate change implications for fisheries and aquaculture: overview of current scientific knowledge, FAO Fisheries and Aquaculture Technical Paper, Rome, FAO, 2009, 212p.

② Review of Maritime Transport 2009, Report by the UNCTAD Secretariat, United Nations, New York and Geneva, 2009.

类型划分依次为发展中经济体（60.6%）、发达经济体（33.6%）和经济转型国家（5.9%），按地理分布依次为亚洲（40%），美洲、欧洲、非洲和大洋洲。多年来，发展中国家在不断地扩大其在全球进口总量中的份额，包括消费品和生产所需的零部件。

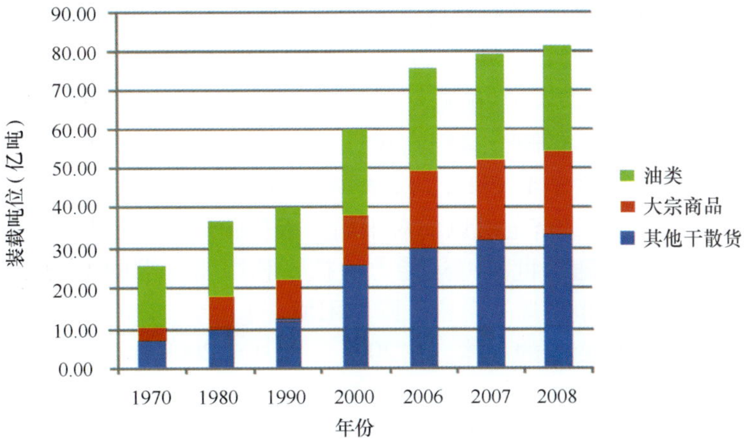

图 8－10　1970—2008 年国际海上贸易的发展

资料来源：Review of Maritime Transport 2009, Report by the UNCTAD Secretariat, United Nations, New York and Geneva, 2009.

由于主要经济体，特别是发达国家的消费与能源需求和工业生产的下降，海上贸易的递减影响到所有的海运部门。干散货贸易的增长率，从 2007 年的 5.7%，降为 2008 年的 4.7%。集装箱贸易一般占世界商品装运量的 16%，受到世界经济衰退冲击影响较大。虽其贸易量在 2007 年至 2008 年间从 1.30 亿标箱略增至 1.37 亿标箱，但其增速却从 11% 降至 4.7%，降幅达 50% 以上。原油贸易不振，特别是在发达国家，这反映了能源需求的萎缩。2008 年，世界原油及其产品的装载量仅增长 1.6%，小于 2007 年的 2.1%。

国际海上贸易和航运界面临着众多的挑战。干散货贸易在过去的数年中是维持海运繁荣的主要支柱，但面临显著下降的可能。在干散货贸易中，预计降幅最大的依次为磷酸盐岩、铝土矿、氧化铝、煤炭和谷物。铁矿石的运量，可能保持平稳，这在很大程度上取决于中国的需求和铁矿石价格的谈判。原油海运量在未来若干年预计仍能维持。海上贸易在 2009 年至 2010 年间会探底回升，但增速不会很大。2000 年以来海上贸易和海洋运输业获得了长足的进展，但并没有改变海运的周期性和波动性。海运与其他产业一样，容易受到经济衰退的损害，但也能从经济和贸易的衰退中重新崛起和复苏。这在 20 世纪 80 年代初和 90 年代末的两次经济危机中得到证实。

3. 海上船队

近30年来，世界商船总载重吨位从6.83亿吨（1980年）增至11.92亿吨，增幅约75%。在各类商船中，集装箱船的载重吨位增幅最大，从1 100万吨增至1.62亿吨，增幅约15倍。油船的载重吨位，从3.39亿吨增至4.18亿吨，增幅为23%。散装船的载重吨位，从1.86亿吨增至4.18亿吨，增幅约2.25倍。普通货船的载重吨位不增反减，从1.16亿吨减至1.09亿吨，减幅约6%。2008年1月至2009年1月，世界商船总载重吨位从1.117亿吨增至1.192亿吨，增幅为6.7%（表8－3）。这一增速反映的是2008年下半年发生世界经济危机以前对用船需求扩张的预期和订单，但这一预期因经济危机的发生而落空。随着世界海运能力的扩张和用船需求的萎缩，世界海运业难以避免地陷入运力过剩和租、运费急剧下降的困境。

油船和散装船是世界商船的主体。在2008年1月至2009年1月期间，这两类商船在世界商船总载重吨位中的占比，从71.5%略降至71.2%。油船载重吨位增长了2.5%，而散装船载重吨位增长了7.0%。2009年散装船的载重吨位（4 180万吨）首次与油船的载重吨位并驾齐驱。一般货船的载重吨位增长了3.2%，但其在世界商船总载重吨位中的占比却下降了0.3%。集装箱船的载重吨位增加了1 730万吨，在世界总量中的占比为13.6%（2009年）。同期，某些专门类型商船的载重吨位也取得增长。液化气运载船载重吨位增长了21.1%。近海油气开发补给船载重吨位增长了9.1%[①]。

表8－3　2008—2009年世界商船载重吨及其分类占比

主要类别	2008年	2009年	百分比变化
油船（亿载重吨）	0.407	0.418	2.5
比重（%）	36.5	35.1	－1.4
散装船（亿载重吨）	0.391	0.418	7
比重（%）	35.0	35.1	0.1
普通货船（亿载重吨）	0.105	0.109	3.2
比重（%）	9.4	9.1	－0.3
集装箱船（亿载重吨）	0.145	0.162	11.9
比重（%）	13.0	13.6	0.6
其他船舶（亿载重吨）	0.069	0.085	23.7

① Review of Maritime Transport 2009, Report by the UNCTAD Secretariat, United Nations, New York and Geneva, 2009.

续表

主要类别	2008 年	2009 年	百分比变化
比重（%）	6.1	7.1	1.0
总计（亿载重吨）	1.117	1.192	6.7
比重（%）	100.0	100.0	

资料来源：Table 8，Review of Maritime Transport 2009，Report by the UNCTAD Secretariat，United Nations，New York and Geneva，2009，p. 39.

截至 2009 年 1 月，世界前 10 大商船的拥有国家和地区依次为日本、希腊、德国、中国、挪威、韩国、美国、中国香港、丹麦和英国。2009 年全球前 10 大商船登记国和地区（按载重吨位计）依次为巴拿马、利比里亚、马绍尔群岛、中国香港、希腊、巴哈马、新加坡、马耳他、中国和塞浦路斯。同年，在世界商船总载重吨位中，发达经济体的占比为 26.73%，较 2008 年降低了 3.12%；转型经济体的占比为 2.13%，较 2008 年降低了 0.49%；发展中经济体的占比为 24.3%，较 2008 年降低了 0.30%；世界 10 大船舶登记国占比为 55.11%，较 2008 年增长了 0.77%①。

4. 海港发展

2007 年，世界集装箱港周转量增长 12.1%，2008 年增长 4%，达到 5.069 亿标箱。2008 年世界集装箱船总载重吨位虽有 11.9% 的增长，但世界大部分航线的运费却显著下降。部分港口面临集装箱船只过剩、或有船无货的困境。2008 年经济危机的加剧对集装箱港的周转量和收益均有影响。2008 年以前部分港口和码头的较高的市盈率出现下降。一些港务公司的市值大幅降低。国际贸易的不景气导致了港务收入的减少。此外，由于港口开支的减少和银行的惜贷，也打击了港口项目的投资。

2008 年世界前 10 大集装箱港中，中国占 6 席（表 8－4）。与世界经济危机前的 2007 年比，2008 年世界前 5 大集装箱港排名未变，但排名后 5 位中的高雄港和汉堡港被宁波港和广州港所取代。新加坡港的排名仍稳居首席，其 2008 年集装箱周转量增长率超过 7%。上海港仍位居第二，其增长率较新加坡港旗鼓相当，但与往年年均 20% 的增速相比，放缓程度显著。同年，香港的集装箱周转量增速仅 1%，但不影响其排名第三。深圳仍排名第四，但其增长率从 2007 年的 14% 降至 2008 年的 1.5%。釜山港排名第五，其在 2008 年的增长率为 1.2%。同年，迪拜港的增长率达 11%，其排名从 2007

① Review of Maritime Transport 2009，Report by the UNCTAD Secretariat，United Nations，New York and Geneva，2009.

年的第七位提升至2008年的第六位。宁波港和广州港的增幅约达20%，两者的排名较2007年提升4位，分别位居第七和第八位。鹿特丹港的集装箱周转量在2008年几乎未获增长，其排名较2007年下降3位。青岛港的年增率为9%，仍位居第十。

表8-4 2006—2008年世界前10大集装箱港周转量（标箱数）

港口	2006年	名次	2007年	名次	2008年	名次
新加坡	24 792 400	1	27 935 500	1	29 918 200	1
上海	21 710 000	3	26 150 000	2	27 980 000	2
香港	23 538 580	2	23 998 449	3	24 248 000	3
深圳	18 468 900	4	21 099 169	4	21 413 888	4
釜山	12 039 000	5	13 261 000	5	12 425 000	5
迪拜	8 923 465	7	10 653 026	7	11 827 299	6
宁波	7 068 000	9	9 360 000	9	11 226 000	7
广州	6 600 000	10	9 200 000	10	11 001 300	8
鹿特丹	9 654 508	6	10 790 604	6	10 800 000	9
青岛	7 702 000	8	9 462 000	8	10 320 000	10

资料来源：Table 38, Review of Maritime Transport 2009, Report by the UNCTAD Secretariat, United Nations, New York and Geneva, 2009, p. 113.

（四）滨海旅游业

1. 世界旅游业的发展

旅游是出口的重要组成部分。2009年世界入境游（包括客运）创造的出口总收入已超过1万亿美元（日均约30亿美元）。世界旅游出口占世界商业服务出口总量的30%，占世界货物和服务出口总量的6%。在世界出口类别排名中，旅游位居第4，排在燃料、化学品和自动化产品之后。

2009年世界经济衰退，加上甲型H1N1流感，世界旅游业经历了异常艰难的岁月。当年国际游客抵达总人数为8.8亿人，较上年下降4.2%。同年国际旅客人数在一、二、三季度分别下降10%、7%和2%，但到四季度开始获得2%的增长。在2009年国际游客总人数中，以休闲为目的者达4.46亿人，占总数的51%，15%以公务和专业为目的，27%以访亲问友、信教朝拜和保健治疗为目的，其余7%目的不详。在国际旅游交通工具的构成方面，航空占53%，陆路占39%，水路占5%，火车占3%。未来航空所占的份额还将逐渐递增。

与游客人数下降相对应，2009年世界国际旅游收入较上年降低5.7%，达8 250亿美元。世界主要地区的国际旅游收入均出现下降，下降幅度依次为美洲（-10%）、欧洲（-7%）、非洲（-4%）、亚太和中东地区（-1%），而大洋洲（+5%）和东北亚（+1%）获得正增长。

2009年，虽然各地游客人数均出现下降，但世界前10大旅游国（按到访国际游客人数计）的排名却无显著变化（表8-5），特别是前6大旅游国的排名没变，为法国、美国、西班牙、中国、意大利和英国。原排名第7位的乌克兰退出了前10的位置，原排名第8和第9位的土耳其和德国分别升至第7和第8位。原在前10名以外的马来西亚异军突起，进入前10大旅游国名单，排第9位，墨西哥仍排名第10位。在2008—2009年期间，前10大旅游国的到访国际游客人数大多下降2%～9%，但意大利、土耳其和马来西亚除外，取得1%～7%的增长。

表8-5 2008—2009年世界前10大旅游国到访国际游客人数的变化

排名	国家	2008年	2009年	变化幅度（%）
1	法国	79 200 000	74 200 000	-6.3
2	美国	57 900 000	54 900 000	-5.3
3	西班牙	57 200 000	52 200 000	-8.7
4	中国	53 000 000	50 900 000	-4.1
5	意大利	42 700 000	43 200 000	1.2
6	英国	30 100 000	28 000 000	-7.0
7	土耳其	25 000 000	25 500 000	2.0
8	德国	24 900 000	24 200 000	-2.7
9	马来西亚	22 100 000	23 600 000	7.2
10	墨西哥	22 600 000	21 500 000	-5.2

资料来源：UNWTO Tourism Highlights 2010 Edition，Facts and Figures section at WWW. UNWTO. org/facts，p. 6.

2. 滨海旅游对经济贡献

滨海旅游是世界旅游业的重要组成部分。世界前10大旅游国均为沿海国家。2009年，国际游客人数近4亿人，约为当年世界国际抵达游客总人数的45%。据统计，欧洲人度假，63%选择海岸带，25%选择山区，23%选择乡村。2008年赴地中海地区海岸带旅游的人数为2.5亿人，预计2025年达到3.12亿人。法国和西班牙的地中海沿岸人口密度峰值为每平方千米2 300人。在法国沿海地区，旅游业提供了43%的就业机会，创造了高于渔业和航运的收入。在美国，海滩旅游每年的收入为6 400亿美元，占全美旅游总收入的85%。在加利福尼亚州，主要产业对经济贡献程度（1997年）依次为滨海旅游（99亿美元），港口（60亿美元）和近海原油开采（8.6亿美元）[①]；目前加利福尼亚海滩每年接待游客5.67亿人，高于全美国家公园接待的游客总数。

（五）海洋遗传资源的开发利用

遗传资源包括具有实际和潜在价值的遗传材料，也即源自植物、动物和微生物等含有遗传功能的材料。海洋遗传资源提供了维持地球生命系统和增加人类研究机会、就业、食物和原料等各种服务。随着国际社会日益重视海洋生物多样性养护和可持续利用，寻找和利用海洋遗传资源引起人们越来越多的关注。

海洋遗传资源的研发涉及多种生物和广泛领域。研发对象包括细菌、霉菌、微型和大型藻类、腔肠动物、多孔动物、软体动物、鱼和哺乳动物等。研发领域关注但不局限于海洋生物多样性高的地区。近年来深海生物基因资源引起国际社会的关注。深海生物在高压、巨变的温差、极其微弱的光照和高浓度的有毒物质包围等条件下形成了独特的食物结构和代谢机制，体内产生了特殊的生物活性物质，例如嗜碱、耐压、嗜热、嗜冷、抗毒的各种酶，具有研发价值。

关于海洋遗传资源的研究和开发重在寻找对于应用、特别是商业应用具有实际或潜在价值的生物化合物。目前遗传资源的开发虽然受到研发水平、设备和经费等多方面的限制，但已经取得初步进展。在海洋的20多万种生物中，已发现2 000多种具有独特功效的生物活性物质具有为人们提供药品、保健品、食品和生物材料的潜力。经过几十年的努力，发现有重要生物活性并已申请专利的新化合物约达300多种。目前国际公认的海洋药物已有抗生素中的头孢系列、抗病毒药物阿糖腺苷、褐藻酸钠药物系列等。此外，进入临床试验或临床前试验的海洋药物已有40多个[②]。食用海鱼有利于减少心血管疾病和改善免疫功能已广为人知。大型藻类所含有的独特多糖已有若干应用，如用于糕点、冰淇凌和其他乳制品等。海洋微生物以被广泛应用于有害废物处理和污染控制，如用微生物降解海上溢油和用海洋蓝藻菌处理污水等[③]。海洋中丰富多样的遗传资源是有待合理利用的宝库。

---

① United Nations Environment Programme and Priority Actions Programme, 2009, Sustainable Coastal Tourism - An integrated planning and management approach, ISBN: 978 - 92 - 807 - 2966 - 5, p. 11.

② William Fenical, "Marine Pharmaceuticals: Past, Present, and Future," Oceanography: 19 (2): 111 - 119, 2006.

③ 联合国秘书长在2007年联合国大会第62届会议上关于海洋和海洋法的报告（A/62/66），第36 - 53页。

二、世界海洋科技的发展

进入21世纪，发展海洋科技成为世界各沿海国家的重要战略举措，海洋科技投入持续增加，海洋科技不断取得新的突破。

（一）主要沿海国家的海洋科技发展战略和政策

1. 美国发布《海洋行动计划》

美国一直有计划、有目的地加速海洋科技创新，以解决现实海洋问题，为海洋经济发展和海洋综合管理提供强有力的科技支撑。

近些年，美国政府为提高海洋科技创新力和竞争力，出台了一系列新政策。2003年和2004年，皮尤海洋委员会（Pew Ocean Commission）和美国海洋政策委员会（The U. S. Commission on Ocean Policy，USCOP）先后公布两份国家海洋政策报告，分别为《规划美国海洋事业的航程》和《21世纪海洋蓝图》。此两项政策报告向美国政府提出了200多项海洋科技创新体系和海洋管理水平建议。美国政府对此做出了积极的响应，于2004年12月发布《美国海洋行动计划》。为了督促美国政府贯彻落实以上报告的建议，2005年9月以上两个委员会合并成立“联合海洋委员会”。2006年6月，美国联合海洋委员会向美国参议院递交《海洋至熠熠生辉的海洋——海洋政策变革重中之重》报告，从美国参议院角度阐述和分析了加强海洋研究的必要性和重要意义。国家研究理事会（National Research Council，NRC）受海洋科技联合小组委员会（Joint Subcommittee on Ocean Science and Technology，JSOST）委托，制定《海洋研究优先计划和实施战略》。美国海洋研究和教育协会（Consortium for Oceanographic Research and Education，CORE）向JSOST建议，美国今后的海洋研究应将如下八大领域列为重点：海洋变异与气候变化相互影响、海洋健康与人类健康相互关系、海洋资源勘探和可持续利用、防灾减灾、海洋生态系统研究、海洋教育、海洋综合观测系统（The U. S. Integrated Ocean Observing System，IOOS）建设和长期维护等等。

为了支持海洋研究产生更多的创新成果，在《21世纪海洋蓝图》政策报告中明确建议：美国海洋研究经费应从目前占联邦科研经费总预算的不足3.5%，提高到7%，海洋基础研究经费投入至少提高1倍，达到每年15亿美元。以后视国家经济实力，逐年增加。

2. 欧盟制定《海洋综合政策》

2007年10月10日欧盟通过了《欧洲海洋综合政策》及《行动计划》，指出“海洋科学、技术及研究对海上活动的可持续发展起着至关重要的作用。欧洲需要探索科学研究如何更好地为创新做贡献，如何更有效地将知识和技能转化成工业产品和服务”。[1]

《欧盟海洋综合政策》指出“加大对海洋研究与技术的投入。发展能在保护环境的同时又能促进海洋产业繁荣的环境友好型技术，使欧洲的海洋产业，例如蓝色生物技术产业、海洋可再生能源产业、水下技术与装备产业以及海洋水产养殖业等迈入世界先进行列”。海洋科学技术是确保海洋事业可持续发展的关键。海洋科学技术可以有助于人们更好地了解人类活动对海洋系统的影响，使海洋环境免受人类活动破坏。采用跨学科方法开展海洋研究，是海洋综合政策的有机组成部分。同时，必须提高海洋科学研究效率。促进创新和将知识有效地转化为工业产品与服务。为了发展海洋科学技术，必须建立“海洋观测与资料网络”，支持建立欧洲海洋科学伙伴关系，加强科技界、产业界和决策者之间的沟通与对话。

3. 英国发布《2025 年海洋科技计划》

2008 年 6 月，英国自然环境研究委员会（National Environment Research Council，NERC）发布了《2025 年海洋科技计划》（Oceans 2025）[2]。英国自然环境研究委员会（NERC）将在 2007—2012 年向该计划提供大约 1.2 亿英镑的科研经费。该计划中的“海洋基金提案”将允许英国各大学及其合作伙伴申请经费。《2025 年海洋科技计划》重点支持的十大研究领域是：气候、海水流动、海平面，海洋生物化学循环，大陆架及海岸演化，生物多样性、生态系统，大陆边缘及深海研究，可持续的海洋资源利用，健康与人类活动的影响，技术开发，未来海洋预测，海洋环境中的综合持久观测[3]。

4. 加拿大出台《海洋发展战略》

2002 年 7 月，加拿大出台了《加拿大海洋发展战略》，“加深对海洋的研究”是重要措施之一。《加拿大海洋发展战略》提出，“为了加强海洋的管理，必须进一步观测、研究、调查和分析海洋”。加拿大政府加强了海洋科技开发的预算分配，2003 年拨款近 8 亿加元（1 美元约合 1.36 加元），作为海洋科技开发经费。其他措施包括：广泛收集海洋资料，提高海洋基础资料的精度；提高航行用海图的制作能力；研究全球气候变化；界定海洋资源和海洋空间的定义；保护资源开发和海底矿物资源；加强海洋科学

---

① 国家海洋局海洋发展战略研究所：《欧盟综合海洋政策和行动计划》，不定期刊物，2007 年第 5 期，总 209 期。

② 宋国明：“英国海洋资源与产业管理”，国土资源情报，2010 年第 4 期，第 6－10 页。

③ NERC. Oceans2025 [EB/OL]. http://www.ocean2025.org/PDFa/ocean_2025.pdf. 2007－12－18.

和技术专家队伍建设等。[①]

2004年，加拿大政府出台《加拿大海洋行动计划》，加强海洋科学和技术的发展是其中一个重要组成部分。[②] 该行动计划指出：加拿大政府必须为海洋技术的发展和实现产业化创造良好的宏观环境。为此，加拿大政府采取了诸多措施。首先制定了海洋技术和产业发展路线图。海洋技术和产业发展路线图的目标是促进技术创新和可持续发展。其次，海洋科学和技术方面的共同组织，用以实现技术创新以及信息方面的共享。此外，充分发挥政府采购在促进海洋新技术产业化方面的重要作用[③]。

5. 俄罗斯制定《海洋、北极和南极综合研究》

俄罗斯为保持其海洋科学技术在世界上的领先水平，制定了跨世纪的《海洋、北极和南极综合研究》科技计划。该计划包括9个科技研究领域，主要有：确定石油与天然气生成，金属和非金属矿产分布，海底热液活动的规律性；完成锰结核、钴结壳、多金属硫化物、磷灰岩的普查勘探，研制深水作业技术装备，为商业性开采做好准备；建造几艘适于在世界深海大洋进行科学调查研究的深海采矿船；建立一个全球海洋三维监测浮标系统，发射“资源”号及“海洋”号卫星，用以考察地球自然资源及世界海洋大气与水体的相互作用和评价极地气候变化产生的影响。

6. 日本出台《海洋基本计划》

2008年3月18日，日本政府批准了《海洋基本计划》，这是在2007年7月实施的《海洋基本法》基础上确定的具体政策实施步骤，该计划的有效期为五年[④]。

该计划是日本海洋政策的指针，由三部分组成：总论、海洋相关措施的基本方针、政府应采取的整合性和计划性的海洋相关措施。《海洋基本计划》将“率先挑战海洋领域中人类所面临之课题”作为三个具体的政策目标之一，其中提出应充实海洋科学知识，海洋的调查和研究作为一个战略性课题，必须推进。在日本政府应采取的措施中提出，为顺利推动在专属经济区、大陆架的开发，除充实各种调查、技术研发外，适当地管理及分享调查所得的信息。《海洋基本计划》提出加强海洋调查与研究方面的国际合作，积极协助发展中国家提升在海洋领域的科学技术水平。

---

① 张坤：《21世纪加拿大海洋战略》，http：//www. comra. org//dyzl/050729. htm. 2005－12－18.

② Fishery and Ocean Canada. Canada’s oceans action plan for present and future［EB/OL］. http：//www. dfo－mpo. gc. ca/oceans－habitat/oceans/oap－pao/pdf/oap_e. pdf. 2005－12－18.

③ Canada’s Oceans Action Plan，Government of Canada.

④ http：//news. sina. com. cn/w/2008－03－19/024613594707s. shtml，2011－2－28.

7. 澳大利亚出台《海洋研究与创新战略框架》

1999年，澳大利亚出台了《澳大利亚海洋科技计划》。为顺应海洋科技发展形势的需要，2009年3月，又出台了《海洋研究与创新战略框架》。旨在建立更统一协调的国家海洋研究与开发网络，将参与海洋研究、开发及创新活动的所有部门协调起来，包括政府部门、研究机构及海洋企业等，充分挖掘海洋资源，为社会和经济发展服务。其内容包括以下几个部分：海洋的价值；海洋产业面临的挑战；海洋研究与创新；教育与培训；能力及基础设施建设；改进海洋科研管理；明确与国家及地方其他政策框架、计划的关系等。① 在海洋研究与创新部分提出了发展海洋观测、建模与预报，发展海洋产业，发展海洋科技，促进技术转移等方面的政策措施。

（二）海洋科学调查与研究

海洋科学主要研究海洋中的物理过程、生物过程、化学过程和地质过程及其相互作用，其分支学科主要由物理海洋学、海洋地质与地球物理学、海洋生物学和海洋化学四大学科组成。此外，海洋化学生物学是新兴的交叉前沿学科领域。

在物理海洋学领域，目前研究热点主要有海洋热盐结构、海水大尺度运动、海气相互作用、海洋湍流等，在热盐过程和热盐环流变率、海洋盐度与气候变化、印度洋气候变化、热带海气耦合过程、副热带温跃层理论、大洋环流路径和变化尺度的认识、小尺度海洋过程的定量测量、海洋能量平衡、全球中尺度变化分布的估算等方面的研究取得了较大进展。②

近年来，世界主要沿海国家在海洋地学研究领域取得较多进展。俄罗斯调查了海底热液活动在大洋底、水下和大气中的分布；研究了地球磁场形成的力学机制和大洋磁场的特征；提出解释海底频率探测新方法，首次在世界上公开海洋表层导电的异向性；根据回声测探仪探测的数据，解释出地中海沉积层细结构；绘制出1∶500万的鄂霍茨克海域构造区划图；对亚洲太平洋沿岸海—河体系中地球化学金属元素迁移进行了研究；对大洋热液成矿及其地质经济开发预测做了比较评估。

法国除了在海岸带邻近海域开展相关的地学研究外，进入新世纪以来，更加重视对板块潜没区的地震发生原因及预测海域中一些敏感地区的地震危险性；调查研究深海洋底中脊区域的热液生态系统、生物多样性、生物进化及生命起源之类的一些重大理论问题。为此，法国确定了主要研究项目：①深海洋底地壳构造与地幔特征的研究；

① 高凯，“澳大利亚海洋科技进展综述”，全球科技经济瞭望，2009年9月。

② http：//www. ikepu. com/geography/ocean/ocean_view_total. htm.

②大洋海底热液流的地球物理学、地球化学及极端生态系统；③深海洋底水下调查及海底现场勘查。

德国始终积极参加深海钻探计划（DSDP）、全球大洋钻探计划（ODP）和综合大洋钻探计划（IODP）。不仅检验了地壳板块形成和大陆边缘动力成因的各种理论，而且也研究了大洋多金属矿产和碳水化合物矿床的形成和板块动力学。主要研究目标和内容有：大陆架 -9 大陆坡之间地质时空过程；研究大陆边缘地区 09 碳水化合物储量；物理参数与岩相矿物参数之间的关系；调查大洋地壳的形成和从地球史的角度了解气候演变；研究经济价值高的金属元素从地幔向地壳的输送过程。近年来，重点研究海平面变化对向海洋系统输送物质、沉积物形成和聚积的影响；大陆架和大陆坡的生物生产力以及沉积物形成 -9 迁移；各种气候带、上升流区和缺氧海区对沉积过程的影响；南极威德尔海、斯科德海及其边缘海的海底状况。

在海洋生物基础研究方面，地质勘察中热液口的发现以及国际海洋生物普查，促进了海洋生物新生命形式和新物种的发现；浮游动物捕食中对化学痕迹的利用，证明了海洋浮游动物摄食具有选择性和目的性的论断；铁对浮游生物具有限制作用的发现，证明了铁不仅是初级生产者的限制或调节营养物，而且是许多海水生物或淡水生物的限制或调节营养物。

海洋生物地球化学是现代海洋化学的主要研究领域。海洋生物地球化学过程与生态系统成为地学领域目前最为庞大、活跃的研究领域，海洋生态系统碳收支已成为全球生源要素物质循环研究的一个焦点。

（三）海洋技术发展

2009 年，在世界范围内引人注目的海洋新技术成果主要体现在海洋环境监测技术、深海矿产资源勘探技术、海洋生物资源开发技术、深潜器技术、海洋可再生能源开发利用技术和高端船舶设计和制造技术等方面。

1. 海洋环境监测

发展集成观测，提高海洋环境立体观测能力和水平，支持海洋科学研究，提高海洋环境保障能力是当前国际海洋观测技术发展的主要趋势。

2009 年 12 月 8 日，加拿大“海王星”（NEPTUNE）海底观测网正式启动。它是目前世界上最大的海底观测系统，对海底的各种过程进行原位、实时的连续观测①。

美国为了打造全新的全球海洋视图，国家科学基金会（National Science Foundation,

① “加国耗资亿元建全球最大最先进海底观测站”，环球时报，2009 年 7 月 5 日。

NSF）与海洋领导协会（Consortium for Ocean Leadership，COL）于2009年10月签署合作协议，计划构建庞大的海底观测网络，进行海洋观测站倡议计划（Ocean Observatories Initiative，OOI）水下观测网络的初步运营。海洋观测站倡议计划（Ocean Observatories Initiative，OOI）监测站点的分布覆盖了公海和近海的所有关键位置，这将从根本上改变海洋数据采集的速度和规模。实现联网的观测站将协同探索全球、地区和沿海的海洋科学问题，并为新型仪器设备和自动航行器的接入提供支持平台。

日本从2007年开始建造全球最大的“地球号”科学钻探船，目的是实施“南海海沟发震带计划（Nan Tro SEIZE）”。“地球号”主要在四国岛以南、菲律宾海北端的发震带进行深海钻探。“地球号”科学钻探船到2009年底已经完成了5个航次，计划在几千米深的海底安置仪器监测地壳运动，为日本提供地震预警，成为日本海底观测计划（DONET）的组成部分。

欧洲泰雷兹阿莱尼亚宇航公司于2010年2月与法国国家航天研究中心等机构签订合同，为欧美4家机构建造“JASON－3”海洋观测卫星。“JASON－3”海洋观测卫星项目共有4方参与合作，包括：欧洲气象卫星应用组织、美国国家海洋和大气管理局、美国国家航空航天局和法国国家航空研究中心。这颗卫星预计将在2013年发射，届时，它将对地球海洋进行高精度测绘。①

2. 深海矿产资源勘探开发

深海矿产资源是国际关注的战略性资源。深海矿产资源勘查技术向着大深度、近海底和原位方向发展。精确勘探识别、原位测量、保真取样、快速有效的资源评价等技术成为发展重点。深海采矿技术从面向多金属结核单一资源扩展到面向富钴结壳、热液硫化物等多种资源发展。

巴西的深海石油开采技术处于世界领先地位。巴西国内开采的石油80%来自海上。经过多年发展，巴西石油公司在深海和超深海石油勘探开发领域具备了世界顶尖的技术和经验。目前，巴西已实现在水下3 000米的海底进行商业开采。2007年11月，巴西石油公司宣布成功研发出一种新的海底石油开采技术，采用这种新技术可日均产出2.4万升原油，而利用常规技术时日产仅为1万升。

2007年6月，韩国在日本海海底、水深2 071米的海底地层以下6.5～7.8米处，成功采集到可燃冰。至此，韩国成为继美国、日本、印度和中国之后第5个成功采集到可燃冰的国家。韩国声称在东海已发现的可燃冰总天然气蕴藏量约6亿吨，可以满

① 刘佳佳，“欧美将建造‘JASON－3’海洋观测卫星”，新华网（http：//www.xinhuanet.com/），2010－2－26。

足韩国30年内对天然气的需求。

2008年，全世界进行天然气水合物开发技术试验的项目主要有：加拿大和日本合作的加拿大麦肯齐三角洲冻土带（Mallik）天然气水合物开发试验计划；美国地质调查所（USGS）、美国能源部（DOE）和BP等公司合作的阿拉斯加北坡天然气水合物开发试验计划；美国能源部（DOE）、美国地质调查局（USGS）和雪佛龙等公司合作，日本、印度、韩国等国家参与的墨西哥湾工业联合项目（JIP）等。

2008年，天然气水合物开采技术方法的实验模拟和数值模拟研究取得较大进展。美国能源部通过实验模拟和数值模拟，获取天然气水合物开采的有效数据，为野外试验提供了科学数据。

3. 海洋生物资源开发利用

海洋生物资源开发利用技术已成为沿海国家高技术研究的重点领域。目前，保护海洋生态系统和开发深海生物资源受到广泛关注。海洋生物基因资源、微生物资源开发利用价值日益凸显，海洋生物资源精深加工技术和新药创制技术向深层次发展。海洋生物技术的应用主要集中在海水养殖、海水产品的病害防控、海洋药物开发、深海生物基因技术等方面。

海水养殖育种技术是当前发达国家的重点研究领域。美国水产养殖动物的基因组计划，致力于培育出MSX、DERMO、JOD等抗疾病的美洲牡蛎新品系；利用四倍体与正常二倍体杂交获得了三倍体牡蛎苗种。日本学者利用细胞工程培育出全雌牙鲆。加拿大将抗冻蛋白基因和生长激素基因转移到鲑鱼体内获得整合表达，使转基因鱼生长速度比对照组提高了4～6倍。挪威在鲑鱼的良种化方面取得举世瞩目的成就，养殖大西洋鲑鱼的生长速度提高了80%～100%。2007年，日本理化学研究所公布人工培育盲鳗胚胎获得首次成功。2008年3月韩国海洋研究院将直径12毫米的珍珠核注入母体，成功养殖出高附加值的宝石类“黑珍珠”。

从海洋天然产物中开发新药物是国际海洋生物技术研究的重点领域之一。2008年5月，美国科学家揭示了一种海洋活性物质诱导神经生长因子合成的机制。该活性物质能够诱导纤维细胞合成，在神经损伤、中风引起的神经退化及中枢神经系统疾病等方面的治疗中有良好的应用前景。2008年9月，巴西科研人员从巴西沿海生长的海藻中分离出3种天然物质，可用于生产预防和控制爱滋病病毒的药物。2008年3月，中国和意大利合作，通过对南海低等无脊椎海洋生物的研究，从软体动物及其食源生物身上，筛查了1 000余种对肝癌、肺癌和白血病有抑制作用的海洋天然化合物。

4. 深潜器技术的开发与应用

深潜器技术代表了一个国家的科技水平和工业化水平，集成为综合性的海洋高技术装备。潜水器可分为载人潜水器（HOV）、无人遥控潜水器（ROV）、自治式无人潜水器（AUV）和自治遥控混合型无人潜水器（HROV）。在深潜器技术方面，美国、俄罗斯、法国、日本等国家一直走在世界的前列。

1989年日本研制的“深海6500”号，最大潜水深度达6 500米，用于海底地震监测、海底地质与地球物理学研究以及东海陆架勘查，是当前世界上仍在使用的潜水深度最深的潜水器。

2009年9月27日到10月17日，英国最先进的深潜器Autosub6000在4 000米深的卡萨布兰卡海域进行了一系列深海考察和实验活动，并运用深海交互式探测器HyBIS对该海域进行了考察。

2009年5月31日，美国伍兹霍尔海洋研究所（The Woods Hole Oceanographic Institution，WHOI）建造的自治遥控混合型潜水器（HROV）“海神”号成功地完成了在西太平洋马里亚纳海沟10 902米水深的下潜海试，这是世界上第三套工作水深达到11 000米的潜水器系统。美国正在建造的载人潜水器“新阿尔文”号（New Alvin），设计最大潜水深度为6 500米。

韩国在工业机器人领域属于后起之秀。国际机器人联合会在2009年底根据机器人产业规模作出排名，韩国排在日本、美国、德国和意大利之后，居世界第五位。从2010年起韩国着手研发能在海底6 000米处执行任务的“海底机器人”。根据韩国国土海洋部公布的研发计划，此次针对“海底机器人”的研发经费预算为200亿韩元。研发过程分为两个阶段：第一阶段为2010年至2012年，将研发出在水深低于200米的沿海海底能够代替潜水员长时间作业的浅海用多关节海底机器人，并从2013年起将此种机器人用于查找沉海船只、搜救遇难人员、探测海底环境、维修海底设施等水下作业，此阶段的预算为90亿韩元；第二阶段为2013年至2015年，将研发出能够在最深6 000米的海底游动或步行，执行精密探测和各种尖端操作任务的深海多关节机器人，此阶段的预算为110亿韩元①。

5. 海洋可再生能源开发利用

海洋可再生能源主要指潮汐能、波浪能、海流能、温差能、盐差能、海洋生物质能和海上风能等。全世界海洋中可再生能源可供利用的能量约为70多亿千瓦。目前在世界范围内，潮汐能发电、潮流能发电、波浪能发电、生物质能、海上风能等方面，都有不同程度的发展。

世界上最大的潮汐电站是法国的朗斯电站（图8－11），建成于1966年，总装机容

① 薛严，“韩国加紧研发海底机器人”，《科技日报》，2010年4月27日。

量为 24 万千瓦。2009 年 9 月，位于韩国西部沿海江华湾仁川以南、装机容量 25.4 万千瓦的潮汐电站投入运行。

图 8 - 11　法国朗斯潮汐电站

资料来源："海洋能利用"，中维网（http：//www.cnrepair.com），2008 年 7 月 4 日

2008 年 7 月，英国最新研制并安装使用的潮汐能发电机 SeaGen（图 8 - 12）接入电网正式发电。此发电机是世界首台商业化潮汐能发电机。此事件被认为是"潮汐能利用技术的一座里程碑"。2010 年，英国亚特兰蒂斯资源公司在苏格兰北部奥克尼群岛海域测试世界最大潮汐能涡轮发电机（图 8 - 13）。按计划，到 2020 年，苏格兰地区利用潮汐能发电可满足大约 50 万户家庭的需求。

目前，世界上波浪能发电技术尚不成熟，目前有几百台波浪能发电装置投入运行，但发电能力较小，远未达到商业化水平。2008 年 7 月 30 日，英国的苏格兰波浪发电公司研制的功率为 500 千瓦的振荡水柱型波浪发电系统在苏格兰艾莱岛安装成功，这是世界上第一个商业化的波浪能发电设备（图 8 - 14）。美国 2010 年 1 月宣布将于 2011 年在加利福尼亚的洪堡湾运行 5 个商业化的波浪发电装置，单机发电可达 1 000 千瓦。2010 年 8 月，美国联邦能源能源管理委员会向位于美国新泽西州的海洋能电力技术公司发放许可，允许其在俄勒冈州的里兹波特市修建一个 1.5 兆瓦的波浪能发电站[①]。

① 商务部，"美国俄勒冈州波浪能开发项目获得突破"，《中国能源报》，2010 年 8 月 27 日。

图 8－12　英国最新研制的潮流能发电机 SeaGen

资料来源：Christopher Mims，“世界上十个最大的可再生能源项目”，胡德良译，美国环球科学网（http：//www. scientificamerican. com/）

图 8－13　英国在苏格兰北部奥克尼群岛海域测试的世界最大潮汐能涡轮发电机

资料来源：Christopher Mims，“世界上十个最大的可再生能源项目”，胡德良译，美国环球科学网（http：//www. scientificamerican. com/）

目前，国际上温差能利用技术已有一定进展。全球大约有 100 座海洋温差能发电站。如美国在夏威夷建有一座闭路循环温差发电站，输出功率 50 千瓦。日本在南太平

图 8－14 英国建造的世界第一座商用波浪能发电装置

资料来源：Christopher Mims，“世界上十个最大的可再生能源项目”，胡德良译，美国环球科学网（http：//www. scientificamerican. com/）

洋的瑙鲁岛和鹿儿岛建有 100 千瓦和兆瓦级两座温差能电站。

近年来，海洋微藻生物质能的研究（图 8－15），成为当前国际生物质能研究的热点和重点领域，陆续有一批重大的研究计划正在或准备开展实施。2007 年，美国总统布什宣布在今后 10 年内，用生物质燃油取代 10% 的全美石油消耗量的计划后，国际上已有数十家公司和机构纷纷宣布开发微藻产油技术，其中包括国际石油巨头壳牌（SHELL）石油公司与雪佛龙（CHEVRON）石油公司、美国国防部、国家可再生能源实验室（National Renewable Energy Laboratory，NREL）、麻省理工学院（Massachusetts Institute of Technology，MIT）以及美国最大的生物柴油公司 LIVEFUEL 等。最大规模的产油微藻试验室面积已达数十万平方米。同时，英国、德国、澳大利亚、意大利、以色列等国先后实施了有关产油微藻的开发项目。

2007 年 9 月，美国 Vertigro 过程公司在德州 EL Paso 的海藻研发中心正式启动商业运营，开始大量生产海藻，并以此作为原料，用于生物燃料的生产。

近年来，日本在海藻生物质能研究领域中发展十分迅速，对海带和马尾藻的生物质能技术开展了一系列研究。2007 年，日本启动了大型海藻的生物质能研究计划 OSP 项目，利用马尾藻大规模生产汽车用乙醇。该项目计划在日本海沿岸水深 400 米的海域建立栽培场。预计到 2020 年，栽培面积将达 1 万平方千米，一年将可收获 6 500 吨

图 8－15　英国在威尔士南部塔尔波特港废弃的海港上建造的全球最大的生物质能发电厂
资料来源："英国建造全球最大生物质能发电厂"，《科技时报》，2008 年 3 月 27 日

的干藻，生产约 200 万升的乙醇，可以替代现有日本汽车燃油消耗量的 1/3。[①]

2007 年，西班牙阿利坎特市生物燃料系统公司开发出一种生物燃料系统，可在 2 立方米的水中每天生产 6 千克"生态石油"，这比种植大豆等生物燃料作物的效率高数千倍。下一个目标是建立一个以"生态石油"为燃料的工厂，发电能力为 30 兆瓦。2008 年 6 月，美国蓝宝石（Sapphire）能源公司宣布，以海藻为原料生产的辛烷值为 91 的可再生汽油将推向市场，这一创新工艺以海藻为起始原料直接生产汽油。

从 2008 年起，全球各国争相发展海上风电项目。2008 年和 2009 年，全球海上风电新增装机容量均超过 500 兆瓦，两年装机容量超过历年总和。目前，欧盟占世界海上风电装机容量的 90%，其中英国、丹麦分别占全球的 44% 和 30%。丹麦有世界上最大的海上风电场。根据丹麦政府能源计划法案中的第 21 条，2030 年以前将投资约 70 亿美元，使海上风电装机达到 400 万千瓦。2010 年 4 月 27 日，德国首座海上风能电站"阿尔法文图斯"在北海正式并网发电，这标志着德国未来重点能源之一的海上风电进入大发展时期。[②] 2010 年 9 月 23 日，英国在东南部肯特郡的近海正式启动全球最大规

① Ross AB, Jones JM, KubackiML, etal. Classification of macroalgaes fuel and it' s thermochemical behaviour [J]. Bioresource Technology, 2008, 99 (14): 6494－6504.

② 德国首座海上风能电站——"阿尔法文图斯"在北海正式并网发电，人民网，2010 年 4 月 29 日。

模的海上风力发电厂（图 8 - 16）。整个风电厂的投资高达 7.8 亿英镑。最大能产生 300 兆瓦特的电力，足够超过 20 万户家庭使用。这个项目的建成将英国年风力发电能力提高到 5 000 兆瓦特。

图 8 - 16　英国在肯特郡的近海启动的全球最大规模的海上风力发电厂

资料来源："英国将耗资 750 亿英镑建 9 个巨型海上风电厂"，中国风电产业网（http://www.windchn.com），2010 年 1 月 22 日

6. 高端船舶设计和制造

近年来，世界造船技术的突出特点是发展特种功能的舰艇和设计高端、多功能的船舶，提高船舶的利用率，实现节能减排。2009 年，美国、俄罗斯、韩国、日本等造船大国在造船技术领域有突出进展。

2009 年，美国国家海洋与大气管理局（NOAA）将四艘声学性能卓越的渔业研究船投入现役。这为渔业研究打开了一扇窗，该船的声学设备能计算和评估鱼的大小、健康状况以及鱼群的活动。

2008 年 4 月，韩国海洋研究院组建了"WINGSHIP TECHNOLOGY 株式会社"，计划投资 1 900 亿韩元，建造能乘坐 400 人的地效翼船（Wing - In - Ground Effect Craft）。该船计划 2012 年投放市场。地效翼船是一种有翼船，是一种未来型海洋运输方式，具有比船舶快、比飞机费用低廉的特性。

三、小　结

近年来，世界经济经历了由盛而衰、缓步复苏的时期。2008 年全球生产总值增长 2%，低于近 10 年来 3.7% 的年均增长率。2009 年，海洋产业的年均增速也出现下滑，但其中一些产业的增速仍高于同期全球经济和同类产业的平均增速。2009 年世界原油和天然气产量较 2008 年分别下降 4% 和 2%，然而同期海洋原油和海洋天然气的产量却分别提升了 13% 和 33%，导致海洋对世界油气总产量的贡献分别提高了 6 个和 9 个百分点。海洋油气产业在能源发展的逆境中继续拓展。

2008 年世界商品出口总量的增速从 2007 年的 6% 降为 2%，与世界经济平均增速持平。同期国际海上贸易的增速从 4.5% 降至 3.6%，但仍高于世界经济的平均增速。海上干散货和集装箱等贸易的增幅明显下降，但仍维持 4.7% 的增长。世界旅游业在经济危机和甲型 H1N1 流感的双重打击下难逃衰退的命运，但没有证据表明，滨海旅游对支撑世界旅游的重要作用发生了改变。

2010 年的墨西哥湾溢油事件造成了严重的人类环境灾难，为世界方兴未艾的深海油气开发的安全保障敲响了警钟。海洋渔业资源可持续利用所面临的挑战仍然严峻。过去 30 多年来海洋天然生物资源过度开发的局面仍未根本好转。全球气候变化对海洋渔业资源的影响也提上议事日程。“海洋遗传资源在维持地球生命系统和促进人类可持续发展中的作用引起国际社会的关注”。

世界重振经济的努力为推动海洋科技发展创造了机遇。主要海洋国家先后制定和实施了海洋科技发展战略和政策，以便在加深对海洋认识的基础上，更快和更好地将海洋研发成果转化为社会、经济和生态健康的效益。优先发展方向是加强研究海洋对气候的影响、海洋健康对人类健康的影响、海洋生物可持续利用技术、海洋立体监测系统建设等。一些国家还建立了跨机构促进海洋研发的管理机制和可持续财政机制，并加大了投入。海洋技术研发取得新进展。美国着手建设覆盖公海和近海关键位置的庞大海底观测网，完成西太平洋万米下潜深海试验。欧美联合发起新的高精度海洋观测卫星发射规划。天然气水合物开发技术方法的实验和数值模拟进展显著。海洋生物资源精加工和药物开发技术向深层次发展。海洋潮汐、潮流、波浪能、生物质能和海上风能发电均获明显进展。这些将为开拓世界新能源、促进低碳经济的发展和创造新的增长点发挥重要作用。

第九章 中国海洋经济的发展

在国家和地方政府一揽子经济刺激方案的作用下，2009 年中国宏观经济企稳回升。从第二季度起，经济运行出现回暖。随后，各项经济指标继续改善。最终，国内生产总值实现 9.1% 的增长，基本完成预定目标①。在此背景下，我国海洋经济实现了历史性跨越，海洋生产总值首次突破了 3 万亿元大关，增速受国内外经济环境影响虽有小幅放缓，但发展趋势日渐明朗，发展质量有所改善。

一、海洋经济运行情况

2009 年海洋经济总体运行平稳，海洋生产总值稳步提高，产业结构基本呈现“三二一”的格局。区域海洋经济特色进一步凸显，涉海就业规模持续扩大。海洋经济在国民经济中的作用日益重要。

（一）全国海洋经济总体运行情况

2009 年全国海洋生产总值达 31 964 亿元，同比增长 8.6%，增速较上年放缓 3.4 个百分点，与国民经济 9.1% 的增长速度基本保持一致。海洋生产总值占国内生产总值的比重有所回落，降至 9.53%。从总体看，海洋经济在国民经济中的比重虽有波动，但基本处于 9.5% ~10% 的区间，海洋经济在中国经济中的重要地位已经确立（图 9 - 1）。

2009 年全国海洋第一产业实现增加值 1 879 亿元，第二产业实现增加值 15 062 亿元，第三产业实现增加值 15 023 亿元。海洋产业结构呈 6∶47∶47，与去年的 5∶47∶48 相比，传统一次产业增加值比重稍有提高。过去 9 年，海洋三次产业结构未发生显著变化，基本保持“三、二、一”的格局。

当前，中国海洋经济中虽然第二、第三次产业比重较高，但第二、第三次产业中资金密集型、技术密集型的现代化产业所占比重仍然较低，传统劳动密集型产业依然是海洋经济的主要门类。同时，海洋经济发展给海洋资源、环境、生态带来的压力较重，造成一定的社会成本，而这些成本尚不能在现行海洋经济统计中显示

① 数据来源：国家统计局“关于 2009 年年度国内生产总值（GDP）数据修订的公告”，2010 - 7 - 20。

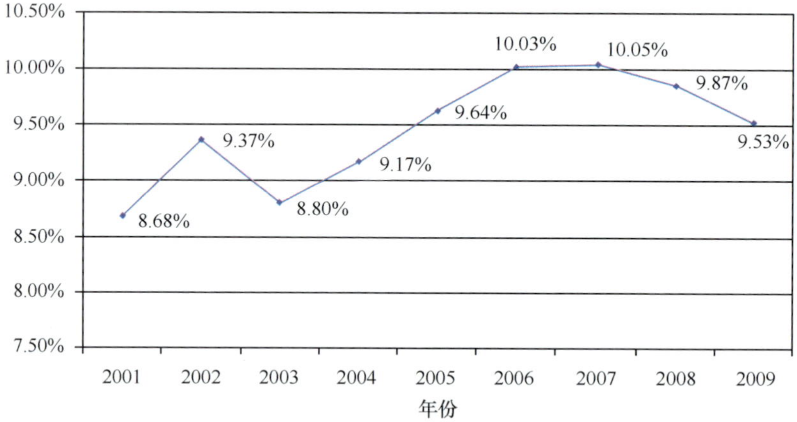

图 9－1　2001—2009 年中国海洋生产总值占 GDP 比重变化趋势

数据来源：《中国海洋统计年鉴》（2009）；《中国海洋经济统计公报》（2009）

出来。

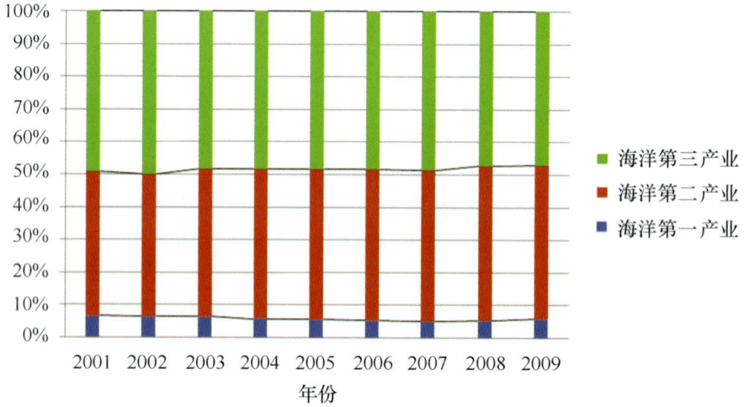

图 9－2　2001—2009 年中国海洋产业结构变化趋势

数据来源：《中国海洋经济统计公报》（2009）

除了传统的三次产业划分方式，还可根据产业关联程度将海洋经济活动划分为海洋产业和海洋相关产业。我国海洋相关产业在海洋经济中具有重要地位，其产值规模与海洋产业相比约为 4∶6。2009 年我国海洋产业实现增加值 18 742 亿元，海洋相关产业实现增加值 13 222 亿元，较上年分别增长 8.1% 和 7.4%，海洋相关产业占海洋生产总值的比重有所提高。

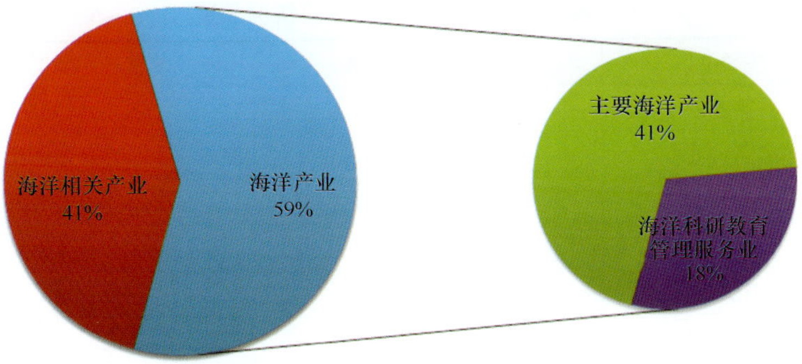

图 9－3　2009 年中国海洋经济构成

数据来源：《中国海洋经济统计公报》（2009）

（二）区域海洋经济运行情况

1. 环渤海经济区

环渤海地区是我国海洋经济发展主要集聚区，包括辽宁、山东、天津与河北四省市。区内海洋生产总值多年位居沿海几大经济区之首。依靠便利的交通优势，良好的海洋资源禀赋条件，环渤海经济区海洋经济获得了快速发展。2009 年，环渤海经济区海洋生产总值为 12 015 亿元，同比增长 12.2%，占全国海洋生产总值的比重比上年提高 1.5 个百分点，达到 37.6%。

环渤海经济区在海洋交通运输业、海洋渔业等方面具有优势。青岛港集装箱吞吐量世界排名第 10，货物吞吐量世界排名第 7；天津港集装箱吞吐量世界排名第 14，货物吞吐量世界排名第 6；大连货物吞吐量世界排名第 12。三大枢纽港环绕渤海成满弓状，连同丹东、营口、曹妃甸、黄骅、烟台、威海、日照，形成了世界最为密集的大型港口群（表 9－1）。海洋渔业方面，环渤海经济区海水养殖面积近 100 万公顷，占全国海水养殖面积的 62.6%，海洋捕捞产量约 420 万吨，占全国的 31.8%，海水养殖产量约 650 万吨，占全国的 45.5%。随着“辽宁沿海经济带发展规划”以及“黄河三角洲高效生态经济区发展规划”纳入国家战略，环渤海经济区海洋经济的发展将会迎来新的历史机遇。

表 9－1　环渤海地区港口情况一览

省份	主要港口	货物吞吐量（万吨）	集装箱吞吐量（万标准箱）
辽宁	大连港	24588.4	452.5
	营口港	15085	203.64
	锦州港	4722.95	65
	丹东港	3259.2	22.22
河北	秦皇岛港	25220.06	40.25
	曹妃甸	–	–
	唐山港	10853	24.04
	黄骅港	7980.29	–
天津	天津港	35593.2	850.3
山东	青岛港	30029	1002
	烟台港	14699.26	153.14
	日照港	15102.2	70.85
	威海港	1619.5	34.65

数据来源：《2009 年港口年鉴》、《2009 年中国统计年鉴》。

2. 长江三角洲经济区

长江三角洲经济区包括江苏、上海和浙江等省市，是中国经济最为发达的地区。依靠陆域经济的有力支撑，长三角地区海洋经济取得长足进展。2009 年该地区海洋生产总值为 9 466 亿元，占全国海洋生产总值的 29.6%。

长三角经济区在海洋船舶工业和海洋工程装备制造业方面处于领先地位，目前已经成为我国主要的海洋工程装备及配套产品研发与制造基地。该区集聚了以中船重工 702 所为代表的海洋工程装备研发机构数十家，以江南造船为代表的船舶和海洋工程制造企业上百家。产业规模不断扩大，集聚程度不断提高。江苏、上海和浙江已经分别成为中国海洋船舶制造、海洋工程装备制造、船舶修造的中心。

3. 珠江三角洲经济区

珠江三角洲经济区以广东省域为主体。2009 年区内海洋生产总值达 6 614 亿元，同比增长 13.5%，占全国海洋生产总值的比重较上年提高 0.5 个百分点，达 20.7%。

近些年该区大力发展资源型和制造型海洋产业，海洋经济总量稳步提升。2009 年广东省海洋生产总值占全省地区生产总值的 18%，增长速度高于同期全省 GDP 的增长速度。珠三角经济区不断拓展海洋经济的深度和广度，形成了以海洋交通运输业、海洋渔业、滨海旅游业和海洋油气业为主体，海洋船舶制造业、海洋电力业、海洋生物制药业全面发展的区域海洋经济新格局。

4. 海峡西岸经济区

海峡西岸经济区以福建省域为主体，简称“海西区”。在加快建设“海峡西岸经济区”国家战略推动下，福建沿海地区的海洋经济实力明显提高，海洋产业结构不断优化，港口与海洋基础设施建设迈上新台阶。按照促进东部沿海发展和两岸直接“三通”的部署，区内海港资源整合初显成效，形成以厦门港、福州港为主，泉州港为辅的东南沿海地区港口布局。

“海西”沿海能源建设同步推进。福建岸线曲折，优良港口众多，在充分发展大型沿海煤电的基础上，风电选址前期工作和宁德、福清核电等项目正在加速推进。

当前海峡西岸经济区在推进海洋经济发展上主要有两个重点：一是充分利用海洋资源优势，加快推进临港工业、海洋渔业、船舶修造等传统海洋产业升级改造；二是大力发展海洋新兴产业，利用区位优势，积极承接台湾现代服务业转移，提高海洋科技水平，建设海峡两岸的现代物流、海洋信息服务、台湾海峡防灾减灾服务中心。

5. 北部湾经济区

北部湾经济区包括我国的广西以及广东、海南部分地区，拥有丰富的渔业资源、油气资源以及滨海旅游资源，海洋经济发展潜力巨大。北部湾经济区作为我国的西南门户和出海通道，与东盟合作领域不断拓展，合作范围日益扩大，在发展跨国区域物流和现代服务业方面取得了积极进展。2009 年底国务院印发了“关于进一步促进广西经济社会发展的若干意见”，使广西沿海及北部湾经济区发展上升到国家战略层面。

随着南宁、北海、钦州、防城港城市圈基础设施的不断完善，临海产业的快速发展以及沿海经济布局的日益合理，在充分发挥广西后发优势的基础上，北部湾经济区作为我国沿海经济发展新的增长极的作用将逐步凸显。

我国区域海洋生产总值情况见图 9 -4。

（三）涉海就业概况

2009 年全国涉海就业总人口达 3 270 万人，其中新增就业 52 万人。“十一五”以来，全国涉海就业规模不断扩大，涉海就业占沿海地区就业比重不断提高。沿海地区涉海就业人口从 2001 年的 2 107.6 万人增加到 2008 年的 3 218.3 万人，占地区就业总人口的比重从 2001 年的 8.1%，提高到 2008 年的 10.3%。从各省情况看，福建、上海、海南、天津涉海就业比例相对较高，多在 20% 以上；江苏、河北、广西相对较低，

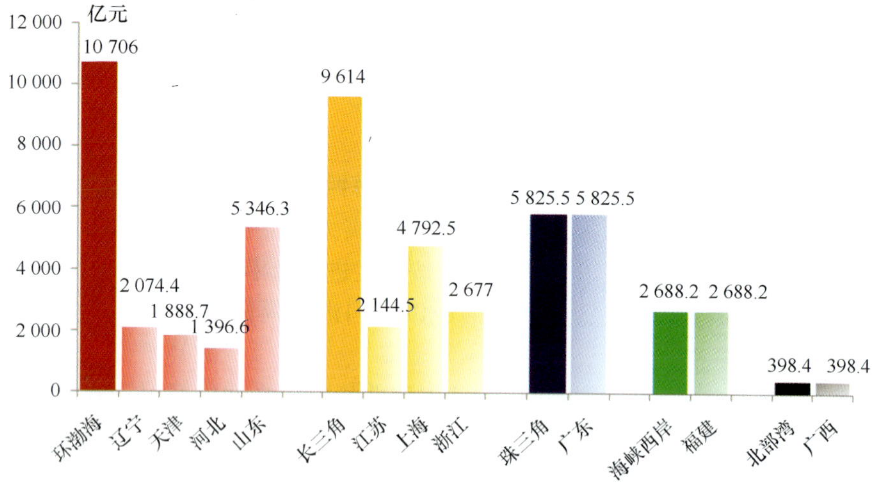

图 9－4　区域海洋生产总值比较

数据来源：《中国海洋经济统计公报》（2009）

涉海就业比例不足 5%。

不同产业类型对就业的带动存在差异。2008 年全国主要海洋产业吸纳就业 1 097 万人，对就业贡献较大的是海洋渔业及相关产业，吸纳就业 531.3 万人，滨海旅游业吸纳就业 119.5 万人，海洋交通运输业吸纳就业 77.5 万人，海洋工程建筑业吸纳就业 59.2 万人，海洋船舶业吸纳就业 31.4 万人。见图 9－5 和图 9－6。

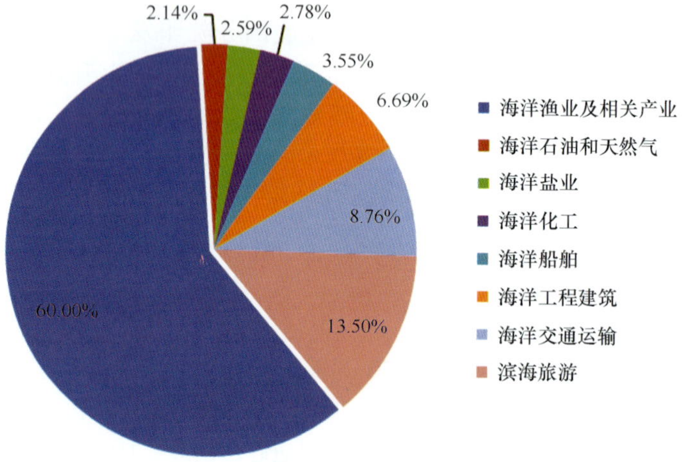

图 9－5　2008 年涉海行业就业情况

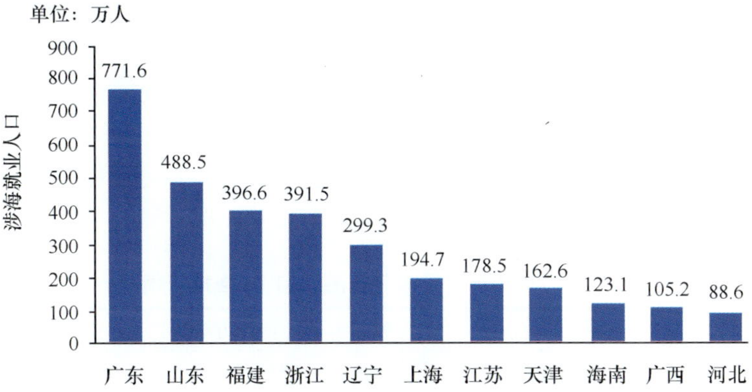

图 9－6　2008 年沿海地区涉海就业情况

数据来源：《中国海洋统计年鉴》（2009）

二、海洋产业的发展

随着社会分工的日益细化以及海洋科技、信息技术对海洋传统产业的改造，中国海洋产业类型日趋多样，涌现出了一批科技含量高、发展潜力大的海洋新兴产业。海洋传统产业与不断增值扩大的海洋新兴产业共同支撑着中国海洋经济的可持续发展。

（一）海洋传统产业

1. 海洋渔业

海洋渔业是中国海洋经济的传统产业，也是支柱产业。2008 年，全国海水产品产量 2 784. 4 万吨，其中海洋捕捞产量 1 340. 9 万吨，海水养殖产量 1 443. 6 万吨①，分别较上年增长 7. 8% 和 10. 4% 。2009 年，我国海洋渔业实现了两位数的增长，实现增加值为 2 509 亿元。就产品结构而言，海洋捕捞产品以鱼类和甲壳类为主，海水养殖产品以贝类、甲壳类为主。自从我国在渤海、黄海、东海、南海海区逐步实行伏季休渔制度至今，在缓解过度开发捕捞渔业资源、遏制海洋生态恶化、增加海洋生物种群数量等方面取得了显著成绩，保障了全国海洋渔业的平稳增长。尽管如此，我国沿海渔业资源所承受的压力并未得到根本改善。

① 数据来源：《2009 年中国海洋统计年鉴》，北京：海洋出版社，2009 年 12 月。

2. 海洋交通运输业

海洋运输包括国内航运和国际航运。金融危机对主要依靠国内市场的国内航运影响较小，而对主要依赖对外贸易的国际航运的影响较为严重。受国际金融危机影响，我国海洋交通运输业2009年实现增加值3748亿元，同比下降2.4%。2009年世界的中国集装箱港口排名情况见表9-2和表9-3。

表9-2　2009年世界集装箱港口前10强排行情况

2009年排名	港口	2009年吞吐量（万TUE）	所属国家
1	新加坡	2587	新加坡
2	上海	2500	中国
3	香港	2098	中国
4	深圳	1825	中国
5	釜山	1195	韩国
6	广州	1119	中国
7	迪拜	1112	阿联酋
8	宁波-舟山	1050	中国
9	青岛	1026	中国
10	鹿特丹	974	荷兰

数据来源：航运在线 http://news.sol.com.cn/news/20100709/124692.html，登录日期为2011年1月4日。

表9-3　2009年中国集装箱港口前10强排行情况

名次	港名	2009年（万TEU）
1	上海港	2500
2	深圳港	1825
3	广州港	1119
4	宁波-舟山港	1050
5	青岛港	1026
6	天津港	870
7	厦门港	468
8	大连港	455
9	连云港港	302
10	营口港	254

数据来源：航运在线 http://news.sol.com.cn/news/20100709/124692.html，最后登录日期为2011年1月4日。

3. 滨海旅游业

滨海旅游业依托海岸带、海岛及海洋各种景观资源，是我国海洋经济的主导产业之一。多年来，其产业增加值始终位居前列，是沿海地区财政的重要来源，是吸纳就业的主要力量。受金融危机影响，滨海旅游业在2008年艰难前行，沿海城市入境旅游人数4 178.6万人，国际旅游外汇收入219亿美元，增幅有所放缓。2009年，随着世界经济形势转好以及国家宏观经济刺激方案的陆续出台，我国滨海旅游业开始复苏，国内旅游加快增长，国际旅游逐步恢复，全年实现增加值3 725亿元，比上年增长12.3%。

4. 海洋船舶工业

2009年，自国家颁布《船舶工业调整和振兴规划》以来，海洋船舶工业积极应对金融危机，保持了平稳增长。全年实现增加值828亿元，较上年增长15.8%。全年造船完工量约为4 000万载重吨，承接新船订单2 000万载重吨左右。高科技含量的产品在中国船舶工业中的比重大幅上升。在货船方面，有17.5万吨级好望角型散货船、38.8万吨级大型矿砂船（VLOC）、30万吨超大型油船（VLCC）、1万TEU集装箱船、14.7万立方米液化天然气（LNG）船；在海洋工程船方面，我国现已具备生产30万吨浮式生产储油轮（FPSO）、3 050米深水钻井平台、400英尺自升悬臂式钻井平台、圆筒式海洋钻井平台的能力。金融危机引起亚太地区船舶工业深度调整，中国取代韩国，在造船完工量、接单量方面位列世界第一。2009年中国造船完工量企业排名情况见表9－4。

表9－4　2009年中国造船完工量排名前10名企业

序号	企业名称	万载重吨	地区
1	上海外高桥造船有限公司	603.0	上海
2	大连船舶重工集团有限公司	388.7	辽宁
3	江苏新时代造船有限公司	257.4	江苏
4	江苏扬子江造船有限公司	193.4	江苏
5	江苏熔盛重工集团有限公司	148.0	江苏
6	沪东中华造船（集团）有限公司	145.5	上海
7	舟山金海湾造船有限公司	127.6	浙江
8	南通中远川崎船舶工程有限公司	127.0	江苏

续表

序号	企业名称	万载重吨	地 区
9	渤海船舶重工有限责任公司	113.9	天津
10	扬州大洋船舶有限公司	113.1	江苏
	合计	2217.6	

数据来源：中国船舶在线 http：//www.shipol.com.cn/ztlm/cbxyyxfxysczs/tjsj/134504.htm，最后登录日期为2011年1月4日。

5. 海洋石油和天然气业①

据2009年全国油气资源评价工作结果显示，我国近海石油资源远景资源量152亿吨，近海石油地质资源量107亿吨，可采资源量29亿吨。受国际金融危机影响，2009年中国海洋油气业产值增幅有所回落，产业增加值为748亿元②。

2009年，中国海洋石油总公司在我国海域自营勘探共获得15个新发现、成功评价了11个油气构造，合作勘探获得2个新发现、成功评价了1个含油气构造。具体成果主要有：石臼坨凸起周缘获多个发现；黄河口凹陷扩展获成功；涠西南滚动勘探继续扩大战果；深水勘探获得新突破；垦利10－1构造的评价成效显著；文昌油田群周围发现多个小油田等。

2009年，渤海油田全年共生产原油和天然气2 013万立方米油当量。这是渤海油田继2004年突破1 000万立方米、2008年突破1 600万立方米之后迈上的又一个新台阶，为中国海油国内油气当量上产5 000万吨、建成“海上大庆”奠定了产量基础。在海外，中国油气企业在印度尼西亚、澳大利亚、尼日利亚和其他国家的油气区块持有权益。中海油拥有约13.90%权益的印度尼西亚东固液化天然气项目、拥有45%权益的尼日利亚OML130区块中的AKPO油田均于2009年投产。海外经营活动已成为中国海洋石油和天然气产业发展的重要支撑力量。

中国海洋石油和天然气主要生产省份见图9－7和图9－8。

6. 海洋工程建筑业

海洋工程建筑是在海上、海底和海岸所进行的用于海洋生产、交通、娱乐、防护等用途的建筑工程施工及准备活动，包括海港建筑、滨海电站建筑、海岸堤坝建筑、海底隧道桥梁建筑、海上油气田陆地终端及处理设施建造、海底线路管道和设备安装。

① 部分文字引用、整理自《中国海洋石油总公司2009年度报告》。

② 数据来源：国家海洋局，《2009年中国海洋经济统计公报》，2010年2月。

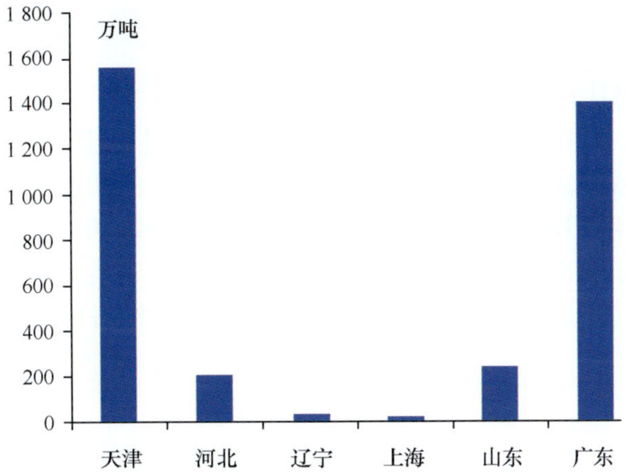

图9-7　海洋石油主要生产省份
数据来源：《中国海洋统计年鉴》（2009）

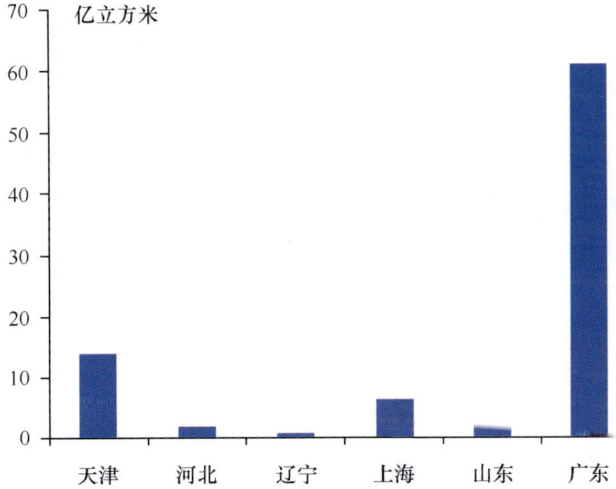

图9-8　海洋天然气主要生产省份
数据来源：《中国海洋统计年鉴》（2009）

近几年沿海地区加快基础设施建设步伐，跨海桥梁和海底隧道建设比较活跃，极大地刺激了海洋工程建筑业的蓬勃发展。2009年我国多座跨海大桥和港口改扩建工程相继施工，全年实现增加值658亿元，同比增长31.9%。

7. 海洋化工业

海洋化工包括海盐化工、海水化工、海藻化工及海洋石油化工。2008 年海洋化工的产品产量为 1 306.5 万吨，产量最高的是山东，其次是福建，两省合计产量占到全国产量的 73.1%。随着国家《石化产业调整和振兴规划》的实施，海洋化工业继续向好的方向发展，2009 年实现增加值 611 亿元，比上年增长 26.0%。目前，一些有条件的省份发挥沿海地区海洋油气和盐卤资源丰富的优势，依靠当地科技和龙头企业，加快发展海洋油气、盐卤资源加工和盐精细化工，建立了一批海洋化工项目，初步形成了海洋化工的产业集聚。

8. 海洋盐业

海洋盐业是我国传统海洋产业，通常以海水和海滨地下卤水为原料，经过化卤、蒸发、洗涤、粉碎、干燥、筛分等工序，加工制成系列盐制品。随着沿海地区工业和城镇建设用地需求的不断增加，盐田数量和面积有所缩减，海洋盐业受到一定的影响。2008 年海盐产量 3 127.2 万吨，较 2007 年小幅回落。2009 年工业盐市场需求低靡，海洋盐业增长缓慢，全年实现增加值 55 亿元，比上年增长 0.7%。"十一五"期间，我国海盐产业增加值保持基本平稳。

9. 海洋矿业

海洋矿业系指滨海金属砂矿、滨海土沙石、海底地热、煤矿开采和深海采矿等采选活动。随着经济的逐步回暖，在建设需求的拉动下，2008 年我国海洋矿砂开采量出现了较大幅度的增加。全年开采 4 808.6 万吨，增幅达到 62.5%。产量最高的是浙江省，海洋矿砂产量为 4 001.5 万吨，占全国总产量的 83.2%。产量增幅最明显的是山东省，从 2007 年的 38.5 万吨增加到 2008 年的 330.8 万吨，提高了将近 7.5 倍。2009 年海洋矿业实现增加值 21 亿元，比上年增长 7.5%。

中国海洋矿业分省产量见图 9－9。

（二）海洋新兴产业

海洋新兴产业主要包括海洋生物医药和功能食品业、海水利用业、高端船舶与海洋工程装备制造业、海洋精细化工业、生物育种和健康养殖业和海洋现代服务业等。目前，我国海洋新兴产业发展步入快车道，在海洋经济中的比重不断提升。

1. 海水利用业

海水利用是利用海水的各种方式的统称，包括海水淡化、海水直接利用和海水化

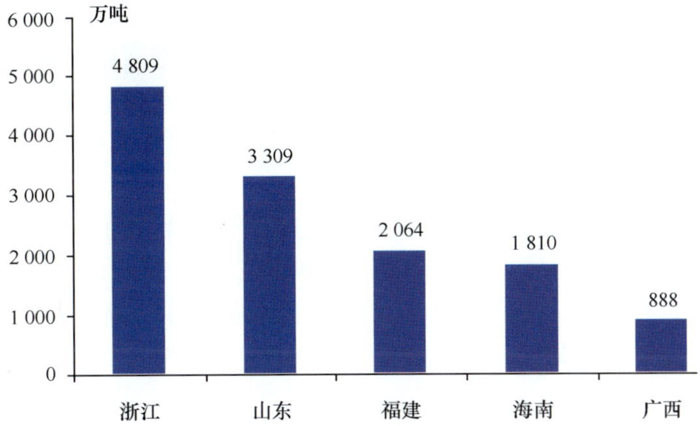

图 9－9　海洋矿业分省产量

数据来源：《中国海洋统计年鉴》（2009）

学资源利用等。在《海水利用专项规划》[①] 指导下，沿海各地相继建立起一批海水利用示范工程和项目。目前我国海水淡化与综合利用技术趋于成熟，海水淡化成本接近国际先进国家海水淡化水平，一批具有自主知识产权的海水淡化设备已经出口到印度尼西亚等国家。一批海水淡化项目相继在天津、青岛、厦门、河北、广东等沿海省市投产运营，试图利用海水来解决我国日益突出的淡水资源短缺问题。

近期我国沿海地区在建、拟建电厂项目几乎全部配套建设海水淡化装置，充分体现了国家推进节能减排、发展循环经济等政策的引导和驱动作用。未来海水利用业的发展将围绕海水利用产业急需解决的大规模海水利用工程技术、关键装备的国产化等关键问题，全面提高我国海水利用技术水平和市场竞争力，通过海水利用科技创新和产业发展，提升海水利用在海洋经济中的贡献度。2009 年全国海水利用业实现增加值 15 亿元，较 2008 年提高 89.87%。

2. 海洋生物医药业

海洋生物医药产业以海洋生物资源为研发对象，以海洋生物技术为主导技术，以海洋药物为主导产品，包括海洋创新药物、生物医用材料、功能食品等大的产业体系。海洋生物资源是巨大的天然医药宝库，随着陆地资源的日渐枯竭，现已成为最具新药开发潜力的领域，成为国际业内关注的热点。由于在国际生物医药市场存有巨大的利益空间，所以其发展速度和前景明显优于其他高技术产业，因此，被世界各国视为 21

① 国家发改委、国家海洋局联合印发，2005 年。

世纪最具发展前途的朝阳产业。经过改革开放30年的发展，海洋生物医药产业已经跃升为我国高新技术产业发展重点、海洋经济发展的热点。据《中国海洋经济统计公报》数据显示，2009年，海洋生物医药业全年实现增加值59亿元①，比上年增长12.6%。浙江省海洋生物医药业增加值占全国海洋生物医药业增加值的比重为37.3%，位居全国第一。

近年来，我国海洋生物医药研究逐步走向规范化，形成了以上海、青岛、厦门、广州为中心的4个海洋生物技术和海洋药物研究中心。沿海地区从事海洋天然药物研究的机构多达数十家。“十一五”以来，山东、广东、江苏、福建等海洋大省纷纷加大了对海洋生物医药产业的投入，将其作为蓝色经济的主要增长点加速推动。

3. 海洋电力业

海洋电力产业主要源于海洋可再生能源的发现和应用。由于开发利用海洋可再生能源具有不占耕地、无需移民、不会诱发次生灾害等优点，极有可能在近期发展成具有重大意义的战略性海洋新兴产业。在国家和沿海各省鼓励清洁能源开发政策推动下，海洋电力业成长较快，其中海上风力发电发展迅速，潮汐发电稳步推进，海浪发电也已经有所突破。2009年海洋电力业实现增加值12亿元，比上年增长25.2%。

尽管海洋电力业尚未形成规模，但作为一项新兴产业，发展潜力巨大，特别是在当前发展低碳经济的大环境下，海洋可再生能源电力业已经成为各沿海国家和地区发展低碳经济、循环经济的重要力量。

4. 海洋高端装备制造业

海洋装备是人类进行海洋及海洋资源研究、开发、利用与保护的工具，是海洋技术水平的集成体现，它具有品种繁多、系统复杂、技术含量高、综合性强的特点。海洋高端装备包括海洋探测设备、海洋油气资源开采设备、海洋矿产资源开采设备、海洋电力设备、海水利用设备、海洋船舶、海洋固定及浮动装置、海洋观测设备、海洋环境保护装备等。水下运载装备、作业装备、通用技术及其设备已形成产业，有诸多专业提供各类技术、装备和服务的生产厂商，已形成了完整的产业链。

我国已具有一定的水下运载装备、作业装备、通用技术及其设备研发能力，形成了一支研究队伍。通过“863”等国家计划“九五”、“十五”、“十一五”期间的持续支持，我国先后研制成功了工作深度从几十米到数千米的多种水下装备。在这些水下装备的研制过程中，通过引进消化吸收国外先进技术，培养了一支研发队伍，提升了

① 数据来源：《2009年中国海洋统计年鉴》，海洋出版社，2009年12月。

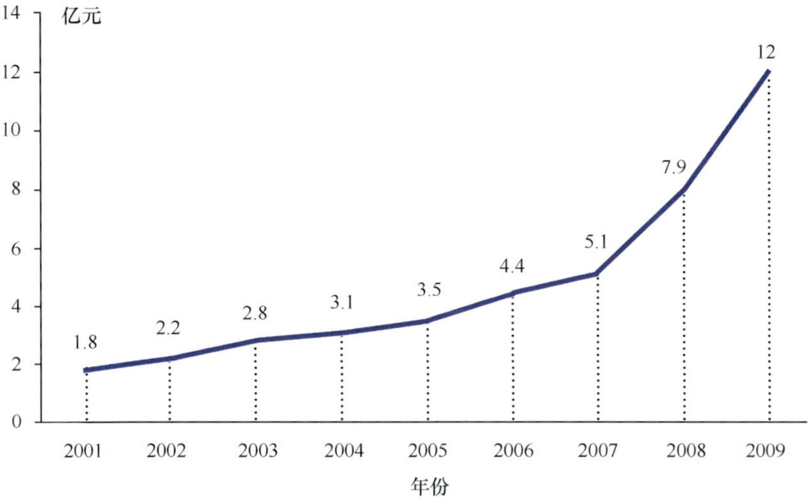

图 9－10　海洋电力业增加值变化（2001—2009 年）

数据来源：《中国海洋统计年鉴》（2009），《中国海洋经济统计公报》（2009）

与之相关的制造和加工能力。

尽管我国的水下运载及其作业技术有了突破性的进展，但是与世界先进国家相比，我国的深海技术和装备技术水平尚有一定差距，尤其是在装备和技术体系的建设方面差距较大，大量关键核心装备与技术依然依赖进口，引进中存在着技术封锁和贸易壁垒。海洋装备制造的水平直接关系到一国开发、利用、保护海洋资源、海洋权益的能力，对国民经济和国家安全具有重大战略意义。但该产业技术门槛高、投资风险大，需要国家制定专门的政策措施加以扶持。

5. 海洋生物育种和健康养殖

海洋生物育种和健康养殖是指综合利用现代育种技术、养殖技术和疾病防控技术，培育高产优质新品种，并实施健康、环保的养殖模式。欧美、日本等水产养殖业先进国家，其水产养殖品种大多是经过遗传改良的优良品种，工艺上已实现了高度集约化、精细化的封闭式循环水养殖，疾病预防主要依靠严格的消毒工艺和疫苗免疫措施，基本杜绝化学投入品的使用。因此，筛选性状优良的养殖品种，采用现代生物育种技术进行良种选育并进行产业化推广，是实现我国海水养殖良种化的重要举措。我国海水养殖品种众多，但多是未经选育的。目前，水产品性状退化、抗逆性降低、病害频发、药物超标等问题较为突出。

2009 年国家发布了 100 个农业主导品种和 10 项主推技术，其中渔业主导品种 10

个，主推技术7项，包括：海水池塘健康养殖技术、网箱无公害养殖技术、水产养殖水质综合调控技术、盐碱地生态养殖技术、海水池塘健康养殖技术、海水工厂化健康养殖技术、兼具节水和安全功能的池塘养殖技术。2009年在市场疲软、融资困难的不利情况下，海洋生物育种与健康养殖业仍保持了平稳增长。

6. 现代海洋服务业

现代海洋服务业系指依托现代信息技术、现代海洋技术和现代管理方法而发展起来的海洋服务业。究其产生根源，一是海洋产业社会分工发展；二是信息技术、现代管理方法对海洋传统服务业的改造。现代海洋服务业涉及到海洋生产活动的方方面面，主要有：①现代海洋生产性服务业。面向海洋生产活动，紧密围绕五大海洋产业[①]，包括海洋气象信息服务、海洋环境预报、海洋环境危机处理、海洋搜救、海洋生物资源及矿产资源勘查定位、海洋工程维护、海洋电子信息与软件、海洋金融与保险、海洋商务旅游、海洋产业科技支撑[②]等；②现代海洋社会性服务业。面向民生，服务大众。包括海洋公益性环境服务、海洋公益性气象服务、海洋科学考察与调查、海洋教育、海洋管理、海洋科普与文化传播。

服务业是国民经济的重要组成部分，比重份额直接体现一国经济发展水平与发展程度。加快服务业特别是具有高附加值、高技术含量的现代服务业的发展对调整产业结构、转变经济增长方式、缓解能源资源短缺、升级“中国制造”水平、提升国家综合竞争力具有重大战略意义。海洋是地球最大的物质空间，特殊的高温、高压、高盐、超深、低光照环境使得海洋科技也具有相对的特殊性。现代海洋服务业基于最前沿、最精尖的海洋技术，体现了海洋产业的最新成果，是现代服务业的重要组成部分。目前全球服务业增加值占国内生产总值的67%，一些发达国家达到80%。2001年至2008年，我国海洋现代服务业增加值年均增速达17%。这一动态变化符合经济向服务经济转型的趋势。据统计，2008年我国海洋现代服务业创造增加值5 107.1亿元，占海洋生产总值的17.2%。

三、沿海地区海洋经济发展

（一）沿海地区海洋经济发展水平

我国沿海省份海洋经济发展迅猛，大多数地区年均增长率都保持在两位数。但横

---

① 包括：海洋渔业综合服务、海洋油气，海洋交通运输、海洋船舶修造、滨海旅游。

② 包括：海洋技术研发、技术推广、工业设计。

向比较来看，地区间无论在经济总量、经济密度还是产业结构等方面还存在较大差异。

1. 海洋经济总量

沿海地区是中国发展程度最高的地区，地区生产总值占全国 GDP 的比重将近 6 成，见图 9－11。然而，沿海地区各省市发展并不均衡，海洋经济亦是如此。以地区海洋生产总值考量，广东、山东、上海为第一类，海洋生产总值都在 5 000 亿元左右；福建、浙江、辽宁、天津、河北为第二类，海洋生产总值在 1 000 亿元至 3 000 亿元之间；广西、海南为第三类，海洋生产总值小于 500 亿元。数据显示，第一类的海洋生产总值合计占全国的 50%，而第三类这一数字仅为 2.6%。

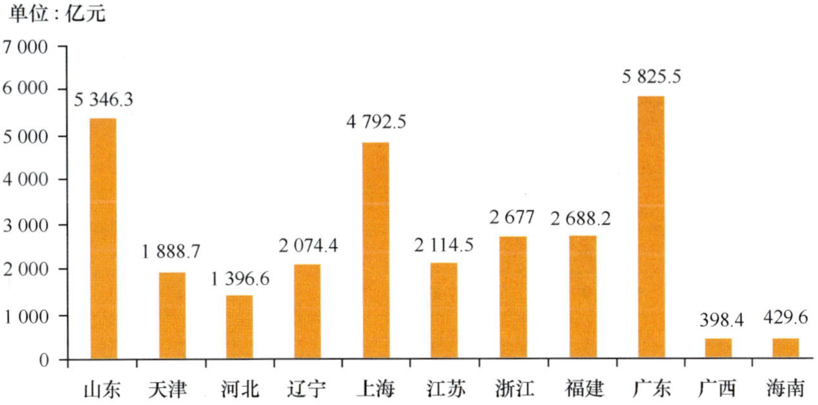

图 9－11　2009 年沿海省市海洋生产总值比较

数据来源：《中国海洋经济统计公报》（2009）

2. 海洋经济密度

根据 2006 年、2008 年的有关数据，用海洋经济密度分析沿海各省份的海洋经济发展情况（表 9－5），结果显示：上海平均每千米海岸线的海洋生产总值从 2006 年的 23.14 亿元上升到 2008 年的 27.81 亿元，居 11 个沿海地区之首；天津从 8.9 亿元上升到 12.3 亿元，居第二；江苏、广东、山东和浙江，两年来的单位岸线海洋经济产出保持在 1～3 亿元之间，居 11 个沿海地区的 4～7 位。辽宁、福建、海南和广西的单位岸线海洋经济产出不足 1 亿元。

3. 海洋产业结构

沿海省份海洋产业结构差异明显，第一、第二、第三产业发展不够均衡（表

9－6）。河北、天津、上海广东海洋第二、第三产业较为发达，重化趋势比较明显；海南省海洋第一产业和第三产业比重较大，其余省市的三次产业大致为10∶45∶45。虽然产业结构没有绝对的优劣，特别是在国家层面每个地区的优势和定位不同，其产业结构也不尽相同，但是，我国沿海地区产业结构的区际差异过于明显。

表9－5　2007—2008年中国沿海地区单位岸线海洋经济密度变化情况

地区	海岸线长度（km）	2006年			2008年		
		海洋生产总值（亿元）	经济密度（亿元/km）	排名	海洋生产总值（亿元）	经济密度（亿元/km）	排名
上海	172.31	3988.2	23.1455	1	4792.5	27.813	1
天津	153	1369	8.9477	2	1888.7	12.344	2
河北	487	1092.1	2.2425	3	1396.6	2.868	3
江苏	953.9	1287	1.3492	4	2114.5	2.217	4
山东	3024.4	3679.3	1.2165	6	5346.3	1.768	5
广东	3368.1	4113.9	1.2214	5	5825.5	1.730	6
浙江	2200	1856.5	0.8439	7	2677	1.217	7
辽宁	2178	1478.9	0.6790	8	2074.4	0.952	8
福建	3051	1743.1	0.5713	9	2688.2	0.881	9
海南	1617.8	311.6	0.1926	10	429.6	0.266	10
广西	1595	300.7	0.1885	11	398.4	0.250	11

数据来源：《中国海洋统计年鉴》（2008、2009）。

表9－6　2008年中国沿海地区海洋三次产业结构

地区	海洋经济		
	第一产业	第二产业	第三产业
辽宁	12.1	51.8	36.1
河北	1.9	51.4	46.7
天津	0.2	66.4	33.3
山东	7.2	49.2	43.6
江苏	4.1	45.8	50.1
上海	0.1	44.3	55.6
浙江	8.7	42	49.4
福建	9.4	40.8	49.8

续表

地区	海洋经济		
	第一产业	第二产业	第三产业
广东	3.8	46.7	49.5
广西	14.8	43.5	41.7
海南	20.3	26.5	53.2
全国	5.4	47.3	47.3

数据来源：《中国海洋统计年鉴》（2009）。

（二）地区优势海洋产业

随着沿海地区经济发展规划纷纷上升为国家战略，海洋经济的发展也获得新的契机。2008 年以来，各省纷纷编制“十二五”海洋经济发展规划，对本省海洋经济进行新一轮战略性调整和布局。山东利用黄河三角洲良好的生态环境和特殊的地理条件大力发展生态渔业，试图摸索一条环境友好的海洋经济发展之路；江苏、浙江、福建充分利用海岛资源、岸线资源，大力发展海岛经济、临海经济，对破解本省发展瓶颈进行了大胆尝试。在此背景下，沿海各省、市、区海洋经济发展迅猛，优势产业凸显，形成了各具特色的区域海洋经济新格局。

2008 年统计数据显示，山东省的海水养殖产量、海盐产量、海洋生物医药、滨海旅游居全国领先地位。山东是我国海洋经济强省，各产业发展相对均衡，产业体系比较完善。

福建省 2009 年海洋生产总值达 2 989 亿元，同比增长 11.2%，增速高于全国 2.5 个百分点。近年来福建省海洋产业结构调整步伐加快，海洋三次产业结构比重已由 2001 年的 13∶43∶44，变化为 2008 年的 9∶41∶50。福建省在资源利用型海洋产业方面具有较高的区位商，制造型海洋产业发展相对滞后。具体看，福建省海水养殖量全国第二；海水捕捞全国第三，其中远洋捕捞量全国第二；海洋矿业全国第三；海洋化工产业产量全国第二；造船完工量全国第六；货运量全国第四。福建省的海洋优势产业集中在资源采集的第一产业，第二、第三产业产值（产量）在全国处于中游。

上海的海洋经济经过“九五”、“十五”时期的快速发展，已初步形成了具有地区特色的海洋产业结构，船舶制造和海洋运输两大产业在全国居重要地位。2008 年上海造船完工 716 万综合吨，港口货运量 4 亿吨，货物周转量为 3 718 亿吨千米，三组指标均居全国第一。

2009 年广东省海洋生产总值达 6 800 亿元，占全省 GDP 的 18%，连续 15 年居全国首位。全省形成了以海洋交通运输、海洋渔业、滨海旅游和海洋油气为主体，海洋船舶制造、海洋能源、海洋生物制药、海洋矿产等协同发展的产业格局。

天津市的海洋油气工业、海盐业、海洋化工业、海洋交通运输业，以及海水淡化与综合利用业和海洋生物医药业等，在国内均有一定的比较优势。其中，海洋原油产量全国第一，海洋天然气产量仅次于广东，海洋化工产品产量居全国第三。见表9－7至表9－9。

表9－7　中国沿海地区海洋渔业产量排名与海洋原油产量排名

沿海省份	海洋渔业产量排名	沿海省份	海洋原油产量排名
山东	1	天津	1
福建	2	广东	2
浙江	3	山东	3
广东	4	河北	4
辽宁	5	辽宁	5
广西	6	上海	6
江苏	7	江苏	–
海南	8	浙江	–
河北	9	福建	–
上海	10	广西	–
天津	11	海南	–

数据来源：《中国海洋统计年鉴》（2009）。

表9－8　中国沿海地区海洋化工品产量排名与船舶完工量排名

沿海省份	海洋化工产量排名	沿海省份	造船完工量排名
山东	1	上海	1
福建	2	浙江	2
天津	3	江苏	3
浙江	4	辽宁	4
河北	5	山东	5
江苏	6	福建	6
辽宁	7	广东	7
上海	–	天津	8
广东	–	河北	9
广西	–	广西	–
海南	–	海南	–

数据来源：《中国海洋统计年鉴》（2009）。

表 9－9　中国沿海地区海洋货物吞吐量排名

沿海省份	海洋货物吞吐量顺序
广东	1
山东	2
浙江	3
上海	4
辽宁	5
河北	6
天津	7
福建	8
江苏	9
广西	10
海南	11

数据来源：《中国海洋经济统计公报》（2009）。

为了进一步调整产业结构，转变增长方式，减小海洋经济发展对资源环境的依赖和破坏，沿海地区纷纷将发展海洋新兴产业、海洋高技术产业提上日程，制定发展规划，进行政策扶持。海洋高技术产业在“十二五”期间将成为海洋经济的亮点，成为沿海地区海洋经济的核心竞争力。我国海洋高技术产业增加值前 10 位的排名情况见表 9－10。

表 9－10　我国海洋高技术产业增加值前 10 位城市一览

海洋高技术产业增加值（2008 年排名）	城市
1	天津
2	上海
3	广州
4	青岛
5	杭州
6	大连
7	深圳
8	烟台
9	舟山
10	厦门

四、小　结

2009 年，中国海洋经济继续维持了良好的发展势头，海洋生产总值首次突破 3 万亿元。虽然增速有所回落，但依然保持接近 9% 的水平。

海洋产业发展质量不断提升。受世界及中国宏观经济形势的影响，一些传统海洋产业如海洋交通运输业、滨海旅游、海洋油气业增长乏力，但以海洋生物医药、海水综合利用为代表的海洋新兴产业增速明显。通过此次金融危机，一些资源消耗型、劳动密集型的传统海洋产业的发展瓶颈逐渐凸显，一些技术含量高、环境友好、经济效益好的海洋新兴产业发展潜力初步显现。相对于传统海洋产业，海洋新兴产业资源消耗程度小，资源利用效率高，其生产方式无疑对中国产业结构的调整、发展方式的转变、海洋经济的持续发展起到积极推动作用。作为未来海洋经济乃至国民经济新的增长点，发展海洋新兴产业具有战略意义。

国人对海洋资源的需求日益强烈。国际经验表明，一国人均 GDP 超过 3 000 美元以后，城镇化、工业化进程会加快，人民生活水平将会进一步提高，居民消费类型和行为也会发生重大转变。当前中国经济社会正处于这一进程之中，人民购买力不断提升，消费层次不断提高。人们需要海洋生物育种和健康养殖业、海洋生物医药与功能制品业提供大量的健康食品和特效药物，解决食品和健康问题；需要海洋新材料，海洋检测仪器为防灾减灾和环境保护服务；需要淡化海水、海洋油气缓解经济社会发展中存在的资源与能源瓶颈；需要各种海洋装备和精密仪器保障国家海洋权益和海上安全。

2010 年是“十一五”的收官之年，也是“十二五”的起步年。面对下一个五年，中国海洋经济应在数量和质量两方面实现较大发展。当前中国海洋经济已经具备了相当的基础和条件，在中央和各级地方政府的共同推动下，在各阶层海洋工作者的共同努力下，海洋经济强国的目标一定可以实现。

第十章　中国海洋科技发展

中国海洋科技在“自主创新、重点跨越、支撑发展、引领未来”的方针指导下，围绕建设“数字海洋、生态海洋、安全海洋、和谐海洋”目标，“十一五”期间全面推进，成绩显著。2009—2010 年，“我国近海海洋综合调查和评价”专项（简称 908 专项）工作稳步推进，公益性海洋行业科研专项进展顺利，海洋能源等多个海洋重大专项获得国家财政批准立项，国家重点基础研究发展计划（国家“973”计划）、国家高技术研究发展计划（国家“863”计划）等国家科技计划海洋项目取得新成绩，海洋科技高层次人才数量不断增加，海洋技术创新在重大战略性领域取得重大进展。

一、《国家“十一五”海洋科学和技术发展规划纲要》执行情况

进入 21 世纪，党中央和国务院高度重视海洋科技工作，《国家中长期科学与技术发展规划纲要》将海洋科技作为重点领域部署。为加快海洋科技发展，推进国家海洋科技创新体系建设，提升海洋科技水平和能力，支撑和引领海洋经济快速发展，保障海洋安全，国家海洋局会同科技部、国家自然科学基金委员会、国防科学技术工业委员会等，2006 年联合制定和发布了《国家“十一五”海洋科学和技术发展规划纲要》（下称《规划纲要》）。“十一五”期间，全国海洋科技工作取得了丰硕成果。

（一）《规划纲要》内容概述

《规划纲要》在全面分析了我国海洋科技面临的形势、沿海社会经济发展需求、国家重大战略需求以及海洋科技工作发展现状基础上，按照“深化近海、拓展远洋、强化保障、支撑开发”的指导方针和“需求牵引、推进创新”“远近结合、超前部署”等原则，从发挥科技对海洋事业发展的支撑和引领作用的角度出发，统筹考虑全国海洋科技力量和资源，全面规划和部署了“十一五”及一段时期内全国海洋科技工作的发展方向和主要任务。

《规划纲要》确定了“十一五”期间海洋科技发展目标：到 2010 年，海洋基础科学研究能力和水平将显著提高，重大海洋核心技术自主研发水平实现新突破，海洋科技创新体系基本完善，自主创新能力明显提高；海洋科技对海洋经济、海洋管理、减灾防灾和海洋安全的支撑能力显著增强；海洋科技对海洋经济的贡献率达到 50%；海

洋科技资源配置得到优化，海洋科技高层次人才数量增加30%，海洋科技成为支撑和引领海洋事业发展的重要力量。到2020年，海洋科技总体水平达到中等发达国家同期水平，为建设海洋强国奠定坚实的科技基础。

《规划纲要》确定了“十一五”期间海洋科技发展的八大重点任务。一是发展海洋监测预报技术，提高海洋环境保障能力；二是发展海洋开发保护技术，推动海洋经济健康发展；三是开展海洋科学研究，提高海洋规律认知水平；四是开展海洋管理研究，促进海洋事业可持续发展；五是实施海洋重大专项，满足国家重大战略需求；六是推进海洋创新体系建设，提高海洋科技创新能力；七是加强海洋科技平台建设，提高海洋科技基础能力；八是加强海洋科技教育，培育海洋科技人才队伍。

《规划纲要》提出的实施保障措施包括加强全国海洋科技的组织领导与统筹协调，加大海洋科技投入，深化海洋科技体制改革，扩大海洋科技国际合作，营造科技成果转化和产业化环境，提高全民族海洋意识等。

（二）《规划纲要》实施进展

“十一五”期间，中国全面推进海洋科技创新工作，海洋科技发展的重点任务得到实现，海洋科技获得重大发展，海洋科技发展总体目标基本完成。

中国海洋科技工作围绕《规划纲要》制定的战略目标稳步推进。908专项工作进展顺利，公益性海洋科研专项资金项目逐年推进，多个海洋重大专项获得批准立项；海水利用科研、应用与管理职能进一步强化；行业海洋能源专项顺利启动；海洋卫星工作取得新进展；“973”、“863”等国家科技计划海洋项目取得丰硕成果，科技兴海平台建设取得进展；海洋科技人才数量不断增加；海洋科技创新能力进一步改善，海洋科技资源进一步优化配置，海洋科技创新体系逐步建设，海洋科技成为支撑和引领海洋事业发展的重要力量。

1. 海洋科研力量快速发展

中国海洋科技创新队伍不断壮大。到2008年12月，中国海洋科研机构达135个，比“十五”期末增加了10个，从事海洋科技专业技术人员15 665人，比“十五”期末增加了12%，已经形成拥有一批以科学院院士和工程院院士为核心的海洋科研队伍。

2. 海洋调查能力提升

海洋调查范围已遍及三大洋和南、北极海域。“908”取得重大进展，初步摸清中国近海海洋环境状况，构建了中国“数字海洋”基础信息框架。在南海天然气水合物资源调查中，成功地获取了天然气水合物柱状样品。第21次大洋科学考察、26次南极科学考察和4次北极科学考察成果显著。环球大洋科学考察发现了新的海底热液活动区。在南极内陆“冰盖之巅”冰穹A地区成功建立了第三个南极科学考察站——昆仑站，中国成为继美、俄、日、法、意、德之后，在南极内陆建站的第7个国家。成功发射了海洋1B卫星，投入使用了高频地波雷达、海底观测网、Argo浮标等，基本实现了从空中、海面、水层到海底的立体综合观测。

3. 海洋高技术取得突破

海洋环境监测技术研发取得了重要突破，研究开发了一批海洋生态环境实时监测仪器。7 000米级载人潜水器进行海试，最大下潜深度达到3 759米。海洋油气与天然气水合物勘探开发技术取得长足进展，中国自行建造的深水半潜式钻井平台已顺利出坞。潮汐能发电技术已处于世界先进水平，波浪能已进入示范阶段，潮流能已进入海试阶段，海上风能发电技术已实现商业化，正在建设万千瓦以上级海上风电场。海洋药物和海洋生物制品研究和开发突破了一批关键技术。海水循环冷却和海水直接利用技术获得突破，并初步实现产业化，海水化学资源利用技术进入工业化试验阶段，海水综合利用已形成较为完整的产业链体系。

二、海洋科研及科技成果

（一）海洋科研课题总体情况

海洋科技科学研究面向国民经济和社会发展的重大需求，在国家高度重视和支持下，取得了令人瞩目的海洋科技成果，海洋科技创新能力显著提高。

2008年，全国共完成海洋科研课题8 327项，其中基础研究2 087项，占总课题数的25.06%；应用研究类课题2 623项，占总课题数的31.5%；试验发展类课题1 420项，占总课题数的17.05%；成果应用类课题691项，占总课题数的8.30%；科技服务类课题1 506项，占总课题数的18.08%（图10－1）。发表海洋科技论文共9 485篇，出版科技著作154种。各类专利申请受理645项，专利授权441项，海洋科技发明专利拥有数达到1 781项（表10－1）。

（二）涉海科研机构和人员情况

随着海洋事业发展对海洋科学人才的需求不断增大，海洋机构和从业人员不断壮大。

2008年，全国海洋科研机构总计135个，从事科技活动人员15 665人。按行业分，

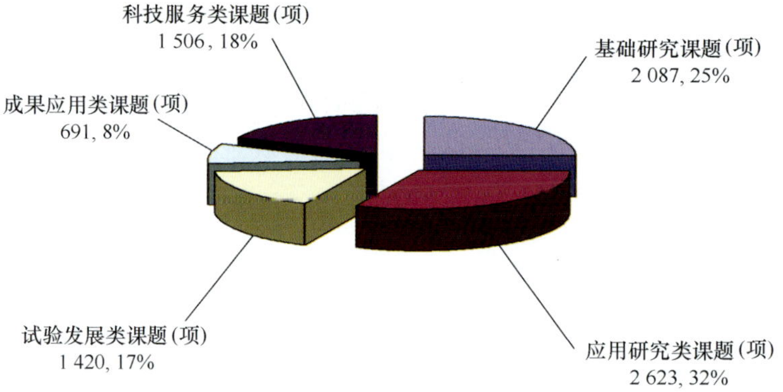

图 10－1　2008 年海洋科技课题构成

海洋科研机构中从事海洋基础科学研究的 94 个，从事海洋工程技术研究的 33 个，从事海洋信息服务业的 8 个，分别占海洋科研机构总数的 70%、24% 和 6%（图 10－2）。按地区分，上海、浙江、山东、广东拥有绝大多数海洋科研机构，4 个省、直辖市拥有 74 个海洋科研机构数，占总数的 53.3%（图 10－3）。从事科技活动人员按学历分，拥有博士学位的 2 444 人，拥有硕士学位的 3 432 人，大学生 5 869 人，大专生 2 204 人，其他 1 716 人，分别占 15.6%、21.9%、37.47%、14.07% 和 10.95%（图 10－4）。从事科技活动人员按职称分，拥有高级职称的人员 5 949 人，中级职称的人员 4 761 人，初级职称的人员 3 273 人，其他 1 682 人，分别占总数的 37.9%、30.4%、20.9% 和 10.7%（表 10－2）（图 10－5）。

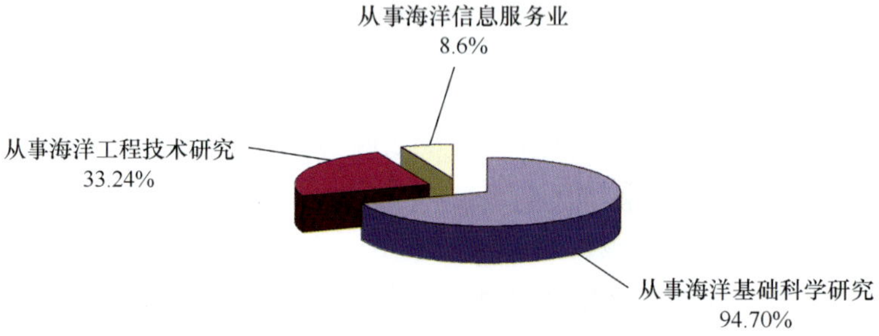

图 10－2　2008 年海洋科研机构行业分布

表 10 - 1 2008 年中国海洋科技成果情况

分类	科技课题						科技成果		科技专利		
	合计	基础研究（项）	应用研究（项）	试验发展（项）	成果应用（项）	科技服务（项）	科技论文（篇）	科技著作（种）	专利申请受理（件）	专利授权（件）	拥有发明专利总数（件）
基础科研	7420	2084	2587	1191	577	987	8718	154	791	389	1690
工程技术	875	3	36	223	114	499	706	8	78	52	91
信息服务	32	0	0	6	0	26	61	1	0	0	0
合计	8327	2087	2623	1420	691	1506	9485	154	869	441	1781

注：表中数据根据《中国海洋统计年鉴 2009》整理而得。

表 10 - 2 2008 年中国海洋科研行业及人员类型结构

行业	机构数（个）	从事科技活动人员（人）	从事科技活动人员的学历结构					从事科技活动人员的的职称结构			
			博士	硕士	大学生	大专生	其他	高级职称	中级职称	初级职称	其他
基础科研	94	12013	2327	2584	4007	1710	1385	4788	3624	2330	1271
工程技术	33	3185	112	772	1602	413	286	1053	976	785	371
信息服务	8	467	5	76	260	81	45	108	161	158	40
合计	135	15665	2444	3432	5869	2204	1716	5949	4761	3273	1682

注：表中数据根据《中国海洋统计年鉴 2009》整理而得。

表 10－3　2008 年中国海洋科研分地区分布及人员情况

地区	机构数(个)	从事科技活动人员(人)	从事科技活动人员的学历结构					从事科技活动人员的的职称结构			
			博士	硕士	大学生	大专生	其他	高级职称	中级职称	初级职称	其他
北京	11	2727	932	627	752	320	123	1332	913	381	101
天津	11	1762	58	379	915	209	201	593	473	495	201
河北	4	384	12	83	208	58	23	137	88	85	74
辽宁	8	548	27	93	295	91	42	184	153	144	67
上海	12	2269	249	546	915	367	192	783	674	592	220
江苏	8	1260	171	255	393	188	253	580	333	141	206
浙江	17	922	64	164	429	137	128	325	274	184	139
福建	10	664	3	214	267	76	104	199	169	190	106
山东	20	2477	380	527	824	422	324	891	797	511	278
广东	23	1869	390	396	615	237	231	665	596	383	225
广西	6	120	0	6	73	31	10	18	57	32	13
海南	3	147	2	20	63	17	45	8	29	62	48
其他	2	516	156	122	147	51	40	234	205	73	4
合计	135	15665	2444	3432	5869	2204	1716	5949	4761	3273	1682

注:表中数据根据《中国海洋统计年鉴 2009》整理而得。

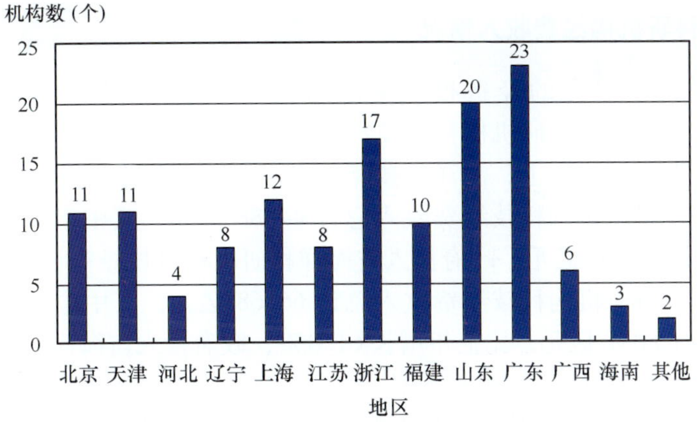

图 10－3　2008 年海洋科研机构地区分布

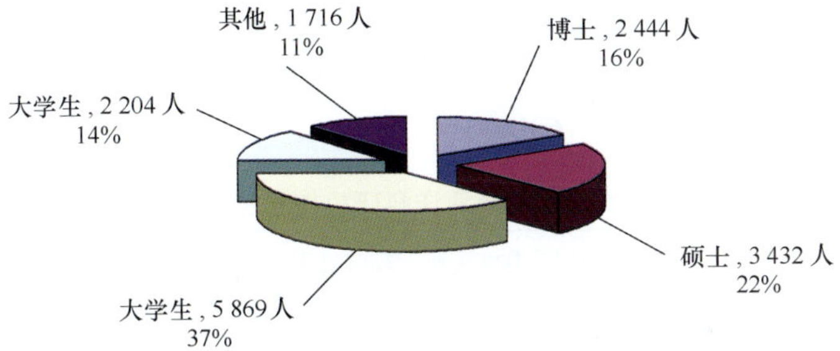

图 10－4　2008 年从事海洋科技活动人员学历构成

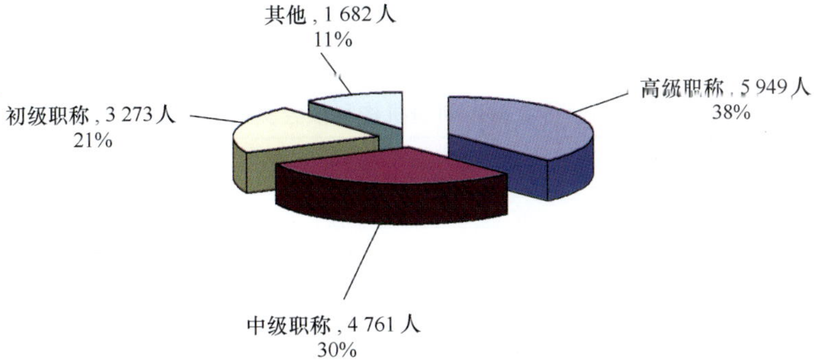

图 10－5　2008 年从事海洋科技活动人员职称结构

（三）海洋科研机构经费收入情况

国家对海洋科学研究的经费投入不断增长，海洋科研机构的收入逐年增长。2006—2008年，中国海洋科研机构科技经费收入增长96%，年均增长近40%，其中政府投入的科技经费占65%以上，海洋科技经费主要依靠政府投入。

2006年，海洋科研机构科技经费收入总计44.88亿元，其中中央及地方政府投入海洋科研经费总计31.06亿元，政府投入占海洋科研机构科技经费收入的69.02%。

2007年，海洋科研机构科技经费收入总计66.68亿元，其中中央及地方政府投入海洋科研经费总计50.1亿元，比上年增长61.3%，政府投入占海洋科研机构科技经费收入的75.14%。

2008年，海洋科研机构科技经费收入总计87.70亿元，其中中央及地方政府投入海洋科研经费总计57.8亿元，比上年增长15.4%，政府投入占海洋科研机构科技经费收入的65.84%（表10-4）。2008年中国分行业海洋科研机构科技经费收入情况见表10-5。

北京、山东、上海的海洋科研机构收入以及政府投入最多，三个地区的海洋科研机构的收入总和占海洋科研机构总收入的56.23%以上，政府投入总和占海洋科研机构科技经费总和的39.54%（表10-6）。

表10-4　2006—2008年海洋科研机构科技经费收入情况

年份	海洋科研机构科技经费收入（亿元）	中央及地方政府投入海洋科研经费（亿元）	政府投入占海洋科研机构科技经费收入的比重（%）
2006	44.88	31.06	69.02
2007	66.68	50.1	75.14
2008	87.7	57.8	65.84

注：表中数据根据2007—2009年《中国海洋统计年鉴》整理而得。

表10-5　2008年中国分行业海洋科研机构科技经费收入情况（单位：千元）

行业	科研机构收入总额	科技经费收入总额	政府投入资金总额	政府投入占科技经费比重%	政府投入占机构收入总额比重%
海洋基础科学研究	7008600	6530713	5437865	83.27	77.59
海洋工程技术研究	1678112	1121895	270073	24.07	16.09
海洋信息服务	82941	73374	66425	90.53	80.09
合　计	8769653	7725982	5774363	74.74	65.84

注：表中数据根据《中国海洋统计年鉴2009》整理而得。

表 10－6 2008 年中国分地区海洋科研机构经费收入情况（单位：千元）

地 区	科研机构收入总额	科技经费收入总额	政府投入资金总额	政府投入占科技经费比重%	政府投入占机构收入总额比重%
北京	1985108	1861457	1589487	85.39	80.07
天津	911247	723536	332425	45.94	36.48
河北	54869	47872	45902	95.88	83.66
辽宁	272267	236952	191224	80.70	70.23
上海	1403095	1225730	863934	70.48	61.57
江苏	516886	502354	295039	58.73	57.08
浙江	514677	472360	359534	76.11	69.86
福建	317817	292978	249643	85.21	78.55
山东	1543041	1214102	1014220	83.54	65.73
广东	937301	861398	586663	68.11	62.59
广西	22133	15557	11428	73.46	51.63
海南	23243	22797	20142	88.35	86.66
其他	267969	248889	214722	86.27	80.13
合 计	8769653	7725982	5774363	74.74	65.84

注：表中数据根据《中国海洋统计年鉴 2009》整理而得。

三、海洋调查与重大专项计划执行进展

2009—2010 年，中国海洋调查与重大专项计划执行顺利，908 专项、南极调查、大洋科学考察、海洋高技术计划（863）、海洋基础研究（973）以及海洋公益科研专项都取得丰硕成果。

（一）“我国近海海洋环境调查与综合评价”专项（908 专项）

908 专项是国务院于 2003 年 9 月批准立项、国家海洋局具体组织实施的一项中国海洋发展史上投入最大、调查要素最多、任务涉及部门最广的海洋环境基础调查和评价工作。该专项确定了突出发展海洋经济的主题，立足于为国家决策服务，为经济建设服务，为海洋管理服务的宗旨。其总体目标是摸清中国 21 世纪初期的海洋家底，掌握海洋为国民经济和社会发展提供的支撑和承载能力，了解海洋资源的可持续利用潜力，规划和优化海洋生产力布局；为全面建设小康社会、保障海洋经济和沿海地区的可持续发展、维护国家海洋安全和可持续的海洋利益提供基础依据。

908 专项任务包括三项基本内容：①近海海洋综合调查，包括“基础调查”、“重点海域调查”和“专题调查”；②近海海洋环境综合评价；③构建我国近海“数字海洋”信息基础框架。预期成果包括我国近海海洋综合调查与评价总报告；含内水和领海及领海以外部分海域的 1:5～50 万比例尺的基础图件与数据资料；海洋环境和资源及生态评价报告；我国近海“数字海洋”信息基础框架。

2010 年，908 专项综合调查项目绝大多数已进入验收和收尾阶段。2010 年 11 月 24 日至 25 日，国家海洋局 908 专项办在天津召开了 908 专项第一批综合评价任务验收会议，此次会议标志着 908 专项第二大项目——综合评价项目全面进入验收总结阶段。同时也标志着基于前期大规模、多学科调查数据资料的一大批综合评价我国近海环境、资源、生态、灾害以及开发管理现状和变化趋势的研究成果将相继面世，这必将对中国实施海洋开发战略，提高海洋综合管理能力，推动沿海经济社会发展等产生积极的影响。

自 2005 年首批综合评价任务启动，到目前为止，908 专项形成了大量近海资源环境评价阶段性成果，初步掌握了中国海洋资源环境现状及其变化规律。一些评价任务根据调查资料和综合评价结果，对中国近海环境要素变化趋势和规律提出了一些新观点和新认识。如提出了“近几十年东亚气候异常是中国近海赤潮频发的重要原因之一”的观点；发现了黄河口海域泥沙“夏秋输运”的规律，与原来认为的“夏储冬输”规律特征有明显差异；还有近海快速持续升温已较大程度地影响到近海生物地理分布变化，一些记录种分布出现了明显北移的现象。

一些评价任务在气候变化与海平面、海洋生态环境、海洋灾害与防治以及它们对沿海经济社会发展的影响方面做了大量探索性工作，并取得丰硕成果。如海冰评价任务，系统地研究了渤、黄海的寒潮活动规律及其与渤、黄海冰情变化的关系，建立了以海上平台为示范的海冰灾害风险评估模型，对该海域海冰灾害的长期预测具有重要意义；受损增养殖区评价任务，在国内率先创建海水养殖生态系统健康评价模式，率先创立了基于生态养殖策略的多品种养殖容量模型，为建立环境友好型的发展模式、破解海湾养殖容量不足这一经济发展瓶颈提供了新的解决思路。

目前，部分研究成果已应用到实际业务工作当中。如赤潮灾害项目成果已用于日常业务化监测中；主体功能区划、海洋环境质量评价等项目成果也被局规划、环保等业务部门采纳；现行功能区划修订工作的部分成果也在广东、天津等省级海洋功能区划修编中得以应用。一些较为成熟的评价方法、指标体系和模式，已形成了相关的国家标准和行业标准，目前已经发布国标 2 项，被批准待发布的国标 2 项，已立项或待立项的标准达 30 多项。

（二）中国极地科学考察

中国的南极科学考察始于20世纪80年代初，北极科学考察始于20世纪末期，自1984年以来，中国已经成功进行了26次南极科学考察，4次北冰洋科学考察，组织了2004年以来的6个年度的北极黄河站科学考察，完成了19次南大洋海洋科学考察，形成了由国家海洋局组织、全国共同参与的极地研究工作体系。目前已先后建立了南极长城站、南极中山站、南极昆仑站、北极黄河站和“雪龙”号极地科学考察船等极地考察平台。中国已全面加入了国际极地条约和有关组织。

中国极地科学考察与研究虽然起步较晚，但起点高，瞄准了国际科学前沿。通过25年的发展，中国极地科学考察在部分学术领域引领了世界极地科学发展的前沿。

“十一五”前期（2006—2008年），在前几个五年计划科研积累的基础上，中国极地考察和研究创造了以下几个方面的国际领先的成果：首次在格罗夫山脉识别出新元古代岩浆侵入事件，收集陨石4 480块，使中国南极陨石总量达到9 834块，世界排名跃居第三；在国际上首次确定出冰穹A最高点的位置，即南纬80°22′00″，东经77°21′11″高程4 093米；首次发现冰穹A是南极冰盖的起源地；原创性地提出了用生物粪土层解读生态和环境历史的研究方法与技术手段，初步建立了全新世生态地质学这门新学科的理论体系；发现了由白令海输入的富营养盐水促进了西北冰洋浮游植物增殖，提高了“生物泵”对大气二氧化碳的吸收，从而产生了对全球变暖的负反馈作用；首次发现了南半球多重极光和北半球Pc5脉动同时出现；提出了利用锋面强流确定海洋锋的位置、强度和走向的新方法；建立了具有国际先进水平的南、北极极隙区高空大气物理共轭观测系统；发展了北冰洋海洋学观测新技术，研制了极区水文气象卫星跟踪浮标、水下机器人、海洋潜标、海冰精细观测等新技术，并应用于海洋观测；此外，中国还建立了极地环境监测体系，以南极长城站、中山站、北极黄河站和“雪龙”号船为观测平台，开展了大气、海洋、冰川、地球物理、空间环境等长期观测，建立了极地科学数据和标本样品的共享平台。

在2007—2009年的第四次“国际极地年”期间，中国组织实施了南极PANDA科学考察计划、北冰洋科学考察计划、公众参与和宣传计划、国际合作计划以及数据和信息共享计划，其中PANDA计划被列入了IPY国际核心计划。

2009年1月27日，中国在南极内陆“冰盖之巅”冰穹A地区成功建立了第三个南极科学考察站——昆仑站（图10－6），这标志着中国已成功跻身国际极地考察的“第一方阵”，成为继美、俄、日、法、意、德之后，在南极内陆建站的第7个国家。目前，世界上共有28个国家在南极建立了53个科学考察站，绝大多数考察站都建在南极边缘地区，只有美、俄、日、法、意、德6个国家，在南极内陆地区建立了5个内陆科考站。中国昆仑站是目前南极所有科学考察站中海拔最高的一个。

图 10－6　中国南极昆仑站

资料来源：“中国南极昆仑站正式开站”，新华网（http：//news. xinhuanet. com/world/2009－02/02），2009 年 2 月 2 日

2009 年 10 月 11 日至 2010 年 4 月 10 日，中国成功开展了第 26 次南极科学考察（附件 17）。此次南极调查以中国南极中山站所在的南极第三大海湾普里兹湾和南极第三大冰架埃默里冰架前缘海区为重点，南大洋调查内容包括南大洋水文学综合考察、南大洋重要界面碳通量研究、南大洋微型浮游生物群落结构和生物多样性调查等 10 多项考察任务，涉及物理海洋、化学海洋、生物海洋等多个学科。

2010 年 7 月 1 日—9 月 23 日，中国组织了第四次北极科学考察（表 10－7）。此次北极科学考察是历次北极科学考察中时间最长、人数最多的一次。中国第四次北极科学考察主要围绕北极海冰快速变化机理研究、北极海洋生态系统对海冰快速变化的响应两大科学目标进行，在白令海、白令海峡、楚科奇海、波弗特海、加拿大海盆、门捷列夫海脊等海域，开展与海冰大范围融化相关联的大气、海冰和海洋过程观测，以及生态系统多学科综合考察。

表 10－7　中国历次北极科学考察成果

次	日期	任务及成果
第 1 次	1999－07－01—1999－09－09	获得大批珍贵样品和数据资料，其中包括北冰洋 3 000 米深海底的沉积物和 3 100 米高空大气探测资源数据及样品；最大水深达 3 950 米的水文综合数据；5.19 米长的沉积物岩芯以及大量的冰芯、表层雪样、浮游生物、海水样品等。我国科学家通过此次考察，首次确认了“气候北极”的地理范围，科学家们还发现北极地区的对流层偏高。此次北极科考的研究任务包括北极在全球变化中的作用和对我国气候的影响；北冰洋与北太平洋水团交换对北太平洋环流的变异影响；北冰洋邻近海域生态系统与生物资源对我国渔业发展的影响等
第 2 次	2003－07－15—2003－09－26	此次科学考察任务主要分两大部分：了解北极对全球变化的响应和反馈；了解北极变化对我国气候环境的影响。围绕这两大科学目标，中国第二次北极科学考察初步建立北冰洋海洋和气象观测系统。结合历史资料，分析研究北极海洋－大气－海冰系统变异与北极气候变化的关系以及对我国气候系统的影响
第 3 次	2008－07－11—2008－09－24	对北极地区进行的一次更加深入、更为全面的综合性科学考察，考察以进一步研究北极快速变化过程中海洋、海冰和大气系统发生的耦合变化，以及对中国产生的影响等问题为主要科学目标，对白令海、楚科奇海、加拿大海盆的大面积海域和冰区，进行了涉及海洋、海冰、生物、大气、地质等多学科的综合观测
第 4 次	2010－07－01—2010－09－20	此次考察，首次实现了中国考察队依靠自己力量达到北极点开展科学考察的愿望，实现了历史性突破；首次在北极点冰面上布放了冰浮标，发射了抛弃式温盐深剖面探测仪，进行了生态学观测，采集了大量海冰和海水样品；首次获得 2.5 米长的北极点冰芯；首次在白令海海盆 3 742 米水深处完成 24 小时连续站位海洋学观测；首次将中国海洋考察站延伸到北冰洋高纬度的深海平原，并获得全航程大气物理、大气化学观测的宝贵资料。在世界范围内，考察队首次利用浮游生物多通道采集器在北纬 88 度 26 分的近极点区进行了 3 000 米的深水精确分层采样；共完成了 135 个站位的海洋学调查、1 个长期冰站的海冰气综合观测和 8 个短期冰站的观测、1 个北极点站位观测，进行研究工作的考察站位数量及范围均超过了原计划；顺利回收了中国第三次北极科学考察队布放的综合观测潜标系统，这是中国在极地布放的第一套线长超过 1 300 米的深水潜标，同时也是中国第一套观测周期超过 1 年以上的极地长期潜标

资料来源：根据中国极地考察网（http：//www. chinare. gov. cn/caa/）资料整理。

（三）大洋专项及大洋科学考察

中国在近 20 年的大洋矿产资源研究开发方面取得了累累硕果。在国家“大洋专项”的支持下，大洋开发研究紧密结合国际海底区域活动态势，以资源为核心，在多金属结核、富钴结壳、热液硫化物、生物基因等资源调查以及环境评价与科学研究等领域开展了系列工作，取得了丰硕成果。

国家大洋专项的实施已经凸显出其长远的战略意义。在政治上，中国在国际海底区域的权益得到了有效维护，在国际海底管理局的地位得到了前所未有的提高；在经济上，7.5 万平方千米多金属结核区的获得，开辟了我国战略金属资源的新来源；在技术上，促进和带动了深海科学研究和技术开发领域的发展，一些技术已经跻身于世界先进水平。

2009 年 7 月 19 日—2010 年 5 月 28 日，中国“大洋一号”科考船成功执行了第 21 航次大洋科学考察任务。此次科考历时 315 天，航程约 5.33 万海里，经历 8 个航段，调查区域涉及太平洋、大西洋和印度洋三大洋，开展了深海底多金属硫化物、富钴结壳、多金属结核、深海环境、深海生物基因和深海生物多样性等多项调查工作，是一个高度综合性的大洋调查航次，具有目标区多、空间跨度大、时间长、高新尖设备应用多等特点。

第 21 航次新发现了 5 个热液区（大西洋 2 个，太平洋 2 个，印度洋 1 个），其中在南大西洋海区发现的两个热液区是继中国在印度洋、太平洋发现多金属硫化物后取得的又一重大突破，使中国多金属硫化物的发现扩展到了三大洋①。此外，航次几大突出科研成果包括：首次在西南印度洋完成大规模海底地震台阵探测调查，开创了中国在大洋中脊开展海底地震探测的先河，填补了在超慢速扩张的西南印度洋中脊海底地震探测的空白；在西南印度洋发现大范围出露的超基性岩，并用拖网和电视抓斗采获大量超基性岩，为研究超慢速洋中脊的地质构造及热液成因提供了宝贵的样品；在海山区和多金属结核合同区成功进行深海声学深拖调查，为研究富钴结壳和多金属结核的小尺度分布规律、控矿机理以及调查区精细地形特征奠定了基础；首次对东经 90 度海岭和印度洋南赤道流区开展了多学科综合环境调查。

中国自主研制的高技术装备在第 21 航次调查中发挥了重要作用，其中 3 500 米远程遥控潜水器（ROV）、近底地震探测仪（OBS）、声学深拖系统、铠装光缆深海岩芯钻机和深海生物组合取样器等多种调查设备在第 21 航次调查中首次投入使用并全部获得成功。这些设备的成功使用有力地保障了航次任务的顺利完成，展示了我国自主研发大型装备的水平和能力，进一步提升了我国高技术装备的研制能力，也为今后同类装备的研制和使用奠定了坚实基础。

---

① 自 2007 年大洋 19 航次中国在西南印度洋发现第一个海底热液区起，迄今为止中国已在世界三大洋发现了 17 个海底热液区，约占世界三大洋 30 多年来已发现热液区的 1/10。

（四）海洋高技术计划（863）执行

国家高技术研究发展计划（863 计划）是以政府为主导，以一些有限的领域为研究目标的一个基础研究的国家性计划，海洋是其中的主要领域之一。

“十一五”863 计划在海洋技术领域中紧紧围绕中国海洋强国建设的重大需求，以“维护国家主权和海洋权益、缓解能源供需矛盾、促进海洋生物资源开发和利用、保障国家海洋安全、提升海洋科学研究水平”为主线，本着“深化浅海、开拓深远海”、“军民结合”以及“有所为，有所不为”的原则，兼顾现实与长远战略需求。针对中国的需求，重点围绕海洋环境立体监测技术、深海探测及作业技术、海洋油气资源勘探开发关键技术、海洋生物资源开发利用技术，从重大项目、重点项目、专题等不同层次开展研究与开发，重点突破事关长远战略发展的重大关键技术，促进海洋技术的跨越式发展，促进中国海洋技术从近浅海向深远海的战略性转移。

按照以上 863 计划在海洋领域中的总体部署，2008 年海洋技术领域从项目和专题两个层面组织实施。在专题方面，设置了“海洋环境立体监测技术”、“深海探测与作业技术”、“海洋油气勘探开发技术”、“海洋生物资源开发利用技术”四个专题。

2008 年，863 计划在海洋技术领域取得丰硕成果。具有完全自主知识产权的油气层钻井中途测试仪（FCT）工程样机成功完成两次海上试验，北冰洋下自主/遥控海洋环境监测系统圆满完成中国第三次北极科学考察现场试验和冰下调查任务，OSMAR071 型阵列式高频地波雷达和 OSMAR－S200 型便携式高频地波雷达已在福建示范区投入业务化运行①。

2010 年 5 月，“十一五”863 计划海洋技术领域项目验收会在上海召开，对海洋动力环境监测、深海探测等四个方面的部分专题课题进行了验收，如“海洋环境主要人致病性病毒快速检测系统”和“典型海洋有毒有机污染物标准制备技术”。“海洋环境主要人致病性病毒快速检测系统”项目采用 PCR 和芯片相结合的技术对全国重点浴场海水和近岸重点增养殖区贝类中的病毒进行了检测，并对两种技术得出的检测结果进行了对比分析，在国内尚属首次，也为国际上开展海洋环境中人类致病性病毒的研究提供了新思路。此外，项目还申请了 3 项发明专利，有望进一步开发海洋环境中人类致病性病毒检测试剂盒及基因芯片，具有十分良好的业务化应用前景。“典型海洋有毒有机污染物标准制备技术”项目根据国际上有关持续性有机污染物标准物质研制及其检测方法的惯例，研制了一系列典型有毒有机污染物标准物质与环境标准参考物质，并形成了这些标准物质的提取、净化、分离、制备及其测定方法的技术规范，为进一

① 国家科技部，《国家科技计划 2009 年年度报告》，2009 年 1 月，第 9 页。

步完善我国海洋监测典型有毒有机污染物标准物质体系，发展我国海洋环境中典型有毒有机污染物的监测方法学提供了技术支撑①。

（五）海洋基础研究（973）

《国家重点基础研究发展规划》（973 计划）是以国家重大需求为导向，对中国未来发展和科学技术进步具有战略性、前瞻性、全局性和带动性的基础研究发展计划，主要支持面向国家重大需求的基础研究领域和重大科学研究计划。我国自 1997 年以来，批准的涉海 973 计划项目共 28 项（表 10－8）。

表 10－8　1997—2010 年国家重点基础研究发展计划涉海 973 计划项目

名称	第一承担单位	批准年份	起止年限
海水重要养殖生物病害发生和抗病的基础研究	中科院海洋所	1999	1999—2004
东黄海生态系统动力学与生物资源可持续利用	农业部黄海所	1999	1999—2004
中国近海环流形成和变异机理数值预测方法及对海岸带资源环境影响研究	国家海洋局一所	1999	1999—2004
中国边缘海形成演化及重要资源的关键问题	中科院海洋所，国家海洋局二所	2000	2000—2005
地球圈层相互作用中的深海过程和深海记录	同济大学	2000	2000—2005
我国近海有害赤潮发生的生态学和海洋学机制与预测防治	中科院海洋所，国家海洋局一所	2001	2002—2006
中国典型河口－近海陆海相互作用及其环境效应	中国海洋大学，华东师范大学	2002	2002—2008
糖生物学与糖化学——特征糖链结构与功能及其调控机制	中国海洋大学	2003	2003—2008
中国东部陆架边缘海海洋物理环境演变及其环境效应	中国海洋大学	2005	2005—2010
我国近海生态系统食物产出的关键过程及其可持续机理	农业部黄海所	2005	2006—2010
重要海水养殖动物病害发生和免疫防治的基础研究	中科院海洋所	2006	2006—2010
亚印太交汇区海气相互作用及其对我国短期气候的影响	中科院大气物理	2006	2006—2008
史时期海陆生物多样性的演变	中科院古脊椎动物与古人类研究所	2006	2008—2010

① 王丽丽，“国家海洋环境监测中心首批‘十一五’863 计划项目顺利通过验收”，《海洋环境科学》，2010 年第 3 期，第 341 页。

续表

名称	第一承担单位	批准年份	起止年限
京津渤区域复合污染过程、生态毒理效应及控制修复原理	中科院生态环境研究中心	2006	2007—2009
南海大陆边缘动力学及油气资源潜力	国家海洋局二所	2007	2007—2009
北太平洋副热带环流变异及其对我国近海动力环境的影响	中国海洋大学	2007	2007—2011
大洋碳循环与气候演变的热带驱动	同济大学	2007	2007—2011
基于全球实时海洋观测计划（Argo）的上层海洋结构变异及预测研究	国家海洋局二所	2007	2007—2011
南海深水盆地油气资源形成与分布基础性研究	中国科学院地质与地球物理研究所	2008	2009—2013
南海天然气水合物富集规律与开采基础研究	中国地质调查局	2008	2009—2013
中国近海碳收支、调控机理及生态效应研究	厦门大学	2008	2009—2013
重要养殖鱼类功能基因组和分子设计育种的基础研究	中国科学院水生生物研究所	2009	2010—2014
我国陆架海生态环境演变过程、机制及未来变化趋势预测	中国海洋大学	2009	2010—2014
我国近海藻华灾害演变机制与生态安全	中国科学院海洋研究所	2009	2010—2014
海洋微生物次生代谢的生理与生态效应及其合成生物学基础机制	中国科学院南海海洋研究所	2009	2010—2014
海相烃源岩形成的地球生物学过程	中国地质大学（武汉）	2009	2010—2014
南海海气相互作用与海洋环流和涡旋演变规律	中国科学院南海海洋研究所	2010	2011—2015
中国近海水母暴发的关键过程、机理及生态环境效应	中国科学院海洋研究所	2010	2011—2015

资料来源：根据国家科技部网站（www. most. gov. cn）资料整理。

（六）海洋公益科研专项

为贯彻落实全国科技大会精神和《国家中长期科学和技术发展规划纲要》，缓解公益性行业的科研经费难题，促进公益性行业的科技发展工作，国家财政于2006年专门设立了公益性行业科研专项经费。海洋与农业、地震、气象等10个部门被列为首批试点。随后，国家海洋局组织成立了由国家标准委、农业部、沿海省市海洋管理机构、科研院所等14个单位和部门的专家组成的专项经费管理咨询委员会，并制定了《海洋公益性行业科研专项经费管理暂行办法》和《咨询委员会章程》。

2007 年度海洋公益性行业科研专项共立项 31 个，涉及全国 71 个单位，总经费约 1.23 亿元，重点涵盖了海洋环境监测预报技术、海洋生态和环境保护技术等 5 个领域，其中重点项目 2 个，分别是“典型围填海综合评估体系与应用示范研究”和“基于海岸带综合管理的海洋生物多样性保护研究与示范”。

为指导和做好 2008 年及今后几年的海洋公益性行业科研专项经费申报工作，2007 年 12 月，国家海洋局编制了 2008—2010 年海洋公益性行业科研专项经费重点支持领域，列出了 5 大类 36 个优先支持领域，以及 9 个 2008 年重点项目方向。

2008 年共有 53 项海洋公益性科研行业科研专项项目获财政部批准实施，其中重点项目 12 个，项目总经费达 3.102 5 亿元，较 2007 年有较大幅度提高，项目覆盖面也进一步拓展，涵盖了国家海洋局局属单位、多数沿海省区市海洋厅（局）、涉海科研院所等单位。

2009 年共有 23 项立项，总经费 3.64 亿元。本年公益专项支持的项目全部为重点项目，并全部列为绩效考评项目。

2010 年，海洋公益性专项立项项目共计 33 项，批复专项经费达 4.5 198 亿元①。从项目数量和专项经费规模来看，2010 年海洋公益专项比 2009 年有较大幅度提高。2010 年海洋公益性项目研究范围涵盖海洋权益维护和安全保障、海洋综合管理、海洋生态与环境保护、海洋防灾减灾与气候变化、海洋资源可持续利用和海洋观测调查监测与信息服务 6 个领域，基本覆盖当前海洋事业主体工作。

2011 年，立项 23 项，总经费 4.221 5 亿元。其中包括海洋综合管理类 5 项，海洋生态保护类 11 项，海洋防灾减灾类 8 项，资源利用类 7 项，海洋观测监测类 6 项。

四、海洋高技术发展现状

（一）海洋高技术的定义

海洋高技术是由众多学科门类组成的综合技术体系。1996 年海洋高技术作为第八个领域列入国家高技术研究开发计划（863 计划）。经过 15 年的发展，国家 863 计划海洋技术领域形成了以海洋环境监测技术、深海探测及作业技术、海洋油气资源勘探开发关键技术、海洋生物资源开发利用技术、数字海洋技术等为主的海洋高技术体系。

① 刘如顺，“2010 年海洋公益性专项获批”，中国海洋报，2010 年月 3 日第 3 版。

（二）主要海洋高技术发展现状

经过多年努力，中国在深海技术、海水资源的开发利用技术、海洋生物技术、海洋油气资源勘查和开发技术等海洋高技术领域取得了跨越式的发展，海洋资源的开发能力显著提升。

1. 海洋监测

1996 年海洋环境监测技术进入国家 863 计划。2006 年海洋监测技术列入“国家科学和技术中长期发展规划纲要（2006—2020 年）”前沿技术领域。经过多年努力，中国的海洋监测技术和仪器设备得到快速发展。目前，中国已突破一批海洋监测的关键技术，初步形成关键海洋监测技术的研发和生产能力，并逐步向深海观测和海底观测方向发展。发射了海洋水色遥感卫星，初步形成了遥感观测技术体系。建立了几个区域性的海洋环境立体监测系统。

（1）海洋动力环境观测

海洋动力环境观测技术主要包括船基海洋监测技术、岸基海洋监测技术、海基海洋监测技术。

船基海洋监测技术。利用船舶作活动平台进行海洋调查和观测是海洋调查观测技术发展的重要方面，是建设海洋环境立体监测网的重要内容。在 863 计划支持下，中国的船基海洋动力环境观测技术得到了迅速发展，研制成功 6000 米高精度 CTD 剖面仪，形成了 1 000 米水深以内的 CTD 测量仪器系列产品，性能达到国际先进水平。研究了可快速布放和回收的 CTD 剖面测量技术及投弃式温盐深剖面测量技术，开发了船用宽带多普勒海流剖面测量技术（BBADCP）、相控阵海流剖面测量技术（PAADCP）、声相关海流剖面测量技术（ACCP）以及可与 CTD 剖面仪同步吊放的大深度海流剖面测量设备（LADCP）。2009 年 4 月和 10 月，300kHzLADCP 工程样机进行了规范化海上试验。

岸基海洋监测技术。“十一五”期间，中国海洋岸基高频地波雷达技术取得快速发展。自主研制和开发的海表面动力环境监测地波雷达 OSMAR－S200 在国际上达到先进水平，已用于海表面流、海浪、风场等海表面状态信息的探测。2008 年，海表面动力环境监测地波雷达 OSMAR－S200 在浙江象山和大陈岛等地投入业务化监测，在海流监测方面取得了很好的监测效果，已实现产业化。

海基海洋监测技术。我国海基海洋监测技术，特别是浮标、潜标、海床基、水下移动观测平台等技术取得重大进展。

浮标是一种观测/监测平台，与传感器、控制系统、通信系统相结合，可形成能满足不同需要的观测/监测系统。中国从20世纪80年代初开始研制锚系资料浮标，1985年开始建设海洋水文气象浮标网。中国Argo计划先后于2009年4月和2009年7月两个航次共布放15个Apex型Argo剖面浮标，其中6个为APF-8C型，9个为APF-9A型，均布放在西太平洋吕宋海峡附近海域。在这些浮标中，有2个带有Aanderra Optode溶解氧传感器。到2009年底，中国在西太平洋和东印度洋海域共布放了66个浮标，其中有31个仍在海上正常工作，初步建成我国Argo大洋观测网的框架①。

潜标是一种可以机动布放在水下定点连续剖面观测仪器设备，是海洋环境离岸监测的重要手段。中国从20世纪80年代以来，先后开展了浅海潜标测流系统、千米潜标测流系统和深海4 000米测流潜标系统的技术研究，已掌握系统设计、制造、布放、回收等技术。2010年2月，中国第26次南极考察队在南极第三大湾普里兹湾海域成功回收一套潜标系统，这是中国首次在南极成功投放并回收潜标，潜标记录的观测数据将为研究南极环境提供重要参考。此次回收的潜标系统主要由温度盐度采集器、沉积物捕获器、声学多普勒海流剖面仪和浮球组等设备组成，主要对南大洋的温度、盐度、流速等数据进行长期观测，分析普里兹湾冰间湖形成和维持的过程，为研究南极大陆周边海域海洋、海冰、大气之间的相互作用提供支持。此套潜标系统是中国第26次南极考察队于2009年12月6日在前往中山站的途中布放的②。截至回收之日，该潜标已连续进行了2个多月的成功观测，获取了理想的观测数据和样品。2010年7月29日，中国第四次北极科考队在1 600多米深的北冰洋海底成功回收一个长期观测潜标，该潜标由中国第三次北极科考队于2008年8月施放，潜标上安装了声学海流剖面仪、沉积物捕获器、海流计、释放器等科研仪器③。

（2）海洋遥感观测

海洋遥感技术包括卫星遥感和航空遥感，具有宏观大尺度、快速、同步和高频度动态观测等优点，是现代海洋观测技术的主要发展方向。

我国卫星遥感应用于海洋环境监测始于20世纪80年代。从2002年起中国相继成功发射了海洋水色卫星HY-1A、HY-1B，成为继美国、日本、欧盟等之后第七个拥有自主海洋卫星的国家。2002年5月15日，海洋一号卫星（HY-1A）成功发射（图10-7）。海洋一号（HY-1A）卫星是中国第一颗用于海洋水色探测的试验型业务卫星。卫星上装载两台遥感器：一台是十波段的海洋水色扫描仪；另一台是四波段的CCD成像仪。海洋一号（HY-1A）卫星在轨运行时间近两年，获取了大量水色遥感探测数据，探测范围覆盖全球海域。2007年4月11日，“海洋一号B”（HY-1B）卫星

① “中国Argo计划大事记”，科学时报，2010年6月10日。

② 崔静，“中国首次在南极成功投放并回收潜标系统”，新华网，2010年2月22日。

③ 崔静，“中国科考队在北冰洋成功回收深海长期观测潜标”，新华网，2010年7月29日。

发射成功。海洋一号（HY－1B）卫星是海洋一号（HY－1A）卫星的后继星，星上载有一台10波段的海洋水色扫描仪和一台4波段的海岸带成像仪。

图10－7　HY－1A卫星成功发射

资料来源：《2002年中国海洋卫星应用报告》，国家海洋局，2003年12月

2009年，中国海洋卫星工作取得重要进展，海洋卫星地面应用系统业务运行良好，海洋卫星应用工作进一步推广。海洋一号B（HY－1B）卫星在轨稳定运行，海洋卫星地面应用系统运行良好。全年共接收HY－1B卫星数据2018轨，累计原始数据量达8472GB；接收MODIS仪器资料2778轨，累计原始数据量达6620GB。

国家国防科技工业局提出了将在“十二五”规划和航天2030年发展战略中制定措施，加强三个系列科研与业务卫星的论证等工作①。根据中国海洋事业和中国航天事业发展的战略思想和战略目标，中国将建立三个系列的海洋卫星和相应的卫星海洋应用体系，包括海洋水色（HY－1）系列卫星、海洋动力环境（HY－2）系列卫星和海洋监视监测（HY－3）系列卫星。系列卫星的发射满足了中国海洋专属经济区和近海的海洋权益维护、海洋环境保护、防灾减灾、海域管理使用、执法监察等业务化需求，提高了对突发事件的快速反应能力。

航空遥感主要用于海岸带环境和资源监测、赤潮和溢油等突发事件的应急监测、监视。“十五”期间，中国增加了一批航空遥感传感器，如成像光谱仪、微波散射计、Ku波段和L波段微波辐射计、激光雷达等，并于2002年底顺利完成了飞机改装，在当

① 赵锦全，“中国海洋卫星2009年应用概况”，中国航天，2007年第7期，第3～6页。

年冬季的海冰遥测中得到了应用，获得了20G的海冰观测资料。“十一五”期间，在863计划支持下，中国海洋航空遥感能力不断增强，海洋环境得到更密集的监测。目前国内正在研制小型无人驾驶飞机，作为遥感监测的平台，无人飞机遥测将成为海洋监测的重要手段。

（3）区域海洋环境立体监测

自“九五”以来，中国已在渤海、东海长江口海域、南海珠江口海域、台湾海峡及毗邻海域，建设了区域性海洋环境立体监测示范试验系统，显著提高了中国的区域性海洋观测能力。

“十一五”期间，中国在渤海海洋环境常规业务监测系统、卫星遥感监测系统的基础上，集成了863计划“十五”期间发展的水下无人自动监测站、生态浮标系统、船载快速监测系统、航空遥感应用系统等7种生态环境监测系统，形成渤海海洋生态环境海空准实时综合监测示范系统。与此同时，国家863计划“南海深水区海洋动力环境立体监测技术研发”项目重点发展极端海洋动力环境和深水区内波长期定点连续监测技术、海洋卫星遥感监测及遥感应用技术，为建立南海深水区海洋动力环境监测系统提供技术支撑和示范。

2. 海洋油气与矿产资源勘探开发

主要包括海洋油气勘探技术、海洋油气开发平台技术、海洋天然气水合物探测技术、大洋矿产资源勘探技术。

（1）海洋油气勘探

目前，中国的浅海油气资源勘查与评估技术已经成熟，也已具备了深海油气资源勘探能力。

在浅海油气资源勘查和开发技术方面，开发了多功能海底地震仪（OBS）、旋转导向钻井工具、可控三维轨迹钻井技术、稠油开发技术、液化天然气技术等关键技术。

在深海油气资源的调查和评估技术方面也取得了卓越成果。“十一五”期间，我国海域深水区精确定位的超长缆2D地震采集技术及高精度的重力、磁力、地震联合质量监控的综合地球物理探测技术集成研发获得成功①。2008年3月，经南海北部深水区试验获取了高质量的深部地层反射信号和相关数据。这一技术使地球物理勘探有效深度可达近万米，将使我国能够在这些海区取得解决深水油气基础地质问题的有效地球物理资料，为国家海洋油气等战略资源的勘探与开发提供高技术支撑。

---

① 陈惠玲，“我国已具备深水油气勘探能力”，《中国国土资源报》，2008年6月12日。

（2）海洋油气开发平台

海洋油气平台是海洋油气资源开发的关键技术设备，其设计和制造能力，是沿海国家科技水平和工业化水平的重要标志。

中国为挪威 SEVANMARINE 公司建造的“Sevan650”圆筒形海洋钻井平台于 2007 年 8 月开工建造。该平台能够适应各种海域环境，可在 3 000 米以上深海作业，是世界上第一座圆筒形海洋钻井平台。2009 年 5 月，“Sevan650”圆筒形海洋钻井平台建造完成并投入使用。该平台直径 84 米、高 67 米，拥有 15 万桶原油的存储能力。

在浮式生产储卸油系统（FPSO）技术方面，中国的浅水 FPSO 技术，在多单元复杂系统总体优化设计、大型浮水效应、抗冰振和抗强台风平台设计等方面有多项重大技术创新，并处于国际领先水平。2009 年 3 月 12 日，中国最大的 FPSO 蓬莱 19 – 3 油田二期“渤海蓬勃”成功就位。“渤海蓬勃”号 FPSO 是迄今为止我国承建的最大的海洋工程建造项目，也是全球所建造的最大的 FPSO 之一。该 FPSO 长超过 323 米，宽超过 63 米，储油能力可达 200 万桶①。

在深海钻井平台技术方面，国家 863 计划支持的新型多功能半潜式钻井平台技术研究取得突破性进展。2010 年 2 月，中国自行建造的深水半潜式钻井平台“海洋石油 981”在上海外高桥造船有限公司顺利出坞（图 10 – 8）。该平台最大作业水深 3 050 米，钻井深度可达 10 000 米，几乎可以在全球所有深水油气区作业。中海油拥有其知识产权，该平台代表了当今世界海洋石油钻井平台技术的最高水平，具有勘探、钻井、完井与修井作业等多种功能。

3 000 米“海洋石油 981”半潜式钻井平台的成功建造，填补了中国在大型深水半潜钻井平台设计方面的空白，是中国大型工业装备的重要组成部分，更是国家综合国力的重要象征。

（3）海洋天然气水合物探测

目前，中国已研制和开发了一批配套的海洋天然气水合物综合探测技术、方法和装备，在天然气水合物探测中发挥了重要作用。这些装备和技术主要包括地震采集参数组合分析系统，稳定带上下界面和厚度估计方法，深水深孔天然气水合物保真取心钻具等。

2007 年 4 月至 6 月，中国在南海北部陆坡中段的神狐暗沙海域 3 个站位上，用国产取样设备获得天然气水合物样品，成为继美、日、印之后采到天然气水合物样品的国家。

2008 年 10 月，中国第一艘自主研制的可燃冰综合调查船“海洋 6”号在武昌造船

① 肖侠，“海油工程国内最大的 FPSO 成功就位”，《石油工业技术监督》，2009 年 4 月

图 10－8　中国首艘超深水钻井平台“海洋石油 981”顺利出坞

资料来源：“世界级深水钻井平台‘海洋石油 981’出坞”，中国海洋石油报，2010 年 3 月 5 日

厂下水[①]。

2009 年 6 月，中国“海洋四号”科考船采用新研制的“气密性孔隙水原位采样系统”，首次在南海中央海盆 4 000 多米深水水域海底成功获取孔隙水样品。这标志着中国对可燃冰的深海探测技术又取得了新的重大突破。

（4）大洋矿产资源勘探

在国家“863”技术的支持下，中国大洋矿产资源勘查、海底环境探测和成像技术取得长足的进步，成功研发一批大洋固体矿产资源成矿环境复位、实时、可视探测及保真采样技术以及海底异常条件下的探测技术，成功研制 6 000 米海底有缆观测与采样系统等重大装备，初步形成大洋矿产资源勘探技术系统和应用能力。

2003 年 2 月，中国成功研制 6 000 米海底有缆观测与采样电视抓斗系统。2003 年在太平洋 CL 海山斜坡地带（水深 1 826 米）成功抓取重达 500 千克的巨大砾状结壳样品。2004—2007 年，该设备在东太平洋、中大西洋、西南印度洋、南海等区域成功抓获大量锰结核样品、富钴结壳、热液硫化物、天然气水合物成因的烟囱体。2008 年，首次尝试采用甲板供电方式以及搭载 CTD 传感器，并获得成功。

① 吴震，“新型洁净能源可燃冰的研发现状”，《节能》，2009 年第 2 期（总第 319 期）。

3. 海洋生物资源开发

在国家“863”等相关计划的支持下，中国的生物技术取得了很大进步，为海水养殖物种的良种化、工程化及健康养殖和海洋药物的开发，作出了重要贡献。

（1）海洋生物基因

海洋生物基因组及功能基因的研究和利用是海洋生物资源开发和利用的基础。中国重要养殖生物基因组学研究取得重要进展，已利用 RAPD、AFLP、SSR、SNP 标记技术，构建了中国对虾、栉孔扇贝、牡蛎、皱纹盘鲍、海湾扇贝、大黄鱼、海胆等的遗传连锁图谱。建立了与国际接轨的海洋生物功能基因研究技术平台，实现了药用、养殖品种改良和病害防治功能基因资源产权零的突破，获得了一批具有产业化潜力的功能基因和高质量的 DNA 文库。利用生物信息学技术，建立了具有中国资源特色的基因数据库，为推动产业化奠定了产权和技术基础。

中国在基因组学和功能基因研究已与国际接轨，在用藻类作为生物反应器表达药物基因方面，一直走在国际前列。在大规模测序和生物信息学等研究的基础上，建立了功能完善的海洋生物功能基因数据库。

（2）深远海生物基因

深海、极地生物资源及其基因资源开发技术是国际前沿技术，在“863”计划支持下，开展了“深远海极端生物及其基因资源开发关键技术研究”。目前已建立了深海极端生物基因研究平台。

（3）海洋药物开发

海洋天然产物和药物开发技术引领了中国新兴海洋产业的发展。“新型海洋生物制品研究开发”已立项为“十一五”国家 863 计划，该项目力求建立中国海洋生物制品的创新体系，从而实现中国新一代海洋工业生物技术的创新并最终推动海洋产业化升级。

在海洋天然产物研究与开发方面，建立和完善了多种水平的药物筛选模型，基本形成了海洋天然产物活性筛选评价技术平台。在海洋药物研究方面，围绕肿瘤、代谢性疾病等，建立和完善了一批与之相关的分子水平、细胞水平药物筛选模型。建立了海洋药物开发平台，研究开发了以多糖为主的活性物质制备、分离、纯化以及合成技术。海洋中药的开发和研究成为具有中国特色的海洋药物研究方向。

4. 载人深潜器

潜水器是沿海国家科技水平和综合国力的标志，中国已经成为世界上能够制造深潜器的少数国家之一。

在遥控潜水器（ROV）技术方面，先后成功研制 HR－01ROV、8A4 作业型 ROV、海潜Ⅱ强作业型 ROV、CI－STAR 型海缆埋设型 ROV、“海龙号” ROV 以及“6000 米深海拖曳观测系统”。

在自持式深潜器（AUV）技术方面，中国先后成功研制下潜深度 1000 米的“探索者”号和下潜深度 6000 米的“CR－1”、“CR－2”号 AUV，并在东太平洋 5000 多米水深海域试验获得成功，随后对 6000 米 AUV 进行了适应海底矿产资源调查需要的工程化开发，形成 CR01、CR02 系列化产品。

在载人深潜器（HOU）技术方面，作为国家 863 计划重大专项，中国成功研制的“7 000 米载人深潜器”于 2007 年 10 月 12 日亮相深圳高交会①。该深潜器是当今世界上可下潜深度最深的潜水器，可到达世界 99.8% 的洋底，可在水下工作时间长达 12 个小时，并具有独一无二的“针对作业目标稳定的水中悬停定位能力”。目前，世界上只有美国、日本、法国、俄罗斯拥有深海载人潜水器，最大作业深度不超过 6 500 米。2009 年 10 月 3 日，“和谐”号载人潜水器到达了中国南海 1 109 米的深度，第一阶段的海上试验取得成功。

2008 年 9 月，国家“十一五”863 计划之一，深海重大技术装备“4 500 米级深海作业系统”的总体实施方案正式启动。4 500 米级深海作业系统将与中国研制的其他深海作业装备共同构成 3 500 米、4 500 米和 7 000 米三个级别的水下运载和作业装备系列，使中国初步具备深水运载和作业能力②。

2010 年 5 月 31 日至 7 月 18 日，中国第一台自行设计、自主集成研制的“蛟龙”号深海潜水器（图 10－9）③ 在南海进行了 3 000 米级海上试验，共完成 17 次下潜，其中 7 次穿越 2 000 米深度，4 次突破 3 000 米，最大下潜深度达到 3 759 米④。这标志着中国成为美、法、俄、日之后第五个掌握 3 500 米以上大深度载人深潜技术的国家。

5. 海水淡化与综合利用

中国的海水利用主要在海水淡化、海水直接利用、海水化学资源的综合利用三个方面。经过多年的科技攻关，中国在海水淡化、海水直接利用等海水利用关键技术方面取得重大突破，在海水化学资源综合利用技术方面取得积极进展，部分技术，如低

---

① 孙自法，“国产 7 000 米载人潜水器亮相深圳高交会”，中国新闻网，2007 年 10 月 12 日。

② 陈惠玲，“我国开始研制 4500 米级深海作业系统”，中国国土资源报，2008 年 6 月 12 日日。

③ “和谐”号和“蛟龙”号是不同时期国家对 7 000 米载人潜水器的命名。2007 年 11 月 27 日，7 000 米载人潜水器被命名为“和谐”号，2009 年年底，“和谐”号被国家命名为“蛟龙”号。

④ 孙自法，“‘蛟龙’号为中国第一台自行设计的载人潜水器”，新华网，http：//news. xinhuanet. com，2010 年 8 月 26 日。

图 10－9　国产 7 000 米级载人深海潜水器“和谐”号

资料来源：“‘十一五’期间我国将完成 7 000 米载人潜水器海上试验及应用”，新华网（http：//news. xinhuanet. com/），2008 年 2 月 21 日

温多效海水淡化技术、海水循环冷却技术已跻身国际先进水平。中国的海水利用技术基本成熟，已具备产业化发展的条件。

（1）海水淡化

中国在反渗透法、蒸馏法等主流海水淡化关键技术方面均取得重大突破。在低温多效蒸馏法海水淡化技术方面，2007 年中国即攻克了千吨级低温多效蒸馏海水淡化关键技术，建成了中国第一套独立设计和加工制造的 3 000 吨/日低温多效海水淡化示范工程。中国低温多效果海水淡化单套设备生产能力已达到 20 000 吨/日。在反渗透海水淡化技术方面，中国单套设备生产能力已达到 10 000 吨/日，成为世界上掌握膜法海水淡化技术的少量国家之一，并具备自主设计和装置制造能力。

（2）海水直接利用

中国已形成了海水循环冷却的自主成套技术和产品，并进入了万吨级海水循环冷却示范工程和 10 万吨级工程设计的阶段，达到国际先进水平。2008 年 3 月“海水循环冷却技术研究与工程示范”项目取得了突破性成果，多项指标均达到国际先进水平。该技术成果产业化后，与海水直流冷却相比，系统运行成本降低 50% 左右，排污减少 98% 以上，可以节省大量海水进、排动力①。

（3）海水化学资源的综合利用

进入 21 世纪，我国海水化学资源利用技术进展迅速。“十五”期间，中国开展了

① 赵旺初，“我国海水循环冷却达到国际先进水平”，《发电设备》，2008 年第 3 期，第 240 页。

气态膜法海水卤水提溴新技术研究，建成了百吨级示范工程。完成了海水卤水制备浆状氢氧化镁工艺技术研究和100吨/年浓海水制取浆状氢氧化镁中试。开发出“沸石法海水提取硝酸钾和硫酸钾高效节能技术”、“沸石法海水提取硫酸钾高效节能技术”和“海水与硝酸铵制取硝酸钾新技术”，将沸石的有效交换容量提高了3倍并成功完成了百吨级中试。

国家“十一五”科技支撑计划项目——浓海水综合利用新工艺关键技术研究项目进展顺利，正在进行中试线的建设。该项目完成后将集成浓海水先进提取技术，实现浓海水常量元素全利用和浓海水零排放，提高海水淡化及浓海水利用的综合效益，实现经济、社会、环境效益的共赢①。

6. 海洋能开发利用

在国家863计划、国家科技支撑计划等重大专项的支持下，中国的海洋能开发利用技术取得了重大进展。

（1）潮汐能开发利用

中国于20世纪60年代开始开发潮汐能，至今已先后建成40余座规模不同的潮汐电站。经过50年的不断发展，中国的潮汐能利用技术已比较成熟，潮汐电站建设已达到或接近世界水平。2007年11月，江厦潮汐电站6号机组在完成72小时试运行后并网发电。2010年，中国第一座万千瓦级潮汐能电站——三门县健跳港潮汐电站开工建设，规划容量2万千瓦，静态总投资6.8亿元，建成后将成为中国规模最大的潮汐能电站②。

（2）波浪能开发利用

中国的波浪能利用研究从20世纪80年代初开始，中科院广州能源研究所在国家科技攻关、“863”计划资助下，波浪发电研究共发展了振荡水柱、浮子、摆式、鸭式四种技术。经过近30年的研究，取得了较快的发展和较大的进步。微型波力发电技术已经成熟，并已商品化，小型岸式波力发电技术也已进入世界先进行列。现已处在100千瓦级装置示范试验研究阶段，可望进入实用化。但是中国波力发电装置示范试验的规模远小于英国、挪威和丹麦等，试验的开发方式类型远少于日本，小型装置距实用化还有一定距离，以及装置运行的可靠性等还有待进一步提高。

（3）潮流能开发利用

中国潮流能资源极为丰富，沿岸130个水道的理论平均功率约为1.4×10^{4}兆瓦，

① 刘骆峰，“浓海水综合利用新工艺关键技术研究进展顺利”，中国海洋报，2009年3月31日。

② “三门健跳港将建造万千瓦级潮汐电站 国内最大”，台州日报，2010年9月29日。

其中浙江、福建、山东和台湾海峡是世界上潮流能资源最丰富的地区之一①。目前，中国海洋潮流能取得了以下重要进展。

由国家科技部“十五”863计划的支持，哈尔滨工程大学2005年12月研制完成了海底固定式垂直轴潮流能装置“40千瓦潮流实验电站‘万向Ⅱ’”。由国家科技部“十一五”863项目支持，东北师范大学2008年12月研制完成了“1千瓦水下漂浮式水平轴潮流能装置”。由国家科技部“十一五”863计划的支持，中国海洋大学和机械科学研究总院研制完成了“5千瓦柔性叶片水轮机潮流能发电装置”，并于2008年11～12月，在青岛市胶南斋堂岛水道成功进行了海试。浙江大学研制的“25千瓦固定式水平轴潮流能装置”于2009年5月成功进行了海试②。

（4）温差能开发利用

我国在温差能发电技术的研究始于20世纪80年代。中国科学院广州能源所曾在实验室进行过开放式温差能装置的模拟研究。1985年广州能源所开始对海洋温差能利用中的“雾滴提升循环”方法进行研究，并于1989年在实验室实现了将雾滴提升到21米的高度记录，同时还对开式循环过程进行了实验室研究。2004—2005年，天津大学开展混合式温差能利用技术研究工作，并进行了实验室试验工作。“十一五”期间，中国启动了15千瓦闭式温差能电站关键技术研究项目③。

7. 数字海洋

“数字海洋”是随着“数字地球”理念应运而生的。它通过卫星、遥感飞机、海上探测船、海底传感器等进行综合性、实时性、持续性的数据采集，把海洋物理、化学、生物、地质等基础信息装进一个“超级计算系统”，使大海转变为人类开发和保护海洋最有效的虚拟视觉模型。构建“数字海洋”信息基础框架项目，现已成为新中国成立以来规模最大的国家海洋计划之一。

“我国近海海洋综合调查与评价”专项将“我国近海数字海洋信息基础框架构建”纳入其中。目前开展的“数字海洋”建设主要包括三部分“数字海洋”信息基础平台、“数字海洋”原型系统和海洋综合管理信息系统。2009年6月12日，中国正式启动了“iOcean中国数字海洋公众版”（www. iocean. net. cn）信息服务系统（简称iOcean）。

---

① 王传崑，陆德超，贺松泉，等．中国沿海农村海洋能资源区划［R］，国家海洋局科技司、水电部科技司，1989，第1－15页。

② 赵龙武，王树杰，李冬．“国内外潮流能利用技术现状与发展”，《第二届全国海洋能学术研讨会论文集》．2009年，第160－175页。

③ 罗续业．“我国温差能开发利用技术研发亟待突破”，中国海洋报，2010年5月21日。

五、小　结

近年来，中国各级政府越来越重视海洋科技的发展，发布了《国家“十一五”海洋科学和技术发展规划纲要》。“十一五”期间，中国在海洋科技领域取得重大进展，获得丰硕成果，从事海洋科技的专业技术人员大幅增长，海洋调查范围已遍及海岸带、近海、三大洋和南、北极海域。多项海洋调查与科研专项获得国家财政立项，专项执行成果颇丰。海洋高技术不断取得突破。2009—2010 年，中国的海洋高技术领域取得的突破主要体现在海洋油气及矿产勘探开发技术、深潜器技术等领域。

第十一章　中国海洋经济发展规划

中国海洋经济发展规划在不断调整、规范经济活动的管理实践中逐步形成为一定的规划体系及其管理制度，使全国和沿海地方的海洋经济逐步向秩序性、规范化方向发展。特别是“十一五”期间，在《全国海洋经济发展规划纲要》的宏观规范指导下，沿海省、市、县各级海洋经济发展均在上级和各自的规划体系中进行，部分涉海行业有些也在大形势的驱动下，纷纷将海洋列为重点发展领域，形成了行业中涉海或海洋专项的发展规划。

目前，沿海各地及各行业在进行“十二五”涉海规划预研中，初步形成了国家、行业、地方和专项规划成体系的海洋及沿海经济发展规划思路。特别是在沿海新一轮发展战略的描绘和调整中，区域性、行业性、专题性海洋发展规划纷纷制定，有些已经得到国务院及有关部门的批复而成为国家“十二五”战略的重要组成部分。预计在“十二五”期间，中国海洋经济发展规划体系将进一步健全、完善，成为规范和指导全国及沿海地方海洋经济发展的政策性文件。

一、“十一五”海洋经济发展规划及其实施

“十一五”期间，中国海洋经济发展规划体系基本形成。2003 年，国家和沿海地区分别启动了海洋经济发展规划编制工作。到 2005 年底，基本形成了中国海洋经济发展的三级规划体系。以 2003 年 5 月 9 日国务院出台的《全国海洋经济发展规划纲要》为核心，沿海 11 个省、直辖市、自治区分别编制出台了本地区的省级“海洋经济发展规划”。在国家规划纲要的宏观指导和省级规划的直接指导下，沿海地级市也编制了市级海洋经济发展规划，部分沿海县也编制出台了海洋经济发展规划或计划。

（一）国家级规划中有关海洋经济内容要点

“十一五”期间，国家层面先后出台了《全国海洋经济发展规划纲要》、《全国海洋功能区划》和《国家海洋事业发展规划纲要》。基本形成了指导、规范全国海洋经济发展的规划体系，为全国和沿海地方的海洋经济发展起到了重要作用。

1.《全国海洋经济发展规划纲要》的目标内容

2003 年 5 月 9 日国务院印发了《全国海洋经济发展规划纲要》（以下简称《规划纲要》）。印发该规划的国务院文件明确指出：海洋蕴藏着丰富的生物、油气和矿产资源，发展海洋经济对于促进沿海地区经济合理布局和产业结构调整，保持我国国民经济持续健康快速发展具有重要意义。

《规划纲要》确定的全国海洋经济发展的总体目标是：海洋经济在国民经济中所占比重进一步提高，海洋经济结构和产业布局得到优化，海洋科学技术贡献率显著加大，海洋支柱产业、新兴产业快速发展，海洋产业国际竞争能力进一步加强，海洋生态环境质量明显改善。形成各具特色的海洋经济区域，海洋经济成为国民经济新的增长点，逐步把我国建设成为海洋强国。

《规划纲要》确定的全国海洋经济增长目标为：到 2005 年，海洋产业增加值占国内生产总值的 4% 左右；2010 年达到 5% 以上，逐步使海洋产业成为国民经济的支柱产业。

《规划纲要》要求沿海地区海洋经济发展目标是：到 2005 年，海洋产业增加值在国内生产总值中的比重达到 8% 以上，一部分省（自治区、直辖市）海洋产业总产值超过 1 000 亿元，形成一批海洋经济强市、强县，海洋产业成为沿海地区的支柱产业。到 2010 年，沿海地区的海洋经济有新的发展，海洋产业增加值在国内生产总值中的比重达到 10% 以上，形成若干个海洋经济强省（自治区、直辖市）。

2.《全国海洋功能区划》有关海洋经济内容

2002 年 8 月 22 日国务院批复了《全国海洋功能区划》（以下简称《区划》）。印发该规划的国务院文件指出：海洋是我国经济社会可持续发展的重要资源。在海域使用管理上，必须认真贯彻执行海洋管理法律法规，坚持在保护中开发，在开发中保护的方针，严格实行海洋功能区划制度，实现海域的合理开发和可持续利用。

《区划》将我国管辖海域划定为 10 种主要海洋功能区，对每种海洋功能区都提出了开发保护重点和管理要求。10 种主要海洋功能区包括：港口航运区、渔业资源利用和养护区、矿产资源利用区、旅游区、海水资源利用区、海洋能利用区、工程用海区、海洋保护区、特殊利用区和保留区。

《区划》确定了 30 个包括近岸海域、群岛海域及重要资源开发利用区的重点海域。①渤海 7 个：辽东半岛西部海域、辽河口邻近海域、辽西 – 冀东海域、天津 – 黄骅海域、莱州湾及黄河口毗邻海域、庙岛群岛海域和渤海中部海域。②黄海 6 个：辽东半岛东部海域、长山群岛海域、烟台 – 威海海域、胶州湾及其毗邻海域和苏北海域。③东海 7 个：长江口－杭州湾海域、舟山群岛海域、浙中南海域、闽东海域、闽中海域、闽南海域和东海重要资源开发利用区。④南海 10 个：粤东海域、珠江口及毗邻海域、粤西海域、铁山港－廉州湾海域、钦州湾－珍珠港海域、海南岛东北部海域、海南岛西南部毗邻海域、西沙群岛海域、南沙群岛海域和南海重要资源开发利用区。

针对海洋开发，《区划》确定了有关目标，即：建立起符合海洋功能区划的海洋开发利用秩序，实现海域的合理开发和可持续利用，满足国民经济和社会发展对海洋的需求。2001—2005 年，加强海洋功能区划的实施管理，逐步调整不符合海洋功能区划的用海项目，实现重点海域开发利用基本符合海洋功能区划，控制住近岸海域环境质量恶化的趋势。2006—2010 年，严格实行海洋功能区划制度，实现海域开发利用符合海洋功能区划，生态环境质量得到改善，海洋经济稳步发展。

3.《国家海洋事业发展规划纲要》中设定的海洋经济发展目标

2008 年 2 月 7 日国务院批准了《国家海洋事业发展规划纲要》。印发该规划的国务院文件指出：要始终贯彻在开发中保护、在保护中开发的方针，进一步规范海洋开发秩序。加强海洋环境整治与陆源污染控制。加快实施以海洋环境容量为基础的总量控制制度，遏制近岸海域污染恶化和生态破坏趋势。建立并完善全国海洋经济运行评估监测系统，提高海洋经济增长质量，积极发展海洋产业，促进海洋经济又好又快发展。加快全国海洋信息化建设，提高海洋环境预报水平和能力，切实增强防灾减灾能力。

《国家海洋事业发展规划纲要》确定的海洋经济发展目标是：海洋经济发展向又好又快方向转变，对国民经济和社会发展的贡献率进一步提高。2010 年海洋生产总值占国内生产总值的 11% 以上；海洋产业结构趋向合理，第三产业比重超过 50% 以上；年均新增涉海就业岗位 100 万以上；海洋经济核算体系进一步完善。

（二）“十一五”海洋经济规划目标实施结果

从“十一五”期间海洋经济统计数据看，主要经济指标均获得了超预期落实。

2006 年，全国海洋生产总值为 21 220 亿元，占国内生产总值的比重达 10.1%。其中，海洋产业增加值为 12 548 亿元，海洋相关产业增加值为 8 672 亿元，全国涉海就业人员为 2 960.3 万人。从三次产业发展情况看，海洋第一产业增加值为 1 143 亿元；海洋第二产业增加值为 9 802 亿元，其中，海洋船舶工业增加值为 381 亿元，海洋化工业增加值为 185 亿元；海洋第三产业增加值为 10 275 亿元，其中，滨海旅游业增加值为 2 620 亿元，海洋交通运输业增加值为 2 842 亿元（表 11－1）。

表 11－1　“十一五”期初与 2009 年主要海洋经济指标比较

序号	主要经济指标	2006 年	2009 年
1	主要海洋产业增加值	8792.5 亿元	18742 亿元
2	海洋产业增加值占全国 GDP 比重	4%	5.5%
3	海洋产业增加值占沿海 GRP 比重	16.3%	15.55%
4	海洋生产总值占 GDP 比重	10.03%	9.53%
5	第三产业比重		47%～48%
6	涉海就业人数	2609.3 万人	3270 万人

2009 年，全国海洋生产总值为 31 964 亿元，海洋产业增加值为 18 742 亿元，海洋相关产业增加值为 13 222 亿元。全国海洋生产总值比上年增长 8.6%，略低于同期国民经济增长速度。海洋生产总值占国内生产总值的比重为 9.53%，占沿海地区生产总值的比重为 15.55%。其中，海洋第一产业增加值为 1 879 亿元，海洋第二产业增加值为 15 062 亿元，海洋第三产业增加值为 15 023 亿元。海洋生产总值中三次产业结构为 5.9 : 47.1 : 47.0。全国涉海就业人员 3 270 万人，其中新增就业 52 万人。

从 2009 年统计结果看，规划预期值与实际值相比，海洋产业增加值占国内生产总值（GDP）的比重提高 0.5 个百分点，达到 5.5%；海洋产业增加值占沿海地区国民经济总产值（GRP）的比重略低，为 9.2% 左右；海洋生产总值占国内国生产总值（GDP）的比重距离规划值还差 1.47 个百分点；海洋第三产业比重也比规划预期值还差 2～3 个百分点；年均新增涉海就业岗位指标与规划预期差距较大，仅实现规划预期的一半（表11－2）。

表 11－2　海洋经济总体目标规划值与实施结果对比

序号	指标	2010 年规划目标	2009 年实施结果
1	海洋产业增加值占全国 GDP 的比重	5% 以上 *	5.5%
2	海洋产业增加值占沿海 GRP 的比重	10% 以上 *	9.2% 以上
3	海洋生产总值占 GDP 的比重	11% 以上 * *	9.53%
4	第三产业比重	50% 以上 * *	47%～48%
5	年均新增涉海就业岗位	100 万人以上 * *	52 万人

* 《全国海洋经济发展规划纲要》目标值；

* * 《全国海洋事业发展规划纲要》目标值。

上述结果是基于 2009 年统计数据的比较，实际规划目标年是 2010 年。从上述 5 个指标的对比结果看，两项超指标实现，两项接近实现指标，1 项未达指标。距离规划目标年还有 1 年，规划目标实现的可能性依然存在。

从“十一五”规划基准年（2005 年）到 2009 年，12 个主要海洋产业增加值的年均增长率为 21.68%。其中，增速最大的是海水利用业，达 38%；其次为海洋化工业，为 31.9%；第三是海洋电力业，为 27.9%（表 11－3）。

从“十一五”规划期初（2006 年）到期末前一年（2009 年），12 个主要海洋产业增加值的年均增长率为 10%，增速显著放慢，主要原因是受 2008—2009 年国际金融危机的影响，以及国内外宏观经济形势的变化影响。其中，增速最大的依然是海水利用业，达 43.9%，其次为海洋化工业，为 34.4%，第三是海洋矿业，为 33.6%（表 11－3）。

从“十一五”期初（2006 年）至期末前一年（2009 年）主要海洋产业增加值增量看，总量增加超过九成（92.98%），基本达到了五年翻一番的目标；相对“十一五”规划基准年（2005 年），主要海洋产业增加值总量则是增长了 166.7%。其中，海水利用业增长了 4 倍，海洋化工业增长了近 3 倍，海洋电力增长了 2.5 倍，海洋船舶制造、海洋工程建筑、海洋生物医药和海洋矿业的增长都实现了翻一番的目标。

表 11－3　全国主要海洋产业“十一五”期初至 2009 年增加值

主要产业	2005 年增加值（规划基准年，亿元）	2006 年增加值（规划期初年，亿元）	2009 年增加值（规划期末前一年，亿元）	2009 年比 2005 年净增值（亿元）	2005—2009 年		2006—2009 年	
					年均增长率%	增率排序	年均增长率%	增率排序
海洋渔业	1507.6	1708.1	2509	1001.4	10.7	9	10.1	8
海洋油气业	528.2	668.9	874	345.8	10.6	10	6.9	12
海洋矿业	8.3	6.6	21	12.7	20.4	6	33.6	3
海洋盐业	39.1	40.9	55	15.9	7.1	12	7.7	10
海洋化工业	153.3	187.2	611	457.7	31.9	2	34.4	2
海洋生物医药业	28.6	28.3	59	30.4	15.6	7	20.2	6
海洋电力业	3.5	4.4	12	8.5	27.9	3	28.5	4
海水利用业	3	3.5	15	12	38.0	1	43.9	1
海洋船舶工业	275.5	380.6	828	552.5	24.6	4	21.4	5
海洋工程建筑业	257.2	327.2	658	400.8	20.7	5	19.1	7
海洋交通运输业	2373.3	2842.1	3748	1374.7	9.6	11	7.2	11
滨海旅游业	2010.6	2619.6	3725	1714.4	13.1	8	9.2	9
小计	7 188.2	8817.4	13115	5926.8	21.7		10.4	

目前，12 个主要海洋产业发展情况是：产业增加值从大到小排序依次是海洋交通运输业、滨海旅游业、海洋渔业、海洋油气业、海洋船舶工业、海洋工程建筑业、海洋化工业、海洋生物医药业、海洋盐业、海洋矿业、海水利用业、海洋电力业；增速从高到低（2005—2009 年）依次是海水利用业、海洋化工业、海洋电力业、海洋船舶工业、海洋工程建筑业、海洋矿业、海洋生物医药业、滨海旅游业、海洋渔业、海洋油气业、海洋交通运输业、海洋盐业。

由此可见，“十一五”期间，中国海洋产业发展已经向高技术化、工业化，结构升级化显著。

（三）沿海地区海洋经济发展规划内容要点

2003—2007 年，为落实《全国海洋经济发展规划纲要》，在国家发改委《关于编制省级海洋经济发展规划的意见》的统一部署下，沿海 11 个省、直辖市和自治区分别开展了海洋经济“十一五“专项规划的编制工作，并均以省级政府文件形式发布省内各部门和沿海市县，成为“十一五“期间推动沿海地区海洋经济全面发展的纲领性文件。

以下依出台时间先后顺序分别简要介绍沿海省级海洋经济发展规划重点内容。

1.《河北省海洋经济发展规划》

2004 年河北省出台了《河北省海洋经济发展规划》。规划确定的总体目标是：海洋经济以每年 15% 以上的速度增长，占全省国民经济的比重进一步提高；经济结构和产业布局明显优化，沿海城镇就业岗位大量增加；海洋科技贡献率显著提高；以曹妃甸港区和临港工业带为重点的各项建设取得突破性进展；海洋自主产业、新兴产业快速发展，国际竞争力进一步增强。海洋生态环境质量明显改善，近岸海域水质达到海洋功能区要求标准，海洋防灾减灾能力显著提高。形成具有本省特色的海洋经济区域，沿海地区率先实现全面建设小康社会的目标。2007 年海洋产业总产值实现 395 亿元，增加值达到 176 亿元，比 2002 年翻一番。2010 年海洋产业总产值实现 620 亿元，增加值达到 268 亿元。

规划确定的主要海洋产业发展目标是：①港口及海洋运输业。完成原油、铁矿石、集装箱等大型专业化泊位的开发建设，加大曹妃甸深水码头前期工作力度，完成 20 万吨级矿石码头建设工程，力争建设 25 万吨级原油接卸码头，谋划建设集装箱码头工程。2007 年实现产值 55 亿元，2010 年实现产值 85 亿元。②临港工业。钢铁、能源、化工、粮油食品加工及设备制造等大型临港工业基地初具规模。2007 年海盐实现产值 17 亿元，海洋化工实现产值 42 亿元，2010 年海盐实现产值 30 亿元，海洋化工实现产值 60 亿元。③海洋渔业。2007 年水产品产量达到 80 万吨，实现渔业产值 93 亿元。到 2010 年，水产品产量达到 110 万吨，实现产值 138 亿元。④滨海旅游业。2007 年年接待国内游客 1 400 万人次，旅游收入 63 亿元；接待国际游客 24 万人次，旅游创汇 1 亿美元。2010 年接待国内游客 1 800 万人次，旅游收入 75 亿元；接待国际游客 30 万人次，旅游创汇 1.5 亿美元。⑤新兴海洋产业。充分利用渤海生物资源，研制海洋生物产品，发展新兴海洋产业，初步建成一批具有一定规模的海洋生物产业和海水淡化企业，海水直接利用总量成倍增长。

2.《海南省海洋经济发展规划》

2005 年海南省出台了《海南省海洋经济发展规划》。规划确定的总体目标是：渔、景、港、油资源与生态环境综合优势得到充分发挥，以四大主导产业为重点的海洋经济持续快速发展，海洋经济在全省生产总值中所占比重进一步提高，海洋经济结构和产业布局得到优化，海洋科学技术的贡献率显著加大，海洋经济的竞争能力进一步加强，继续保持优良的海洋生态环境。其中：①海洋经济总体增长目标：2010 年以前海洋经济总量保持 15% 左右的增长速度；2011—2020 年保持 13% 左右的增长速度；2010 年海洋产业增加值占全省生产总值的 22.22%，2020 年达到 31.82%。②海洋产业发展目标：以 2003 年海洋产业增加值为基础，2010 年海洋产业增加值翻一番以上，达到 325 亿元；2020 年海洋产业增加值翻三番，达到 1 104 亿元。③促进沿海市县发展目标：沿海市县总人口达到全省人口总数的 85%；沿海市县生产总值在全省生产总值中的比重达到 90%；沿海市县从业人口达到全省从业人口总数的 85%。④沿海城市发展目标：把海口建设成为百万人口的大城市，成为海南的中心城市，并在海口周边形成城市连绵区，辐射和带动全省中小城市和地区的发展。同时，在沿海市县建设城镇人口 20 万 ~30 万人的中等城市，形成城市体系，使城镇人口由目前的 204 万人增加到 500 万人以上。港口建设、海洋运输、仓储物流、临海重化工业、水产品深加工、海洋医药等产业，主要布局在海口和其他沿海城市，以及环岛公路发展轴上，形成“点 - 轴”系统。

3.《浙江省海洋经济强省建设规划纲要》

2005 年浙江省出台了《浙江省海洋经济强省建设规划纲要》。规划确定的总体目标是：海洋经济在国民经济中所占比重进一步提高，海洋经济结构和产业布局得到优化，新兴产业快速发展，优势产业竞争力显著增强，海洋生态环境质量明显改善，走出一条海洋经济与陆域经济联动发展的新路子。到 2010 年，基本达到海洋经济强省建设目标。到 2020 年，争取全面建成海洋经济强省。

到2010年的具体目标是：进一步扩大海洋经济总量。海洋经济总产出超过5 400亿元，海洋经济增加值占地区生产总值的比重达到10%。优化海洋产业结构和布局。调整海洋捕养结构，大力发展临港工业等海洋第二产业，积极拓展海洋服务业，重要海洋产业主要经济技术指标高于全国平均水平。突出重点地区、重点领域和重点项目，努力营造功能分工明确、特色优势显著的海洋经济区域发展新格局。基础设施进一步完善。"三大对接工程"建成，陆海基础设施互通共享，宁波、温州等中心城市对海岛的经济辐射能力显著提高，陆海经济联动初显成效。形成一批海洋经济强市、强县（市、区）。到2010年，全省形成若干个海洋经济总产出1 000亿元以上的海洋经济强市和一批海洋经济总产出100亿元以上的海洋经济强县（市、区）。海洋生态环境明显改善。海洋生态环境保护工作得到加强，海洋污染得到有效治理。按照海洋功能区划要求，力争近岸海域水质达标率达到55%，主要河口、重点港湾、滨海旅游区等重要海域的生态环境质量明显提高，沿海地区建成有效的海洋防灾减灾体系。

4.《山东省海洋经济"十一五"发展规划》

2006年山东省出台了《山东省海洋经济"十一五"发展规划》。规划确定的总体目标是：海洋经济总量进一步扩大。把海洋经济作为全省经济最大增长点来加以培植，推动海洋经济超常规快速发展。到2010年海洋产业增加值由2005年的1 145亿元增加到3 000亿元，年均增长20%以上，占全省地区生产总值的比重达到10%以上。到2020年，海洋产业增加值达到10 000亿元，占全省地区生产总值的比重达到15%以上。

规划确定的具体目标是：①海洋产业结构和布局不断优化。调整海洋渔业结构，大力发展造船、钢铁、石油化工、盐化工、海洋能源等临港工业，积极拓展滨海旅游、临港物流等海洋服务业，依靠科技进步、制度创新和承接国内外产业转移与技术转让，优化经济结构，提高经济发展质量。到2010年，海洋三次产业结构由2005年的20∶37∶43调整到15∶45∶40。②区域带动能力显著增强。通过基础设施的不断完善、产业集聚效应的扩大、园区经济的集约化发展，进一步增强海洋经济的辐射带动能力。到2010年，全省港口吞吐能力达到6亿吨以上，使海洋经济区域成为全省乃至黄河中下游地区的对外开放平台、物流基地和国外产业转移承接基地。

5.《福建省"十五"和2010年海洋经济发展规划纲要》

2006年福建省出台了《福建省"十五"和2010年海洋经济发展规划纲要》。规划确定的总体目标是：海洋产业成为全省新的经济增长点，发展速度力争快于全省国民经济增长速度。到2005年全省海洋产业产值达2 100.3亿元，年均增长15.1%；海洋产业增加值达910.5亿元，年均增长14.6%；占全省地区生产总值的比重，由2000年的11.7%，提高到2005年15%。到2010年海洋产业总产值达4 550.7亿元，年均增长16.7%；海洋产业增加值达1900.2亿元，年均增长15.85%，占全省地区生产总值的20%。

规划确定的具体目标包括：①海洋主要产业预期目标：到2005年，水产品总产量达625万吨，年均增长6.9%；港口货物吞吐能力达9 200万吨，年平均增长5.9%；滨海旅游接待国内外游客3 120万人次，年均增长4.7%；船舶制造产量60万吨，年增长45.5 %。到2010年，水产品总产量达到725万吨，平均增长3.1%；港口吞吐能力达到12 000亿吨，平均增长5.5%；滨海旅游国内外游客4 000万人次，年均增长5.1%；船舶制造产量达到200万吨，年增长27.2%。海洋产业结构调整的主要预期目标：到2005年，海洋第一、第二、第三产业增加值比例调整为25∶19∶56。到2010年，海洋第一、第二、第三产业增加值比例调整为14∶22∶64。②外向型经济发展主要预期目标：到2005年，海洋产业创汇额达到30亿美元，占全省出口创汇总额的20%。到2010年，海洋产业创汇额达到55亿美元，占全省出口创汇总额的25%。③科技进步对经济增长贡献目标：到2005年，科技进步对海洋涉海产业经济增长的贡献率达55%；到2010年，科技进步对海洋经济增长的贡献率达60%。

6.《广东省海洋经济发展“十一五”规划》

2006年广东省出台了《广东省海洋经济发展“十一五”规划》。规划确定的总体目标是：建设海洋经济强省，构建和谐海洋。海洋经济快速、全面、可持续发展，成为国民经济的重要支柱；建成完备、和谐、高层次的产业集群，海洋渔业、临海工业、海洋交通运输业、滨海旅游业、海洋生物制药业达到国内领先水平；全省5个主枢纽港的龙头带动作用进一步加强，建成转运、物流、储备中心，形成石化、造船、钢铁、能源4大临海工业基地；海洋渔业各项经济指标居于全国各省市前列，建成现代渔港经济区；滨海旅游整体质量和效益不断提高，形成一批示范性旅游度假景区和生态旅游品牌；海洋生物制药实现规模化、集团化。区域协调互动发展，形成粤东、粤西和珠三角三个各具特色的海洋经济区，培育4个海洋经济强市。海洋生态系统良性循环，海洋资源持续高效利用，人与海洋和谐共处。

具体目标包括：①到2010年：海洋经济实力进一步增强。全省海洋产业总产值达到6 000亿元，海洋产业增加值占全省地区生产总值的15%。海洋产业结构进一步优化。临海工业、海洋交通运输业、海洋油气业、海洋渔业、滨海旅游业等主导产业提升发展，海洋生物制药业、海水综合利用业等新兴产业迅速发展，海洋环保产业、海洋信息业等未来产业加快培育。海洋经济区发展协调推进。粤东、粤西和珠三角三大海洋经济区形成功能分工明确、特色优势显著的区域和谐发展新格局，使广东省成为海洋经济强省。到2010年，全省形成广州、深圳、惠州、湛江4个海洋经济强市，海洋产业成为沿海地区的支柱产业。海洋资源和海洋生态环境保护进一步加强。生活污水年排放控制总量为42.4亿吨，处理达标率为70%；工业废水年排放控制总量为15.8亿吨，达标排放率为90%；船舶石油类年排放控制量为1 800吨。海域环境恶化趋势得到基本遏制，增建海洋自然保护区，完成人工鱼礁投放计划，珍稀海洋生物、深水港湾、滩涂等海洋资源得到有效保护，海洋灾害监控体系基本建立，海洋功能区划目标得以实现。海洋科技自主创新能力提高。自主研发步伐加快，海洋科技达到全国领先水平。海洋管理体制改革取得突破。现代海洋管理协调机制逐步完善，海洋行政主管部门的经济管理职能得到强化，实现海洋管理体制系统化、执法监督一体化、行政管理法制化、行为规范国际化。②到2020年：海洋经济质量和效益显著提高，增长方式实现根本性转变，海洋产业结构优化升级，区域海洋经济发展全面协调，沿海城市实现现代化，社会更加和谐稳定，成为最佳创业、居住、休闲娱乐地区，人民生活富裕安康，海洋资源、环境得到有效保护，海洋生态系统健康发展。

7.《江苏省“十一五”海洋经济发展专项规划》

2006年江苏省出台了《江苏省“十一五”海洋经济发展专项规划》。规划确定的目标是：“十一五”期间，海洋产业总产值年均递增20%以上，到2010年达到2 000亿元；海洋产业增加值年均递增17%以上，到2010年达到500亿元；2010年，海洋产业增加值占全省经济总量的比重达到2%左右，跨入海洋经济强省的行列。到2020年海洋产业总产值达到8 000亿元，在国民经济中的比重提升到12%。

海洋产业发展目标包括：①海洋渔业和农林牧业。到2010年海洋渔业和农林牧业产值达到500亿元，并在结构调整方面取得新的突破，新产品的开发取得重大进展，农业的基础地位进一步稳固。②海洋工业。建设一批以港口为依托的重大工业项目，沿海地区的工业经济实力明显提高，到2010年海洋工业产值达到900亿元，对沿海地区经济的带动作用明显增强。③海洋第三产业。到2010年海洋第三产业产值达到600亿元，在海洋经济中的比重逐年提高。

8.《上海市海洋经济发展“十一五”规划》

2006年上海市出台了《上海市海洋经济发展“十一五”规划》。规划确定的总体目标是：实现海洋经济持续快速协调发展，海洋经济布局进一步优化，海洋科技对海洋经济增长的贡献率持续增加，海洋生态环境得到恢复和改善，形成外向型、市场化、高层次海洋经济发展格局。到2010年，基本确立上海国际航运中心地位，把上海初步建成国际上具有重要影响的船舶研发制造基地和我国海洋工程技术装备研发制造基地，使海洋产业成为上海国民经济的重要支柱。

规划确定的海洋产业发展目标是：继续保持海洋交通运输业和海洋船舶制造业在全国的领先地位，实现海洋高科技产业的重大突破，形成较为合理的海洋产业结构，力争使上海海洋产业增长速度高于全市经济平均增长速度。到2010年，全市海洋主要产业总产值预计达到5 500亿元，继续保持全国领先地位。①海洋交通运输业：到2010年，上海港货物吞吐量达到6亿吨，集装箱吞吐量超过2 400万标准箱，位居国际集装箱大港前列，基本建成洋山深水枢纽港，基本确立上海港作为东北亚国际集装箱运输枢纽港和航运服务中心的地位。港口软环境基本符合上海国际航运中心建设要求，港口信息化水平达到世界港口一流水平，基本成为东北亚地区航运信息中心、航运交易中心、海事服务和咨询中心。②海洋船舶工业：加快上海船舶工业基地建设，到2010年，船舶工业销售收入预计超过500亿元，船舶配套设备销售收入超过100亿元；造船能力达到1000万载重吨，造船产量达到700万载重吨，修船坞容量超过100万载重吨，船用大功率低速柴油机生产能力达到350万马力，大型船用半组合曲轴生产能力达到200根。船舶产品配套能力显著提高。③滨海旅游业：滨海旅游业成为上海现代服务业中发展较快的行业之一，“十一五”期间，滨海旅游业产值年均增长超过15%。形成东北部崇明三岛、东南部洋山深水港区—临港新城、南部杭州湾北岸等各具特色的滨海旅游区。④海洋油气业：完成平湖油气田扩建工程。日供天然气规模达到180万立方米，五年累计供应天然气28.4亿立方米，累计产油96.7万吨。⑤海洋高科技产业：力争在海洋工程、海洋新能源产业、海洋生物医药产业等领域实现突破，使海洋高科技产业成为上海海洋产业新的增长点和未来支柱产业。⑥海洋渔业：近海捕捞生产渔船规模稳定在400艘左右，渔船安全性能全面提高，年产量保持在现有水平上。建成2个以万吨级加工母船为主体的综合性大型渔业船队。到2010年海洋捕捞总量达25万吨，水产品加工率达90%，形成以远洋渔业生产为主，水产食品加工、市场贸易、渔业设施及装备等协调发展的海洋渔业产业链。

9.《天津市海洋经济发展“十一五”规划》

2006年天津市出台了《天津市海洋经济发展“十一五”规划》。发展海洋经济总体目标是：全面落实《全国海洋经济发展规划纲要》，结合天津实际，大力发展与海洋相关的产业，到2010年把天津建成海洋科技研发和产业化基地、国家级石油化工基地、重要的海洋化工基地和海水淡化与综合利用示范城市，努力成为全国海洋经济发展强市之一。“十一五”期间，全市海洋经济增长速度年均递增20%，2010年海洋产业增加值达到1 200亿元。2015年，实现海洋产业增加值超过2 000亿元。

海洋产业发展目标：①港口及海洋交通运输业：完成集装箱、煤炭、原油、液化天然气等大型专业化码头和南疆、北疆两个物流中心工程建设，形成30万吨级深水航道。2010年，天津港实现货物吞吐量超过3亿吨，集装箱吞吐量超过1 000万标准箱。②海洋工业：建设三大海洋工业基地，发展四大骨干行业、六大骨干产业集团和十个重点产品，形成技术先进、联系紧密、结构合理的海洋工业产业链。2010年，海洋工业产值达到2 200亿元，占全市工业总产值的16%；工业增加值620亿元，占全市工业增加值的19%。③海洋高新技术产业：加快海水淡化与综合利用，发展海水淡化设备，做强海洋工程业，成为重要的海洋科技研发与产业化基地。到2010年，海洋高新技术产业产值达到125亿元。④滨海旅游业：逐步形成体现自然生态、海洋特色、文化品位、滨海新貌的旅游产业体系，建成复合型海洋旅游基地。到2010年，接待海内外旅游者突破3 000万人次，旅游收入350亿元。⑤海洋渔业：发展海水增养殖，扩大远洋捕捞规模，搞好水产品深加工，建设环渤海中心渔港。到2010年，实现海洋渔业产值27亿元，年均递增15.7%。海水养殖产量达到3万吨；远洋捕捞船只达到40艘，年产量3万吨。

10.《辽宁省海洋经济发展“十一五”规划》

2007年辽宁省出台了《辽宁省海洋经济发展“十一五”规划》。规划确定以建设“海上辽宁”为总目标，以市场为导向，以机制、体制创新为动力，进一步优化海洋产业布局，实施科技兴海、外向牵动和结构调整战略，实现海洋经济可持续发展。到2010年，全省海洋经济总产值力争达到3 000亿元，年递增20%；增加值力争达到1 600亿元，占全省地区生产总值的11.9%，年递增18%。海洋三次产业结构由2005年的40:20:40，调整到2010年的20:35:45。海洋产业劳动力就业达100万人以上，拉动间接就业128万人以上。

规划确定的海洋产业发展目标为：①海洋渔业。水产品产量达到500万吨，渔业经济总产值达到1 000亿元，增加值达到480亿元，创汇15亿美元。全省渔民年人均纯收入达到10 000元。交通运输业。沿海港口生产性泊位达到470个，实现港口货物吞吐量5亿吨，集装箱运输达到1 300万标箱，营运收入增长20%以上。②滨海旅游业。接待海外游客145万人次，创汇12.9亿美元，接待国内游客5 329万人次，旅游收入增长2倍以上。③船舶修造业。造船能力达到800万载重吨，修船坞容达到100万吨，工业总产值增长1倍以上。④盐业和海洋化工业。盐业和海洋化工业实现产值30亿元，其中，海盐产量稳定在300万吨左右。⑤海洋油气业。海洋油气实现产量15亿立方米，形成盘锦、中海油锦州202及25－1两大海洋油气开采和石油化工生产基地。⑥海洋医药、海洋生物工程、海水综合利用等新兴海洋产业有较大发展。

11.《广西海洋经济发展规划》

2007年广西壮族自治区出台了《广西海洋经济发展规划》。规划确定的总体目标是：发挥北部湾（广西）经济区“陆海组合”的禀赋条件，开拓广西发展的新资源和经济活动空间，海陆互动，以港口为依托，以北海、钦州、防城港三市为支撑，以海洋产业为主体，打好传统产业基础，加快发展临海大产业，大力发展新兴海洋产业，努力把北部湾（广西）经济区建设成为我国重要的区域性海洋产业基地、物流中心和制造业中心。到2010年，海洋产业成为北部湾（广西）经济区支柱产业之一，海洋经济成为广西经济新的增长点；2020年，初步建设成为“海洋强省”。

规划确定的海洋经济增长目标是：2010年海洋经济总产值达到650亿元，“十一五”规划期年均增长25%左右，海洋产业对全区经济增长的贡献率达到20%左右，资源潜力的开发成效进入最佳阶段。2020年海洋经济总产值达到4 000亿元，年均增长20%左右，海洋产业对全区经济增长的贡献率达到35%左右，海陆经济一体化，建成相互促进、统一协调的“蓝色国土”。

（四）沿海地区海洋经济发展规划编制与实施经验

“十一五”期间，沿海地区在海洋经济发展规划编制、实施的各项工作中，在规划体系建立健全的同时，也使海洋经济发展规划理论体系得到发展，一大批科研单位积极参与了各级规划的研究与编制，加强了海洋管理层和海洋科研之间的联系。相邻地区在规划编制过程中增强了沟通，为海洋开发中长期存在的用户冲突、行业冲突在规划初期协调避免起到了一定的作用。

1. 加强规划工作的组织和领导

福建省的规划编制工作在省政府的高度重视和统一部署下，由省海洋与渔业局党组把规划编制工作列为计划工作的重中之重，成立了省“十一五”海洋经济发展规划编制领导小组和编写工作小组，建立联络员制度，加强与涉海部门的联系协作，各涉海部门也加强对规划工作的领导。

2. 不断加大贯彻落实力度

各地均多次召开全省海洋经济工作会议、海洋经济论坛、海洋经济党组扩大学习会等，增强了广大干部、群众的海洋经济观念，对各项实际工作起到了具体的指导作用。而且，沿海省级的海洋经济发展规划在“十一五”期间均纳入了省内规划体系。

例如：上海市“十一五”专项规划体系成为全市63个专项规划之一。

3. 逐步确立省市县三级海洋经济发展规划体系

河北省在2003年率先发布了省级海洋经济发展规划，此后，唐山市编制了《唐山市海洋经济发展规划》，并于2003年12月印发执行。同年，沧州市编制了《沧州市海洋经济发展规划》，并于2005年1月印发执行。浙江省在海洋经济规划编制过程中，同时启动了一系列相关规划的编制工作，包括：“浙江省沿海港口布局规划”、“宁波－舟山港口资源整合规划”、“浙江省船舶工业发展规划”、“浙江省石化工业发展规划”、“浙江省海洋旅游业发展规划”、“浙江省滩涂围垦开发规划”、“浙江渔业结构调整规划”、“浙江省电力发展规划”、“浙江沿海和海岛水资源配置规划”、“浙江省科技兴海规划”、“浙江省海岛基础设施建设投资和重要项目计划”、“浙江省海洋生态环境保护与建设规划”、“浙江省海水淡化专项规划”等，并对全省海洋功能区划进行了修编。

4. 建立海洋经济发展工作机制

江苏省海洋经济规划编制组在2004年2月17日向省人民政府呈送了“关于报批江苏省海洋经济发展规划编制工作方案的请示”后，省政府就成立了由省政府主要负责同志牵头的省海洋经济发展规划编制领导小组，成员单位由30多个涉海部门（单位）组成，领导小组下设办公室，办公室设在省海洋与渔业局。办公室下设起草组和专家组，起草组由省发展改革委员会和省海洋与渔业局有关处室的同志组成，专家组由邀请的有关大学、研究院所的专家组成。沿海各地的海洋经济规划编制领导和工作机制大多类似于上述江苏省的情况。

5. 重视规划编制的公众参与

各地采取的基本程序主要包括：确定编制大纲，印发各成员单位，广泛收集各部门意见和规划基础资料；开展本省沿海市、县进行调研；开展邻近省市调研并收集资料。组织专家论证研讨，征求意见；征求本地各部门、有关企业意见；网络征求公众建议等。例如：上海市发展改革委和海洋局牵头开展的《上海海洋经济发展“十一五”规划》的编制工作，组织了市教委、科委、信息委、旅游委、环保局、水务局、港口局、水产办、上海石油天然气有限公司、上海船舶工业公司等单位参与规划的编制工作。

6. 提高规划的科学性和可操作性

各地均在规划编制工作初期安排开展相关课题研究。例如：上海市委托有关研究机构开展了《上海实施海洋发展战略研究》和《上海市海洋综合工程研究》两项课题，并列入上海市政府决策咨询研究成果。福建省把海洋经济发展“十一五”规划编制工作进行公开招标。

（五）沿海地区“十一五”海洋经济发展规划执行情况

1. 主要规划目标与实施结果对比

经过五年的实施，沿海各地都不同程度地提前并超规划完成了“十一五”规划目标（表 11－4）。据不完全统计，在海洋产业增加值（“十一五”后期改用海洋生产总值）指标方面，2006 年天津、河北就已提前实现 2010 年的规划目标；到 2007 年，包括天津、河北、江苏都提前实现了规划目标。在海洋对地区国民生产总值贡献指标方面，到 2009 年，包括上海、天津、江苏、广东、浙江、福建、海南七个省市都超预期实现了规划目标。

表 11－4 沿海地区海洋经济贡献的规划目标和实施结果对比

地区	“十一五”期末规划目标	“十一五”期间实施结果（亿元）				
	GOP（亿元）	2006 年	2007 年	2008 年	2009 年	2009 年贡献(%)
上海	5500	3988.2	4321.4	4792.5	4300.0	30.94
天津	1200	1369.0	1601.0	1888.7	2050.6	53.8 *
河北	620	1092.1	1232.9	1396.6	1100.0	8.02
江苏	1500	1287.0	1873.5	2114.5	–	7.42
山东	6000	3679.3	4477.8	5346.0	6040.0	17.86
广东	6000	4113.9	4532.7	5825.5	6800.0	16.92
浙江	5400	1846.6	2244.4	2677.0	3002.0	11.80
辽宁	3000	1478.9	1759.8	2074.4	–	17.01
福建	4551	1743.1	2290.3	3381.0	2989.0	25.11
海南	650	311.6	371.1	429.6	–	28.40
广西	650	300.7	343.5	398.4	–	5.22
全国统计数	–	21260.0	25073.0	29662.0	31964.0	9.66

注：“ * ”为占滨海新区 GRP 比重。“%”为 2009 年各省初步核算数据。

综上可见，尽管是在不完全数据基础上，“十一五”总结年也尚未到来，但各地海洋经济发展的成绩已经显著可见，提前、超指标完成“十一五”规划目标的大局已定。

可以说，在“十一五”期间，中国沿海地区海洋经济发展势头继续保持快速增长态势，对地区经济的贡献持续攀升，海洋经济已经成为中国沿海地区经济发展的牵引力及经济增长极。

2. 部分沿海省市海洋经济发展的主要成绩

（1）天津市

天津市海洋经济发展迅速，2009 年海洋经济生产总值达到 2 050. 6 亿元，占滨海新区地区生产总值的 53. 8%，单位岸线海洋经济生产总值 13. 4 亿元，预计 2010 年全市海洋生产总值达到 2 300 亿元，超过“十一五”规划目标近一倍，年均增长 14%。海洋产业结构和水平得到进一步优化和提升，海洋油气、海洋交通运输、滨海旅游等海洋优势产业不断壮大，海洋盐业、海洋渔业等传统海洋产业不断升级，海水利用、海洋装备制造等战略新兴产业迅速发展。北疆电厂循环经济发展模式在全国推广，临港经济区海洋产业集群发展模式初步形成。重大项目建设进展顺利。北疆电厂一期、百万吨乙烯、千万吨炼油、造修船基地、中心渔港等一批海洋大项目好项目陆续建成。我国最大的极地海洋馆即将建成开放，国家海洋博物馆成功申建。天津港主航道达到 25 万吨级，东疆保税港一期实现封关运作，海水淡化生产能力达到 30 万吨/日，为“十二五”期间海洋经济进一步发展创造了良好条件。海洋产业科学布局已经形成。根据《滨海新区城市总体规划》，调整了《天津市海洋功能区划》，海洋产业区不断完善，形成了南港工业区、临港经济区、海港物流区、滨海旅游区、中心渔港五大海洋产业区，为滨海新区提供了发展空间，保障了重大项目的用海需求，“十一五”期间确权海域使用 90 平方千米以上。天津碱厂、新港船厂等涉海老企业迁入海洋经济区，重大项目陆续开工，海洋产业新格局初步形成。

（2）浙江省

浙江省海洋经济的增长速度高于经济总体的增长速度，海洋生产总值从 2006 年的 1 846. 6 亿元增加到 2009 年的 3002 亿元，占全省地区生产总值的比例从 11. 8% 提高到 12. 3%。海洋经济中渔业、港航和船舶工业具有突出优势。2009 年，水产品总产量达 445. 6 万吨，其中远洋渔业产量 16 万吨，均居全国首位。港口吞吐量持续增长，2009 年，货物吞吐量 7. 15 亿吨，集装箱吞吐量 1 118 万标箱，在全国沿海港口中增速第二位，总量第四位，宁波 - 舟山港跻身全球第二大综合港，第八大伪装箱港。船舶工业总产值达到 738 亿元，居全国第三位。海水淡化运行规模 9. 35 万吨/日，居全国首位。滨海旅游、海洋生物医药、海洋能源等产业发展加快。

（3）福建省

福建省海洋经济实力持续提升。2009 年全省海洋生产总值达 2 989 亿元，比 2005

年翻一番，居全国第三位，预计2010年将达到3 440亿元，“十一五”期间年均增长18.5%（按现价计算，下同）；2009年海洋主要产业增加值1 372.3亿元，预计2010年将达到1 580亿元，“十一五”期间年均增长17.1%。2009年全省海洋生产总值占全省生产总值的比重达25.0%，海洋经济已成为全省国民经济的重要支柱。海洋产业结构持续优化。全省海洋三次产业结构由2005年的25.5∶16.3∶58.2调整为2009年的19.7∶31.3∶49.0，其中第一产业、第三产业的比重分别下降5.8、9.2个百分点，第二产业所占比重上升15个百分点。全省海洋产业集中度明显提高。2009年海洋渔业、海洋交通运输与仓储、滨海旅游、船舶修造、海洋建筑五大主导海洋产业增加值达1 106亿元，占全省海洋产业增加值的80%，海洋主导产业对壮大海洋经济、带动和聚集相关产业发展起到了重要作用。海洋基础设施持续改善。到2009年底，全省拥有生产性泊位510个，港口吞吐能力达2.89亿吨，集装箱通过能力1 022万标箱，重点港区规模化、专业化和现代化发展水平明显提高。航道建设和疏港通道建设加快推进，厦门、福州、泉州、莆田等港口的重点港区的疏港大道均与铁路网、高速公路网相连。以“百个渔港建设、千里岸线减灾、万艘渔船安全应急指挥系统”的海洋“百千万工程”建设有序开展，海洋防灾减灾能力明显增强。

二、“十二五”时期我国海洋高技术产业发展规划研究

2009年初，国家发改委高技术司委托中国科学院地学部开展海洋高技术产业发展战略研究，自此拉开了“十二五”海洋经济发展规划预研的帷幕。

（一）发展海洋高技术产业的重要意义

我国是海陆兼备的大国，海洋与国家的生存和发展息息相关。在全球经济一体化的时代背景下，海洋竞争力成为一个国家在世界政治经济舞台上的资格赛。现代海洋开发是集“高技术、高投入、高风险、高回报”的人类经济活动。海洋高技术产业的发展对于带动沿海区域经济结构调整，维护国家海洋领土完整与安全，推进海洋资源开发从浅海向深海发展具有重要意义。面对全球海洋产业和海洋权益日益激烈的国际竞争和日益广泛的海洋国际合作，我国的海洋高技术及其产业发展进入了自主创新和跨越发展的关键时期。以高新技术手段为基本特征的现代海洋开发，已经形成或正在孕育成长一系列海洋高技术产业，促进海洋产业体系不断增值扩大，海洋经济已经成为国民经济的重要增长领域。

（二）发展思路

“十二五”期间，我国海洋高技术产业发展要以科学发展观为统领，以国家经济社

会发展和维护国家海洋权益的需求为导向，全面落实建设创新型国家战略；以建设海洋强国为目标，以促进海洋高技术成果转化和产业化、规模化为主线；以促进海洋经济发展为重点，坚持“加快转化，引导产业，支撑经济，协调发展”的方针，促进海洋产业和沿海经济结构优化和发展方式的转变；培育海洋高技术产业体系，全面提升我国海洋资源的开发利用水平、海洋环境与生态保护以及抵御自然灾害能力；增强国家和区域海洋管理与安全保障水平；形成新的经济增长点，促进海洋经济和沿海经济快速健康可持续发展。

（三）发展目标

重点支持发展一批具有核心竞争力的先导产业，形成比较完整的海洋高技术产业体系。根据我国海洋产业发展基础和比较优势，按照产业化、集聚化、国际化发展的要求，坚持增强自主创新能力，做大产业规模，解决产业化发展瓶颈，形成由海洋生物育种与健康养殖产业、海洋药物和生物制品产业、海水利用产业、海洋可再生能源与新兴能源产业、海洋现代服务产业、海洋监测仪器设备装备制造产业和深海矿产资源开发产业组成的、具有一定规模和成长能力的海洋高技术产业群，构建一些对区域海洋产业和沿海经济发展具有显著带动性的经济增长点。上述产业的年增长速度不低于30%，在同期海洋产业增加值中所占比重提高10个百分点左右。

推广应用一批先进适用的海洋高新技术，加速形成具有自主核心技术和竞争优势的重点海洋高技术产业。对于已具备较强的技术基础和应用目标明确而且对海洋经济发展具有重大带动性的海洋绿色生态养殖与水产品加工、海洋医药与生物制品、海水淡化与海水综合利用、海洋风电、海洋监测检测和信息服务等高技术，加大扶持力度，尽快形成产能规模和新的经济增长点，带动区域海洋经济社会发展。

加快形成一批集聚效应突出的产业基地，初步形成我国海洋高技术产业发展布局的基本格局。在环渤海、长三角、珠三角和闽浙、北部湾等地区建立综合性或专业性海洋高技术产业基地，并积极开拓和完善境外海洋科研和产业发展基地，初步形成我国海洋高技术产业布局的总体格局。

积极培育一批具有跨国经营能力的海洋高技术企业，增强我国参与海洋国际竞争与合作的能力。

建立支持海洋高技术及其产业发展的技术支撑体系和信息基础设施，推进海洋高科技成果的实验研究和产业化。

加快海洋高技术产业从加工装配为主向自主研发制造延伸，做强海洋高技术产业，推动传统海洋产业升级，促进海洋经济增长方式的转变。

（四）发展重点

“十二五”时期，以产业竞争力为指向加快发展海洋生物育种与健康养殖产业、海洋药物和生物制品产业、海水利用产业、海洋现代服务产业等新兴海洋产业；以高新技术推广应用为重点开展海洋可再生能源产业、海洋监测仪器设备装备制造产业等示范；以发展深海、服务国家战略为目标对深海矿产资源开发、海洋新兴能源产业等的关键技术及公共试验和技术平台进行统筹布局。

1. 海洋生物育种与健康养殖产业

以海水养殖优质品种培育和健康苗种繁育为重点，促进海水健康养殖产业大幅增长。多层面、多环节发展海水养殖支撑产业，延长产业链条。强化新技术改造与革新，优化海水产品加工产业结构与布局。发展重点：生物优良品种培育和健康苗种繁育、海水健康养殖产业、海水养殖的支撑产业、海洋水产品加工产业等。

2. 海洋药物和生物制品产业

瞄准海洋新药研究的世界科学发展前沿，针对严重危害人类健康的肿瘤、神经系统、代谢性以及感染性疾病，跟踪面向人类健康重大需求，建立起符合国际规范的海洋药物科技创新体系和功能完备的海洋创新药物研究开发技术平台，大力支持具有自主知识产权和国际市场开发前景的海洋药物的研发；开发海洋生化制品，形成工业用酶、生物材料、化工原料产业，提高海洋生物技术产业的效益。重点支持海洋药物和生物制品的研发与转化，加速培育海洋生物医药和生物制品产业，争取在5～10年内，使我国海洋药物和生物制品研究开发的综合能力接近发达国家的水平，并在国际主流市场占有一席之地。发展重点：海洋药物产业、海洋生物制品产业。

3. 海水利用产业

近期任务主要包括研究和开发海水淡化、海水直接利用和海水综合利用的关键新材料、新工艺和技术装备，并建立产业化基地和相应的大型示范工程。

4. 海洋可再生能源与新兴能源产业

海洋可再生能源的发展主要有海上风能、潮汐能、波浪能和潮流能，其利用以发电为主要方式。海洋新兴能源主要为天然气水合物。要在政府引导下分阶段地整合利用社会资源，加大海洋可再生能源开发的示范试验规模，建立海洋可再生能源产业体系，全面推进我国海洋可再生能源事业又好又快地发展。

5. 海洋现代服务产业

各类海洋高技术产业的发展，需要一系列产前、产中、产后的信息、工程技术和安全保障等专业化、社会化的海洋服务体系。随着我国海洋经济的发展，该产业将会成为相对活跃部分。发展重点应该包括：以海洋仪器设备、卫星、测绘、预报等的监测检测技术手段所进行的海洋信息服务、海洋工程服务、海洋生产服务、海上救援、海洋灾害服务，以及海洋地质勘查、海洋环境监测服务、海洋环境保护和海洋管理、海洋技术服务、海洋保险等。

6. 海洋监测仪器设备装备制造产业

海洋设备装备制造业既是海洋经济的部门之一，又是其他海洋产业所需的设备和装备部分，在海洋经济建设中作用重大。海洋设备装备制造业要面对国内国外两个市场，与其他产业的需求变化和技术上的突破协同发展。重点发展方向应包括：海洋探测/监测设备、水下运载装备及作业装备等。以海洋声学设备制造、海洋环境理化参数监测仪器制造产业为重点，适度安排深海装备制造业，促进海洋装备制造业的整体发展。

7. 深海矿产资源开发产业

近期重点开展深海固体矿产勘探、开发的相关活动，目前主要包括多金属结核、富钴结核和多金属硫化物三大类。中国从 1978 年启动深海矿产资源勘探工作，经过“八五”、“九五”、“十五” 三个五年计划的努力在深海资源勘查、开采和选冶技术方面已经形成了一定的技术储备，部分技术已经达到国际领先水平。但在规模和研究深度方面差距明显，尚未达到产业化要求。预期到 2020 年，中国将基本完成深海各种资源商业开发的物质准备和技术储备，可望初步形成部分深海产业。为保障并促进此类产业的发展，需要各类深海海洋勘探开发技术及设备。这些设备的研制需要国家支持建设公共的深海试验基地和平台。重点任务应包括：大力培育水下装备制造产业、积极储备深海高技术装备制造产业。

三、“十二五” 战略性海洋新兴产业发展规划研究

进入 2010 年，在国家发改委的统一部署下，由国家海洋局科技司具体组织，开展了“‘十二五’海洋新兴产业发展思路研究”。经过全国海洋界专家学者的广泛参与，在国家战略性新兴产业发展规划体系下，初步形成了“十二五” 海洋战略性新兴产业

发展的总体规划思路。与此同时，按照国家五年规划编制程序，国家发改委委托中国工程院和中国科学院的两院院士，就战略性新兴产业发展展开咨询。海洋产业被纳入两院咨询的11个产业领域之一。

2010年10月18日，国务院正式下发《关于加快培育和发展战略性新兴产业的决定》。《决定》明确指出：要将战略性新兴产业加快培育成为先导产业和支柱产业。《决定》明确了7大战略性新兴产业的发展重点。其中“加快海洋生物技术及产品的研发和产业化”及“面向海洋资源开发，大力发展海洋工程装备”进入《决定》文本。

2010年10月，中央十七届五中全会审议通过了《关于制定国民经济和社会发展第十二个五年规划的建议》，把“转变经济发展方式取得实质性进展，综合国力、国际竞争力、抵御风险能力显著提高”等作为“十二五”规划建议的主线，明确指出：要发展现代产业体系、提高产业核心竞争力，改造提升制造业，培育发展战略性新兴产业，加快发展服务业，加强现代能源产业和综合运输体系建设，全面提高信息化水平，发展海洋经济。

中央的《建议》中，在“发展现代产业体系，提高产业核心竞争力”标题下，就“发展海洋经济”提出了“百字方针”，即：坚持陆海统筹，制定和实施海洋发展战略，提高海洋开发、控制、综合管理能力，科学规划海洋经济发展，发展海洋油气、运输、渔业等产业，合理开发利用海洋资源，加强渔港建设，保护海岛、海岸带和海洋生态环境。保障海上通道安全，维护我国海洋权益。

因此，“十二五”期间，中国的海洋经济发展将以“加快转变海洋经济发展方式”为主轴，重点在于陆海统筹发展区域海洋经济，将在主要海洋产业和海洋新兴产业的要素投入、重大工程和专项实施、高技术产业基地建设等方面着力。

大力发展战略性海洋新兴产业将形成海洋经济新的增长点，形成我国海洋经济可持续发展的新格局。

（一）战略意义

海洋新兴产业是指随着海洋新技术的发明和应用，新创意、新需求的不断涌现，以及人类活动向海洋更深、更远空间的拓展，而出现的新经济形态，包括新的涉海部门和行业。

“十二五”期间，我国将形成以海洋高技术为基本特征的海洋新兴产业体系，主要包括：海洋生物育种和海水健康养殖产业、现代远洋渔业、海洋医药和生物制品产业、高端船舶和海洋工程装备制造业、海水淡化和综合利用业、海洋可再生能源电力业、海洋新材料制造业、海洋监测仪器设备制造业、海洋服务业等。

研究表明，培育和发展海洋新兴产业将对推动我国经济发展方式转变、实现沿海经济社会可持续发展具有极其重要的战略意义。同时，由于海洋自身的特殊性和复杂性，使得海洋产业与陆上产业紧密联系但又自成体系，因此，必须高度重视海洋新兴产业的独特性，国家应该对海洋新兴产业的培育和发展进行系统性的长期战略安排。

21 世纪是海洋的世纪。越来越多的国家谋求利用海洋拓宽生存和发展空间，在海洋资源、海洋空间、海洋能源上的争夺和竞争日益加剧。为了获取最大的海洋经济利益，各国纷纷制定海洋产业政策，抢占先机。

海洋新兴产业体现了一个国家在未来海洋利用方面的发展潜力，直接关系到一国能否在 21 世纪的蓝色经济时代占领世界经济科技的制高点。当前，世界范围内的海洋开发活动正在全面推进，越来越多的国家调整战略、制定政策法律和发展规划，把大力培育催生海洋新兴产业作为推动经济发展模式转变和增加就业的动力之一。以海洋高技术为基本特征的海洋新兴产业已成为世界各国相互竞争的焦点领域。

进入 21 世纪以来，人类对世界海洋的“开疆拓土”与国际社会“蓝色圈地”运动交织并进，培育战略性海洋新兴产业成为沿海国提高海洋竞争力的重大战略举措，海洋高技术不断催生海洋新兴产业。海洋医药和生物制品产业成为国际竞争最激烈的领域之一，海洋健康养殖及远洋渔业成为全球食物安全战略的重要组成部分，海洋工程装备业集中体现国家海洋竞争力，海水利用业成为解决水和化学矿产资源危机的战略途径之一，海洋现代服务业向涉海生产领域急速扩展，大洋资源勘探开发成为国家管辖以外海域和国际海底区域的“蓝色圈地”运动重点。

（二）发展思路

“十二五”期间是中国强化海洋权益保障能力，实现海洋经济增长方式转变及产业结构调整，建立海洋新兴战略产业体系的关键时期。面对日益严峻的海洋维权、海洋生态环境保护形势和海洋资源开发利用的巨大需求，宜实施以高技术为先导的海洋产业发展战略。

第一，以科学发展观为指导，紧密围绕国家海洋维权和海洋经济结构调整的重大需求，实施因地制宜、分类推进，逐步推动的方针，实现海洋高技术研究开发和产业化水平的全面提升和重点突破。形成领域比较完整、布局科学合理的国家战略性海洋新兴产业体系，并且在重点领域和地区形成若干新的经济增长点，全面带动传统海洋支柱产业经济增长方式转型和沿海经济发展。集中力量优先支持海洋工程装备制造、海洋生物制品、海洋健康养殖、极地海洋生物资源开发利用、海水利用、海洋新能源和现代海洋服务方面的高技术成果产业化，在带动海洋经济传统支柱产业技术升级和地区经济发展的同时，结合国家重点工程和基地建设，实现产业的规模化和基本布局，建立中国海洋新兴产业体系的总体框架。加速现有海洋高技术成果转化，在海洋风电装备和海洋工程作业船及辅助设备制造、海洋探测/监测技术与设备、海洋健康养殖技术与标准、海洋生物制品、海水利用技术与应用、海洋信息等具备产业化条件的高技术领域加速形成产业规模和区域比较优势。

第二，大力发展海洋高新技术，集中力量在制约产业发展的核心关键技术方面取得新的突破，追踪和开辟新的海洋高技术研究开发，推动战略性海洋新兴产业持续发展，成为中国建设海洋强国的经济基础。培育海洋高技术行业，在自主深海水下探测技术和海水淡化装备、海洋医药产品、极地海洋经济生物开发等领域取得产业化新进展，形成新兴产业萌芽；在深海通用装备、深海油气和海底矿产资源调查和试验性开发等方面取得突破，为未来海洋新兴产业发展奠定基础。

第三，加速海洋科技创新与技术服务基础设施建设，全面提升国家海洋高技术创新能力，形成先进完善的海洋高技术研发、试验基地等基础设施和科技创新服务平台，加大海洋高技术研究与人才培养规模，有效支持海洋高技术研究开发和产业化，为中国海洋科技发展进入世界前列提供支持。

第四，扶植涉海企业发展，培育海洋龙头企业，实现产业规模效益，完善产业链条，全面提升中国海洋新兴产业的国际竞争力。促进骨干企业和资金、技术、人才等要素向优势地区集中，培育海洋高技术产业区域增长极，形成若干各具特色、以大企业集团为核心、专业化中小企业协作配套的相对集中布局的产业基地。

（三）发展目标

一是要初步形成海洋新兴产业体系，支撑引领海洋经济发展。战略性海洋新兴产业在国民经济中的比重进一步提高，到 2015 年，海洋新兴产业增加值对国民经济贡献（占 GDP）提高 1 个百分点（达到 2%）；“十二五”期间，战略性海洋新兴产业整体年均增速不低于 20%，产业增加值实现翻二番。培育成熟壮大 3 ~5 个战略性海洋新兴产业，进一步增值扩大海洋产业群，提高主要海洋产业在全国海洋生产总值中的比重，发展壮大海洋新兴产业在沿海区域经济特别是海洋经济中的支柱地位。

二是海洋新兴产业创新能力、成果转化能力明显增强。提高海洋新兴产业的研发投入。在海洋医药和生物制品、海洋健康养殖、海洋可再生新能源、海洋工程装备、海水利用等领域建成一批具有国际影响力的创新平台。突破一批海洋监测/检测设备制造、深海装备制造、海洋勘探、海洋材料、高性能分离膜和高耐蚀合金等海洋新兴产业发展的核心关键技术，涉海国际专利授权数跻身世界前列。在科技成果不断取得突破的同时，提高转化能力。扶持涉海中小企业增强、拓展市场自主发展能力，建立海洋科技创新成果产业化的推进体系。

三是建立形成特色鲜明、布局合理的海洋产业集聚区。在海洋装备制造、海洋医药和生物制品、海洋健康养殖、极地生物资源开发、海水利用、海洋现代服务业等领域，培育、扶持一批具有国际竞争力的骨干企业；在沿海地区形成3～5个技术领先、产业特色鲜明、产值规模超过千亿元的国家海洋高技术产业基地，进一步促进沿海海洋新兴产业集聚区发展壮大。争取到2015年，全国海洋高技术产业增加值超过6 000亿元，在海洋生产总值中的比重超过10%，在国民经济中的比重超过1%。到2020年，国家海洋高技术产业基地成为国家产业结构升级和区域经济发展的重要引擎。

（四）发展重点

海洋的特殊性和复杂性，海洋产业的独特性，以及对海洋经济的系统性和整体性支撑作用，使得战略性海洋新兴产业的发展将成为我国国家海洋利益的核心。整体性规划安排海洋产业，才能为国家长远海洋利益奠定技术经济能力基础。根据海洋新兴产业的在国内外市场的战略地位和发展阶段，应以海洋强国战略为目标，长期部署，积极储备，为中国的“蓝海产业”奠定基础。针对不同的产业类型部署具有针对性的重点任务。

1. 积极发展资源型海洋新兴产业

资源型海洋新兴产业系指直接或间接利用海洋资源，生产各种物质产品。这类产业已具有一定的技术储备和生产规模，产品市场潜力大，对未来国民经济的带动作用强。发展资源型海洋新兴产业的核心任务是掌握国际前沿技术，进一步提升产业规模，加快形成大、中、小企业合理分工、有机联系、协调发展的格局。主要包括海洋医药和生物制品产业、海水健康养殖与极地生物资源开发。

2. 重点发展制造型海洋新兴产业

制造型海洋新兴产业系指提供人类开发利用海洋的装备、仪器、设施。可分为两类：①产品主要为满足国家安全或海洋权益维护需要，市场单一，但具有战略意义，直接关系到未来经济社会发展格局，以及国家安全的大局。这类产业发展的核心任务是突破技术瓶颈，经过适度培育和保护，形成中小企业若干，实现关键领域关键设备的自主生产。②产品通用性强，需求量大，可参与国际贸易。这类产业发展的核心任务是通过模仿和创新，缩小与国外的技术差距，制定产品标准，加大对市场的保护力度，提升本国企业的市场份额，打破国外企业垄断和对本土海洋新兴制造业的威胁，保障国家经济安全。主要包括：海洋工程装备制造业、海上风电装备制造业、海水利用技术及设备制造业。

3. 大力发展服务型海洋新兴产业

服务型海洋新兴产业系指为人类从事海上活动提供信息、救助等各类保障性经济活动。主要是指海洋高端信息服务和海洋生产性服务。海洋高端信息服务业，主要表现为利用海洋技术、电子技术、航天技术为国家涉海生产活动提供信息服务，是海洋经济发展和海洋权益维护的重要保障。海洋生产性服务业，面向生产活动，服务于生产性海洋产业，如海水养殖和远洋渔业、海洋油气，海洋综合物流，海洋工程装备制造、海洋资源勘探等；海洋生产活动随着先进的海洋技术、信息技术的发展而发展，传统的海洋产业由于采用了新的技术手段、扩展了生产领域、转变了生产方式，产生了对生产活动起支撑作用的各类新型服务的需求。发展服务型海洋新兴产业的核心任务是培养复合型海洋技术人才，建立海洋立体观测监测平台、海洋公共信息服务平台、海上救助服务等基础设施。主要包括：现代海洋生产性服务业、高端海洋信息服务业。

4. 积极部署储备型海洋新兴产业

储备型海洋新兴产业即以海洋强国战略为目标，放眼全球海洋，特别是国家管辖以外的海洋和海底，坚持长期部署，积极储备，为中国的“蓝海产业”奠定基础。主要包括：深海矿产资源开发、大洋生物基因资源开发等。

四、小　结

“十一五”时期，中国经济发展取得了巨大成就。经过五年的努力奋斗，中国社会生产力快速发展，综合国力大幅提升，人民生活明显改善，国际地位和影响力显著提高。与此同时，全国海洋经济发展取得举世瞩目的成绩，提前并超指标实现规划的各项目标。沿海各地的海洋经济发展不同程度地支撑引领了地区经济的增长，成为地区经济增长极。

2008 年以来，国家有关部门部署了一系列“十二五”涉海规划预研，包括三个围绕海洋高技术产业、战略性海洋新兴产业的规划研究，使有关海洋经济发展的政策内容进入到国务院正式发布的文件，以及中央关于“十二五”的规划建议中，发展海洋经济已经提升到了国民经济和社会发展的重点领域。

中国海洋经济面临的国内外环境将继续向有利方向发展，国际上及沿海国家更加重视海洋对国民经济的贡献作用，国内方面，中国的经济社会发展仍处于可以大有作为的重要战略机遇期。预计，“十二五”期间，全国及沿海的海洋经济发展既面临难得的历史机遇，也面对诸多可以预见和难以预见的风险挑战。在进一步的“十二五”规划预计与编制工作中，仍然需要我们增强机遇意识和忧患意识，科学把握海洋经济各方面的发展规律，注重增长方式转变，科学集约开发利用海洋资源，注重海洋经济发展效益，坚持把海洋科技进步和海洋高技术产业培育作为加快转变海洋经济发展方式的重要支撑，实现全国及沿海地区的海洋经济又好又快地发展。

第四部分

海洋生态环境与海洋资源

第十二章 世界海洋生态环境保护

海洋是地球生命支持系统不可或缺的组成部分，在全球气候、水循环、营养物质循环、氧气提供和二氧化碳吸收等方面发挥着重要作用。健康的海洋生态系统是人类获得食物、药品和能源的重要来源，是渔业、旅游等海洋产业发展的基础。人类活动导致的负面影响使海洋生态环境退化。过度捕捞、陆源污染、生境的退化和消失、外来物种入侵等对海洋生态系统的压力持续存在，并在局部海区有所增强。为保护和合理利用海洋环境资源，国际社会密切合作，建立了相对完善的国际海洋环境保护制度，通过了一系列旨在保护海洋生态环境的国际条约，形成了可持续利用海洋环境资源，保障经济社会可持续发展的氛围。

一、世界海洋环境污染和生态保护

海洋环境质量的变化主要是人类活动影响的结果。全球一半左右的近岸海域遭受人类活动威胁，其中受人类活动影响较大的海域主要是北海、挪威海、东亚和东南亚海域、南海、东加勒比海、北美洲东部沿岸海域、地中海、波斯湾、白令海以及斯里兰卡周边海域。地处高纬度的南北极海域受人类活动影响较小，但是人类活动对南北极海域的影响强度在持续增强①。

（一）海洋环境污染状况

污染物排放和海洋捕捞是人类活动影响海洋环境的两种最重要的方式。海洋中80%左右的污染物来自陆地，污染物来源主要包括市政生活污染物、工业废弃物、农业面源污染物等；源自海上的污染物主要是航行、海上油气开发、海水养殖等海洋开发活动造成的。为了深入了解全球海洋受陆源污染物影响的情况，联合国环境署在2004年牵头完成了《海洋环境状况：区域评估》以及《海洋环境状况：趋势和进程》两份报告。这两份报告将全球分成不同的区域，并对各个区域受陆源污染物影响的情况做了大致评估，主要结论如下。

---

① Benjamin S. Halpern, Shaun Walbridge, Kimberly A. Selkoe etc. A Global Map of Human Impact on Marine Ecosystems, Science, 2008, 319 (5865): 948 -952.

1. 污水

污水是最主要的陆源污染物类型。陆地污水处理情况直接影响排海污水的质和量。世界各地污水处理情况有很大差异。在北美地区，美国在1948年颁布实施了《清洁水法案》并强制实施统一的联邦污水处理标准，污废水未经处理排放入海的现象很少。在西欧，超过90%的污水都能得到妥善处理，排海污水对海洋的影响不大。在波罗的海地区，大约有14%的排海污水是未经处理的。由于在污水处理过程中运用了生物技术，波罗的海所接纳的污水中的微生物含量较低。地中海沿岸地区有一半左右的排海污水未经处理。在中东欧，则有75%左右的排海污水未经有效处理。在世界其他地区，污水未经处理便排入海洋的现象非常普遍：在拉丁美洲和加勒比海地区，86%排放污水未经处理；在东亚地区，这个比例大约是89%，南亚约85%，东南太平洋约83%，西非和中非地区约80%。

2. 持久性有机污染物

持久性有机污染物（POPs）指的是持久存在于环境中，且能通过食物链积聚，并对人类健康及环境造成不利影响的有机化学物质。为应对持久性有机污染物的危害，国际社会于2001年通过了《斯德哥尔摩公约》，同意限制或禁止生产和使用12种持久性污染物。这12种污染物包括杀虫剂、工业化学品和生产中的副产品等三类，其中包括滴滴涕（DDT）、二恶英等人们熟知的污染物。国际社会在控制持久性有机污染物方面取得了较大的成绩，但是世界多数近岸海域仍然遭受持久性有机污染物的危害。

北极地区多数海区都检出多氯联苯。在加拿大所属的北冰洋海域，鱼体内富集的毒杀芬、多氯联苯浓度最高；格陵兰北部和东部海域的独角鲸和海象体内富集的多氯联苯浓度较高。过去30多年的持续监测结果表明，东北大西洋海域鱼类和贝类体内的滴滴涕、立氯化苯和多氯联苯富集浓度呈下降趋势，但是在部分河口地区多氯联苯的含量依然高于欧盟相关规定所允许的最高值。波罗的海的持久性有机污染物排放量减少了一半以上，但部分海豹体内滴滴涕含量和鱼类体内的二恶英含量依然维持高位，超过了欧盟相关规定所允许的最高值。在地中海，工业区附近海域和河口地区持久性有机污染物浓度较高。

3. 重金属

从全球的尺度看，进入海洋的重金属的绝大部分源自空气输送，96%的汞、97%的铅、92%的镉都是通过大气输送入海的。从局部看，污染物排放点周边地区以及河口地区的重金属污染最为严重。工业化国家减少重金属排放的努力被新兴经济体带来的新污染所抵消，特别是电子垃圾的快速增长导致重金属污染日益严重。

北极地区受汞污染严重。在过去30年中，北极地区海豹和白鲸体内汞含量上升了2~4倍。但由于无铅汽油的推广，通过大气向北极地区输送的铅污染已显著下降。值得注意的是亚洲已经代替欧洲和北美洲成为北极地区主要的汞来源地。波罗的海重金属污染物主要来源于河流，其中60%的铅和40%的铜来源于俄罗斯境内的河流，90%的汞源自波兰境内的河流。20世纪90年代中后期开始，河流输送的重金属大幅下降。

随着污染物排放减少，欧洲近岸海域海水重金属含量大幅降低，但是主要河口的鱼类和贝类体内的重金属含量依然超过欧盟相关规定所允许的最高值，并且部分海区沉积物中的重金属超标现象依然存在。20世纪90年代之前，通过径流排入地中海的重金属呈增长趋势，自1990年之后，鱼类和贝类体内的汞、铅和镉含量呈下降趋势。在东亚海域，由于废弃电器和电子产品导致的重金属污染日益严重。

4. 石油类污染

在过去30年里因人类活动排放入海的石油类污染物显著减少。北极海域油类污染不容忽视。俄罗斯境内流入北极的河流都遭受严重的石油污染，成为俄罗斯近岸海域油类污染物的重要来源。海上石油开发也是重要的油类污染源。在挪威附近海域，大约76%的油类污染物源自海上钻井平台。由于气候变暖，北极石油资源开发和北极航运将得到进一步发展，北极地区石油类污染可能进一步加剧。

由于大量的石油开采和繁忙的石油运输，波斯湾地区成为受石油污染威胁最为严重地区。每年大约有2万桶左右的石油通过油轮、石油平台、石油管道等进入波斯湾。据统计，超过10万加仑溢油量的溢油事故中有1/3发生在波斯湾地区。输油管道破裂等引起的小型石油泄露经常发生。

在亚洲、南美洲、非洲的近岸海域，海上石油开发是导致近岸石油污染的主要原因。航运业的发展一方面增加了船舶排放油类污染物，另一方面也加大了溢油污染的风险，因此，航运业的发展也增加了港口、航线及其附近海域的油类污染风险。

5. 营养物

海水中的营养物质含量不均衡将严重干扰海洋生态系统健康。人类活动导致海洋营养物质结构发生了巨大变化，其中最为典型的就是含氮污染物大量排放入海，导致海域富营养化。由于氧气被过度消耗，甚至可能导致局部生物灭绝，出现海洋“死亡区”。过去50年的统计研究表明，排放入海氮营养物总量随时间变化而显著变化，在不同地区也有显著差异。总体而言，世界绝大多数近岸海域均存在富营养化问题，河口、海湾和半封闭海富营养化问题尤其突出。

输入北海、波罗的海的氮在过去几十年时间里增长了5倍以上。在东亚海域，由陆地排放入海的氮营养物质中有一半来自中国，其次是越南和泰国。最近几十年，北美洲排放入海的含氮和磷污染物数量也显著增加，导致了一系列环境问题，包括“死亡区”、珊瑚礁生态系统退化、海藻爆发等。典型事件包括在墨西哥湾出现面积超过2万平方千米的死亡区。估计全球河流输送入海的氮将继续增加，到2030年，输入量将达到每年5 000万吨。

6. 海洋垃圾

海洋垃圾是指海洋和海岸环境中具持久性的、人造的或经加工的固体废弃物。大约70%海洋垃圾最终将沉入海底，15%停留在海滩，另有15%则一直漂浮在海面。北太平洋亚热带涡流将抛弃入海的垃圾聚集起来，逐渐带到位于夏威夷和加利福尼亚州之间涡流中部，形成了面积约343万平方千米的漂浮垃圾带，被戏称为世界“第八大洲”或“垃圾岛”。据估算，该水域中的塑料垃圾与浮游生物的比例已达到6∶1，部分水域塑料垃圾的厚度可达30米，垃圾总量超过700万吨。

（二）海洋生态保护

对海洋生态系统状况的关注多集中于珊瑚礁、红树林、海草床、海山和极地等生物多样性丰富的典型生态系统。根据《2008世界珊瑚礁现状报告》，全世界范围内的珊瑚礁有54%处于危机状态，其中的15%将在今后10～20年内消失（特别是在东南亚、加勒比海海域），另外的20%将在20～40年内消失。联合国粮农组织的报告指出，由于大量红树被砍伐，大面积红树林被围垦转变为农业和海水养殖用地，导致红树林面积日益缩小。1980年世界红树林面积约1 880万公顷，到2005年红树林面积下降为大约1 520万公顷①。与红树林、珊瑚礁等的消失速度相比，海草消失的速度是最快的。自1980年以来，每年有110平方千米海草消失。据估算，全球剩余海草面积约为177 000平方千米②。

人口的增长导致海岸带生态环境所承受的压力持续增大。人类活动导致一半以上的海岸带湿地消失殆尽。东南亚是海岸带生境破坏最为严重的地区，88%的珊瑚礁遭受人类活动的威胁，60%以上的红树林被砍伐。加勒比海地区超过2/3的珊瑚礁正遭受人类活动威胁，珊瑚礁大面积退化。仅在1995年到2001年间，苏弗里耶尔地区47%的珊瑚礁消亡。海砂开采和海岸带工程建设加速了该区海岸带生境退化的进程。

---

① 粮食与农业组织：《世界的红树林1980—2005》，2007年。

② Michelle Waycott, Carlos Duarte, Tim Carruthers, et. al. Accelerating loss of seagrasses across the globe threatens coastal ecosystems. Proceedings of the National Academy of Sciences, 2009, 106（30）: 12377－12381.

在北海沿岸地区，海砂开采比较普遍，对底栖生物群落破坏严重。波罗的海 90% 的群落生境遭受不同程度的破坏。拉丁美洲地区海岸带原始生境大量消失，直接导致渔业资源衰竭。例如，哥伦比亚马格达莱纳河三角洲商业性渔业资源减少了 90%。

在除近岸海域以外的广阔海域，海洋生态系统的压力主要来自于海洋捕捞。海洋捕捞导致渔业种群衰退，进而影响海洋生态系统的结构和稳定。根据粮农组织的评估，全球低度或适度开发的渔业种群的比例从 20 世纪 70 年代中期的 40% 直线下降到目前的 20%，完全开发的种群比例稳定在 50% 左右，而过度开发、衰退或者恢复中的种群比例则稳定在 25% ~30% 之间。在东北大西洋、西印度洋和西北太平洋，70% ~80% 的种群都处于被完全开发的状态。在东印度洋、中西部太平洋、中东部太平洋、西南太平洋和南大洋等海域的低度开发种群的比例相对较高，可以达到 20% 左右（图 12 -1）。

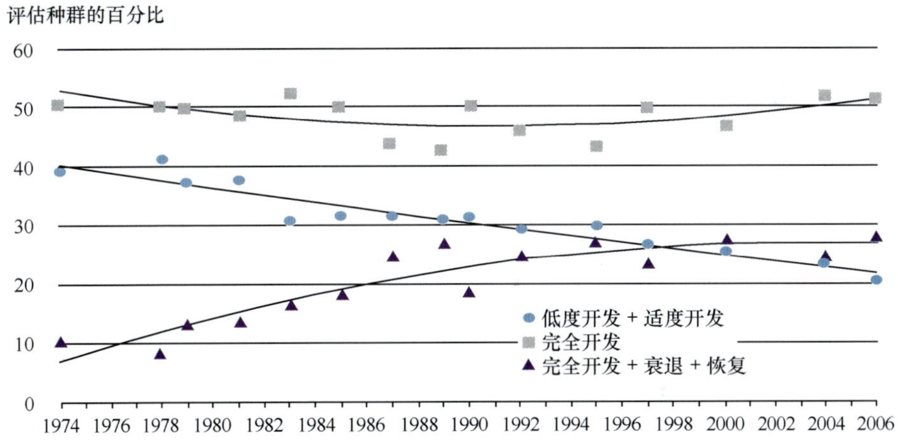

图 12 -1　全球海洋渔业资源开发趋势

资料来源：粮农组织，《世界渔业和水产养殖状况 2008》，2009 年

海洋保护区是帮助养护物种和恢复海洋生态系统健康的主要工具。自然保护联盟《海洋保护区指导方针》将海洋保护区定义为，“通过法律程序或其他有效方式建立并保护的部分或全部潮间带或潮下带区域，包括其上覆水体及相关的动植物群落、历史及文化属性等”。海洋保护区的特点表现在：①在保护区内，海洋保护区内人类利用海洋的活动受到特别的管制；②海洋保护区通过保护生境来保护海洋生物多样性；③海洋保护区是长期环境监测等科学研究活动的场地。

2002 年，可持续发展世界首脑会议设定了到 2012 年建立海洋保护区代表网络的目标。迄今为止各国主要在其海岸附近建立海洋保护区，也有一些国家已通过或正在通过国家立法在其专属经济区内建立海洋保护区。目前世界上已经建立了超过 5 000 个海洋保护区，覆盖海域面积约250万平方千米，约占海洋总面积的0.73%，占各国管辖海域总面积的2%。

世界各沿海国家建设海洋保护区的力度并不均衡。在12个管辖海域面积超过300万平方千米的海洋大国中，有的海洋保护区面积占其管辖海域面积的36%，有的只占0.3%（表12-1）。为实现可持续发展世界首脑会议关于建立有代表性的海洋保护区网络这个目标，不少沿海国家提出了自身的海洋保护区建设目标。这些国家普遍提出在2020年之前，把至少20%的海域设为保护区（表12-2）。

表12-1 世界主要海洋大国海洋保护区建设现状

国家	管辖海域面积（平方千米）	保护区海域面积（平方千米）	保护区海域面积占管辖海域面积比例
美 国	11 353 000	4 000 000	36%
澳大利亚	8 143 000	880 000	10%
俄罗斯	7 543 000	240 838	3.2%
加拿大	5 599 000	32 987	0.6%
印度尼西亚	6 173 000	68 148	1.1%
新西兰	4 081 000	14 172	0.3%
日 本	4 479 000	22 082	0.5%
智 利	3 675 000	1 701	—
巴 西	3 660 000	41 304	1.1%
基里巴斯	3 441 000	408 397	11.9%
墨西哥	3 186 000	95 695	3.0%
中 国	3 000 000	33 400	1.12%
挪 威	2 446 000	33 533	1.4%
印 度	2 305 000	3 911	0.2%
阿根廷	1 145 000	1 051	0.1%
英国	810 000	18 000	2.2%

注：①中国海洋保护区面积数据来自2010年9月26日海洋自然保护区工作20周年纪念大会公布的数据；
②英国保护区统计数据不包括其海外殖民地的保护区。

资料来源：世界保护区数据库（WCPA），http://www.unep-wcmc.org，2010-06-02；澳大利亚可持续发展、环境、水、人口和社区事务部：http://www.environment.gov.au/coasts/mpa/nrsmpa/index.html，2010-08-27；美国海洋保护区中心：http://www.mpa.gov/dataanalysis/analysisus/，2010-10-09；英国海洋保护区信息中心：http://www.ukmpas.org/mapper.php 2010-10-09.

表 12－2　部分国家海洋保护区建设目标

国家/地区	海洋保护区建设目标
美属萨摩亚群岛	至 2010 年，覆盖 20% 珊瑚礁
南澳大利亚	至 2010 年建立 19 个保护区
巴哈马	为补充渔业资源，至 2010 年 20% 的海洋生态系统受保护；至 2015 年，20% 的海洋和海岸带生境受保护
伯利兹	保护区覆盖 20% 的生态区保护、30% 珊瑚礁、60% 海龟栖息地、30% 海牛分布区、60% 美洲鳄栖息地、80% 繁殖区
智利	至 2010 年覆盖 10% 海域；至 2015 年建成国家海洋生态系统网络
古巴	保护区覆盖 15% 的岛架、25% 的珊瑚礁、25% 的湿地
多米尼加	至 2020 年，覆盖 20% 海洋和海岸带
密克罗尼西亚	至 2020 年，覆盖 30% 近岸海域
斐济	至 2015 年，覆盖 30% 珊瑚礁；至 2020 年，覆盖 30% 海域
德国	建成海洋保护区网络，覆盖 38% 海域
格林纳达	至 2020 年，覆盖 25% 海洋资源
关岛	至 2020 年，覆盖 30% 的海洋生态系统
印度尼西亚	至 2010 年，保护区面积达到 100 000 km^2；至 2020 年，保护区面积达到 200 000 km^2
牙买加	至 2020 年，覆盖 20% 海洋生境
马达加斯加	至 2012 年，保护区面积达到 100 000 km^2
马绍尔群岛	至 2020 年，覆盖 30% 的海洋生态系统
新西兰	至 2010 年，覆盖 20% 的海洋环境
北马里亚纳群岛	至 2020 年，覆盖 30% 的海洋生态系统
帕劳	至 2020 年，覆盖 30% 的海洋生态系统
秘鲁	至 2015 年建成海洋保护区网络
菲律宾	至 2020 年 10% 海域受完全保护
塞内加尔	建成海洋保护区网络
圣文森特和格林纳丁斯	至 2010 年，覆盖 20% 的海域
坦桑尼亚	至 2010 年，覆盖 10% 的海域；至 2020 年，覆盖 20% 的海域
英国	至 2012 年建成完整的海洋保护区网络
美国加利福尼亚	建成 29 个海洋保护区，至少 243 km^2 海域（约占州海域面积的 18%）得到最大限度保护

资料来源：UNEP－WCMC：National and Regional Networks of Marine Protected Areas：A Review of Progress.，2008，Cambridge.

联合国大会将2010年确定为生物多样性国际年。2010年10月《生物多样性公约》第十次缔约方会议在日本名古屋召开。会议通过了规定遗传资源利益分配的《获取与惠益分享名古屋议定书》。该议定书共有20项提议，其中包括保护鱼类、保护生态系统和栖息地、保护土地和海洋、为清洁水资源进行定价等。该议定书规定，到2020年时17%的土地和内陆水资源、10%的沿海和海洋地区将受到保护。

二、国际海洋环境保护制度

海洋环境问题的国际化促使人们寻求建立一套国际海洋环境保护制度，以保证国际社会有效合作，共同开发、利用、保护和改善海洋环境资源。国际海洋环境保护制度包括硬件系统和软件系统两大部分。硬件系统是指从事或涉及海洋生态环境保护的组织和机构，软件系统则包括各种与海洋环境保护相关的国际条约、宣言等国际文书[①]。在国家层面，海洋生态环境保护和海洋资源的可持续利用成为各沿海国海洋政策的核心内容，基于生态系统的海洋管理理念已经推广成为沿海国海洋管理的基本原则，海洋空间规划作为实现海洋综合管理的工具在沿海国逐步得到应用。

（一）国际机构

联合国是国际海洋环境保护事务的主导者，所主持的会议、主持通过的公约、决议等文书成为当今国际海洋环境保护的基本准则。联合国秘书长每年均向联合国大会做《海洋和海洋法》的报告，历年报告均有大量篇幅论及海洋环境保护和保全、海洋渔业资源的养护和管理、海洋生物多样性等海洋环境保护相关事务。联合国所属涉海机构在各自负责的领域积极开展工作，成为处理国际海洋环境保护事务的中坚力量。

1. 联合国环境规划署

联合国环境规划署（United Nations Environment Programme，UNEP）主要负责处理联合国在环境方面的日常事物，促进环境问题的调查研究，协调联合国内外的环境保护和环境管理工作。联合国环境规划署在海洋环境保护方面的工作体现在两个方面，一是推动并实施区域海洋项目（Regional Seas Programme）。该项目鼓励邻近国家共同参与综合的或者是专项的海洋环境管理，共同管理和保护所共享的海洋环境。全球现已建立了13个区域海洋项目，有140多个国家加入；二是推动执行《保护海洋环境免受陆地活动影响全球行动纲领》（Global Programme of Action for the Protection of the Marine

① 刘中民等：《国际海洋环境制度导论》，北京：海洋出版社，2007年，第21页。

Environment from Land - based Activities，GPA，以下简称《全球行动纲领》)。为应对陆源污染物污染海洋环境，1995 年，108 个国家和欧盟在华盛顿共同通过了该纲领。

2. 国际海事组织

国际海事组织（International Maritime Organization，IMO）是联合国负责海上航行安全和防止船舶造成海洋污染的一个专门机构，也是一个促进各国政府和各国航运业界在改进海上安全，防止海洋污染与及海事技术合作的国际组织。其前身是政府间海事协商组织。国际海事组织下设海洋环境保护委员会（Maritime Environment Protection Committee，MEPC）负责制定和修改预防船舶和航运污染海洋环境的公约或行为规则。除了在防治航运活动污染海洋环境方面起到关键作用以外，国际海事组织通过建立特殊区域、特别敏感海域等方式在海洋生物多样性保护方面起重要作用。

国际海事组织起草并促使通过了一系列与海洋环境保护相关的国际文书，包括《1969 年国际干预公海油污事件公约》、《1969 年国际油污损害民事责任公约》及其议定书、《73/78 国际防止船舶造成污染公约》、《1973 年国际干预公海非油污类物质污染议定书》、《1971 年关于设立国际油污损害赔偿基金国际公约》及其议定书、《1990 年国际油污防备、反应和合作公约》、《1996 年关于与危险品及有毒物品海上运输相关的责任及损害赔偿国际公约》、《1972 年防止倾倒废料及其他物质污染海洋公约》及其议定书、《2001 年控制船舶有害防污底系统国际公约》等。

目前，国际海事组织海洋环境保护委员会正在进行有关海运业温室气体减排的强制性技术和实施方法的起草工作。该文书涉及各国应对气候变化的共同努力，涉及发展中国家的切身利益，中国、巴西、阿根廷等发展中国家坚持应该围绕“共同但有区别”的原则制定相关航运业减排标准。

3. 联合国粮农组织

联合国粮农组织（Food and Agriculture Organization，FAO）是联合国的常设机构之一，其宗旨是通过加强世界各国和国际社会的行动，提高人民的营养和生活水平，改进粮农产品的生产及分配的效率，改善农村人口的生活状况以及帮助发展世界经济和保证人类免于饥饿等。粮农组织在海洋生物资源保护、防止海产品污染危害人类健康等方面发挥重要作用。其组织起草并促使通过多个海洋渔业资源相关公约和议定书，包括 1995 年《执行 1982 年 12 月 10 日〈联合国海洋法公约〉有关养护和管理跨界鱼类种群和高度洄游鱼类种群的规定的协定》、1995 年《粮农组织负责任渔业行为守则》、2001 年《雷克雅未克海洋生态系统负责任渔业行为宣言》、1999 年《管理捕捞能力国际行动计划》和 2008 年《公海上的深海渔业管理国际准则》等。

4. 国际海底管理局

国际海底管理局（International Seabed Authority，ISA）是《公约》缔约国按照《公约》第十一部分和《关于执行<公约>第十一部分的协定》所确立的国际海底区域管理机构。其职能是组织和控制成员国在国家管辖范围外的深海底进行的活动，特别是管理区域矿物资源勘探和开发。管理局自成立以来，一直将环境保护作为其主要优先事项之一。管理局通过制订规章建立深海环境保护的法律体系，并正在通过研讨会等方式积极推进深海底环境方面的国际合作研究。国际海底管理局通过的《"区域"内多金属结核探矿和勘探规章》和《"区域"内多金属硫化物探矿和勘探规章》对在探矿和勘探活动中保护"区域"内的海洋环境都有专门规定。

除以上机构外，联合国秘书处、联合国海洋事务和海洋法办公室、国际海洋法法庭、联合国开发计划署、世界气象组织等也在各自的相关领域为世界海洋环境保护作出重要贡献。

5. 海洋污染科学联合专家组

1967年，联合国环境规划署、粮农组织、教科文组织、世界卫生组织、世界气象组织、国际海事组织、国际原子能机构等联合成立了海洋污染科学联合专家组（The Joint Group of Experts on the Scientific Aspects of Marine Environmental Protection，GESAMP）。专家组由25~30名专家组成，专家均以个人身份参加。除了海洋环境保护相关的科学技术领域外，部分专家的专业领域还涉及社会经济。专家组负责向发起机构提供关于海洋环境管理相关的科学咨询。自成立到目前该专家组已经发表了50多篇研究报告并完成了4篇对全球海洋环境现状的评估报告。

6. 联合国教科文组织

联合国教科文组织下设政府间海洋学委员会（Intergovernmental Oceanographic Commission，IOC），其主要作用是促进在海洋调查和科学研究方面的国际合作。海洋学委员会组织实施了全球海洋观测系统项目。该项目对于了解全球海洋环境意义重大。目前，政府间海洋学委员和联合国环境规划署共同领导开展定期全球海洋状况评价工作。

7. 国际原子能机构

国际原子能机构（International Atomic Energy Agency，IAEA）在摩纳哥设有海洋环境实验室。该实验室是联合国系统中唯一的海洋实验室，得到了联合国环境规划署和教育、科学及文化组织的协助，共同对全球海洋环境污染的情况进行研究，包括保护海洋环境免受放射性和非放射性物质污染，运用核和同位素技术追踪海洋过程，揭示污染影响等。

8. 全球环境基金

全球环境基金（Global Environment Facility，GEF）是联合国发起建立的国际环境金融机构。GEF 主要是以赠款或其他形式的优惠资助，为受援国提供关于气候变化、生物多样性、国际水域和臭氧层损耗四个领域以及与这些领域相关的土地退化方面项目的资金支持，其中包括为防治海洋环境污染提供资金支持。

9. 非政府间国际组织

很多非政府间国际组织致力于海洋环境保护事业。比如，世界自然保护联盟（International Union for Conservation of Nature and Natural Resources，IUCN）、世界自然基金会、国际绿色和平组织等。IUCN 是政府及非政府机构都能参与合作的少数几个国际组织之一，旨在影响、鼓励及协助全球各地的社会，保护自然的完整性与多样性，并确保在使用自然资源上的公平性及生态上的可持续发展。IUCN 每三年召开一次由 IUCN 全体成员参加的世界自然保护大会（World Conservation Congress）。自 20 世纪 90 年代开始，IUCN 主导编撰了一系列指导海洋保护区建设和管理的丛书，其中包括《海洋保护区指南》（Guidelines for Marine Protected Areas）。

大致从 20 世纪 80 年代末开始，珊瑚礁的重要性及其面临的危机得到联合国、各国政府和科技界的普遍关注。1994 年，在巴巴多斯联合国小岛发展中国家会议上建立了国际珊瑚礁倡议（International Coral Reef Initiative，ICRI）。“国际珊瑚礁倡议”是保护珊瑚礁及相关生态系统的各国政府、国际组织和非政府组织之间的一个伙伴关系。1995 年，ICRI 制定了行动号召和行动框架文件，并先后启动了 4 个活动单元：全球珊瑚礁监测网络（GCRMN），国际珊瑚礁信息网络（ICRIN），印度洋珊瑚礁退化网络（CORDIO）和国际珊瑚礁行动网络（ICRAN）①。

（二）国际文书

《公约》成为各国处理海洋事务的基本法律框架，也是世界海洋环境保护法律框架。《公约》第十二部分“海洋环境的保护和保全”对海洋环境保护的国家义务、国际合作、国际规则和国内立法、制度执行、争端解决等方面都做了规定。《公约》分别

① 张乔民，余克服，施祺，赵美霞：《全球珊瑚礁监测与管理保护评述》.《热带海洋学报》，2006，25（2）：第 71－78 页。

针对 6 种类型的污染，即，陆源污染、国家管辖的海底活动造成的污染、来自“区域”内活动的污染、倾倒造成的污染、来自船舶的污染以及来自大气层或通过大气层的污染，提出了国内立法和制度执行的要求。

1992 年，第二次人类环境会议（联合国环境与发展大会）通过的《21 世纪议程》为各国落实可持续发展制定了行动方案。《21 世纪议程》设立专章，对包括海岸带综合管理、海洋环境保护、海洋生物资源养护、气候变化、国际合作等多个方面的事务做了规划，是指导全球的海洋生态环境保护事业新近发展的纲领性文件。2002 年，第三次人类环境会议（可持续发展问题世界首脑会议）通过的《可持续发展问题世界首脑会议执行计划》再一次强调保护海洋环境和生态系统的重要性，呼吁各国切实有效的执行《公约》、《21 世纪议程》、《负责任渔业行动守则》、《生物多样性公约》、《全球行动纲领》等一系列已有的国际文书。

上述文书并非专门针对海洋环境保护，而只是纳入海洋环境保护作为部分内容，且关于海洋生态环境保护的规定都是原则性、框架性的。与此同时，联合国及其所属机构主导制定并通过了一系列专门针对海洋生态环境保护的公约、决议等，这些文书对海洋环境保护的各个领域都做了详细的规定，涉及陆源污染防治、船舶污染防治、渔业资源可持续利用和管理、海洋生物多样性保护等领域。

1. 陆源污染防治

陆源污染是造成海洋环境污染的主要原因。《公约》第 194 条、第 207 条和第 213 条为各国保护海洋环境免受陆源污染设立了法律框架。《公约》第 207 条规定，各国要通过法律和规章来防止、减少和控制陆地来源的污染，并致力于制定全球性和区域性的规则、标准和建议等。在《公约》的框架下，全球、区域和国家层面为遏制陆源污染物排海制定了若干文书。

由于陆源污染的发生和防治一般均在沿海国主权范围海域，关于陆源污染防治的全球性文书较少。1995 年通过的《全球行动纲领》是目前唯一涉及海陆环境相互关系的全球性纲领。《全球行动纲领》着眼于在国家、区域和全球三个层面上应对陆上活动对海洋环境的影响。在国家层面，《全球行动纲领》要求各国遵循一系列原则制定本国的行动方案。这些原则包括海岸带综合管理、公共参与、消除贫困、环境影响评价、预防性措施和代际公平等。《全球行动纲领》还进一步要求各国针对 9 类典型的污染物制定应对方案和管理目标。这 9 类污染物包括污水、有机污染物、放射性物质、重金属、油类、营养物质、沉积物、海洋垃圾、生境破坏等。

在区域层面，《全球行动纲领》致力于强化区域合作，鼓励各国强化对已有的区域性公约、协定、计划等的执行力度，并考虑制定新的区域性公约和计划。在全球层面，

《全球行动纲领》强调应妥善运用国际资金渠道，以支持国家和区域行动计划的执行。《全球行动纲领》设立了协调国际合作的制度基础，其指定联合国环境署为落实《全球行动纲领》的秘书处，重新启动区域海洋计划作为在全球层面落实《全球行动纲领》的主要手段。

联合国环境署每5年召开一次“保护海洋环境免受陆源污染全球行动计划政府间审查会”，检查《全球行动纲领》的实施情况。2001年在加拿大蒙特利尔召开了第一次政府间审查会。会议主要讨论了应对城市污水问题的战略行动计划、建立实施《全球行动纲领》的伙伴关系和筹措资金等问题，并通过了《蒙特利尔宣言》。2006年在北京召开了第二次政府间审查会。此次会议回顾了在国际、区域和国家各级执行《全球行动纲领》方面所取得的进展。这些进展包括：已经有60多个国家成功地把《全球行动纲领》纳入国家规划；各区域海洋公约和行动计划为执行《全球行动纲领》和许多其他关于保护海洋环境的全球文书提供了适当的区域政策框架；一些国际机构和文书把《全球行动纲领》纳入其职权。会议还形成了推动下一阶段执行《全球行动纲领》的《北京宣言》，分别就国家、区域、国际和联合国环境署等四个方面的行动提出了原则要求。

在区域的层面上，1995年，通过了对1976年《保护地中海免受污染巴塞罗纳公约》及其《倾废议定书》的修订，把该公约的名称改为《保护地中海海洋环境和沿海区域公约》。此公约确认对海洋环境的主要影响源自陆地的活动，成为第一项把陆地和海洋环境充分结合起来的海洋环境保护文书。

2. 船舶污染防治

为防止船舶污染海洋环境，国际海事组织等国际机构主导并形成了一系列的公约，涉及防止油污排放、溢油防治、损害责任赔偿、控制压舱水排放、控制废物倾倒、防治船舶垃圾污染、防治船舶空气污染、控制船舶有害防污底等领域。此类文书数量最多，形成时间也较早。

《1969年国际干预公海油污事件公约》规定在发生海上事故或有关的行为之后，缔约国有权在公海上采取必要的措施，以防止、减轻或消除对其本国沿岸海区或有关利益产生油污危险或油污威胁，但军舰或其他政府公务船舶造成的事故除外。1973年，签订国际干预公海油污事故公约的缔约国又签署通过了《1973年国际干预公海非油污类物质污染议定书》，规定为防止、减轻或消除非油类物质可能产生的危害，缔约国有权采取与油类物质类似的干预措施。

为了处理全球海上散装油类运输污染的民事责任和赔偿问题，1969年当时的政府间海事协商组织主导制定了《国际油污损害民事责任公约》。该公约于1975年生效，

1976 年至 2000 年间多次制定了公约的议定书或修正案。该公约主要处理船主或货主承担污染事故所造成损害的民事责任问题，目的是确保向受害者支付适当的赔偿并由船主承担责任。

《1972 年防止倾倒废料及其他物质污染海洋公约》（伦敦公约）目的是控制和管理海洋倾废，禁止向海洋倾倒有毒有害废弃物。该公约把废弃物分为三类：一类是严格禁止向海洋倾倒的物质；二类是要采取特别有效的防范措施并经特别许可后才能倾倒的物质；三类是除上述一、二类以外的其他无毒无害或毒性害处很轻的废弃物，倾倒这类废弃物也要在指定的区域内进行。1993 年，缔约国对《伦敦公约》进行了修正，1996 年又通过了取代该公约的议定书。

《73/78 国际防止船舶造成污染公约》最早于 1973 年通过，后经过 1978 年和 1997 年两次修正。该公约的核心内容体现在 6 个附则上，分别是附则Ⅰ《防止油污规则》、附则Ⅱ《控制散装有毒液体物质污染规则》、附则Ⅲ《防止海运包装有害物质污染规则》、附则Ⅳ《防止船舶生活污水污染规则》、附则Ⅴ《防止船舶垃圾污染规则》以及附则Ⅵ《防止船舶造成空气污染规则》。该公约的附则规定非常详细，几乎对防止船舶产生污染的方方面面都做了规定。

为了保证向油污损害受害人提供对其全部损失的赔偿，同时又解除船舶所有人的额外经济负担，国际海事组织提出设立油污损害赔偿基金，建立一套赔偿和补偿制度。《1971 年关于设立国际油污损害赔偿基金国际公约》及其议定书应运而生。该公约包括关于对污染受害人的赔偿以及对船舶所有人的补贴和关于赔偿基金的设立与摊款两大部分内容。

《1990 年国际油污防备、反应和合作公约》也是一个涉及油污防治的公约。该公约从预防与应急的角度要求各缔约国各自或联合对油污事故采取一切适当的防备和反应措施。

《1996 年关于与危险品及有毒物品海上运输相关的责任及损害赔偿国际公约》是一个责任赔偿公约，要求船舶所有人对承运有害有毒物质的船舶进行强制保险；并要求有害有毒物质的进口商/收货人分摊基金，设立国际有害有毒物质基金。当船舶所有人对产生的损失免除赔偿责任或因财务原因无力满足受损方的赔偿要求，或者损害超出船舶所有人的责任限额时，基金对受损方予以补偿。2010 年通过了修改该公约的议定书。

《2001 年控制船舶有害防污底系统国际公约》规定船舶不得在防污底系统（用于船舶控制和防止不利生物附着的涂层、油漆、表面处理、表面或者装置）中使用有机锡化合物。船舶不能将含有该成分的涂料用于船壳、外部部件或者其表面。

2004 年通过的《控制和管理船舶压舱水和沉积物国际公约》目的是防止、最大限度地减少并最终消除船舶转移有害水生有机体和病原体带来的风险。该公约要求船舶在距最近的陆地200海里以外，水深至少200米的海域进行压舱水置换，或者在距海岸至少50海里，水深至少200米的海域进行置换。

3. 渔业资源可持续利用和管理

国际社会积极采取各种行动以恢复和可持续的利用渔业资源。这些行动包括通过1993年《促进公海渔船遵守国际养护和管理措施的协定》、1995年《执行1982年12月10日<联合国海洋法公约>有关养护和管理跨界鱼类种群和高度会有鱼类种群的规定的协定》、1995年《负责任渔业行为手册》、1999年《管理捕捞能力国际行动计划在延绳捕鱼中减少附带捕获海鸟国际行动计划以及养护和管理沙鱼国际行动计划》和2008年《公海上的深海渔业管理国际准则》等。

《执行1982年12月10日〈联合国海洋法公约〉有关养护和管理跨界鱼类种群和高度洄游鱼类种群的规定的协定》是《公约》缔结以来养护和管理公海渔业方面最重要的具有法律约束力的多边文书。其目标是通过有效执行《公约》的有关条款来确保长期养护和可持续使用跨界和高度洄游鱼类种群。

1995年《粮农组织负责任渔业行为守则》指出渔业是全世界当代人和后代人的食物、就业、娱乐、贸易和经济福利的一个重要来源，因此，应当以负责任的方式开展渔业活动。该守则确定了制定和执行渔业资源保护、渔业管理和发展政策的原则和标准，但并没有强制约束各国执行。具体领域包括渔业管理、捕捞作业、水产养殖的发展、把渔业纳入沿海区管理、渔业加工、渔业贸易、渔业研究等。守则也专门考虑了发展中国家的需求，并呼吁各国、有关的政府间和非政府组织及金融机构应当努力采取措施来解决发展中国家的需要，尤其是在经济和技术援助、技术转让、培训和科研合作等方面帮助发展中国家。

《粮农组织负责任渔业行为守则》还要求在渔业管理中应用生态系统方法，强调渔业管理措施不应局限于保护目标物种，而且还应该保护目标物种所依赖的其他物种和整个生态系统。依据该守则还制定了的4项国际行动计划，即《捕捞能力管理国际行动计划》、《鲨鱼养护和管理国际行动计划》、《在延绳钓渔业中减少海鸟副渔获物的国际行动计划》和《预防制止和消灭非法不报告和不管制捕捞国际行动计划》。

2001年《雷克雅未克海洋生态系统负责任渔业行为宣言》重申了《公约》关于各国海洋生物资源养护和管理的权利和义务，并重申了《粮农组织负责任渔业行为守则》。宣言的重点内容是呼吁将生态系统方法纳入渔业管理。

2008年《公海上的深海渔业管理国际准则》建议渔业国家以更负责任的态度开展深海捕鱼活动，采取更适当的捕捞方式减少对非目标性物种的影响，并对深海捕捞船只及其活动对海洋生态环境可能带来的恶性影响进行评估。

在区域层面，各区域渔业管理组织也采取了一系列措施来解决海洋捕捞对生态系统的影响。这些措施包括：捕捞限额，临时性的禁渔区，在部分区域禁止某些捕捞方式，在部分区域限制渔具种类及其使用，解决副渔获物的措施，提高船旗国对其在公海从事捕捞活动的船只的控制，完善监测、控制和监视措施，解决非法、无管制和未报告的捕捞的措施，建立海洋保护区，更广泛地利用科学咨询等。

4. 海洋生物多样性保护

相对于船舶污染防治和渔业资源保护而言，专门针对海洋生物多样性保护的国际文书数量较少。针对全球生物多样性保护的多个公约涉及了海洋生物多样性保护，包括《生物多样性公约》、《养护野生动物移栖物种公约》、《濒危野生动植物种国际贸易公约》等。

1992 年《生物多样性公约》是国际社会为保护地球上生命有机体及其遗传基因和生态系统的多样化，避免或尽量减轻人类活动使生物物种迅速减少的威胁而制定的国际公约。其宗旨是：加强和补充现有保护生物多样性和持久使用其组成部分的各项国际安排，以实现生物多样性的保护和可持续利用。该公约提倡各国有按照其环境政策开发资源的同时，确保在其管辖和控制范围内的活动不致对其他国家的环境或国家管辖范围以外地区的环境造成损害。

海洋生物多样性是全球生物多样性的重要组成部分，《生物多样性公约》缔约方会议第二次会议提出了《关于海洋和沿海生物多样性的雅加达任务规定》，强调建立和加强国家和区域海洋和沿海保护区的制度。雅加达任务实质上是世界海洋生物多样性保护的规划，成为各国开展海洋生物多样性保护相关工作的指导性文件。缔约方第四次会议呼吁设立一个海洋和沿海保护区问题特设技术专家组，以推动海洋生物多样性保护。

1971 年《关于特别是作为水禽栖息地的国际重要湿地公约》（《拉姆萨尔公约》）是为制止对湿地的侵占和损害，确认湿地的基本生态作用及其经济、文化科学和娱乐价值而制定的国际公约。海岸带是重要的湿地类型。该公约的附录中列出了应受保护的物种，包括一些海洋物种。公约规定，缔约国至少指定一个湿地列入国际重要湿地名单中，并明确了缔约国在养护、管理和合理利用移栖、野禽原种方面的国际责任。

1973 年《濒危野生动植物种国际贸易公约》旨在通过规范国际贸易防止对某些野生动植物物种的过度开发。其将管辖的物种分为三类，分别列入三个附录中，并采取不同的管理办法。第一类物种为若再进行国际贸易会导致灭绝的动植物，禁止其国际性的交易；第二类是没有立即的灭绝危机，但需要管制交易以避免影响到其存续的物种。如果这类物种的种群数量降低到一定程度，则会被列入附录一进行全面的贸易限制保护；第三类是各国视其国内需要，进行区域性贸易管制的物种。

除上述公约外，1946 年通过的《国际捕鲸公约》设立了国际捕鲸委员会，强调有必要保护一切种类的鲸，以免继续滥捕，尽快实现鲸类资源达到最适当的水平。1979 年还通过了旨在保护迁徙时穿越国家管辖范围的飞禽、陆地和水栖迁徙物种的《保护迁徙野生动物物种公约》，该公约规定缔约国为某种迁徙物种的分布区时，该国有义务采取适当措施保护这种物种及其栖息场所。很多海岸带湿地是候鸟迁徙的栖息地，很多海洋物种也属于迁徙物种，该公约对海洋生物多样性保护也起到了积极作用。

5. 区域海洋环境保护

区域性的海洋环境保护文书主要是在联合国环境署框架下的区域海洋项目所形成的（表 12－3）。区域海洋项目始于 1976 年，其鼓励邻近国家共同参与综合的或者是专项的海洋环境管理，共同管理和保护所共享的海洋环境，以实现海洋和海岸带资源环境的持续利用。区域海洋项目制定了一系列区域海洋生态环境保护文书，这些文书具有约束力，签字国需要认真履行。

表 12－3　联合国环境计划署框架下的区域海洋环境保护公约

序号	区　域	公约名称	通过日期	生效日期
1	地中海	保护地中海免受污染公约	1976－02－16	1978－02－12
2	波斯湾和阿拉伯湾	关于合作防止海洋环境污染的科威特区域公约	1978－04－24	1979－07－01
3	西非和中非	合作保护和开发西非和中非区域海洋和沿海环境公约	1981－03－23	1984－08－05
4	东南太平洋	保护东南太平洋海洋环境和沿海地区公约	1981－11－12	1986－05－19
5	红海和亚丁湾	保护红海和亚丁湾环境区域公约	1982－02－14	1985－08－20
6	加勒比海	保护和开发大加勒比区域海洋环境公约	1983－03－24	1986－10－11
7	东非	保护管理和开发东非区域海洋和沿海环境公约	1985－06－21	1996－05－30
8	南太平洋	保护南太平洋区域自然资源和环境公约	1986－11－25	1990－08－22
9	黑海	保护黑海免受污染公约	1992－04－21	1994－01－15
10	太平洋	南太平洋地区自然资源及环境保护公约	1986－11－25	1990－08－18
11	波罗的海	保护波罗的海地区海洋环境公约	1974－03	2000－01－17
12	东北大西洋	保护东北大西洋海洋环境公约	1992－09－22	1998－03－25
13	南极	关于环境保护的南极条约议定书	1991－06－23	1998－01－14

（三）全球海洋环境评价

2002 年可持续发展问题世界首脑会议建议在联合国主持下建立一个常规程序，对海洋环境包括沿海社会经济方面的状况进行全面评估。该常规程序将被认作全球机制，以持续和有系统地审查包括社会经济方面的海洋环境状况，在全球和跨区域各级进行定期评估，提供关于环境、经济和社会各方面的综合意见，为管理影响海洋的人类活动提供决策依据。经两次国际研讨会审查后，联合国大会第 60/30 号决议做出了常规程序的启动阶段安排，称为“评估各项评估”。其任务包括：① 汇总联合国各机构和全球条约组织、区域组织、国家政府以及其他相关组织已经开展的海洋环境评估的信息；② 对这些评估进行评议，以评价其科学可信度、政策相关性、适当性和有用性。

联合国专门成立了一个专家组负责完成评估工作，并成立了由联合国会员国代表组成的特设指导组监督。此外，联合国环境署和教科文组织政府间海洋学委员会负责提供秘书处支持。目前，专家组已经完成了“评估各项评估”报告。经相关领域的著名专家、国际机构和部分国家政府的审议后，该报告在 2009 年 3 月定稿。

专家组在“评估各项评估”的报告中对现有的海洋环境评估程序和评估产品进行了评价。专家组认为，在已经开展的海洋环境评估中，对海洋生物资源的评估工作总体做得最好，其次是水质评估，并且认为对经济和社会状况的评估相当薄弱。在评价现有评估的基础上，专家组还提出了建立常规评估程序的原则、常规程序应具备的特点以及组织评估的机构安排等建议。

鉴于“评估各项评估”的工作已完成了预期目标，2009 年，联合国大会决定成立特设全体工作组，负责就经常程序向大会提交行动方案建议。特设全体工作组已做出的建议包括：①由联合国建立经常性评估进程，这是由《公约》及其他可适用的国际机制指导下的政府间进程；②要求秘书长指定联合国海洋事务和海洋法司为经常性评估进程提供秘书处服务；③邀请政府间海洋学委员会、联合国环境规划署、国际海事组织和联合国粮农组织以及其他适当的联合国专门机构，为经常性程序提供技术和科学支持；④要求经常性进程专家组开展工作，制定方案，以实现按期就经常程序的行动路线图向联大提出建议；⑤要求特设工作组在 2012 年就产生世界海洋综合评估的策略、时间表和关键问题等向联大提供建议。

三、海洋生态环境保护的热点问题

最近几年，全球气候变化对海洋环境的影响、国家管辖范围以外的生物多样性保护等成为海洋环境保护的国际热点。2010 年 4 月发生的墨西哥湾溢油事件使海洋溢油成为海洋事务的年度热点问题。2010 年 7 月发生在大连新港的爆炸和溢油进一步加深国人对海洋溢油的关注和认识。

（一）气候变化与海洋环境保护

气候变化将是影响 21 世纪人类发展前景的决定性因素之一①。全球变暖将影响生态、降雨、温度和天气系统，最终直接影响所有国家。随着全球气温的上升，局部降雨格局正在发生变化，生态带逐渐转移，海洋日益变暖，冰盖不断融化。全球变化导致 5 个方面因素变化，将进一步加剧全球变化对人类发展影响。这 5 个方面的因素包括：农业生产力下降、淡水资源危机加剧、沿海洪灾和极端天气日益频繁、生态系统瓦解、人类健康风险加大等。

全球气候变化可以导致热盐环流变化、海平面上升、海水温度上升等方面的物理变化，这些变化又进一步导致海洋生态系统变化。全球气候变化的过程也是温室气体浓度增加和海洋酸化的过程，海洋酸化对海洋生物造成直接伤害。观测表明全球海平面在 20 世纪逐渐升高。海平面上升将引起潮滩湿地与其他低地淹没、加剧海岸侵蚀、风暴潮、低洼地洪涝和盐水入侵等海岸灾害。温室效应导致海水表温升高，引起珊瑚礁白化。在过去 20 年间，全球海水表面温度上升造成的大量珊瑚礁白化的现象②。据观测，在各海区海洋表面溶解的二氧化碳浓度均在增加，大量吸收二氧化碳导致海洋更为酸性化③。海洋酸化会使珊瑚和其他含石灰质海洋生物的碳酸钙骨骼部分崩解。海水变酸对海洋生物也可直接对以碳酸钙为外骨骼的生物造成伤害。气候变化导致风暴潮等海洋灾害性天气在沿海地区的发生频率和强度有所增加，风暴潮灾害将直接破坏红树林、珊瑚礁等近岸海洋生态系统。

海洋吸收和释放温室气体的数量变化是影响温室效应的关键因素之一。据估计，人类活动释放的二氧化碳约有 25% 左右被海洋吸收。天然气水合物释放出的甲烷是一种重要的温室效应气体。全球海底天然气水合物中的甲烷总量约为地球大气中甲烷容量的 3 000 倍。如果天然气水合物中的甲烷气大量释放到大气中去，将对全球环境产生巨大的、不可想像的影响。

科学家正在研究利用海洋吸收更多二氧化碳，以减缓温室效应。比如二氧化碳海底封存、加大海洋浮游植物生物量等。美国科学家提出可把二氧化碳在高压下转化为

---

① 联合国开发计划署：《2007/2008 年人类发展报告－应对气候变化：分化世界中的人类团结》，2008 年。

② Wilkinson, C. R. Global and local threats to coral reef functioning and existence: review and predictions. Marine Freshwater Research. 1999, 50: 867－878。

③ 政府间气候变化专门委员会第四次评估报告第一工作组：《气候变化 2007：自然科学基础》，2007 年，第 26 页。

液体，然后将其注入深海底玄武岩的缝隙。液化二氧化碳将会在岩石中贮存很长的时间，与铁、钙以及海水产生化学反应产生碳酸盐。也有科学家提出可将液态二氧化碳注入1 000米以上深度的海中，使其自然溶解；或将其注入3 000米以上深度的海里，让二氧化碳在海底形成固态的二氧化碳水化物或液态的二氧化碳“湖”，从而延缓了其分解到大气中的过程。

（二）国家管辖范围外海洋生物多样性保护

国家管辖范围以外海域包括公海、国际海底区域和南极地区。公海和洋底是地球上勘探最少的地区，蕴藏着大量的能源和矿物资源以及重要的生物资源。在国家管辖以外海域，生物多样性丰富的典型生态系统类型主要有海山生态系统、冷水珊瑚礁生态系统、热液喷口生态系统、冷渗漏区、深海沉积层、深海海沟等。调查研究表明，这些海洋生物多样性正在受到各种人类压力越来越大的影响。可能对国家管辖范围以外海洋生物多样性产生影响的人类活动主要有捕鱼、污染、引进外来物种、废物处置、矿物开采、人为水下噪音、海洋废弃物、科学研究、旅游以及管道和电缆等。此外，由人类活动导致气候变化也对这些海洋生物多样性造成影响。

国家管辖范围以外区域生物多样性面临的风险日益增加，迫切需要国际社会采取行动。建立公海保护区是国家管辖范围以外区域生物多样性保护的重要手段。公海保护区建设问题已经成为海洋事务中的热点。欧盟等国家、世界自然保护联盟、世界保护区委员会等国际组织在大力推动公海保护区建设。联合国海洋事务非正式协商进程、《生物多样性公约》缔约国大会均高度重视公海保护区建设问题。

联合国大会在2004年决定设立特设工作组，研究与国家管辖范围以外区域的海洋生物多样性的养护和可持续利用有关的问题。工作组的职责包括：①调查联合国和其他相关国际组织就国家管辖范围以外区域的海洋生物多样性的养护和可持续利用问题进行的活动；②审查这些问题的科学、技术、经济、法律、环境、社会经济及其他方面；③查明关键问题，对其进行更详尽的背景研究将有助于各国审议这些问题；④酌情指出可用于促进国际合作和协调，养护和可持续利用国家管辖范围以外的海洋生物多样性的办法和方法。

2004年《生物多样性公约》缔约国大会第七次会议重点讨论了保护和可持续利用国家管辖范围以外的海洋生物多样性问题。第八次会议讨论了保护和可持续利用国家管辖范围以外深海海床遗传资源问题。第九次会议通过了《确定公海水域和深海生境中需要加以保护的具有重要生态或生物意义的海域的科学准则》和《建立包括公海和深海生境在内的代表性海洋保护区网的选址的科学指导意见》。

国际社会关于建设公海保护区的讨论已经多年，2009年公海保护区的建设取得突破。2009 年 11 月，南极海洋生物资源保护委员会批准了关于建立南奥克尼岛海洋保护区（South Orkneys marine protected area）的提议。该保护区位于南极的北威德尔海，面积约 94 000 平方千米，是座头鲸的重要栖息地。南奥克尼岛海洋保护区被认为是世界上第一个真正意义上的公海保护区。2010 年，为了保护洋脊、海山所在海域的海洋生态系统，保护东北大西洋海洋环境公约组织（OSPAR）在北大西洋水域设立了由 6 个区域组成的公海保护区，面积超过 45 万平方千米。值得注意的是该公海保护区既包括水体部分，也包括海床和底土。

（三）海洋溢油

海洋溢油是一种突发性的海洋污染事故，对海洋生态环境的危害非常严重。2010 年发生的墨西哥湾溢油事件是美国历史上最严重的海上漏油事故，引起了全世界的高度关注。2010 年 4 月 20 日，英国石油公司租赁的位于美国墨西哥湾的一座半潜式钻井平台爆炸起火，36 小时后，平台沉没，11 名工作人员遇难。钻井平台底部油井开始了长达 3 个月的原油泄露，导致了一场严重的生态灾难，并对墨西哥湾及其周边地区的渔业和旅游等造成重创。美国政府将该海洋原油污染事件定性为“国家灾害”。

海洋溢油对海洋生态环境的影响具有复杂性、广泛性、严重性和持久性的特点。溢油对海洋环境和生态系统的影响通常包括如下方面：①通过油膜遮蔽阳光、破坏二氧化碳吸收机制、破坏叶绿素等途径，油污将影响浮游植物光合作用，进而破坏食物链，导致生物死亡；②石油泄漏到海洋后会发生光化学反应，生成有毒有害化合物，使大量生物中毒死亡，部分有毒物质可能导致生物生理代谢异常、组织生化改变等，从而扰乱物种的生物繁殖，改变生物群落的生态结构和生活特性。烃类经过生物富集和食物链传递能进一步加剧危害，危害人体健康；③石油分解过程消耗海水中的溶解氧，引起海洋中大量藻类和微生物死亡，厌氧生物大量繁衍，海洋生态系统的食物链遭到破坏，从而导致整个海洋生态系统的失衡；④在石油污染严重的海区，赤潮的发生概率增加；⑤危害海洋渔业资源。人工养殖的鱼类、扇贝、海带等受溢油污染后不能食用。鱼卵、仔幼鱼或贝类的胚胎幼体对石油很敏感。油污将导致仔鱼的孵化率下降，仔鱼的畸型率和死亡率显著增加。油膜分解所产生的某些烃类影响到成熟鱼类的正常繁衍行为。这些都将导致局部渔业资源衰退；⑥鸟类羽毛能浸吸油类，导致羽毛失去防水、保温能力，沾满油污的鸟类失去了飞翔和觅食能力，鸟类最终会因饥饿、寒冷、中毒而死亡。油污可能导致其他动物窒息死亡；⑦溢油也将直接危害沿海经济活动。溢油对岸线沙滩的污染威胁，直接影响到旅游业。清洁被污染的船舶需要花费大量的人力、财力和物力。取用海水的工厂为防止油污进入工厂设备系统，可能需要临时关闭，造成经济损失①。

除了生态环境损害之外，海洋溢油事件通常能引起公众的广泛关注，并引起巨大的社会反响。历史上的几次重大海上溢油事件推动了一系列防治油污事故的公约诞生（表12－4）。

表12－4　10万吨以上溢油量的海上溢油事件

序号	船/油井	地　点	时　间	溢油量（吨）
1	深水地平线油井	美国，墨西哥湾	2010－04－20—07	约700 000
2	海湾战争导致系列溢油	伊拉克、波斯湾和科威特	1991－01－23	270 000～820 000
3	伊克斯托克－I油井	墨西哥，墨西哥湾	1979－06－03—1980－03	454 000～480 000
4	大西洋女皇号/爱琴海船长号	特立尼达和多巴哥	1979－07－19	287 000
5	瑙鲁兹油井	伊朗、波斯湾	1983－02－04	260 000
6	ABT夏日号	安哥拉	1991－05－28	260 000
7	贝利韦尔城堡号	南非，萨尔达尼亚，湾	1983－08－06	252 000
8	阿莫戈－卡迪兹号	法国，布列塔尼	1978－03－26	223 000
9	MT天堂号	意大利，地中海	1991－04－11	144 000
10	奥德赛号	加拿大，新斯科舍	1988－11－10	132 000
11	海星号	伊朗，安曼湾	1972－12－19	115 000
12	伊伦小夜曲号	希腊，低勒斯	1980－02－23	100 000
13	乌尔奎拉号	西班牙，科罗那	1976－05－12	100 000
14	托利卡尼翁号	英国，锡利群岛	1967－03－18	80 000～119 000

资料来源：①维基百科 http：//en. wikipedia. org/wiki/List_of_oil_spills，2010－04－02.
②新华网，近年来国际国内发生的重大海上溢油事故 http：//news. xinhuanet. com，2009－05－04.

1967年3月，载有12万吨原油的利比里亚籍油轮“托利卡尼翁”号从波斯湾驶往美国米尔福港，在英吉利海峡附近触礁，造成船体破损，约10万吨原油外溢。溢油造成附近海域和英法两国沿岸大面积的污染，使英、法两国蒙受了巨大损失。此次溢油事件促成了《1973/1978年国际防止船舶造成污染公约》的出台，该公约及其六个附件分别对油类排放、有毒液体物质、海运包装有害物质、污水、垃圾或海洋废弃物和空

① 王传远，贺世杰，李延太等：《中国海洋溢油污染现状及其生态影响研究》.《海洋科学》，2009，33（6）：第57－60。

气污染问题作了规定。

1989 年 3 月，载有约 17 万吨原油的美国油轮“埃克森·瓦尔迪兹”从阿拉斯加驶往加利福尼亚洛杉机，在阿拉斯加威廉王子湾触礁搁浅，导致 3 万多吨原油外溢。“埃克森·瓦尔迪兹”轮溢油事故是当时发生在美国水域规模最大的溢油事故，造成了巨大的生态环境灾难。这次事故促成美国两院通过了《1990 年油污法》。同年，国际海事组织通过了《1990 年国际油污防备、反应和合作公约》该公约于 1995 年生效，它标志着人类对溢油事故开始由被动防御转为积极应对。

2002 年 11 月，载有 7.7 万吨燃料油的巴哈马籍油轮“威望号”在从拉脱维亚驶往直布罗陀海峡，遭遇强风暴，与不明物体发生碰撞，船体损坏导致 17 000 吨燃料油泄漏。溢油污染了西班牙近 400 千米的海岸线，著名的旅游度假圣地加利西亚蒙受巨大损失。此次事件促成了，国际海事组织修订了《国际海上防污染公约》相关附则条款，大幅度缩短了单壳油轮的使用年限，确定了对单壳油轮进行淘汰的时间表。

四、小　结

人类活动的影响使全球一半左右的近岸海域环境面临进一步退化的威胁。北海近岸海域、东南亚海域、地中海、加勒比海和北美洲东部沿岸海域等环境质量相对较差，南、北极海域环境质量相对较好，但由于人类活动对南北极海域影响的强度持续增大，该海域环境恶化的风险较高。全球范围内的珊瑚礁、红树林、海草床等海洋生态系统持续退化的趋势并未扭转。海洋渔业种群状态总体保持稳定。在世界海洋保护区代表网络的建设目标的引领下，沿海国海洋保护区的建设和管理工作快速发展。

在联合国的主导和国际社会的共同努力下，国际海洋环境保护制度日趋完善。形成了联合国、联合国所属机构和非政府间国际组织等致力于海洋生态环境保护的组织结构，通过实施了一系列专门针对海洋生态环境保护的公约、决议等，对陆源污染防治、船舶污染防治、渔业资源可持续利用和管理、海洋生物多样性保护等各个领域都做了详细的规定。

第十三章　中国海洋生态环境保护

随着新一轮沿海开发的全面展开，海洋环境资源支撑沿海地区经济社会快速健康发展的作用日益凸显。同时海洋生态系统在抵御海平面上升、风暴潮、污染事故等海洋灾害中的作用也愈发重要。21世纪以来，近岸海域污染程度总体维持高位，局部海域的恶化趋势有所缓解，海洋生态系统健康状况总体较差，处于高风险的暂时稳定状态。面对严峻的海洋生态环境形势和海洋环境压力持续增长的挑战，海洋生态环境保护与建设工作确立了“分类指导，分级管理，分步实施，分区推进”的工作思路，并围绕“构建区域海洋生态环境安全格局，保证海洋生态服务功能持续发挥”的目标积极推进。

一、海洋生态环境现状

根据《2009年中国海洋环境质量公报》，2009年中国海洋生态环境总体情况如下：全海域未达到清洁海域水质标准的面积约14.7万平方千米，比2008年增加7.3%。严重污染海域主要分布在辽东湾、渤海湾、莱州湾、江苏沿岸、长江口、杭州湾、珠江口和部分大中城市近岸局部水域。海水中的主要污染物是无机氮、活性磷酸盐和石油类。近岸海域沉积物质量总体良好，部分贝类体内污染物残留水平依然较高。72.6%的入海排污口超标排放污染物，部分排污口邻近海域环境污染呈加重趋势。河流携带入海的污染物总量较上年有较大增长。由大气输入海洋的部分污染物通量仍呈上升趋势。

近岸海域生态系统处于健康、亚健康和不健康状态的分别占所监测海洋生态系统的24%、52%和24%。海水增养殖区环境状况基本满足其功能要求。滨海旅游度假区、海水浴场环境状况良好。海洋倾倒区和海上油气开发区环境质量基本符合功能区环境要求。全年发生赤潮68次，累计面积14 100平方千米。赤潮发现次数与面积与上年基本持平。东海海域依然是赤潮多发区。海洋垃圾数量总体处于较低水平。海岸侵蚀范围和速度加大，渤海滨海地区海水入侵和土壤盐渍化加重。

对陆源入海排污口开展监督性监测结果显示：466个日排污水量大于100吨的直排海工业污染源、生活污染源和综合排污口的污水排放总量为47.60亿吨，各项污染物排放总量为：化学需氧量27.25万吨，石油类1 412吨，氨氮32 757吨，总磷3 608

吨，汞0.331 4吨，六价铬1.26吨，铅2.39吨，镉2.36吨[①]。渤海、黄海、东海和南海实施监测的排污口中，超标排污口所占比例依次为75.0%、71.2%、74.4%和70.5%；排污河和其他类型排污口的超标排放现象最严重，超标率分别为79.3%和83.1%；工业和市政排污口的超标率分别为59.9%和76.8%。入海排污口排放的主要超标污染物包括总磷、悬浮物、化学需氧量和氨氮，超标排放的入海排污口占监测排污口总数的比例依次为55.9%、43.7%、41.9%、26.7%和17.8%。

（一）海水环境质量

根据《国家海水水质标准》，可把海域划分为清洁海域、较清洁海域、轻度污染海域、中度污染海域和严重污染海域等五类，其中后四类均属于受污染海域。各类海域的面积是指示海水总体污染程度的重要指标。

从污染面积看，2009年海洋污染总面积比2008年略有增加。从具有连续数据的2003年开始，污染总面积呈波动性变化，但总体并没有表现出明显增加或减少的趋势。2009年严重污染（海水水质为劣四类）海域面积比2008年增加约25%，达31 720平方千米，接近2001年的极值32 590平方千米。除渤海外，其他海域污染总面积均比2008年有所增加。就各级污染而言，与上年相比的显著的变化包括：渤海中度污染（海水水质为四类）海域面积比2008年显著减小；东海和南海严重污染海域面积均比2008年显著增加（图13－1）。

1. 渤海海域

2009年渤海污染总面积延续了2008年的减少趋势，轻度污染（海水水质为三类）和中度污染及严重污染的海域面积合计为10 840平方千米，是最近5年以来的最低值。严重污染海域的面积从2007年的6 120平方千米减少为2 530平方千米。这些数据表明，渤海的污染程度有所减轻。在空间上，严重污染海域主要集中在辽东湾、渤海湾和莱州湾三大湾，渤海中部海域受污染相对较轻（图13－2）。

2. 黄海海域

从2001年到2009年，黄海轻度污染以上海域面积变化的总体趋势是先快速增加，后缓慢减小。严重污染海域面积波动很大，2004年污染严重海域面积8 080平方千米，2005年下降为3 150平方千米，2006年猛增到9 230平方千米，而2008年又大幅减少为2 550平方千米，不及2006年的1/3。与2008年相比，严重污染和中度污染海域面

① 环境保护部：《2009年中国环境状况公报》，2010年。

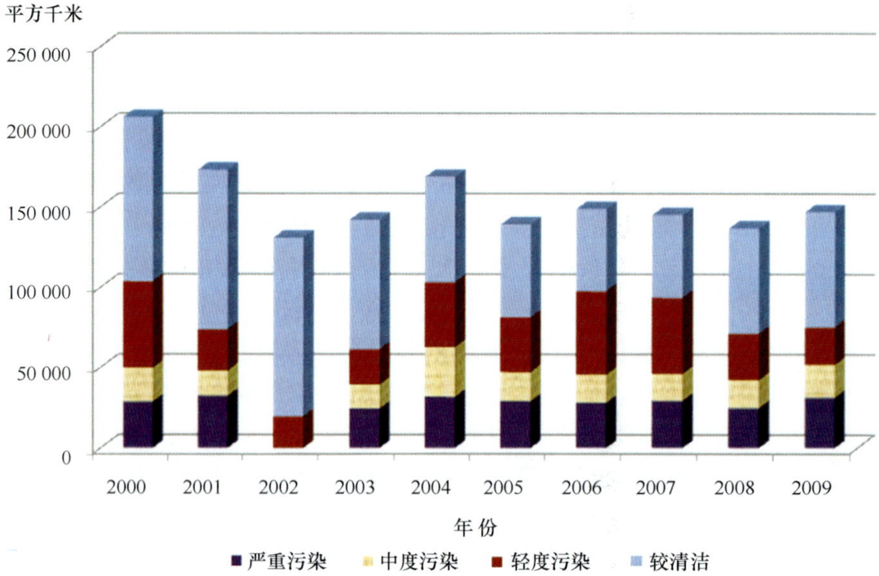

图 13－1　2001—2009 年近岸海域各级污染海域面积变化

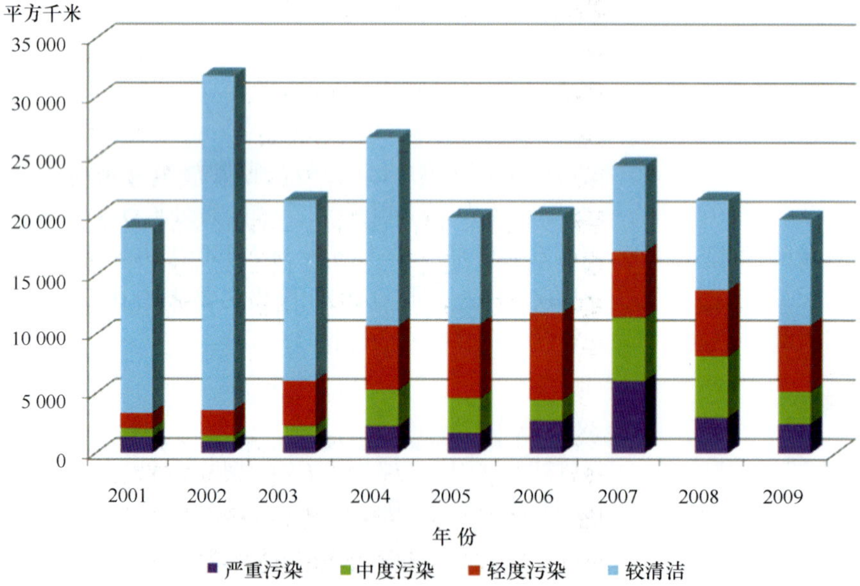

图 13－2　2001—2009 年渤海各级污染海域面积变化

积增长了一倍。在空间上，黄海污染海域集中在江苏近岸海域，山东近岸海域污染海域面积较小（图 13－3）。

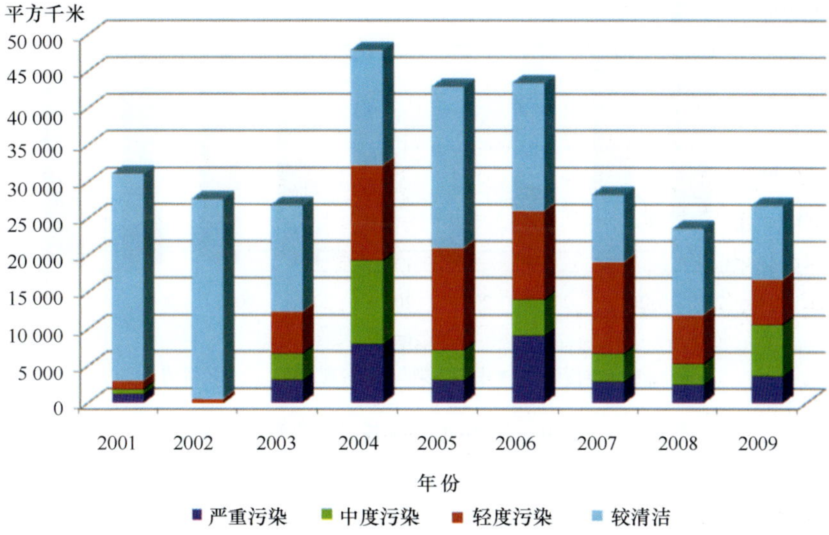

图 13－3　2001—2009 年黄海各级污染海域面积变化

注：2002 年数据不全

3. 东海海域

从 2001 年到 2009 年，东海海域受污染海域面积总体上呈先下降，后保持平稳的趋势，大体保持着 6 万平方千米左右。从 2003 年到 2007 年，中度污染及严重污染的海域面积有所减少，而轻度污染海域面积有所增大。从 2008 年之后，轻度污染海域面积大幅下降，而较清洁海水面积则大幅增长。2009 年重度污染以上的海域面积比 2008 年显著增加。2003 年到 2009 年这种污染面积的变化反映出东海海水质量总体呈变好的趋势。从空间上看，东海污染海域集中分布在长江口附近海域和杭州湾（图 13－4）。

4. 南海海域

从 2001 年到 2009 年，南海海域受污染海域总面积以及各级污染海域面积均波动很大，污染总体区域严重。在 2003 年污染总面积近 30 000 平方千米，而 2005 年污染总面积只有 10 000 平方千米左右。2005 年至 2009 年，污染面积持续增加。2009 年严重污染海域面积比 2008 年增加 40%，达到 5 200 平方千米，是自 2001 年以来的最高值。南海污染主要集中在珠江口附近海域（图 13－5）。

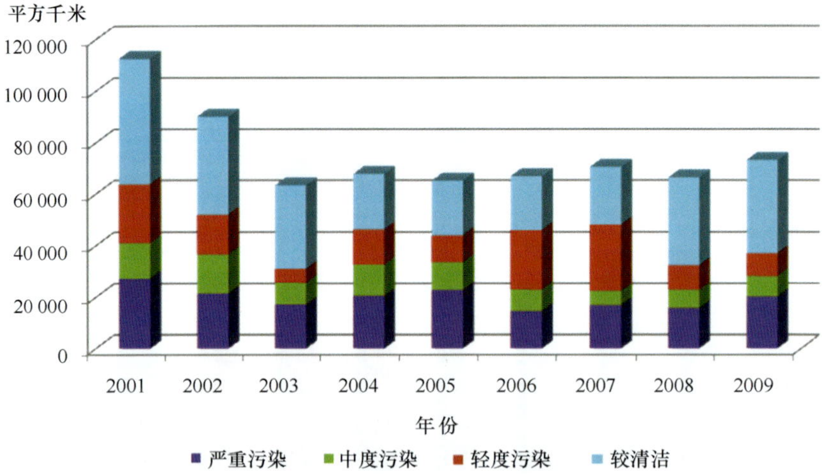

图 13－4　2001—2009 年东海各级污染海域面积变化

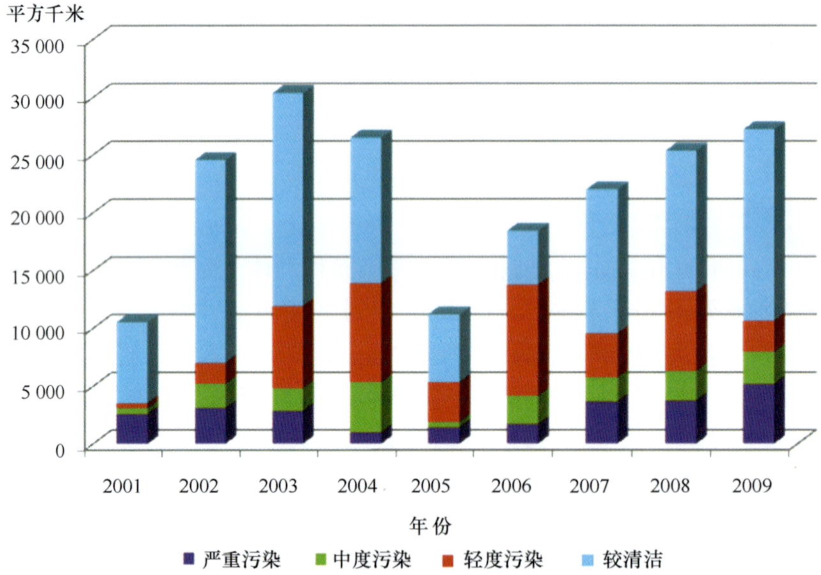

图 13－5　2001—2009 年南海各级污染海域面积变化

（二）沉积物质量

2009 年全国近岸海域沉积物质量状况总体良好，局部海域沉积物受到镉、铜、滴滴涕和石油类污染；近海和远海海域沉积物质量状况良好，个别站位受到铜和石油类污染。从1997年2009年，近岸海域沉积物汞、镉、铅、砷、铜、石油类、滴滴涕、多氯联苯等污染物含量总体保持稳定，部分海域铅、石油类和滴滴涕含量有上升趋势，其中辽东湾、莱州湾、青岛近岸、苏北近岸、三门湾和广西近岸海域沉积物中石油类的含量呈显著上升趋势。

（三）近岸海洋生物质量

对近岸海域贝类体内的污染物残留水平的监测发现，近岸海洋生物质量总体良好。从1997年2009年，各海域贝类体内六六六、滴滴涕、多氯联苯、汞、铅、砷和镉等污染物含量总体保持稳定，部分海域明显下降。大连近岸海域贝类体内砷和烟台威海近岸海域贝类体内总汞的残留水平呈显著上升趋势。从对人类健康的影响的角度看，31%的贝类未检出污染物，69%的贝类检出一种或多种化学污染物，长期食用将对公众健康产生一定的危害。海洋生物质量的高风险区主要集中分布在浙江近岸海域，导致健康风险的主要污染物为石油烃①。

（四）海洋生态监控区健康状况

国家海洋局组织沿海省（自治区、直辖市）在中国近岸海域部分生态脆弱区和敏感区建立了18个生态监控区，监控区总面积达5.2万平方千米，主要生态类型包括海湾、河口、滨海湿地、珊瑚礁、红树林和海草床等典型海洋生态系统。监测内容包括环境质量、生物群落结构、产卵场功能以及开发活动等。在监测基础上，综合考虑生态系统自然属性的保持、生物多样性维持、生态系统结构变化、人类活动压力等方面的因素，把监控区生态系统的健康状态分为健康、亚健康和不健康三个等级。

多年连续的监测表明，我国近岸海域生态系统面临的主要生态问题包括环境污染严重、湿地生境改变和丧失、海洋生物多样性减少、渔业资源衰退、海洋灾害频发、外来物种危害初显等。河口、海湾生态系统普遍受到营养盐污染，黄河口、长江口、珠江口、渤海湾、杭州湾和乐清湾等生态监控区氮磷污染严重，杭州湾、乐清湾全部监测站位无机氮和活性磷酸盐含量超第四类海水水质标准。各监控区生态环境现状和主要问题见表13－1。

大量滨海湿地生境因大规模围填海活动而永久性丧失。2004年以来，监控区内平均每年围填海4万多公顷，是2004年以前我国围填海速度的2倍多。围海造陆等工程

① 国家海洋局：《2009年中国海洋环境质量公报》，2010年。

使岸线平直化，近岸生态功能受损。监测还发现，以浒苔、水母为代表的单一物种旺发、海洋溢油、海岸侵蚀、海水入侵和土壤盐渍化等与经济发展和公共安全密切相关的多种生态风险并存。此外，西沙群岛海域珊瑚礁出现大面积白化。

表 13-1　2009 年海洋生态监测区健康状况

生态监控区	类型	状态	6 年的趋势	现状和问题
双台子河口	河口	亚健康	基本稳定	海水水质状况较差，无机氮、活性磷酸盐两类营养盐污染物含量超标严重
锦州湾	海湾	不健康	略有好转	污染，尤其是重金属污染严重；生物稀少
滦河口－北戴河口	河口	亚健康	基本稳定	海水养殖业发展迅速，养殖污染和河口近岸沉积环境改变引发生态系统退化
渤海湾	海湾	不健康	基本稳定	污染严重，持续大规模的围海造地工程导致渤海湾湿地生境丧失严重
莱州湾	海湾	不健康	基本稳定	海域水体营养盐失衡严重；水体污染有所减轻
黄河口	河口	亚健康	略有好转	污染严重，生境恶化；作为产卵场、索饵场、越冬场和洄游通道的生态功能已逐渐丧失
苏北浅滩	湿地	亚健康	略有好转	水体污染严重；大规模围滩造地和围垦造田使滨海湿地丧失迅速
长江口	河口	亚健康	基本稳定	水体中无机氮和活性磷酸盐污染严重；湿地生境丧失压力较大
杭州湾	海湾	不健康	基本稳定	水体中无机氮和活性磷酸盐污染严重
乐清湾	海湾	亚健康	基本稳定	水体中无机氮和活性磷酸盐污染严重；海洋生物栖息环境恶化
闽东沿岸	海湾	亚健康	略有下降	活性磷酸盐污染物含量高；互花米草分布面积持续增加；围填海和规划围填海导致滩涂湿地丧失风险加剧
大亚湾	海湾	亚健康	基本稳定	围填海导致海岸线改变和滨海湿地锐减；温排水导致的热污染影响持续加大
珠江口	河口	不健康	基本稳定	污染严重；海区初级生产力水平呈持续下降趋势
雷州半岛西南沿岸	珊瑚礁海草床	亚健康	基本稳定	珊瑚礁出现退化现象，珊瑚群落结构发生改变；底栖生物多样性逐年递减，鱼卵、仔鱼种类和密度也呈逐年下降趋势

续表

生态监控区	类型	状态	6年的趋势	现状和问题
广西北海	珊瑚礁 红树林 海草床	健康/ 亚健康 （海草）	基本稳定	珊瑚礁和红树林生态系统状况良好。受人为活动的干扰破坏，海草生长状况不良；互花米草入侵面积加速扩展
北仑河口	红树林	健　康	基本稳定	红树林群落稳定，整体长势良好，局部受虫害严重
海南东海岸	珊瑚礁 海草床	健　康	基本稳定	珊瑚礁和海草生长状况良好；部分生物体内汞、砷、镉、铅和滴滴涕等污染物的残留水平超标
西沙珊瑚礁	珊瑚礁	亚健康	略有下降	由于长棘海星等敌害生物入侵，活珊瑚礁平均覆盖度和硬珊瑚补充量逐年下降，与2008年相比，两项指标分别下降50%和33%

资料来源：国家海洋局.《2009年中国海洋环境质量公报》，2010年。

（五）海洋生态环境灾害

中国管辖海域的生态环境灾害主要包括赤潮、海岸侵蚀、海水入侵和溢油四类。2009年赤潮、溢油等海洋环境灾害较少、损害减轻，海岸侵蚀、海水入侵等持续性海洋灾害无减轻态势。由浒苔爆发引发的“绿潮”灾害继续存在。

1. 赤潮

根据《2009年中国海洋灾害公报》，2009年中国沿海共发生赤潮68次，累计面积14 102平方千米，造成直接经济损失0.65亿元。其中，渤海4次，累计面积5 279平方千米；黄海13次，累计面积1 878平方千米；东海43次，累计面积6 554平方千米；南海8次，累计面积391平方千米。与2001年至2008年年均次数和年均面积相比，2009年全海域赤潮发生次数和累计面积变化不大。渤海、黄海赤潮发生次数略有减少，但累计面积大幅增加。东海赤潮发生次数和累计面积均有所减少。南海赤潮发生次数和累计面积变化不大（图13－6）。

从长期的趋势看，赤潮发生有从局部海域向全部近岸海域扩展的趋势。赤潮高发海域为：长江口东南部、浙江近岸和近海、渤海湾、辽东湾河北昌黎—秦皇岛近岸、福建厦门近岸、江苏海州湾、莱州湾黄河口东南部、福建三沙湾附近、广东柘林湾和珠江口深圳、珠海附近海域。赤潮每年频发时段为5月、6月，高发时段是7月、8月和9月；频繁引发赤潮的优势种类是具齿原甲藻、米氏凯伦藻、中肋骨条藻和夜光藻（图13－7）。

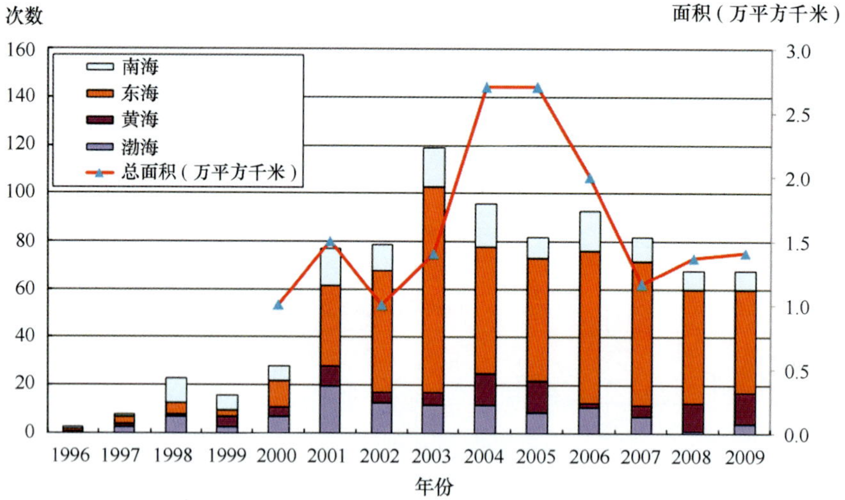

图 13－6　1996—2009 年赤潮次数和面积变化

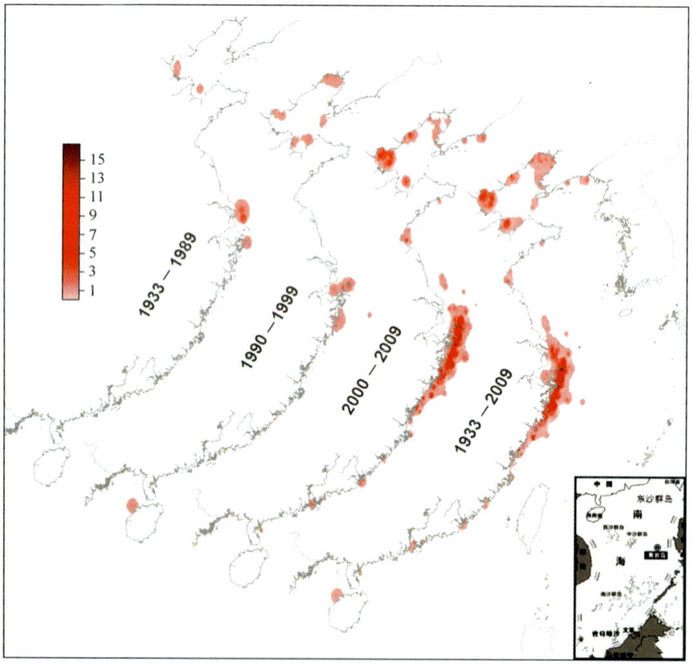

图 13－7　1933—2009 年我国海域赤潮空间分布的变化趋势

资料来源：国家海洋局：《2009 年中国海洋环境质量公报》，2010 年

2. 海水入侵

渤海滨海地区大部分监测区域海水入侵范围有所增加；东海和南海大部分监测区海水入侵范围小，程度低，海水入侵范围和含盐量保持稳定。土壤盐渍化状况的总体格局与海水入侵类似，渤海滨海地区土壤盐渍化状况有加重趋势，东海和南海滨海地区的土壤盐渍化状况基本保持稳定。

3. 溢油

2010 年 7 月 16 日，大连市新港中石油国际储运有限公司陆上输油管道发生爆炸并起火。事故发生之后，大约有 1 500 吨的原油进入海里。监视结果显示，受污染海域约 430 平方千米，其中重度污染海域约为 12 平方千米，一般污染海域约为 52 平方千米。爆炸造成的原油泄露对当地的旅游业和水产养殖业造成重创。

2009 年 9 月 15 日，巴拿马籍集装箱船“圣狄”轮在珠海高栏岛长咀附近海域搁浅，事故造成燃油泄漏入海，污染了高栏岛飞沙滩一带海域、岸线。

4. 海岸侵蚀

龙口至烟台岸段和海口长流镇镇海村岸段的砂质海岸侵蚀速度加大；营口盖州—鲅鱼圈岸段和葫芦岛绥中岸段、连云港至射阳河口岸段和崇明东滩岸段，海岸侵蚀速度减缓。

5. 浒苔

2009 年南黄海浒苔灾害爆发面积大，持续时间长，大量涌入近岸海域，对渔业、水产养殖、海洋环境、景观、生态服务功能产生严重影响。2009 年山东省浒苔灾害造成直接经济损失达 6.41 亿元。

二、海洋生物多样性保护

中国海域跨越热带、亚热带和温带，既是许多热带海洋生物分布的北缘，又是一些温带海洋生物分布的南界，海洋生物种类丰富。中国海洋生物多样性面临人类活动干扰和全球气候变化的双重威胁。为保护海洋生物多样性，中国制定了一系列政策法规，先后建立了 200 多个海洋保护区。

（一）海洋生物多样性保护战略

2010 年，国务院通过了《中国生物多样性保护战略与行动计划》（2011—2030

年），提出了我国未来20年生物多样性保护总体目标、战略任务和优先行动。在海洋生物多样性保护方面，《行动计划》确定了黄渤海保护区域、东海及台湾海峡保护区域和南海保护区域等3个海洋与海岸生物多样性保护优先区域，并详细列举了各区的保护重点。《行动计划》还选定“海岸及近海典型生态系统保护与生态修复工程”为生物多样性保护优先项目之一，内容包括：开展海岸及近海典型生态系统本底调查，摸清各类典型海岸及近海生态系统现状，研究制定海洋生态区划与保护示范。选择在沿海地区红树林、珊瑚礁、海草床、滨海湿地集中分布区及重要海岛生态区，实施海洋保护区建设工程。

（二）海洋保护区

海洋保护区一般包括海洋自然保护区和海洋特别保护区两大类。到2010年9月，中国已经建立了各级各类海洋自然保护区201个（不含台湾、香港和澳门），覆盖海域总面积约3.34万平方千米（不含南海的西南中沙群岛自然保护区），约占我国主张管辖海域面积的1.12%，其中国家级海洋自然保护区32处[①]。传统上的海洋自然保护区建设更多考虑的是某个特定海域的海洋环境和生物多样性保护，较少考虑保护区之间的联系。2002年可持续发展世界首脑会议提出建设“有代表性的海洋保护区网络”后，中国开始重视海洋自然保护区网络建设。

海洋特别保护区建设稳步推进。目前中国已经建立了17处国家级海洋特别保护区（表13－2）。海洋公园被作为海洋特别保护区的一种类型纳入现行海洋特别保护区管理体系。

表13－2　国家级海洋特别保护区名录

序号	国家级海洋特别保护区名称	所在省份	面积（平方千米）	建立年份
1	锦州大笔架山国家级海洋特别保护区	辽宁	—	2009
2	南通蛎蚜山牡蛎礁海洋特别保护区	江苏	12	2006
3	连云港海州湾海湾生态与自然遗迹海洋特别保护区	江苏	490	2008
4	乐清西门岛海洋特别保护区	浙江	30	2005
5	舟山嵊泗马鞍列岛海洋特别保护区	浙江	500	2005
6	普陀中街山列岛海洋生态特别保护区	浙江	235	2006
7	渔山列岛国家级海洋生态特别保护区	浙江	57	2008

① 根据2010年9月26日海洋自然保护区工作20周年纪念大会公布的数据，见《中国海洋报》，2010年9月28日。

续表

序号	国家级海洋特别保护区名称	所在省份	面积（平方千米）	建立年份
8	昌邑海洋生态特别保护区	山东	29	2007
9	东营黄河口生态国家级海洋特别保护区	山东	926	2008
10	东营利津底栖鱼类生态国家级海洋特别保护	山东	94	2008
11	东营黄河口浅海贝类生态国家级海洋特别保护区	山东	390	2008
12	东营州湾蛏类生态国家级海洋特别保护区	山东	140	2009
13	东营广沙蚕类生态国家级海洋特别保护区	山东	140	2009
14	文登海洋生态国家级海洋特别保护区	山东	8	2009
15	威海刘公岛海洋生态国家级海洋特别保护区	山东	—	2009
16	龙口黄水河口海洋生态国家级海洋特别保护区	山东	—	2009
17	烟台芝罘岛群岛国家级海洋特别保护区	山东	526. 51	2010

三、海洋生态环境保护的新动态

中国海洋环境保护工作由单纯污染控制向污染控制与生态建设并重转变，部门间的合作机制逐步完善。海岛环境保护和生态修复通过立法得到强化，海洋生态损害赔偿和补偿作为海洋环境保护的新举措得到有力推进。

（一）海岛保护得到加强

为了保护海岛及其周边海域生态系统，合理开发利用海岛自然资源，《海岛法》要求“国务院和沿海地方各级人民政府应当将海岛保护和合理开发利用纳入国民经济和社会发展规划，采取有效措施，加强对海岛的保护和管理，防止海岛及其周边海域生态系统遭受破坏。”

《海岛法》建立了多项重要制度，包括海岛保护规划制度、海岛生态保护制度、无居民海岛权属及有偿使用制度、特殊用途海岛保护制度和监督检查制度等。海岛保护规划是从事海岛保护、利用活动的依据。无居民海岛权属及有偿使用制度规定无居民海岛属于国家所有，由国务院代表国家行使无居民海岛所有权，是海岛管理的核心制度。特殊用途海岛保护制度主要是通过对领海基点所在海岛、国防用途海岛、海洋自然保护区内的海岛实行特殊保护措施。

为了配合《海岛法》实施，国家海洋行政主管部门陆续制定一系列配套规章、技术性规范，包括《海岛名称管理办法》、《无居民海岛使用金征收使用管理办法》、《无居民海岛开发利用审查批准办法》、《海岛保护专项规划编制和报批办法》、《省域海岛保护规划编制报批办法》、《海岛保护规划技术规程》、《无居民海岛开发利用具体方案编写大纲》、《无居民海岛使用项目论证报告编写大纲》和《省级海岛保护规划编制管理办法》等。其中，《海岛名称管理办法》已于2010年6月颁布实施。

（二）海洋生态补偿和损害赔偿得以尝试

2010年，山东省出台了我国首个海洋生态方面的补偿和赔偿办法——《山东省海洋生态损害赔偿费和损失补偿费管理暂行办法》（以下简称《办法》）。《办法》规定，在山东省管辖海域内，发生海洋污染事故、违法开发利用海洋资源等行为导致海洋生态损害的以及实施海洋工程、海岸工程建设和海洋倾废等导致海洋生态环境改变的，应当缴纳海洋生态损害赔偿费和海洋生态损失补偿费。这意味着不仅因违规建设项目用海造成海洋生态环境损害者将受到处罚，因合法建设项目用海导致海洋生态环境改变的也要进行损失补偿。

《办法》所涵盖的海洋污染事故和违法开发利用海洋资源的行为包括：海上溢油污染、违规围海填海、违规的海洋倾废、海上热污染、高浓度盐卤污染、未按照要求进行海上施工造成的污染、未按照要求进行水下作业造成的污染以及其他海洋污染和违法开发利用海洋资源的行为。

山东还配套颁布了《山东省海洋生态损害赔偿和损失补偿评估方法》。根据该评估方法，评估方法对损害赔偿和损失补偿年限和倍数按不同海洋工程、海岸工程对占用海域影响的轻重而有不同规定。据此评估方法测算，每50公顷用海（以省审批用海权限为基准单位），按照用海期限20年计算，应当缴纳1 000万元海洋生态损失补偿费。《办法》规定海洋生态损害赔偿费和海洋生态损失补偿费专项用于海洋与渔业生态环境修复、保护、整治和管理。

2007年颁布实施的《江苏省海洋环境保护条例》第十八条规定："省人民政府根据本省海洋功能区划和保护海洋环境的需要，可以在沿海划定禁止开发和限制开发的区域。对禁止开发和限制开发的区域，应当给予适当的经济补偿，具体办法由省人民政府规定。"这条规定明确要求实施区域生态补偿，但相关配套制度尚未出台。

（三）陆海兼顾的海洋环境保护理念得以实践

我国海洋环境保护工作长期以来存在海陆分割的问题，这种体制和机制上的弊病不利于海洋环境保护工作有效开展。构建涉海部门间的良好的沟通合作机制对促进海洋环境保护工作具有积极意义。2009年，国家环保部在《沿海省份"十二五"碧海行动计划编制纲要》明确要求：秉承"从山顶到海洋"的行动理念，坚持陆海兼顾、河海统筹，把近岸海域、海岸带、沿岸陆域及入海河流作为有机整体，纳入规划框架予以考虑。该纲要还要求海洋环境污染防治与重点流域水污染防治工作协调衔接。实践“陆海兼顾、河海统筹”的理念，是海洋环境保护工作的重要转变，对于解决海洋环境保护工作中存在的海陆分离和部门分割问题具有重要意义。

2010 年，环境保护部和国家海洋局签署《关于建立完善海洋环境保护沟通合作工作机制的框架协议》。根据协议，双方将在 9 个方面加强沟通与合作，包括加强海洋功能区划、规划方面的协调，共同开展重点海域氮、磷、石油类及重金属污染的控制工作，做好海洋环境保护监督管理工作衔接，共同加强海洋生态保护，强化海洋突发环境事件应急响应有效联动，实施海洋环境保护数据与技术共享，推动履行相关国际公约和国际合作，开展海洋环境保护联合执法监督检查，建立双方工作的日常联系工作机制等①。协议的签署标志着我国保护海洋环境的工作迈上新台阶。

（四）海洋环境保护工作的思路有新转变

2009 年，国家海洋局颁布了《关于进一步加强海洋生态保护与建设工作的若干意见》（以下简称《意见》），要求努力实现海洋环境保护工作的三大转变：即由单纯污染控制向污染控制与生态建设并重转变、由单纯环境管理向环境管理与服务同时转变、由被动应对生态破坏向主动预防和建设转变。该《意见》还提出了海洋生态环境保护工作的分类指导思路，即：对各类典型珍稀的海洋生态区域实行严格保护与生态涵养相结合的环境政策，强化海洋自然保护区建设和管理；对脆弱敏感的海洋生态区域实行限制开发与生态保护相结合的环境政策，抓紧建立海洋特别保护区；对已受损破坏的海洋生态环境实施生态建设与综合整治相结合的环境政策，积极开展典型海洋生态系统修复；对全海域的海洋生态环境实行综合管理与协调开发相结合的环境政策，推进基于生态系统的海洋管理。

四、参与世界海洋环境保护的主要行动

中国支持并积极参与国际海洋环境保护事务，先后加入并批准了一系列海洋环境保护国际公约。与联合国环境署、世界自然基金会、东亚海环境管理伙伴关系等进行了卓有成效的合作，成功的组织实施了多个海洋环境保护国际项目。

---

① 周文颖.《中国环境报》，2010 - 03 - 03。

（一）中国参加的海洋环境保护相关国际公约

中国已缔结和参加了多项海洋环境保护的国际公约或文书（表13－3），并切实履行相关国际义务。例如，《关于特别是作为水禽栖息地的国际重要湿地公约》要求各缔约国应指定其领土内适当湿地列入《国际重要湿地名录》，并给予充分、有效的保护。中国已将海南东寨港红树林自然保护区、上海崇明东滩自然保护区、辽宁斑海豹自然保护区、湛江红树林国家级自然保护区、惠东港口海龟国家级自然保护区、山口国家级红树林自然保护区、盐城沿海滩涂湿地、辽宁双台河口湿地、北仑河口国家级自然保护区、漳江口红树林国家级自然保护区等滨海湿地列入国际重要湿地名录，并采取了相应管理措施。

表13－3　中国参加的海洋生态环境保护相关国际公约

序号	公约名称	交存文书时间	对中国生效时间
1	《1969年国际油污损害民事责任公约》	1980－01－30	1980－04－30
2	《1973/1978年国际防止船舶造成污染公约》	1983－07－01	1983－10－02
3	《防止倾倒废物和其他物质污染海洋的公约》	1985－11－14	
4	《控制危险废物越境转移及其处置的巴塞尔公约》	1991－12－17	1992－05－05
5	《关于特别是作为水禽栖息地的国际重要湿地公约》	1992－03－31	1992－07－31
6	《生物多样性公约》	1992－06－11	1993－01－05
7	《关于环境保护的南极条约议定书》	1994－08－02	1998－01－14
8	《公约》	1996－06－07	1996－07－07
9	《1990年国际油污防备、反应和合作公约》	1998－03－30	1998－06－30
10	《修正1969年国际油污损害民事责任公约的1992年议定书》	1999－01－05	2000－01－05
11	《〈防止倾倒废物和其他物质污染海洋的公约〉1996年议定书》	2006－09－29	2006－10－29

（二）中国参加的国际海洋生态环境保护项目

我国海洋环境保护国际合作涉及的主要形式有以下几种：与周边或其他沿海国家政府间的双边或多边合作，与联合国环境署区域海组织之间的合作，与联合国环境规划署、联合国开发计划署、国际海事组织等国际组织的合作，与沿海国家海洋环境研究机构、高等院校等开展多种形式的合作①。中国参加的国际海洋生态环境保护项目主

① 吴险峰，韩鹏：《我国海洋环境保护国际合作现状与展望》.《环境保护》，2006，20：68－70。

要有“扭转南海及泰国湾环境退化趋势项目”、“东亚海环境管理伙伴关系地区计划”、“西北太平洋海洋和沿岸地区环境保护、管理和开发的行动计划”、“黄海大海洋生态系项目”、“中国南海沿海地区生物多样性管理项目”等。

“扭转南海及泰国湾环境退化趋势项目”（简称南海项目）是由南海周边的中国、越南、柬埔寨、泰国、马来西亚、印度尼西亚、菲律宾等7国共同发起，联合国环境署组织实施，全球环境基金提供资助的海洋环境保护大型区域合作项目。项目的总目标是：在区域层面上创造合作与参加氛围，解决南海环境问题；在参与各方间和各个层面上培养与鼓励各方合作并参与。加强项目各参加国将环境考虑纳入国家发展计划中的能力。项目中期目标是：在政府间层面上，制定目标明确、费用合理、可操作性强的长远策略行动计划并达成一致；解决南海海洋与海岸带环境优先问题与担忧。项目实施内容包括红树林、珊瑚礁、海草、湿地、渔业资源与陆源污染控制6个专题，我国参加红树林、海草、湿地与陆源污染控制4个专题。本项目各参加国之间采取协调行动，共同保护南海环境，使南海地区的社会、经济与环境可持续协调发展。项目计划周期为5年，2002年3月开始由当时的国家环保总局牵头实施。

东亚海环境管理伙伴关系地区计划（简称东亚海项目）是由全球环境基金资助、联合国开发计划署组织实施的环境管理类项目，主要面向东亚各国。东亚海项目目前执行了三期，我国参加了所有三期项目。第一期项目是防止东亚海域环境污染计划（1994—1999年），项目在中国厦门设立了示范区。第二期是建立东亚海域环境管理伙伴关系计划（2000—2006年），主要内容是解决跨行政管理边界的热点海域的环境管理问题，在环境管理中建立相关部门间的合作伙伴关系。项目在辽宁省、河北省、山东省、天津市和厦门市设立了示范区。第三期是实施东亚海可持续发展战略（2008—2011年），在辽宁省、河北省、山东省、天津市和厦门市以及我国的10个海岸带综合管理平行示范城市实施。

西北太平洋海洋和沿岸地区环境保护、管理和开发的行动计划（简称西北太平洋项目）是联合国环境规划署区域海洋项目的一个组成部分。我国参加了其中6个项目，分别为：综合性数据库和管理信息系统项目，区域内国家环境政策、法规与战略项目，近海与沿岸及相关淡水环境监测和评价项目，海上油污染防备与应急反应项目，海洋环境保护公众宣传教育项目，保护海洋环境免受陆上活动污染项目准备。

黄海大海洋生态系项目是由全球环境基金资助、联合国开发计划署实施、由中韩两国共同执行的地区项目。项目是通过跨边界诊断分析，确定黄海大海洋生态系所面临的问题，形成国家和区域的黄海战略行动计划，并推动区域战略行动计划的实施，以有效地减轻该海域所承受的社会、经济发展带来的压力，推进对黄海大海洋生态系的可持续利用和管理，促进黄海周边国家社会、经济的发展。

中国南部沿海地区生物多样性管理项目（简称南海生物多样性项目）是由全球环境基金资助，联合国开发计划署执行，国家海洋局实施的项目。美国国家海洋与大气管理局提供部分资金和技术支持。项目在中国东南5个省区设立了4个示范区执行，分别是浙江南麂列岛国家级海洋自然保护区、跨福建－广东边界的东山—南澳生物洄游走廊示范区、广西山口—涠州岛多种生态复合区和海南三亚珊瑚礁国家级自然保护区 。项目预期在示范区发展生态旅游、控制陆地和沿海地区的污染、修复珊瑚礁和红树林海洋生态系统、提高地方政府官员和居民保护生物多样性的意识、强化省际间良好合作协调机制等，以提高中国沿海地区保护海洋生物多样性的能力。

五、小　结

中国沿海社会经济的快速发展给海洋环境的压力持续存在。2010全海域未达到清洁海域水质标准的面积约14.7万平方千米，比2008年增加7.3%。污染海域空间分布基本延续以前的格局，污染严重的海域集中在大型入海河口和海湾，包括辽东湾、渤海湾、莱州湾、胶州湾、象山港、长江口、杭州湾、珠江口等海域。渤海污染总面积延续了2008年的减少趋势，其他海域污染总面积均比2008年有所增加。黄海严重污染和中度污染海域面积增长了一倍，在东海和南海重度污染以上的海域面积均比2008年显著增加。赤潮、海水入侵、海岸侵蚀等海洋环境灾害发生和造成损失情况没有明显变化，近岸海域生态系统处于高风险的暂时稳定状态。中国海洋环境保护制度逐渐完善，陆海兼顾的海洋环境保护机制，区域海洋环境管理制度得以强化。除海洋污染防治外，海洋生态修复和生态建设、海洋保护区网络工作得到重视。《海岛保护法》及一系列配套制度的颁布实施标志着我国海岛的开发保护步入了新的阶段。

第十四章　中国海洋生态环境安全

海洋生态环境安全是指海洋生态系统处于健康状态，且受外界干扰风险小，能够适应国家经济社会持续发展的需要。海洋生态环境安全是国家海洋安全的重要组成部分。目前我国局部海域生态环境有所改善，但海洋生态环境总体恶化的趋势未得到根本扭转。对海洋经济和沿海地区社会发展，乃至国家的安全稳定构成了一定威胁。海洋生态环境安全形势不容乐观，海洋生态安全问题亟待解决。

一、海洋生态环境安全的内涵

“海洋生态环境安全”是一个新概念，是把“生态环境安全”的概念引入海洋领域而产生的。与“生态环境安全”涵义相同或相似的常用概念还有“海洋环境安全”和“海岸带生态安全”。一般认为，生态环境安全研究是从生态风险分析发展而来①②。对生态环境安全的研究是从对“安全”定义的扩展开始，主要围绕着“环境变化”和“安全”之间的关系展开的。最早将环境变化含义明确引入安全概念的学者是莱斯特·R·布朗。早在1977年，布朗就提出要对国家安全加以重新界定，并在1981年的一本著作《建立一个持续发展的社会》中指出：“目前对安全的威胁，来自国与国间关系的较少，而来自人与自然间关系的可能较多。”“土壤侵蚀，地球基本生物系统的退化和石油储量的枯竭，目前正在威胁着每个国家的安全”③。1987年世界环境与发展委员会的正式报告《我们共同的未来》中首次提出生态环境安全（环境安全）的概念。

生态环境安全有广义和狭义的两种理解。广义的生态环境安全是指在人的生活、健康、安乐、基本权利、生活保障、社会秩序等方面不受威胁的状态。该定义包括两层基本含义：一是避免由于生态环境退化和资源短缺对经济发展构成威胁，从而维护一个国家的生态环境对于本国经济持续发展的环境支撑能力；二是避免由于生态环境严重退化和资源严重短缺造成环境难民并引起暴力冲突，从而防范环境问题对区域稳

① 肖笃宁，陈文波，郭福良：《论生态安全的基本概念和研究内容》．《应用生态学报》，2002，23（3）：354－358。

② 王根绪，程国栋，钱鞠：《生态安全评价研究中的若干问题》．《应用生态学报》，2003，14（9）：1551－1556。

③ 崔胜辉，洪华生，黄云凤等：《生态安全研究进展》．《生态学报》，2005，25（4）：861－868。

定和国际安全构成威胁[①②]。狭义的生态环境安全的关注对象是生态系统本身，可以用生态风险和生态健康两方面进行定义，生态风险强调生态系统或某一环境状态的外界影响和潜在的胁迫程度；而生态健康则反映了系统内在的结构、功能等的完整程度和所具有的活力与恢复力状态。健康的生态系统并不一定是安全的，需要与生态系统所处的风险状态相联系[③]。

美国作为一个经济发达国家最早认识到了环境安全的重要性。1991 年 8 月，美国公布了新的《国家安全战略报告》，首次将环境安全视为其国家利益的组成部分。1994 年美国国会通过《环境安全技术检验规则》将环境安全纳入到美国的防务任务之中[④]。2000 年中国国务院发布的《全国生态环境保护纲要》中正式提出了国家生态环境安全。这是我国首次将生态环境安全纳入国家安全的范畴。《纲要》明确指出，生态环境继续恶化，将严重影响我国经济社会的可持续发展和国家生态环境安全。

国内有专家专门针对海洋生态环境安全问题开展研究，较早注意到海洋生态环境安全问题，提出生态环境安全是国家安全的重要组成部分，海洋生态环境恶化对国家安全造成威胁。海洋生态环境安全可以看作与人类生存、生活和生产活动相关的海洋生态及海洋资源处于良好的状况或免于遭受不可恢复的破坏[⑤]。也有专家指出，海洋生态环境安全是一个与可持续发展原则紧密联系的、积极预防的行为方式，它要求人们更多地关注海洋生态系统将来的健康和风险，要求人们在对海洋环境产生负效应之前就制定政策并采取行动[⑥]。

二、影响海洋生态环境安全的因素

影响海洋生态环境安全的因素可分为内因和外因。内因主要是指包括沿海社会经济系统在内的复合海洋生态系统本身的健康状态，而外因主要是指与海洋生态系统健康状态之外的外来压力，例如台风、气候变化、突发性的溢油等灾害。

---

① 付保荣，惠秀娟：《生态环境安全与管理》. 北京：化学工业出版社，2005。

② 曲格平：《关注生态安全之一：生态环境问题已经成为国家安全的热门话题》.《环境保护》，2002，5：3－4。

③ 王根绪，程国栋，钱鞠"《生态安全评价研究中的若干问题》.《应用生态学报》，2003；14（9）：1551－1556。

④ 丁德文，徐惠民，丁永生等：《关于"国家海洋生态环境安全"问题的思考》，《太平洋学报》，2005，10：61－64。

⑤ 丁德文，徐惠民，丁永生等：《关于"国家海洋生态环境安全"问题的思考》，《太平洋学报》，2005，10：61－64。

⑥ 张珞平，洪华生，陈伟琪等：《海洋环境安全：一种可持续发展的观点》.《厦门大学学报（自然科学版）》2004，43：254－257。

（一）气候变化

全球气候变化是国际社会重点关注的问题之一。全球气候变化对海洋生态环境产生了深刻的影响，已经成为讨论各种海洋生态环境问题的大背景。全球气候变化的最主要特征是温室气体增加导致的全球气候变暖。研究表明，从 1906—2005 年，地表温度的全球平均值增加了大约 0.74℃①。研究表明，全球气温升高 3～4℃，可能导致 3.3 亿人由于洪灾而永久地或者暂时地失去家园。变暖的海洋还会催生更加猛烈的热带风暴。由于目前有超过 3.44 亿人遭受热带气旋威胁，因此更猛烈的风暴可能对许多国家造成毁灭性后果②。全球气候变化对海洋有直接的影响，也直接威胁海洋生态环境安全，主要表现如下。

1. 海平面上升

全球气候变暖引起海平面上升。有确凿的证据表明由于海洋热膨胀（水变暖导致发生膨胀）和陆地冰川融化导致的海水增加，全球海平面在 20 世纪逐渐升高。在公元初和公元 1900 年期间，海平面高度变化很小，而在 20 世纪则显著上升。科学家预测，未来海平面将以更快的速度上升。沿海潮汐测量站的测量结果证实了这个观测结论，并指出在前几十年中也有类似的上升速度。预计 21 世纪全球海平面上升的速度要大于 1961—2003 年③。海平面上升不仅会引起潮滩湿地与其他低地淹投、加剧海岸侵蚀、风暴潮、低洼地洪涝和盐水入侵等海岸灾害，影响海洋与海岸环境演变过程和各种自然资源的开发利用以及城市供排水系统、港口码头设施和海堤、涵闸等各种水利工程，造成社会经济巨大损失④。

在国外，海平面上升被作为海岸侵蚀的主要影响因素而受到高度重视。近几十年来，我国沿海海岸侵蚀呈明显加剧的发展趋势。一些研究认为，海平面上升，闸下潮位抬升，潮流顶托作用加强，将导致沿海涵闸排水能力下降，从而导致沿海低洼地洪涝灾害加重。

---

① 政府间气候变化专门委员会第四次评估报告第一工作组的报告，《气候变化 2007：自然科学基础》，2007 年，第 103 页。

② 联合国开发计划署：《2007/2008 年人类发展报告－应对气候变化：分化世界中的人类团结》，2008 年。

③ 政府间气候变化专门委员会第四次评估报告第一工作组的报告，《气候变化 2007：自然科学基础》，2007 年，第 111 页。

④ 杨桂山，施雅风：《中国沿岸海平面上升及影响研究的现状与问题》．《地球科学进展》，1995；10（5）：475－482。

2. 海水升温

气候变化对珊瑚礁的影响是多方面的，其中最主要的是导致珊瑚礁白化。气候变化导致珊瑚礁白化的途径主要包括：①海水表温升高引起珊瑚礁白化。在过去20年间，全球海水表面温度上升造成的大量珊瑚礁白化的现象，已引起广泛注意[①]。例如，1982—1983年，发生在印度尼西亚、澳洲大堡礁和巴拿马附近海域的珊瑚白化以及1997—1998年的全球珊瑚礁大量白化，都与水温升高有关[②③]。②珊瑚礁生物的疾病蔓延，自1980年以来，全球珊瑚礁生物的疾病频频发生，科学家发现许多怪异的疾病都与气候变迁有关[④]。③臭氧层破坏导致太阳幅射或紫外线增加，也会导致珊瑚白化和死亡；④降雨异常集中等气候异常现象，使珊瑚礁区的海水盐度产生剧烈改变，也可引起珊瑚白化；⑤大气中的二氧化碳浓度升高，导致海洋酸化，减缓珊瑚礁的成长，对珊瑚礁生态系造成严重的影响。

由于珊瑚礁生态系统是海洋生物多样性最高的区域，珊瑚礁生态系统的退化将引发一系列的问题：①珊瑚礁是非常重要的经济渔业种类栖息地，珊瑚礁生态系统的退化意味着渔业种类栖息地的丧失和渔业资源数量减少，直接威胁海洋捕捞产业安全；②依赖于珊瑚礁的海洋旅游业已经发展成为规模巨大的产业，珊瑚礁白化无疑将对依赖于珊瑚礁的海洋旅游业造成毁灭性的打击；③珊瑚礁生态系统的退化可能对海洋生态系统的其他部分造成难于预知的负面影响。珊瑚礁所维持的海洋生物多样性除了具有现实的直接利用价值以外，还具有重要的备选价值，也就是海洋生物将来被人类认识和利用的价值，珊瑚礁生态系统的退化也降低了这种备选价值。

3. 海洋酸化

空气中二氧化碳浓度的增加致使海洋中吸收溶解的二氧化碳也在增加，并导致海水正在逐渐变酸。海洋酸化会使珊瑚和其他含石灰质海洋生物的碳酸钙骨骼部分崩解。这种变迁对海洋生态系统和依靠珊瑚礁旅游的海洋经济构成灾难性后果。海水变酸对

---

① Wilkinson, C. R. 1999. Global and local threats to coral reef functioning and existence: review and predictions. Marine Freshwater Research. 50: 867 - 878.

② Hoegh - Guldberg O. Climate change, coral bleaching and the future of the world's coral reefs. Marine & Freshwater Research 1999; 50 (8): 839 - 866.

③ Wilkinson, C. R. Global and local threats to coral reef functioning and existence: review and predictions. Marine Freshwater Research. 1999, 50: 867 - 878.

④ Harvell CD, Kim K, Burkholder JM, Colwell RR, Epstein PR, Grimes DJ, Hofmann EE, Lipp EK, Osterhaus A, Overstreet RM. Emerging Marine Diseases——Climate Links and Anthropogenic Factors. Science 1999; 285 (5433): 1505 - 1510.

海洋生物也可直接对以碳酸钙作为外骨骼的生物造成伤害。

4. 气象灾害

气候变化导致风暴潮等海洋灾害性天气在沿海地区的发生频率和强度都会有所增加。在过去30年里，飓风的平均数量有所增加。一些模拟研究预估全球热带气旋的数量将会减少，但将伴有更高的风速和更强的降水①。

风暴潮灾害性天气直接破坏海岸带地区环境，并造成人员伤亡和财产损失（表14－1）。风暴潮对海岸危害表现为：①风暴潮可以直接摧毁沿海的基础设施，可能对沿海海堤、海岸工程、公路等造成严重的破坏；②对沿海和海上工农业设施造成破坏，风暴潮造成的增水会淹没码头、仓库等，造成工厂瘫痪，严重的会破坏海上油井、海水养殖设备、摧毁渔船等；③风暴潮加速海岸侵蚀；④频繁发生的强烈风暴潮事件，可直接摧毁折断枝状珊瑚，并降低海水盐度、增大海水混浊度、减少溶解氧等，破坏珊瑚生长环境进而影响生物群落②。

表14－1　风暴灾害中死亡人数

地区	1980—1989年	1990—1999年	2000—2007年
非洲	1 088	1 130	1 094
亚太地区	35 385	185 645	13 098
欧洲	687	1 086	457
拉丁美洲和加勒比海地区	2 136	21 793	5 547
北美	2 482	1 803	2 926
西亚	26	27	189
全球	41 804	211 484	23 311

资料来源：UNEP，Global Environment Outlook 4，2007

随着海洋变暖，热带气旋的强度将更强，最大风速度更高，带来的降水更多。目前所知的证据清楚地表明：气候变化将增加人们面临气候灾害的风险。2000年到2004年，平均每年报告的气候灾害多达326起。每年有约2.62亿人受到灾害影响，比1980年到1985年的灾害数量增加了一倍多③。

---

① 《政府间气候变化专门委员会第四次评估报告第一工作组的报告》，《气候变化2007－自然科学基础》，2007年，第122页。

② 赵美霞，余克服，张乔民：《珊瑚礁区的生物多样性及其生态功能》．《生态学报2006》，26（1）：186－94。

③ 联合国开发计划署：《2007/2008年人类发展报告，应对气候变化：分化世界中的人类团结》，2008年。

中国海岸带已经受到气候变化和海平面上升的影响，风暴潮、洪水、强降雨等极端天气事件和干旱等气候事件对沿海地区造成的灾害更明显①。一些研究者通过典型地区现状不同重现期风暴潮位与叠加海平面上升值后相应重现期风暴潮位的对比分析表明，随着海平面上升，我国沿海风暴潮灾呈明显增加趋势。如在渤海湾西岸，相对海平面上升 90 厘米将导致现状百年一遇风暴潮变为 20 年一遇②；而在长江口和珠江口某些岸段，计算出相对海平面上升 50 厘米，就将使现状百年一遇风暴潮变为 10 年一遇③④。

（二）经济全球化

当今世界最主要的特征是经济全球化。经济全球化对海洋生态环境的影响是间接的，表现在：①经济全球化促进各国间的贸易发展和各国间货运的增长。全球 80% 的货物运输依靠海运，全球货运总量的增长促进海运总量的增长（表 14－2）。海运总量的增加则意味着随压舱水和船舶底附生物迁移造成的生物入侵风险增加；②海洋石油运输常年持续增长，在一定程度上增加了溢油风险；③在经济全球化的背景下，海岸带凭借优越的区位条件将吸引更多的经济活动。海岸带密集的经济布局一方面增大了对生态环境的压力，另一方面也增大了在海洋灾害中可能的经济损失。

表 14－2　世界海洋大宗货物运输量（10 亿吨/英里）

年份	石油			铁矿石	煤炭	谷物	五类主要干货	其他干货
	原油	成品油	原油和成品油					
1970	5 597	890	6 487	1 093	481	475	2 049	2 118
1980	8 385	1 020	9 405	1 613	952	1 087	3 652	3 720
1990	6 261	1 560	7 821	1 978	1 849	1 073	5 259	4 041
2000	8 180	2 085	10 265	2 545	2 509	1 244	6 638	6 790
2001	8 074	2 105	10 179	2 575	2 552	1 322	6 782	6 930
2002	7 848	2 050	9 898	2 731	2 549	1 241	6 879	7 395
2003	8 390	2 190	10 580	3 035	2 810	1 273	7 464	7 810

① 林而达，许吟隆，蒋金荷等：《气候变化国家评估报告（II）：气候变化的影响与适应》，《气候变化研究进展》，2006，2（2）：51－56。

② 夏东兴，刘振夏等：《海面上升对渤海湾西岸的影响与对策》，《海洋学报》，1994，16（1）：61－67。

③ 朱季文，季子修等：《海平面上升时长江三角及邻近地区的影响》，《地理科学》，1994，14（2）：109－117。

④ 李平日，方国祥等：《海平面上升对珠江三角经济建设的可能影响及对策》，《地理学报》．1993，48（6）：527－534。

续表

年份	石油			铁矿石	煤炭	谷物	五类主要干货	其他干货
	原油	成品油	原油和成品油					
2004	8 795	2 305	11 100	3 444	2 960	1 350	8 139	8 335
2005	9 239	2 510	11 749	3 711	3 124	1 385	8 615	8 730
2006	9 516	2 635	12 151	4 120	3 372	1 436	9 341	9 195
2007	9 214	1 870	11 084	4 544	3 778	1 927	10 676	9 665
2008	9 300	1 992	11 292	4 849	3 905	2 029	11 209	10 245

资料来源：United Nations conference on trade and development，Review of maritime transport 2009，Geneva：United Nations conference on trade and development，2009

注：1 英里 =1 609. 34 千米。

（三）人口和经济布局趋海化

海岸带是陆地和海洋交互作用的地区，资源丰富、交通便利，居住环境适宜，已成为人口和经济的分布密集区。人口和经济布局趋海化的趋势仍在继续。根据 UNEP 的统计，全球居住在距离海岸线 100 千米范围内的人口数量在 1990 年约为 20 亿左右，2005 年，该数量增加到近 25 亿，15 年内增长近 25%（表 14 -3）。

表 14 -3　距离海岸线 100 千米范围内的人口数量变化（千人）

地区	1990 年	1995 年	2000 年	2005 年
非洲	175 602	197 123	220 166	244 793
亚太地区	1 168 386	1 265 329	1 353 066	1 436 125
欧洲	320 947	327 149	331 815	334 573
拉丁美洲和加勒比海地区	224 900	244 742	264 198	283 235
北美	116 155	122 645	129 049	134 956
极地	56	56	56	57
西亚	27 741	32 417	38 026	44 278
全球	2 033 787	2 189 461	2 336 376	2 478 017

资料来源：United Nations Environment Programme，Global Environment Outlook 4，2007

相对于气候变化而言，人类活动对海洋生态环境的直接影响是主要的。这些影响主要包括：①沿岸工业和生活污水、废弃物排放入海，陆源污染物排放是对海洋生态环境造成影响的最主要因素。这个问题一致受到国际社会的高度关注；②海洋和海岸工程改变海岸形态，改变海岸带生境，直接破坏海洋生态系统；③地表水过度取用导致入海淡水减少，河口生态系统海岸带地下水超采导致海水入侵加剧；④过度捕捞导致渔业资源衰竭，改变海洋生态系统结构；⑤海上交通运输和海洋石油开采等活动造成污染；⑥海水养殖污染，包括养殖废水排放、过量投放的饵料沉积、贝类鱼类的排泄物沉积、防止养殖病害而投放的药物污染等；⑦海砂开采加剧海岸侵蚀，海岸带地下水超采加剧海水入侵。

（四）海洋污染

海洋环境污染可以直接危害人体健康，根据世界卫生组织和联合国海洋环境保护科学专家小组的估算，每年因海洋污染所造成的人类健康损害的经济损失达到100亿~200亿美元①。国际社会重点关注的海洋污染问题主要是陆源污染、航运船舶污染和海洋倾废等三类。

陆源污染是危害近海环境的主要形式，这种危害通过食物链传递等进一步波及全球范围的人类健康、食品安全，造成不容忽视的负面影响。陆源污染的形式包括：①未经处理或者处理不当而直接或间接排海的生活和工业污水；②人类活动造成的生境改变；③过多的营养物；④有机污染物；⑤放射性物质；⑥重金属；⑦由于扰动导致的沉积物活化作用；⑧固体废弃物；⑨油类。以上污染物中又以污水数量为最多。

近岸海域出现死亡区是一种典型的陆源污染物排放导致的生态环境安全问题。由于含氮和磷的污染物大量排入近岸海域，海藻和其他植物大量繁殖。这些植物死去后沉入海底，并植物体的分解耗费水中溶解的氧气，由于海水缺氧导致鱼类、甲壳动物及其他动植物死去，整个海域变成无生物存活的死亡区。在过去50年中，死亡区的面积持续扩大，波罗的海、卡特加特海峡、黑海、墨西哥湾及东海等尤其严重。至今全球已有400个此类死亡区，所占面积超过24万平方千米。

航运活动给海洋环境带来的威胁是多方面的，包括船舶事故造成的溢油风险和航运过程中压舱水和船底底附生物带来的外来物种入侵风险。其中，溢油不但对事发海域生态环境造成巨大的破坏，溢油污染事件通常会被大肆宣传，而造成较坏的社会影响。

（五）过度捕捞和非法捕捞

全球近海海洋渔业资源处于过度捕捞状态。从20世纪60年代到本世纪初，世界海洋捕捞量持续增长（表14-4）。过度捕捞活动不只对渔业资源本身造成影响，也对整

① Joint Group of Experts on the Scientific Aspects of Marine Environmental Protection, A Sea of Troubles, 2001.

个海洋生态系统产生负面影响：①捕捞活动通常是选择性的捕捞经济鱼类，目标鱼种被大量捕获将改变原有的食物链结构，影响掠食鱼－被食鱼之间的关系，导致鱼类物种结构变化，而且这种变化在停止捕鱼压力之后无法恢复到原始状况；②过度捕捞可能够减少成长慢、成熟晚的大型鱼种数量，导致出现由主要是小型个体生物体构成的群落；③除了目标种外，大量的副渔获物被捕获，影响非目标鱼种的数量；④可能导致对不同身体和生殖特点进行遗传选择，根除不同的地方种群。选择性捕捞可能对海洋鱼类种群的遗传多样性产生巨大影响，甚至导致鱼种灭绝[①]。

表 14－4 世界海洋捕捞产量（万吨）

地区	1960 年	1965 年	1970 年	1975 年	1980 年	1985 年	1990 年	1995 年	2000 年	2005 年
非洲	164	236	259	287	238	269	322	391	461	500
亚太地区	1 167	1 422	1 874	2 348	2 562	3 022	3 570	4 474	5 186	5 585
欧洲	994	1 484	1 831	2 154	2 138	2 278	1 950	1 854	1 791	1 558
拉丁美洲和加勒比海地区	455	916	1 521	634	923	1 335	1 563	2 116	1 993	1 897
北美	348	372	403	372	486	611	726	620	590	619
极地	3.5	4.1	3.9	4.8	10.4	9.5	14.3	12.9	16.0	21.6
西亚	12.7	15.8	19.6	36.3	32.3	32.0	35.8	43.5	43.9	61.7
合计	3 145	4 449	5 912	5 835	6 391	7 557	8 180	9 511	10 080	10 242

资料来源：United Nations Environment Programme，Global Environment Outlook 4，2007.

不恰当的捕捞方式也能对海洋生物多样性造成破坏，其中最受关注的是底拖网。底拖网在拖过海底时造成大面积破坏，将生物、岩石和沉积物一同捕捞上来，从而降低了生境的复杂性，并且在松软的底层搅动沉积物，造成栖息在海底的生物窒息。特别是底拖网通常在海隆和冷水珊瑚等高生物多样性区作业，其对生物多样性的负面影响非常大。比较研究发现，在开展拖网捕鱼和没有开展拖网捕鱼的水域，海底生物群落结构存在明显差异。

（六）外来物种入侵

外来入侵物种是指通过有意或无意的人类活动被引入到自然分布区外，在自然分布区外的自然、半自然生态系统或生境中建立种群，并对引入地的生物多样性造成威

① 根据《秘书长关于海洋和海洋法的报告 2004 年增编》，A/59/62/Add. 1，2004 年，第 69 页。

胁、影响或破坏的物种。外来物种是导致生物多样性丧失的重要因素，已成为严重的全球性生态环境问题之一①。

由于受到外界环境的限制，如陆地的阻隔、温度的差别、盐度的差异等，许多海洋生物仅生活在一个局部的海域，成为该海域的地方种或本地种。船舶运输使很多物种通过压舱水、吸附在船底等方式在世界各海区传播。有部分物种成为危害一方的外来入侵物种。例如食肉性的红螺 1947 年自日本海迁移到黑海。10 年后，几乎将黑海塔乌塔海滩的牡蛎完全消灭。美洲栉水母，原本生活于南美和北美的东部海岸。大约在 1982 年前后，美洲栉水母被货轮吸入到压舱水中被传送到黑海。由于黑海浮游生物大量繁殖，为水母提供了充足的食物，同时人类捕捞消灭了水母的捕食者，为水母的生长创造了一个有利环境，导致水母的数量在 1988 年剧增。数量剧增的水母大量食用浮游生物，使浮游生物大量减少。由于水母与鱼类争夺食物，吃掉他们的卵和幼体，使得鱼类资源也大幅度下降。前苏联在黑海的捕捞量一年之内从 25 万吨骤降至 3 万吨。

海洋生物也有可能吸附在塑料容器等不易被降解的垃圾上漂浮，传播到世界的任何地方。通过海洋垃圾向亚热带地区扩散的生物增加了 1 倍，在高纬度地区甚至增加了 2 倍多②。

三、海洋生态环境安全形势

尽管中国政府高度重视海洋生态环境保护工作，采取多种措施积极防治，取得一定成效。但是过去 30 年，中国经济发展基本上沿袭了以规模扩张为主的外延式增长模式，使得近海生态环境受到较为严重威胁。未来如果不采取综合而有效的控制措施，海洋生态环境风险将持续加大，可能对国家经济、社会持续发展造成一定的危害。

（一）近海环境污染与海洋生态环境安全

目前，我国近岸海洋环境污染形势依旧严峻。海洋环境污染面积居高不下，污染范围不断扩展，逐步从近岸向近海，从海水环境逐渐向沉积物和海洋生物延伸，从一般污染物向含有毒有害污染物扩展，从单一工业污染，逐步向工业污染、农业面源污染、大气污染等复合污染转变。海洋环境污染的累积效应对海洋生态系统、海洋食物甚至社会经济健康发展产生不良影响。

---

① 柏成寿：《外来入侵物种管理与生扬多样性保护》，《环境保护》，2002，8：21 -23。

② 解焱：《外来物种入侵、危害及我国的对策研究》，http：//www. chinabiodiversity. com/shwdyx/ruq/ruq7. htm，2009 -01 -03。

1. 对海洋生态安全的影响

（1）排污口及河口邻近海域生态系统受到胁迫

陆源污染是我国海洋生态环境防治的重点问题之一。多年来监测与评价结果显示，大量工业和生活污水通过排污口和入海河流排放入海，对排污口和河口邻近海域环境影响严重，生态系统受到胁迫。2009 年国家海洋局对入海排污口的监测与评价结果表明，457 个陆源入海排污口中 337 个排污口存在超标现象，占监测排污口的 73.7%，不同类型排污口的超标排放比例不一（图 14－1）。入海排污口排放的主要指标污染物包括总磷、悬浮物、CODCr 和氨氮（图 14－2）。全年对 230 个入海排污口开展了重金属污染物排放状况监测与评价：15 个排污口超标排放重金属污染物，超标程度严重程度依次为：镉、汞、铅、六价铬、砷。对入海排污口的排放状况综合评价结果表明，2009 年我国近岸海域排污口对邻近海域环境危害较大的约占 1/3 以上（图 14－3）。陆源污染累积影响造成的近海水域荒漠化已经成为不容忽视的问题。如浙江余姚黄家埠等排污口邻近海域出现无生物区，无底栖生物区面积达 20 多平方千米。锦州湾五里河口有 7 平方千米的“无生物区”；莱州湾小清河口有 4 平方千米的“无生物区”；台州椒江口也出现了“无生物”斑块，面积达 3.3 平方千米。

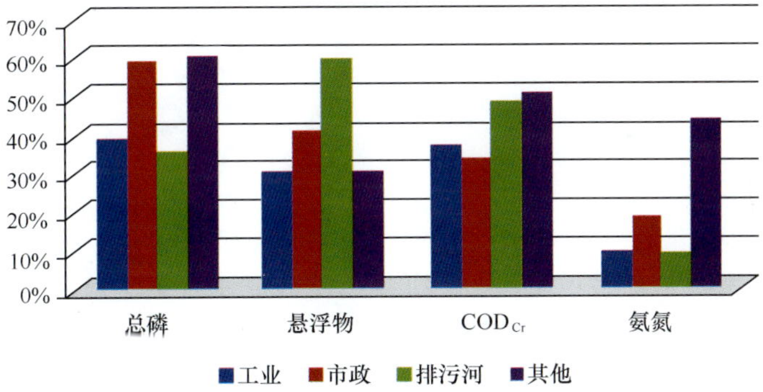

图 14－1　2009 年监测不同类型入海排污口的超标排放情况

资料来源：国家海洋局：《2009 年中国海洋环境质量公报》2010 年

（2）赤潮等海洋生态灾害发生风险增大

我国近海正面临着严峻的富营养化问题，突出表现在以下几个方面：①营养盐污染海域面积广，且有不断扩大趋势。自 2000 年以来，我国近海未达到清洁海域水质标准的面积均超过 13 万平方千米，约占我国近岸海域（水深 10 米以浅）面积的一半（图 14－4）。无机氮和活性磷酸盐是导致我国近海水质超标的主要原因。②河口和海湾

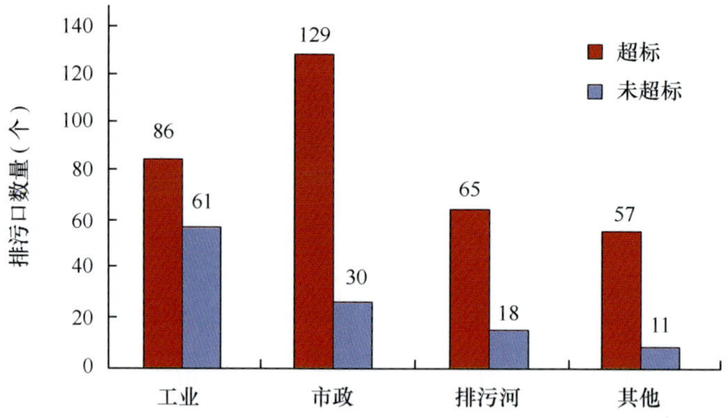

图 14－2　2009 年监测入海排污口主要污染物的超标比例
资料来源：国家海洋局：《2009 年中国海洋环境质量公报》，2010 年

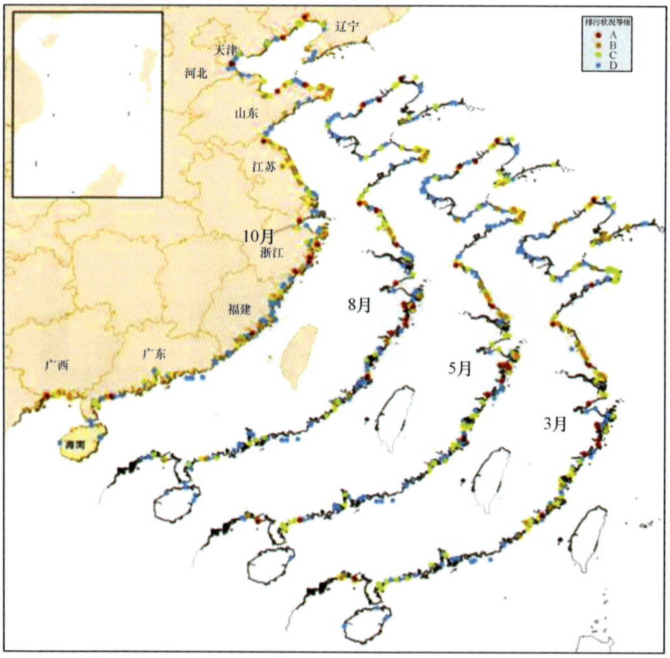

图 14－3　2009 年入海排污口的排污状况级别
图 14－3 A 红色表示对海域环境造成的危害或潜在危害最大；B 橙色表示对海域环境造成的危害或潜在危害较大；C 黄色表示对海域环境有一定的危害或潜在危害；D 蓝色表示对海域环境造成的危害或潜在危害较小
资料来源：国家海洋局：《2009 年中国海洋环境质量公报》2010 年

营养盐污染问题严重。渤海的辽东湾、渤海湾和莱州湾、东海的长江口、杭州湾，南海的珠江口都是营养盐污染问题突出的海域。③近岸海域氮污染问题突出。大多数沿海省份近岸海域海水中的溶解无机氮（DIN）平均浓度均超过国家一类海水水质标准，上海和浙江近岸海域 DIN 平均浓度连年超过四类海水水质标准。

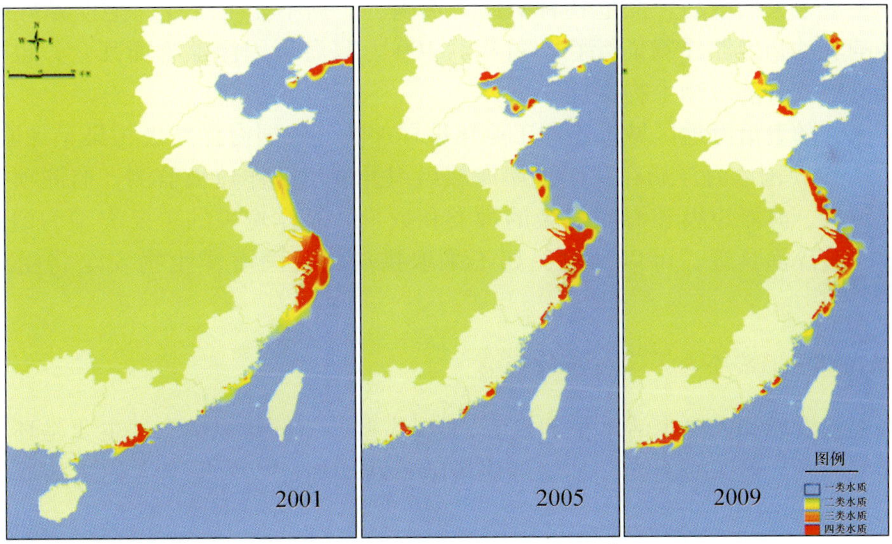

图 14－4　21 世纪初至今中国近海营养盐污染海域分布情况[①]

有害藻华和水体缺氧是近海富营养化所导致的最重要的生态环境问题。研究表明，富营养化是全球范围内有害藻华发生频率日益增加的重要原因之一。与 20 世纪 90 年代相比，2001 年以来，无论是发生频次还是涉及海域面积，中国赤潮灾害都骤增；年均 79 次，年均面积 16 300 平方千米，赤潮发生次数和累计面积均为 20 世纪 90 年代的 3.4 倍。从多年的趋势上看，赤潮发生有从局部海域向全部近岸海域扩展的趋势。浒苔灾害自 2007 年以来连续发生，累计直接经济损失近 20 个亿。

我国近海的长江口、珠江口以及其他一些河口附近水域存在着不同程度的水体缺氧问题。近年来，长江口邻近海域底层水体缺氧现象出现加剧迹象，相应的生态系统变化是对经济资源造成破坏的水母类大量增多。2000 年以来，我国近海无经济价值的大型水母数量开始呈现明显的上升趋势。

相关研究表明，近海富营养化问题在未来一段时间内仍会不断加剧，有害藻华和水体缺氧等灾害性生态问题将更加突出，这将对我国近海生态系统健康和资源可持续

① 图件转引自苏纪兰，周明江等：《中国海洋可持续发展的生态环境问题与政策研究》，2010 年。

利用构成更为严重的威胁。

（3）海洋垃圾对海洋生物带来潜在威胁

海洋垃圾是指海洋和海岸环境中具持久性的、人造的或经加工的固体废弃物。海洋垃圾不仅影响海洋景观，威胁航行安全，而且对海洋生态系统的健康产生影响，对海洋生物造成很大的威胁，濒危物种对此更加脆弱。据不完全统计，全世界每年约10万头海洋哺乳动物因漂浮物而死亡，每年约100万只海鸟因漂浮物而死亡，也可能造成珊瑚和其他固着的底栖生物窒息。

近年来，随着沿海地区城市化和工业化进程加快，我国海洋垃圾污染呈加剧趋势。2007年起至今，国家海洋局在我国近岸海域组织开展了海洋垃圾监测，监测项目包括海面漂浮垃圾、海滩垃圾和海底垃圾的种类和数量。海洋垃圾的主要类型为塑料、金属、玻璃、破碎渔具等。可以预测，如不采取措施，我国海洋生物安全将受到较大威胁。

2. 对海洋食品安全与人类健康的影响

随着经济发展和人民生活水平的提高，“现代型环境健康风险”（主要是环境污染引起的健康问题）越来越突出。环境健康风险不断增加已成为提高人们生活质量的重要影响因素。

目前，工业污染仍是我国海洋污染的主要来源之一。工业废水中含有大量有机污染物，主要为多环芳烃、有机氯农药、多氯联苯类等持久性有机污染物以及铊、铍、锑等剧毒类重金属等。已有大量证据表明，这些有毒污染物会干扰生物的代谢系统、控制系统或免疫系统，最后导致生物难以成活或难以繁殖。普遍认为持久性有机污染物是对人类生存威胁最大的一类污染物之一，严重威胁人类生存繁衍和可持续发展。2007年国家海洋局对部分入海排污口特征污染物监测，监测项目包括我国“水中优先控制污染物”中的主要污染物以及其他典型持久性有机污染物、环境内分泌干扰物质及剧毒重金属等。监测结果显示，实施重点监测的90个排污口，污水和邻近海域沉积物中特征污染物普遍检出。对其中40个排污口实施综合生物效应监测，结果显示34个排污口排放的污水对海洋生物产生危害。重金属对海洋生物的危害表现为致死现象、阻化效应和形态变化。从食品安全考虑，重金属对人类健康的危害是很大的，其中又以镉最为严重，其次是汞、铅和砷等。

我国海洋生物体内重金属、农药等化学污染物含量较高，粪大肠菌群超标严重，病源微生物侵害加剧；此外，近年来我国近海赤潮正向着有毒赤潮演变，对海洋生态系统和人体健康构成威胁①，在部分贝类中已检出腹泻性贝毒和麻痹性贝毒等赤潮毒素，食品安全受到影响。1988 年江苏、浙江、上海附近海域毛蚶甲肝病毒引发了“甲肝大流行”，20 多万人遭受病毒侵害。

近一二十年来，为了防治养殖动物病害而滥用药物，导致鱼、虾和贝类抗生素等污染物时有检出，海洋食品质量下降，同时也严重地影响了水产品的出口和国内市场销售。2001 年底欧盟因查出我国出口冻对虾有氯霉素残留，开始纳入其快速预警机制。2002 年 1 月 31 日又进而通过决议，自 2 月 1 日起暂停从中国进口动物制品。欧盟封关后，俄罗斯、日本、韩国、美国、加拿大等非欧盟国家也对我国水产品出口加大了检验范围和力度，先后宣布从我国进口的水产品需进行氯霉素、磺胺类药物 11 种的残留量限量检验。2006 年冬季，山东省沿海养殖的大菱鲆（又称多宝鱼）在上海等地被查出含有硝基呋喃类等残留物，引起部分城市拒食拒销多宝鱼的风波。

3. 对海洋经济和沿海区域经济社会发展的影响

（1）入海排污口邻近海域环境质量难以满足海洋功能区的要求

目前，中国海域海水环境质量整体基本满足海洋功能要求，但排污口邻近海域环境质量难以满足海洋功能的基本要求。2007 年设置在海水增养殖区、旅游区、海洋自然保护区、港口航运区和其他功能区的排污口中，超标排放率分别为 92.6%、92.4%、85.7%、79.2% 和 90.8%（图 14－5）。2009 年国家海洋局共对 76 个入海排污口的邻近海域生态环境质量状况实施监测，8 月的监测结果表明，48 个排污口邻近海域水质不能满足海洋功能区要求；18 个排污口邻近海域沉积物质量不能满足海洋功能区要求。渤海海洋功能区海水环境质量达标率为 75%。旅游度假区和捕捞区的海水环境质量达标率最高，均为 77%；其次为海水增养殖区，为 64%；自然保护区的海水环境质量达标率较低，只有 18%。

（2）近岸海域营养盐结构失衡影响海洋渔业资源可持续利用

陆源污染导致我国近岸局部海域营养盐结构失衡，近海生态系统响应异常，影响我国渔业资源可持续利用。近年来，我国近岸海域的氮、磷输入总量明显增加，主要营养要素氮、磷的比例失衡。正常海域的氮、磷的比例应为 16:1，而我国近海的氮过高，局部海域达到 80:1。2009 年，渤海莱州湾和渤海湾内的氮磷比值高于 100，莱州湾底部局部海域氮磷比值高达 300 以上。

营养盐比例的失调造成了浮游植物组成及群落结构严重改变以及浮游动物结构和数量的改变，进而造成生物多样性降低，生产力下降，生物资源衰退。如 2002 年调查

① 苏纪兰等：“关于我国海洋领域若干战略性科技问题的建议”报告，中国科学院地学组，2007 年。

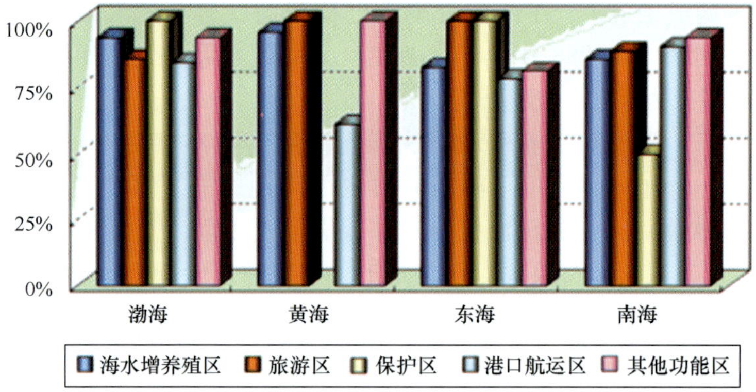

图 14－5　2007 年各海区不同功能区排污口超标率比较
资料来源：国家海洋局：《2007 年中国海洋环境质量公报》，2008 年

显示，辽河口海域的浮游植物生物量比 1982 年同期高出 2 个数量级，浮游动物数量是 1988 年同期的 83 倍；渤海湾海域浮游植物生物量比 1982 年同期高出 1 个数量级。浮游植物小型化，适宜小型饵料的浮游动物和小型化草食性鱼类的数量增加，因而导致整个近岸海洋生态系统向更加不稳定的趋势演变。对重要生物种类的产卵场、幼鱼生长场所造成明显的影响，直接影响到我国海洋渔业资源的可持续利用。

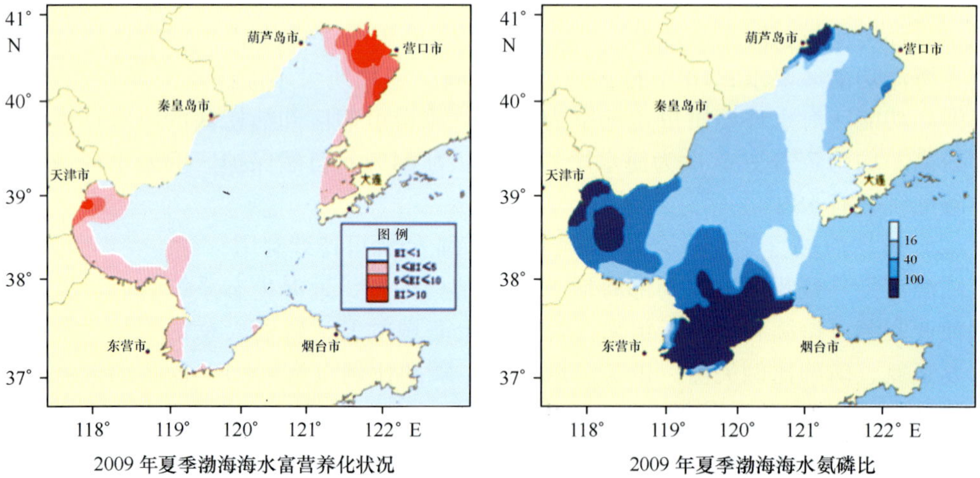

图 14－6　夏季渤海富营养盐结构
资料来源：国家海洋局北海分局：《2009 年中国海洋环境质量公报》，2010 年

（3）对沿海地区经济社会发展可能产生严重影响

我国污染和生态破坏严重的地区主要集中在海湾和经济较为发达的城市临近海域（图 14－7）。随着新一轮国家沿海区域发展战略和十大产业振兴规划的实施，沿海重工业化和城市化趋势加剧，其结果一方面，围填海需求增大，海域空间利用和生态破坏问题将更加凸显；另一方面，经济结构上的重型化特征决定了中国现阶段海洋污染物密集型特征以及污染物分布的结构性特征。如不加以有效控制，可能就会造成开发一片，环境污染一片、生态破坏一片的局面，将对沿海地区经济社会持续发展带来更大的威胁。

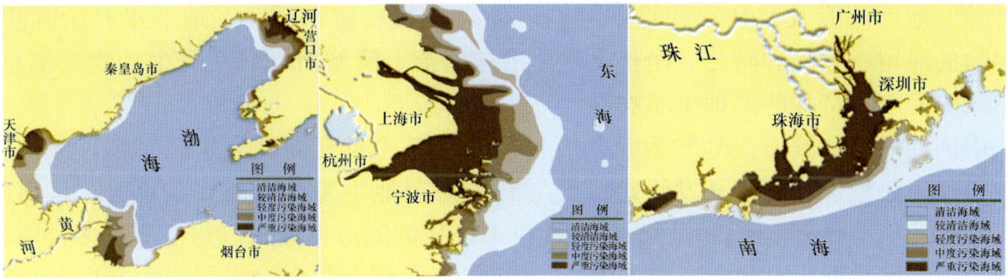

图 14－7　2009 年重点海域主要污染物分布示意图

资料来源：国家海洋局：《2009 年中国海洋环境质量公报》2010 年

（二）海洋生态安全问题与影响

本部分的海洋生态安全问题主要关注的是海洋生态系统本身所处安全状态及其可能的影响，从生态健康和生态风险两方面阐述。

1. 海洋生态安全问题

邻近中国大陆的海洋有渤海、黄海、东海和南海。渤海和黄海生物区系处在北温带海的边缘，东海和南海属亚热带性质，各自呈现了大海洋生态系统的特点。海洋生态系统多样，典型的生态系统有滨海湿地、河口、海湾、珊瑚礁、红树林和海草床等，生态价值巨大，维系和提供我国经济社会发展所需的多种资源。

我国海域除台湾东岸濒临西太平洋外，其他各海与大洋之间均有大陆边缘的半岛或群岛断续间隔，海洋生态区系及物种分布相对隔离，外部洄游性生物资源补充量少，海域生态系统具有明显的地区性和封闭性特征。海域的相对封闭性和丰富多样的生境，决定了我国海洋生物特有种和地方种种类较多，这些物种的繁育生长以及洄游都在我国海域之内完成，并且高度依赖于沿岸原始生境条件。生态系统极易受到人类开发活动的干扰与破坏，具有很强的脆弱性。

自2004年起，国家海洋局对近海生态监控区的生态系统健康状况进行连续监测和评估。多年的监测与评价结果表明，我国近岸海洋生态系统面临的主要问题是环境污染、生境丧失、生物多样性降低和生物入侵等。2009年，我国处于健康、亚健康和不健康状态的海洋生态系统分别占被监控生态系统的24%、52%和24%。有关我国海洋生态系统健康总体状况详见第13章。

（1）典型海洋生态系统安全问题

滨海湿地。滨海湿地是指低潮时水深浅于6米的水域及其沿岸浸湿地带。滨海湿地特殊的地理位置及其独特的景观结构，决定了具有蓄水调洪、地下水补给和排泄、营养物的滞留、去除和转化、净化水质、削减海流、降解沉积物、野生动物的栖息地、温室效应控制等特殊的湿地生态功能。

中国的河口和滨海湿地约为500万公顷，是极为重要的两大生态系统。但由于围垦、筑坝等海岸带不合理开发活动已经导致滨海湿地生境严重破坏和丧失，滨海湿地生态服务功能明显削弱。20世纪90年代以来，我国滨海湿地正以每年2万多公顷的速度减少，潮间带湿地已累积丧失57%。目前黄海南部和东海沿岸湿地生态服务功能已下降30%～90%。

河口。河口生态系统作为近岸典型的海洋环境生态系统之一，是海洋贝类的重要栖息地和鱼类、虾、蟹等主要海洋经济生物的产卵、育幼及索饵场所，具有重要的生态价值和经济价值，同时，河口是陆源污染物进入海洋环境的主要途径。由于受自然和人类活动的双重影响，河口生态系统承受着巨大压力，目前我国主要河口生态系统大多处于不健康或亚健康状态。陆源污染、围填海工程和流域入海径流减少是影响河口生态系统健康的主要因素。

红树林。红树林是我国南部海域典型生态系统。红树林面积已从20世纪60年代的5.5万公顷减少到目前的1.5万公顷，丧失了73%。近几年由于采取了建立保护区等措施，保护区内红树林被破坏的势头基本得到遏制。但是虫害、外来物种入侵和敌害生物侵害也使红树林生态系统遭受破坏。珠江口后海湾（香港）红树受到海桑及无瓣海桑两种入侵树种的威胁。广西北海红树林生态系统受到广州小斑螟和广翅腊蝉的侵害以及互花米草和无瓣海桑的入侵。北仑河口红树林生态系统主要受到虫害的威胁，2009年北仑河口红树林的虫害明显比2008年严重。

珊瑚礁。珊瑚礁生境丧失极其严重，分布面积在近40年内已减少了80%，生物多样性明显下降。近年来，全球气候变化和人类活动对珊瑚礁生态系统影响较大，珊瑚礁退化现象进一步加剧。雷州半岛西南沿岸徐闻珊瑚礁、海南东海岸珊瑚礁、西沙活珊瑚礁等部分珊瑚礁生态系统出现盖度下降、死亡率上升、白化、生长受抑制、优势种转变和珊瑚礁生物减少等退化现象。海南省三亚市鹿回头海域中，造礁珊瑚中已有4个属消失；三亚湾海域中，鹿角珊瑚属减少了11个种，蔷薇珊瑚属减少了8个种，杯形珊瑚属减少了2个种。。

（2）海洋物种多样性与遗传安全问题

研究表明，工业革命以来，全球生物物种以前所未有的速度消失。从1970—2000年，生命地球指数[①]总体下降了40%，其中海洋生物指数下降了30%。特别是随着全球气候变化，厄尔尼诺、拉尼娜等现象越来越频繁、严重，给海洋生物带来了很大的影响，生物多样性和物种安全受到威胁。中国是一个具有“巨量生物多样性”的国家，其中物种数量约占全球总数的1/10，各种各样的生境里生活着无数具有全球意义的物种。但是，如前所述，中国的海洋生物多样性正受到威胁，其中包括大量的世界性物种。

物种多样性减少。目前，我国缺少权威的科学数据来分析海洋物种消失的状况，也很难为海洋生态退化对海洋物种消失的影响做出全面的评价。但很多文献记录了海岸带/海洋物种减少或消失的情况。以渤海为例，渤海物种多样性下降，1959年鱼类多于71种，1992年为53种，1998年仅为32种。渤海中价值高的鲆鲽类、鳓鱼已难觅踪影，营养级较高的重要经济种类小黄鱼和经济价值较高的棘头梅童这两种底层鱼类，逐渐从优势种中退出。从20世纪80年代初期到90年代末，渤海经济鱼类产量持续下降，优质经济鱼类产量减少了90%，低质鱼类已成为主要捕捞对象。近几年全球水母爆发也是物种多样性下降的一个具体体现。

珍稀濒危物种保护面临危机。目前中国典型的海洋珍稀物种主要有鲎、儒艮和中华白海豚等。鲎在地球上出现的时期可以追溯到3.5亿万年前的石炭纪，被称为“活化石”。中国鲎最早出现在第四纪，距今100多万年。目前，估计东山、南澳岛区域内中国鲎的数量有2 000～3 000对。相对历史上的几万对中国鲎的记录，中国鲎的种群数量已经处于严重的威胁之下。儒艮，也就是俗称的海牛和美人鱼，是海洋生态系统是否健康的标志之一。儒艮是我国43种濒临灭绝的脊椎动物之一，属国家级一级保护动物，对于研究生物进化、动物分类极具参考价值。目前儒艮基本绝迹[②]。中华白海豚是我国濒危物种，20世纪80年代以来数量骤减，死亡事件不断发生，中华白海豚保护受到日益严重的威胁。

遗传污染与种质退化。物种或品种的混杂和退化也会破坏生物的遗传多样性。混杂系指物种或品种混入其他物种或品种的遗传因子，变得不纯。退化是指物种或品种

---

① 生命地球指数（living planet index）是世界自然基金会（WWF）用于衡量世界生物多样性和自然生态系统状态的指标，反映生活在全球陆地、淡水和海洋中的脊椎动物种群的变化趋势。

② 转引自中国南部沿海生物多样性管理项目办公室：《广西山口示范区项目报告》，2009

本身发生了不利的可遗传变异。这两种情况都破坏了物种或品种的品质和特征，都危及物种或品种的存亡及生产力。海水养殖种群的近亲繁殖，导致养殖生物遗传多样性下降，优良性状衰退，已出现个体小型化、性早熟、生长缓慢、抗病力下降、肉质降低等不良后果。中国对虾养殖种群比自然种群的遗传多样性降低了2.5倍，皱纹盘鲍降低了1.3倍。退化的养殖个体通过逃逸或放流，进入自然生态系统，造成遗传污染，已经导致野生种群种质逐步退化。

（3）外来物种入侵引发的生物安全问题

中国已引进海洋和滩涂的外来动物89种，外来植物93种。这些外来物种通过船底携带、压舱水和人为引进等3个途径进入中国。这些外来物种中，如海带、海湾扇贝、眼点拟石首鱼已成为主要养殖种，木麻黄等是沿海防风林的主要树种，也有的成为外来入侵种，如互花米草、沙筛贝等。外来物种引发的海洋生物安全问题表现在以下几方面：①外来入侵生物与本土海洋生物争夺生存空间与食物，危害我国本土海洋生物的生存。20世纪80年代，为保滩护堤、促淤造地、开辟海上牧场，闽东沿海开始种植互花米草。但事实证明，互花米草盐分高、纤维粗，不适于作饲料，加之互花米草繁殖力极强，根系发达，草籽可随海潮四处漂流蔓延。时至今日，它已占据闽东约12万亩①的滩涂，导致近岸海洋生态环境的破坏，逼死了红树林，赶走了滩涂鱼虾贝等海洋经济生物。原来生活在这里的200多种生物现仅存20多种。目前，互花米草海还在以每年数千亩的速度蔓延。②通过与亲缘关系接近的本土物种进行杂交，降低我国海洋本土生物的遗传质量，造成遗传污染。如从美国引进的红鲍和绿鲍，在一定条件下能和我国本土种皱纹盘鲍进行杂交。目前，在实验室条件下已获得了杂交后代。这样的后代若在自然生态环境中再成熟繁殖，与本土皱纹盘鲍和栉孔扇贝更易于杂交，这样势必对我国这2种本土贝类造成严重的遗传污染。③带来病原微生物，对海洋生态环境造成巨大的危害。从1993年起，我国海水养殖对虾开始大规模流行病毒病害，其中主要原因之一是当时从台湾等虾病流行地区引进的带病毒的苗种。

2. 海洋生态安全问题产生的影响

根据压力-状态-响应模型，在人类活动的影响下，海洋/海岸带生态系统健康状态发生着一定的变化，进而可能对人类福祉产生影响（表14-5）。

① 1亩=0.0667公顷。

表 14－5　海洋生态安全的压力－状态与影响

海岸带和海洋生态系统	压力	状态变化	对人类福祉的影响			
			人类健康	食品安全	财产安全	社会经济
红树林和盐沼湿地	用途的转换 淡水不足 木材的过度砍伐 风暴潮和海啸 围垦	↓红树林 ↓树密度 ↓生物量 ↓生产力和物种多样性		↓海岸带的鱼和贝壳量	↓海岸带缓冲能力	↓木材生产 ↓小规模渔业 ↓人居迁移 ↓旅游 ↓生计
珊瑚礁	富营养化 泥沙沉积 过度捕鱼 破坏性捕鱼 海面温度升高 海洋酸化 风暴潮	↑珊瑚礁白化和死亡率 ↑相关的渔业损失		↓海岸带的鱼和贝壳量	↓海岸带缓冲能力	↓旅游 ↓小规模渔业 ↑贫困 ↓生计
河口和潮间带	围垦 富营养化 过度收获 疏浚挖泥	←→潮间沉积物和营养盐交换 ↑氧消耗 ↓贝壳	↓海岸带水质和纯度 ↑沉积	↓海岸带的鱼和贝壳量	↓海岸带缓冲能力	↓旅游 ↓小规模渔业 ↑贫困 ↓生计
海草床与海藻床	海岸开发 污染 富营养化 淤积 破坏性捕鱼 疏浚挖泥 生物养殖	↓生境		↓海岸带的鱼和贝壳量	↓海岸带缓冲能力	

注：↓下降；↑上升；←→左右不变。

3. 影响海洋生态安全的主要因素

影响我国海洋生态安全的因素很多，包括自然因素和人类活动因素。自然因素如全球气候变暖、海平面上升、海洋酸化等，对海洋生态安全的影响是全球性的，并且是不可控的。因此，本部分仅对影响我国海洋生态安全的经济活动因素进行分析。直接的原因有大型围填海、过度捕捞和海水养殖、陆源排污等。

（1）大型围填海

作为向海洋拓展生存和发展空间的重要手段，自新中国成立至今我国沿海已经历了四次围填海浪潮。特别是最近20年来为满足城建、港口、工业建设需要，掀起了新一轮填海造地高潮。从1990—2008年，我国围填海总面积从8 241平方千米增至13 380平方千米，平均每年新增围填海面积285平方千米。围填海造地完全改变了用海区的海域自然属性，对海岸海洋生态系统的影响深远，是影响我国近海海洋生态环境安全的重要因素。如广东大亚湾沿海岸线由于围海造地、海水养殖、码头舶位等因素，造成约80%的海岸带完全改变了属性（图14－8）。大亚湾沿岸天然的红树林面积稀少，已不成林。

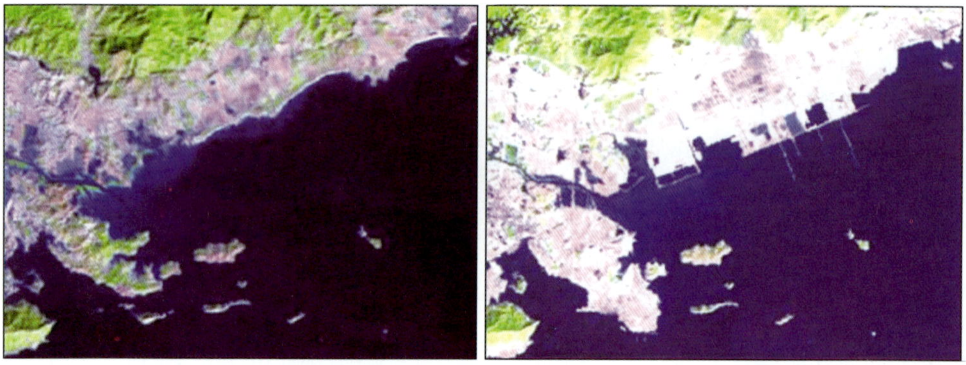

图14－8　广东大亚湾北部岸线的变化（左图1986年，右图2009年）

资料来源：国家海洋局，《2009年南海区海洋环境质量公报》，2010年

（2）流域开发及大型水利工程建设

陆地径流稳定的淡水和泥沙入海量，是维持近岸海域生态环境安全的基本条件。但沿海陆域和流域人为实施建设大坝、河流改道、河口建闸筑坝、截流排污等水利或环境工程时，造成正常入海的径流或泥沙减少，使近岸海域生境发生变异，生态系统异常，进而对当地经济社会造成严重的威胁。如辽河双台子河建闸后，泄洪能力由5 000立方米减少为2 700立方米，使海区水产品由8 000～10 000千克，锐减为20～30千克，盘山河蟹现近绝迹。

（3）过度捕捞和海水养殖

在过去的50年里，捕捞业和水产养殖业的发展提高了我国人民的生活水平，促进了我国经济的发展，同时也给我国近海的生态环境和生物资源带来沉重的压力。过度捕捞导致了主要的经济品种资源衰退，海洋生物之间的平衡被打破，种群交替现象明显，导致渔获物的营养级水平逐年下降，低龄化、小型化和低值化日益加剧，给海洋渔业生态循环和资源恢复带来很大难度。

近30年来，中国海水养殖总产量增加了29倍，成为世界第一海水养殖大国。但随着该产业的快速发展，一些制约海水养殖业可持续发展的问题逐渐的暴露出来（图14－9）。①海水养殖业由于网围精养采取高密度放养，并大量投喂外源性饵料，排泄物增加，致使水中氮、磷等营养要素和有机物含量增加，局部水体富营养化加重，病害增加，已威胁到一些养殖区的生态系统健康。②在海水养殖中所使用的化学药物富含消毒剂和抗菌素的养殖废水排放后，对近岸水域微生物的分布将产生直接影响。养殖过程中养殖种类的逃逸在疾病的传播、野生群体遗传结构的改变等方面将产生负面影响。③滥捕野生种苗，不仅破坏了相应种类的野生资源，还会对其他生物资源造成危害，造成生物多样性降低。④集约化养殖方式的饵料主要以鱼粉或小杂鱼为主，这对天然渔业资源造成不利影响。

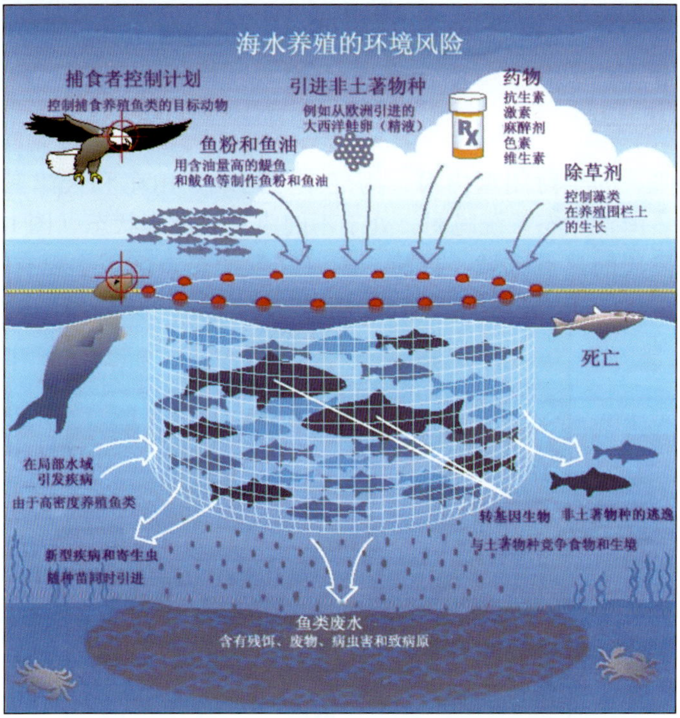

图14－9 海水养殖环境风险示意图

（4）陆源污染及其他

如前所述，陆源污染已对我国近岸海域造成严重污染，富营养化程度日益增高，主要渔业资源养护区、养殖功能区等功能严重衰退，生境条件趋于恶化。局部海域因污染物排放而成为“无生物区”，而且这种“荒漠化”的趋势在主要排污口海域和部分无长年径流的河口海域日益突出。

我国海上石油运量仅次于美国和日本，居世界第三位，随着石油进口数量不断上升，船舶特大溢油事故的风险正在增大。同时，随着海上油气开发和船舶数量的迅速增加，海上石油钻井平台溢油风险上升。我国海域可能是未来船舶溢油事故的多发区和油污染的重灾区。

（三）近海区域海洋生态环境安全形势

珠江三角洲、长江三角洲和环渤海区域是我国三大经济区。随着国家新一轮沿海区域战略的实施，沿海次级经济区正在形成。这些区域的开发建设在带动了经济快速发展的同时，也给临近海域生态环境带来更大的压力，近海区域海洋生态环境安全形势较为严峻。

1. 渤海海洋生态环境安全形势①

渤海是我国唯一的半封闭型内海，为辽宁、河北、山东和天津三省一市所环绕，海水交换能力差、海洋生态系统脆弱，处于不健康和亚健康状态（图 14－10）。环渤海区域是我国经济发展的热点区域。目前，渤海开发的热点区域主要有：①大面积开发

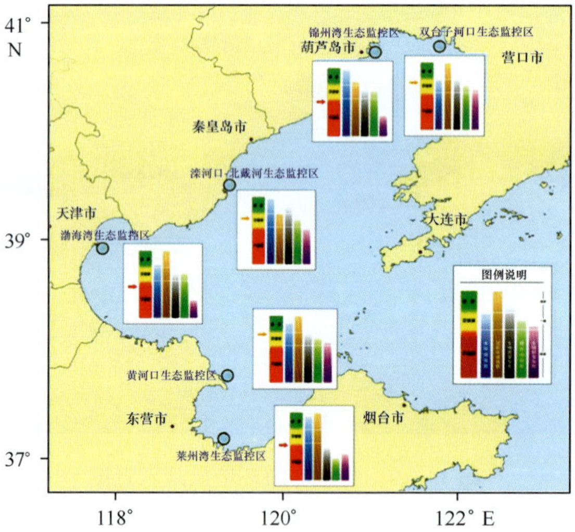

图 14－10　渤海生态系统健康状况（2009 年）

---

① 本部分资料和图件转引自国家海洋局北海分局：《2009 年渤海海洋环境质量公报》。

建设的河北省曹妃甸新区和天津滨海新区；②开发中的辽宁“五点一线”沿海经济带、沧州渤海新区和山东黄河三角洲高效生态经济区；③规划中的山东半岛蓝色经济区。这些规划的实施将进一步加大渤海环境压力，渤海开发与环境保护矛盾凸显（图 14 – 11）。

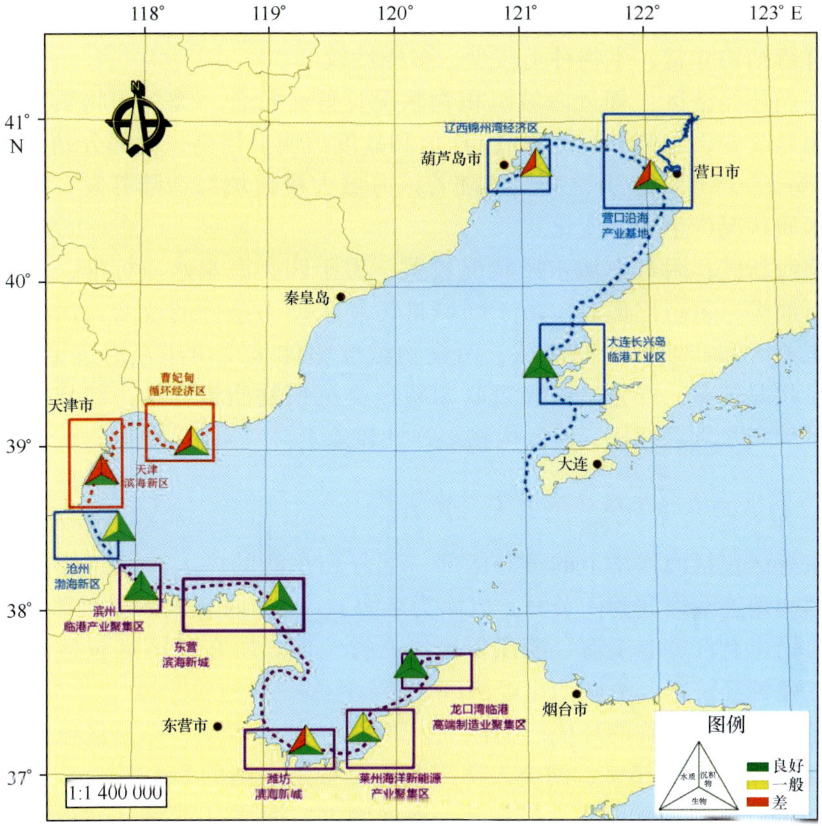

图 14 – 11　渤海开发热点区域分布及环境质量状况

目前，渤海面临的主要生态环境问题包括：①入海径流量锐减，低盐区面积减小；②近岸海域富营养化严重，赤潮等生态灾害发生风险增大；③滨海天然湿地面积缩减，对渤海生态系统健康构成了威胁；④河口大量建闸，阻断了溯河产卵生物的生殖洄游通道；⑤开放性养殖，加大了养殖引种生物成为入侵种的风险。

山东半岛蓝色经济区：2009 年，山东省渤海海域水环境状况主要以清洁、较清洁海域为主，主要表现在水体富营养化及营养盐失衡和生境改变等；沉积物各项指标符合海洋沉积物质量一类标准，海洋沉积物环境质量优良。

辽宁沿海经济带：2009 年长兴岛临港工业区海水环境质量状况较好，符合一类海水水质标准，沉积物符合一类沉积物质量标准。营口附近海域水质状况较差，局部区域劣于四类海水水质标准，主要污染物为无机氮、活性磷酸盐和化学需氧量；沉积物中石油类和滴滴涕超一类沉积物质量标准。锦州湾沿海经济区周边海域海水环境质量较差，主要污染物为无机氮、锌和铅；沉积物环境较差，受到重金属镉、砷、锌的污染；生物群落结构异常，生物种类较少，多样性较低。

曹妃甸循环经济区：邻近海域沉积物状况良好，符合一类沉积物质量标准；水质状况发生明显改变，北侧半封闭海域 pH 值和盐度值明显增高，大部分站位悬浮物浓度较大，在 16.2 ~ 103 毫克/升之间。伴随着该海域大规模填海造陆开发，水动力条件发生改变，水质状况产生异常变化。

天津滨海新区：附近海域水质状况较差，劣于四类海水水质标准，主要污染物为无机氮和石油类，氮磷比偏高。由于陆域排污和水动力条件的改变，污染严重区域分布在临港工业区和产业区中间海域，污染物浓度整体呈现由岸至海逐渐降低的趋势；沉积物质量状况较差，部分站位多氯联苯超三类沉积物质量标准；部分生物体内重金属镉、铅、砷和六六六超标；海洋生物多样性较差。

2. 东海区近海海洋生态环境安全形势①

我国东海区包括海洋学上的黄海南部一部分和东海的广大海域（长江口北角至韩国济州岛西南角连线以北为南黄海，以南为东海），位于西北太平洋西部，是一个较开阔的海域。沿岸有江苏、上海、浙江和福建三省一市。所在经济区包括江苏沿海经济区、长江三角洲经济区和海峡西岸经济区。

目前东海区海域面临的环境压力巨大。2009 年统计表明，东海区监测的陆源入海排污口超标排放率达 82.6%，河流入海污染物总量是全国的 86.4%，疏浚物海上倾倒量占全国的 45.5%。除陆源入海排污外、海洋倾倒、海洋（涉海）建设工程和大规模的围填海已经成为东海区近岸海域新的环境压力因子。具体表现为近岸海域富营养化严重，局部海域重金属污染；生态系统受损，赤潮、绿潮频发。将来随着苏北大开发、上海市国际航运中心建设、海西经济开发区建设等一系列区域经济战略规划的实施，东海区海域面临的环境压力将会进一步加大。特别是随着国家对电力、石油等能源需求的剧增，大型火电厂、核电站、炼油厂、海上油气管线工程以及国家石油储备基地等项目在东海区沿岸相继建成、扩建，并出现集中化、规模化的趋势。这些工程项目在保证能源需求的同时，也给邻近海域带来巨大的热污染、核泄漏、溢油等潜在生态

① 本部分资料转引自国家海洋局东海分局：《2009 年东海区环境海洋环境质量公报》。

环境风险。这些特殊海域形成了东海区不同类型的潜在环境风险区。

苏北沿海经济区。近年来，苏北浅滩生态监控区栖息环境呈逐渐恶化的趋势，主要原因是大规模围滩造地和围垦造田。2004 年以来，南通和盐城累计围填海面积超过 300 平方千米，导致滩涂面被占用，高程平均化，浅滩湿地环境被破坏。随着苏北沿海经济区的开发，众多工业企业纷纷向沿海搬迁和集中，滩涂围垦进一步加剧，加之养殖业的快速发展，苏北浅滩区域湿地生境丧失和污染压力还会加大，生态环境安全风险指数增高。

长江口经济区。2009 年，长江口生态系统总体状况处于亚健康状态。其中水环境处于亚健康，80% 的监测站位无机氮含量超四类海水水质；沉积环境显示健康；受重大海洋工程建设、陆源排污等因素的影响，近年来海洋浮游生物群落结构趋于简单，口门内浮游植物生物多样性较低，优势种为赤潮生物中肋骨条藻，有引发赤潮的风险。长江口底层的低氧区（海水中溶解氧的浓度低于 2.0 毫克/升）已经成为长江口生态系统安全潜在的威胁，近几年有向西部扩大的趋势。

海峡西岸经济区。以闽东沿岸为例说明。2009 年，闽东沿岸生态系统总体状况处于亚健康状态。受陆源排污及湾内增养殖以及船舶污水、造船废水以及生活污水的排放，大部分海域处于富营养化状态；部分贝类受到镉、铅、砷和石油烃的污染。鱼类浮游生物与底栖生物的密度和生物量偏低是造成生物群落指数不健康的主要原因。闽东沿海的红树林是我国大陆红树林自然分布的地理北界，近年来沿海建筑工程日益扩张，尤其是近年来外来物种互花米草分布面积持续增加，侵占滩涂面积达 6 000 多公顷，滩涂湿地丧失风险加剧，红树林资源面临严重威胁。

3. 南海区海洋生态环境安全形势①

我国南海区沿海有广东、海南、广西三省。2009 年监测结果表明：①南海区近岸海域污染严重地区主要集中在珠江口临近海域，珠江口富营养化严重，且无机氮、活性磷酸盐污染面积仍有扩大的趋势；②生态监控区内的 10 个生态系统中，处于健康状态的生态系统有 5 个，亚健康的 4 个，不健康的 1 个，雷州半岛西南沿岸徐闻珊瑚礁、海南东海岸珊瑚礁、西沙活珊瑚礁和广西北海部分海草床生态系统出现退化。虫害、外来物种入侵和敌害生物侵害是南海区典型生态系统遭受的主要生态灾害；③南海区河口、海湾生态系统面临的主要生态问题是水质污染以及天然岸线和栖息地减少。珠江口深圳、珠海和广州南沙沿岸成为围填海的重点区域。围填海导致海岸滩涂生态系统退化、海岸线平直化，天然岸线逐渐被平直的人工岸线取代，南海区滨海湿地和潮

① 本部分资料转引自国家海洋局南海分局：《2009 年南海区海洋环境质量公报》，2010 年。

间带生物栖息地减少，红树林、珊瑚礁和海草床生态系统亦遭破坏。

四、小　结

海洋生态环境安全是国家海洋安全的重要组成部分，是指海洋生态系统本身处于健康状况，且免于遭受不可恢复的破坏，并可满足沿海地区经济社会持续发展的需要。

国际社会非常关注在全球气候变化背景下的海洋生态环境安全问题，特别是海洋环境污染和海洋生物多样性丧失导致的生态环境风险。海洋环境污染和海洋生态退化使中国的海洋生态环境安全面临严峻的形势，主要表现为：近岸海洋环境污染呈立体、复合污染新趋势，对生态系统安全、食品安全、经济社会发展产生威胁；陆源污染物排海对海洋生态环境的影响严重，个别排污口及河口邻近海域出现“荒漠化”现象；近岸海域营养盐结构失衡，直接影响我国海洋渔业可持续发展；排污口邻近海域环境质量难以满足海洋功能的基本要求；近岸海域污染严重地区主要分布在大中城市和我国主要经济区邻近海域，沿海地区经济可持续发展受到制约。

大型围填海、过度捕捞与海水养殖和陆源排污等造成我国海洋生态系统退化，生物多样性丧失，生态环境风险增加的直接原因。海洋生态环境安全的形势要求必须树立风险意识，坚持预防为主原则，建立海洋综合管理体制，积极主动开展海洋生态环境保护工作。

第十五章　中国海洋环境灾害

沿海地区因其濒临大海所具有的区位优势而成为世界最发达地区。中国沿海地区人口集聚、城市集中、工业发达。沿海11个省、自治区、直辖市，主要城市53个，其中200万以上人口城市43个。近海海洋环境灾害频发，海平面上升、赤潮、海上溢油、海岸侵蚀等已经构成对近海及沿岸经济社会发展的严重威胁。保护海洋环境，减轻海洋环境灾害的影响，是沿海地区经济社会可持续发展的需要。

一、中国海洋环境灾害现状

受全球气候变化、环境污染和人类开发活动等多种因素影响，中国近海海洋环境灾害呈逐渐增加趋势。目前，中国海洋环境灾害的主要类型有海平面上升、赤潮、溢油、海岸侵蚀等。

（一）海平面上升

1. 海平面上升情况

海平面上升是一种缓发性的海洋灾害。国际上将1975—1986年的平均海平面定义为常年平均海平面，海平面上升的数值是指某年海平面与常年平均海平面相比较升高的值或降低的值。海平面上升是由绝对海平面上升和相对海平面上升两部分构成。绝对海平面上升是由全球气候变暖导致的海水热膨胀和冰川熔化造成；相对海平面上升是由地面沉降、局部地质构造变化、局部海洋水文周期性变化以及沉积压实作用造成。

近百年来，全球气候变暖趋势明显，海平面上升速率明显加快。据联合国气候变化专业委员会（IPCC）第四次评估报告数据显示，20世纪全球绝对海平面上升速率平均值为1.7±0.5毫米/年，1961—2003年全球海平面上升速率为1.8±0.5毫米/年；1993—2003海平面上升的平均速率则为3.1±0.7毫米/年。受全球海平面上升的影响，中国海域海平面上升速率加快。近30年来，中国海平面上升平均速率为2.5毫米/年，总体高于全球海平面上升的平均速率（图15－1）。

2. 海平面上升趋势

据预测，2039年中国近海海域海平面与2009年值相比上升范围在70～150毫米不等。

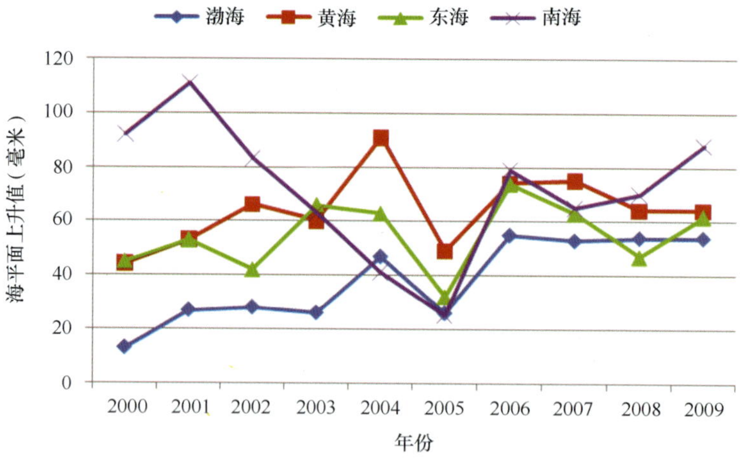

图 15－1　2000—2009 年中国海区海平面上升趋势

资料来源：国家海洋局，《中国海平面公报》2000 年、2003 年、2006 年、2007 年、2008 年、2009 年。

其中，天津、山东、上海、广东、浙江海平面上升的最高值超过 140 毫米（图 15－2）。

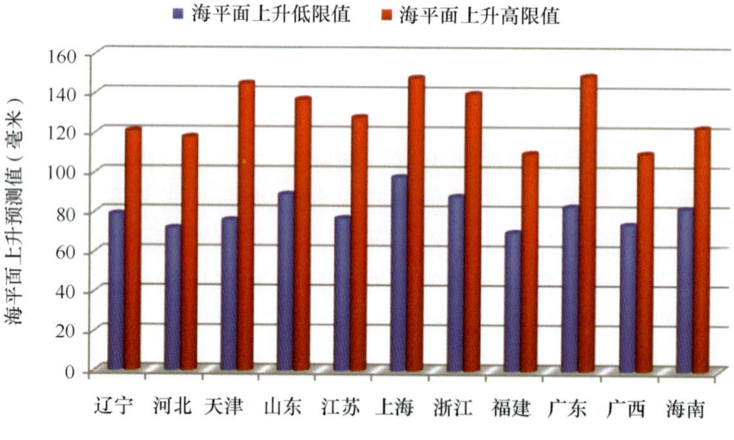

图 15－2　2039 年沿海省市近海海域海平面上升预测

资料来源：国家海洋局，《中国海平面公报》，2009 年。

（二）海岸侵蚀

海岸侵蚀是海洋环境灾害的形式之一。近年来，由于开发不当造成的岸线损失逐年增加。2007 年中国海岸侵蚀长度达 3 708 千米[①]，侵蚀岸线的 53% 是砂质海岸。

1. 海岸侵蚀的重点岸段

海岸侵蚀重点岸线主要分布在辽宁、河北、山东、江苏、广东、广西和海南。2008 年，全国 11 个沿海省、自治区和直辖市，海岸侵蚀总长度 3 708 千米，占大陆岸线总长度的 20.6%（图 15－3）。

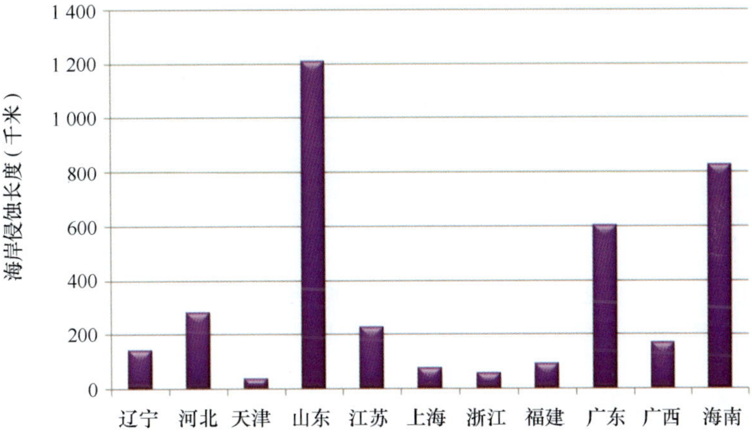

图 15－3　中国海岸侵蚀程度及分布

资料来源：国家海洋局，《2008 年中国海洋灾害公报》，2009 年。

2. 重点岸段侵蚀趋势

国家海洋局自 2003 年起开展对侵蚀严重的砂质岸段的调查和监测。至 2009 年，每隔 3 年对这些岸段进行监测。结果表明，除营口市盖州至鲅鱼圈岸段的侵蚀速度减缓、侵蚀岸段缩短外，其他岸段的侵蚀速度及侵蚀长度都在增大。

（1）盖州至鲅鱼圈岸段

盖州至鲅鱼圈岸段自 2003 年对其实施监测以来，海岸侵蚀速度逐年减缓。侵蚀速度由 2003 年的 0.9 米/年减至 2009 年的 0.5 米/年，是监测重点岸段海岸侵蚀唯一减轻的岸段。

（2）辽宁葫芦岛市绥中岸段

辽宁葫芦岛绥中岸段海岸侵蚀速度 2009 年达 3 米/年，岸线侵蚀长度在 2006 年就

① 《2007 年中国海洋灾害公报》，2008 年发布。

已达40余千米。

（3）山东龙口至烟台岸段

山东龙口至烟台岸段总长度167.3千米，2003年侵蚀岸线长28.8千米，2006年侵蚀长度达35.6千米。侵蚀速度逐年加快。由2003年侵蚀速度1.4米/年，2009年上升到4.6米/年（图15－4）。

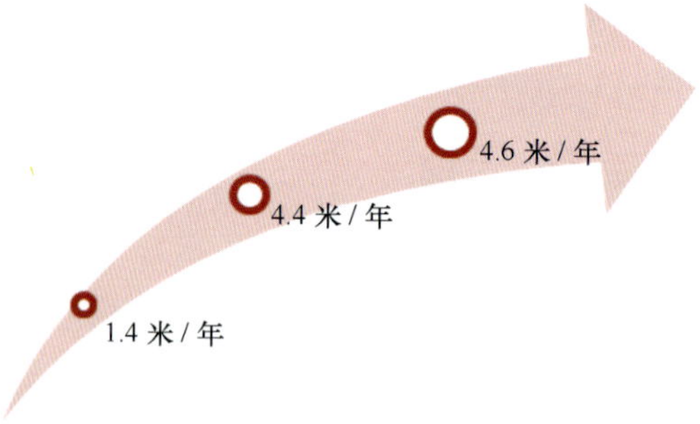

图15－4　山东龙口—烟台岸段2003—2009年的平均侵蚀速度和侵蚀长度

资料来源：国家海洋局，《中国海洋灾害公报》，2003年、2006年、2009年。

（4）江苏连云港至射阳河口岸段

2003年4月至2006年5月间，连云港岸段海堤受侵蚀严重，侵蚀长度为19.75千米，海岸侵蚀总面积为5.29平方千米。最大侵蚀宽度为37.8米，平均侵蚀宽度16.8米。海岸侵蚀冲毁二洪盐场和振东乡对虾场数千亩盐田、养殖鱼塘和虾塘等，对滩涂资源开发造成不利影响。2009年，该岸段侵蚀速度达13.2米/年，是目前全国岸线侵蚀速度最快的岸段。

（5）上海市崇明东滩岸段

上海崇明东滩岸段侵蚀主要在其东侧，2006年5—10月间，该岸段岸滩侵蚀长度为8.14千米，最大侵蚀宽度67米，平均侵蚀宽度37米，侵蚀面积0.30平方千米。2009年，海岸侵蚀速度达11.2米/年。

（6）海南省海口市镇海村

2003年，海岸侵蚀长度546米，局部岸段海岸侵蚀后退约80米，由于进行了护岸堤的建设，海岸侵蚀现象一度稳定。但2006年的监测结果表明，新海村岸段尚未达到平衡，海岸将继续以侵蚀后退为主。2009年，海口市镇海村的海侵平均速度为5米/年①。

① 本节数据源于《中国海洋灾害公报》，2003年、2004年、2005年、2006年、2007年、2008年、2009年。

（三）赤潮和绿潮

赤潮和绿潮均属海藻水华现象。所谓“水华”，是海水中某些微小的浮游植物、原生动物或细菌在一定环境条件下突发性增殖或聚积，引起的一定范围内水体碳、氮、磷比例失调引发的海水变色现象。“水华”多因海水受到污染，水体碳、氮、磷的比例失调引发的。

1. 赤潮

近10年来，中国近海赤潮发生趋势见图15－5，平均80次/年左右（图15－5）。

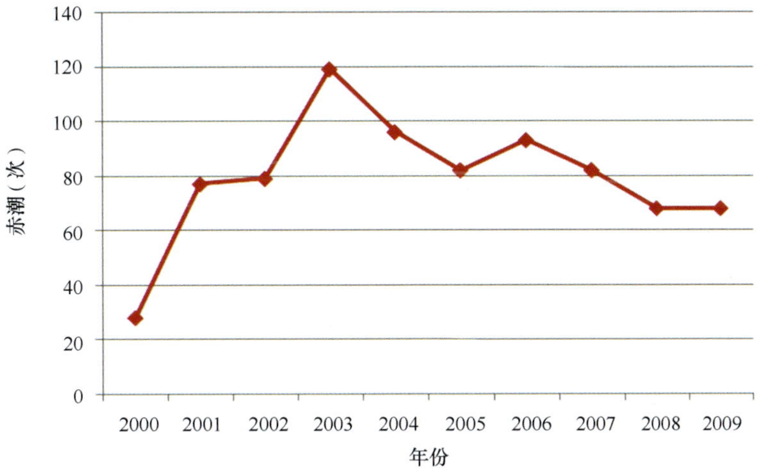

图15－5　2000—2009年中国近海赤潮发生趋势

资料来源：国家海洋局，《中国海洋灾害报告》，2000—2009年。

2. 重大赤潮时空分布

中国近海，重大赤潮发生率以东海最高。2001年至2009年，东海发生赤潮488次，平均49次/年，居渤海、黄海、东海、南海海区之首，发生次数分别是渤海、黄海、南海海区赤潮发生次数的5.5倍、6.5倍和4.5倍（图15－6）。

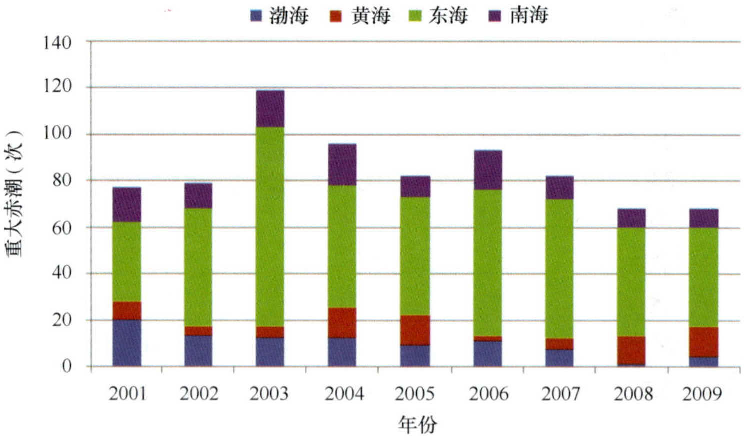

图 15－6　2001—2009 年中国近海各海区赤潮发生次数

资料来源：国家海洋局，《中国海洋灾害公报》，2001—2009 年。

3. 重大赤潮趋势及特点

重大赤潮[①]发生率总体呈上升趋势。1972—2007 年，中国近海 25 年间共发生重大赤潮 118 次，其中 2008—2009 年发生重大赤潮就达 85 次。近两年，中国近海重大赤潮发生率是过去 25 年重大赤潮年发生率的近 10 倍。

有毒赤潮发生率升高。有毒赤潮通常指的是引发赤潮的优势种为有毒藻类。据有关研究，中国近海的赤潮生物约有 90 多种，其中 30% 左右的是有毒藻类[②]。有毒有害赤潮优势种增加，甲藻等有害种类已经成为中国赤潮的主要原因种，在 2000—2009 年近海特大赤潮中，甲藻引发的赤潮占 46%（表 15－1）。

表 15－1　2000—2009 年中国近海特大赤潮发生海域/面积/优势种

年	日期	海域	面积（平方千米）	赤潮优势种
2009		浙江渔山列岛—台州列岛海域	1 330	
		长江口外、舟山北部海域	1 500	
		渤海湾附近海域	4 460	赤潮异湾藻
2008		浙江渔山列岛以北	1 150	具齿原甲藻

① 重大赤潮以发生面积大于 100 平方千米为准，参照《中国海洋灾害公报》划分标准。

② 高振会等：《赤潮优势种的生长特征》，《赤潮重点监控区监控预警系统论文集》，北京：海洋出版社，2008 年，第 93 页。

续表

年	日期	海域	面积（平方千米）	赤潮优势种
		浙江东福山至渔山列岛	2 100	具齿原甲藻、轮状斯克藻
		浙江省朱家尖东北侧－中街山列岛－嵊山－花鸟山附近海域	2 600	具齿原甲藻
2007	9 月 29 日	浙江韭山列岛、南田岛外海域	2 000	中肋骨条藻
2006	5 月 3—6 日	浙江舟山外海域	1 000	具齿原甲藻、中肋骨条藻
	5 月 14 日	长江口外海域	1 000	具齿原甲藻
	5 月 20 日—27 日	浙江渔山列岛附近海域	3 000	具齿原甲藻
	6 月 12—14 日	浙江洞头岛到南麂列岛附近海域	2 100	米氏凯伦藻
	10 月 22—11 月 5 日	河北黄骅附近海域	1 600	球形棕囊藻
2005	4 月 1 日	浙江中南部海域	3 000	中肋骨条藻、海链藻
	5 月 24—6 月 1 日	长江口外海域	7 000	米氏凯伦藻、具齿原甲藻
	6 月 2—10 日	渤海湾	3 000	裸甲藻和棕囊藻
	6 月 3—5 日	长江口外海域	2 000	中肋条藻和聚生角毛藻
	6 月 8 日	浙江韭山列岛	1 000	圆海链藻和中肋骨条藻
	9 月 23—27 日	江苏海州湾海域	1 000	中肋骨条藻
2004	5 月 13—19 日	浙江省渔山列岛附近海域	1 000	东海原甲藻
	5 月 15 日	浙江省中街山海域	2 000	具齿原甲藻
	5 月 26 日	浙江省苍南大渔湾以东海域	1 000	具齿原甲藻
	6 月 11 日	山东省黄河口附近海域	1 850	球型棕囊藻（有毒）
	6 月 12 日	天津市附近海域	3 200	米氏凯伦藻（有毒）
	6 月 11—13 日	长江口外至花鸟山、嵊山海域	2 000	
2002	6 月 12—16 日	浙江大陈岛附近海域	1 300	具齿原甲藻、斯克藻和夜光藻
2000	5 月 12—24 日	浙江中部台州列岛附近海域	5 800	

资料来源：国家海洋局，《中国海洋灾害公报》，2000—2009 年。

4. 绿潮

“绿潮”因其成灾藻类是大型绿色海藻得名。2008 年，中国第一次规模“绿潮”发生在青岛近海海域，最大影响面积 25 000 平方千米，实际覆盖面积 650 平方千米，受影响的沿海省份有山东、上海、江苏、浙江、福建，直接经济损失 13.22 亿元人民币。2009 年“绿潮”的最大影响面积 5 800 平方千米，最大覆盖面积 2 100 平方千米，直接经济损失 6.41 亿。2010 年，“绿潮”继续发生。近三年连续发生的“绿潮”，共同特点是发生持续时间长、成灾面积大，对海洋环境、景观及生态服务功能和沿海经济发展产生严重影响。

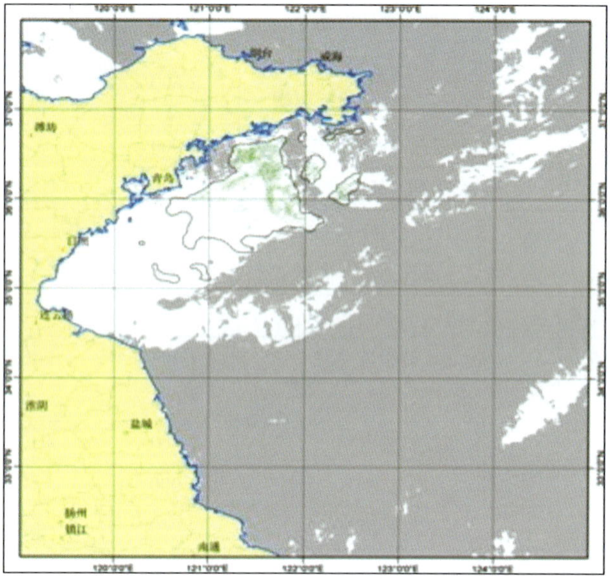

图 15－7　2009 年黄海海域绿潮卫星遥感监测图

资料来源：国家海洋局，《2009 中国海洋灾害公报》，2010 年。

（四）海上溢油

1. 海上溢油情况

溢油是由于运载石油液体的船舶，或海上油气田储油、运油或油井等设施发生泄漏引起的大量油物质进入水体的事件。2010 年，发生在墨西哥湾“深海地平线”钻井平台的爆炸以及中国大连新港输油管道爆炸造成的原油泄漏事件，引起了国际社会的普遍关注。

在海上溢油事故中，以海上石油运输船舶碰撞引发为主。近年来，国内对原油的海上运输量需求增多，运输油轮航次及班次增多，客观上加大了石油运输船舶相撞的可能。自 1993 年，中国从石油出口国转化为石油净进口国。至 2008 年，中国石油净进口量 2.006 7 亿吨，通过海上运输实现的石油运输约占进口总量的 90%。巨大的石油进口量，使得沿海港口的油轮密度增加。

近年来，我国近海溢油事故呈明显上升趋势。1973—2009 年，中国沿海共发生船舶溢油事故 2 821 起，平均每 4 ~5 天发生一起①。受统计数据和资源的限制，表15 -2 仅列出 2000—2005 年间发生的海上溢油事故（2001 年数据缺失）。据已有资料显示，船舶碰撞和油轮触礁是引发海上重大事故的主要原因。

表 15 -2　2000—2005 年中国近海溢油事故统计

时间	发生地点	事发原因	溢油面积	经济损失（万元）
2000 -06 -06	福建海域			8 000
2000 -10 -15	东海平湖天然气海底输油管道岱山登陆点			925
2000 -11 -14	珠江口虎门附近			1 760
2000 -11 -15	山东东营港南			
2000 -12 -24	珠江口附近			
2002 -02 -19	河北黄骅		长 6 ~7 千米，宽 1 ~2米	
2002 -05 -21	大连石化码头	油轮		
2002 -10 -16	广东涠洲 11 -1 至 12 -1 油田间输油管线			
2002 -11 -11	广东南澳勒门列岛	油轮触礁		460
2002 -11 -23	天津大沽口	马尔他籍“塔斯曼海”号与中国“顺凯 1 号”（7 000 吨）相撞		
2002 -11 -26	渤海	绥中 36 -1 油田中心平台溢油		
2003 -04 -04	海南三亚	广州“沙河口”号船舶施工中沉没	1 公顷	
2003 -06 -10	海南省海域	干冲油库产生油水混合物排海	6 公顷	
2003 -07 -25	辽宁省绥中县沿海		长 58 千米，宽度 3 ~4 米	
2003 -06 -28	山东东营附近海域		80 公顷	70
2003 -09 -13	山东东营胜利油田 106 段		146. 7 公顷	1 600
2004 -01 -17	乐清市附近海域	油轮碰撞		
2004 -03 -06	锦州港	油轮泄漏		
2004 -03 -11	闽江口		0. 14 平方千米	
2004 -07 -08	渤海	油轮碰撞	100 平方千米	

① 黄何：《中华人民共和国船舶及其有关作业活动污染海洋环境防治管理规定》，http：www. moc. gov. cn/zhuzhan/zhengcejiedu/zhengcewer，2011 年 1 月 5 日。

续表

时间	发生地点	事发原因	溢油面积	经济损失（万元）
2004－12－07	珠江口	巴拿马籍与德国籍集装箱船碰撞	长9海里，宽200米	
2005－01－26	广东汕头南澳岛以东13海里处	船舶碰撞		
2005－02－25	浙江舟山海域	船舶因碰撞油仓破损		
2005－03－28	浙江海域	船舶碰撞		
2005－04－03	辽宁大连海域	船舶碰撞搁浅		
2005－04－17	山东省荣成市马山港附近海域		20公顷	
2005－04－20	福建晋江海域	油轮碰撞	320吨原油泄漏	
2005－07－02	大连海域	油轮碰撞		
2005－09－23	浙江省舟山海域	透气管溢油125千克		

资料来源：国家海洋局，《中国海洋灾害公报》，2000—2005年。

2. 溢油多发区

溢油事故发生的主要风险海域多在油船接卸的港口码头、油轮经过的航线、海湾或海岛周围海域以及海洋油气开发海域。

按照《长三角、珠三角、渤海湾三区域沿海港口建设规划（2004—2010年）》目标，长三角2010年前将形成进口原油能力2 500万吨、珠三角2 400万吨、渤海湾3 000万吨。涉及港口有上海、宁波、惠州、珠海、深圳、广州、东莞、大连、青岛、天津等十大港口。这些港口的海上运输繁忙，往来船舶密度大，必然成为海上溢油事故发生的高风险海域。近海石油开发区，也是溢油高发区。2000—2005年间，我国近海海域发生的重大溢油事故发生海域中，河口、港湾、码头溢油发生率41%，海岛附近海域发生率占41%，海上油气作业区21%（图15－8）。2010年7月17日，大连新港油管爆炸造成的重大溢油事故是迄今为止中国海域发生的最为严重的海上溢油事故。

二、海洋环境灾害造成的损失及影响

近年来，中国海洋环境灾害发生的频率和强度逐年增加，对海洋生态环境及沿岸居民生命财产造成重大损失，构成制约沿海区域经济社会发展的潜在影响。

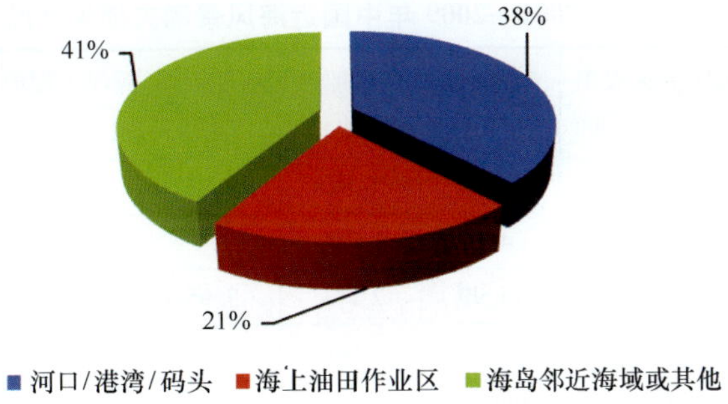

图 15－8　2000—2005 年我国近海重大溢油发生海域类型

（一）加重风暴潮等灾害的影响

海平面上升引发台风风暴潮灾害的频度加大，强度增强，沿岸农田被淹，房屋、基础设施损毁，直接经济损失巨大，2001—2009 年中国近海仅风暴潮灾害经济损失 1 140.10亿元。

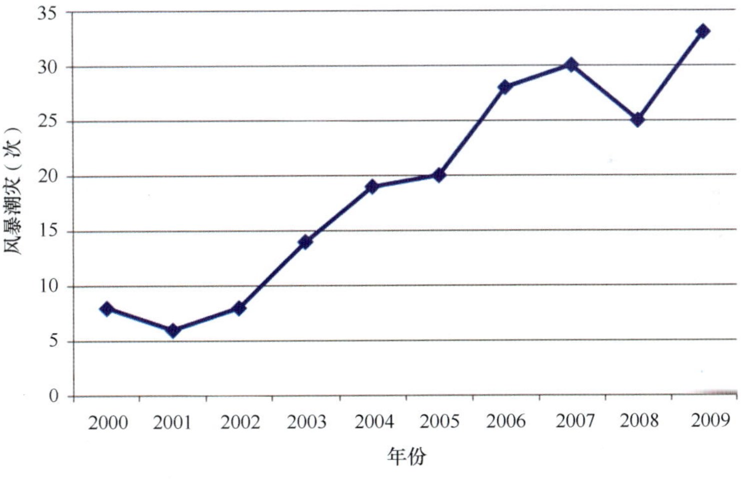

图 15－9　2000—2009 年中国近海风暴潮灾发生次数

资料来源：国家海洋局，《中国海洋灾害公报》，《中国海洋环境质量公报》，2001—2009 年。

表 15－3　2001—2009 年中国近海风暴潮灾损失情况

	风暴潮灾（次）	受灾人（万）	受灾农田（千公顷）	养殖受损（千公顷）	沉船（艘）	房屋倒塌（万）	海洋工程损毁（千米）	死亡/失踪（人）	经济损失（亿元）
2001 年	6	1 336	30.8	6.04	10 848	0.89	2.8	136	87
2002 年	8	1 059.5	37.1	4.5	1 986	4.4		30	63.14
2003 年	12	2 080.5	79.8	15.99	2 171	3.95	76.4	25	78.77
2004 年	19	–	–	–	–	–	–	49	52.15
2005 年	20	2 316.9	147.1	389.37	6 342	7.95	600.7	137	329.8
2006 年	28	2 688.3	95.7	121.4	6 980	14.97	711	327	217.11
2007 年	30	428.3	4.82	108.7	8 560		71.66	18	87.15
2008 年	25	176.18	303.59	70.83	4 969	5.4	1 178.24	56	192.24
2009 年	32	872.12	436.32	99.85	3 047	0.89	2.8	57	84.97
总计	161	10 957.8	1 135.23	816.68	44 903	38.45	2 643.6	786	1 140.18

资料来源：国家海洋局，《中国海洋环境质量公报》，2001—2009 年。

（二）加快“近岸死区”形成

赤潮、溢油等海洋环境灾害加快“近岸死区”的形成。根据近 10 年监测数据显示，长江口、珠江口、浙江近海海域的赤潮、溢油发生率明显高于其他海域，监控区海域水体溶解氧平均含量呈下降趋势，低氧区中心溶解氧仅为 1.12 毫克/升，且有扩大趋势。中国的长江口、珠江口和浙江近海海域已被列入全球“近岸死区”之列（图 15－10）。依据联合国环境规划署的年度报告，长江口定为永久性“近岸死区”，是极难恢复的海区，珠江口和浙江近岸定为季节性“近岸死区”。

据 2010 年 8 月美国政府的评估，美国墨西湾“深海地平线”钻井平台爆炸造成至少 2 亿加仑（1 加仑＝4.5461 升）的原油泄漏。至少使 656 种海洋生物物种受到污染，并已造成约 28 万只海鸟，数千只海獭、斑海豹、白头海雕等动物死亡。尽管有关各方做了最大努力，但是溢油造成的对墨西哥湾海洋生态环境的影响是无法估量的。据美国海洋大气管理局（NOAA）于 2010 年 11 月 13 日公布的深海地平线溢油恢复战略报告数据显示，墨西哥湾“深海地平线”钻井平台漏油事故使墨西哥湾深海水域的溶解氧降低，其溢油的深水区溶解氧仅为少于或等于 2 毫克/升①，虽然尚未达到海洋“死区”的溶解氧程度，但也表明海上溢油事故是促成海洋死区形成的重要因素之一。

① http：www. restorethegulf. gov/release/2010/10/02/subsurface，2011_01_05.

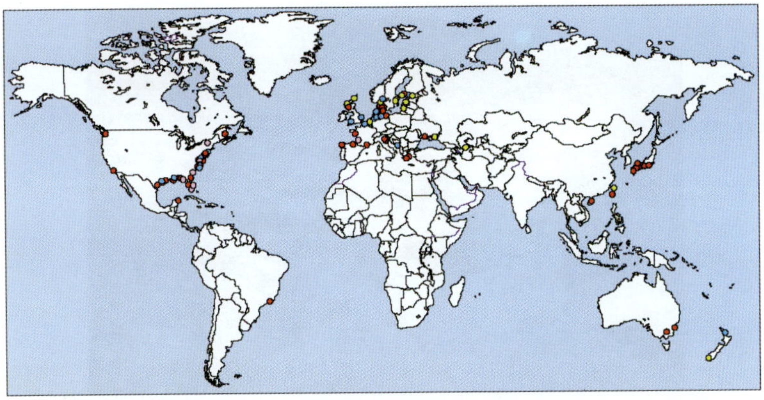

图 15 - 10 世界近岸死区分布示意图

资料来源：GEO Year Book 2003

图 15 - 11 2010 年 7 月 16 日 大连港输油管道爆炸引发海域溢油现场

资料来源：http：/news. sohu. com/20101024/n276347799 2010_01_05

(三) 加快近岸海水入侵及土地盐渍化速度

海平面上升、台风风暴潮以及人类对海岸资源不当开发、过度开采地下水，沿岸城市建筑的压实作用造成的地面沉降，引发海水倒灌，沿岸土地盐渍化面积扩大，土地退化速度加快。中国沿海的海水倒灌与土地盐渍化逐年加重，直接影响沿海地区的淡水供应系统，加重沿海土地资源紧缺状况。根据国家海洋局 2008 年进行的监测结果

图 15－12　2010 年 7 月 16 日大连新港油管爆炸原油污染近岸情况

资料来源：http：//news. sina. com. cn/z/dlsygxbz/，2010_01_05

表明中国沿岸海水入侵严重岸段的最大侵入宽度已经达 20～30 千米，导致土地盐渍化面积逐步扩大，盐渍化严重的岸段盐渍化面积达上千平方千米。

图 15－13　辽宁省锦州市建业乡何屯村土壤盐渍化状况

资料来源：国家海洋局，《2009 年中国海洋灾害公报》

（四）对沿岸人居环境构成威胁

海平面上升除造成上述危害外，还构成对沿岸人居安全的潜在威胁。海平面上升、海岸侵蚀等共同作用，使沿岸大面积土地被淹，引发未来移民问题。根据联合国气候变化专家委员会第四次评估报告数据，亚洲海岸带分布着 11 个面积大于 1 万平方千米的巨型三角洲[①]。红河三角洲，海平面上升 1 米，将淹没 50 万公顷土地；眉公河三角洲也会有 1 500～2 000 平方千米的土地被淹。海平面上升及海水入侵将使大面积土地被淹，毁坏上百万民众的家园，造成新的移民或难民潮。通常情况，难民或移民的迁栖路径是从灾害承载区到有生存生活条件的资源地，这一路径往往跨越国境，从而造成国家间的矛盾，成为地区不稳定因素。

中国的黄河三角洲、长江三角洲和珠江三角洲，受海平面上升和海水侵蚀的共同作用，未来几十年也将有大面积土地被淹的可能。据推算，当海平面上升 0.3 米时，黄河三角洲、长江三角洲、珠江三角洲将共有 81.1 千平方千米的土地淹没（表 15－4）。如此推测，未来几十年因海平面上升和海水入侵被淹土地将直接影响这些地区的人居安全，同时影响沿岸地区的经济发展。

表 15－4　黄河三角洲、长江三角洲、珠江三角洲主要海洋灾害情况

项目	黄河三角洲	长江三角洲	珠江三角洲
面积（千平方千米）	36.3	66.9	10
水径流量（亿立方米/年）	333	9050	3260
沉积物输送（百万吨/年）	849	433	76
面积增长（平方千米/年）	21	16	11
气候带	温带	亚热带	亚热带
红树林（千平方千米）	无	无	无
大型城市	天津	上海	广州
地面沉降（米）	2.6－2.8	2.0～2.6	轻度沉降
海平面上升（2050 年，厘米）	70～90	50～70	40～60
自然灾害类型	洪涝	热带气旋/风暴潮	海水入侵/洪涝/热带气旋/风暴潮
当海平面上升 0.3 米淹没面积（千平方千米）	21.3	54.5	5.5
护岸设施	有	有	有

资料来源：IPCC AR4 Chapter 10，Table 10.10.

三、海洋防灾减灾能力及存在的问题

海洋灾害是重大灾害种类，对人类的影响具有重大影响。全球气候变化及人类对

① IPCC AR4 WG_II Chapter 10 “Asia”，P463.

海洋资源开发不当及海洋环境造成的污染等，使得海洋环境灾害的发生频率和强度有明显加强趋势。沿岸地区是人口、工业、重大基础设施集聚带，人口集中、产业密集，且有重化工业向沿海地区集聚的趋势，这两种趋势共同作用，会使海洋灾害的损失加重。海洋灾害已经成为威胁沿海经济社会发展及安全的重大制约因素，提高海洋灾害的防灾减灾能力刻不容缓。

（一）海洋防灾减灾能力

近年来，中国政府高度重视海洋环境灾害的防治工作，海洋防灾减灾能力不断增强，基本建立了海洋防灾减灾体系，强化体制机制、防灾基础设施建设，用以满足海洋灾害的灾前预警、灾中救助和灾后恢复需求。

1. 预警报系统

灾前预警报是海洋灾害防灾减灾的第一需要。自建国以来，中国政府十分重视海洋灾害的防减灾工作，建立灾害预警报系统。1965 年成立国家海洋环境预报中心，开展风暴潮、海浪、赤潮、地震海啸、海平面上升等海洋灾害的预报、预测服务；1989 年开始编制和发布《中国海洋灾害公报》，至今已连续发布 21 年。为应对海洋灾害对亚太地区的影响，国家海洋环境预报中心还负责制作中国管辖海域和邻近海区及全球海洋环境、海洋灾害的预报、警报及分析、预测产品，发布海洋环境及灾害的预报警报。目前，中国已建立 1 个国家级预报中心、3 个区域预报中心、10 个省级预报中心和 8 个县级预报中心的海洋灾害预报业务系统，形成了较为完善的海洋灾害预警报系统（图 15－14）。中国地处太平洋西岸，所处海域自然灾害频发，建立与地区和国际海洋减灾组织间的合作也是预警报工作的重要内容。目前中国已与多个相关国际组织建立了业务关系，包括建立了与太平洋海啸警报中心、国际海啸情报中心等组织、机构的业务关系。

专栏 1　国际海洋灾害防灾减灾预报业务系统

■　全球联合海洋服务系统及其世界、特设和国家海洋学中心（即海洋预报服务中心），由政府间海洋学委员会及世界气象组织联合设立工作委员会协调；

■　太平洋海啸警报系统，包括太平洋海啸警报中心、国际海啸情报中心、区域及国家海啸警报中心，由海委会设立的该系统协调组协调；

■　海洋气象服务及其世界、区域及国家气象中心，由气象组织设立的海洋气象学委员会协调；

■　全球海平面观测系统，由海委会设立和协调；

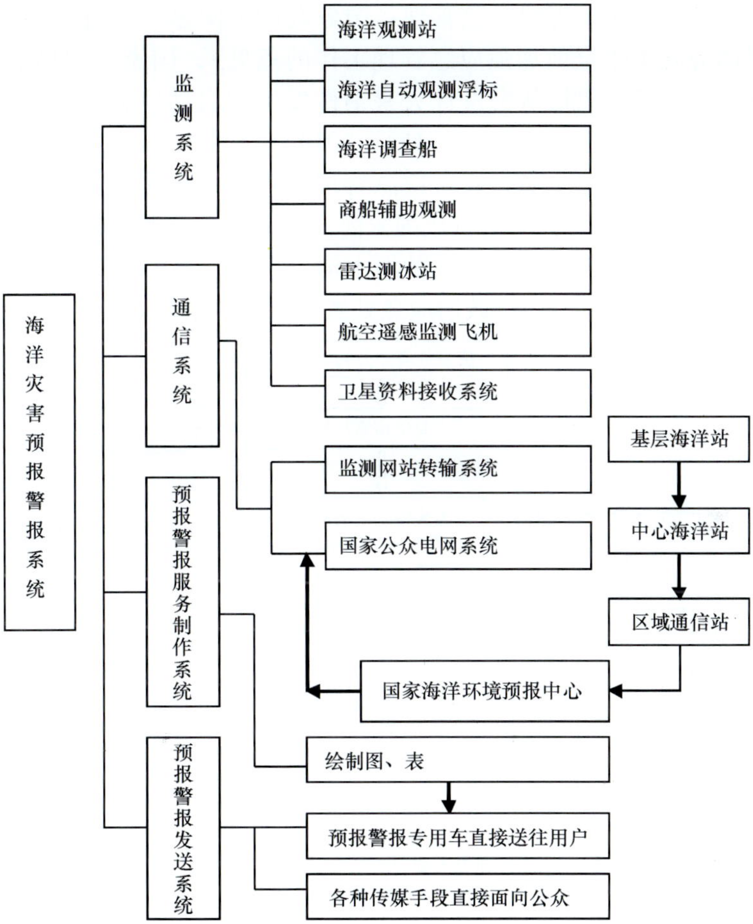

图 15－14　中国海洋灾害预报警报系统框架图

■　全球海上遇险与安全系统及区域、国家海上救助中心，由国际海事组织设立和协调。

2. 应急管理

赤潮、溢油等属于突发性公共事件。对这类突发性海洋灾害发生时的灾中救助是减灾的重要环节。政府部门制定的应急机制是有效进行救助的关键。应急机制主要包括应急管理、资源调配、信息发布等能力。

海洋灾害的应急管理是指海洋灾害发生时国家政府主管部门按照预定的程序采取的快速响应程序。海洋灾害发生时，各级政府主管部门快速、高效的组织与协调是减少灾害损失的关键。海洋灾害的应急管理是国务院赋予国家海洋行政主管部门的重要职责，依据《国务院关于全面加强应急管理工作的意见》，国家海洋局于2007年建立了应急管理机制。该机制包括从突发性灾害事件发生到启动应急响应程序，直至应急处置结束各个环节的整个程序（图15－15）。2010年7月16日，在大连新港输油管道爆炸引发的海上溢油事件中，海洋灾害应急管理发挥了重要作用。按照海洋灾害应急管理程序，国家海洋局于7月17日责成国家海洋局北海分局紧急启动应急机制，成立国家海洋局大连新港输油管理爆炸事故的海上溢油前线应急指挥部，利用卫星及时发布相关信息，为国家海洋局及各级政府应急处置提供可靠依据。

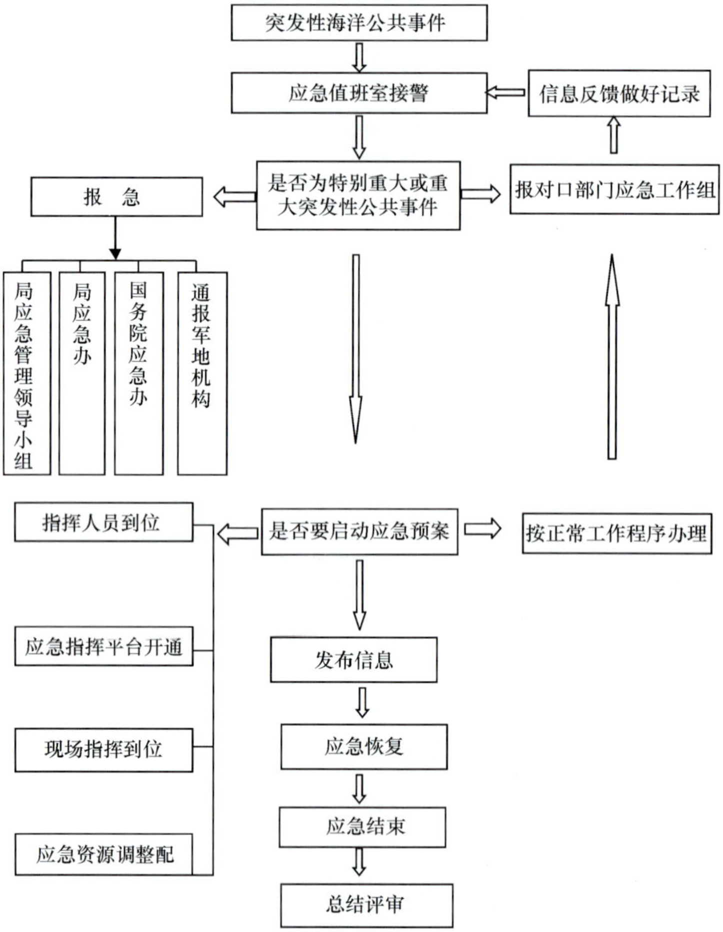

图15－15　海洋突发公共事件应急响应流程

资料来源：国海办字［2007］701号，“海洋突发公共事件应急响应管理机制”

国家海洋行政主管部门针对不同灾种，逐一明确了地方海洋行政主管部门的应急职责和工作流程，切实将责任落实到每个岗位和个人，根据海洋灾害的应急管理需求，建立健全了灾害的预先报告、预警报会商和应急值班等工作制度，统一了预警报的发布格式，使应急处置工作进一步规范化和制度化，为提高海洋灾害的应急管理提供了制度保障。

3. 应急预案

应急预案主要是针对风暴潮、海浪、海啸，赤潮、绿潮、海上溢油等属于突发性海洋灾害而制定的。国家海洋局编制并印发《风暴潮、海浪、海啸和海冰灾害应急预案》、《海洋石油勘探开发溢油事故应急预案》和《赤潮灾害应急预案》，详细规定了海洋灾害的应急标准、程序，成为国家海洋灾害应急工作的指导文件。目前，沿海所有省、自治区、直辖市和部分市、县也都制定了当地的海洋灾害应急预案，并做到了责任到单位、到岗位、到个人，形成中央、地方海洋灾害的应急预案体系。

（二）海洋防灾减灾设施

防潮设施主要指沿海地区为抵御风暴潮等海洋灾害侵袭而建立的海堤等。这些海堤在大潮涌来时可以起到抵挡和减缓海浪对岸基的冲击作用，以保护海岸设施及人命安全。防潮海堤是依照 100 年、50 年等一遇潮灾的相关标准建造的。目前中国的海堤高程大都由历史最高潮位、风浪爬高和安全超高三项参数相加而成。海堤的防潮标准因地而异，标准规定设计高潮位重现期从 10 年到 100 年不等，共分 10 年、20 年、50 年和 100 年 4 级，一些重点岸段的防潮设施标准可达 500 年一遇、1 000 年一遇。长江三角洲地区的海堤标准一般为 50 年一遇，重点岸段为 100 年一遇的标准，上海外滩早在 1993 年就全部建成 1 000 年一遇的防潮防洪墙，能有效地抵御严重风暴潮的袭击；秦山核电站也已修建 1 000 年一遇防潮堤；金山石化厂多数岸段海堤为 500 年一遇标准。但是，沿岸许多岸段的海堤年久失修，抵御风暴潮灾的能力下降。

（三）海洋防灾减灾存在的问题

1. 沿海防潮堤岸设施标准不高

中国沿岸防潮设施有一定基础，重点岸段也都有不同形式的防潮堤。一方面由于年久失修；另一方面，风暴潮灾强度加强、海平面上升等因素影响，防潮设施现有标准已无法满足抵御特大风暴潮的需要，每年因防潮设施不够标准而造成的海堤崩决、海堤被毁等现象普遍存在，程度也在加重。据有关统计，目前全国已形成各类海堤

1.383 万千米[①]。又据历年《中国海洋灾害公报》统计数据，2000 年至 2009 年，风暴潮造成的各类海堤损毁共计 4 594.51 千米。单纯以这两个数进行比较，损毁的各类海堤占海堤建设总长度的 33.3%。

中国沿岸海拔高度一般在 1～4 米之间，最低的不到 1 米。海平面上升会加剧这些地区的风暴潮灾害、洪涝威胁，并且加重海水入侵、土壤盐渍化等问题。长江口以北，特别是江苏沿岸，海岸多为滩涂，防护设施较弱。长江口以南，虽然拥有相当面积的滨海湿地、红树林、珊瑚礁等自然屏障，但由于过去几十年中，过度围海造田，生态遭到严重破坏，极大降低了湿地和防护林的消减浪作用，加大了风暴潮灾破坏力。

近岸重大工程、城市规划考虑海平面上升因素不足。城市建设、重大工程布局向沿岸推进的趋势明显。改革开放以前，东南沿海地区的发展受国防需要的限制，城市发展及工程布设的规模及速度都比较慢。改革开放以后，东南沿海作为中国改革开放的前沿和展示的窗口，城市建设速度加快、规模增大，海岸工程及海洋工程设施增多。但是在城市建设、工程布局及标准设计中考虑未来海平面上升的影响不够，设计标准不高；同时，城市群建设、地下水开采、回注等引起的地面沉降引起的相对海平面上升因素考虑不周。沿岸防潮设施标准不高，或长年失修，是造成灾害损失加大的主要原因之一。

2. 相关法律法规不完善

海洋灾害历来是自然灾害中对人类影响最大的灾种之一，对社会经济乃至国家安全产生严重影响。减轻和消除海洋灾害对沿岸居民、海洋工程、城市建筑和工农业生的破坏和影响，需要动员全社会的力量共同参与。因此，需要以法律的形式加以约束各级政府及相关部门的职责。目前，国家已颁布与灾害相关的法规包括《中华人民共和国地震法》、《中华人民共和国防洪法》、《中华人民共和国气象法》等，尚没有制定与海洋灾害有关的国家法律，不利于海洋灾害的防灾减灾工作的开展。

3. 灾害应急部门协调难度大

海洋赤潮灾害的应急响应涉及海洋环境监测、渔业、卫生、质检等部门，海洋溢油灾害的应急更涉及公安、消防、海洋、农业、交通、石油、外交、海关、民航、海军等诸多部门的参与，需要国家法律明确各部门在重大海洋溢油事故处理中的职责和地位。现行的《海洋石油勘探开发溢油事故应急预案》法律地位不够，溢油应急响应启动后，主管部门的协调职责难以实施，相关部门的职责是否到位难以监督，极易造

① 严洪：《我国海堤工程行业期待做大做强》，《中国海洋报》，2010 年 7 月 6 日。

成灾情应对时机的延误。

四、海洋环境灾害的防控措施

防止和减轻海洋环境灾害的损失是沿海地区经济、社会健康发展的需要。海洋灾害的防控，要坚持预防为主，防、控、治相结合的原则，做好灾前预警报、灾中救助和灾后恢复工作，提升海洋灾害预警报和应急能力，发展和完善海洋灾害立体监测体系，提升海洋灾害信息传输网络功能，完善海洋灾害防减灾法律体系。

（一）全面提升国家海洋灾害防治能力

1. 提高海洋灾害预警报能力

海洋灾害的预警报能力是防灾减灾的重大支撑。对赤潮灾害实施立体监视监测是提高预警报能力的关键。对赤潮的监测能力建设离不开地方政府的支持。建立由国家、地方共同构建的赤潮灾害监测监视网络，实现赤潮监测监视业务化，发布赤潮预警信息，形成赤潮预警系统和信息系统。在赤潮多发季节，对重点海域进行实时监测，及时发布赤潮预警报。

2. 改善重点海域海洋环境质量

加强对陆源污染排海的管理，制止岸边超标排放，加大执法力度。调整沿海地区海水养殖布局，科学规划养殖密度，提高饵料质量，减少养殖污水排放的自污染，降低赤潮发生风险。

3. 建立国家海洋灾害防治法律体系

海洋灾害的危害大、影响领域多。海洋灾害的防减灾涉及多部门，需要政府及公众的共同参与，更需要有组织、有计划地应对。现有海洋灾害的规章制定不能满足重大海洋灾害的应对需求，在现有地方海洋灾害防治实践的基础上，考虑制定国家海洋灾害防治法律，规范应对突发性海洋灾害的部门职责和相互关系。

（二）强化突发性海洋灾害的防控措施

1. 加大生物降解及防腐技术的研发力度

减少和消除因溢油和赤潮对事发海域的海洋生物及海洋环境造成的影响，需要借助相应技术，快速除油和降解有毒生物。以往使用化学除油剂，在除油的同时使海水遭除油剂化学成份的二次污染。目前，发展生物降解技术及相关产品成为控制海上溢油和赤潮的方向，应加大其技术及产品研发。

2. 重视溢油多发海域航道疏浚和通航管理

海湾、海港及海岛附近海域，由于航行船舶多，航道狭窄、淤积，一方面要定期对淤积航道进行疏浚，另一方面要加大航行船舶的管理，提高港口、海湾船舶疏导能力。对重点海岛邻近海域的暗礁情况进行调查，绘出可以参考的航行图预以标识，以减少触礁造成的溢油海难事故。

3. 加强海上油气田及输油管线的监管监测

加强海洋油气开发设备进行定期检测和维修。对海上油气钻井平台及输油、输气管道，加强检测和维护，规范操作程序，提高操作人员的技术水平及应对溢油等灾害的意识和能力。

（三）强化应对海平面上升的能力建设

1. 提高海堤及工程设施的防潮防腐标准

全球海平面上升以及引发的台风风暴潮灾害频率、强度增大已是不争的事实。为保护、保全沿岸居民的生命安全，保护沿岸重大基础设施及工矿企业、学校、医院等重要场所免受大浪大潮的袭击，提高沿岸防护堤坝的标准是即紧迫、又长远的战略任务。沿岸各级政府及相关主管部门要对重点岸段的防护堤建设作为重大基础设施进行规划建设。对重点沿段的防潮堤建设给与资金保证。随着海洋开发的进一步深化，沿海地区的城市化水平提高，重化工业及新能源产业趋海性增强，海岸工程及海洋工程的数量、规模都会有所提高，防止溢油对近岸水域污染导致的对海洋工程、海岸工程设施的损毁，提高工程设施的防腐标准，增强防腐防潮防浪能力，保证工程质量及寿命。

2. 沿岸城市建设考虑海平面上升因素

海平面上升、海岸侵蚀等环境灾害的影响应明确纳入沿岸城市建设规划。将海平面上升影响作为制定城市发展规划的标准之一，考虑其对产业布局的影响，科学规范围填海项目。

3. 制定沿岸设施离岸标准

制定海岸设施的离岸距离标准是保证沿岸设施免受海平面上升、海岸侵蚀以及风暴潮灾破坏的有效措施。国际上一些沿海国家利用法律的形式对沿岸设施的离岸标准加以约束，有效地减轻、减少了风暴潮灾、海岸侵蚀、海平面上升等灾害的破坏程度，值得借鉴。

4. 严格控制近岸地下水开采

减少过量开采地下水及沿岸城市建筑的压实效应造成的地面沉降。合理规划沿岸地下水开采，特别是对沿岸大中城市地下水开采进行科学规划。在天津滨海新区、长三角地区和珠江三角洲经济发达区等，应严格控制建筑物高度、密度及地下水开采，有效减缓地面沉降，减少海平面相对上升幅度和海岸侵蚀程度。

五、小　结

海洋环境灾害已经成为重大的海洋灾害种类，对沿岸经济发展、社会安定产生巨大的负面影响，应引起国家及社会各界的高度重视。海洋灾害的防减灾是一项复杂的系统工程，需要各级政府、相关主管部门及公众的参与。提高公众的海洋灾害防范意识，建立健全海洋灾害预警报体系，提升海洋灾害的国家应对能力，实施相应的防减灾措施，是海洋灾害的防减灾的需要；以国家法律形式约束相关部门的关系与职责，建立健全海洋灾害的法律法规体系，是防减灾能力建设的方向。

第十六章　中国海洋资源的开发利用

海洋蕴藏丰富资源，开发潜力巨大。近年来，中国海洋资源开发取得了重大进展，为沿海地区经济社会可持续发展提供了重要物质基础。但是，海洋资源开发缺乏国家政策引导，开发方式的粗放型等因素，致使海洋资源利用在某种程度上存在开发过度与利用不足并存的现象。海洋空间资源、海洋生物资源、海水资源及海洋能源资源是未来开发利用的重点方向，为解决国家资源能源紧缺提供有效途径。

一、海洋资源开发利用的基础

海洋资源是自然资源的重要组成部分，是经济社会可持续发展的物质基础。按照现行国际海洋法律制度，各沿海国享有对其国家管辖海域资源及国家管辖海域外海域资源相应的开发权利。

（一）国家管辖海域资源

中国大陆岸线 18 000 千米，岛屿岸线 14 000 千米，主张管辖海域 300 万平方千米，南北跨越 38 度，兼有热带、亚热带、温带海洋特征，蕴藏着丰富的海洋资源。

1. 海洋生物资源

海洋生物资源是指有生命的能自行繁殖和不断更新的海洋资源，是由不同种类的海洋动物、海洋植物和真菌组成（表 16－1）。

中国海域生物多样性是全球海洋生物多样性最丰富的五个近海海域之一。海洋生物的空间分布由南向北逐渐递减；由海岸线向外海递减；由海底向海面垂直方向递减；生物密度近海高、远海低。

渔业资源是海洋生物资源的重要组成部分，约占海洋生物资源总量的 12%①。中国近海渔业资源主要分布在渤海、黄海、东海和南海的各个渔场。近年来，由于过度捕捞、近海污染等影响，近海渔业资源衰退严重。1997—2000 年国家专项底托渔网调查

① Census of Marine Life 2010, Highlights of a Decade of Discovery, 22, P17. Printed in United States of America All Rights Reserved. www. coml. org coml@ oceanleadershio. org.

结果显示，渤、黄海生物仅剩 180 种，东海也只有 602 种①，海洋生物物种的种类分别减少 40% 和 30%。除渔业资源外，甲壳类动物、藻类、海洋微生物及软体动物等也是重要的海洋生物资源种类。

表 16－1　海洋生物的基本构成

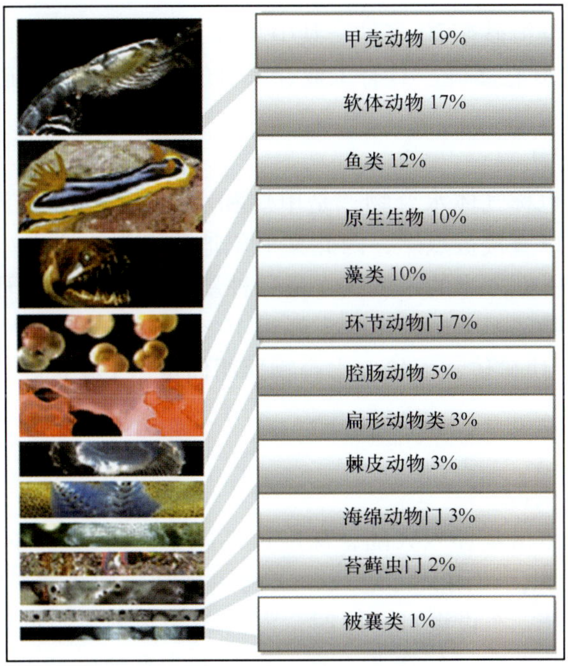

资料来源：译自 Highlight of a Decade of Discovery，Census of Marine Life，www. coml. org，22，p19

2. 海洋矿产资源

海洋矿产资源主要包括海洋油气、滨海砂矿及天然气水合物等。

（1）海洋油气

中国近海大陆架面积 130 多万平方千米，发育 10 个大型的沉积盆地，总面积约 89.6 万平方千米，有效勘探面积约 60 万平方千米。中国南沙、中沙发育 16 个沉积盆地，总面积约 51 万平方千米②。勘探结果表明，在中国海域众多的沉积盆

① 陈新军主编：《中国海洋渔业资源与渔场学》，北京：海洋出版社，2004 年，第 246 页。

② 国家海洋局：《2007 年中国海洋年鉴》，北京：海洋出版社，第 126 页。

地中蕴涵着丰富的油气资源。根据2005年国土资源部、国家发展改革委员会联合组织的第三次油气资源评价初步结果，海洋石油资源量246亿吨，占全国石油资源总量的22.9%；海洋天然气资源量15.79亿立方米，占全国天然气资源总量的29%。

（2）滨海砂矿

中国近海发现的滨海砂矿20多种，其中具有工业价值探明量的有13种，各类砂矿床191个，总探明量16亿多吨。具有工业开采价值的钛铁矿、锆矿、金红石、独居石、磷钇矿、磁铁矿和砂锡等。

（3）天然气水合物

天然气水合物，也称气体水合物，是甲烷和水分子在高压低温条件下结晶形成的固态笼状化合物，可以直接被点燃，因此又形象地称之为“可燃冰”。1立方米的天然气水合物可释放出164立方米的天然气，是一种新型能源。中国国土资源部于1999年开始启动天然气水合物的海上勘察工作。经过10余年的努力，中国已在南海140平方千米的海域圈定了11块矿体，天然气水合物探明储量达194亿吨。

3. 海洋空间资源

（1）海湾和水道资源

海湾资源。海湾是指延伸入大陆，深度逐渐减小的海或湾的一部分水域。海湾作为一种特殊的海洋资源，利用其可避风，或利用是基岩深水等特点，进行船舶停靠；或利用与内河相交特征，布设港口。同时，海湾还是多种鱼类的栖息地或产卵场，可进行捕鱼或养殖。有些海湾油气资源丰富，可开发为石油生产基地；有些海湾的自然景观优美，可发展旅游业；有些则可进行大型海上工程设施建设，建造跨海大桥等。中国大陆沿岸有大于10平方千米的海湾150多个，面积在5平方千米以上的海湾200个左右[①]，其中，河口海湾34个。目前，中国沿海已建成大小海洋港口150个左右，天然海湾已剩不多。以面积反映中国近海海湾的大致分布（图16－1），山东、广东、辽宁居前三位，江苏和广西为最少。

水道资源。水道是海上运输和贸易的通道。其中，海峡水道是沟通两海或两洋的狭窄水道，是海洋空间资源的重要形式。另外，在海岸突出的岬角之间、海湾之间或海洋岛屿之间，也形成了许多水道。中国海域的主要海峡有渤海海峡、琼州海峡、台湾海峡以及万山群岛诸海峡，加之其他水道，总计约130个左右，主要分布在浙江、福建和台湾省海域。

① 黄宗国：《海洋河口湿地生物多样性》，北京：海洋出版社，2004年，第6页。

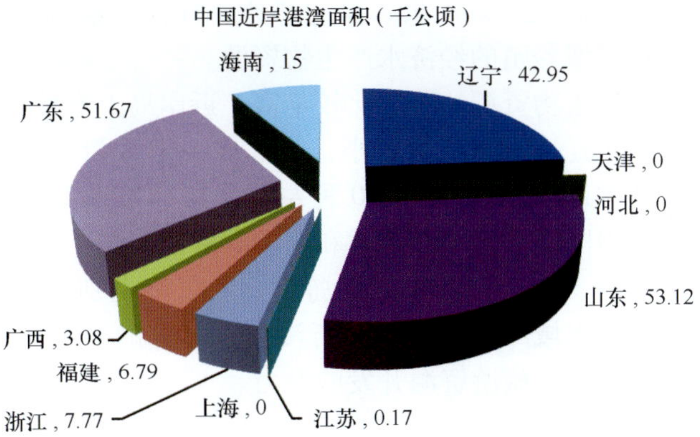

图 16－1　中国近岸可养殖港湾分布

资料来源：《中国统计年鉴 2009 年》，第 385 页

（2）海岛资源

1）岛屿类型与分布

海洋岛屿，按离岸距离划分为陆连岛、沿岸岛、近岸岛和远岸岛四种类型。中国近海陆连岛屿 93 个，主要分布在山东、广东、福建、广西沿海。沿岸岛屿 4 751 个，占中国海岛总数的 68. 3%，主要分布在浙江、福建、广西、广东。近岸岛 2 007 个，约占岛屿总数的 28. 8%，主要分布在浙江、福建、广东、海南。远岸岛屿没有总体调查数据，具体到海南省有远岸岛 120 多个；广东 1 个，即东沙岛。

按面积大小，近海岛屿可分为特大岛、大岛、中岛和小岛四类。特大岛是指海岛面积大于 2 500 平方千米的海岛，此类海岛只有海南岛和台湾岛。大岛是指岛屿面积在 100 ~ 2 500 平方千米之间的海岛，这类海岛在中国近海共有 13 个。其中广东 5 个，福建 4 个，浙江 3 个，上海市 1 个。中岛是指海岛面积在 5 ~ 99 平方千米之间，这类海岛在中国有 117 个，占调查海岛总数的 1. 7%。主要分布在浙江、福建、广东、广西沿海。小岛是指海岛面积在 500 平方米至 4. 9 平方千米之间的海洋岛屿。有调查记载，小岛占中国海洋岛屿总数的 98%，并主要分布在浙江、福建、广东、广西、海南邻近海域。

2）岛屿资源

淡水资源。海洋岛屿，特别是多数无居民海洋岛屿，大多靠降雨补给淡水，但是岛上降水量一般小于大陆海岸带地区，加之气候等条件，日照强度大，储水能力低，大部分无居民海岛的淡水短缺。海岛的降水量总体呈北、南不均。同一地区，面积小的岛屿缺水程度高于较大面积岛屿；远陆岛的缺水程度高于近陆岛。

海洋生物资源。海洋岛屿及其周边海域生物资源比较丰富，种类繁多。海岛潮间带及近岛海域宽阔，是多种鱼、虾、贝、藻的产卵、育仔、索饵场和栖息地，有着大量可供食用、药物和宜于增养殖的经济水产生物资源。

岛陆生物资源。岛陆生物资源的种类比较丰富，近岸岛上有植物约 2 000 种，其中有 1 000 种以上有药用价值，但资源量较小，能形成一定数量和规模的仅有 200 种左右。海岛上的动物以鸟类最多，估计有 400 种左右，其中 80% 是候鸟或旅鸟。在福建以南，特别是海南岛屿周围有丰富的红树林和珊瑚礁资源。

森林资源、土地资源、矿产资源也是海岛重要的资源类别。另外，也有些位于亚热带和温带的海岛，深水水域广阔，岸线曲折漫长，形成的一些岬角和海湾，可做港口开发利用。海洋岛屿，有着旅游资源开发的潜力。

4. 滨海湿地

滨海湿地是海洋资源的一种重要形式。滨海湿地可分为沿海低地、沿海潟湖、潮间带湿地、河口湾、红树林、珊瑚礁、浅海水域等多种类型，不仅是多种海洋生物及海鸟的栖息地，也是海陆交汇过度带，是淡水资源的储存地，是碳存量最大的生态系统之一，对减缓全球气候变暖起着缓冲器的作用。

中国滨海湿地面积共计 5 941.7 千公顷①。其中，山东、广东省滨海湿地面积居多，分别为 1 210.9 千公顷和 1 017.8 千公顷，占全国滨海湿地总面积的 37.5%，其他省份情况见图 16－2。

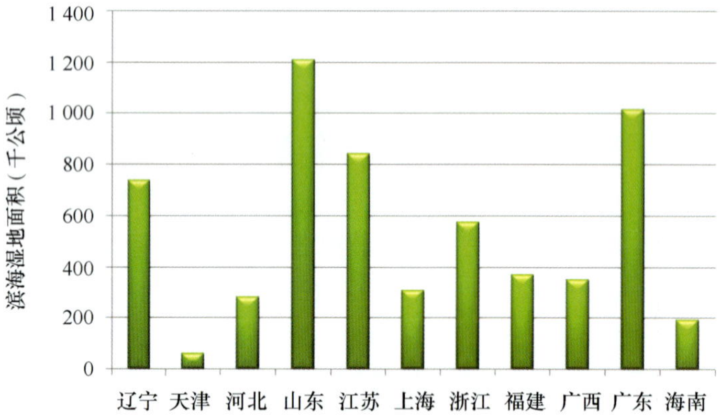

图 16－2　中国滨海湿地面积分布

资料来源：国家统计局，《2009 年中国统计年鉴》，第 419 页

① 国家统计局：《2009 年中国统计年鉴》，北京：中国统计出版社，第 419 页。

5. 海水资源

海洋水体是地球上最大的连续矿体，是重要的海洋资源。中国毗连的渤海、黄海、东海和南海，总面积约为473万平方千米，海水资源丰富。海水中有80种天然元素，含量较高的有氧、氢、氯、钠、镁、硫、钙和钾。海水制盐、卤水综合利用、海水制镁、海水制溴、海水提钾、提碘、提铀等，在很大程度上可以弥补陆域资源的不足。海水中含有的淡水成份是提供淡水资源的新途径。目前，世界已有155个国家利用海水淡化技术向2亿人提供淡水。海水利用中，24%用于饮用；9%用于工业；1%用于农业①。中国的海水淡化及海水化学利用技术日趋成熟。利用海水进行脱盐，或进行软化处理，可直接成为工、农业及生活的水源之一。

6. 海洋能资源

海洋能是海洋资源的一种形式。海洋能通常指以潮流能、潮汐能、波浪能、海水温差能和海水盐差能。中国近海海洋能理论蕴藏量6.3亿千瓦②。随着科学技术的进步，海洋能资源形式有所扩大。海洋生物质能源利用技术日臻成熟，利用海藻制氢或制成柴油等，已成为世界海洋生物能源利用的发展方向之一。海上风能是清洁的可再生能源，主要用于海上发电，为海岛、海上油气田的生活、生产等提供电力。中国海上风能资源丰富，海上可开发风能资源约7.5亿千瓦③，且主要分布在东南沿海地区，具有风电开发利用的良好市场和巨大资源潜力（表16－2）。

表16－2　中国近岸及近海海域海洋能储量

名称	计算范围	理论值（千瓦）	可发电量/年（千瓦）
潮汐能	沿岸港湾内潮汐能（426个海湾/河口坝区）		2 179万
波浪能	沿岸波浪能（55个代表站）	1 285万	1 285万
	海域波浪能	5.74亿	5.74亿
潮流能	沿岸130处水道/海岸潮流能	1 395万	1 395万
温差能	近海及毗邻海域	366.2亿	366.2亿
盐差能	沿岸河口盐差能（23条主要入海河口）	1.14亿	1.14亿
总计			25.7

资料来源："大力推进我国可再生能源产业发展"，国家海洋局海洋技术研究所，2010年4月。

① GWI. The 19th IDA Worldwide Desalting Plant Inventory. Media Analytics Limited, 2006.

② 国家海洋局：《2008年中国海洋统计年鉴》，北京：海洋出版社，第32页。

③ "我国海上风电场建设拉开序幕"，www.sdpc.gov.cn/zjgx/t20061130_96791.

（二）国家管辖海域外资源

国家管辖海域外资源是指赋存于公海及“区域”的资源。《公约》对国家管辖海域外海洋资源开发利用做了相应规定，用以维护公海或“区域”海洋资源的可持续利用。依《公约》规定，国际海底区域及其资源是人类共同继承财产，是世界各国可利用的资源基础。除《公约》外，还有一些国际海洋法律、公约及文书涉及国家管辖外海域资源的开发利用与管理，如《生物多样性公约》等。

1. 生物多样性分布

“国际海洋生物普查”报告依据11 000种海洋生物的记录数据绘制了近海生物多样性及大洋生物多样性指数的分布图，图中颜色由深蓝向深红变化。图16－3生物多样性指数从0～0.75逐渐变大，图16－4标识的指数从0.03～0.87之间变化。

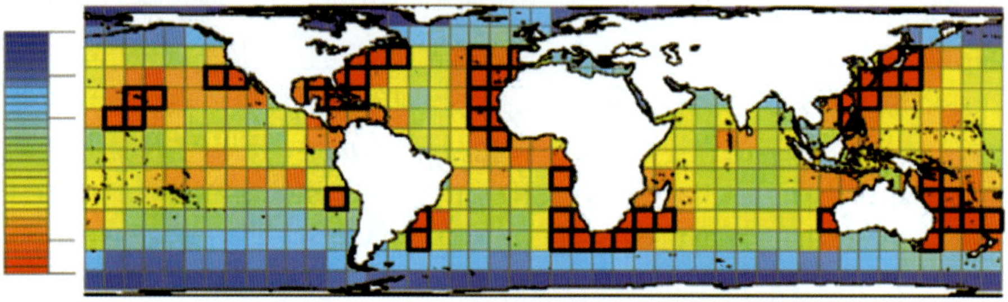

图16－3　近海生物种类分布

资料来源：Census of Marine Life，26，第16页

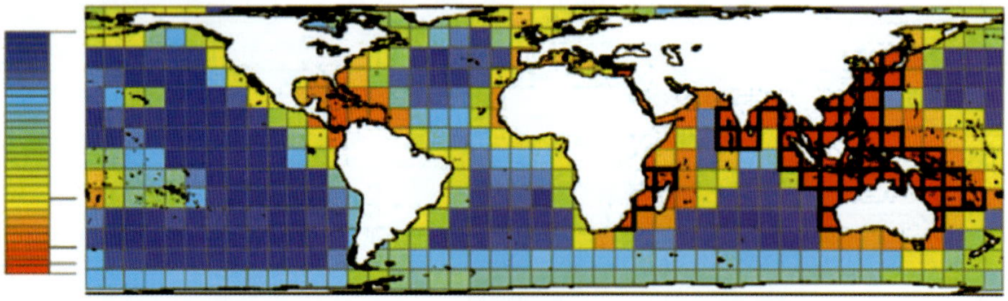

图16－4　大洋海洋生物物种分布

资料来源：Census of Marine Life，26，第16页

2. 渔业资源

公海渔业资源主要集中在大西洋、印度洋、太平洋的渔场（图 16－5，图 16－6）。据“国际海洋生物普查”报告提供的数据显示，至 2010 年 2 月，全球有记录的鱼类共 16 754种，这一数据比普查前的数量增加了 5 000 种。

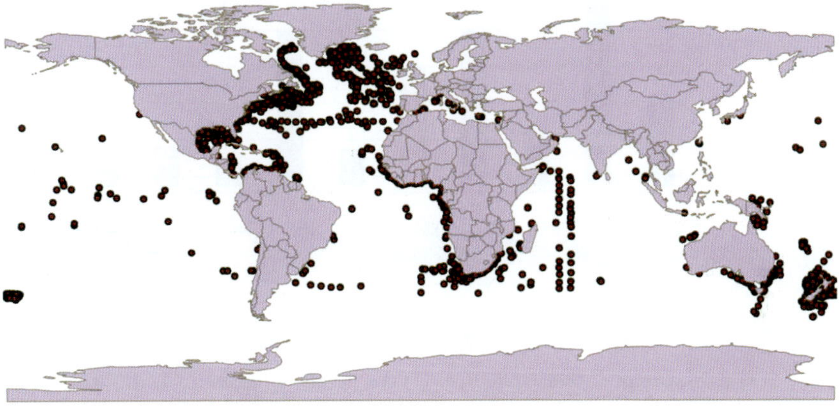

图 16－5　鲑鱼分布海域

资料来源：Census of Marine Life，26，第 19 页

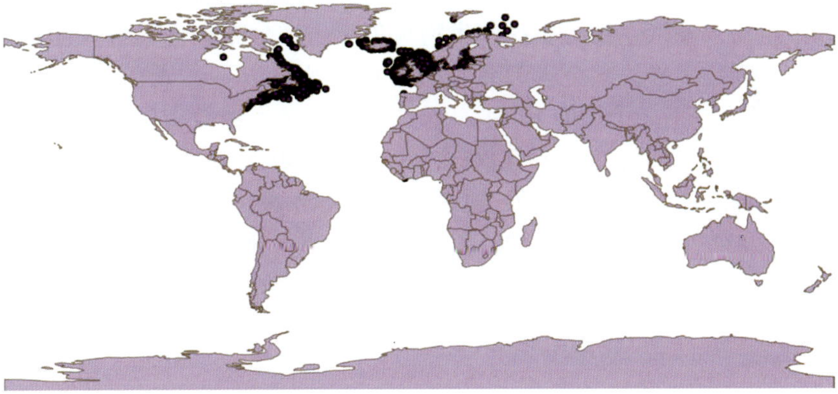

图 16－6　鳕鱼分布海域

资料来源：Census of Marine Life，27，第 19 页

受过度捕捞及气候变化等影响，全球海洋生物资源衰退趋势明显，特别是渔业资源衰退最为严重。“国际海洋生物普查”项目的科学家们对 10 组大型海洋动物目前的

数量与历史记录的丰度值进行比对，减少最多的是底栖鱼，其次是鲸、鲨、开阔海大型上层鱼、河口鱼，分别减少57%、42%、41%、32%和24%（图16－7）。同时还发现，北美自1860年进行商业性捕鱼，至1930年的90年间，旗鱼的体重和体积大幅降低，由原来的270千克下降到不足100千克。

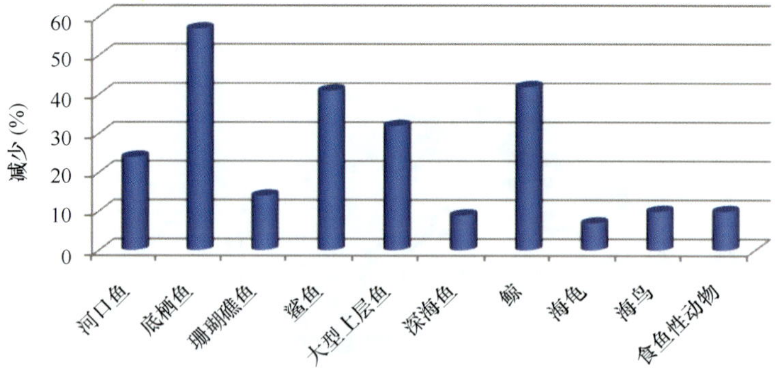

图16－7　各种海洋动物丰度减少的比例

资料来源：Census of Marine Life Highlight of a decade of Discover, 44，第28页

3. 其他生物资源

渔业资源仅占海洋生物资源的12%，其他生物资源包括软体动物、甲壳动物、藻类、海洋原生生物以及微生物等。这些生物与鱼类一样分布在世界各大洋的不同环境，水深可由数十米到数千米，甚至上万米；温度可在冰点以下，或在高温水域，甚至缺氧、无氧的环境中生存。2010年10月，由“国际海洋生物普查”组织公布了历经10年的第一次调查报告，报告是由来自80个国家的2 700名科学家参与共同完成。该报告数据显示，全球海洋生物命名的种类数量达250 000种，在原有基础上增加了20 000种。其中，有6 000种可能是新物种。科学家们推测，全球海洋生物可能至少有百万种，海洋微生物的种类可达千万甚至上亿种①。

4. “区域”矿产资源

“区域”及其资源是人类的共同继承财产。“区域”资源是指“区域”内海床及其下原有位置的一切固体、液体或气体矿物资源，主要包括多金属结核、富钴结壳、热液硫化物等。

① A DECADE Discovery, Highlight of a Decade of Discovery, Census of Marine Life, www. coml. org, P5.

 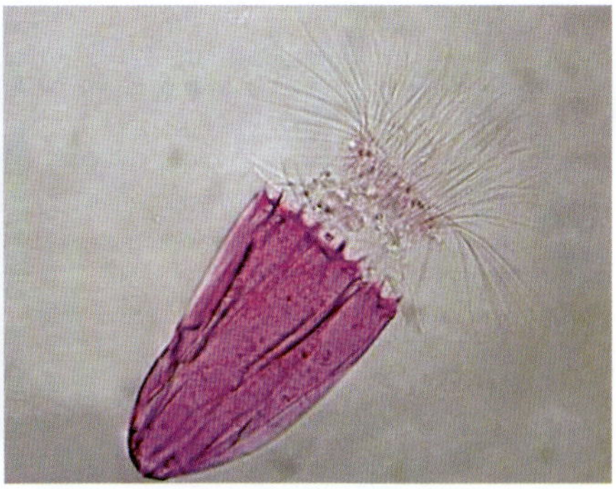

图 16－8　美国海域发现的新型海藻和新发现的厌氧菌

资料来源：Census of Marine Life，Highlights of a Decade Discover 20，第 15；15，第 12 页

（1）多金属结核

多金属结核是深海矿产资源的一种形式，它是由铁、锰的氧化物以及淤泥矿物的自然积聚形成，生成地壳在水深 4 000～5 000 米不等。多金属结核在海洋中分布十分广泛，但具有经济与开采价值的结核的分布却十分有限，工业勘探主要集中在东北太平洋克拉里昂—克利珀顿断裂区、东南太平洋秘鲁海盆和北印度洋中心。已查明多金属结核富含矿物种类 60 种，主要是锰结核、铁结核、硅结核和碳结核等，总储量约 5 000亿吨①。

（2）富钴结壳

富钴结壳所含金属主要包括钴、锰和镍等。富钴铁锰结壳氧化矿床，遍布全球海洋，多集中在海山、海脊和海台的斜坡和顶部。太平洋约有 50 000 座海山，富钴结壳贮存量最丰（图 16－9）。结壳形成厚度可达 25 厘米，形成宽达数多平方千米的铺砌层。据估计，大约 635 万平方千米的海底为富钴结壳所覆盖。据此推算，钴总量约为 10 亿吨。

（3）多金属硫化物

多金属硫化物，又称热液硫化物，是一种海底矿物质，含有锌、铅、金、银等多种元素，一般形成在水深至 3 700 米处。已有勘探表明，多金属硫化物矿点位于海洋中部，分布于东太平洋海隆、东南太平洋海隆和东北太平洋海隆。大西洋中脊和印度洋也有一些矿床，因勘探活动有限，这两个海区发现的矿床还十分有限。目前已探出 100 多个热液矿化点，包括至少 25 处有高温黑烟囱喷口②。总体而言，多金属硫化物处于

① 中华人民共和国常驻国际海底管理局代表处网站，www. china－isa. jm. china－embassay. org.

② 中华人民共和国驻联合国国际海底管理局代表处网站，www. china－isa－jm. china－embassy. org.

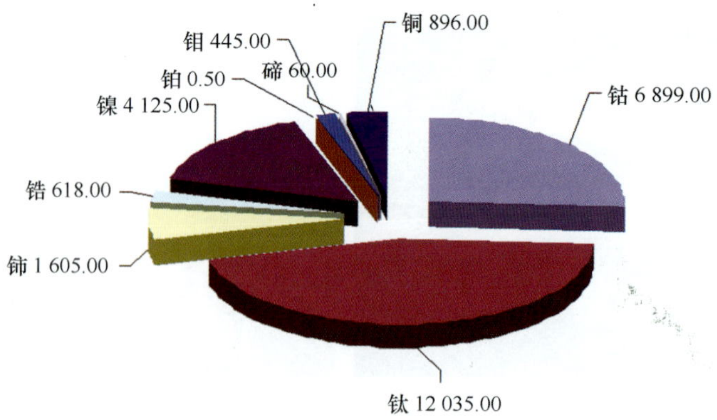

图 16－9　每吨富钴结壳含金属量（单位：克）

资料来源：中华人民共和国驻国际海底管理局代表处网站，www. china－isa. jm. china－embassay. org.

物探阶段，距规模商业化开采还有相当距离。

二、海洋资源开发利用的进展

中国海洋资源开发在传统领域继续保持平稳发展，海洋油气、渔业、港口、航道资源仍然是海洋资源开发的主要领域。海洋生物资源的医药利用、工农业制品利用以及海水资源、海洋能源资源利用正在逐步向产业化方向推进。

（一）海洋生物资源

根据 2010 年全球海洋生物普查公布的数据，在调查的全球海洋生物约有 25 万种，总量估算可达百万种。海洋生物资源的开发利用已经成为 21 世纪人类可持续发展的重要方向，开发形式由传统捕捞和海水养殖向海产品精深加工、多元化方向发展；开发领域从食品扩展到医药、工农业制品、环境修复等重大领域。

1. 海洋生物医药利用

从海洋生物中提取药用物质是海洋生物资源利用的重要方向之一。世界各国已从海葵、海绵、腔肠动物、被囊动物、棘皮动物和微生物体内分离和鉴定了 3 000 多种新型化合物，主要活性表现在抗菌、抗病毒、抗凝血、镇痛、抗炎、抗肿瘤和抗心血管疾病等方面，其中部分先导化合物已经进入临床。

海洋生物不但可以提取蛋白质，也是获得糖的重要来源。寡糖是糖物质的一种形式，是由 2 个至 20 个相同或不同的糖残基组成的生物分子，与多糖相比具有更好的水溶性和体内吸收特性。其中，海洋褐藻胶海洋寡糖及其衍生物具有抗心血管疾病、抗老年痴呆症等功能；卡拉胶寡糖及其衍生物具有抗病毒、抗肿瘤活性等功能；甲壳胺寡糖具有抗动脉粥样硬化、提高机体免疫力功能；壳寡糠还具有防治骨关节疾病的功能；琼胶寡糖则具有抗氧化和抗糖尿病活性等功能。由于海洋寡糖与陆地寡糖相比具有结构特殊和生物学活性广泛的特点，成为制药业的重要原料。

中国在海洋寡糖制备方面取得重大科研成果。由中国海洋大学管华诗院士主持的“海洋特征寡糖制备技术与应用开发”项目，经过近30年的努力，已经构建起国际上第一个由300多个海洋寡糖组成的海洋寡糖库，其中至少有100多种寡糖具备开发成药的潜质，目前开发的用于抗病毒、抗心血管疾病的4种新药已上市，另外还有4个海洋新药正处于不同的临床阶段。2009年，此项研究成果获得国家技术发明一等奖。为实现海洋寡糖的批量生产，2010年7月在青岛开工建设中国第一个海洋寡糖生产基地。由中科院大连化物所与复旦大学医学院等单位联合研发，已经成功制备出高活性的、不同聚合度的壳寡糖；以海洋壳寡糖、氨糖为主要原料的胶囊，在修复受损细胞和成骨细胞的正常功能及代谢平衡方面具有良好功效。

2. 海洋生物质能

全球气候变暖、资源短缺、能源告急、环境恶化问题突出，减少二氧化碳等温室气候排放，寻找清洁可再生能源是解决上述问题的途径之一。生物质能，在煤炭、石油、天然气四种一次能源中是唯一的含碳能源，因而成为首选的清洁能源加以发展。人们已经从农作物桔杆中提取并制成生物燃料，但是由于生物质能制备需要的原料多，种植需用的土地面积大，工艺复杂，不但成本高，还有与人类争地抢粮的弊端，因此在一些国家已不再提倡进行陆域生物燃料生产。海洋生物质能利用是在这样的大背景下得到重视。

利用海藻制备生物柴油作为运输燃料取代石油是当前海洋生物质能利用的主要方向之一，美国、日本等国分别投入巨资进行海藻生物能源技术的研发。美国肯塔基州大学应用能源研究中心的生物能源小组主要致力于研究利用煤炭燃料排放的二氧化碳和热量培植海藻，并将海藻转化为液态油的路径。中美已在青岛中国科学院青岛生物能源与过程研究所建立“可持续航空物燃料联合实验室”，开展藻类种植、收获和加工技术的研发，加速可持续航空燃料产业化的研究。

利用海藻制备乙醇是海洋生物资源利用的又一重点方向。中国的乙醇汽油消费量大约占全国汽油消费总量的20%，2009年乙醇汽油销售总量达173.2万吨。运输燃料可能是未来中国能源消费的最大缺口，生物燃料和生物基材料是未来生物质能源利用的最佳方式[①]。积极发展海洋生物质能源利用，是减少石油消耗的重要战略举措。中国在海洋生物质能利用方面已得到国家有关方面的高度重视，但总体上还处于研发阶段，技术成熟度尚有待提高。

3. 渔业资源

中国海洋渔业资源开发以捕捞为主要形式。2009 年全年海洋渔业捕捞 1 276.3 万吨，其中远洋捕捞 97.7 万吨；海水养殖 1 405.2 万吨[②]。海水养殖量高于海洋捕捞量（图 16－10）。

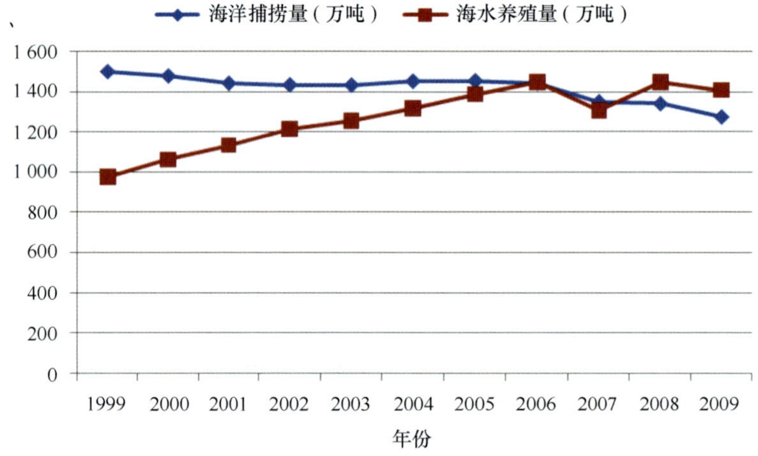

图 16－10　1999—2009 年中国海洋捕捞及海水养殖产量

资料来源：国家海洋局，《中国海洋统计年鉴》（1999—2009 年）；《2010 中国渔业统计年鉴》。

海洋捕捞及养殖总量结构中贝类、鱼类分别占总产量的 44% 和 35%，藻类仅占 6%（图 16－11）。贝类产量的绝大部分是由养殖提供。

（二）海洋油气资源

海洋油气资源约占全球油气资源总量的 45%。目前，海洋油气资源开采量约占全球油气资源开采量的 35%。2010 年，全国原油产量首次突破 2 亿吨，原油进口 2.39 亿吨，增长 17.5%[③]。

① 曹湘洪：《发展生物燃料减少对石油过度依赖》，《科学时报》，2010 年 9 月 9 日。

② 中华人民共和国农业部渔业局：《2010 中国海洋渔业统计年鉴》，北京：中国农业出版社，2010 年 08 月。

③ 《2010 年能源经济形势及 2011 年展望》，2011 年 1 月 28 日，www.gov.cn/gzdt/2011－01/28/content_1794443.html。

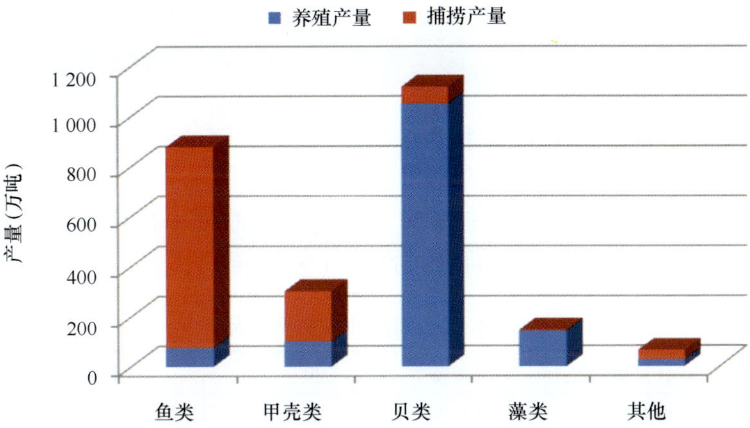

图 16－11　2009 年全国海水养殖与海洋捕捞产品比例
资料来源：《2010 中国渔业统计年鉴》

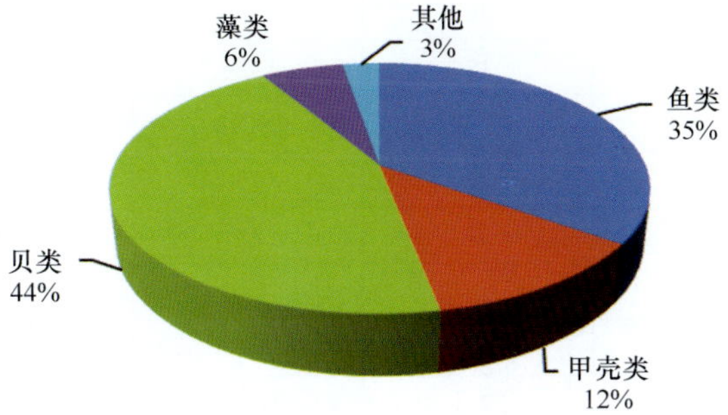

图 16－12　2009 年海洋水产品结构
资料来源：《2010 中国渔业统计年鉴》

1. 海洋油气新发现

2009 年，中国海洋石油总公司在中国海域自营勘探共获得 15 个新发现，成功评价 11 个油气构造，合作勘探取得了 2 个新发现，并成功评价了 1 个含油构造。2010 年上半年，中国海洋石油总公司又与其合作伙伴共获得 9 个新发现，并成功评价 7 个油气构造。主要包括：石臼坨凸起周缘获得多个发现，成为新的储量增长点；发现锦州 20－2北油田；黄河口凹陷扩展获成功，储量继续扩大；涠西南滚动勘探继续扩大；大型发现蓬莱 9－1、垦利 6－4、恩平 24－2 和流花 16－2。深水勘探也取得突破性进展，包括流花 34－2 天然气新发现，成功评价荔湾 3－1 气田，又在 2010 年 2 月获得流花 29－1深水天然气新发现。据发现井流花 29－1－1 钻探钻杆测试，该井可日产天然气

57 百万立方英尺①。

2. 海洋油气开采量

依据中国海洋石油总公司年度报告，2009 年海上原油开采量 4 766 万吨油当量，天然气 107 亿立方米。

海洋石油资源利用从上游产品到下游产品的开发取得丰硕成果。上游产品包括石油液体、天然气；下游产品包括多种化工产品（表 16－3）。

表 16－3　海洋油气主要产品

项目	计量单位	2006 年	2007 年	2008 年	2009 年
上游产品	万吨油当量	4 033	4 047	4 293	4 766
其中：国内	%	86	85	85	82
国外	%	14	15	15	18
石油液体	万吨	3 154	3 055	3 244	3 697
其中：国内	%	88	88	90	86
国外	%	12	12	10	14
天然气	亿立方米	87.91	99.18	104.89	107
其中：国内	%	79	75	73	70
国外	%	21	25	25	30
下游产品					
尿素	万吨	192.75	184.5	194.91	190
甲醇	万吨	27.1	71.48	77.12	81
乙稀	万吨	64.62	83.06	84.08	92
沥青	万吨	626	658	569	415
汽油	万吨				62
煤油	万吨				77
柴油	万吨				277
燃料油	万吨	626	658	569	333
发电量	亿千瓦时	35.21	52.43	59.77	86
LNG 进口量	万吨	74.5	298	333	277 580

资料来源：《中国海洋石油总公司 2009 年度报告》。

① 中国海洋石油总公司新闻中心，2010 年 2 月 9 日发布。www. cnooc. com. cn/data/html/newd/category_15_180. html。

3. 其他海洋油气资源利用

中国海洋石油对外合作领域了在印度尼西亚、澳大利亚、尼日利亚和其他一些国家的油气田持有一定股权。截至2009年底，中国海洋石油总公司在海外的净探明量约占公司探明储量的17.6%，净产量约占公司净产量的17.4%。

（三）海洋空间资源

1. 港口利用

港口利用是海洋空间资源的主要利用形式之一。2009年前11个月，全国规模以上海洋港口货物吞吐量633 433万吨，外贸货物吞吐量，外贸货物吞吐量180 200万吨，集装箱吞吐量11 070.22万标准箱（图16－13，图16－14）。

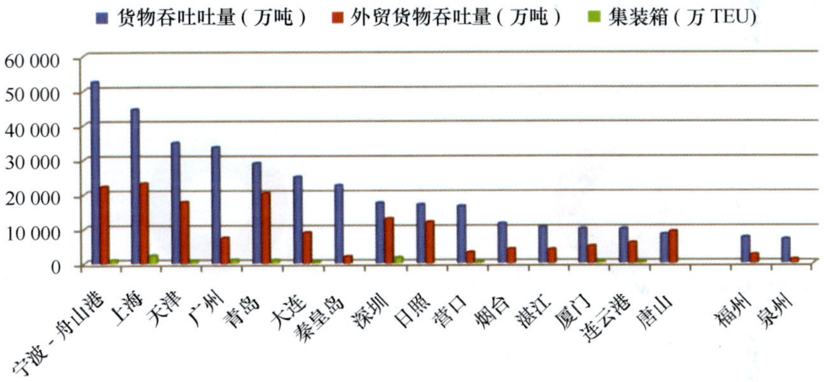

图16－13　2009年前11个月规模以上港口货物吞吐量/外贸货物吞吐量/集装箱吞吐量[①]

资料来源：中华人民共和国交通运输部网站，www.moc.gov.cn/zhuzhan/tongjigonbao/tongjishuiyunyewu/gangkou-huowu_LKTTI

在环渤海、长三角、珠三角三大港口群中，集装箱海上运输能力以长三角为最强，2009年吞吐量占全国三大港口群集装箱总吞吐量的46%；货物吞吐能力以环境渤海港口群为最强，2009年环渤海港口群货物吞吐量占三大港口群货物总吞吐量的46%（图16－15）。

---

① 2008年货物吞吐量超过6000万吨以上港口。

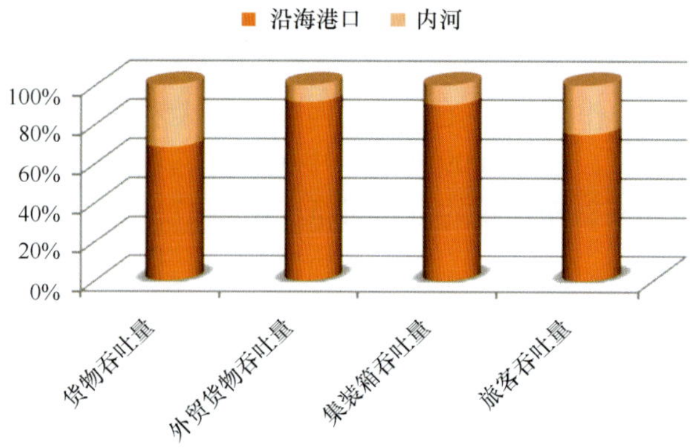

图 16－14　2009 年前 11 个月沿海港口与内河吞吐量比重

资料来源：中华人民共和国交通运输部网站，www. moc. gov. cn/zhuzhan/tongjigonbao/tongjishuiyunyewu/gangkouhuowu_LKTTL

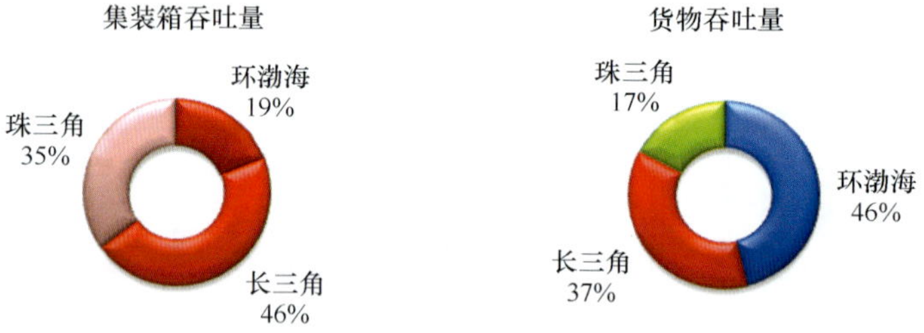

图 16－15　2009 年环渤海/长三角/珠三角港口群吞吐能力比较

资料来源：中华人民共和国交通运输部网站，www. moc. gov. cn/zhuzhan/tongjigonbao/tongjishuiyunyewu/gangkouhuowu_LKTTL

2. 航道利用

中国海洋航道资源利用形成了多港口干线，将中国与世界各大洋沿海国家联系起来。目前，沿海港口形成的港口干线数十条，主要干线如表 16－4 所示。

表 16－4　中国沿海部分港口主要干线

上海港	宁波—舟山港	广州港	深圳港	青岛港	大连港	厦门港
船舶航线	美西航线	釜山航线	—	东南亚航线	美西航线	美洲航线
西北欧航线	中东航线	经大阪至温哥华航线		中东/波斯湾航线	欧洲/地中海航线	欧洲航线
地中海航线	欧洲航线	经大阪至西雅图航线		欧洲/地中海航线	中东航线	地中海航线

续表

上海港	宁波—舟山港	广州港	深圳港	青岛港	大连港	厦门港
澳洲航线	东南亚航线	经大阪至洛杉矶航线		欧美直达航线	澳新航线	美西航线
波斯湾航线	日本西线	巴拿马航线		日本航线		中东航线
红海航线	日本九州	新加坡航线		韩国航线		澳洲航线
美国东部航线		经新加坡至巴伦西亚航线		东南亚航线		印度航线
美国西部航线		经新加坡至开普顿航线		印度航线		南美航线
南美南非航线		悉尼航线		香港航线		西非航线
西非航线						东南亚航线
黑海航线						东北亚航线
东南亚航线						台湾航线
日本航线						香港航线
香港航线						
韩国航线						
台湾航线						

资料来源：笔者依据相应港口网站资料整理。

3. 工程利用

海底隧道、跨海大桥、海底输油管线、海上娱乐设施是目前海洋空间资源利用的主要形式。

海底隧道。世界拥有海底隧道 31 条，主要分布在挪威、日本、丹麦等发达国家。我国海底隧道发展较晚。厦门翔安海底隧道是第一条海底隧道，自 2005 年 9 月开工，历时 4 年于 2009 年 11 月 5 日全线贯通。隧道全长 8 695 米，海底隧道长约 6 050 米，隧道最深在海平面下约 70 米，跨跃海底 4 200 米，是世界上覆盖层最浅的海底隧道。

跨海大桥。中国大陆沿海跨海大桥 18 座。舟山跨海大桥、杭州跨海大桥、青岛跨海大桥及东海跨海大桥分别为 48.2 千米、36 千米、35.4 千米和 32.5 千米。

海底输气管道。中国海油番禺、惠州天然气开发项目海底输气管道，全长约 364 千米，是南海东部海域第一条输送海上天然气的主干道，输送量可达每年 20 亿立方米。

（四）海水资源

海水资源利用的主要形式有海水淡化、海水化学资源利用、海水直接利用。2009

年，全球建成海水淡化工厂14 451个，解决了约2亿人口的饮用水问题。为解决沿海地区淡水资源短缺的问题，中国正在积极开展海水资源利用的研究与示范，但综合而言，与世界先进水平相比还有较大差距（见专栏1）。

1. 海水淡化

中国水资源总量为28 124亿立方米，居世界第6位，但人均水资源量为2 340立方米，仅居世界第100位左右，被联合国列为13个最贫水国之一。由于淡水资源的时空分布不均，加之人口、产业发展的不均衡，造成部分地区淡水资源严重紧缺。特别是沿海地区，人均水资源量不足平均水平的50%，部分北方沿海地区的人均水资源量不足500立方米，已经达到联合国规定的极度缺水地区标准。利用海水淡化，解决沿海地区饮用水，是解决水资源问题的有效途径。

据2009年10月统计，已运行的淡化工厂约62个，总产能40.88万吨/日，其中反渗透法约30.65万吨/日，单套最大规模为3.4万吨/日，淡化水成本在4.6～6.2元/吨。目前，在建淡化厂9个，产水量约28.4万吨/日，主要分布在天津、山东、河北和浙江、辽宁等地；计划中的工厂容量200万吨/日。

2. 海水化学资源提取

海水富含多种化学资源，包括钾、溴、镁、锂、铀、氘、食盐等。其中，钾是农业必需的三大化肥之一，食盐、溴、镁等是重要的基础化工原料，铀、锂、氘等是陆地资源储量极少的重要能源和战略物资。开发利用海水化学资源是支持国民经济和社会发展及国防建设的战略需求。

中国海水化学资源利用主要集中在食盐提取，海水提溴、海水提钾、海水提锂等。提溴具备较成熟的利用技术，已形成一定规模的利用产能。目前，中国提溴的年产量约15万吨，成为继美国、以色列之后的第三产溴大国。利用“气态膜法海水卤水提溴新技术”，正在开展百吨级整套工艺技术优化研究和经济评价。在溴化物系列产品研制开发方面的产品有十溴二苯醚、氯化溴、溴代苯酚磷酸脂和十溴二苯基乙烷等，形成了一定的利用规模。镁化物的产品主要有六水氯化镁，产能约35万吨/年；阻燃剂级氢氧化镁约2万吨/年，中级镁砂1万吨/年以及轻质碳酸镁等，新开发的产品有氢氧化镁浆、高纯氧化镁、硼酸镁晶须，多种晶型、不同形貌特征的碳酸镁须等。全国年均海盐产量达3 500万吨。

专栏1　世界与中国海水利用规模比较

■　世界海水淡化总装机容量6 348万立方米/日；

- ■ 中国海水淡化总装机容量44.08万立方米/日；
- ■ 世界海水淡化成本0.5美元/吨；
- ■ 中国海水淡化成本5元/吨；
- ■ 世界海水直接利用量大于7 000亿立方米/年；
- ■ 中国海水直接利用量
- ■ 中国建成海水冷却单套循环量10余万吨/小时
- ■ 建成28 000吨/小时海水冷却示范工程
- ■ 46万平方米大生活用海水小区示范工程
- ■ 300MW海水脱硫示范工程
- ■ 世界海水提盐6 000万吨/年；镁化物260余万吨；溴素50万吨；
- ■ 中国海水提盐3 000万吨/年；
- ■ 中国提钾生产能力5万吨/年；
- ■ 中国提溴生产能力15万吨/年。

资料来源：高从堦：《“十二五”海水利用海洋战略性新兴产业发展重点领域》。

3. 海水直接利用

海水直接利用包括海水冷却水、海水大生活用水、海水脱硫、海水软化水利用等。

（1）工业冷却水

海水的工业冷却主要用于发电厂、钢铁厂、炼油厂、化工厂等的冷却循环过程。海水的工业冷却水利用在我国已有70多年的历史，是一项比较成熟的海水利用形式。海水冷却包括直流冷却和循环冷却。目前，直接利用海水进行冷却占工业冷却利用的90%以上，海水循环冷却仅占10%左右，但是海水循环冷却有着在环保方面的突出优势，目前中国单机海水循环量达15万立方米/时，是未来发展的方向，并已建成28 000吨/小时的海水循环冷却示范工程（见专栏2）。

专栏2　海水工业冷却水及大生活示范工程

■　首钢京唐钢铁公司海水淡化工程建设在渤海湾的曹妃甸地区，该地区淡水资源缺乏，工业用水与地方水源形成尖锐矛盾。依据该地区周边海域的原海水质特点、成品水水质要求、能源条件、操作水平及工程工期等因素，确定了一期建设规模5万立方米/日，作为除盐水、软化水及部分生产新水补充水的供应设施。

■　首钢京唐钢铁公司通达采用海水直流冷却、海水淡化和海水法烟气脱硫等技术，有力的解决了淡水缺乏的问题。同时，为海水综合利用探索可行的方法和路径。

■ 2008 年，国家海洋局天津海水淡化与综合利用研究所承担的“十一五”国家科技支撑计划项目“10 万吨级海水循环冷却水与装备研发”，进入工程调试阶段。

■ “大生活用水集成技术研究与应用”是“十一五”国家科技支撑正在顺利进行，承担单位国家海洋局海水淡化与综合利用研究所。

（2）海水大生活用水

海水大生活用水是利用海水冲厕。我国的香港地区，80% 的冲厕水是利用海水进行的，年替代淡水 2.7 亿立方米。此外，在青岛建立了城市大生活用水示范区，工程规模达 46 万平方米。

（3）脱硫除尘

海水脱硫是利用天然海水脱除烟气中二氧化硫的一种湿式烟气脱硫方法，主要用于电厂的空气除尘，是典型的低碳应用项目。目前，国内多家沿海电厂应用了这一技术进行空气脱硫。具体是取用冷凝器的冷却海水来吸收和中和烟气中的二氧化硫，然后将剩余的海水进行排放处理。

（五）海洋可再生能源

海洋是巨大的可再生能源库，蕴藏着多种能源，包括潮流能、波浪能、温差能、盐差能、海洋生物质能及海上风能等，可再生能源利用能力可达 70 亿千瓦，因而成为世界各沿海国家积极开发的能源形式。世界一些海洋大国正在制定国家战略，投入巨资进行海洋能的开发。2010 年 3 月 15 日英国发布《英国海洋可再生能源行动计划》（主要内容见专栏 3），这一行动计划是为执行《英国可再生能源战略和低碳工业战略》制定的，主要包括海洋波浪能、潮流能、潮汐能开发计划。英国政府旨在通过这一行动计划的实施，使英国的海洋再生能源在其国家可再生能源中占有重要地位，以此作为减少二氧化碳排放的重要措施，并使海洋能源产业成为英国新能源产业的重要组成部分。

专栏 3　《英国海洋能行动规划》（2010—2030 年）摘要

■ 制定海洋可再生能源所有类别的全英战略规划；

■ 秋季完成海洋科技水平对海洋可再生能源开发的支撑评估；

■ 保证定向资金支持，确保技术市场与公共财政之间的联系和正常运转；

■ 2010—2015 年，行动计划的第一个阶段，开展小规模系列应用，2～10MW；

■ 2015—2030 年，行动计划的第二、三阶段，达到 10～100MW 利用规模，形成常规的市场运营机制。

其他国家相应制定的海洋能源开发计划和法案有：美国《2005 年能源政策法案》；德国《可再生能源法》；西班牙《2004/436 号皇家法令》。

目前，中国海洋能利用总体处于技术储备阶段，利用潮流能发电曾经在广东汕头和山东即墨建立波浪能发电站，但目前都已停止运行。海上风电利用已经在技术和示范工程取得重大突破。2010 年 6 月 8 日，东海大桥风电场全部并网发电。东海大桥风电场是中国自行设计、自行制造的第一个海上风电场项目。

东海大桥海上风电装置由 34 台单机容量为 3 兆瓦的风电机组组成，总装机容量 102 兆瓦，设计年发电利用小时数 2 624 小时，年上网电量 2. 67 亿千瓦时。与同等燃煤电厂相比，年可节约煤 8. 6 万吨标准煤，减少二氧化碳等温室气体排放 23. 74 万吨，经济效益、环境效益可观。

因海洋能资源开发难度大、技术要求高、设备造价昂贵等原因，海洋能资源开发仍是一个待开发的领域。

三、海洋资源开发存在的问题

目前随着海洋经济的快速发展，海洋开发领域及规模也在不断扩大，为国民经济社会发展提供了重要的物质基础。但海洋资源开发利用中存在一些问题，如缺乏国家层面海洋资源开发政策，产业部门之间、管理部门之间的关系相互重叠或交叉；资源开发规划间的层次多、种类多，重大战略资源没有国家规划，使用权限不集中，必然造成布局不合理问题，从而导致开发过度与开发不足并存的局面。

（一）缺少国家海洋资源政策的指导

海洋资源是一个相互依存的整体，赋存于海水、海岸及海底之中。每种资源，既相互独立，又相互影响，需要国家政策加以引导和协调。目前中国的海洋资源开发是由相应主管部门或地方政府制定，部门间及地方政府间在海洋资源开发方面的职责有交叉或重叠，一些重大资源类别的开发权限过于分散，因而不可避免地导致海洋资源开发过度和开发不足并存的现象。

1. 岸线资源过度开发低值利用

岸线资源是不可再生的国家战略资源，保护岸线资源对国家长远发展具有意义，包括军事的、环境的、安全的等多方面的意义重大，应该有一个合理的开发速度，要保留重要岸线为预留岸线。但是，由于各个层面对其重要性的认识不足，缺少政策的规范和引导，在地方短期利益驱动下，正在形成对岸线的盲目抢占、低值利用的局面。

对岸线资源的任何不当开发，对岸线本身的影响都是不可逆的。岸线使用不当，也会造成对近岸海洋生态环境的永久性损坏。目前，我国没有将岸线作为单独的资源种类进行管理，缺少相应的国家政策及法规，岸线利用秩序混乱，一些深水岸线优势功能丧失。

港口开发是岸线利用的主要方式之一。近 30 年来，我国的港口建设取得了跨跃式发展。沿海港口由建国初期的 6 个增至到 2009 年的 150 多个，泊位由 133 个增至 5 320 个①。其中，规模以上港口 46 个，生产泊位 4 001 个，其中万吨级泊位 1 076 个②。码头岸线总长度 491. 87 千米。根据交通运输部已批复的 18 个沿海大型港口发展规划，将达到 2 251 千米岸线、1 251 平方千米的陆域面积、1 615 平方千米的锚地用海面积③。据此推算，仅 18 个大型港口岸线未来规模将占大陆岸线总长度的 13%。这种盲目扩张的结果，必然导致港口能力过剩的局面。

2. 围填海改变生态环境

沿海地区港口发展的大部分用地是靠填海提供的，一些工业园区建设也是靠围填海形成的。据统计，2009 年，用于填海造地确权海域面积 17 888. 09 公顷，占各用海方式确权面积的 10. 03%。50% 以上的区域是以建设港口为依托，以填海方式取得用海面积。如：天津临港工业区占用海域 26. 86 平方千米；曹妃甸中期建设占用海域 185. 69 平方千米，其中填海 117. 42 平方千米；长兴岛港口与船舶工业园区占用岸线 30 千米，占用海域 33. 91 平方千米；河北沧州渤海新区规划用海 117. 21 平方千米，其中填海 74. 51 平方千米；盘锦辽滨经济区占用岸线 14. 68 千米，规划用海 76. 51 平方千米，其中填海 42. 28 平方千米④。利用围填海的土地发展重化工业，人为改变岸线性状，还大量侵占优质的渔业功能海域和旅游功能海域，严重破坏近岸生态平衡。在沿海主要经济区中，渤海海域的填海面积最大，相比较而言，渤海的生态环境最为脆弱。

（二）粗放式开发造成对资源的破坏

粗放型开发方式造成高能耗、高污染，同时还造成对其开发资源自身的破坏，有些破坏是严重的，影响是深远的。资源破坏型渔具的滥用造成渔业资源结构向低值化、小型化发展；近海养殖密度过大，自身污染导致的赤潮、病害频发，对海产品本身的损害和对近海生物资源的破坏和影响极大。

---

① 栾维新：《警惕：沿海港口建设规模盲目过度扩张》，《中国海洋报》2010 年 8 月 17 日。
② 国家海洋局：《中国海洋统计年鉴 2009 年》，2010。
③ 栾维新：《警惕：沿海港口建设规模盲目过度扩张》，《中国海洋报》，2010 年 8 月 17 日。
④ 栾维新：《警惕：沿海港口建设规模盲目过度扩张》，《中国海洋报》，2010 年 8 月 17 日。

中国近海渔业资源整体处于衰退状态，传统渔业资源结构不复存在[①]。黄渤海渔业生物种类与以往调查记录相比降低了37.8%，东海的渔业生物种类降低了近50%。渔业资源结构的改变，也会引起相关食物链的生物结构变化。据“我国近海海洋综合调查与评价”相关成果表明，我国近海浮游生物的群络结构发生了明显变化，生物量和丰度等显著升高。近海渔业资源衰退，过度捕捞是重要原因。根据东海区34种鱼类平均营养级变化评估东海资源持续渔获量约400万吨，最大可持续产量300万吨，与之相适应的最适捕捞量200余万吨[②]，但目前，我国大陆地区对东海的捕捞产量均超过这一数值，2009年东海捕捞量442万余吨。

除过度捕捞外，使用对资源破坏性严重的作业方式也是渔业资源衰退的主要原因之一。拖网、张网是资源破坏性较强的渔具。2000年，东、黄海捕捞作业方式就以对资源和生态破坏性较大的拖网类和张网类为主，而对资源利用对象选择性较强的围网、刺网和钓等待作业方式的比例就不足20%。2009年，全国海洋捕捞产量11 786 109吨，拖网捕捞量5 668 660吨，张网捕捞量1 698 996吨，这两种捕捞方式捕捞量仍占总捕捞量的62%（图16－16）。这样的状况已持续近30年之久。这些资源破坏型的渔具、渔法的滥用，极大地破坏本已经脆弱的渔业资源，使得近海捕捞作业和渔业资源长期陷入恶性循环状态[③]。

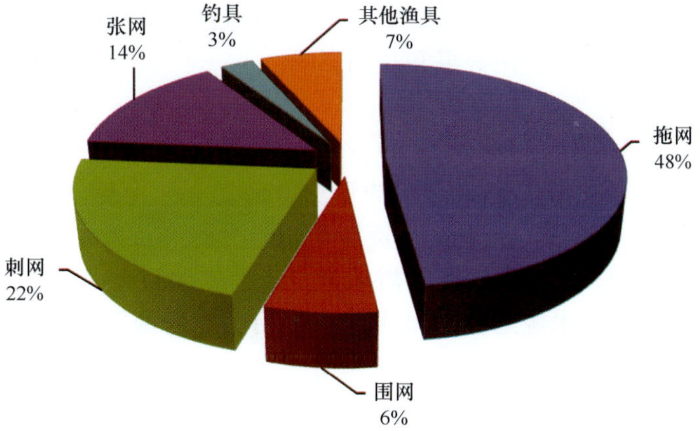

图16－16 2009年中国近海海洋捕捞渔具获渔量结构

资料来源；《2010年中国渔业统计年鉴》

① 程家骅等：《东黄海渔业资源利用》，上海：上海科学技术出版社，2006年，第314页。

② 陈新军：《渔业资源与渔场学》，第268页。

③ 程家骅等：《东黄海渔业资源利用》，上海：上海科学技术出版社，2006年，第316页。

污染也是加快中国近海海洋生物资源衰退的重要原因。2009 年，污染造成全国渔业资源损失 82 031 吨，占总损失量的 26.63%，其中近海海域因污染造成的水产品损失量共计 48 766 吨，占污染造成的全国水产品损失总量的 59.4%[①]。污染还对其他海洋浮游植物、浮游生物产生影响，对近海生物资源安全构成威胁。

四、海洋资源开发的重点方向

21 世纪海洋资源开发，将呈现以满足人类重大资源能源需求、缓解和应对气候变化等环境压力为主要目的；以高效、低碳为重要衡量标准的新型发展模式。海洋空间利用价值凸显、海洋生物资源高值化和多元化、海水资源利用规模化以及海洋可再生能源在能源供应中比例的提升是未来海洋资源开发利用的重点。

（一）海洋空间资源利用价值凸显

海洋资源的类别与使用价值随着经济社会发展需求逐步改变，并随人们对海洋资源的认知逐步深入。人口向沿海地区集聚，重化工业向沿海布局，海上能源运输、贸易运输、海底输油管道、跨海大桥、海底工程等都是海洋空间资源利用的方式。未来对海洋空间资源的利用需求会逐渐增多。但是，对海洋空间资源的利用应考虑对其他海洋资源的影响，综合考虑利用效果和长期影响。

（二）海水成为沿海地区的重要水源之一

海水资源利用是未来海洋资源开发的重点方向之一。全球气候变暖造成的洪涝、干旱、台风等自然灾害频发，加重了水资源危机。沿海经济发展，人口增多，重大工程项目纷纷实施，更加大了对水资源的需求量。经过脱盐的海水将成为未来沿海工业、生活用水和饮用水的重要水源之一。海水综合利用已作为国家培育的海洋战略新兴产业加以扶持。

（三）海洋生物资源高值多元化利用

海洋生物资源利用向高值多元化方向发展。随着海洋生物技术的不断进步，占海洋生物 88% 的藻类、甲壳类、棘皮类等其他海洋生物，开始用于生物医药、营养品、化妆品、环境保护以及工、农业生物制品等领域。海洋生物资源利用成为 21 世纪最受关注的资源领域，海洋生物产业也列入国家战略性新兴产业名录，成为未来海洋资源

① 《中国渔业统计年鉴 2010 年》。

开发利用的重点方向之一。

（四）海洋再生能源利用发展受到重视

海洋可再生能源利用成为世界各海洋大国的能源战略的组成部分，海洋能源利用将在未来几十年得到迅速发展。欧盟2010年11月10日出台新的能源战略；英国、德国、美国及其他发达的海洋大国也纷纷提出海洋能源利用规划，增大包括海上风能、波浪能、潮汐能在内的开发规模，以提高清洁能源在能源消费中的比例。我国也相继在国家发展规划中提出发展海洋能源产业的方向。近期国务院专门制订了促进海上风能利用的管理规定，可以预见，海洋可再生能源利用在不久的将来有新的发展阶段。

五、小　结

中国的海洋资源开发取得重大进展，为沿海地区经济社会发展提供了重要物质保障。在发展的同时也存在一些问题，如缺少国家海洋资源政策的指导，一些资源类别的没有摆脱粗放型开发方式。同时受技术条件的限制，对一些资源的开发不同程度存在开发过度和利用不足现象。应考虑建立国家海洋资源政策，协调部门间、中央及地方政府间在海洋资源开发中的关系，以保证海洋资源有序、健康利用。为满足国家水资源、生物资源、空间资源及能源资源的战略需求，海水资源、海洋生物资源、海洋空间资源及海洋能源资源将成为未来重点开发领域。

第十七章　中国海洋可持续发展[①]

21世纪人类已经进入全面开发保护海洋的新世纪。世界沿海国家高度重视海洋开发保护，纷纷制定国家综合海洋政策，努力实现海洋可持续发展。中国是海洋大国，开发海洋资源，走海洋强国与可持续发展之路是解决我国人口众多、资源匮乏的根本出路，也是实现21世纪中华民族伟大复兴的必由之路。但是中国经济社会的快速发展给近海生态环境带来了巨大的压力，海洋生态环境持续恶化，生态系统服务功能明显衰退，已成为中国海洋可持续发展的制约性因素。亟需采取综合政策措施应对海洋生态环境问题的巨大挑战。

一、新时期海洋可持续发展的重要性

按照国家发展战略，今后5~10年是中国全面建设小康社会的关键时期，也是加快转变经济发展方式的攻坚时期。全面建设小康社会，转变经济发展方式必须解决日益严峻的国内资源环境问题。海洋是全球生命支持系统的重要组成部分，也是有助于实现可持续发展的宝贵空间和财富，在中国可持续发展的进程中具有重要的地位和作用。

（一）海洋是中国可持续发展的基础

海洋是开发食物资源、能源资源、水资源的战略性基地，是生产和生活向海洋推进的重要空间。海洋生态系统为国民经济社会持续发展提供了多种资源支持和保障，包括生物资源、矿产资源、航道港口资源、海水资源、旅游资源等。据目前的估计，海洋可能提供全国超过1/4的蛋白质食物，3亿吨淡化水，4.41亿千瓦可开发海洋能，23%的石油资源和29%的天然气资源以及一半左右的休闲娱乐及文化旅游资源。

除了直接的经济价值外，海洋与海岸带还包括了多种生境类型，集中了丰富的物种和基因多样性，具有营养储存和循环，净化陆源污染物、保护岸线等功能。同时，海洋对调节全球水动力和气候起着关键的作用，并且是主要的碳汇和氧源。这些形成

① 本章部分内容参考中国环境与发展国际合作委员会：《中国海洋可持续发展的生态环境问题与政策研究》课题组的研究成果，特此致谢！

了人类的生命支持系统，对人类的生存和发展都有着不可替代的作用。

（二）海洋经济是国民经济社会发展的重要推动力

当前中国经济的基本形态是高度依赖海洋的开放型经济，世界 10 个最大的集装箱港口中国有 5 个，世界航运市场 19% 的大宗货物运往中国，22% 的出口集装箱来自中国，中国商船队的航迹遍布世界 1 200 多个港口，已经形成“两头在海、大出大进”的基本经济格局。

20 世纪 90 年代以来，海洋经济发展迅速，成为国民经济新的增长点。2009 年全国海洋总产值和产业增加值分别达到 31 964 亿元和 18 742 亿元，分别占同期全国 GDP 的 9.53% 和 5.58%，分别占沿海地区生产总值的 15.5% 和 8.3%。2009 年涉海就业人员为 3 270 万人，分别占全国和沿海地区就业人口的比重的 4.15% 和 10.3%。全国主要海洋产业吸纳就业 1 097 万人，占所有涉海产业就业人员的 34.08%。在主要海洋产业中，对就业贡献较大的是海洋渔业及相关产业、滨海旅游业、海洋交通运输业、海洋工程建筑业和海洋船舶业。

按照年均增长 8% 的速度预测，到 2020 年，全国海洋总产值和海洋产业增加值将达到 53 353 亿元，分别约占同期全国 GDP 的 12% 和 7%，主要海洋产业包括海洋石油天然气业、海洋交通运输业、滨海旅游业、海洋渔业、海洋船舶制造业、海洋生物制药业等。

（三）海洋是沿海地区发展的重要支撑和保障

进入新世纪，在国家发展战略布局和规划纲要引领下，从北到南，以省域为单元的沿海区域开发战略纳入国家空间发展战略，沿海地区进入新型工业化全面发展的新阶段。

依靠海洋的资源优势和区位优势，东部沿海地区成为中国城市化程度高、人口密集、经济发达的区域。目前，沿海地区以 13% 的国土面积，承载 40% 以上的人口，平均城市化水平达到 50% 以上，创造 60% 以上的国民生产总值，吸纳 80% 左右的直接投资额，实现 90% 以上的进出口贸易。海洋为中国东部率先发展，实现小康社会目标做出了重要贡献。从长远发展看，石化、钢铁、造船、火电、核电等重工业将大规模向沿海地区转移，工业化和城市化进程势不可挡。

研究表明，到 2020 年，我国沿海地区生产总值将达到 469 360 亿元，是 2008 年的 2.5 倍。届时将有 7 亿人居住在沿海地区，城市化率将达到 65%。沿海地区新型工业化进程将对海洋空间资源进行重新调整和分配，临海重化工业、港口和物流业、船舶制造和海洋工程业、生物医药产业、现代养殖业、滨海旅游业等六大类产业将得到大发展，迫切需要海洋提供空间和资源。海洋/海岸带是沿海区域发展战略实施的重要支撑和保障。

二、海洋可持续发展能力建设进展评估

可持续发展能力建设，是联合国《21世纪议程》的中心内容之一，也是世界各国实施可持续发展战略着力培育的基础动力。可持续发展能力是指：“一个特定空间的可持续发展系统在规定目标和预设阶段内，可以成功地将其发展度、协调度、持续度稳定地约束在可持续发展目标阈值内的概率”①，亦即“一个特定的系统成功地延伸至可持续发展目标的能力”。对一个国家而言，可持续发展能力应该是一个国家的经济能力、科技创新能力、社会发展能力、政府调控能力、生态系统服务能力等各方面的综合体现。分析和研究可持续发展能力，不仅需要分析目前国家所拥有的政治、经济、社会方面的能力，而且更需要研究支撑国家经济社会发展的科技和生态系统服务能力的变化趋势。

（一）海洋可持续发展能力评估指标体系

海洋可持续发展是海洋/海岸带经济社会资源环境这个复合巨系统的协调、可持续发展。在这个特定系统内，海洋可持续发展能力应该体现在三个方面，一是一定时期内海洋可持续发展的水平和状况；二是一定时期内海洋可持续发展的趋势和速度；三是综合衡量可持续发展要素整体之间的协调程度。

度量和评价可持续发展能力是一个涉及经济、社会、科技、生态、环境等多方面的连续过程。结合海洋这个复杂巨系统的特点，本报告构建寓资源、环境、社会、经济、技术、管理等多要素、多维度于一体的海洋可持续发展系统化指标体系。该指标体系的基本框架由五个子系统构成，即“资源支持系统、经济支持系统、环境支持系统、社会支持系统、管理支持系统”。这五个子系统主要体现可持续发展的五种基本能力，即“资源基础支持能力、经济发展能力、生态系统服务能力、科技支撑能力和社会与管理调控能力”。

资源基础支持力主要反映海洋资源的丰度、资源承受开发利用的限度和潜力；经济发展能力主要反映沿海区域经济和海洋经济发展的实力和潜力；生态环境服务能力主要反映海洋生态系统对经济社会发展的服务和承载能力；科技支撑能力反映的是科技对海洋可持续发展贡献，社会和管理调控力主要反映运用科技、制度、管理等手段

① 中国科学院可持续发展研究组：《2002中国可持续发展战略报告》，北京：科学出版社，2002，第26页。

对海洋可持续发展的调控能力。在子系统以下，根据数据的可得性，选取相应的具体指标，最后形成海洋可持续发展能力评估的系统化指标体系（表 17 - 1）。

表 17 - 1　海洋可持续发展能力评述指标体系

可持续发展能力	系统变量	指标描述
资源基础支持能力	资源基础与增量	矿产资源、能源、生物资源、海水资源、空间资源
海洋经济发展能力	沿海地区经济支撑能力	沿海省市 GDP 占全国比重、海洋经济总量、主要海洋产业总产值、涉海就业人员
	海洋经济发展潜力	海洋经济发展速度、单位岸线经济密度、高新技术产业比重、海洋产业结构与布局、海洋科技成果转化率
海洋生态系统服务能力	管理与监测能力	法律法规、业务化体系建设
	污染防治能力	沿海地区三废处理率、海洋行政许可能力、海洋垃圾、海洋溢油
	生态恢复能力	海洋保护区建设、生态恢复工程
	防灾减灾能力	赤潮、溢油、气候变化的应对能力
海洋科技支撑能力	科技成果	科技成果总体情况、应用技术成果
	科技队伍	科技队伍组成、科技教育
	科技投入	研究与开发经费
社会与管理系统调控能力	社会发展	公众意识、海洋文化教育
	综合管理	管理体制、管理手段、法律法规

在上述指标体系中，海洋经济发展能力是构成可持续发展能力的核心；科技创新是国家创新体系的重要组成部分，科技创新能力对可持续发展能力起积极的倍增效应，而且在国际竞争中将日益显示活力；生态力是生态系统服务能力，与资源基础支持能力一样，同是可持续发展能力的基础和物质保障。由于数据和资料的限制，本报告以定性评价为主，在以前年度总体评估的基础上，重点对中国海洋可持续发展能力的增量变化进行评估。

（二）海洋可持续发展能力进展评估

1. 海洋资源基础支持能力

资源基础支持能力是指主要海洋资源对国家经济社会发展的支撑能力，是国家财富的重要体现。除生物资源外，大多海洋资源为不可再生资源。因此，提升海洋资源基础支持能力的根本在于科技创新，依靠科技进步，发现新资源，提高资源的利用率和利用效益。有关海洋资源开发利用已在第 15 章有详细论述，下面仅就几种主要海洋资源进行概要描述。

（1）海洋油气资源

截止到 2008 年底，我国近海共发现油气田 114 个，探明石油地质储量 28.0 亿吨，可采储量 6.9 亿吨；探明天然气地质储量 4.6 千亿立方米，可采储量 3.1 千亿立方米。天然气水合物是尚未开发的储量最大的一种新能源，也是 21 世纪最有潜力的接替能源。据估算，仅南海天然气水合物的总资源量就达到 643.5 亿～772.2 亿吨油当量，约相当于我国陆上和近海石油天然气总资源量的 1/2。

（2）海洋可再生能源

海洋可再生能源作为一种储量大、可再生的清洁能源，自 20 世纪 70 年代开始受世界各国的普遍重视。目前，大型潮汐发电技术趋于成熟，潮流发电正在向规模化利用方向发展，波浪能发电技术已经进入商业化阶段，海水温差能的综合开发利用前景广阔，生物质、盐差能等处于实验室研究阶段，海洋风能发电技术产业化条件基本成熟。中国海域所蕴藏的海洋可再生能资源丰富，每一种类型的海洋能总蕴藏量都远远超过全国目前装机容量的几倍。

图 17－1　“908”专项海洋风能海岛示范应用研究

（3）海洋生物资源

我国近海捕捞资源开发保持基本稳定，远洋渔业资源开发不断壮大，水产增养殖资源开发成就显著，海洋药物资源开发方兴未艾，水产品加工业稳步发展，海洋生物资源养护事业取得重大进展，海洋渔业已经连续 19 年位居世界第一，2008 年，全国海洋水产品总产量达到 2 400 多万吨，其中：海养产量 1 340 万吨；海捕产量 1 149 万吨万吨。

（4）海水资源综合利用

经过多年科技攻关，我国先后建成一批具有自主知识产权的千吨级和万吨级示范工程，初步构建起具有我国特色的海水利用技术体系，具备规模化应用和产业化发展的基本条件。截至 2009 年底，我国海水淡化工程产水量达到 24 万立方米/日，海水直接利用水量约 500 亿立方米/年。

图 17－2　海水淡化示范应用工程

（5）海洋空间资源

海洋可以为人类提供巨大的空间资源，具备多种用途和功能，如建设港口和城市、海底隧道和铺设电缆等。中国近岸拥有广阔的海涂资源，浅海和滩涂面积 14. 6 万平方千米，为社会经济发展提供了新的发展空间。1949 年至 20 世纪末，全国围填海造地面积达 1. 2 万平方千米，形成了沿海地区重要的农业种植区和人口密集区，对保持耕地动态平衡起到了重要作用。近五年，平均每年建设用围填海面积达 150 ~ 170 平方千米，在支持沿海地区经济发展、缓解建设用地供需矛盾、减轻耕地保护压力等方面发挥了重要作用。

（6）国际海底区域资源

国际海底区域资源是人类共同的财产。除在太平洋获得 7. 5 万平方千米的多金属结核勘探开发权外，近年来我国对“区域”的富钴结壳资源和多金属硫化物资源进行了多航次调查。继 2007 年“大洋一号”19 航次首次在西南印度洋脊发现新的海底热液硫化物活动区后，2009 年大洋 21 航次第四航段在南大西洋最南端发现第一个海底热液区。

2. 经济发展支持能力（区域经济与海洋经济）

发展支持能力是指海洋资源开发和海洋领域中的人力、技术和资本可以转化为产品和服务的总体能力以及海洋开发和海洋经济发展对国家经济社会发展的支持能力。可持续发展要求此种能力在不危及其他子系统的前提下，应当与人的进一步需求同步提升和增长。海洋经济发展数量与质量是这种能力的最直接体现。

（1）沿海地区经济发展能力

东部沿海地区是中国经济最为发达地区，经济发展迅速。2001 年到 2009 年，沿海地区生产总值以大于 10% 的速度增长。2009 年沿海 11 个省市自治区的国内生产总值达到 205 568 亿元（图 17－3），占同期全国 GDP61.3%（图 17－4）。区域经济持续健康发展为中国实施海洋开发、发展海洋经济提供了强有力的支撑。

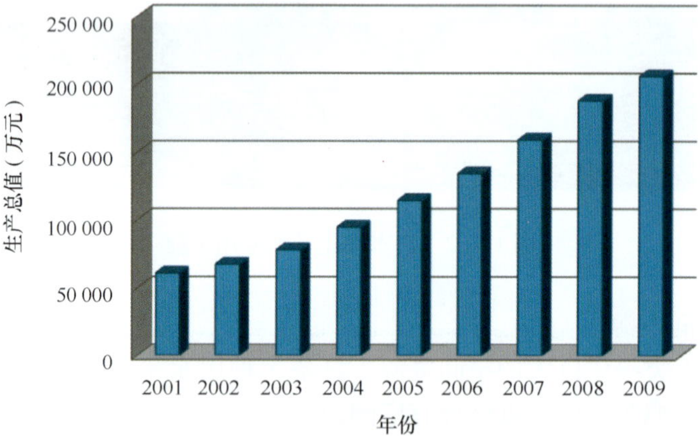

图 17－3　沿海地区生产总值增长图（2001—2009 年）

数据来源：国家海洋局，《中国海洋统计年鉴》，2002—2009 年；《海洋经济统计公报》，2010 年

（2）海洋经济发展能力

近年来，海洋经济发展迅速，海洋生产总值持续增长，由 2001 年的 9 518.4 亿元到 2009 年的 31 964 亿元，年均增速 12% 左右（图 17－5），对国民经济发展的贡献日益凸显（图 17－6）。

海洋经济对沿海地区经济贡献呈现时空变化。近年来海洋生产总值占同期地区生产总值的比重保持平稳并呈略增加趋势（图 17－7）。但沿海省市海洋总产值占地区 GDP 的比重各不相同，天津、上海、海南贡献大，为第一梯队，海洋生产总值占地区 GDP 达到 30% 以上，福建为第二梯队，海洋生产总值占地区 GDP 为 20%～30%；辽宁、山东、浙江、广东等省的海洋生产总值占地区 GDP 为 10%～20% 左右，为第三梯队；河北、广西、

图 17－4　沿海地区生产总值占全国国内生产总值的比重（2001—2009 年）
数据来源：国家海洋局，《中国海洋统计年鉴》，2002—2009 年；《海洋经济统计公报》，2010 年

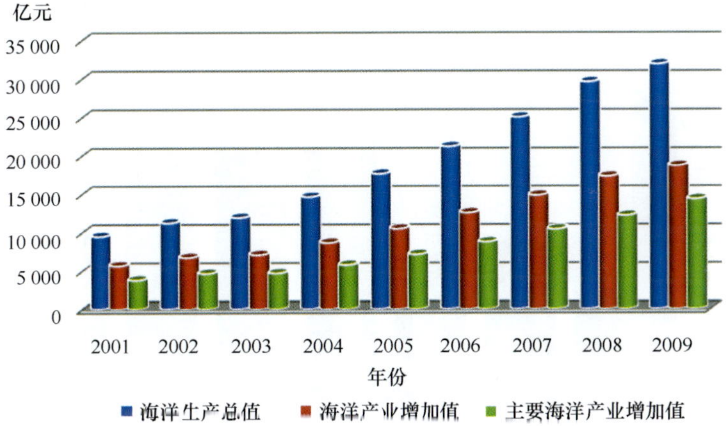

图 17－5　海洋生产总值、海洋产业增加值与主要海洋产业增加值增长变化（2001—2009 年）
数据来源：国家海洋局，《中国海洋统计年鉴》，2002—2009 年，《海洋经济统计公报》，2010 年

江苏较低，海洋生产总值占地区 GDP 10% 以下，为第四梯队（图 17－8）。

海洋经济的快速发展有力地促进了沿海地区的涉海就业。2009 年涉海就业人员 3 270 万人，占全国和沿海地区就业人口的比重的 4. 15% 和 10. 46% 。广东省涉海就业人员规模增长最大，从 2001 年的约 500 万人增加到 2009 年的约 770 万人；天津涉海就业人员比重增长最快，从 2001 年的涉海就业人员占地区就业人员比重的 25. 9% 增加到

2009 年的 36.8%（图 17－9）。

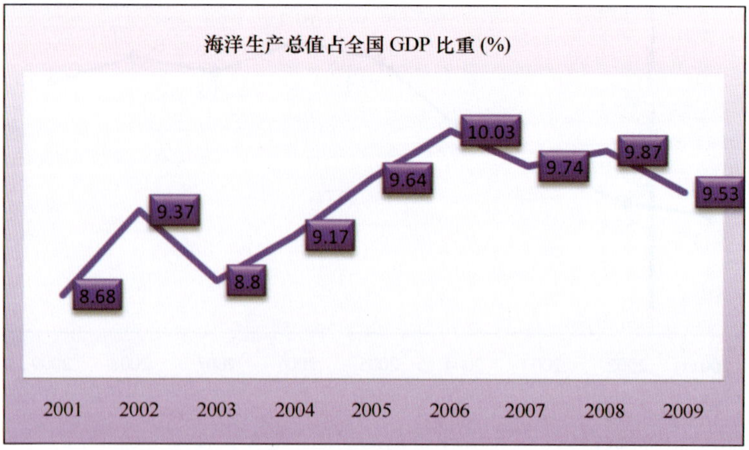

图 17－6　海洋经济对国民经济贡献变化（2001—2009）

数据来源：国家海洋局，《中国海洋统计年鉴》，2002—2009 年，《海洋经济统计公报》，2010 年

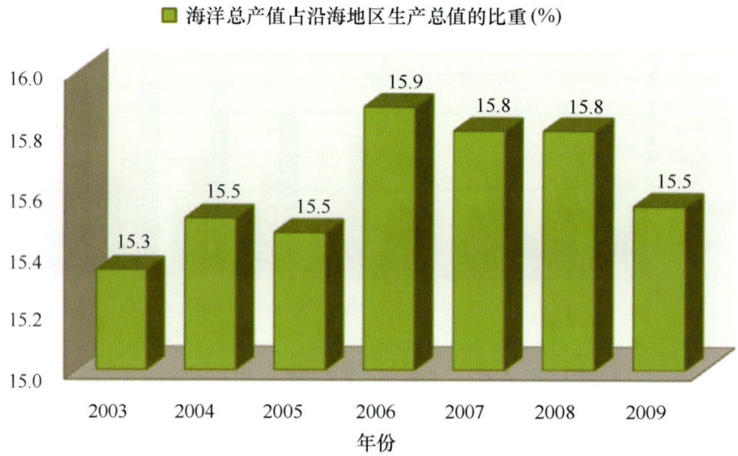

图 17－7　海洋经济对沿海地区经济贡献（2001—2009 年）

数据来源：国家海洋局，《中国海洋统计年鉴》，2002—2009 年，《海洋经济统计公报》，2010 年

（3）海洋经济发展集约能力与潜力

集约化能力反应了可持续发展的质量。常用的反映经济集约发展的指标有万元 GDP 能耗、万元 GDP 排污量、全社会劳动生产率等指标。但海洋经济发展是一个开放系统，目前还缺乏对上述指标的统计体系。本报告采用海洋生产总值、单位岸线经济

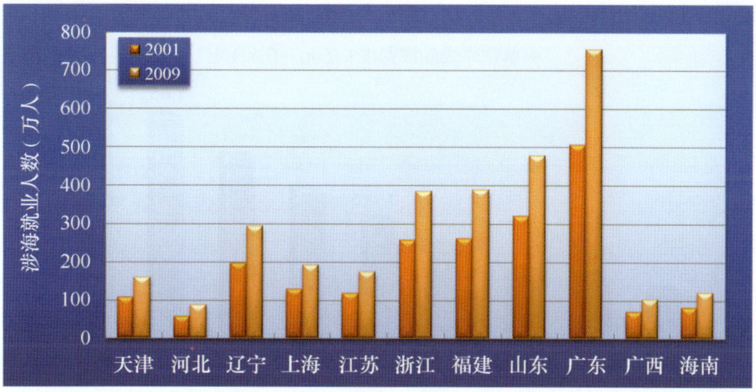

图 17－8　沿海省市涉海就业人员情况

数据来源：国家海洋局，《中国海洋统计年鉴》，2002—2009 年，《海洋经济统计公报》，2010 年

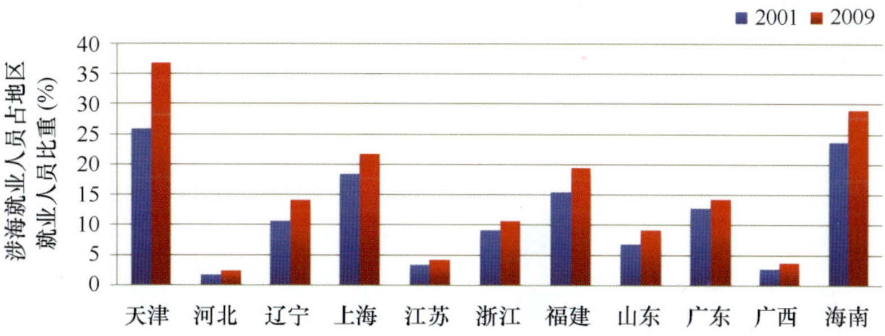

图 17－9　沿海省市涉海就业人员占地区就业人员比重（2001，2009 年）

数据来源：国家海洋局，《中国海洋统计年鉴》，2002—2009 年，《海洋经济统计公报》，2010 年

密度、海洋高技术产业比重、科技成果转化水平等指标描述我国海洋经济发展集约能力与潜力。

海洋经济发展水平不一，区域发展不均衡。按照海洋生产总值，将沿海地区海洋经济发展划四个梯队。第一梯队海洋生产总值超过 4 000 亿元，包括山东、上海、广东等省；第二梯队海洋生产总值在 2 000 亿元以上的，包括福建和浙江二省；第三梯队为 1 000 亿元以上的，有辽宁、天津、江苏等省，第四梯队在 500 亿元以下的，有广西和海南两省。从单位岸线海洋经济产值分析，中国海洋经济呈现了良好发展势头，产业结构逐步优化，单位岸线经济产值逐年增加，从 2001 年的近 0.6 亿元/千米增加到 2008 年的 1.78 多亿元/千米（图 17－10）；但也显现区域发展极不平衡。2009 年，上海平均每公里岸线海洋总经济产值达到 25.1 亿元，海南省仅为 0.23 亿元，两者相差

100多倍（图17－11）。

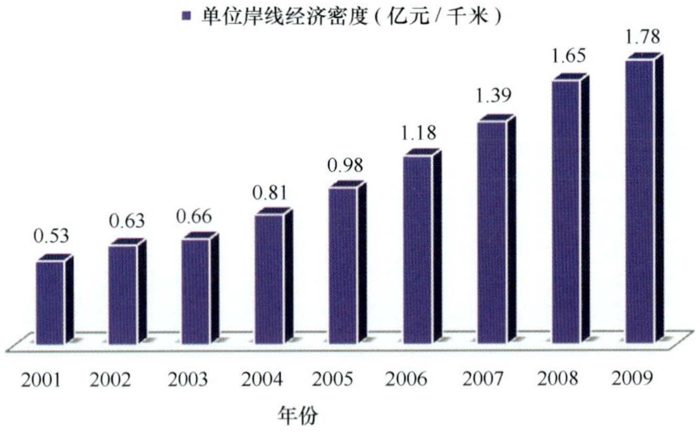

图17－10　全国单位岸线海洋经济密度变化图（2001—2009年）

数据来源：国家海洋局，《中国海洋统计年鉴》，2002—2009年；《海洋经济统计公报》，2010年。

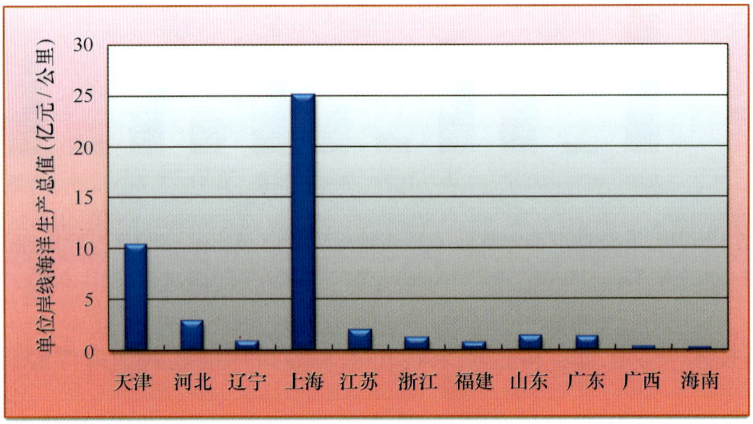

图17－11　沿海地区海洋经济岸线密度分布图（2008年）

海洋高技术产业与战略性新兴产业发展迅速。海洋高技术和战略性新兴产业反映了科技进步对海洋经济发展的推动作用，是海洋经济发展潜力的直接表征。2009年，海洋高技术产业①增加值占主要海洋产业增加值的22.6%。其中，海洋工程建筑业、海

① 海洋高新技术产业：按照中国海洋统计年鉴，本文涉及的高技术产业包括海洋油气业、海洋化工业、海洋生物医药业、海洋电力业、海水综合利用业、海洋船舶也和海洋工程建筑业等。

洋化工业、海洋电力业发展迅速，年增长速度达到25%以上，海洋生物医药业、海水利用业等年增长速度超过10%[①]。在2010年10月18日发布的《国务院关于加快培育和发展战略性新兴产业的决定》（国发［2010］32号）中明确提出，要积极推进海水综合利用、加快海洋生物技术及产品的研发和产业化、大力发展海洋工程装备业等。可以预见，在未来5~10年中，以海洋战略性新兴产业和海洋高技术产业为引导的海洋产业将在海洋经济中占有越来越重要的地位，将加快促进海洋经济又好又快发展，不断提升海洋产业核心竞争力。

海洋科技转化能力不断提高，为海洋经济发展提供了动力。“十一五”期间，科技成果转化起到了促进海洋经济发展的作用，海洋科技对海洋经济的贡献率达到54.5%。海洋科技成果的转化与产业化步伐明显加快，每年的海洋科技成果产业化项目100多个，年均产值超过50亿元人民币，带动就业数十万人。海洋科技成为支撑和引领海洋经济快速发展的重要力量。

3. 海洋生态系统服务能力（海洋生态力）

海洋生态力是指海洋生态系统对经济社会发展的服务和支撑能力。健康的海洋生态系统是维持社会经济可持续发展的必要基础。维护和提升海洋生态力有两个方面的途径，一方面通过国家发展战略和规划，从源头上约束经济发展对资源环境非理性需求的盲目扩大；另一方面，通过立法、行政、技术等手段，恢复、维护和提高生态系统功能、生产基础和服务能力，提高海洋生态环境的抗逆水平和能力。下面重点对技术、立法、行政和技术等方面的生态力建设进展进行评述。

（1）管理与监测能力

制度支撑体系不断完善。自1982年全国人大制定《中华人民共和国海洋环境保护法》以来，中国政府出台实施了一系列促进海洋可持续发展、海洋生态环境保护的法律法规，包括《渔业法》、《海域使用管理法》、《环境影响评价法》和《海岛保护法》及其相关配套法规条例，基本形成较完整的海洋生态环境保护的法律体系。与此同时，为适应管理新需求，地方政府制定了地方性法规，如2009年山东省政府出台了《山东省海洋生态补偿管理办法》，海南省正在开展海岸带立法工作等。这些法律法规颁布和实施，加快了中国的海洋环境保护、环境治理、生态建设的步伐，有效地促进海洋可持续发展。

业务化环境监测体系不断拓展。海洋环境监测服务内容和范围不断拓展，监测内容主要包括全海域海洋环境质量状况与变化趋势、海洋功能区、生态监控区、赤潮监

① 国家海洋局：《2009中国海洋经济统计公报》，2010年。

控区、建设项目海洋环境影响、海洋污染事故应急、断面、海岸侵蚀与海水入侵等各类监测内容。监测产品丰富多样，服务领域极为广泛，分为年度报、半年报、月报、旬报、日报以及专报等。以新闻发布会、电视、广播、网络、报刊等多种媒体公开向社会发布《中国海洋环境质量公报》、《中国海洋灾害公报》和《中国海平面公报》。沿海地区所有省级和计划单列市、半数以上的地级市都发布了本地近岸海域环境公报。2009年国家海洋局北海分局、东海分局和南海分局分别发布了《渤海海洋环境质量公报》、《东海区海洋环境质量公报》和《南海区海洋环境质量公报》。

2009年，国家海洋局组织沿海各级海洋行政主管部门，贯彻落实海洋环境保护分级管理责任制，切实履行海洋环境监督管理的职责，深化海洋领域节能减排工作，加强海洋环境监测评价体系建设，提高监测评价能力和水平，在全面做好我国管辖海域环境质量现状和趋势监测、海洋功能区监测、入海污染源监测、海洋环境灾害及突发事件监测的基础上，重点加强了渤海等海域的环境监测，进一步深化了近岸生态系统健康评价工作，积极推进了海－气二氧化碳交换通量业务化监测工作，开创了海洋环境监测评价工作新局面。

（2）污染防治能力

陆源海洋环境污染综合整治工作不断得到强化。近年来，中国政府积极调整和优化产业结构，加速推进经济增长方式转变，制定海洋环境保护行动计划，加大沿岸环境保护投入力度，陆源环境污染防治取得一定成效。2000年以来，全国陆源排污口污染物入海量总体呈下降趋势，海域污染面积呈总体下降趋势，2009年，全海域未达到清洁海域面积约为146 980平方千米，比2000年明显减少。2009年全国排海工业废水平均达标率达到93.5%，高于2007年的91%。其中五大经济区中，海峡西岸经济区达标率最高，达到98.4%，环北部湾经济区达标率最低，只有85.9%；沿海11省市中，天津排海工业废水处理达标率最高，达到99.9%，广西最低，为85.7%（图17－12）。

综合防止、减轻和控制海上活动对海洋环境的污染损害。几年以来，国家海洋行政主管部门按照“科学论证、从严审批”的原则，严格海洋工程环境影响报告书、海洋倾废的核准和审批，贯彻落实“三同时”和竣工验收制度，组织海洋工程环保设施的三同时检查和竣工验收工作。组织成立了重大溢油应急计划协调领导小组，制定了《全国海洋石油勘探开发重大海上溢油应急计划》，为处理重大海上溢油突发事件奠定了基础，在处理2010年大连输油管道爆炸造成的海上溢油发挥了作用。成立了海洋工程核准委员会审理海洋工程建设项目环境影响报告书，实行环评核准的专家评估论证与行政审查相对剥离，要求核准工作的各个环节不得向企业摊派费用。积极推进政务公开，实施了海洋工程和海洋倾废管理月报制度，启用了海洋倾倒许可证签发管理信息系统，开展围填海工程的听证制度，及时将海洋工程和倾废管理工作的审批情况向

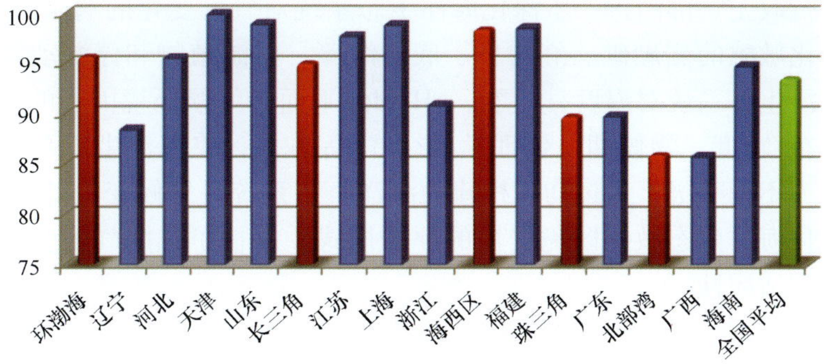

图 17－12 沿海经济区和沿海省市工业废水处理达标情况（2009 年）

社会公布。近年来，油气区周边海域环境质量总体维持良好，90% 以上倾倒区的环境状况未发生显著的变化，海洋倾倒区的基本功能得以继续维持。

（3）海洋生态保护能力

海洋保护区和保护区网络建设是海洋生态保护和恢复的最有效措施。中国海洋保护区建设能力不断加强，红树林、珊瑚礁、滨海湿地、海岛、海湾、入海河口和重要渔业水域等典型脆弱海洋生态系统、珍稀濒危海洋生物、具有重大科学文化价值的海洋自然历史遗迹与自然景观基本得到了有效的保护，初步形成了布局基本合理、类型相对齐全、功能渐趋完善的海洋自然保护区体系①。全国已建成各级、各类海洋保护区 201 个，保护面积达 334.78 万公顷，约占我国管辖海域的 1.12%。

2009 年，国家和沿海各级海洋行政主管部门不断深化海洋保护区的各项管理工作，采取有效措施加大对红树林、珊瑚礁、海湾、海岛、入海河口和滨海湿地等脆弱海洋生态系统的保护力度。批准建立了辽宁锦州大笔架山国家级海洋特别保护区、山东东营莱州湾蛏类生态国家级海洋特别保护区、山东东营广饶沙蚕类生态国家级海洋特别保护区、山东龙口黄水河口海洋生态国家级海洋特别保护区、山东威海刘公岛海洋生态国家级海洋特别保护区和山东文登海洋生态国家级海洋特别保护区。2010 年 9 月，国家海洋局在海南省三亚市召开海洋自然保护区工作 20 周年纪念大会，与会代表发表了《海洋保护区宣言》，承诺将继续大力推动海洋保护区的建设，努力实现到 2015 年和 2020 年海洋保护区面积分别达到我国管辖海域的 3% 和 5% 的目标。

（4）应对气候变化与防灾减灾能力

为贯彻落实《国务院关于印发中国应对气候变化国家方案的通知》精神，2009

① 国家海洋局：《2008 年海洋环境质量公报》，2009。

年，国家海洋行政主管部门进一步深化海洋生态系统对气候变化的响应监测评价工作。选择对气候变化敏感的珊瑚礁、红树林、底栖海藻、浮游植物和浮游动物开展试点监测，并依据海洋生态系统对温度、盐度、pH 和海平面等气候环境因子的响应程度，从生物群落、分布/丰度、物候期、生理学/形态学等方面，将海洋生态系统对气候变化得敏感性划分为不同等级。通过初步构建的海洋生态系统对气候变化得响应监测体系，探索了气候变化海洋生态敏感区脆弱性的评价模式，评估了我国气候变化海洋生态敏感区的脆弱性和适应性。

与此同时，国家海洋行政主管部门积极推进海－气二氧化碳交换通量业务化监测工作，已初步形成了科研面向业务需求、科技创新促进业务发展的良性工作机制，为服务节能减排与应对气候变化的国家战略部署奠定了基础。

4. 海洋科技创新能力

海洋科技发展与创新能力是海洋可持续发展的推动力和倍增器。其中，人才队伍、科技投入、科技成果及转化是最直接的标量。

（1）海洋科技队伍与基础条件平台建设

“十一五”期间，海洋科技队伍建设成效显著，海洋科技发展基础条件平台基本建成。目前，我国海洋科研机构达 135 个，多所地方性大学变为海洋大学，一些综合性大学设立海洋学院，全国从事海洋科技活动的人员达 15 665 人，直接从事海洋科技工作的专业技术人员比“十五”增加了 32.9%。与此同时，国家海洋局新增重点实验室 3 个，科学院和教育部建设涉海国家重点实验室 1 个，中科院、省部级涉海重点实验室 9 个；新增国家涉海工程技术中心 2 个；2008 年科技部发布的首批沿海地区国家技术转移示范机构 20 个；国家级科技兴海示范基地 16 个；国家涉海部门新建海洋调查船 4 艘；野外观测试验站 1 个；成功发射 HY－1B 卫星；建立了中国大洋样品馆、中科院海洋生物标本馆、“908”专项海洋生物样品库等多个海洋标本、样品馆；建立了海洋信息化数据共享服务平台、大型海洋科学仪器设备共享平台、国家海洋科学数据共享服务平台、海洋经济服务平台等。

（2）海洋科技投入与产出能力

海洋科技投入持续加大，海洋科技产出能力稳步提升。“十一五”期间，海洋科技积极争取各级财政支持，建立了国家、各部委、各地方以及产业界共同参与的多元化、多渠道的科技投入体系，2009 年海洋科技累计获得各级财政经费支持达 70 亿元。海洋科技经费使用率逐年提高，整个海洋科技领域正在向高产出、高效益、高回报的方向发展。2006—2009 年海洋科技课题总数、科技论文数、科技专著数、专利申请受理数、专利授权数等多项科技产出指标持续增长（图 17－13），海洋科技产出和创新能力稳步提升。截止到 2008 底，海洋科研项目共获奖 147 项，其中国家级奖 19 项，包括国家自然科学二等奖 3 项、国家技术发明二等奖 3 项、国家科学技术进步一等奖 2 项、二等奖 11 项。

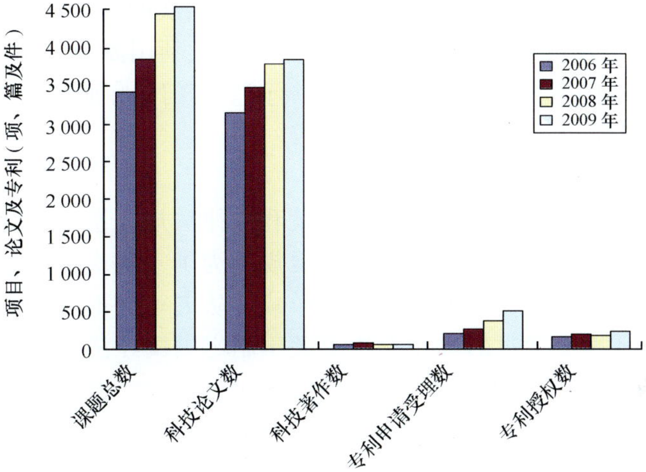

图 17 - 13　2006—2009 年课题数、论文数和专利数

数据来源：国家海洋局科技司统计

5. 社会支持与综合管理能力

社会与管理系统支持能力是指海洋可持续发展的社会综合调控能力。它涉及到海洋意识和教育水平、海洋政策、海洋管理能力和决策能力，是海洋可持续发展的内在动力。

（1）海洋意识与海洋文化

全民族海洋意识提高和海洋文化教育，是海洋可持续发展的根本保障。《国家海洋事业发展规划纲要》提出了到 2020 年全民海洋意识普遍增强的目标，并部署具体任务①。

目前海洋意识与海洋文化建设已逐步深入到沿海地区各级政府的行动中。从中央到沿海地方各级政府通过不同形式，开展海洋文化教育工作和海洋意识宣传活动，极大地调高了全民族海洋意识。部分沿海省市已将海洋生态环境保护科普文章纳入中小

---

① 把普及海洋知识纳入国民教育体系，在中小学开展海洋基础知识教育……加强国家海洋科普能力建设，制定海洋科普作品选题规划，扶持原创性海洋科普作品，出版高质量的海洋科普刊物和丛书，抓紧国家海洋博物馆等海洋科普场馆建设（引自《国家海洋事业发展规划纲要》，2008）。

学校本课程和综合实践课程。2010 年 3 月 24 日，全国首次海洋宣传工作会议在北京召开。2010 年 6 月 8 日，为配合世界海洋日活动，国家海洋局、全国人大环资委、全国政协人资环委、中宣部新闻局、天津市人民网政府等联合将原 7 月 18 日全国海洋宣传日，合并至 6 月 8 日世界海洋日举办一次大规模、高层次的海洋宣传活动[①]，旨在促进全社会认识海洋、关注海洋、善待海洋和可持续开发利用海洋。2010 年 11 月 6 ~ 12 日，一年一度“厦门国际海洋周”活动如期举行[②]。厦门国际海洋周在海洋文化建设方面起到了积极的示范作用。

（2）海洋政策和法律法规

中国已经初步建立了较为完善的海洋政策和法律法规体系。实施海洋开发为国家发展战略，海洋事业发展规划、海洋经济发展规划为国家层次发展规划，海洋科技发展、海洋生态环境保护、海洋资源开发、海洋减灾防灾等以不同方式纳入国家专项规划。党的十七届五中全会通过的《中共中央关于制定国民经济和社会发展第十二个五年规划的建议》，将发展海洋经济作为“发展现代产业体系，提高产业核心竞争力”的战略重点，海洋经济发展进入全新的时代。以《海洋环境保护法》、《海域使用管理法》、《海岛法》和《渔业法》及其配套条例为核心的法律法规体系，为中国海洋可持续发展提供了强有力的法律保障。

（3）海洋综合管理

近年来我国海洋综合管理能力逐步增强。①中国海洋管理体制已经呈现出综合海洋管理与部门、分级管理相结合的特点。2008 年国务院对国家海洋行政主管部门的新三定方案提出加强综合协调和战略研究，实际上对我国海洋综合管理能力的一次提升。②海洋管理手段也趋向综合，依法行政与利用市场机制的经济手段和公众参与相结合。③陆海统筹的海洋综合管理正在探索中。2010 年 3 月，环境保护部和国家海洋局签署了《关于建立完善海洋环境保护沟通合作工作机制的框架协议》。此外，国家环保部和水利部在“十二五”相关规划编制指导意见中，明确规定全国环境保护和流域规划要充分考虑海洋环境保护的需求。

---

① 在值“98 国际海洋年”10 周年，为落实中央领导指示和《纲要》精神，国家海洋局决定，从 2008 年开始启动“全国海洋宣传日”活动，并将时间定于每年的 7 月 18 日，目的在于通过连续性、大规模、多角度的宣传，以全民参与的社会活动为载体，以媒体宣传报道为介质，构建海洋意识宣传平台，主动传播海洋知识，深刻挖掘海洋文化，提高全民族海洋意识。2010 年世界海洋日的主题是“我们的海洋：机遇与挑战”，我国的主题为“关爱海洋——我们一起行动”。2010 年全国海洋宣传日在天津主场活动由“世界海洋日暨全国海洋宣传日”庆祝大会、“关注海洋，启航梦想”全国海洋书法绘画摄影展暨国际儿童海洋绘画展和“大海的故事”文艺晚会，以及天津特色活动几大部分组成。

② 自 2008 年起，“厦门国际海洋周”已举办 3 届，它包括国际海洋论坛、海洋专题展览和海洋文化活动三大部分。

三、海洋可持续发展面临的问题与挑战

与陆地生态系统相比，海洋生态系统具有明显的相互影响、扩散性强的特点，生态系统脆弱，海洋生态环境保护工作还处于薄弱环节。中国海洋可持续发展面临越来越复杂多样的污染格局和大范围的生态退化压力等复合型问题。

（一）近海海洋环境污染严重

我国近海环境污染呈交叉污染态势，危害加重，防控难度加大。近海环境污染依旧是中国海洋生态环境的主要问题。陆源污染物是海洋污染的主要污染源，对我国近岸海域污染的贡献占70%以上。河流流域、农业面源和大气输氮是管控关键，防控和治理难度日趋加大。近10年来河流入海污染物总量总体呈上升趋势，2009年达1 367万吨，其中长江和珠江入海污染物占全国监测径流入海污染物总量的70%以上，污染物以化学需氧量和营养盐为主，合计占90%以上。全国入海排污口排污超标严重，超标率多年高于75%。以化学需氧量评价，农业面源的贡献已超过工业源，成为我国水污染控制的突出问题。大气沉降已成为营养物质和重金属向海洋输送的重要途径之一，一些海域溶解无机氮的大气输入量已超过了河流的输入量。随着海上油气开发和船舶数量的迅速增加，船舶溢油等突发油气灾害事故的有效应对迫在眉睫。另外，海洋垃圾对海洋生态系统、滨海休闲旅游等不良影响日益显现。

到2020年，中国国内生产总值将比2000年翻两番，预计工业和生活废水量将是2003年的2倍以上，而沿海地区废水及污染排放又将两倍于全国平均水平，从而给海洋生态环境带来巨大的压力。

（二）典型生态系统健康受损

近海生态大面积退化，典型生态系统健康受损，生态系统正处在剧烈演变阶段，是保护和建设的关键时期。海岸带和海洋生态问题自本世纪初至现在愈加突出，大面积生态退化，关键自然资本存量锐减，生态系统服务功能下降，赤潮、绿潮等灾害性生态问题突出。2009年18个海洋生态监控区中，处于亚健康和不健康状态的海洋生态系统占76%。近海海洋和海岸带生态安全受到威胁，直接影响着海洋生态系统所维系的重要资源，局部区域环境资源承载力已达极限。陆源污染、大型围填海和入海河流水质水量变差，是造成这一严峻局势的重要因素。海洋生态保护与建设已经到了关键时期，海洋保护区网络建设和生态修复是重要手段。

（三）海洋开发潜在风险高

海洋灾害频发，损失严重，海洋开发潜在环境风险高。据不完全统计，2009 年我国共发生风暴潮、海浪、海浪、赤潮及其他海洋灾害 134 次，海洋灾害造成直接经济损失 206 亿元。大型火电厂、核电站、炼油厂、海上油气管线工程以及国家石油储备基地等项目在沿岸相继建成，并出现集中化、规模化的趋势，给邻近海域带来巨大的热污染、核泄漏、溢油等潜在环境风险。与此同时，随着海洋运输和海洋石油勘探开发规模不断加大，中国海洋开发风险也将增加。渤海湾、长江口、台湾海峡和珠江口水域被公认为是中国沿海四个船舶重大溢油污染事故高风险水域。美国墨西哥湾海洋石油开采突发性溢油和大连输油管道爆炸造成的溢油给未来中国海洋开发敲响了警钟，必须引起高度警戒。

（四）渔业资源开发利用过度

渔业开发利用过度，渔业种群再生能力下降，海洋渔业资源可持续利用受到制约。渔业的发展在保障我国食物安全和促进生态文明建设等方面发挥了重要作用。但是，在开发利用过程中，选择性低的底拖网占主导地位，并且捕捞强度超过资源再生能力，这不仅急剧地降低了渔业生物资源量，还极大地破坏了其栖息地，导致部分渔业种类资源枯竭，给渔业生物资源带来毁灭性的灾难。过度捕捞还造成渔业生物高值种类生物量下降，个体变小（如小黄鱼体长由 20 世纪 70 年代 20 厘米下降至目前 10 厘米左右），性成熟提前，营养级下降，并且渔获物中幼鱼和 1 龄鱼比例显著增加，渔获质量下降。一些传统渔业种类消失，优势种更替加快，生物多样性降低，导致生态系统结构和功能改变，影响到渔业资源的可持续开发利用。

四、主要对策建议

解决我国海洋可持续发展面临的多种生态环境问题，必须坚持以生态系统为基础，陆海统筹、河海一体的基本原则，创新管理体制机制，激励各利益相关方的共同参与，建立跨越各部门之间的利益高层决策机构，形成中央与地方、地方与地方、部门之间的网络状对接与合力。围绕国家经济社会发展战略需求，统筹沿海区域、流域经济社会发展和海洋环境保护的关系，鼓励和支持可持续的、安全的、健康的沿海区域和海洋开发活动，大力发展海洋战略性新兴产业，推动海洋经济发展方式的根本转变，实现海洋经济社会和环境资源的协调发展。为此提出如下对策建议。

（一）制定海洋/海岸带可持续发展战略

未来10～20年是中国全面建设小康社会、人口达到高峰、工业化和城市化加速期。目前沿海地区发展战略布局遍地开花，缺乏国家层面的统筹规划和总体战略，海洋生态环境保护和可持续发展面临更大压力与挑战。建议有关涉海部门，共同研究制定“中国海洋/海岸带可持续发展战略，提出未来20年中国海洋/海岸带可持续发展的基本原则、指导方针和战略目标，提出沿海区域经济发展、海洋经济发展、海洋资源开发和海洋生态环境保护的重点任务，为中国海洋生态环境保护和可持续发展提供宏观指导。

（二）建立陆海统筹的综合管理体制

中国是多部门共同承担海洋管理事务的体制。在2008年国务院的机构设置中，涉海部门包括国土资源部、农业部、交通运输部、环境部、能源部门、旅游总局、公安部、海关、国防和气象等十多个部门，并设立国家海洋局作为专职海洋行政管理部门，具有海洋综合协调的职能。海洋可持续发展需要实施海洋综合管理，但目前中国还没有一个单一的部门可以解决海洋可持续发展中出现的区域性、综合性和复合性问题。因此，应该通过建立陆海统筹和国家部门间的协调机制，巩固和稳定这种齐抓共管的体制，加强各涉海部门的联系，协调和指导跨部门、跨行业、跨区域海洋发展中的重大事项，形成政策合力，以保障目前海洋涉海的政策和法律有效执行。

（三）健全海洋管理法律法规体系

解决中国海洋可持续发展的生态环境问题，需要充分发挥法律、行政、经济政策和手段的综合作用。过去采用了较多的行政手段，未来应该以法律为基础，强化执法能力建设，逐步加强经济手段的应用。

研究和起草“海洋基本法”，作为实施海洋开发与管理，大力发展海洋经济、保护海洋生态环境，提升可持续发展能力的根本大法，在海洋基本法中，要体现以生态系统为基础管理的基本原则。为了进一步完善涉海法律法规体系，切实推进海洋生态环境保护工作，建议有关部门抓紧起草和制定“海岸带管理管理法”和“渤海区域环境管理法”。借鉴国际经验，修订《海域使用管理法》。尽快完善《海洋环境保护法》配套条例、办法、规定、标准的制定。

（四）建立海洋环境经济政策体系

环境经济政策是指按照价值规律的要求，运用价格、税收、信贷、收费、保险等经济手段，调节或影响市场主体的行为，以实现经济建设与环境保护的协调发展。运用综合性的环境经济手段，可以促进低碳转型与绿色发展，有利于各种海洋开发活动的外部成本内在化。目前，环保部已经在陆地生态环境保护中开展环境经济政策试点工作，重点是税收、生态补偿、排污交易、绿色资本市场运作等方面。与陆地相比，除征收海域使用金外，海洋生态环境保护中综合经济政策手段运用得较少。

针对海洋生态环境问题的特点，建立健全海洋环境经济政策体系，首先要建立海洋生态补偿机制，尽快出台海洋生态补偿/赔偿指导意见。特别是针对重大海洋工程（包括围填海工程）、海上溢油、海洋保护区、流域—河口—海域等重点问题，开展生态补偿研究和示范。近期重点开展大型围填海工程生态补偿研究与示范，在论证用海的同时，提交生态补偿方案，做到“先补偿、后填海”，以实物补偿、经济补偿等多种形式对生态系统服务功能的损失做出补偿。

（五）加强生态恢复和建立海洋保护区网络

生态修复和海洋保护区是有效保护海洋生态系统和生物多样性的有效途径。在典型海洋生态系统集中分布区、外来物种入侵区、海岛、气候变化影响的敏感区等实施典型生态修复工程，建立海洋生态建设示范区，恢复海洋生物多样性维护能力，提高抵御海洋灾害和应对气候变化能力。进一步加强海洋保护区建设工作，到2020年，各类海洋保护区建成面积达到管辖海域的5%。在现有保护区基础上，对于典型、有代表性的生态系统、珍稀和濒危物种建立海洋自然保护区、海洋特别保护区及海洋公园，形成海洋保护区网络。

（六）健全海洋重大污染事件风险预警及应急响应制度

我国重化工产业向滨海集聚、海洋石油运输和海上油气开采规模不断扩大，海洋开发潜在风险越来越高。墨西哥湾溢油、大连输油管道爆炸等事故也给今后海洋开发带来深刻的教训。应按照国际海洋生态保护的预防预警原则，建立健全海洋重大污染事件风险预警及应急响应制度。成立海洋重大污染事件应急响应与处置领导小组，领导和协调部门的应急行动，健全海洋污染事件应急响应制度。建立海洋重大污染事件通报和区域潜在环境风险评估、预警及信息共享机制，完善区域突发海洋环境事件应急处置体系，加强对潜在环境风险责任主体的监督管理，推动各项应急措施的落实。

（七）建立海洋意识宣传与公众参与制度

利用各种媒介，大力宣传和教育，营造全社会在沿海大开发背景下重视海洋生态环境保护的氛围，充分认识海洋的价值，积极参与海洋环境保护。在重大海洋开发活动决策过程中，建立畅通公众参与平台，让更多的利益相关者参与决策。

五、小　结

海洋在中国全面建设小康社会和可持续发展进程中具有重要的地位和作用。近年来，中国海洋可持续发展能力不断提升，资源基础支持能力、海洋经济发展能力、生态环境支持能力、海洋科技创新能力和综合管理调控能力不断得到加强。但中国海洋可持续发展也面临着海洋生态环境问题的巨大挑战，近岸海洋环境污染严重，海洋生态系统健康受损；海洋生态灾害频发，开发潜在风险高；海洋渔业资源开发利用过度等成为中国海洋可持续发展的制约因素。为应对海洋生态环境问题带来的巨大挑战，应尽快制定中国海洋可持续发展战略；坚持陆海统筹，创新海洋综合管理机制，建立高效的海洋管理机构；健全海洋法律法规和管理制度，完善海洋管理政策体系；加强宣传教育，激励各利益相关方的共同参与，促进海洋可持续发展。

第五部分
海洋政策与管理

第十八章　国际海洋政策发展

一、海洋政策的概念与内涵

政策是国家政权机关、政党组织和其他社会政治集团为了实现自己所代表的阶级、阶层的利益与意志，以权威形式标准化地规定在一定的历史时期内，应该达到的奋斗目标、遵循的行动原则、完成的明确任务、实施的工作方式、采取的一般步骤和具体措施。根据政策所指示的方向、实现的目标和具体程度，政策可分为总政策、基本政策和具体政策①。

海洋政策（National Ocean Policy）是国家为实现海洋领域一定历史时期或发展阶段的目标，根据国家发展总体战略和总体政策以及国际海洋斗争和海洋开发利用的趋势而制定的海洋工作和海洋事业活动的行动准则。海洋政策是国家总政策的重要组成部分，是国家在海洋领域意志和利益的体现，属于基本政策。国家制定海洋政策的出发点和依据是国家的海洋利益。国家在不同历史阶段的海洋利益是不同的，国家在不同的历史发展阶段都有特定的海洋政策。

国家海洋政策主要有以下特点：第一，海洋政策是国家总政策在海洋活动中的表达，海洋政策必须服从、服务于国家的总政策，必须体现或贯彻国家总政策。第二，国际海洋权益斗争、国内外的海洋开发利用现状和趋势以及一些海洋领域的国际公约，是制定海洋政策的重要依据。第三，海洋政策的适用领域，主要包括海洋事务活动及与海洋密切关联的其他活动。

二、国际海洋政策发展动态

进入21世纪以来，国际海洋政策将目标聚焦于海洋的可持续开发和利用，包括传统的海洋利用以及海洋资源的养护和管理。传统的海洋开发利用主要是指海洋捕捞/渔业、海洋运输、旅游和娱乐休闲活动等。海洋资源的养护和管理主要是指海洋生物资源、海洋非生物资源和海洋生物多样性等方面的保持和维护。海洋科学是可持续管理

① 管华诗，王曙光：《海洋管理概论》，青岛：中国海洋大学出版社，2003，第7页。

海洋及其资源以及减缓、适应自然灾害和极端现象的基础①。

以生态系统为基础的海洋管理理念在国际社会受到高度重视，逐步发展为海洋政策执行中的重要方法和手段。近年来，以生态系统为基础方法在沿海综合管理中不断演化和发展，这种方法更加重视多项生态系统目标的实现，支持增进沿海和海洋生态系统的复原力，以应对海洋环境的不断变化，包括气候变化的不利影响。联合国环境署、海洋事务和海洋法司及其他合作伙伴于2008年举办了关于“以生态系统的方法进行沿海和海洋管理：注重在东非着眼于生态系统的管理”的培训讲习班，目的就是为该区域的政府官员和管理人员提供必要的工具和技能，用以制定和实施以生态系统为基础的海洋政策。

在这样的背景下，世界各国纷纷重新制订本国的海洋政策，以适应不断发展的海洋形势。欧盟于2006年颁布了《欧盟海洋政策绿皮书》，并于2007年12月通过了有关《欧盟综合海洋政策》的决议；日本自2007年4月审议并通过了《海洋基本法》之后，加快了与海洋有关的立法活动；2009—2010年，英国正式批准《英国海洋法》；美国总统办公室对外发布了“关于加强美国海洋工作的最终建议”，美国总统奥巴马签署了关于“海洋、我们的海岸与大湖区管理”，美国海军协会发布“美国2009—2010年美国海洋政策”。这些政策的发展和制定将对各国综合海洋政策的制定与发展产生积极的影响。

（一）美国的海洋政策

美国的海洋政策制订以控制海洋、海洋安全以及海洋的可持续发展为核心。美国的发展与海洋息息相关。海洋、海岸带与大湖区为美国提供就业岗位、食品、能源、生态服务、娱乐和旅游机会，在美国的运输、经济与贸易领域和确保美国的武装部队在全球的机动性以及维护国际和平与安全等方面都发挥着重要作用②。

1. 美国海洋政策的新发展

21世纪以来，美国多次研究、制订和不断完善其海洋政策。2000年7月，美国国会通过了《2000年海洋法案》，美国总统于8月签署了该法案。2001年9月，依据《2000年海洋法案》，美国总统任命了美国海洋政策委员，负责对美国海洋政策和法规进行全面研究。经过两年多深入细致的调研，海洋政策委员会掌握了当时美国海洋和

① 联合国第65届会议秘书长的报告，http：//www. un. org/zh/documents/view_doc. asp？symbol = A/65/69，2010－11－1。

② 美国总统关于海洋、海岸与大湖区管理的行政令，http：//www. cima. gov. cn/_d270793568. htm，2010－8－18。

海岸带利用及管理方面所面临的最迫切问题的第一手资料。2004 年 4 月，美国海洋政策委员会发布了一份长达 514 页的政策报告草案——《美国海洋政策报告（草案）》，向美国各州州长和社会各界征求意见。

2004 年年底，海洋政策委员会向美国国会正式提交了名为《21 世纪海洋蓝图》的海洋政策报告。2004 年 12 月 17 日，时任美国总统布什发布行政命令，公布了《美国海洋行动计划》，对落实美国《21 世纪海洋蓝图》提出了具体的措施。《21 世纪海洋蓝图》与《美国海洋行动计划》的制定，是美国自 1969 年总统委员会发表关于《海洋科学、工程和资源》报告 30 多年来，首次在海洋政策领域采取的一项重大措施，为 21 世纪的美国海洋事业的发展描绘了新的蓝图。

2009 年 6 月 12 日，美国白宫新闻办公室发布备忘录，美国总统奥巴马宣布成立由海洋政策领域的资深官员组成部际间海洋特别工作组，负责拟定一个国家海洋政策——关于海洋、海岸与大湖区的国家政策。制定该政策的目标是提高国家管理海洋的能力，以维护海洋、海岸与大湖区的健康，提高其对环境变化的适应能力和可持续发展能力，为当代和子孙后代创造更多的福祉①。2009 年 9 月 17 日，美国政府公布了由部际间海洋政策工作组拟定的《综合海洋政策草案》②。该草案主要包括三个方面的内容：关于海洋、海岸带和五大湖区的政策建议、国家海洋政策、海洋政策的协调框架以及实施战略。2010 年 7 月 19 日，在对《综合海洋政策草案》修改的基础上，美国总统办公室对外正式发布了《关于加强美国海洋工作的最终建议》（以下简称《最终建议》）③。在采纳了《最终建议》的基础上，美国总统奥巴马签署了关于《海洋、我们的海岸与大湖区管理》的行政令④，并指示联邦机构采取措施加以执行。同年，美国海军协会对外发布了《2009—2010 美国海洋政策》。

2. 美国海洋政策的主要内容

《最终建议》由执行摘要、海洋管理、海岸带与大湖区的国家政策、政策协调框架、实施战略、有效地开展沿海与海洋空间规划的框架和结束语六部分组成。

引言部分介绍了海洋政策特别工作组（以下简称“工作组”）成立的依据、人员

---

① Interagency Ocean Task Force, http://www.whitehouse.gov/blog/2009/06/12/interagency－ocean－policy－task－force, 2010－8－18.

② “Interim Report Of The Interagency Ocean Policy Task Force”, http://www.whitehouse.gov/assets/documents/09_17_09_Interim_Report_of_Task_Force_FINAL2.pdf, 2010－8－18.

③ “Final Recommendations Of The Interagency Ocean Policy Task Force”, http://www.whitehouse.gov/files/documents/OPTF_FinalRecs.pdf, 2010－08－18.

④ THE WHITE HOUSE Office of the Press Secretary, http://www.whitehouse.gov/files/documents/2010stewardship－eo.pdf, 2010－08－18.

组成、工作任务和制定海洋政策的原因和原则。《最终建议》认为，海洋、海岸和大湖区对美国人民作用巨大，但是同时受到诸多人类活动带来的威胁，美国必须保护富饶的海洋资源和健康的生态系统。针对目前海洋管理存在的生态系统方面的挑战和与海洋利用与保护有关的法规、管理职能分工及政府架构等方面存在不足，美国必须按照基于生态系的管理原则和适应性管理原则更有效地应对海洋、海岸和大湖区面临的挑战，制订并实施全面的海洋、海岸与大湖区的国家管理政策。

（1）海洋、海岸与大湖区管理国家政策

在分析和研究了联邦、各州和外国的有关政策以及过去的法规和尚待通过的法规，研究了原先成立的两个海洋委员会（Ocean Commissions）的报告和公众的意见与建议的基础上，工作组提出了美国对海洋、海岸与大湖区管理新的方向和海洋、海岸与大湖区管理的国家政策。

海洋、海岸与大湖区的管理的新方向是：①制定在管理海洋、海岸与大湖区方面的第一个国家政策；②构建更加强有力的管理架构，从而能对海洋、海岸与大湖区给予持久的、高层次的和协调的关注；③确定目标明确的实施战略，提出了美国应采取的九类优先行动；④建立全面、综合和基于生态系的近海与海洋空间规划框架，目的在于有效地解决在海洋、海岸与大湖区的保护、经济活动、海域使用者间的冲突和可持续利用等方面出现的各类问题。

海洋、海岸与大湖区管理国家政策是：①保护、保持和恢复海洋、海岸与大湖区的健康与生物多样性；②提高海洋、海岸与大湖区的生态系统和社会与经济对环境变化的适应与应对能力；③采用有利于增进海洋、海岸与大湖区健康的发展方式，加强对陆地的保护和在陆地开展活动时坚持可持续利用原则；④以最佳的科学知识作为海洋、海岸与大湖区事务决策的基础，加深对全球环境变化的认识，提高应对全球环境变化的能力；⑤支持对海洋、海岸和大湖区进行可持续、安全和高生产力的开发与利用；⑥珍惜和保护海洋遗产，包括珍惜和保护它们的社会、文化、娱乐与历史价值；⑦根据适用于海洋领域的国际法行使权利与管辖权并履行各种义务；⑧不断增进对海洋、海岸与大湖区生态系统的科学认识，及其与人类活动之间的关系的认识；⑨增进对不断变化的环境条件及其趋势与来源以及人类在海洋、海岸和大湖区水域进行的各类活动的认识和了解；⑩提高公众对海洋、海岸和大湖区的价值的认识，为更好地开展管理奠定基础。

（2）海洋、海岸与大湖区管理的政策协调框架

为更好地执行新的海洋、海岸和大湖区的国家政策，工作组建议对现有的海洋政策委员会（Committee On Ocean Policy）进行一系列改革，使美国有一个地位明确和职责清晰的海洋、海岸与大湖区管理机构，从国家层面对海洋工作进行方向与政策指导。

在机构上，工作组建议：成立新的国家海洋委员会（NOC - National Ocean Council），对现有海洋政策委员会的部级和副部级机构进行整合并强化其职能，进一步明确国家海洋委员会的作用及其领导职能；成立由各州、部落和地方政府指派的代表组成的委员会，以便促使各州、部落和地方政府更多地参与解决相关问题；成立新的国家海洋委员会指导委员会（NOC Steering Committee），以便加强科学界与管理部门间的联系；加强国家海洋委员会、国家安全委员会、国家经济委员会、能源与气候变化办公室、环境质量委员会、科学技术政策办公室、管理与预算办公室和白宫其他实体机构间的协调。

（3）海洋政策的实施战略

在海洋、海岸和大湖区的国家政策的实施战略上，《最终建议》提出了国家应争取实现九大重点目标（九大优先行动领域）：①基于生态系统的管理；②近海与海洋空间规划；③科学决策，加深对海洋的认识；④各部门的协调与支持；⑤应对气候变化和海洋酸化；⑥地区性生态系统的保护与恢复；⑦水质保护与陆地的可持续利用活动；⑧北极地区不断变化的环境条件；⑨海洋、近海与大湖区的观测、测绘与基础设施。为保证九大优先目标的实现，工作组建议国家海洋委员会为每一个优先目标制订相应的战略行动计划，每个战略行动计划都将明确其具体和可衡量的短期、中期和长期行动目标，规定合适的时间表、绩效措施，并确定应取得的成果。此外，工作组还对机构、预算、实施细节问题和各利益相关方协调等提出了基本原则。

（4）近海与海洋空间规划框架

《最终建议》介绍了近海与海洋空间规划工作和制订与实施空间计划时必须遵循的指导原则，提出了近海与空间规划工作的国家目标，还提出了一套全面、综合和以区域为单元的海洋利用与其他海洋活动进行规划与管理的方法。近海与海洋空间规划工作的国家目标是：①支持对海洋、海岸和大湖区进行可持续的、安全、可靠、高效率和高生产力的利用，其中包括那些有助于促进经济、商业、娱乐、环境与资源保护、国土与国家安全、人类健康、安全和福祉的利用活动；②保护、保持和恢复美国的海洋、海岸和大湖区资源，确保这些地区的生态系统具有适应环境变化和提高其持久提供生态服务的能力；③为公众接近、享受和利用美国海洋、海岸与大湖区提供便利；④促进海洋使用者之间的协调，减少使用者之间的冲突和对国家造成的不利影响；⑤强化决策与管理，提高决策与管理工作的相互连贯性和前后一致性；⑥为制订海洋、海岸与大湖区投资规划和进行投资提高确定性与可预见性；⑦加强部门间和与政府间机构和国际社会的沟通与合作。

在遵循近海与海洋空间规划的国家目标基础上，《最终建议》为近海与海洋空间规划建立了一个基本框架，其主要内容包括：近海与海洋空间规划的统一定义；有关各方参与规划工作的理由和规划区域的地理范围。这一框架将美国分为9个地区性规划区：东北大西洋区、中大西洋区、南大西洋区、大湖区、加勒比区、墨西哥湾区、西海岸区、太平洋岛屿区和阿拉斯加和北极区。此外，该框架还提出了旨在提高各地区灵活实施空间计划的方法、加强地区能力建设的措施以及到2015年各地区在海洋空间计划方面应实现的目标。

（5）支持加入《联合国海洋法公约》

在海洋政策研究的基础上，工作组全体成员强烈支持美国加入《公约》。工作组认为加入《公约》有助于维护美国的国家安全、经济与外交利益，并提出了加入《公约》的主要理由包括：①无论是在共和党还是民主党执政期间，美国国家安全领导机构均全力支持《公约》，《公约》用法典形式明确了美国武装部队所依赖的重要的航行权利与自由；②《公约》规定了各国在预防、减少和控制海洋环境污染和保护与养护海洋资源方面的权利与义务；③成为《公约》缔约国后，美国扩展外大陆架的权利就有了最有力的法律依据；④成为《公约》缔约国后，美国就可以更有效地对《公约》的条款进行解释和正式参加《公约》的补充与修订工作；⑤加入《公约》有助于重新确认和强化美国在国际海洋事务中的领导地位。

3. 2009—2010年美国海洋政策

2010年，美国海军协会对外发布了题为《国家安全、海洋优势、全球存在—2009—2010海洋政策》的报告，从军事角度提出了美国海军协会对国家海洋政策的认识和建议。报告认为，美国经济的繁荣和国家安全与海洋息息相关，占有海洋优势是美国重要利益的保证，而强大的海上力量又是海洋优势的可靠支柱。在此基础上，美国海军协会要求美国为海上力量的建设投入充足的经费。《国家安全、海洋优势、全球存在——2009—2010海洋政策》报告总共分四个部分：前言、海上力量组成、人事政策和总结。

前言部分指出了海洋优势对美国经济和美国海上利益的重要意义，确保美国海洋优势的核心因素是海军。美国的海上力量包括海军、海军陆战队、海岸警卫队以及美籍商业船队以及分布于全球的海上合作伙伴。只有美国海军才能真正确保美国的海洋优势。因此，美国应该在海军的人员和装备上加大投入，打造新的舰船，加强现役人员的训练，加强海域感知能力的建设，并确保政府的各项政策不会破坏美国作为全球海洋领导者的地位。

第二部分“海上力量组成”详细介绍了美国海上力量团队，主要内容包括美国海军概况、美国海军陆战队所扮演的角色、美国海岸警卫队的作用、美籍商业船队和海上运输系统的管理以及美国海上力量对造船业的工业力量的要求。

第三部分“人事政策”指出，美国应以人为本，在加强装备建设的同时，也应当为美国海军提供更好的医疗、家庭和退休等福利。

第四部分是结论：为保护美国全球利益，确保国家经济的安全发展，国防领域最重要的政策应该是为美国的海上力量提供充足的预算，国防预算应占到国民生产总值的4%。

（二）英国的海洋政策

英国是历史悠久的海洋国家，陆地面积24.25万平方千米，海岸线长1.7万千米，人口约6 100多万，其中约30%居住在距离海岸10千米的沿海地带。

海洋对英国有着十分重要的意义。2008年英国海洋产业年产值占其GDP的6.8%。海运、海洋油气开发、海洋可再生能源开发等主要海洋产业创造100多万个就业岗位。95%的国际贸易通过海洋运输来完成。渔业捕捞船7 000多艘，总吨位居欧盟第二。海洋水产养殖业产值占欧盟海洋水产养殖产值的17%。海洋装备制造业发达，60%以上产品出口海外①。

1. 英国海洋政策的回顾和发展

在海洋管理方面，英国长期以来采用的是分散管理体制，负责制订和实施涉海政策与法规的部门甚多，管理效率不高，执法力量分散，海洋开发利用矛盾较为突出。近十多年来，由于世界海洋制度的变化和英国海洋事业的发展，旧有体制已明显不能适应英国海洋工作的需要，英国政府开始认真研究海洋政策与体制问题。进入21世纪以后，英国正式启动综合性海洋政策的制订工作。

20世纪90年代起，英国有关政府部门、科技界、海洋保护组织和广大公众就开始呼吁制订综合性海洋政策。随后，有关各方启动相关研究，组织了许多讨论会与座谈会，编写了一系列报告。2002年，英国海洋、食物与乡村事务部发布了《保护我们的海洋》研究报告，提出英国在海洋领域的目标是“清洁、健康、安全和富有生产力与生物多样性的海洋”。2003年，英国政府发布了题为《变化中的海洋》的报告，建议用新的管理方法对各类海洋活动进行综合管理和制订综合性海洋政策。2005年，英国政府宣布将制订新海洋法，随后组织了一系列由有关各方代表参加的磋商、专题会与研讨会。2006年，英国政府发布磋商结论报告，提出了综合性海洋政策应涵盖的内容，并希望各界对英国在海洋领域应遵循的战略方向发表意见。2007年3月，英国政府发

---

① 李景光，阎季惠：《英国海洋事业的新篇章——谈2009年<英国海洋法>》，《海洋开发与管理》2010年第2期。

布海洋白皮书（即《英国海洋法草案》），提出了可持续地管理英国涉海活动和保护英国海洋环境与资源的立法措施与管理措施建议，主要包括：成立代表英国政府实施海洋管理职能的海洋管理组织；建立新的海洋规划制度；建立新的海洋开发活动许可证制度；设立灵活和目标明确的海洋自然资源保护机制，改进海洋渔业管理。针对该草案，英国各界向政府提出了 8 000 多条建议，其中 82% 表示支持。2008 年 12 月初，《英国海洋法》正式提交英国议会审议。2009 年 11 月 12 日，英国正式批准《英国海洋法》①。

《英国海洋法》是英国海洋领域各相关部门和关心海洋事业的各界，包括科技界、产业界、民间组织和广大公众长期努力的结果。《英国海洋法》建立新的海洋工作体系，主要包括海洋综合管理、海洋规划、海洋使用许可证审批与管理、海洋自然保护、近海渔业与海洋渔业管理以及海岸休闲娱乐管理等多方面的内容。

《英国海洋法》的批准，标志着受到英国各界广泛关注的综合性海洋法律正式进入英国法律法规体系。时任英国首相布朗指出，“2005 年，英国政府承诺建立新的法律框架，以便有效地管理和保护海洋，让公众更好地享受英国的海洋与海岸。这一具有历史意义和突破性的法律获得通过，表明政府的承诺得到了兑现。”英国环境、食品与乡村事务大臣希拉利·贝恩说：“我国的（海洋）水域属于世界上最繁忙的水域。新的海洋规划体系可以确保我们的海洋为所有使用者使用，同时也使我们的海洋生物得到有效保护，更好地生息繁衍。英国有壮观的海岸，所有英国人都有权享受它。沿海地带的道路让我们每一个人都能靠近海岸，享受海岸的美丽，并通过发展旅游来促进经济的发展。”

2.《英国海洋法》的主要内容

《英国海洋法》由 11 部分组成：①海洋管理组织；②专属经济区、其他海洋区域与威尔士渔业区域；③海洋规划；④海洋许可证；⑤海洋自然保护区；⑥近海渔业和环境管理；⑦其他海洋事务与渔业管理；⑧海洋执法；⑨海洋休闲与娱乐；⑩其他内容；⑪补充条款②。现简要介绍如下：

第一部分是海洋组织管理。此部分就英国海洋管理组织的设置、性质与职能等做了明确的规定。依据该法，英国政府将成立全面负责海洋管理工作的“英国海洋管理组织”，以实现可持续发展等海洋领域的诸多目标。该组织将采用综合、统一和连贯的

① 李景光，阎季惠：《英国海洋事业的新篇章——谈 2009 年 <英国海洋法>》，《海洋开发与管理》2010 年第 2 期。

② Marine and Coastal Access Act 2009，http：//www. legislation. gov. uk/ukpga/2009/23/pdfs/ukpga_20090023_en. pdf，2010 - 08 - 18.

管理方法，减少管理层次，提高管理效率，促进信息资源共享，实现科学化、规模化与现代化的海洋管理。“海洋管理组织”是一个肩负管理职能的公共机构，受主管海洋事务的大臣领导，通过大臣向英国议会报告工作，其主要职能是：①组织编制海洋规划与海洋计划；②审批海洋使用许可证；③海洋保护；④海洋执法；⑤海洋渔业管理；⑥海洋应急事件处理；⑦海洋可持续发展问题咨询与建议。

第二部分宣布设立英国专属经济区。该部分指出，英国专属经济区的设立，可以使英国根据《联合国海洋法公约》提出自己的权利主张并承担相关义务。《英国海洋法》还规定了威尔士海洋渔业区域划分方法。

第三部分海洋规划为英国建立了战略性海洋规划体系。该体系的第一阶段工作将是编制海洋政策，确立海洋综合管理方法，确定海洋保护与利用的短期和长期目标；第二阶段将制订一系列海洋规划与计划，以帮助各涉海领域落实海洋政策。

第四部分是海洋许可证的发放。此部分对英国原有的海洋许可证发放法规进行了合并与简化，建立了新的海洋许可证制度，其目的在于促进经济、社会与环境的协调发展，以实现海洋可持续发展的目标。

第五部分是海洋保护。此部分为保护海洋野生动植物增加了一些新的条款，以提高英国的海洋自然保护水平。具体目标为：扭转英国海洋生物多样性的下降趋势；促进海洋生物多样性的恢复；提高海洋生态系统的运行功能和对环境变化的应变能力；在决策过程中更多地考虑海洋自然保护问题；更好地履行英国在欧盟和国际上做出的海洋自然保护承诺。

第六部分是近海渔业与海洋环境管理。此部分是《英国海洋法》的重点之一。该法提出了更为有效的管理与保护措施，以实现海洋环境与生态系统的有效管理和促进近海渔业的可持续发展，提高生产效益与管理效率。为了提高近海渔业管理的现代化水平，英格兰将成立近海渔业保护与管理局，以替代原来的海洋渔业委员会。

第七部分是海洋渔业事务与淡水渔业管理。该部分规定了对商业性捕捞许可证的收费标准，但同时提出，收费时应考虑英国捕捞业的国际竞争力和不同捕捞业之间的公平性问题，主要内容由四部分组成：①洄游性鱼类与淡水鱼类；②贝类；③娱乐性垂钓和对 1967 年《海洋渔业法》的修改；④对过时和重复的渔业法规的处理。

第八部分是海洋执法。此部分指出，英国海洋执法将由新成立的“海洋管理组织”统一负责和协调海洋执法工作。在许可证发放与海洋自然保护的执法方面，将按照英国 2008 年《管理执法与惩处法》的规定，引入经济惩处措施。在海洋渔业执法方面，将仿照欧盟的办法，针对英国国内的渔业违法行为，引入行政惩罚制度。在执法区域和分工方面，《英国海洋法》规定，英格兰的海洋渔业与自然保护执法范围为近海海域（从海岸线算起 6 海里内的海域）和河口区域，主要负责部门是“海洋管理组织”，环境保护部门和近海渔业保护机构也承担相关任务。环境部门主要负责淡水渔业和迁移性鱼类的管理执法，近海渔业管理部门主要负责地方渔业管理执法和在捕捞活动对海洋环境产生不利影响时的执法，如果涉及国家渔业管理问题，执法牵头部门仍为“英国海洋管理组织”。威尔士有关涉海部门和环境部门负责的执法区域也是在离海岸线6海里内的近海和河口。

（三）日本的海洋政策

日本是一个四面环海的海洋国家，也是一个资源极度匮乏的国家，海洋资源、环境与安全攸关日本国运。日本经济和社会的发展对海洋有着极强的依赖性，日本约50%的人口居住在沿海地区，国民摄取的动物蛋白质约40%来自海洋，进出口货物的99%依赖于海上运输①。21世纪以来，日本通过了一系列与海洋相关的法律，日本的海洋法律体系成为日本海洋政策的重要组成部分。

2005年11月，日本海洋政策研究机构——日本海洋政策研究财团向政府提交了《海洋与日本：21世纪海洋政策建议》（以下简称《建议》），并于2006年1月公开发表。《建议》共分为四个部分：以真正的海洋立国为目标；—海洋政策大纲的制定；以制定海洋基本法为目标推进体制的完善；扩大到海上的“国土”管理和国际协调。《建议》提出了海洋立国的目标，详细论述了制定国家海洋政策的必要性、完善海洋管理体制的紧迫性和海洋对日本未来发展的重要意义。

2006年12月，在《建议》的基础上，日本海洋政策研究财团和海洋政策委员会联合发布了《海洋政策大纲：寻求新的海洋立国》和《海洋基本法草案》，敦促政府尽快制定海洋政策和海洋基本法。2007年4月，日本国会众、参两院审议并通过了《海洋基本法》和《海洋建筑物安全水域设置法》，两部法案于同年7月20日正式实施。同一天，以时任首相安倍晋三为本部长的“海洋政策本部”宣告成立。该部由国土交通省、经济产业省等8个省厅的37名成员组成，具体负责策划、拟定、调查、审议和推进日本的中长期海洋政策和海洋基本计划并协调各省厅的涉海行政事务。《海洋基本法》的正式实施以及“海洋政策本部”的成立，标志着日本已经基本完成了与加强海洋资源开发和向海洋大国迈进等有关的立法、机构设置和人员配置等基础性工作。

《海洋基本法》是在日本加强海洋权益维护进程中不断演化产生的，是政府重视，日本经济、学术界等积极参与、推进的结果。《海洋基本法》四章有：总则，海洋基本计划，基本政策，综合海洋政策总部，附则，共38条。《海洋基本法》是日本以基本

① 关希：《排他性的“海权论”可以休矣—析日本流行的“海洋国家战略”》，《日本学刊》2006年第4期。

法的形式对海洋政策和战略对外宣誓。是对日本海洋政策大纲以基本法的形式予以确立，明确了日本海洋政策的六大基本理念，即：开发、利用海洋与保护海洋环境相结合；确保海洋安全；加强海洋科学研究；发展海洋产业；综合管理海洋；积极推进国际合作。

为应对和打击索马里海盗，维护日本在该海域的航行安全，参与国际合作，日本内阁于2009年3月13日决定海上自卫队军舰赴索马里海域实施海上警备行动，并向国会提交了《应对海盗法案》。该行动的决定和法案的出台源于综合海洋政策研究本部向政府提交的应对海盗行为的建议，即海洋政策研究财团于2008年11月18日向内阁总理大臣麻生太郎提交的《日本应对索马里附近海域海盗行为的建议》。《应对海盗法案》2009年4月23日在众议院获得通过，但在提交参议院审议后被否决。为此，众议院又于2009年6月19日再次审议通过了该法案。通过的法案名称为《处罚与应对海盗行为法》，于2009年7月24日生效[①]。该法共由13条组成，主要内容包括立法目的、应对海盗的一些基本概念以及相关处理措施等三方面的内容。

2010年2月9日，由日本内阁官房综合海洋政策本部事务局和国土交通省共同拟定的《低潮线保全和基地设施整备法案》提交日本众议院审议，日本众议院全体会议于2010年4月18日通过了该法案。《低潮线保全和基地设施整备法案》分为6个章节，共20条，立法主要目的有两个：一是对划定为日本领海基线的海岸低潮线进行保护，二是对日本政府认为主张专属经济区和大陆架至关重要的岛屿，如冲之鸟礁、南鸟岛等远离日本列岛的岛屿，其开发、利用和保护要进行特别的规划，保证其主张专属经济区和大陆架的法律地位。

（四）欧盟的海洋政策

欧洲濒临大西洋、北冰洋，海岸线全长70 000千米。欧洲联盟（European Union），简称欧盟（EU），由欧洲共同体（European Communities，又称欧洲共同市场）发展而来，是一个集政治实体和经济实体于一身、在世界上具有重要影响的区域一体化组织。

欧洲的发展与海洋息息相关。船舶制造业、航运业、港口、渔业和海洋旅游业是主要的海洋产业，近海能源，包括石油、天然气和可再生能源，也为欧洲的发展作出了巨大的贡献。欧盟认为，海洋是维系欧洲的血液。海洋空间及海岸带对欧洲的发展与繁荣是至关重要的——海洋是欧洲的贸易通道、气候调节器、食品来源、能源与各种资源的来源，是居住和娱乐的重要场所。随着经济的发展以及环境的不断破坏，欧

① 金永明：《日本最新海洋法制与政策概论》，《东方法学》，2009年第6期。

洲越来越认识到确保对海洋环境的可持续利用是欧洲可持续发展的先决条件。

自20世纪90年代以来，欧盟及其成员国采取了一系列加强海洋工作的措施。欧委会在欧盟2005—2009年战略目标中声称“尤其需要以环境可持续的方式制定出一个无所不包的，旨在发展繁荣的海洋经济的海洋政策。要制定出这样的政策必须要有一流的海洋科研、技术和创新支撑。”欧盟相信要实现这一愿景，必须严格遵循两个基本点：首先，必须与里斯本战略保持一致；其次，必须维护并促进海洋的地位①。

2006年6月，欧盟海洋与渔业委员会颁布了《欧盟海洋政策绿皮书》。2007年10月10日，欧洲委员会在布鲁塞尔初步制定并通过了《欧盟综合海洋政策》② 及行动计划，提出了海洋政策的创建原则和主要目标、所需的管理框架和用于综合性政策制定的适当工具，并就政策实施制定了一整套行动计划。《欧盟综合海洋政策》规定了欧盟海洋领域的五大行动领域：最大限度的可持续利用海洋、为海洋政策的制定建立一个知识与创新库、提高沿海地区的生活质量、提升欧盟在国际海洋事务中的领导地位、提高欧盟在海上的显示度。在政策制定上，欧盟充分利用了欧洲海洋监测网络、海洋空间规划、海岸带综合管理和海洋数据信息等技术手段和措施。

2007年12月14日，欧洲议会通过了有关《欧盟综合海洋政策》的决议，并决定将每年的5月20日定为欧洲海洋日，通过举行高级别的会议和各种相关活动，交流海洋发展经验，进一步提高人们的海洋传统意识，改善各利益相关方的关系，推动部门间协作，以实现增强海洋经济发展的承诺。

2008—2009年，欧盟采取了一系列措施来保证《综合海洋政策》的实施③，例如，欧盟对北极地区、地中海和波罗的海进行了详细的调查；启动了“海洋知识2020：更好的认识我们的海洋，提高竞争力和增长率”计划；启动了海洋监测计划，运用各种海洋观测、监测和调查手段系统、全面的对海洋进行监测来帮助欧盟成员国制止非法用海活动，保护海洋环境，保持海洋交通的安全和高效；在海洋空间规划方面，不断发展海洋空间规划的指导原则来推进海洋空间的可持续利用，鼓励海洋空间的跨界投资，以达到在2020年欧盟拥有一个良好的海洋环境的目的。

2010年9月30日，欧盟委员会决定对《欧盟综合海洋政策》在2011—2013年之间进一步实施采取更有力的措施④。这些措施主要包括：①提升在欧盟层面、国家层面

---

① 孟方：《聚焦欧盟》，《中国船检》，2006年9月。

② Integrated Maritime Policy documents，http：//ec. europa. eu/maritimeaffairs/policy_documents_en. html，2010 - 08 - 18.

③ Renewed support for the Integrated Maritime Policy，http：//europa. eu/rapid/pressReleasesAction. do? reference = IP/10/1268&format = HTML&aged = 0&language = EN&guiLanguage = fr，2010 - 10 - 30.

④ Renewed support for the Integrated Maritime Policy，http：//europa. eu/rapid/pressReleasesAction. do? reference = IP/10/1268&format = HTML&aged = 0&language = EN&guiLanguage = fr，2010 - 10 - 30.

和区域层面海洋综合管理，以此来保证有关的决策并不仅仅考虑单个领域的政策，而是以更广泛的视野来评价各种活动对海洋的影响；②详细评估各个涉海部门的政策面临的实际挑战和需要解决的问题；③发展海洋空间规划和海岸带综合管理，以此来提供稳定的海洋规划框架，保证海洋发展的稳定性和经济上的可行性；④发展合理的海洋知识结构，为公共权力部门和海洋商业提供准确可靠和高质量的海洋数据，促进竞争和创新，减小海洋数据用户的运行成本；⑤发展通用的海洋信息共享的环境，便于海洋管理部门能更好的监测海洋领域的威胁和违法行为；⑥促进海洋相关部门和沿海地区经济增长、创新和就业的可持续性，以此来达到“欧洲 2020 战略”所提出的“精明、可持续和包容性增长”① 的目标。

三、国际海洋政策的主要特点

从沿海国家综合海洋政策的发展历史和最新动态可以看出，各国均以海洋保护和海洋的可持续利用为综合海洋政策的最终目标。在政策的制定过程中，各国均重视公众的参与和利益相关者的意见和建议。为使综合海洋政策的目标得以实现，许多国家建立了高层次的海洋管理和协调机构，并制定了具体的措施以保证综合政策的实施。

（一）重视海洋保护和可持续利用

世界海洋政策发展的重要特征之一就是重视海洋保护和海洋的可持续利用，不断的将以生态系统为基础的海洋综合管理纳入海洋政策的实施中。海洋综合管理经历了不同的阶段，由最早的行业分散管理，到海洋与海岸带管理，到海洋综合管理以及现阶段的基于生态系统的海洋综合管理，管理理念不断得到丰富和提升，其最终目的都是为了保护海洋和可持续利用海洋。

美国综合海洋政策一贯重视海洋的生态保护，其最终目的是实现其海洋的可持续利用。早在 1969 年海洋政策委员会发布的《美国与海洋》的报告中就指出海岸带和海洋环境保护的重要意义。2009 年美国总统奥巴马对工作组的任务就是“维护海洋、海岸和大湖区健康和提高其对环境变化的适应能力和可持续发展能力”。“生态保护”更是贯穿最终建议的各个部分，在关于“海洋、海岸与大湖区管理国家政策”、“实施战略”以及“近海与海洋空间规划”均提出了“生态保护”相关的各种措施。英国的海洋政策同样重视对海洋保护和海洋的可持续利用。2002 年英国海洋、食物与乡村事务

① EUROPE2020，http：//ec. europa. eu/eu2020/pdf/COMPLET% 20EN% 20BARROSO% 20% 20% 20007% 20 – %20Europe% 202020% 20 – %20EN% 20version. pdf，2010 – 10 – 30.

部发布的《保护我们的海洋》研究报告中就提出英国在海洋领域的目标是“清洁、健康、安全和富有生产力与生物多样性的海洋”。《英国海洋法草案》提出的立法与管理措施建议，均围绕可持续地管理英国涉海活动和保护英国海洋环境与资源。

（二）建立高层次海洋管理协调机构

为实现海洋领域的最终目标，沿海各国均重视高层次海洋管理、协调机构的建立，以便为实现海洋领域的政策目标提供有力的组织保障。因此，沿海国家在海洋综合政策的制定过程中纷纷建立高层次的海洋管理、协调机构，以达到海洋政策的协调统一。

美国的《最终建议》提出了非常完善的执行机构，并以总统行政令的形式发布。《最终建议》建议成立新的“国家海洋政策委员会”、各州、部落和地方政府指派代表组成的委员会和“国家海洋委员会和指导委员会”等一系列机构，进一步明确了“国家海洋委员会”的作用及其领导职能，对现有海洋政策委员会的部级和副部级机构进行了整合并强化职能，以达到预期目标。《英国海洋法》的第一部分便是海洋的组织管理，就英国海洋管理组织的设置、性质与职能等做了明确的规定。依据规定，英国政府将成立全面负责海洋管理工作的“英国海洋管理组织”，由负责主管海洋事务的大臣领导，通过大臣向英国议会报告工作，为海洋政策的实施提供有力的组织保障。日本依据《海洋基本法》，成立“海洋政策本部”，由首相担任部长，各省厅担任成员，综合协调海洋政策的执行。

（三）公众和利益相关者的参与

从各沿海国家海洋政策制定过程可以看出，各国均重视公众参与和利益相关者的意见。海洋工作涉及方方面面，包括海洋权益维护，沿海地区行业经济的发展如船舶制造业、航运业、港口、渔业和海洋旅游业等和沿海地区的社会发展，在海洋综合政策的制定过程中，让各利益相关方广泛的参与进来，有利于促进海洋综合政策的全面性统一性和有效性。

以美国和英国为例，在美国的《最终建议》起草过程中，工作组尽可能动员公众参与，请全国各界发表意见。工作组组织了38次专家圆桌讨论会听取广大利益相关者的各种意见，组织了6次地区性公开会议，并建立了专门网站，以便通过环境质量委员会听取各种意见与建议。最终，工作组共收到5 000多条意见与建议。在提出这些意见与建议的组织中，许多组织的成员人数都是成千上万之巨。《英国海洋法》的正式发布之前同样就“海洋法草案”向社会征求意见，总共收集到来自英国各界的8 000多条意见和意见，这些意见和建议对《英国海洋法》的完善和最终顺利实施作用显著。

（四）制定措施保证海洋综合政策的实施

海洋政策的实施离不开各项具体的措施。各国为了保证综合海洋政策目标的实现，均提出了相应的具体措施，这些措施包含了以海洋高科技为基础的海洋规划、具体的行动领域和不同时间段的具体目标等。

美国为保证综合海洋政策的落实，《最终建议》提出了“九大优先行动”领域，建立了近海与海洋空间规划的基本框架。“九大优先行动”领域为政策目标与具体行动搭起了一座桥梁，通过“对九大行动领域”分别制定战略行动来明确各个领域所要达到的具体目标，最终实现政策总目标。而近海与海洋空间规划则为海洋利用与其他活动提出了一套全面的、综合的和以区域为单元的规划与管理方法，并对近海与海洋空间规划的相关定义进行了统一。《英国海洋法》第三部分海洋规划则为英国建立了战略性海洋规划体系，分两个阶段来保证海洋政策目标的实现：在第一阶段确立海洋综合管理方法，确定海洋保护与利用的短期与长期目标，第二阶段则将制订一系列海洋规划与计划，帮助各涉海领域落实海洋政策。

四、小　结

进入21世纪以来，美国、英国、日本和欧盟等海洋大国或区域性国际组织，为了适应不断发展的海洋形势，纷纷调整或制定新的综合海洋政策。虽然这些政策形式各异，内容有所区别，实施方式上各有侧重，但其根本的目的却是提高海洋对环境变化的适应能力，最大限度的可持续利用海洋，为国家的发展拓展海洋空间。规划21世纪海洋事业发展，制定海洋综合政策的国际大背景已经形成。中国应尽快开展海洋综合政策包括海洋基本法的研究制定工作，整合现有海洋领域的政策和规划，尽快形成统一、清晰、全面、完整的国家海洋政策，力争在海洋经济、海洋科技和海洋管理的国际竞争中占领先机，为中国海洋可持续发展开拓新的领域和空间。

第十九章　中国海洋政策

随着经济社会的快速发展，人类的陆地生存空间逐步缩小，海洋越来越被人们所重视，科技的进步使人类对海洋有了更全面的认识。海洋事务变得日益复杂，需要加以规范和管理，海洋政策就是在对海洋事务逐渐规范的过程中产生和发展的，并显现出不同的时代特征。

一、海洋政策的发展

海洋政策主要包括国家海洋利益的基本认识、海洋政策原则、海洋政策文件及相关执行机制等。中国是陆海兼备的人口大国，除拥有960万平方千米的陆地国土，还可以主张约300万平方千米的管辖海域。新中国成立后60余年的建设与发展，海洋对国家的贡献已从“渔盐之利”和“舟楫之便”，逐步发展为“人类生存和国家安全的重要空间”，海洋政策也在各个不同时期呈现出不同的发展特点。

（一）发展历程

在新中国成立之后的10多年中，国家相关涉海部门建立了海洋产业管理机构和管理制度，海洋捕捞、海洋盐业、海上交通运输等传统海洋产业迅速发展；海洋科学研究计划纳入国家科技发展计划之中。为掌握我国海洋的基本情况和维护国家海疆安全，1958年，国家组织了“中国近海环境与资源综合调查”，这次大调查为我国海洋事业发展奠定了坚实基础，也为国家海洋管理机构的成立创造了条件。1964年，国家海洋局的成立结束了中国政府没有管理国家海洋事务行政职能部门的历史，中国的海洋事业从此揭开新的一页。改革开放以后，国家海洋局在邓小平理论和“三个代表”重要思想的指引下，认真贯彻科学发展观，解放思想、实事求是、与时俱进，成功地实现了工作重心的转移，围绕建设现代化海洋强国的战略目标，全面落实国务院赋予的工作职能，大力推进海洋工作的管理创新、体制创新和制度创新，不断开创海洋工作的新局面，实现了海洋事业的跨越式发展。

在国家总体规划方面，海洋工作在国家《国民经济和社会发展第十一个五年规划纲要》中得到较为集中和全面的反映，确立了海洋在国民经济和社会发展中的重要地位。遵照国务院领导“要把工作重点放在规划、立法和管理上”的指示，多种海洋事业发展规划不断研拟和出台。1978 年，制定了“查清中国海、进军三大洋、登上南极洲”的海洋科技发展战略规划；20 世纪 90 年代，分别制定和出台了《全国海洋开发规划》、《中国海洋事业的发展》、《中国海洋 21 世纪议程》等政策性文件；2003 年出台了《全国海洋经济发展规划纲要》，还制定并发布了《国家“十一五”海洋科学和技术发展规划纲要》；2008 年国务院发布了《国家海洋事业发展规划纲要》，此外，还组织编制了《国家极地科考能力建设规划》《国际海底区域调查方案》《海监船飞机建造规划》等一批专项规划，并分别获国务院批准。这些规划多方位勾画出海洋事业发展蓝图，指导海洋事业全面发展。

海洋政策法规与规划体系的形成和完善，推动了海洋经济又好又快发展。20 世纪 80 年代以来，海洋经济持续快速发展。根据国家“三步走”战略，党的十五大提出我国要在 21 世纪头 20 年，集中力量，全面建设惠及十几亿人口的更高水平的小康社会，到本世纪中叶基本实现现代化，把我国建成富强民主文明的社会主义国家，即第三步发展战略目标。在实现第三步战略目标的进程中，海洋作出了重要的贡献。近年来，各级政府采取积极措施应对国际金融危机的不利影响，稳步推进海洋经济结构调整，不断提高海洋经济发展质量和效益，促进了海洋经济平稳发展。到 2009 年，全国海洋生产总值达到 31 964 亿元，比上年增长 8.6%，海洋生产总值占国内生产总值的 9.53%，占沿海地区生产总值的 15.5%[①]。

从各个不同时期的发展来看，由于国际环境和形势的变化、国家对外关系的调整以及国内情况的不同，在新中国 60 多年的发展历程中，海洋观念和海洋政策处在不断的发展变化之中，并有其不同的阶段性特征：

新中国成立之初到改革开放前这一时期，中国的海洋观念和政策主要体现在重视海防方面。在此期间，党和国家领导人对海军建设所作过的重要指示及一些相关规定，初步反映出中国政府的海洋观念和海洋政策，集中体现了海洋防卫和海洋安全对国家安全的重要性。

改革开放以后，社会、经济、科技等多方面都在迅猛发展，海洋事业也步入快速发展的历史新阶段。随着中国政府工作重心向经济的转移，特别是海洋产业和涉海行业的迅速发展，国际海洋形势的变化，全面发展海洋事业越来越重要。在适应国情的海洋政策的引领下，中国的海洋经济取得了令人瞩目的发展。与新中国成立之初的海洋防卫重点策略相比，在这一阶段，中国的海洋观念和海洋政策有了很大的进步和完善。进入 90 年代，特别是党的十四大以来，中国政府的现代海洋观念基本形成，除了

① 国家海洋局，《2009 年中国海洋经济统计公报》，http://news.163.com/10/0302/20/60Q1VL2A000146BD.html，2010－3－29。

高度重视海洋经济的发展，中国对海洋事业的全面发展更为关注。中国的海洋政策更加趋于成熟。

进入21世纪以来，世界各海洋大国以及我周边海上邻国愈加重视海洋，不断出台面向21世纪的海洋战略和政策，试图在新一轮国际海洋竞争中抢得先机。在这样的国际背景下，中国政府以战略的眼光经略海洋，从国家发展战略的高度部署海洋开发与保护。21世纪头20年是中国建设海洋强国的关键时期，为促进全面建设小康社会和民族复兴大业，必须制定适应新形势发展的海洋政策，指导海洋经济、环境、管理和海洋权益维护工作，为海洋事业的健康发展和建设海洋强国奠定坚实基础。通过对有效维护国家海洋权益、科学合理开发管辖海域、切实保护近海生态环境、发展国际海底与极地事业、发展海洋科技与教育事业、加强海洋综合管理、建设现代化的海洋环境保障体系、完善领导体制、机制与法制、积极参与国际海洋事务合作等重大战略问题的研究，总结提出21世纪，特别是前30年发展海洋事业的政策目标和基本原则。随着社会生产力的不断发展，综合国力进一步增强以及国民海洋意识的逐步提高，中国的海洋事业必将得到更大的发展。今后一定时期内，海洋战略和海洋政策仍将服务于全面建设小康社会的战略总目标。

（二）海洋发展的政策环境

1. 宏观发展环境

中国是陆海兼备的发展中国家，沿海地区以占全国13%的土地，养活了全国40%的人口，创造了60%的国民生产总值。海洋区位优势为中国的经济发展创造了非常优越的环境条件和资源优势，沿海地区已成为中国经济发展最快、最富有活力的地区。但是，随着社会经济的发展，沿海地区面临着日益严峻的资源环境及人口增长压力，各级政府不断探讨可持续发展模式，从而引发新一轮沿海开发战略大调整。2009年，国务院批复了涉及海洋和沿海区域的一系列区域发展战略规划，标志着各沿海地区发展规划已上升到国家战略层面。

2009年年初，《珠江三角洲地区改革发展规划纲要》率先出台；之后，《关于支持福建省加快建设海峡西岸经济区的若干意见》、《江苏沿海地区发展规划》、《辽宁沿海经济带发展规划》先后在国务院常务会议上获得通过。11月23日，国务院正式批复《黄河三角洲高效生态经济区发展规划》，这是2009年我国批复的第五个沿海区域的规划。《黄河三角洲高效生态经济区发展规划》的面世，使环渤海、长江三角洲、海峡西岸、珠江三角洲、北部湾从南到北完整连接。随着《国务院关于推进海南国际旅游岛建设发展的若干意见》的公布，这个在2009年最后一天获得批复的纲领性文件也成了

"规划年"的收官之作，它的出台使我国沿海地区经济发展带大体上连成了一条"金项链"①。一年之内众多沿海区域规划获批，为海洋大发展创造了良好的政策环境。

已基本形成的沿海区域布局包括：辽宁省"五点一线"布局；河北省实施沧州渤海新区和曹妃甸工业新区带动发展战略布局；天津市一高新技术产业轴、一条海洋经济发展带、三个海滨宜居区、八个特色产业功能区；江苏省三极、一带、多节点布局；"长三角"地区一核、六沿（沿海、沿江、沿湾、沿湖、沿线、沿边）布局；福建省伸展（南北）两翼、对接（"长三角"、"珠三角"）两洲，扩展（沿海）一线、"两岸三地"等规划布局；珠江三角洲地区先行先试战略；北部湾发展战略以及海南省国际旅游岛建设等，所有这些为东部沿海地区社会发展和经济腾飞奠定了重要基础。

围绕着建设"富饶海洋、生态海洋、安全海洋、和谐海洋"的目标，应加强相关政策研究制定工作，不断强化政策法规对海洋发展的引导和调控作用，研究制定海洋产业指导目录，重点扶持战略性海洋新兴产业的发展。逐步建立起包括产业政策、货币政策、财政政策、环境政策、科技政策、人才政策、安全政策等政策体系，为各级海洋管理部门和经济管理部门提供决策参考和依据。

2. 政策性文件

中国是世界上人口最多的海洋大国之一。随着国内外形势的发展，科学开发利用海洋资源，是解决人口增长、资源短缺和环境恶化等问题的必然选择，对于我国的长期可持续发展具有越来越重要的战略意义。近年来，党中央、国务院对海洋工作的重视程度越来越高。中央领导多次对海洋事业发展做出重要指示（表 19－1）。党的十六大、十七大都对发展海洋经济作出重要战略部署，国民经济和社会发展"十五"计划、"十一五"规划也都把开发海洋资源、发展海洋经济、保护海洋环境摆在重要位置。

2010 年 10 月 18 日，中国共产党第十七届中央委员会第五次全体会议通过了《中共中央关于制定国民经济和社会发展第十二个五年规划的建议》（以下简称《建议》）。《建议》共分 12 个部分 56 点。其中第 17 点是对海洋事业发展做出的明确指示，提出要坚持陆海统筹，制定和实施国家海洋发展战略，同时在海洋综合管理、保护海洋生态环境、保障国家海洋安全和维护海洋权益等方面提出了明确要求。在"十二五"期间，要认真贯彻落实党的十七届五中全会的部署，制定和实施海洋发展战略，谋划海洋事业科学发展，为夺取全面建设小康社会新胜利作出贡献。

---

①　崔鲸涛：《国家提速批复区域发展规划，沿海占据"大半江山"》，中国海洋报 2010 年 1 月 12 日，http：//pemsea. cn/show. aspx？ id＝373&cid＝18，2010 年 7 月 21 日。

表 19－1　2009 年以来中央领导对于海洋事业发展的重要指示

时间	领导人	场合	指示
2009－04－10	中共中央总书记、国家主席、中央军委主席胡锦涛	视察山东	胡锦涛总书记多次强调，开发海洋是推动我国经济社会发展的一项重要战略任务。2009 年 4 月和 10 月，胡锦涛总书记在两次视察山东时强调指出：“要大力发展海洋经济，科学开发海洋资源，培育海洋优势产业，打造山东半岛蓝色经济区”
2009－01－19	中共中央政治局常委、国务院副总理李克强	春节慰问南北极和大洋考察队员	“进入新世纪，海洋日益成为人类经济社会活动的重要空间和资源宝库，世界各国在开发利用海洋领域的竞争越来越激烈。展望未来，谁不重视海洋，谁的发展空间就会被压缩。因此，海洋事业关系我国经济社会发展的全局，关系中华民族的根本利益”
2009－04－23	中共中央总书记、国家主席、中央军委主席胡锦涛	在青岛会见多国海军代表团团长时的讲话	“中华民族认识海洋和和平利用、开发海洋有着悠久的历史，曾开辟了沟通东西方文明的海上丝绸之路，创造了郑和七下西洋的航海壮举。” “加强各国海军之间的交流，开展国际海上安全合作，对建设和谐海洋具有重要意义。” “今后，中国海军将以更加开放、务实、合作的精神，积极参与国际海上安全合作，为实现和谐海洋这一崇高目标而不懈努力。” “不论现在还是将来，不论发展到什么程度，中国永远不称霸，不搞军事扩张和军备竞赛，不会对任何国家构成军事威胁。包括人民海军在内的中国军队，永远是维护世界和平、促进共同发展的重要力量。”
2010－03－05	中共中央政治局常委、国务院总理温家宝	在第十一届全国人民代表大会第三次会议上的《政府工作报告》	温家宝总理在 2010 年的《政府工作报告》中，着重指出要“合理开发利用和保护海洋资源”
2010－06－07	中共中央总书记、国家主席、中央军委主席胡锦涛	中国科学院第十五次院士大会、中国工程院第十次院士大会	第七方面，“大力发展空间和海洋科学技术”，明确指出“要提高海洋探测及应用研究能力和海洋资源开发利用能力，使我国海洋科技水平进入世界前列，增强我国海洋能力拓展，支撑我国海洋事业发展，保护和利用海洋。”

中央文件精神及国家领导人关于海洋的这些重要指示，是从全局角度和战略高度对海洋事业发展作出的重大决策，为科学发展海洋经济、培育新的经济增长点指明了方向。

（三）海洋安全与防卫

国家安全是社会经济发展的基本条件。中国的发展离不开良好的安全环境，特别是海上安全环境。2009 年 1 月 20 日，中国政府发布了《2008 年中国的国防》白皮书。这是 1998 年以来，中国第六次发布国防白皮书。《2008 年中国的国防》白皮书作为公开阐释国防政策和国防行为的政府文告，具有很强的政治性、政策性、权威性和敏感性①。中国是海洋大国，拥有漫长的海岸线、众多的岛屿和广阔的管辖海域，海防是国防的重要领域，海洋安全环境是国家面临的国际环境的重要组成部分，是影响国家的生存与持续发展的基础要素之一。《2008 年中国的国防》白皮书中，对海洋安全与防卫方面作了相应的部署和安排。

《2008 年中国的国防》从国际国内两个大局密切关联的高度，进一步宣示中国坚定不移地走和平发展道路和奉行防御性国防政策的国家意志。与以往相比，新白皮书的结构和内容都有很大变化，首次将陆军、海军、空军和二炮部队单独列章，系统介绍了各军兵种的发展历程、体制编制和部队建设情况。其中，海军按照近海防御战略的要求，要求加快发展新型潜艇、水面作战舰艇、飞机和两栖作战力量等，提高近海综合作战能力、战略威慑与反击能力②。

国防政策是各国国防白皮书的核心内容。《2008 年中国的国防》白皮书首次公开宣示了中国的国防发展战略构想。这一战略构想主要包括四个部分：推进国防和军队信息化，统筹经济建设和国防建设，深化国防和军队改革，走跨越式发展的道路。这实际上既包含有国防发展目标，也包含有基本原则和实现途径等，体现出中国的国防发展选择的是适合国情军情的发展道路和发展模式。充分地展现了中国国防的根本性质和人民军队的根本宗旨，也使中国对国家利益的内涵有了更加全面的理解③。

从新中国成立之初以“巩固国防、反对侵略、争取和平”为核心的国防政策，到新世纪新阶段以“维护国家安全统一、保障国家发展利益”等为主要内容的国防政策，60 年来中国国防政策历经调整，但战略防御始终是基本原则。进入 21 世纪后，海上安全在中国国家安全中的地位进一步上升，所面临的海上安全环境也更加复杂，在积极应对和妥善处理各种海上安全问题时，必须始终遵循着新国防白皮书所提出的“战略

---

① 中国政府发表《2008 年中国的国防》白皮书，http：//www. sina. com. cn，2009 年 01 月 20 日 10：59 中国新闻网。

② 军事科学院陈舟解读 2008 年中国国防白皮书，http：//www. dahe. cn/xwzx/gn/t20090121 _1474626. htm，2010 年 9 月 10 日。

③ 《2008 中国国防白皮书》解读：军事战略，http：//www. stnn. cc/glb _ military/200903/t20090319 _ 999340. html，2010 年 9 月 10 日。

防御”的基本原则，有效维护中国的海洋权益，确立和实施国家海洋安全战略。

（四）发展现状

近年来，虽然受到金融危机的影响，中国海洋事业仍保持平稳快速发展势头。各海洋相关部门根据形势发展不断出台有关政令，中央领导及国务院关于海洋的指示也都是海洋政策最新发展的具体体现。由于党中央、国务院重视海洋工作，为海洋事业的大发展创造了良好的政策环境，一系列沿海区域发展战略上升为国家战略，还出台了促进经济平稳较快发展的总体计划和系列产业振兴规划。在国家海洋发展的良好政策环境中，沿海各级政府坚持科学发展观，积极落实中央经济工作会议精神，以“保增长、调结构”为主线，纷纷出台激励措施，积极应对国际金融危机的不利影响，为海洋大发展注入了动力、带来了活力，稳步推进海洋经济结构调整，实现了海洋经济平稳发展。2009 年全国海洋生产总值突破 30 000 亿元大关，比上年增长了 8.6%。

第一，大力实施服务沿海地区经济发展的十条政策措施，为扩内需、保增长作出积极贡献。通过贯彻落实《关于为扩大内需促进经济平稳较快发展做好服务保障工作的通知》出台的十大政策措施，确保了海洋工作为国家扩大内需、促进经济平稳较快发展提供服务保障。2009 年全国海洋产业增加值 18 742 亿元，海洋相关产业增加值 13 222 亿元。海洋第一产业增加值 1 879 亿元，海洋第二产业增加值 15 062 亿元，海洋第三产业增加值 15 023 亿元。海洋经济三次产业结构 5.9∶47.1∶47.0。2009 年全国涉海就业人员 3 270 万人，其中新增就业 52 万人①。

第二，积极推进和落实《国家海洋事业发展规划纲要》，进一步优化区域海洋开发结构和产业布局，继续保持了海洋经济稳定向好的发展局面。国务院批准的《国家海洋事业发展规划纲要》是一个指导海洋事业发展的纲领性文件，对于我国海洋事业发展具有十分重要的现实意义和深远的历史意义。2009 年，各级政府继续深入贯彻落实科学发展观，紧紧抓住机遇，准确把握方向，全面推进规划纲要的实施，开创海洋事业发展新局面。

第三，不断提高海洋综合管理水平。全国各级海洋行政主管部门紧紧围绕国家经济社会发展大局，坚持把合理配置资源、保障经济发展作为第一要务，全面加强海域管理能力建设，进一步提高海域和海岛管理科学化、规范化水平，促进了海域和海岛资源的合理利用。2009 年，通过不断深化海域使用管理，创新围填海管理制度，建立围填海计划指标体系，在集约节约用海、科学合理开发海洋资源上迈出了关键性的步

---

① 国家海洋局公布《2009 年中国海洋经济统计公报》，http：//www.gov.cn/gzdt/2010 - 03/08/content_1550679.htm，2010 - 8 - 2。

伐，推动了沿海地区经济社会的可持续发展。

第四，在海洋法制建设方面成绩卓著。积极配合全国人大常委会开展国内外调研工作，推动了《中华人民共和国海岛保护法》顺利出台，使全国海岛的管理、保护和开发从此步入法制化轨道，在中国海洋法制建设史上竖立了一座新的里程碑。

第五，出台了应对气候变化国家方案、应对气候变化的政策与行动。国家海洋局专门成立了应对气候变化领导小组，并编制了《海洋领域应对气候变化工作方案(2009—2015 年)》，提出了依靠科技支撑，加强中国海洋气候变化观测和评估能力，减缓和适应气候变化，促进社会和自然和谐发展的工作目标。加强了海洋领域国际合作应对气候变化。中国海洋科研机构分别与马来西亚、泰国、澳大利亚、新西兰等国科研机构签署了应对气候变化的合作协议①。

第六，坚决贯彻国家节能减排、应对气候变化的一系列重大部署，强化海 - 气二氧化碳交换通量监测，实施陆源污染物排海总量控制，有效应对各类海洋环境灾害，全面推进海洋生态及生物多样性保护工作。

第六，高度重视海洋科技对经济社会发展和海洋事业的支撑引领作用，着力优化传统产业，培育新兴产业，海洋基础调查和重大专项调查成果丰硕，科技兴海向广度和深度加速推进，惠及经济发展和民生工程的海水综合利用技术广泛推广，在拓宽沿海大生活用水来源的试点中展现出无限生机。

第七，不断加强海洋观测业务体系和应急管理能力建设，初步形成了包括岸站、浮标、潜标、卫星、观测船在内的海洋立体观测网，为沿海地区经济社会发展和防灾减灾提供了有效服务。

第八，在维权执法方面，全面深化全海域定期维权巡航执法工作，大力开展专项维权执法行动，不断壮大维权执法力量，有力地维护了我国的海洋权益。同时，按照规定，及时向联合国大陆架界限委员会提交了中国关于 200 海里外大陆架的初步信息，向世界郑重宣示了我国的海洋权利。

第九，大力开拓海洋战略利益新领域，加快向深海大洋进军的步伐，深海装备的现代化水平得到显著提升。2010 年 8 月，中国自行设计、自主集成研制的国家“863 计划”重大专项“蛟龙号”载人潜水器在南中国海 3 000 米级海上试验取得成功，最大下潜深度达到 3 759 米，创造了水下和海底作业 9 小时 03 分的纪录，验证了“蛟龙号”载人潜水器在 3 000 米级水深的各项性能和功能指标。由此，中国成为继美国、俄罗斯、日本和法国之后世界上第五个具备 1 000 米深度载人深潜能力的国家②。

---

① 中国加强海洋领域国际合作应对气候变化，http：//www. sdgb. cn/278260. aspx，2010 - 9 - 20。

② “蛟龙”入海 9 小时 中国深潜器载人潜入 3 757 米，http：//news. ifeng. com/mil/2/detail_2010_08/26/2330720_0. shtml，2010 - 8 - 30。

第十，继建立南极“长城站”、“中山站”、北极“黄河站”之后，中国又在南极海拔4 000米以上、人迹罕至的冰盖最高点建成了“昆仑站”，2009年2月2日正式开站，形成了“一船四站”的极地工作新格局，使中国从极地考察大国向极地考察强国目标迈出了具有国际影响力的关键一步。

虽然海洋事业的发展取得了显著成就，但在海洋安全、海洋经济、科技及生态环境等方面仍面临着严峻的形势。中国的海洋安全威胁长期存在，海洋权益形势日趋复杂，海洋开发的科技能力有待提高，海洋资源开发和环境保护面临严峻挑战，海洋经济发展的宏观调控和统筹协调不足，国际海域竞争日趋激烈。在今后的发展中，应以积极的政策导向为海洋事业营造良好的发展环境，为建设海洋强国创造条件。

二、海洋管理政策

海洋管理的本质是在政府政策和有关法律、法规的指导下，对海洋开发利用活动进行计划、组织、协调和控制。海洋政策既是海洋管理活动的基础和准则，又是海洋管理的基本手段，同时还是海洋管理的重要组成部分。在海洋管理的制度框架体系中，海洋政策处在这个框架的顶层，对海洋管理起影响和制约作用。

改革开放以来，我国沿海经济社会持续、快速发展，但海洋资源利用依然粗放，供需矛盾突出。特殊的资源国情要求海洋管理部门必须从创新机制入手，解决好既要保障发展又要保护资源这个“两难”问题。党的十七大提出，要切实提高对经济社会全面协调可持续发展的资源保障能力。要将这一精神贯穿于海洋管理工作中，就要通过不断改革创新，有效运用海域管理政策，利用规划、计划和海域使用审批等行政手段，积极参与宏观调控，进一步拓展海洋资源管理的广度和深度①。

2009年，为加强海洋管理，促进海洋事业快速发展，国家在海洋管理方面出台了数个法律法规，制定了《中华人民共和国海岛保护法》，修改了《中华人民共和国可再生能源法》，颁布了《海上风电开发建设管理暂行办法》等。国家海洋行政主管部门还发布了21条规范性文件，其中海域类5条，环保类9条，科技类1条，预报减灾2条，人事管理与培训2条，法制与执法监督类2条。如《国家发改委、国家海洋局关于加强围填海规划计划管理的通知》、《关于进一步加强海域使用论证工作的若干意见》、《关于进一步加强海洋环境监测评价工作的意见》、《关于进一步加强海洋生态保护与建设工作的若干意见》、《关于进一步加强海洋标准化工作的若干意见》、《全国海洋预警报会商规定》、《关于进一步规范中国海监总队、中国海监海区总队、中国海监海区支

① 张一玲：《破解围填海冲动下的管理难题》，《中国海洋报》，2010年5月24日。

队执法办案工作的意见》等①。

（一）海岛保护管理

中国是世界上海岛最多的国家之一，在约300万平方千米的海域中，分布着成千上万的岛屿，其中面积大于500平方米的海岛就有6 900多个②。海岛是十分重要和特殊的区域，它是壮大海洋经济、拓展发展空间的重要依托，是保护海洋环境、维护生态平衡的重要平台，是捍卫国家权益、保障国防安全的战略前沿。为了保护海岛及其周边海域生态系统，合理开发利用海岛自然资源，维护国家海洋权益，促进海岛区域经济社会可持续发展，中华人民共和国第十一届全国人民代表大会常务委员会第十二次会议于2009年12月26日通过了《中华人民共和国海岛保护法》，自2010年3月1日起施行③。

《海岛保护法》明确规定：国家对海岛实行科学规划、保护优先、合理开发、永续利用的原则。为了加强海岛保护工作，全国人大常委会特别设置了以下五项制度：一是海岛保护规划制度。按照统一规划、保护优先、可持续利用的原则，建立了由国家、省域、县域海岛保护规划，直辖市、地级市、县、镇海岛保护专项规划和可利用无居民海岛保护和利用规划构成的国家海岛保护体系；二是海岛生态保护制度。对有居民海岛和无居民海岛以及特殊用途海岛的生态保护问题作了具体规定，并安排海岛保护专项资金用于海岛的保护、生态修复和科学研究活动；三是无居民海岛权属制度。本法建立的无居民海岛开发利用审查批准、无居民海岛有偿使用等制度，作为我国无居民海岛使用权属管理体系的主要制度，将从根本上规范无居民海岛开发利用秩序；四是特殊用途海岛保护制度。本法专设特殊用途海岛保护一节，对领海基点海岛、国防用途海岛和海洋自然保护区内的海岛等具有特殊用途或者特殊保护价值的海岛，实行比普通海岛更加严格的保护制度；五是监督检查制度。本法针对有居民海岛和无居民海岛的具体情况作出规定④。

为了贯彻落实《海岛保护法》，加强对海岛的管理，适应海岛开发、建设与保护的需要，2010年《海岛名称管理办法》、《无居民海岛使用金征收使用管理办法》、《省级海岛保护规划编制管理办法》及《中国海监海岛保护与利用执法工作实施办法》等重要的配套制度相继出台。各沿海地方也积极行动起来，开展海岛专项执法工作，配合《海岛保护法》的实施。例如，2010年北海区首次海岛联合执法检查行动于4月8日启

① 国家海洋局政府网站，http：//www. soa. gov. cn/soa/index. htm，2010－6－12。

② 中华人民共和海岛保护法释义，第5页，法律出版社，2010年3月。

③ 国家海洋局，http：//www. soa. gov. cn/hyjww/zcfg/A0202index_1. htm，2010－9－12。

④ 我国无居民海岛有了“归宿”，中华人民共和国人民政府门户网站，2010－8－20。

动，由国家海洋局北海分局联合山东省海洋与渔业厅，共同制定了实施方案，9 月 27 日，海岛联合执法监督检查行动总结会在青岛召开，会议汇报、交流了各省（市）总队执法检查中好的做法和成功的经验，提出了改进、加强海岛执法工作的措施和建议，并对海岛执法的模式和方法进行了研讨，研究建立常态化的海岛执法机制。2010 年 9 月 7 日，福建泉州市启动了首次无居民海岛专项执法行动，并拟在市今后将把海岛执法巡查作为海监执法的一项常规化工作。11 月 25 日，由国家海洋局主办、中国海监总队承办的海岛保护和管理执法快艇建造合同签订会在京举行，共成功签约了 39 份建造合同。

表 19－2　2010 年有关海岛保护与管理的政策性文件

时间	文件名称及文号	目的	主要内容
2010－12	《中国海监海岛保护与利用执法工作实施办法》	指导和规范中国海监各级机构开展海岛执法	明确中国海监各级机构的职责分工，确定区域管辖和层级管理两项制度。具体对区域管辖范围、层级管理制度、检查范围、检查方式、案件查处方式等 5 个方面进行了规定
2010－09－03	关于印发无居民海岛使用申请书等格式的通知（国海岛字〔2010〕548 号）	贯彻落实《中华人民共和国海岛保护法》，规范无居民海岛的使用	根据《中华人民共和国海岛保护法》的规定，国家海洋局制定了《无居民海岛使用申请书》和《无居民海岛使用权登记表》
2010－08－25	关于印发《省级海岛保护规划编制管理办法》的通知（国海发〔2010〕25 号）	为了规范省级海岛保护规划编制工作，提高海岛保护规划编制的科学性	对省级海岛保护规划编制、评审、审查、批准和修编的原则、依据、主要内容等作了明确规定。要求省级海洋主管部门要按照国家的统一部署和要求启动规划编制工作
2010－06－28	关于印发《海岛名称管理办法》的通知（国海发〔2010〕16 号）	为了贯彻落实《中华人民共和国海岛保护法》，加强对海岛名称的管理，适应海岛开发、建设、保护与管理的需要	明确了海岛名称管理包括海岛命名、更名、名称注销、名称登记、名称发布与使用、名称标志设置等有关工作
2010－06－07	财政部、国家海洋局联合印发《无居民海岛使用金征收使用管理办法》财综〔2010〕44 号	为加强和规范无居民民海岛使用金的征收、使用管理，促进无居民海岛的有效保护和合理开发利用	明确规定了国家实行无居民海岛有偿使用制度、无居民海岛使用权出让最低价限制，并对无居民海岛使用金的征收、免缴、使用、监督检查措施与法律责任等进行详细规定

（二）围填海管理

随着我国沿海经济社会的快速发展，土地成为稀缺资源，土地资源不足成为长期制约沿海地区经济社会发展的“瓶颈”。为缓解这一矛盾，促进经济社会的发展，围填海造地成为沿海各地的首选之策。为了规范、控制和引导围填海工作，支持沿海经济社会的健康、可持续发展，必须采取严格的管理措施，从政策、理论和操作层面在各个环节上加强对围填海的管理与宏观调控。因此，2009 年底，国家发展和改革委员会、国家海洋局联合下发了《关于加强围填海规划计划管理的通知》（发改地区〔2009〕2976 号），要求沿海省、自治区、直辖市各级发展改革部门、海洋行政主管部门，切实做好围填海规划计划的编制与实施工作。该文件是贯彻落实国务院领导同志批示精神、全面加强围填海管理工作的重大举措。根据文件的要求，从 2010 年开始，围填海正式纳入国民经济和社会发展计划，实行年度总量控制管理。

实行围填海计划管理为整顿围填海秩序、控制围填海规模、合理利用海域资源提供了可操作的手段，必将在增强围填海对国民经济保障能力、提高海域使用效率、实施宏观调控等方面发挥出重要的调节作用。一是通过总量控制，严格项目审批，落实宏观调控政策，增强海域管理工作参与宏观调控的力度。二是实施围填海计划管理可保障国家和地方重大建设项目围填海的需求，确保区域发展战略的有效实施。三是为严格管理围填海提供了确切的、具有可操作性的手段。

海洋功能区划是引导和调控海域使用、保护和改善海洋环境的重要依据和手段，也是围填海年度计划管理和围填海项目审批的依据。计划则是保障区划实施的手段，建立围填海年度计划指标管理制度，就是要通过制度供给的约束和平衡，控制围填海的规模，消除围填海的盲目性、随意性，彻底改变以往因无计划管理造成的问题，推进围填海管理的规范化、科学化。

围填海计划指标是国家海洋局根据国家宏观调控的总体要求和历年实际围填海情况，按照适度从紧、集约利用、保护生态、海陆统筹的原则，在各地区上报的围填海计划的基础上提出并上报国家发展改革委。其后再由国家发展改革委根据国家宏观调控的总体要求，经综合平衡后形成围填海计划指标并按程序将其纳入国民经济和社会发展年度计划的。

（三）海域使用管理

《中华人民共和国海域使用管理法》实施以来，各级海洋行政部门按照科学发展观的要求，坚持依法行政，全面推进了海域使用管理工作。为加强配套法规制度建设，国务院发布了《报国务院批准项目用海审批办法》等规范性文件，国家海洋局制定了

《海域使用权管理规定》、《海域使用权登记办法》等多个规范性文件，沿海省（区、市）也纷纷出台相应的海域使用管理地方法规、规章。

海域使用论证是海域管理的重要基础工作，在海域管理中起着举足轻重的作用，其根本作用在于对项目用海的科学性和合理性进行评估，为行政审批提供决策依据和技术支撑。海域使用论证已成为贯彻落实科学发展观，合理配置海域资源，实现科学用海、科学管海的重要抓手。为了保证海域使用审批的科学性，严格执行海域使用论证制度，规范海域使用论证市场秩序，进一步提高海域使用论证工作水平，2009 年 4 月 13 日，国家海洋局下发了《关于进一步加强海域使用论证工作的若干意见》（国海管字〔2009〕200 号）。

海域使用论证是海域管理参与宏观调控的“切入点”。海域使用论证作为海域使用审批的必经环节，是海域作为生产要素进入经济活动的第一关口，是对海洋产业进行有效调控的重要手段，在优化海洋产业布局、调控海洋产业规模方面可以发挥重要作用。当前，海洋经济发展迅猛，用海需求旺盛，海域使用论证必须从国家发展的整体战略高度出发，密切关注宏观经济发展的形势，妥善处理开发与保护、速度与效益、海洋产业协调、区域发展平衡等重大问题。

海域使用论证是合理配置海域资源的“过滤器”。目前，沿海各地根据当地经济社会发展需求，纷纷提出了大规模的围填海规划和计划。但有一些地方在建设项目尚不明确和未作充分论证的情况下，盲目圈占海域，围而不填，填而不用，造成海域使用效率不高，海域资源浪费较为严重。同时，部分用海单位忽视岸线保护和海洋环境问题，对海洋开发风险也缺乏应有的关注。海域使用论证就是要通过项目用海的选址、方式、面积合理性分析以及围填海平面设计方案比选和优化，筛选掉那些选址不合理、用海规模过大、滥用岸线资源、严重破坏环境等用海项目，实现科学用海，充分发挥海域资源的整体效益。

海域使用论证是全面协调用海关系的“减震阀”。随着海洋产业结构优化升级，行业之间的用海矛盾不断显现，妥善处理行业用海矛盾，特别是渔业用海与建设用海的关系已成为当前海域管理的重要课题。海域使用论证的一个重要内容就是通过对利益相关者的调查分析，提前发现项目用海可能涉及的利益冲突问题，提出切实可行的利益协调方案和建议，为审批项目用海、化解用海矛盾发挥“消波减震”作用，以维护海域使用权人的合法权益和人民群众的切身利益，维护沿海地区社会稳定①。

《关于进一步加强海域使用论证工作的若干意见》对海域使用论证工作提出了具体

① 国家海洋局副局长张宏声在全国海域使用论证工作会议上的讲话“贯彻落实科学发展观，努力开创海域使用论证工作新局面”，http：//www. soa. gov. cn/soa/news/leaderactivity/zhs/webinfo/2009/09/1278310238160337. htm，2009 -9 -24。

要求：①严格执行各项规章制度和技术标准。资质单位应全面掌握海域使用论证的各项规章制度和技术标准，及时跟踪海域使用管理的最新政策法规；②建立健全资质单位的内部管理制度。资质单位应建立论证报告内部审查制度，由技术负责人负责技术把关；③整顿和规范海域使用论证市场秩序；④严肃查处各类违规违纪行为。

（四）生态环境保护

随着国家将石化、钢铁等重点产业向东部沿海转移，海洋开发利用活动力度加大，海洋对国民经济发展的保障作用增强，生态系统在维护国家生态安全、物种安全、食品安全以及抵御海洋灾害等方面的重要性日益凸显。但当前我国海洋生态环境总体形势严峻，海洋及海岸带栖息地损失，近海污染严重，海洋生态系统结构失衡、服务功能降低，海洋生物多样性和珍稀濒危物种减少，海洋生态灾害频发。为深入贯彻落实科学发展观，努力构建海洋生态文明，全面落实监督海洋生物多样性和海洋生态环境保护、监督管理海洋自然保护区和特别保护区的重要职责，2009 年 8 月 24 日，国家海洋局印发了《关于进一步加强海洋生态保护与建设工作的若干意见》（国海发〔2009〕14 号）。

文件提出要从四个方面重点加强海洋生态保护与建设：①建立完善海洋生态保护与建设的政策规划和规章制度。要编制海洋生态区划，作为海洋产业布局、海洋污染防治和海洋生态保护的主要依据；拟修订出台《海洋特别保护区管理办法》及有关标准，制定出台《海洋生态损害补偿赔偿办法》及相关标准；②加强海洋生态监督管理。继续深化海洋生态监控区工作，建立完善行政管理、海洋监测、行政执法及保护区管理等海洋生态监控综合机制，努力将各项生态调控措施落到实处；③加快推进海洋保护区网络建设。有目标、有重点、有计划地选划建设一批海洋自然保护区和特别保护区，迅速填补海洋生态保护的空白点，加快构建布局合理、规模适度、类型齐全、管理完善的海洋保护区体系；④积极开展海洋生态修复和建设工程。在典型海洋生态系统集中分布区、外来物种入侵区、海岛、气候变化影响敏感区等区域实施一批典型海洋生态修复工程，建立海洋生态建设示范区，因地制宜采取人工措施，在较短时间内实现生态系统服务功能的初步恢复①。

为了使海洋生态保护与建设工作落到实处，该意见要求从三个方面完善海洋生态保护与建设的保障措施。第一，加大对海洋生态保护和建设工作的组织领导和资金投入力度。第二，建立完善海洋生态保护与建设工作支撑体系。第三，创造海洋生态保

① 国家海洋局关于进一步加强海洋生态保护与建设工作的若干意见，http：//www. lawyee. net/Act/Act_Display. asp？RID =665884，2010 - 10 - 20。

护与建设的良好工作氛围。

（五）海洋污染管理

国务院曾于1983年颁布《中华人民共和国防止船舶污染海域管理条例》（以下简称“83年《条例》”），在其实施的20多年中，对加强船舶管理，保护海洋环境，促进水运事业的发展起到了重要的作用。近十多年来，全国人大常委会修订了《中华人民共和国海洋环境保护法》，中国相继批准和加入了《联合国海洋法公约》、《1992年国际油污损害民事责任公约》、《1990年国际油污防备、反应和合作公约》等国际海洋环境保护公约和议定书，中国在国际海洋环境保护事务中的权力和义务也随之变化，尤其是在国家将建设“资源节约型、环境友好型”社会作为国民经济与社会发展中长期规划的一项战略任务后，“83年《条例》”的局限性更加明显①。

在这样背景条件下，2009年9月2日，国务院第79次常务会议审议通过《防治船舶污染海洋环境管理条例》（以下简称《条例》），9月9日，以中华人民共和国国务院令第561号予以公布，自2010年3月1日起施行。

新出台的《防治船舶污染海洋环境管理条例》最主要的制度精神是“预防为主、防治结合；既有适度的超前又不影响生产力的发展”。最深刻的原则变化是将“防止污染”原则转变为“防治污染”，并围绕“预防”和“治理”两个方面进行了系统的规定，将船岸等相关各方都纳入调整范围，实现了船舶防污染管理工作由防止到防治、从事后到事前、从点到面的转变。

《条例》在船舶污染的预控、应急反应、污染事故的调查、油污损害的赔偿以及有关法律责任等方面增设了一系列的规定。主要体现在三个方面：一是建立了船舶污染预防体系，主要确立了安全营运和防治船舶污染管理体系审核制度、污染防治设备专项验收制度、污染物接收作业的许可制度、污染危害性货物进出港的的许可制度、污染危害性不明货物的评估等九项制度，加强了海洋污染的源头管理；二是强化了船舶污染事故应急管理力度，主要确定了船舶污染事故应急反应制度和船舶污染事故调查处理制度，以保障船舶污染事故应急防备和反应能力的提高；三是根据《海洋环境保护法》、《海商法》以及中国加入的《1992年民事责任公约》、《2001年燃油公约》的规定，从四个方面系统建立了具有中国特色的船舶污染事故损害赔偿制度，包括船舶污染事故损害的赔偿原则，船舶污染事故损害的赔偿责任限额，船舶油污损害强制保险制度以及船舶油污损害赔偿基金制度。

---

① 交通部综合规划司有关负责人解读《港口规划管理规定》，http：//www. moc. gov. cn/zhuzhan/zhengcejiedu/zhengcewenjian_JD/gangkouguihua_GLGDJD/jieduzhengwen/200802/t20080218_467084. html，2010－10－14。

（六）海上风电管理

自2006年1月1日《可再生能源法》正式实施以来，迅速推动了中国风能、太阳能等产业的超常规发展，速度快，同时问题暴露得比较多，必须及时修订法律，来规范可再生能源产业的发展。2009年8月24日，第十一届全国人大常委会第十次会议首次审议《可再生能源法》修正案草案，并向社会公开征求意见。12月26日，十一届全国人大常委会第十二次会议，表决通过了关于修改《中华人民共和国可再生能源法》的决定。《可再生能源法》修正案强调了政府对于新能源产业发展的统筹、协调、调控和指导。

海上风能是重要的可再生能源之一，中国拥有18 000千米的海岸线，在发展海上风能方面有巨大的潜力。海上风能开发可作为可再生能源开发的重要组成部分。中国海上风能资源丰富，具备大规模发展海上风电的资源条件。根据气象部门风能资源详查结果，仅中国大陆5～25米水深线以及近海区域、海平面以上50米高度风电可装机容量约2亿千瓦①。

为规范海上风电建设，促进海域空间资源合理利用，强化海洋生态环境保护，引导海上风电健康、持续发展，2010年1月22日，国家能源局、国家海洋局联合下发了《海上风电开发建设管理暂行办法》（国能新能［2010］29号），要求海上风电项目建设遵循先规划后建设原则，开工须取得海域使用权证。

国家能源局和国家海洋局作为全国海上风电开发建设管理的行政管理部门，按照各自的职能，对沿海多年平均大潮高潮线以下海域以及在相应开发海域内无居民海岛上的海上风电项目实施管理，并在海上风电规划编制、项目核准、施工等阶段做好管理衔接。该办法共10章38条，规定了海上风电发展规划编制、海上风电项目授权、海域使用申请审批和海洋环境保护、项目核准、施工竣工验收和运行信息管理等各个环节的工作内容。

该办法强调，海上风电项目建设用海应遵循节约和集约利用海域资源的原则，合理布局。要加强对项目用海预审的管理，项目单位向国家能源主管部门申请核准前，应向国家海洋行政主管部门提出海域使用申请文件。海上风电项目必须经过核准并取得海域使用权后，方可开工建设。项目核准后两年内未开工建设的，国家海洋行政主管部门收回海域使用权。使用无居民海岛建设海上风电的项目单位，应当按照《海岛保护法》等法律法规办理无居民海岛使用申请审批手续，并取得无居民海岛使用权证

① 裴郁春，朱晓颖：《风电“下海”中国将建数个大型海上风电基地》，http：//www.sinopecnews.com.cn/wz/content/2010－07/28/content_841807.htm，2010－8－20。

书后，方可开工建设。该办法要求，项目单位应当编制海上风电项目环境影响报告书，报国家海洋行政主管部门核准。海上风电项目核准后，项目单位应按建设项目环境影响报告书及核准意见的要求，加强环境保护设计，落实环境保护措施。按规定程序申请环境保护设施竣工验收，验收合格后，该项目方可正式投入运营。

随着《海上风电开发建设管理暂行办法》的实施，中国的海上风电开发利用将进入一个规范有序的快速发展阶段。中国水电水利规划设计总院专家认为，2020 年前，我国将在江苏南通、盐城、上海、山东鲁北、浙江杭州等海湾，重点建设几个百万千瓦级大型海上风电基地，并初步形成江苏、山东沿海千万千瓦级风电基地，届时将缓解和满足国家建设特别是沿海地区社会经济发展的能源需求紧张局面①。

三、海洋产业发展政策

2009 年，中国主要海洋产业总体保持稳步增长，在主要海洋产业增加值构成中，滨海旅游业占 28.7%，海洋交通运输业占 28.8%，海洋渔业占 19.3%，海洋油气业占 5.8%。这些成绩的取得，与各产业部门所执行的海洋产业政策密切相关。与海洋管理政策相比，这些产业政策的目标主要集中在规范生产活动，促进产业发展方面。

（一）海洋渔业发展政策

在经受严重的国际金融危机冲击和各种自然灾害的不利影响下，2009 年全国渔业经济总体保持平稳较快发展。2009 年，农业部在渔业执法、渔业生产及管理等多方面发布规章制度（表 19 - 3），在相关渔业政策的引导下，全国海洋渔业保持平稳增长，海水养殖和海洋捕捞生产形势基本稳定，全年实现增加值 2 509 亿元，比上年增长 12.4%。以下是 2009 年发布的渔业生产、渔业管理和渔业执法等方面的主要政策性文件②。

1. 渔业生产

2009 年，为规范渔业生产活动，农业部下发了多个文件，其中与海洋渔业发展相关的主要有三个，即《关于全面推进水产健康养殖 加强水产品质量安全监管的意见》、《关于开展全国捕捞业渔具渔法调查工作的通知》、《关于开展水生生物资源增殖放流规划编制工作的通知》。

---

① 风电“下海”中国将建数个大型海上风电基地，http：//www.chinanews.com.cn/ny/2010/07 - 27/2428864.shtml，中国新闻网，2010 - 11 - 3。

② “中国渔业政务网”http：//www.cnfm.gov.cn/info/list_p.asp？sortid = 2，2010 - 6 - 6。

为全面推进水产健康养殖，进一步强化监督管理，切实提高水产品质量安全水平，确保水产品有效供给，实现水产养殖业持续健康发展。2009 年 3 月 13 日，农业部以农渔发［2009］5 号发布了《关于全面推进水产健康养殖 加强水产品质量安全监管的意见》，把确保水产品安全有效供给作为渔业发展的首要任务，全面推进水产健康养殖，完善养殖权制度，改善养殖设施条件，加强技术创新和推广应用，加快良种繁育和水生动物防疫体系建设，健全质量安全监管制度，落实监管责任和措施，强化养殖业执法管理，促进现代水产养殖业持续健康协调发展。

2009 年 6 月 24 日，为全面掌握当前我国捕捞业渔具渔法现状，加强和规范渔具渔法管理，推进捕捞渔具准入制度研究，建立渔具准用目录，农业部办公厅下发了《关于开展全国捕捞业渔具渔法调查工作的通知》，要求农业部渔业局统一组织领导，各省（区、市）渔业行政主管部门负责组织实施，明确调查范围、内容和方法，并提出具体的工作要求。

为贯彻落实党的十七届三中全会关于“加强水生生物资源养护，加大增殖放流力度”的精神和《中国水生生物资源养护行动纲要》有关要求，根据推进水生生物增殖放流事业的整体部署，开展水生生物资源增殖放流总体规划编制工作。农业部办公厅下发了《关于开展水生生物资源增殖放流规划编制工作的通知》，要求各地认真开展调查研究工作，在充分考虑当地资源环境状况和增殖放流工作需要的基础上，研究编制本省（区、市）的水生生物资源增殖放流规划并组织专家评审论证。

2. 渔业管理

2009 年 2 月 27 日，为进一步贯彻落实《中国水生生物资源养护行动纲要》，更好地养护和合理利用海洋生物资源。农业部下达了《关于调整海洋伏季休渔制度的通告》（农业部通告［2009］1 号）。旨在本着科学合理、统筹兼顾和切实可行的原则，对现行海洋伏季休渔制度进行调整完善。

2009 年 6 月 17 日，农业部办公厅和财政部办公厅联合下发了《关于印发 2009 年转产转业和渔业资源保护项目实施指导意见的通知》（农办财［2009］67 号），对项目实施内容、资金安排原则及监督管理等提出了明确的要求。根据地方渔业和财政部门联合申报情况以及农业部审核意见，财政部于 9 月 1 日下发了《关于拨付 2009 年转产转业和渔业资源保护补助资金的通知》，下达了各地项目资金规模和具体安排方案。

为了组织好转产转业和渔业资源保护转移支付项目的实施工作，2009 年 12 月 30 日，农业部办公厅下发《关于 2009 年转产转业和渔业资源保护转移支付项目实施有关问题的通知》（农办渔［2009］142 号），要求将 2009 年项目总结报告以正式文件报农业部渔业局。报告内容应包括增殖放流时间、地点、物种、规格、数量及效果；海洋牧场礁体投放时间、地点、规格、数量及效果；减船数量、功率及船名册；培训转产渔民人数、主要培训内容及效果等。

表 19－3　有关海洋渔业发展的政策性文件分类文件

分类	文件名称及文号	目的	发布时间
渔业生产	《关于全面推进水产健康养殖 加强水产品质量安全监管的意见》	农渔发［2009］5 号	2009－03－13
	《关于开展全国捕捞业渔具渔法调查工作的通知》	农办渔［2009］50 号	2009－06－24
	《关于开展水生生物资源增殖放流规划编制工作的通知》	农办渔［2009］71 号	2009－07－17
渔业管理	《关于调整海洋伏季休渔制度的通告》	农业部通告［2009］1 号	2009－02－27
	《关于 2009 年转产转业和渔业资源保护转移支付项目实施有关问题的通知》	农办渔［2009］142 号	2009－12－30
	农业部办公厅和财政部办公厅联合下发《关于印发 2009 年转产转业和渔业资源保护项目实施指导意见的通知》	（农办财［2009］67 号）	2009－06－17
渔业执法	《关于开展 2009 年专属经济区渔政巡航工作的通知》	农办渔［2009］8 号	2009－02－04
	《关于开展“护渔 2009”海洋渔业执法行动督查检查活动的通知》	农办渔［2009］43 号	2009－06－04
	《关于做好 2010 年渔业行政执法督察工作的通知》	农办渔［2010］23 号	2010－03－09

3. 渔业执法

为了加强我国专属经济区和管辖海域渔政管理，实施好双边渔业协定，维护国家海洋权益和正常渔业生产秩序，履行公海渔业管理的国际义务，2009 年 2 月 4 日，农业部办公厅发布了《关于开展 2009 年专属经济区渔政巡航工作的通知》（农办渔［2009］8 号），要求 2009 年专属经济区渔政巡航工作要紧密结合“护渔 2009”海洋渔业执法行动，以规范渔船管理和维护海洋渔业生产秩序为重点，实施双边渔业协定水域监管、禁用渔具渔法整治、伏季休渔管理、西沙和北部湾海域监管、北太平洋公海编队执法、专项证持证检查等重大海上联合执法行动。

2009 年 6 月 4 日，农业部办公厅下发《关于开展“护渔 2009”海洋渔业执法行动督查检查活动的通知》（农办渔［2009］43 号），其目的是为保障调整后的伏季休渔制度顺利实施和渔民生命财产安全，进一步推进“护渔 2009”海洋渔业执法行动。督查检查内容主要包括：贯彻执行伏季休渔制度的情况、渔行动的开展情况、渔业安全生产年活动的开展情况等。

为了进一步加强渔政队伍政风行风建设，不断提高执法服务水平，2010 年 3 月 9 日，农业部办公厅下发《关于做好 2010 年渔业行政执法督察工作的通知》（农办渔［2010］23 号）。开展渔政执法督察工作通知要求，要加强领导，健全渔政执法督察机制，统一部署，积极有序开展渔政执法督察工作，开拓创新，推进执法督察制度顺利实施。

（二）海洋交通运输业发展政策

近年来，为促进海洋交通运输业的发展，国家制定和发布了一系列的政策措施，主要集中在海洋运输管理和安全生产方面，旨在规范交通运输行业秩序，促进海洋交通运输产业发展。但由于受国际金融危机的影响，2009 年，我国海洋交通运输业全年实现增加值 3 748 亿元，比上年减少 2.4%。

1. 交通管理方面

（1）《港口规划管理规定》

为了规范港口规划工作，科学利用、有效保护港口资源，促进港口健康、持续发展，2007 年 12 月 17 日，交通运输部发布了《港口规划管理规定》（交通部令 2007 年第 11 号），作为《港口法》的一个配套行政法规，力求反映我国港口规划建设的发展要求，达到规范港口规划工作，科学利用、有效保护港口资源，促进港口健康、持续发展的立法目的。《港口规划管理规定》的制定体现国家宏观政策及港口发展的要求。其政策性主要体现在：其一，在规划编制上，《规定》贯穿了落实科学发展观的指导思想，提出编制港口规划要适应经济发展及产业布局、促进综合运输体系发展、优化港口资源配置、提高港口现代化发展水平等要求；其二，在规划审批上，《规定》明确了不同层次的港口规划必须严格依照规定程序、权限审批的规定，分级负责、各司其职，有利于区域港口的科学统筹、合理分工和协调发展；其三，在规划实施上，《规定》对港口建设、港口规划区内土地、水域使用与港口规划的关系以及监督管理等提出了更加具体规定，突出了规划实施的严肃性，有利于充分发挥规划对港口建设发展的指导和规范作用。

（2）《国务院关于修改〈中华人民共和国航道管理条例〉的决定》

2008 年 12 月 27 日，为加强航道管理，改善通航条件，保证航道畅通和航行安全，充分发挥水上交通在国民经济和国防建设中的作用，中华人民共和国国务院令第545号，公布了《国务院关于修改〈中华人民共和国航道管理条例〉的决定》，自2009年1月1日起施行。此条例确定了适用范围、主管部门，规定了航道的规划和建设、航道的保护、航道养护经费等相关内容，并对相关用语的含义做了规范。其政策特点表现在：国家鼓励和保护在统筹兼顾、综合利用水资源的原则下，开发利用航道，发展水运事业。

（3）《关于修改 < 国内船舶管理业规定 > 的决定》

为了规范船舶管理业经营活动，维护船舶管理市场秩序，保障水路运输安全，促进水路运输业健康发展，2008年12月29日，经第12次交通运输部部务会议通过《关于修改 < 国内船舶管理业规定 > 的决定》（中华人民共和国交通运输部令2009年第1号），自2009年7月1日起施行。此《规定》根据有关法律、行政法规，规定了在中华人民共和国境内的国内船舶管理业务经营和监督管理活动。要求船舶管理经营人根据约定，为船舶所有人或者船舶承租人、船舶经营人提供下列船舶管理服务：船舶机务管理；船舶海务管理；船舶检修、保养；船舶买卖、租赁、营运及资产管理等。

（4）《港口经营管理规定》

为规范港口经营行为，维护港口经营秩序，2009年10月29日，经第10次交通运输部部务会议通过《港口经营管理规定》（中华人民共和国交通运输部令2009年第13号），自2010年3月1日起施行。《港口经营管理规定》对港口经营人在港口区域内为船舶、旅客和货物提供港口设施或者服务的活动进行规定。

（5）《中华人民共和国船舶安全检查规则》

为规范船舶安全检查活动，保障水上人命、财产安全，防止船舶造成水域污染，2009年10月29日，经第10次交通运输部部务会议通过《中华人民共和国船舶安全检查规则》（中华人民共和国交通运输部令2009年第15号）[①]，这是对中国籍船舶以及航行、停泊、作业于中国港口（包括海上系泊点）、内水和领海的外国籍船舶实施的安全检查活动的规定。要求海事管理机构按照本规则规定的程序，对船舶技术状况、船员配备及适任状况等进行监督检查，以督促船舶、船员、船舶所有人、经营人、管理人以及船舶检验机构、发证机构、认可组织等有效执行中国法律、行政法规、规章，船舶法定检验技术规范以及我中缔结、加入的有关国际公约的规定。

---

① 中华人民共和国船舶安全检查规则（中华人民共和国交通运输部令2009年第15号），http：//www.moc.gov.cn/zhuzhan/zhengwugonggao/jiaotongbu/haishijiulao/200912/t20091218_644535.html，2010－11－12。

2. 交通发展政策

为促进交通运输事业的发展，交通运输部研究制定了《资源节约型环境友好型公路水路交通发展政策》，2009 年 2 月 26 日，交科教发〔2009〕80 号文件下发了《交通运输部关于印发资源节约型环境友好型公路水路交通发展政策的通知》。此项政策的目的是为深入贯彻落实科学发展观，指导公路水路交通行业调整产业结构、转变发展方式，走资源节约、环境友好的发展道路，不断提高“三个服务”的能力和水平，推进现代交通运输业发展。《资源节约型环境友好型公路水路交通发展政策》明确到 2020 年资源节约型、环境友好型公路水路交通发展的指导思想、基本方针及主要政策，以指导公路水路交通转变发展方式，加快推进现代交通运输业发展，不断提高“三个服务”的能力和水平，为经济社会又好又快发展提供更加有力的交通运输保障。

表 19－4　促进海洋交通运输事业发展的政策性文件

文件名称	文号	发布时间
《国务院关于修改〈中华人民共和国航道管理条例〉的决定》	中华人民共和国国务院令第 545 号	2008－12－27
《港口规划管理规定》	交通部令 2007 年第 11 号	2007－12－17
《关于修改 < 国内船舶管理业规定 > 的决定》	中华人民共和国交通运输部令 2009 年第 1 号	2008－12－29
《关于印发资源节约型环境友好型公路水路交通发展政策的通知》	交科教发〔2009〕80 号文件	2009－02－26
《关于进一步促进公路水路交通运输业平稳较快发展的指导意见》	交政法发［2009］220 号	2009－05－11
《港口经营管理规定》	中华人民共和国交通运输部令 2009 年第 13 号	2009－10－29
《中华人民共和国船舶安全检查规则》	中华人民共和国交通运输部令 2009 年第 15 号	2009－10－29
《关于公布进一步促进海峡两岸海上直航政策措施的公告》	中华人民共和国交通运输部发布	2009－12－14

2009 年 5 月 11 日，为全面贯彻落实党中央、国务院进一步扩大内需、促进经济平稳较快发展的决策部署，进一步促进公路、水路交通运输业平稳较快发展，中华人民共和国交通运输部印发了《关于进一步促进公路水路交通运输业平稳较快发展的指导

意见》（交政法发［2009］220号）的通知。主要内容包括：加快交通基础设施建设，促进综合运输体系发展；优化交通运输组织，提升行业竞争力和服务水平；调整交通运力结构，引导运力合理发展；加强和改进运输市场监管，营造公平、公正、规范的市场环境；推进节能减排，转变交通发展方式；加强运输市场监测分析，完善运行预警和反应机制；完善政策法规体系，推进体制机制创新；加强安全生产监管，全力维护行业稳定。

为更好地贯彻落实《海峡两岸海运协议》，2009年12月14日，中华人民共和国交通运输部发布了《关于公布进一步促进海峡两岸海上直航政策措施的公告》，提出了关于两岸间空箱调运、关于两岸间集装箱直航运输、关于两岸间海上客运的三项政策措施。促进两岸海上直航的公告内容主要包括：关于两岸间空箱调运、关于两岸间集装箱直航运输、关于两岸间海上客运的三项政策措施。

（三）滨海旅游业发展政策

1. 国务院关于促进旅游业发展的文件

（1）《国务院关于加快发展旅游业的意见》

旅游业是战略性产业，资源消耗低，带动系数大，就业机会多，综合效益好。改革开放以来，中国旅游业快速发展，产业规模不断扩大，产业体系日趋完善。当前中国正处于工业化、城镇化快速发展时期，日益增长的大众化、多样化消费需求为旅游业发展提供了新的机遇。为充分发挥旅游业在保增长、扩内需、调结构等方面的积极作用，2009年12月1日，国务院发布了《国务院关于加快发展旅游业的意见》（国发［2009］41号），这是中国旅游业发展史上具有里程碑意义的纲领性文件，为旅游业的发展指明了方向。滨海旅游是旅游业的重要组成，《国务院关于加快发展旅游业的意见》的出台必将极大地促进海洋旅游的兴旺和发展。

《国务院关于加快发展旅游业的意见》立足当前，着眼长远，从“大旅游”的战略角度对未来旅游业发展的主要任务进行了阐述，提出了一系列促进旅游业又好又快发展的具体政策措施。这些政策措施既具原则性和引导性，又具有极强的操作性。《国务院关于加快发展旅游业的意见》提出了多方面的具体任务，为认真贯彻落实《国务院关于加快发展旅游业的意见》，促进新时期旅游业又好又快发展，2009年12月3日，国家旅游局下发了关于贯彻落实《国务院关于加快发展旅游业的意见》的通知（旅发［2009］50号），通知要求，一是要全面准确把握《意见》的基本内容。二是要着力解决旅游业发展中的突出问题。三是要努力开创旅游业发展的新局面。四是要切实做好贯彻落实的各项工作。这些政策性文件对于我国滨海旅游业的发展将起到重要的引导和促进作用。

（2）《国务院关于推进海南国际旅游岛建设发展的若干意见》

海南是中国最大的经济特区和唯一的热带岛屿省份。建省办经济特区 20 多年来，经济社会发展取得显著成就。为充分发挥海南的区位和资源优势，建设海南国际旅游岛，打造有国际竞争力的旅游胜地，加快发展海南现代服务业，实现经济社会又好又快发展，2009 年 12 月 31 日，国务院办公厅发布了《 国务院关于推进海南国际旅游岛建设发展的若干意见》（国发〔2009〕44 号）（简称《意见》）。《意见》提出海南岛的发展目标为：到 2020 年，旅游服务设施、经营管理和服务水平与国际通行的旅游服务标准全面接轨，初步建成世界一流的海岛休闲度假旅游胜地。

2010 年 6 月 8 日，国家发改委正式批复《海南国际旅游岛建设发展规划纲要》（简称《规划纲要》）。《规划纲要》被视为海南国际旅游岛建设基本蓝图和行动纲领，明确了海南国际旅游岛建设的指导思想、战略定位，并在全面分析海南国际旅游岛建设发展的内外部条件的基础上，从空间布局、基础建设、产业发展、保障措施、近期行动计划等方面对国际旅游岛建设做出了具体安排①。

2. 海洋旅游行业标准

为了规范各级海洋部门监测与评价滨海地区环境质量工作，2010 年 3 月，国家海洋局发布了 2010 年第 1 号和第 2 号公告，批准《滨海旅游度假区环境评价指南》等 10 项标准为推荐性海洋行业标准，这些行业标准将于 2010 年 3 月 1 日起正式实施。

《滨海旅游度假区环境评价指南》等海洋行业标准的发布，对于规范各级海洋部门监测与评价滨海地区环境质量工作，为各类海洋开发利用活动和社会公众的休闲娱乐活动提供环境信息，为制定海洋管理与海洋高技术产业发展政策，减缓和控制污染物向海排放，促进海洋产业的可持续发展，提供了重要依据和指导作用②。

（四）海洋油气业发展政策

石油天然气在中国能源战略中具有极为重要的地位。当前中国油气消费进入快速增长时期，油气资源短缺已成为制约经济和社会发展的重要因素。中国近海油气勘探开发已经经历了半个世纪，主要集中在渤海、珠江口、琼东南、莺歌海、北部湾和东海盆地等 6 个主要含油气盆地。目前已建成 4 大海上油气生产基地。从 1996 年至今，

---

① 《海南国际旅游岛建设发展规划纲要》获批，http：//news. sohu. com/20100619/n272912278. shtml，2010 – 10 – 26。

② 刘真：《国家海洋局发布十项海洋行业标准》，中国海洋报，http：//www. fjof. gov. cn/_hhyyhdt/swxw/article. html? id =49688，2010 – 10 – 19。

近海油气产量进入高速增长阶段，海洋石油为国家石油产量增长作出了突出贡献，2008 年全国年产增加总量的 60%，即 2 800 万吨来自海洋石油。在海外，中海油于印度尼西亚、澳大利亚、尼日利亚和其他国家的油气区块持有权益。在海洋油气业快速发展中，政策法规起到了规范和引导的重要作用。

自 1982 年以来，中国陆续颁布实施了一系列与海洋油气资源勘探开发管理相关的法律法规（表 19－5），为海洋油气业的快速发展奠定了基础。在组织管理方面，依据国务院颁布的《中华人民共和国对外合作开采海洋石油资源条例》（1982 年 1 月颁布，2001 年 9 月修订），中国对外合作开采海洋石油资源的业务由中国海洋石油总公司（以下简称"中海油"）全面负责。经过多年变革，中国海洋油气资源管理形成了较为完善的格局。国家能源委进行能源战略决策和统筹协调，国家发改委能源局负责研究拟订能源发展规划，并实施石油和天然气的行业管理，中海油负责中国海域对外合作开采海洋石油资源的业务，享有在对外合作海区内进行石油勘探、开发、生产和销售的专营权。2009 年，中海油在中国海域通过自营及与外国合作伙伴的产品分成合同，在渤海湾、南海西部、南海东部和东海等区域进行油气勘探、开发和生产活动。2009 年，中海油全年生产油气 4 766 万吨油当量，炼油及化工品产量达 3 200 万吨。实现营业收入 2096 亿元，利润总额 524 亿元。为确保天然气稳定供应，2010 年开始，中海油大力开发海上天然气资源①。

表 19－5　中国海洋油气业发展历程中的有关政策和法令

分类	文件名称	文号及时间	目的及依据
勘探开采	《中华人民共和国对外合作开采海洋石油资源条例（修正）》	国务院 1982 年 1 月 30 颁布 2001 年 9 月 23 日修订国务院令第 318 号	为促进国民经济的发展，扩大国际经济技术合作，在维护国家主权和经济利益的前提下允许外国企业参与合作开采中华人民共和国海洋石油资源，特制定本条例
	《中华人民共和国海洋石油勘探开发环境保护管理条例》	国务院 1983 年 12 月 29 日颁布 国务院令第 42 号	为实施《中华人民共和国海洋环境保护法》，防止海洋石油勘探开发对海洋环境的污染损害，特制定本条例
	海洋石油勘探开发化学消油剂使用规定	国家海洋局 1992 年 8 月 20 日发布 国海管发［1992］479 号	根据《中华人民共和国海洋石油勘探开发环境保护管理条例》的有关规定，为合理控制化学消油剂（以下简称消油剂）的使用，制定本规定
	全国油气资源战略选区调查与评价项目管理暂行办法	国土资源部办公厅 2005 年 3 月 25 日发布 资厅发［2005］23 号	为加强和规范全国油气资源战略选区调查与评价项目管理办法，依据《中华人民共和国矿产资源法》及有关法规，特制定本办法

① 中国海洋石油总公司：《中国海洋石油总公司 2009 年度报告》，第 25 页。

续表

分类	文件名称	文号及时间	目的及依据
安全管理	《中华人民共和国石油天然气管道保护法》	十一届全国人大常委会第十五次会议25日表决通过，国家主席胡锦涛签署第30号主席令予以公布	为了保护石油、天然气管道，保障石油天然气输送安全，维护国家能源安全和公共安全。明确了管道企业对于油气管道的保护责任
	石油天然气管道安全监督与管理暂行规定	国家经贸委2000年4月20日发布 国家经贸委令第17号	为进一步加强石油、天然气管道的安全监督与管理，保护人民生命安全和国家财产免受损失，根据《石油、天然气管道保护条例》制定本规定
	《海上油气生产设施废弃处置管理暂行规定》	2010年6月23日，国家发展改革委、国家能源局、财政部、国家税务总局、国家海洋局联合发布 发改能源〔2010〕1305号	为了加强对海上油气生产设施废弃处置的管理和监督，明确弃置费用提取和具体使用办法，依据《中华人民共和国海洋倾废管理条例》、《防治海洋工程建设项目污染损害海洋环境管理条例》、《对外合作开采海洋石油资源条例》，制定本规定
环境保护	海洋石油开发工程环境影响评价管理程序	国家海洋局2002年5月17日发布	为加强海洋石油开发工程环境影响评价管理工作，根据《中华人民共和国海洋环境保护法》和《中华人民共和国海洋石油勘探开发环境保护管理条例》，制定本程序
	关于渤海区海洋石油勘探开发环境保护管理有关问题的通知	国家海洋局1993年10月4日发布 国海管发［1993］370号	为进一步贯彻执行《海洋石油勘探开发环境保护管理条例》和《海洋石油勘探开发环境保护管理条例实施办法》
	海洋石油勘探开发污染案件审理程序	国家海洋局1986年9月5日发布 国海管［1986］第780号	为保证各级管理机构以事实为依据，以法律为准绳处理污染案件，制裁违法行为，做到办案准确，处理公正
油气税费	关于海洋石油若干税收政策问题的通知	国家税务总局1997年3月27日发布 国税发［1997］44号	为进一步完善涉外石油税制，解决当前政策执行中存在的问题，对海洋石油税收政策中存在的几个问题给予明确

为了发挥发展战略和政策的导向作用，引领中国油气业的快速健康发展，2004年，中国工程院完成了《中国可持续发展油气资源战略研究》，分别从中国油气资源供需战略、国内油气资源开发战略、海外油气资源开发与进口战略、节油与替代燃料、石化工业发展战略、石油安全与储备战略、油气法规与政策等方面进行了深入研究，全面分析了中国油气资源的供需态势，提出了中国油气资源可持续发展的总体战略、指导原则和政策措施的建议。《中国可持续发展油气资源战略研究》得到了国务院的肯定，温家宝总理在听取了关于成果的报告后指出，一要加强国内石油天然气勘探开发，保持国内原油持续稳产，加快天然气发展。二要充分利用国际国内两个市场、两种资源，

积极发展多种形式的国际合作，建立经济、安全、稳定的油气供应渠道。三要加快科技进步，大力提高油气资源开发、加工和利用效率。四要坚持开发与节约并重、节约优先的方针，采取经济、法律和必要的行政手段，全面推进油气节约使用。五要积极发展新能源和可再生能源，大力开发石油替代产品，优化能源生产结构和消费结构。六是立足当前、放眼长远，建立石油储备制度，完善多方面、系统性的石油保障和风险规避体系，维护国家石油安全①。在总理的讲话中，关于整个石油问题的国家战略已经清晰可见。

中国广阔的海域中蕴藏着丰富的油气资源。在中国油气资源可持续发展战略的引领下，为建设国际一流能源公司，中海油致力于提升具有与生产经营规模相适应的管理和技术保障能力。另外，拥有众多内陆油田的中石油，工作区域也在向海洋延伸。2009 年，中石油投资 600 亿元进军海上石油的战略规划取得重大进展②。

（五）其他产业的发展

战略性新兴产业是“十二五”期间国民经济发展的重点领域。大力发展海洋经济，加快培育海洋生物、海水利用、海洋能和深海资源开发、海洋新材料、高端船舶及海洋工程装备制造等战略性新兴产业，将在推动产业结构升级和经济发展方式转变，提升我国在全球竞争中的地位等方面发挥重要作用。为了促进战略性新兴海洋产业的发展，使海洋经济更上一个新的台阶，海洋界的专家学者积极开展战略性新兴海洋产业发展战略规划研究。2009 年，在相关发展政策与规划的指引下，众多新兴海洋产业取得了丰硕成果。

在国家《促进生物产业加快发展的若干政策》的激励下，海洋生物医药业继续保持增长态势。全年实现增加值 59 亿元，比上年增长 12.6%。其中浙江省海洋生物医药业增加值占全国海洋生物医药业增加值比重 37.3%，位居全国第一。

海洋船舶工业平稳发展。随着国家《船舶工业调整和振兴规划》的实施，海洋船舶工业保持平稳发展，全年实现增加值 828 亿元，比上年增长 15.8%。

海洋化工业蓬勃发展。随着国家《石化产业调整和振兴规划》的实施，沿海地区纷纷启动海洋化工基地建设项目，海洋化工业继续向好发展，全年实现增加值 611 亿元，比上年增长 26.0%。

---

① 余瑞东：《温家宝强调中国石油天然气资源战略的六项方针》，2004 年 6 月 25 日，中国新闻网，http://www.chinanews.com.cn/news/2004year/2004－06－25/26/452674.shtml，2010－10－25。

② 陈冉：《中石油借力中船重工 投 600 亿进军海上石油》，2009 年 12 月 1 日，国务院发展研究中心信息网，http://www.drcnet.com.cn/DRCnet.common.web/DocViewSummary.aspx? docid＝2095932&leafid＝3107，2010－11－10。

四、小　结

海洋事业的顺利发展离不开海洋政策的指导。国家制定海洋政策的出发点和依据是国家的海洋利益。在新中国60多年的发展历程中，海洋观念和海洋政策随着国内外宏观形势的发展变化而处在不断的调整之中。国家和地方重视相关政策研究制定工作，不断强化政策法规对海洋发展的引导和调控作用。在党中央、国务院的正确领导和各时期海洋政策的引领下，中国的海洋事业不断发展壮大，实现了跨越式发展。2009年，党中央、国务院高度重视海洋工作，出台了促进经济平稳较快发展的总体计划和系列产业振兴规划，创造了良好了政策环境，一系列沿海区域发展战略上升为国家战略，为海洋事业的大发展注入了动力和活力。涉海各部委及沿海地方政府不断出台政策法令和激励措施，海洋管理成效显著，海洋产业蓬勃发展。

为加强海洋管理，促进海洋事业快速发展，中国政府在海洋管理方面出台了数个法律法规，制定并出台了《中华人民共和国海岛保护法》，修改了《中华人民共和国可再生能源法》，颁布了《海上风电开发建设管理暂行办法》等。国家海洋行政主管部门还发布了多条规范性文件，涉及海岛保护管理、围填海管理、海域使用管理、生态环境保护、海洋污染管理、海上风电管理等多个方面。为了促进中国海洋经济快速发展，保持海洋产业总体稳步增长，海洋渔业、海洋交通运输业、海洋油气业及滨海旅游业等产业部门出台相关规章制度，与海洋管理政策相比，这些产业政策的目标主要集中在规范生产活动，促进产业发展方面。在相关海洋产业政策的引导下，各主要海洋产业取得良好成绩。

第二十章　中国海洋管理

海洋管理是社会管理的一个领域和重要组成部分。它是一个动态的过程，其内涵和外延不断扩展①，理论和方法随着海洋实践的发展而不断充实。在本部分中，海洋管理是指国家行政机关为保证国家对其管辖海域的海域空间、资源和环境的控制、保护和利用，建立和维护正常的海洋秩序，规范在这些海域内活动的所有个人和组织的行为，依据有关法律、法规所进行的调查、研究、计划、组织、协调和控制等活动。海洋管理的目的是建立和维持正常的海洋秩序，可持续利用海域空间、海洋资源和海洋环境。

一、海洋管理理念的发展

《联合国海洋法公约》及联合国大会决议多次阐明，“海洋空间的各种问题彼此密切相关，有必要作为一个整体，从综合一体、跨学科和跨部门的角度加以考虑”。这已成为国际上普遍认可的基本理念。海岸带综合管理和基于生态系统的管理方法是这一理念的具体体现，是现代海洋管理的发展趋势，应用于多个沿海国家。

（一）海岸带综合管理

海岸带综合管理涉及的区域包括海陆交界的水域和陆域。管理区域的边界并无统一标准，多以立法形式确定，向陆一侧可用省县边界，山区的分水岭，向海一侧可从低潮线延伸至200海里专属经济区，其中多数人认为不应超过领海范围②。海岸带作为陆海交接的区域，具有独特的自然属性，为人类提供居住、开发和利用活动的空间等宝贵资源，对于人类社会具有重要价值。海岸带综合管理（Integrated Coastal Management，ICM）形成于20世纪70年代初期，旨在用综合的方法对海岸带的资源、生态和环境实施管理，是力求最大限度地获得综合利益的动态过程。海岸带综合管理与早期海岸带管理的不同之处在于，尝试用综合的方法解决各种问题，协调各种活动，保证海岸带的可持续发展。海岸带综合管理的关键是通过人们普遍接受的方式，逐步形成

---

① 李文睿：《当代海洋管理与中国海洋管理史研究》，《中国社会经济史研究》2007年第4期，第92页。

② 杨金森，刘容子：《海岸带管理指南—基本概念、分析方法、规划模式》，北京：海洋出版社，1999年，第55页。

一种制度，通过该制度的实施来实现这种协调。

海岸带综合管理的本质特征是综合协调，包括各相关管理部门的综合、海岸带陆地和海区的空间综合、中央和地方政府间的综合、相关学科的综合及国际范围内的综合协调①。海岸带综合管理强调应该制定海岸带的综合发展规划，亦即制定管理目标；强调相关知识的综合、相关部门的合作，提倡相关利益者的广泛参与等。海岸带综合管理表现形式多样，但必须具备四大核心内容，即：①部门政策和目标之间的协调；②跨部门的协调机制；③建立协调办公室；④批准有效的环境影响评价程序②。

海岸带综合管理具有很大的灵活性，不仅体现在管理范围方面，同时也体现在与行业管理的关系等方面。海岸带综合管理强调管理者应从实际情况出发，避免将海岸带综合管理僵化或模式化。海岸带综合管理强调通过协调，而不是取代，达到综合管理的目的。海岸带综合管理不应干涉渔业、海上运输、旅游业、海洋油气资源开发等专门管理机构的管理，而是对之进行补充、协调和统筹安排。如渔业管理部门可以继续进行渔业分配、养护等活动，而海岸带综合管理部门可负责控制陆源污染对渔场的影响，协调渔业与其他海洋用途之间的关系③。

联合国积极推动海岸带综合管理在世界范围内的广泛应用。1992 年联合国环境与发展会议上通过的《21 世纪议程》号召沿海国家普遍实行海岸带综合管理。1993 年世界海岸大会宣言指出："海岸带综合管理已被确定为解决目前和长期海岸带管理问题（的方法），包括生境的丧失、水质的下降、水文循环中的变化、沿岸资源的枯竭、海平面上升的对策及全球气候变化影响等问题。它也是确定和预见未来机会的一种方法。为此，海岸带综合管理是沿海国家包括沿内陆海国家实现可持续发展的一种重要手段。"④

海岸带综合管理迄今已在美国、澳大利亚、加拿大、荷兰等多个国家成功运用。以美国为代表的发达国家，意识到海岸带环境和资源的压力过大，承载能力有限，可持续利用受到威胁，率先实行综合管理。1972 年，美国制订了《海岸带管理法》，法国等欧洲国家开始采取措施，对海岸带地区实施综合管理。这些国家的经验对其他遇

---

① 杨金森，刘容子：《海岸带管理指南一基本概念、分析方法、规划模式》，北京：海洋出版社，1999 年，第 3 - 4 页。

② B. Cicin - Sain and R. W. Knecht, *Integrated Coastal and Ocean Management: Concepts and Practices*, Washington: Island Press, 1998. 转引自杨金森、刘容子：《海岸带管理指南一基本概念、分析方法、规划模式》，北京：海洋出版社，1999 年，第 502 页。

③ 杨金森，刘容子：《海岸带管理指南一基本概念、分析方法、规划模式》，北京：海洋出版社，1999 年，第 4 页。

④ 杨金森，刘容子：《海岸带管理指南一基本概念、分析方法、规划模式》，北京：海洋出版社，1999 年，第 42 - 43 页。

到同样问题的国家具有重要的借鉴意义。

中国自20世纪80年代即开始尝试海岸带综合管理。进入20世纪80年代后，中国的海洋资源和空间利用活动增加，新兴海洋产业蓬勃发展，海洋资源和环境问题也大量产生，亟需加强对海洋开发利用活动的统筹协调。在20世纪80年代末和90年代中期的机构改革中，国务院将国家海洋局的部门性质由事业型服务部门，转变为管理全国海洋事务的职能部门，增加了多项海洋综合管理职能①。20世纪80年代，中国组织了历时5年的全国海岸带资源综合调查，并对海岸带管理立法进行了有益的探索。中国政府于1994年和东亚海域环境管理组织（PEMSEA）等机构合作，在厦门市建立海岸带综合管理示范区。1997年，中国又与联合国开发计划署合作，在广西壮族自治区的防城港市、广东省的阳江市、海南省的文昌市进行海岸带综合管理试验。《海域使用管理法》通过建立海洋功能区划等制度，在全国范围内推动海岸带综合管理，取得了良好的效果。《海岛保护法》规定，国务院海洋主管部门须会同其他相关部门，按照海岛的区位、自然资源、环境等自然属性及保护、利用状况，组织编制全国海岛保护规划。全国海岛保护规划是沿海各级海岛保护规划的依据。各级海岛保护规划有利于促进对中国海岛的综合管理和保护。2010年10月18日，中国共产党第十七届中央委员会第五次全体会议通过《中共中央关于制定国民经济和社会发展第十二个五年规划的建议》，明确提出要提高海洋开发、控制和综合管理能力。

（二）基于生态系统的海洋管理

自20世纪70年代开始，人们认识到追求多用途和持续产量的资源管理会导致生态系统退化，由此提出了生态系统管理（ecosystem - based management，EBM）理念；20世纪80年代早期，用基于生态系统的方法进行环境资源管理的理念开始萌芽；1992年里约热内卢地球峰会提出了生态系统途径（ecosystem approach，EA），作为生物多样性保护的基础概念。《生物多样性公约》和世界自然保护联盟等组织积极倡导和推动，使生态系统管理方法应用于管理实践。在海洋管理领域，生态系统途径（EA）更多的被称为基于生态系统的管理（EBM），实际上两者没有本质的区别。从20世纪90年代末开始，基于生态系统的管理理念在世界各海洋大国迅速应用于海洋管理领域。

基于生态系统的管理是通过综合管理影响生态系统的人类活动，实现生态系统健康和可持续利用。生态系统管理的内涵包括三个基本要素：①生态系统管理是综合管理，管理行动中需综合考虑生态的、经济的、社会的和体制等各方面因素；②管理对象是对生态系统造成影响的人类活动，而不是生态系统本身，这也是基于

① 鹿守本：《海洋管理通论》，北京：海洋出版社，1997年，第95－96页。

生态系统的管理与传统管理模式最大的不同之处；③管理的目标是维持生态系统健康和可持续利用[①]。与传统的管理方式相比，基于生态系统的海洋管理以全新的角度和理念进行海洋管理，在所关注的管理对象、空间尺度和视野等方面完全不同（表20－1）。

表20－1　海岸带综合管理、生态系统管理和传统管理方式之间的比较

比较的方面	海岸带综合管理	生态系统管理	传统的管理方式
管理的关注对象	生态系统、管理者、使用者	生态系统	单一的物种
空间尺度	大范围、多层次空间尺度	多层次空间尺度	小的空间尺度
视野	长远、动态视野	长远视野	短期的目光
人类与生态系统关系	人类与生态系统和谐共存	人类是生态系统的一部分	人类独立于生态系统
科学研究与管理的关系	管理与科学研究的综合	适应性管理	管理和科学研究脱节
管理目标	持续的产品和服务供给	持续的产品和服务供给	获得产品
主要依赖手段	政策制度	科学研究	行政手段

生态系统方法吸收了海洋和沿海地区管理中已广泛采用的综合管理概念，是海洋综合管理的一种方法和形式，二者的基本理念和方法与可持续发展理论一脉相承，均强调对海洋资源的保护和永续利用[②]。海岸带综合管理和生态系统管理的细微差别在于，虽然都强调“综合”，但海岸带综合管理强调的综合是指建立综合管理的体制和运行机制，生态系统管理强调的综合是指综合考虑生态、经济和社会等因素，综合管理在完整的生态系统中的所有人类活动。

近年来，国际社会逐渐认识到必须有效管理影响海洋环境及其生态系统的人类活动，才能促进海洋及其资源的可持续发展。保护海洋生态系统是可持续发展的基本条件，基于生态系统的方法充分尊重和保护生态系统的健康，符合人类可持续发展的大趋势，其作用将在现代海洋管理中凸显。2006年3月，联合国秘书长所作的《2005年度海洋和海洋法》年度报告，用大量篇幅描述基于生态系统的管理方法，并呼吁各国尽快创造条件实施基于生态系统的海洋管理。基于生态系统的管理方法在美国、加拿大和澳大利亚等海洋大国得到广泛的应用[③]。2010年7月19日，美国出台最新海洋政策，将推进基于生态系统的管理列在九大优先行动领域的第一位。

---

①　丘君，赵景柱等：《基于生态系统的海洋管理：原则、实践和建议》，《海洋环境科学》2008年第1期，第74－75页。

②　吴继陆：《海洋行政管理及其主要任务初探》，《海洋发展战略研究动态》2008年第13期，第9页。

③　周鲁闽：《厦门新一轮综合管理的理论与实践》，厦门大学博士论文，2007年5月，第1页。

加拿大在其2002年制定的《加拿大海洋战略》中明确提出，要坚持以生态系统的方法管理海洋。2008年欧洲联盟海洋战略框架提出将用基于生态系统的方法管理人类活动纳入欧盟立法。英国在其于2009年11月批准的《英国海洋法》中强调海洋综合管理与协调，认为应推动基于生态系统的海洋管理[①]。在中国《国家海洋事业发展规划纲要》中，实施以生态系统为基础的海洋区域管理成为中国海洋管理的主要原则和方法之一。

大海洋生态系统的方法是海洋管理中体现基于生态系统海洋管理的实践。大海洋生态系统（Large Marine Ecosystem，LME）是研究全球海洋生态系统过程中的区域划分，包括从河流盆地的沿岸区域和海湾到陆架边缘或到近海环流系统边缘的相对较大的区域。该区域具有独特的海底深度、海洋学和生产力特征；其海洋生物种群具有营养依赖关系；该区域受控于共同要素的作用，如污染、人类利用、海洋环境条件等[②]。在中国管辖海域，主要有黄海、东海、南海、黑潮流域等大海洋生态系。

二、海洋管理体制

海洋管理体制是国家为了维护海洋权益、发展海洋经济、保护海洋环境和资源、协调涉海部门之间关系而建立的管理组织结构和运行制度，是体现、实施海洋政策的组织保障。体制决定国家海洋行政管理机构设置、职权划分及活动方式、方法[③]。海洋管理体制应符合海洋事业的发展水平。科学、合理的海洋管理体制可以达到有效管理海洋事务、促进海洋经济可持续发展的目的。

由于沿海国家面临不同的海洋管理任务，具有不同的国家制度和历史传统，各国海洋管理模式和体制存在很大差异。世界主要的海洋管理模式有两种。第一种为集中型管理模式，即在中央政府内设单一的机构统管海洋事务，如法国和加拿大。英国根据其新近制定的《英国海洋法》，将设立“英国海洋管理组织”，全面负责海洋管理工作，改变其长期以来的分散管理体制。第二种是分散型管理模式，即海洋事务分散在中央政府中的多个部门，进行分头管理，如美国、日本及韩国。中国当代海洋管理体制历经变革后，目前形成了以海洋、环保、渔政、海事、公安边防和海关为主的分散型海洋管理体制。

---

① 李景光，阎季惠：《英国海洋事业的新篇章——谈2009年<英国海洋法>》，《海洋开发与管理》2010年第2期，第90－91页。

② 唐启升：《大海洋生态系研究——一个新的海洋资源保护和管理概念及策略正在发展》，《海洋科学》1991年第4期，第66页。

③ 鹿守本：《海洋管理通论》，北京：海洋出版社，1997年，第348页。

（一）管理体制的演化

海洋管理机构是海洋政策的实施者，管理机构的变化是海洋管理体制演变的最好体现。按照海洋管理机构组织形式及其职责的变化情况，中国海洋管理体制的变迁大致经历了新中国成立至20世纪80年代、80年代至今两个主要阶段。

1. 早期海洋管理体制

新中国成立至20世纪80年代末，海洋管理以行业管理为主，按照海洋自然资源的属性进行分割管理，基本是陆地自然资源管理部门的职能向海洋的延伸。中央和各级政府的渔业部门负责海洋渔业的管理，交通部门负责海洋交通安全的管理，石油部门负责海上油气的开发管理，轻工业部负责海盐业的管理，旅游部门负责滨海旅游的管理等。在这一历史时期，由于社会生产力水平低，海洋开发和利用的基础薄弱，对海洋资源的开发利用规模比较小，海洋受到的开发压力不大。各涉海行业之间以及行业内部的矛盾也不突出，涉海行业部门的主要职能是进行生产管理。

随着国家政治经济的发展，海洋权益和海洋资源问题越来越引起人们的重视，海洋开发已超出了行业生产的局部问题，事关国家利益和经济发展大局。海洋事业的发展需要建立相应的海洋综合管理机构。1963年，29名海洋领域专家学者提出加强中国海洋工作的建议。他们梳理出当时海洋工作中亟需解决的问题：海上活动安全没有保证；海洋水产资源没有得到充分合理的利用；海洋矿产资源储量和分布情况了解很少。为加强对全国海洋工作的领导，建议成立国家海洋局。国家海洋局于1964年成立后，迅速整合已有的资源和队伍，完善组织机构，于1965年在青岛、上海和广州设立国家海洋局北海、东海和南海3个分局，并建造、改装海洋调查船和设备，开展海洋调查工作。

党的十一届三中全会后，国家工作重心转移和改革开放的深入，为海洋体制改革创造了条件。在1983年的体制改革中，形成了把基础性、公益性和协调性工作统一管理的思想，明确国家海洋局为国务院直属部门，是国务院管理全国海洋工作的职能部门；主要任务更加明确，除负责组织协调全国海洋工作外，担负组织、实施海洋调查、海洋科研、海洋管理和海洋公益服务等四个方面的具体任务；适时提出沿海地方设立海洋管理机构问题，并原则提出国家海洋局与地方海洋管理机构间是“业务指导”关系。此次海洋体制改革和实践，在一定程度上解决了中国海洋管理体制中的一些主要矛盾以及运行机制上的问题[①]。

1983 年体制改革后，国家海洋行政主管部门负责立法、政策及规划拟订、协调等，各海区和地方的海洋管理由其派出的分局和管区等承担。沿海省、自治区、直辖市及其之下的市、县等没有设置海洋管理机构。这种管理体制在海洋开发利用程度较低、规模不大的形势下，发挥了积极的作用。随着海洋开发利用程度的提高，地方同海洋的经济、社会联系增加，设立地方管理机构的必要性日益凸显[②]。

2. 海洋管理体制的发展

从 20 世纪 80 年代起，中国海洋事业快速发展，又经历了 1998 年及 2008 年两次大规模机构改革。海洋管理体制日益完善，在综合管理方面突出表现在地方管理机构的建立及国家海洋局综合协调管理的职能进一步加强两个特点。

（1）地方海洋管理机构的建立

在 1989 年的海洋管理体制改革中，沿海省、市、区逐步建立起地方海洋行政管理机构，开始地方用海管海的新阶段。地方海洋行政机构的设立，为实行分级管理创造了必要的条件。目前，所有沿海省、自治区、直辖市及计划单列市和沿海县(市)都设立了海洋管理职能部门，承担地方的海洋综合管理任务。

（2）海洋管理综合协调职能的加强

在 1998 年的机构改革中，海洋行政主管部门的基本职责发展为海域使用管理、海洋环境保护、海洋科技、海洋国际合作、海洋防灾减灾及海洋权益维护等六个方面。

2008 年 7 月 10 日，国务院办公厅［2008］63 号文件印发了国家海洋局主要职责、内设机构和人员编制规定（即新“三定”规定）。新“三定”规定将国家海洋局的主要职责从 7 条拓展到 11 条，并在“职责调整”中授予国家海洋局“加强海洋战略研究和对海洋事务的综合协调”的任务。“三定”新增加的职责是朝着实现海洋综合管理目标迈进的历史新起点，是中国海洋事业发展一个新的里程碑，对今后一段时期中国海洋事业健康快速发展具有重大意义。

（二）海洋行政主管部门及职责

海洋管理的综合协调在中国逐步加强，在海洋行政系统内已形成国家—海区垂直管理与国家—地方分级管理相结合的海洋管理综合协调体制[③]。国家海洋局为中国海洋

---

① 国家海洋局海洋发展战略研究所课题组：《中国海洋发展报告 2009》，北京：海洋出版社，2009 年，第 395 页。

② 鹿守本：《海洋管理通论》，北京：海洋出版社，1997 年，第 80 页。

③ 鹿守本：《海洋管理通论》，北京：海洋出版社，1997 年，第 80 页。

行政管理职能部门，在渤黄海、东海和南海分别设立国家海洋局北海分局、东海分局和南海分局，作为国家海洋局的派出机构，代表国家实施海洋行政管理。海洋分局对各海区的管理为垂直管理。在沿海省、市、县各级政府中，设有相应级别的海洋行政管理部门，负责不同区域的海洋管理工作。国家海洋局和地方政府对海洋的管理体现了分级管理的特点。管理层次主要分为国家——海区——地方三级。

1. 国家海洋行政主管部门及职责

1964年7月，经第三届全国人民代表大会第124次常委会议审议批准设立国家海洋局，直属国务院。成立之初，国家海洋局的主要职责为统一管理海洋资源和海洋环境调查、资料收集整编和海洋公益服务，目的是把分散的、临时性的协作力量转化为一支稳定的海洋工作力量①。1983年的机构改革明确国家海洋局直接隶属国务院，是国务院管理全国海洋工作的职能部门，主要职能除负责协调全国海洋工作外，还包括组织、实施海洋调查、海洋科研、海洋管理和海洋公益服务等具体职责②。1998年，国家海洋局的基本职能被调整为海洋立法、规划和管理三大项，主要职责发展为海域使用管理、海洋环境保护、海洋科技、海洋国际合作、海洋防灾减灾以及维护国家海洋权益等六个方面。

进入21世纪后，海洋对于国民经济的重要性日益凸显，海洋利用的科学技术手段不断进步，近海海洋开发和利用活动密集，各国海洋权益争夺加剧。在此形势下，在2008年的政府机构改革中，国家海洋局的基本职能和主要职责得到相应调整和加强，主要职责由原来的7项增加到11项。新增的职能包括：海洋经济运行监测、评估及信息发布；海洋领域节能减排和应对气候变化；海岛生态保护和无居民海岛合法使用管理；海水利用和海洋可再生资源的研究、应用与管理；组织实施专项海洋环境安全保障体系的建设和日常运行的管理；在中国管辖海域实施定期维权巡航执法制度等。在基本职责调整中，国家海洋局被授予“加强海洋战略研究和对海洋事务的综合协调”的基本职责。此项调整对于加强各项海洋开发利用活动的综合协调，促进海洋综合管理具有深远的意义。

2. 海区海洋行政主管部门及职责

海区海洋管理是中国海洋管理体制中一种重要的管理形式。国家海洋局北海分局、东海分局和南海分局分别代表国家海洋局履行渤黄海、东海及南海海域有关海洋监督

① 邓力群等：《当代中国的海洋事业》，北京：中国社会科学出版社，1985年，第20页。

② 王琪等：《海洋管理——从理念到制度》，北京：海洋出版社，2007年，第221页。

管理职责。在管理区域划分方面，国家海洋局负责涉及全国海洋行政管理工作范围的事务，各海区分局负责所辖海区的海洋行政管理。2008 年国务院发布的《国家海洋局主要职责内设机构和人员编制的规定》，明确北海分局、东海分局和南海分局为国家海洋局派出机构，履行所辖海域有关海洋监督管理的职责。

3. 地方海洋行政主管部门及职责

1989 年海洋管理体制改革后，地方海洋管理机构陆续成立，开启了地方用海管海的新阶段①。地方海洋管理机构设置目前主要有三种模式（表 20 - 2）。

表 20 - 2　沿海省市区海洋管理机构

序号	沿海省市	海洋管理机构
1	辽宁省	辽宁省海洋与渔业厅
2	河北省	河北省国土资源厅（海洋局）
3	天津市	天津市海洋局
4	山东省	山东省海洋与渔业厅
5	江苏省	江苏省海洋与渔业局
6	上海市	上海市水务局（海洋局）
7	浙江省	浙江省海洋与渔业厅
8	福建省	福建省海洋与渔业厅
9	广东省	广东省海洋与渔业局
10	广西壮族自治区	广西壮族自治区海洋局
11	海南省	海南省海洋与渔业厅
12	大连市★	大连市海洋与渔业局
13	青岛市★	青岛市海洋与渔业局
14	宁波市★	宁波市海洋与渔业局
15	厦门市★	厦门市海洋与渔业局
16	深圳市★	深圳市农林渔业局（海洋局）

注：标★者为计划单列市。

（1）海洋与渔业管理相结合模式

在全国沿海省、自治区、直辖市和计划单列市中，有 12 个海洋管理机构采用海洋

① 鹿守本：《海洋管理通论》，北京：海洋出版社，1997 年，第 80 页。

与渔业管理相结合的方式。自北向南分别为：辽宁、大连、山东、青岛、江苏、浙江、宁波、福建、厦门、广东、深圳、海南。管理机构名称一般为海洋与渔业厅（或局）。其中，深圳市将海洋与农业、林业和渔业管理结合起来，设立了深圳市农林渔业局（海洋局）。

海洋与渔业厅（或局）兼有海洋综合管理与渔业行业管理的两种管理职能，受国家海洋局和农业部渔业局的双重领导。在海上执法过程中，既承担海监海上执法的任务，也承担渔业执法职责。

（2）单一模式

天津市海洋行政事务由天津市海洋局主管，为市政府职能部门。广西壮族自治区于2010年成立广西壮族自治区海洋局，承担原广西壮族自治区国土资源厅的海洋行政管理（含执法监察）职责①。

（3）国土资源管理机构模式

河北省在机构改革中，遵循中央机构改革模式，将地矿、国土、海洋合并在一起，成立了国土资源厅，其中内设的海洋部门负责海洋综合管理和海上执法工作。

（4）其他模式

在最新一轮的政府机构改革中，上海市将与国家海洋局东海分局合并的原上海市海洋局职责划入上海市水务局，上海市海洋局和上海市水务局合署办公。

（三）主要涉海管理部门、机构及职责

目前，中国海洋管理体制基本特征是以海洋、环保、渔政、海事和边防为主的分散型管理。除国家海洋行政主管部门外，发展与改革委员会、外交部、国土资源部、环境保护部、科技部、公安部、国家旅游局、工业和信息化部、国家林业局、国家文物局、海关总署等多个政府部门和机构具有涉及海洋的职能，具体如下。

1. 外交部

中华人民共和国外交部负责贯彻执行国家外交方针政策和有关法律法规，代表国家维护国家主权、安全和利益。负责办理国家对外缔结双边、多边条约事务，负责国际司法合作有关事项，负责或参与处理涉及国家和政府的重大涉外法律案件，协助审核涉外法律法规草案，组织协调有关中国履行国际公约、协定工作。外交部于2009年设立边界与海洋事务司，负责拟订陆地、海洋边界相关外交政策，指导协调海洋对外

---

① 广西壮族自治区人民政府办公厅：《广西壮族自治区人民政府办公厅关于 印发广西壮族自治区海洋局主要职责内设机构和人员编制规定的通知》（桂政办发〔2010〕156号），2010年8月11日。

工作；承担与邻国陆地边界划界、勘界和联合检查等管理工作；处理有关边界涉外事务及领土、地图、地名等涉外案件；承担海洋划界、共同开发等相关外交谈判工作。

2. 国土资源部

中华人民共和国国土资源部成立于1998年，由原地质矿产部、国家土地管理局、国家海洋局和国家测绘局共同组建。保留国家海洋局和国家测绘局作为国土资源部的部管国家局。根据国务院2008年发布的《国土资源部主要职责内设机构和人员编制规定》，国土资源部涉及海洋资源的管理职责主要包括：①保护与合理利用海洋资源等自然资源，组织拟订国土资源发展规划和战略，开展国土资源经济形势分析，研究提出国土资源供需总量平衡的政策建议，拟订涉及国土资源的调控政策和措施；②规范国土资源管理秩序；③优化配置国土资源；④规范国土资源权属管理；⑤负责矿产资源开发的管理等。

3. 环境保护部

中华人民共和国环境保护部于2008年3月在环境保护总局的基础上成立。环保部作为国务院环境保护行政主管部门，对全国环境保护工作进行统一监督管理，对全国海洋环境保护工作实行指导、协调和监督，并负责全国防治陆源污染物和海岸工程建设项目对海洋污染损害的环境保护工作。

环保部涉及海洋环境保护的具体职责主要包括：①负责建立健全环境保护基本制度，会同有关部门拟订重点海域污染防治规划，参与制订国家主体功能区划；②统筹协调国家重点流域、海域污染防治工作，指导、协调和监督海洋环境保护工作；③负责从源头上预防、控制环境污染和破坏。受国务院委托对重大经济和技术政策、发展规划以及重大经济开发计划进行环境影响评价，对涉及环境保护的法律法规草案提出有关环境影响方面的意见，按国家规定审批重大开发建设区域、项目环境影响评价文件；④指导、协调、监督生态保护工作，包括各类自然保护区的环境保护。

4. 交通运输部

交通运输部负责包括海运管理、海港管理和海上救助打捞等在内的涉海管理职责。交通运输部最新的主要职责、内设机构和人员编制规定已于2009年获得国务院批准。

中华人民共和国海事局是交通运输部的直属机构之一，负责国家水上安全监督和防治船舶污染、船舶及海上设施检验、航海保障管理和行政执法，并履行交通部安全生产等管理职能。海事局是在原中华人民共和国港务监督局（交通安全监督局）和中华人民共和国船舶检验局（交通部船舶检验局）的基础上，合并组建而成的。海事局在辽宁、天津、河北、山东等地下设14个直属地方海事局，对地方海事局实行垂直管理。

海事局的主要职责包括：①拟订和组织实施国家水上安全监督管理和防治船舶污染、船舶及海上设施检验、航海保障以及交通行业安全生产的方针、政策、法规和技术规范、标准；②统一管理水上安全和防止船舶污染。归口管理交通行业安全生产工作；③负责船舶、海上设施检验行业管理及船舶试航和船舶技术管理；负责船舶及海上设施检验、发证等工作；④负责船员、引航员管理；⑤管理通航秩序、通航环境；⑥航海保障工作。管理沿海航标无线电导航和水上安全通信；管理海区港口航道测绘并组织编印相关航海图书资料；归口管理交通行业测绘工作；组织、协调和指导水上搜寻救助，负责中国海上搜救中心的日常工作；⑦组织实施国际海事条约；履行“船旗国”及“港口国”监督管理义务，依法维护国家主权；负责有关海事业务国际组织事务和有关国际合作、交流事宜。

“中国海上搜救中心”负责全国海上搜救工作的统一组织和协调。中国海上搜救中心为交通运输部内设机构，其日常工作由海事局负责。为进一步加强全国应对海上突发事件的能力，国务院于2005年5月下发通知，明确由中国海上搜救中心具体负责组织、协调、指挥重大海上搜救应急处置行动，成立了中国海上搜救中心总值班室。同时，为增强国务院各相关部委和军队在海上搜救工作上的协调配合，国家海上搜救部际联席会议制度由国务院批准建立。部际联席会由交通运输部牵头，成员单位包括交通运输部、工业和信息化部、公安部、民政部、农业部、卫生部、海关总署、安全监督总局、中国地震局、中国气象局、国家海洋局、民用航空局、总参、海军、空军、武警部队等16个部门。中国海上搜救中心为国家海上搜救部际联席会议的办事机构，负责联席会议的日常工作。目前，在已经建立的多元化海上搜救体系中，中国海上搜救中心为组织协调机构，交通运输部救助打捞局为主要实施力量，同时，鼓励社会各界广泛参与。

交通运输部救助打捞局是交通运输部的直属机构，负责管理中国救捞事业和救捞队伍。中国救捞队伍创建于1951年8月24日。中国救捞于2003年完成了体制改革，组建了“中国救助”和“中国打捞”两支国家队伍。“中国救助”主要承担人命救助的政府职能；“中国打捞”主要承担公益性抢险打捞职责，并为社会提供商业打捞和相关的服务。中国救捞是国家专业救助打捞力量，承担着对中国水域发生的海上事故的应急反应、人命救助、船舶和财产救助、沉船沉物打捞、海上消防、清除溢油污染及其他对海上运输和海上资源开发提供安全保障等多项使命。中国救捞代表中国政府履行有关国际公约和海运双边协定的义务。

5. 农业部

中华人民共和国农业部是主管包括海洋渔业在内的农业与农村经济发展的国务院

组成部门。海洋渔业管理和渔政执法分别由中华人民共和国农业部渔业局及中国渔业指挥中心负责。

中华人民共和国农业部渔业局（中华人民共和国渔政局）为农业部的一个内设机构，对全国渔业进行行业管理，并行使渔政、渔港和渔船检验监督管理权。具体职责主要包括：①拟订渔业发展战略、政策、规划、计划并指导实施；起草有关法律、法规、规章并监督实施；②指导渔业产业结构和布局调整；指导渔业标准化生产，组织实施养殖证制度；拟订渔业有关标准和技术规范并组织实施；③提出渔业科研、技术推广项目建议，承担重大科研、推广项目的遴选及组织实施工作；指导渔业技术推广体系改革与建设；④组织水生动植物病害防控工作，监督管理水产养殖用兽药及其他投入品的使用，指导水产健康养殖、建立养殖档案，参与水产品质检体系建设和管理；⑤拟订养护和合理开发利用渔业资源的政策、措施、规划并组织实施；组织实施渔业捕捞许可制度；负责渔船、渔机、渔具、渔港、渔业航标、渔业船员、渔业电信的监督管理；⑥负责渔业资源、水生生物湿地、水生野生动植物和水产种质资源的保护；负责水产苗种管理，组织水产新品种审定；指导水生生物保护区的建设和管理；⑦负责渔业水域生态环境保护；组织和监督重大渔业污染事故的调查处理工作；组织重要涉渔工程环境影响评价和生态补偿工作；指导渔业节能减排工作；⑧负责渔业统计工作；⑨组织开展国际渔业合作；监督执行国际渔业条约、协定；负责远洋渔业管理工作；⑩指导“中国渔政”队伍建设；承担维护国家海洋和淡水管辖水域渔业权益的工作，协调处理重大渔业突发事件和涉外渔事纠纷，代表国家行使渔政渔港和渔船检验监督管理权。

农业部在黄渤海区、东海区、南海区的渔业管理职责，分别由农业部黄渤海区渔政局（中华人民共和国黄渤海区渔政局）、农业部东海区渔政局（中华人民共和国东海区渔政局）、农业部南海区渔政局（中华人民共和国南海区渔政局）承担。各海区渔政局为农业部直属单位，业务工作由农业部渔业局归口管理。

6. 公安部

公安部为主管全国公安工作的国务院组成部门，是全国公安工作的最高领导机关和指挥机关。中国近海海上治安由公安部边防管理局负责，由中国公安边防海警部队（以下简称海警部队）执行。海警部队作为公安边防部队的一支，隶属于公安部，编制列入武警序列，是由公安部边防管理局领导管理的现役部队，是国家部署在沿边沿海地区和口岸的一支武装执法力量，主要负责近海海上治安。

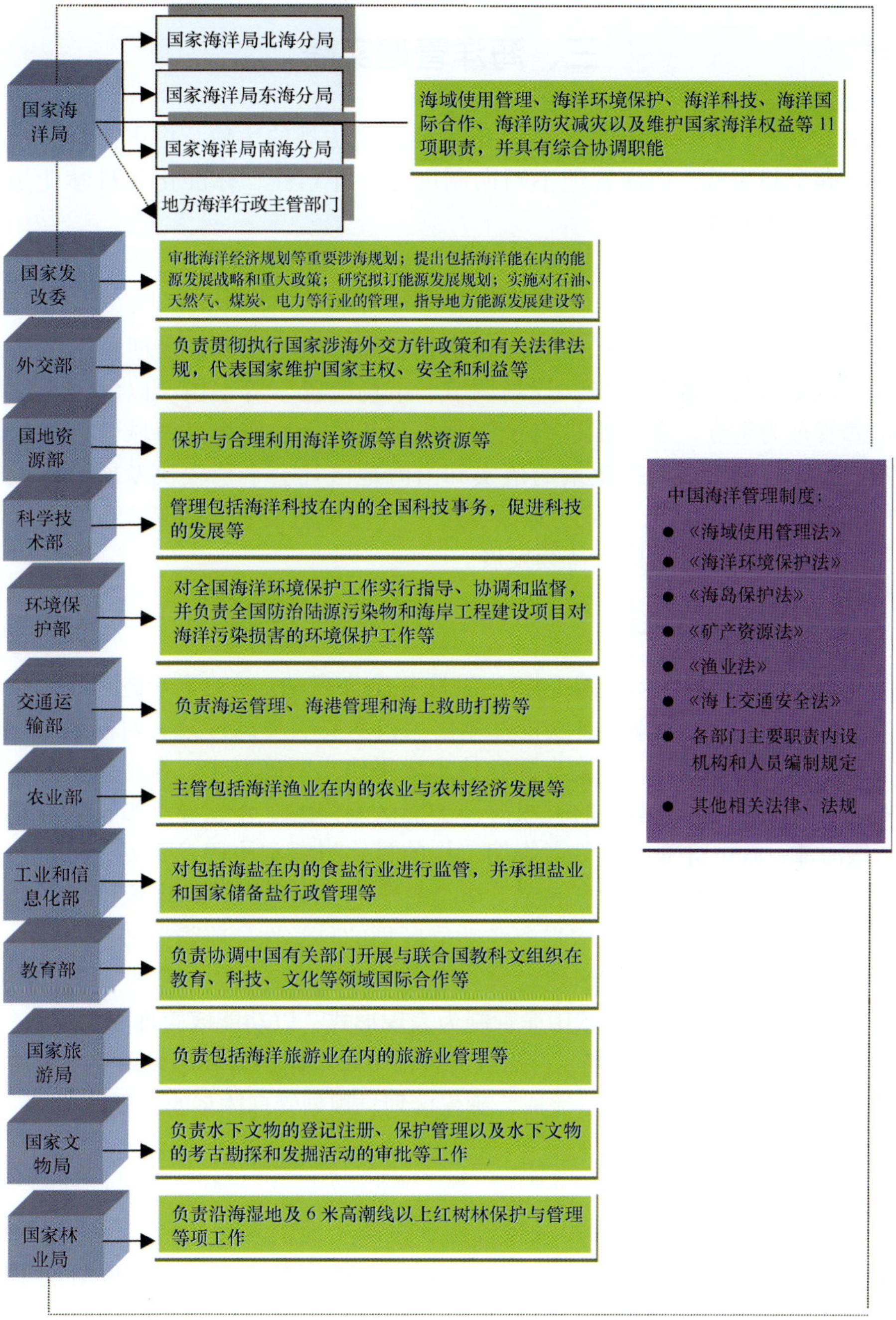

图 20－1 中国海洋管理体制示意图

三、海洋管理实践

2010 年，随着《海岛保护法》等一批重要法律法规的生效，中国海洋管理的各项制度进一步健全和完善，海洋管理不断向制度化、计划性、标准化和科学化迈进，海洋管理工作取得重要进展。

（一）海域使用管理

近两年来，全国海域管理工作坚持“整顿秩序，控制规模，合理利用”的总体思路，通过“区划统筹、规划引导、计划调节、市场配置”等手段，以海洋功能区划修编和围填海管理为重点，全面推进海域管理各项工作，切实提高海域管理效能、降低管理成本，保障国家宏观调控政策的落实和沿海地区社会平稳较快发展。海域管理能力建设得到全面加强，实现了通过海域管理来合理配置资源、保障经济发展的目标，并促进了沿海地区经济社会的可持续发展。

1. 海洋功能区划体系建设

全国和省级海洋功能区划修编工作于 2009 年全面启动。《关于开展省级海洋功能区划修编工作的通知》和《省级海洋功能区划修编技术要求（试行）》，对修编工作的指导思想、基本原则、主要任务、实施步骤和技术成果作出明确要求。在组织机构方面，各级政府要成立由各有关部门参加的省级海洋功能区划修编工作领导小组，领导小组办公室设在省级海洋行政主管部门，负责修编工作的具体组织和协调。要成立海洋功能区划专家委员会，负责区划修编的技术指导工作。要确定技术单位，具体承担海洋功能区划修编工作。在指导思路方面，为增强海洋功能区划的科学性、前瞻性和稳定性，新一轮海洋功能区划通过丰富海洋功能区划内容、增强海洋功能区划内部有机联系，构架“以维护海域功能为核心思想，以海域用途管制为表现形式，以功能区管理要求为执行依据”的新海洋功能区划体系①。沿海省、自治区、直辖市海岸保护与利用规划编制工作有序开展，力争与海洋功能区划修编同步完成，确保区划、规划管理体系的形成。

2. 围填海管理

围填海已经成为沿海地区利用海域资源、缓解土地供需矛盾、拓展发展空间的重要途径。但近年来，围填海长期缺乏科学规划和总体控制，一些地区也出现了围填海

---

① 张绍丽：《海洋功能区划的理论与实践》，在 2010 年东亚海项目培训班上的报告。

规模增长过快、海岸和近岸海域资源利用粗放、局部海域生态环境破坏严重、防灾减灾能力降低等问题。为合理开发利用海域资源，保障沿海地区经济社会的可持续发展，有关部门加大了对围填海的管理力度，整顿和规范围填海秩序。

（1）统筹规划管理围填海

为进一步加强对围填海的管理，国家海洋局提出了“区划统筹、规划引导、计划调节、科学论证、项目审查、市场配置”等具体政策措施。

“区划统筹”即严格依据海洋功能区划审批围填海项目。“规划引导”是指通过区域用海规划制度的实施，加强对集中连片围填海的管理。“计划调节”是要通过围填海年度计划管理，实现围填海的规模控制。“科学论证”要求所有的围填海项目都要依法进行海域使用论证，要将海域使用论证结论作为项目用海审批的重要依据。“项目审查”是指要加强围填海项目的预审和项目用海审批。凡未通过用海预审的项目，不安排建设用围填海年度计划指标，各级投资主管部门不予审批、核准（备案）。“市场配置”即要逐步建立海域使用金标准动态管理机制，推进海域使用权招标拍卖工作，实现海域国有资产的保值增值。

同时，国家海洋局还将进一步强化对围填海项目的监督检查。利用国家海域使用动态监视监测系统，重点对围填海项目选址是否符合海洋功能区划、围填海面积是否符合批准的计划指标等进行监管。对于未经批准或擅自改变用途和范围等违法违规围填海行为将严肃查处，依法强制收回非法占用的海域，对生态环境造成严重破坏的责令恢复原状，不得以罚款取代。对拒不执行处罚决定的，要申请人民法院强制执行①。

（2）建立围填海计划指标体系

国家发展与改革委员会、国家海洋局于 2010 年 1 月联合发布《关于加强围填海规划计划管理的通知》，确定从 2010 年开始，将围填海正式纳入国民经济和社会发展年度计划，对围填海实行年度总量计划管理，围填海计划指标体系初步建立。

围填海计划指标是国家海洋局根据国家宏观调控的总体要求和历年实际围填海情况，按照适度从紧、集约利用、保护生态、海陆统筹的原则，在各地区上报的围填海计划的基础上提出并上报国家发展改革委。其后再由国家发展改革委根据国家宏观调控的总体要求，经综合平衡后形成围填海计划指标并按程序将其纳入国民经济和社会发展年度计划。

国家发展与改革委员会、国家海洋局将在沿海各省、自治区、直辖市海洋行政主管部门建立围填海年度计划台账管理制度，要求地方海洋行政主管部门在建设用围填海审批过程中确认并根据批准情况及时核销计划，对计划执行情况进行登记和统计，

① 张一玲：《破解围填海冲动下的管理难题》，《中国海洋报》2010 年 5 月 18 日第 A1 版。

按季度上报计划执行情况和围填海实际情况，并于每年 9 月份对计划执行情况进行中期检查，形成报告报国家海洋局，抄送国家发展与改革委员会。

国家发展与改革委员会、国家海洋局将根据围填海实际情况对地方年度围填海计划指标的执行情况进行评估和考核，并作为下一年度计划编制和管理的依据。对地方围填海实际面积超过当年下达计划指标的，相应扣减该省（自治区、直辖市）下一年度的计划指标。对于超计划指标擅自批准围填海的，国家海洋局将暂停该省（自治区、直辖市）的区域用海规划和建设项目用海的受理和审查工作。

3. 海域权属管理

在进行海域权属管理过程中，有关部门根据国家宏观经济政策，充分发挥项目用海预审的闸门作用，优先保障国家能源、重大基础设施建设和交通运输等重点建设项目的用海需求，2009 年全年报经国务院批准 32 个重大建设项目用海，其中包括澳门特别行政区新城区建设填海造地项目①。

表 20 –3　沿海省、自治区、直辖市 2009 年海域使用确权情况

地区	确权海域面积（公顷）		海域使用权证书（本）	
	经营性项目	公益性项目	经营性项目	公益性项目
辽宁	76 713.75	351.16	747	11
河北	3 466.94	288.41	83	5
天津	3 521.26	1 604.28	54	3
山东	23 923.19	1 700.32	326	48
江苏	31 043.99	1.07	216	2
上海	792.03	1.00	6	2
浙江	11 543.43	330.36	337	18
福建	8 681.57	231.00	2 151	11
广东	10 014.29	90.31	475	16
广西	2 317.87	6.03	166	3
海南	1 251.02	176.27	633	13
省（区、市）管辖海域以外	317.31		1	
合计	173 586.65	4 780.21	5 195	132

数据来源：《2009 年海域使用管理公报》。各地区数据均包含该地区经国务院批准的项目用海情况。

① 国家海洋局：《2009 年海域使用管理公报》，2010 年 2 月发布。

2009 年，全国共确权海域面积 178 366. 86 公顷，其中经营性项目 173 586. 65 公顷，公益性项目 4 780. 21 公顷；发放海域使用权证书 5 327 本，其中经营性项目 5 195 本，公益性项目 132 本。其中，辽宁省 2009 年确权海域面积达76 713. 75公顷，居全国之首①。

4. 海域有偿使用管理

海域有偿使用制度是《海域使用管理法》建立的三大制度之一，对于促进海域合理开发和海洋经济可持续发展具有重要意义。2009 年，全国共征收海域使用金 786 251. 54 万元，减免海域使用金 39 663. 15 万元，各地区具体情况见表 20 -4。各用海类型的海域使用金征收金额分别为：渔业用海 53 956. 43 万元，工业用海 267 685. 47 万元，交通运输用海 295 323. 06 万元，旅游娱乐用海 34 920. 03 万元，海底工程用海 6 218. 47 万元，排污倾倒用海 507. 89 万元，造地工程用海 127 416. 25 万元，特殊用海 69. 48 万元，其他用海 154. 46 万元②。

表 20 -4　沿海省、自治区、直辖市 2009 年海域使用金征收减免情况

地区	海域使用金征收金额（万元）		海域使用金减免金额（万元）
	原有项目	新增项目	
辽宁	56 011. 95	45 322. 69	711. 18
河北	4 359. 64	10 179. 86	2 990. 54
天津	9 805. 42	203 499. 29	15 837. 28
山东	18 306. 28	103 413. 53	911. 90
江苏	6 901. 42	6 726. 97	5 628. 15
上海	1 567. 47	424. 87	
浙江	35 603. 53	22 434. 21	1 003. 58
福建	13 573. 50	106 165. 66	12 320. 19
广东	25 631. 45	38 193. 32	78. 65
广西	169. 23	51 410. 65	181. 68
海南	7 116. 11	10 236. 28	
省（区、市）管辖海域以外	9 198. 21		
合计	188 244. 21	598 007. 33	39 663. 15

数据来源：《2009 年海域使用管理公报》。

① 国家海洋局：《2009 年海域使用管理公报》，2010 年 2 月发布。
② 国家海洋局：《2009 年海域使用管理公报》，2010 年 2 月发布。

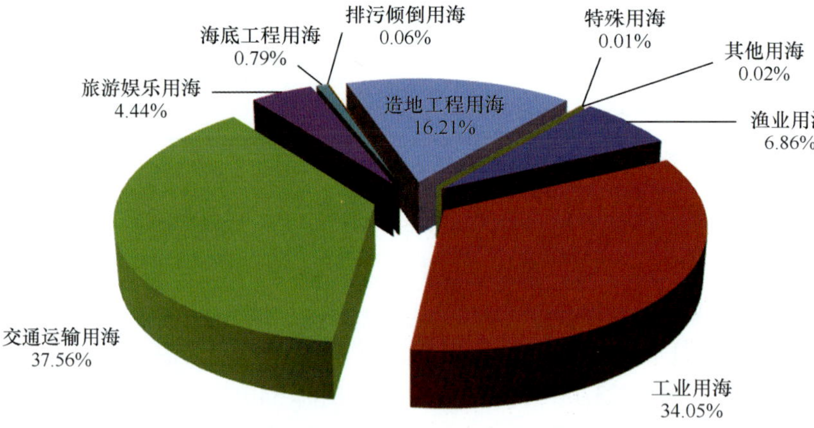

图 20－2　各用海类型 2009 年海域使用金征收金额百分比

数据来源：《2009 年海域使用管理公报》

5. 国家海域使用动态监视监测管理系统建设

2010 年，全国海域使用动态监管能力得到进一步加强。国家海域使用动态监视监测管理系统建设全部完成，国家、省、市三级业务机构基本建立，64 个节点全部连通，进入业务化运行阶段。国家海域使用动态监视监测管理系统建设工作总结暨业务化运行启动大会于 2009 年 2 月在天津召开。江苏、海南、广西、上海三省一市的高精度卫星遥感监视监测工作完成。省、市海域使用动态监管中心开展海域权属核查、重点在建项目监测、疑点疑区核查等地面监视监测工作。

（二）海洋资源管理

按照开发与保护并重的原则，中国的海洋资源管理努力实现对海岛、海港、渔业、海洋可再生能源的科学管理和合理利用。

1. 海岛开发保护

中国海岛众多，海岛开发与保护是中国可持续海洋资源管理的重要组成部分。作为海岛保护的重要措施，国家海洋主管部门加强了海岛管理组织机构建设，在国家海洋局海域和海岛管理司加挂“海岛管理办公室”的牌子，并明确了海岛管理办公室的组织机构和职责任务。海岛管理办公室的主要职责包括拟定海岛开发、保护和管理政策与技术规范，编制并实施海岛保护规划；承担无居民海岛使用项目审核、使用权登

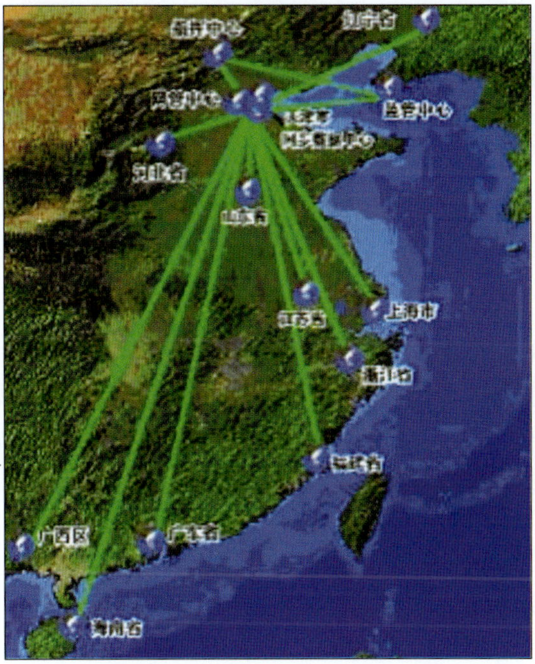

图 20－3 国家海域使用动态监视监测管理系统传输网络

图片来源：《2009 年海域使用管理公报》

记、证书发放和使用金征收等工作。海岛管理办公室内设海岛综合处、海岛保护处及海岛使用处等①。

海岛保护规划制度是《海岛保护法》确立的一项基本制度，是从事海岛保护、利用活动的依据。国家海洋局会同国家发展和改革委员会、财政部等部门在大量调研工作的基础上，组织有关部门和科研院校对规划设计的有关问题进行了专题论证和研究，完成了《全国海岛保护规划》的编制和上报工作。《全国海岛保护规划》创新性的确定了海岛资源和生态调查评估、海岛生态修复等十大工程，将管理政策融入到规划中②。

《海岛名称管理办法》、《无居民海岛使用金征收使用管理办法》及《省级海岛保护规划编制管理办法》等重要的海岛保护配套制度在 2010 年相继出台。为加强对海岛名称的管理，适应海岛开发、建设、保护与管理的需要，国家海洋局于 2010 年 6 月 28

① 国家海洋局：《关于加强海岛管理组织机构建设的通知》，2010 年 7 月 22 日印发。

② 张一玲：《我国海岛保护管理工作成效显著》，《中国海洋报》2010 年 12 月 17 日第 2 版。

日发布《海岛名称管理办法》；为加强和规范无居民海岛使用金的征收和使用管理，促进无居民海岛的有效保护及合理开发利用，财政部、国家海洋局于2010年6月发布《无居民海岛使用金征收使用管理办法》；为规范省级海岛保护规划编制工作，提高海岛保护规划编制的科学性，国家海洋局于2010年8月26日出台《省级海岛保护规划编制管理办法》，要求沿海各省（区、市）按照《办法》的规定和各地实际情况，抓紧启动省级海岛保护规划编制工作。

2. 油气资源管理

为加强能源战略决策和统筹协调，国家能源委员会于2010年1月22日成立。国家能源委是中国目前规格最高的能源机构，负责研究拟订国家能源发展战略，审议能源安全和能源发展中的重大问题，统筹协调国内能源开发和国际能源合作的重大事项。国家能源委进行能源战略决策和统筹协调，国家发改委能源局负责研究拟订能源发展规划，并实施石油和天然气的行业管理，中国海洋石油总公司（以下简称“中国海油”）负责中国海域对外合作开采海洋石油资源的业务。经过多年变革，中国海洋油气资源管理形成了较为完善的格局。

根据国务院颁布的《中华人民共和国对外合作开采海洋石油资源条例》（1982年1月颁布，2001年9月修订），中国对外合作开采海洋石油资源的业务由中国海油全面负责。中国海油是具有法人资格的国家公司，享有在中国对外合作海区内进行石油勘探、开发、生产和销售的专营权。中国海油在中国海域通过自营及与外国合作伙伴的产品分成合同，在渤海湾、南海西部、南海东部和东海等区域进行油气勘探、开发和生产活动①。为确保天然气稳定供应，中国2010年大力开发海上天然气资源。

3. 海洋渔业资源管理

2010年，中国海洋渔业资源管理继续加强资源养护工作，坚持控制海洋捕捞渔船数量和功率总量，并规范渔业统计、水域滩涂养殖发证及登记管理工作。

中国渔业管理将继续实行“双控”制度。为控制海洋捕捞强度，养护和合理利用海洋生物资源，中国自1987年开始实施海洋捕捞渔船数量和功率总量控制的“双控”制度。农业部于2003年发布《关于2003—2010年海洋捕捞渔船控制制度实施意见》。对于今后一段时期完善海洋捕捞渔船控制制度的措施，农业部渔业局提出的建议包括：一是海洋捕捞渔船控制涉及资源管理、渔民生产生活和社会经济，必须统筹兼顾；二是海洋捕捞渔船控制制度改革应该有利于进一步保护资源，不能造成新的大的冲击；

---

① 中国海洋石油总公司：《中国海洋石油总公司2009年度报告》，第25页。

三是海洋捕捞渔船控制制度改革要有利于现实问题的解决，有利于提高管理效率，降低管理成本。由此可见，“双控”制度将在未来一段时期内继续实施。

全国水生生物资源养护工作力度进一步加大。2010 年，全国共有 22 个省（自治区、直辖市）在 106 处地点同步举办大规模水生生物增殖放流活动①。为养护海洋渔业资源，保持生态系统健康，中国自 1995 年起实施海洋伏季休渔制度以来，历经数次调整，休渔时间逐步延长，涉及的作业类型逐步增加，休渔范围逐步扩展到渤海、黄海、东海和南海几大海区，覆盖沿海 11 个省（区、市）和香港、澳门特别行政区。中国 2010 年海洋伏季休渔从 6 月 1 日 12 时起全面实施。第四批国家级水产种质资源保护区建设工作也在 2010 年启动。

渔业统计是国家农业统计的重要组成部分。为进一步规范全国渔业统计工作，保证渔业统计资料的真实性、准确性、完整性和时效性，农业部于 2010 年 2 月印发了《渔业统计工作规定》，对渔业生产及经济发展情况进行统计调查、统计分析、统计资料提供和统计咨询以及统计监督等活动进行规范。全国渔业统计工作由农业部统一领导，各级渔业行政主管部门分级组织实施。为保障养殖生产者合法权益，规范水域、滩涂养殖发证登记工作，农业部于 2010 年 7 月开始实施《水域滩涂养殖发证登记办法》。《办法》规定，使用水域、滩涂从事养殖生产，由县级以上地方人民政府核发养殖证，确认水域滩涂养殖权。县级以上地方人民政府渔业行政主管部门负责水域、滩涂养殖发证登记具体工作，并建立登记簿，记载养殖证载明的事项。水域滩涂养殖权人可以凭养殖证享受国家水产养殖扶持政策。《办法》对国家所有以及集体所有或者国家所有由集体使用水域滩涂的发证和登记管理也进行了规定。

4. 海港资源管理

海港是海洋资源的重要组成部分，是多种运输方式的交汇点，对中国的海上运输业、物流业和渔业等产业发展具有重要作用。在新一轮沿海开发规划中，多地提出了新建扩建港口的发展规划。目前港口建设的主要问题为港口重复建设，布局失衡，需要加强战略统筹，在整合中提高竞争力②。

为进一步规范港口经营行为，维护港口经营秩序，交通运输部修订颁布了《港口经营管理规定》（交通运输部令 2009 年第 13 号），自 2010 年 3 月 1 日起实施。为做好《规定》的贯彻实施工作，交通运输部发布《关于做好 <港口经营管理规定> 实施工作的通知》。《通知》对《港口经营许可证》式样及核发、港口经营信息管理、对港口经

① 余向东，彭信锋：《上半年渔业经济保持平稳发展态势》，《中国渔业报》2010 年 8 月 2 日第 1 版。

② 蔡恩泽：《中国沿海港口要走整合之路》，《中国海洋报》2010 年 7 月 27 日第 2 版。

营行为和安全生产情况的监督检查等方面提出了具体的要求和规定。

港口管理有关部门强化了港口安全和应急管理。有关部门加快建设水路交通应急体系，不断提高安全监管和应急保障能力，形成了“政府统一领导、部门依法监管、企业全面负责、群众参与监督、社会广泛支持”的安全生产格局，促进了港口安全形势的稳定。在试点工作的基础上，有关部门在全国沿海港口全面开展老旧码头结构加固工作①。

5. 海洋可再生能源管理

开发利用丰富的海洋能对于人类社会的可持续发展具有重大意义。国家海洋局海洋可再生能源管理中心于2010年11月24日在天津成立，标志着中国海洋能的开发利用技术纳入了规范发展的轨道。为推进中国海洋可再生能源的开发利用，加强专项资金管理，财政部与国家海洋局制定并发布了《海洋可再生能源专项资金管理暂行办法》（下称《办法》）。《办法》共6章21条，内容包括专项资金支持范围、支持条件、申报及审批以及监督管理等。《办法》规定专项资金重点支持的范围包括：①以提高偏远海岛供电能力和解决无电人口用电问题为目的独立电力系统示范项目；②在海洋能资源丰富地区建设的海洋能大型并网电力系统示范项目，包括潮汐能、潮流能、波浪能电站等并网系统；③海洋能开发利用关键技术产业化示范项目，包括发电系统关键设备、整机以及配套零部件、海上安装施工以及海上电力储存输送等关键技术本地化生产；④海洋能综合开发利用技术研究与试验项目，包括温差能、海洋生物能等新技术、新装置、新方法以及海洋能综合利用技术研究及试验项目；⑤海洋能开发利用标准及支撑服务体系建设，包括海洋能资源勘查、评价及信息系统，海洋能发电产品及并网技术标准、规范制定和实验室及海上综合测试、检测认证体系建设。

中国近海海域风电装机容量据估算可达1亿~2亿千瓦，海上风能利用前景广阔②。海上风电管理是国家能源主管部门2010年最重要的工作领域之一。海上风电是风电产业未来发展的前沿，中国已具备一定的技术基础。但由于运行环境复杂，技术要求高，施工难度大，中国在海上风电开发方面尚处于起步阶段。2010年7月6日，中国首座大型海上风电场上海东海大桥风电场实现并网发电。

海上风电的管理实行规划制度。海上风电发展规划由全国和沿海各省（区、市）海上风电发展规划组成。全国海上风电发展规划和沿海各省（区、市）海上风电发展规划应当与全国可再生能源发展规划、全国和沿海各省（区、市）海洋功能区划、海

① 宋德星：《在全国港航管理工作会暨港口发展管理模式研讨会上的讲话》，2010年9月10日。
② 罗续业：《发展迅猛的海上风电》，《中国海洋报》，2010年5月14日第3版。

洋经济发展规划相协调。沿海各省（区、市）海上风电发展规划应符合全国海上风电发展规划。由国家能源主管部门统一组织全国海上风电发展规划编制和管理，并会同国家海洋行政主管部门审定沿海各省（区、市）海上风电发展规划。

为规范海上风电项目的开发建设管理，促进海上风电有序开发、规范建设和持续发展，国家能源局和国家海洋局于2010年年初联合发布《海上风电开发建设管理暂行办法》（国能新能［2010］29号）。国家能源主管部门将根据《办法》的规定，对包括海上风电发展规划、项目授予、项目核准、施工竣工验收、运行信息管理等环节的海上风电项目开发建设进行行政组织和技术质量管理。国家海洋行政主管部门负责海上风电开发建设涉及的海域使用和环境保护的管理和监督。《海上风电开发建设管理暂行办法》要求海上风电项目建设用海应遵循节约和集约利用海域资源的原则，合理布局。《办法》第18条特别规定，海上风电项目必须经过核准并取得海域使用权后，方可开工建设。项目单位应按规定缴纳海域使用金，办理海域使用权登记，领取海域使用权证书。项目核准后两年内未开工建设的，国家海洋行政主管部门将收回海域使用权。

（三）海洋环境保护

2010年海洋环境保护工作扎实开展，在建立沟通合作工作机制、加强海洋生态环境保护以及加强海洋石油天然气管道环境安全等方面取得重大进展。

1. 部际沟通合作工作机制

环境保护部和国家海洋局于2010年3月2日共同签署《关于建立完善海洋环境保护沟通合作工作机制的框架协议》，标志着中国海陆统筹保护海洋环境的新局面进一步形成。根据《协议》，双方将在加强海洋功能区划、规划方面的协调、共同加强海洋生态保护等9个方面加强沟通与合作。环境保护部和国家海洋局的合作重点有五个方面：第一，共同开展重点海域环境容量及排污控制示范研究工作；第二，开展海洋环境保护联合执法检查，加强对沿海地方海洋环境保护工作的指导监督，联合开展专项执法行动，严厉打击各类海洋环境违法行为；第三，合作开展全国近岸海域污染防治“十二五”规划编制工作；第四，加强陆源直接入海排污口的监管，建立联动机制，督促开展入海排污口环境整治；第五，进一步加快完善双方工作沟通协调机制，督促沿海地方各级环境保护和海洋部门建立相应的合作机制。

2. 海洋生态保护

近年来，中国海洋管理部门不断加强珊瑚、红树林等海洋生物及海洋生态系统的保护和修复。2010年，国家海洋局等部门继续组织沿海各级海洋部门开展生态监控区的监测评价和红树林栽培移种、珊瑚礁移植保护、滨海湿地退养还滩等典型海洋生态恢复示范工程，显著提高了海洋生态系统适应与减缓气候变化的能力。例如，广西最大的红树林保护区——广西山口红树林国家级生态自然保护区，于2010年8月通过了加入世界生物圈保护区网络10周年的评估。

为进一步健全开发与保护相协调的海洋生态保护规章、制度，国家海洋局于2010年9月发布了《海洋特别保护区管理办法》以及《国家级海洋特别保护区评审委员会工作规则》和《国家级海洋公园评审标准》等配套文件。此举对加强海洋特别保护区生态系统及其功能的保护和恢复，科学合理利用海洋资源，促进海洋经济与社会的可持续发展具有重要的意义。

为落实《生物多样性公约》的相关规定，进一步加强中国的生物多样性保护工作，有效应对中国生物多样性保护面临的新问题、新挑战，环境保护部会同20多个部门和单位编制的《中国生物多样性保护战略与行动计划》（2011—2030年）（以下简称《计划》）于2010年9月发布。《计划》确定了34个优先保护区域，提出了今后一段时期中国生物多样性保护的战略思想、战略方针和指导原则，制定了近期、中期、远期战略目标任务，提出了保护优先领域、优先行动和优先项目以及为做好相关工作的保障措施。《计划》指出，海洋及海岸带物种及其栖息地不断丧失，海洋渔业资源减少是中国面临的生物多样性受威胁现状之一，提出了保护优先、持续利用、公众参与及惠益共享四项重要原则。《计划》确定了黄渤海、东海及台湾海峡以及南海保护区域内的保护重点。建立健全生物多样性保护和管理机构，完善跨部门协调机制是《计划》所确立的一项优先行动①。

3. 海上溢油应急管理

中国政府高度重视海上溢油应急管理工作，重点关注渤海等近海海域存在的海上溢油风险。2010年6月3日，国家海洋局召开海洋环境监测与应急管理工作座谈会。会议要求不断完善应急管理工作的体制机制，建立健全海上溢油事件的管理机制，完善应急预案，强化职责分工。6月21日，国家海洋局在京召开渤海海洋环境监测暨防治溢油污染专题座谈会，研讨渤海海洋环境监测工作以及中国近海的溢油污染防治工作。会议一致同意建立完善海上溢油信息共享机制。

2010年7月，大连新港石油储备库输油管道爆炸事故发生后，国家海事局、国家海洋局等相关部门迅速调集力量处理溢油。国家海洋局紧急启动海洋灾害应急机制，

① 《中国生物多样性保护战略与行动计划》（2011－2030年），环境保护部网，http：//www.zbb.gov.cn/gkml/bbb/bwj/201009/t20100921_194841.htm，2010－12－10。

成立大连新港输油管线溢油事故应急指挥部。除调集中国海监的船舶、飞机、车辆等参与应急工作外，协调中国海洋石油总公司调集专业溢油回收船赶赴现场开展海域油污清理①。目前，中国海洋溢油应急和处理工作在机制、信息共享、时效性、部门间的协调与配合等方面得到很大改善，但尚需进一步加强。

4. *海洋石油天然气管道环境安全管理*

管道是现代五大运输方式之一。目前，中国70%的石油和99%的天然气通过管道运输。管道运输关系国家经济命脉，同时也关系到公共安全。大连新港爆炸溢油事故即由石油输油管道爆炸起火引起。

《中华人民共和国石油天然气管道保护法》（以下简称《管道保护法》）于2010年6月25日获得十一届全国人大常委会第十五次会议表决通过，于2010年10月1日起实施。《管道保护法》首次从法律角度规定了石油、天然气管道有关各方的权利义务，理清了管道活动中的有关法律关系，规定了管道保护措施，明确了保护责任，是一部有效保护中国石油及天然气管道，保障石油、天然气输送安全，维护国家能源安全和公共安全的法律②。《管道保护法》规定，管道企业应当遵守环境保护等相关法律、行政法规，执行国家技术规范的强制性要求，建立、健全本企业有关管道保护的规章制度和操作规程并组织实施，履行管道保护义务，保障管道安全运行（第7条）。管道建设项目应当依法进行环境影响评价（第13条）。针对由于管道泄漏造成的环境污染，第40条明确规定，管道泄漏的石油和因管道抢修排放的石油造成环境污染的，管道企业应当及时治理。因第三人的行为致使管道泄漏造成环境污染的，管道企业有权向第三人追偿治理费用。环境污染损害的赔偿责任，适用《中华人民共和国侵权责任法》和防治环境污染方面法律的有关规定。

中国在海底电缆管道管理和保护方面处于国际领先位置。2009年5月在北京召开的“区域海底电缆研讨会”（Regional Workshop on Submarine Cables），专家们对于中国在海底电缆管道保护方面较为完备的法律法规予以了肯定。

5. *海洋环境质量公报及数据*

国家海洋局组织编制并发布了《2009年中国海洋环境质量公报》及《2009年中国海平面公报》等重要公报和数据。这些《公报》有助于各级政府和广大公众全面了解中国海洋环境状况及面临的主要问题，充分认识海洋领域落实节能减排工作的重要意

① 张远高：《中国海油协助大连海上清污工作告捷》，《中国海洋石油报》2010年8月11日头版。
② 金江山，崔茉：《<石油天然气管道保护法>解读》，《中国石油报》2010年7月7日。

义。《2009年中国海洋环境质量公报》包括7个部分，分别为：概述；全海域环境质量健康状况；海洋功能区环境状况；近岸海洋生态系统健康状况；主要入海污染源状况；海洋环境灾害；海－气二氧化碳交换通量。《公报》显示，2009年中国全海域未达到清洁海域水质面积约14.7万平方千米，比上年增加7.3%；近岸海洋生态系统健康状况恶化的趋势仍未得到有效缓解，处于健康、亚健康和不健康状态的近岸海洋生态系统分别占所监测海洋生态系统的24%、52%和24%。中国近岸海洋生态系统面临的环境污染、生境丧失、生物入侵和生物多样性低等主要生态问题依然存在，生态保护与建设处于关键阶段①。

（四）海洋公益服务

在海洋公益服务方面，有关部门加强海洋观测工作，为海洋预报预警提供强有力的基础数据保障，并加强针对沿海各级政府的预警报决策服务和面向社会公众的预警公益服务。针对上海世博会及第16届亚运会帆船比赛等大型国际活动的服务需求，国家有关部门组织开展上海世博会海底光缆巡护专项执法行动，并成立了国家海洋局亚运会海洋预报服务中心。

1. 海洋灾害预报服务及防御

国家海洋局向有关部门和社会公众提供风暴潮警报、海浪预报、海温预报、海冰预报、赤潮预报、厄尔尼诺预测及海啸警报等公益服务。在强热带风暴“康森”、热带风暴“莫兰蒂”、台风“凡亚比”、超强台风“鲶鱼”等海洋灾害影响中国期间，国家海洋环境预报中心等预报机构，履行服务职责，加强预报会商，向国家防总和相关沿海省份防总提供海洋预报预警意见，并及时通过电视、广播、网站、手机短信等媒体向社会发布预警信息，为沿海各级政府和社会公众提供良好的服务。

2. 海洋观测预报管理法制建设

为规范和推动中国的海洋观测预报工作，国家海洋局起草了《海洋观测预报管理条例》。国务院法制办于2010年4月公布《条例》（征求意见稿）向社会各界征求意见，8月在京召开《海洋观测预报管理条例》专家论证会。会议认为《条例》草案已基本成熟，有望尽快提交国务院审议。征求意见稿的主要内容包括：明确了海洋观测和海洋预报事业的性质和定位；加强了海洋观测网规划与设施建设的管理；规范了海

---

① 陆琦：《<2009年中国海洋环境质量公报>发布》，《科学时报》2010年3月12日第A1版。

洋观测管理以及规范了海洋预报管理等①。

3. 海洋防灾减灾技术支撑能力建设

2010 年 8 月，国家海洋局批准建立海洋灾害预报技术研究重点实验室，其主要任务为突破海洋防灾减灾中的关键技术与难点，建设成为中国海洋灾害预报技术开放研究的重要基地，为中国海洋防灾减灾和海洋经济的可持续发展、维护国家海洋安全与权益提供技术支撑。

4. 2009 年中国海洋灾害公报

在对 2009 年海洋灾害情况调查、统计和分析的基础上，国家海洋局编制并发布了《2009 年中国海洋灾害公报》。《公报》显示，2009 年我国累计发生 132 次风暴潮、海浪和赤潮过程，其中 33 次造成灾害，各类海洋灾害（含海冰、浒苔等灾害）造成直接经济损失 100.23 亿元，死亡（含失踪）95 人。与 1989 年以来海洋灾害平均状况相比，2009 年的海洋灾害直接经济损失低于多年平均值，死亡（含失踪）人数也少于多年平均数（图 20－4）。

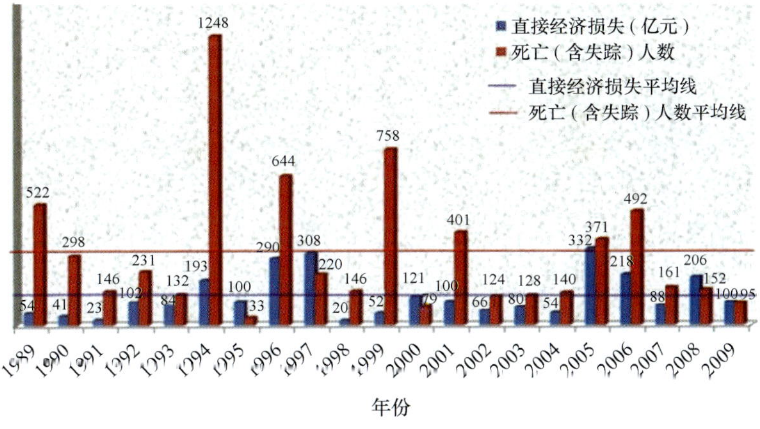

图 20－4　1989—2009 年海洋灾害直接经济损失（亿元）和死亡（含失踪）人数

资料来源：国家海洋局《2009 年中国海洋灾害公报》

① 国务院法制办公室：《国务院法制办公室关于公布 <海洋观测预报管理条例（征求意见稿）>公开征求意见的通知》，2010 年 4 月 6 日。

（五）海洋科技管理

2010年，有关部门进一步实施《国家“十一五”海洋科学和技术发展规划纲要》和《全国科技兴海规划纲要（2008—2015年）》，坚持海洋科技支撑海洋经济发展的理念，海洋科技管理各项工作扎实推进。

1. 大力实施科技兴海规划纲要

2010年，国家海洋局积极推动在地方“十二五”规划中落实科技兴海的政策措施。开展海洋战略性新兴产业规划研究工作，积极配合国家发改委做好“十二五”高技术产业规划海洋领域规划编制工作。以举办中国海洋博览会为契机，打造科技兴海成果展览和交易平台，开通科技兴海公共信息服务平台。出台《科技兴海成果转化基地和产业示范园区管理办法》及《海洋科技成果转化指导意见》等政策文件，建立若干科技兴海基地和产业园区。

2. 举办首届“海交会”

国家海洋局与科技部于2010年12月8—10日在广州召开全国科技兴海大会暨首届全国科技兴海成果展览交易会（简称“海交会”）。首届“海交会”以“推动海洋战略性新兴产业发展，促进沿海经济发展方式转变”为主题，搭建政、产、学、研、金之间合作与交流、科技兴海成果转化交易及全国科技兴海公共信息服务平台，突出体现实施《全国科技兴海规划纲要（2008—2015年）》的成绩和效果。

3. 组织评审海洋创新成果奖

根据国家海洋局《海洋创新成果奖奖励办法》的有关规定，2010年度海洋创新成果奖共有35个项目通过了专家评审，其中一等奖6项，二等奖29项。一等奖项目包括国家海域使用动态监视监测管理系统、海浪——环流耦合理论建立及其应用、大黄鱼免疫的分子基础及重要免疫基因的功能研究、华南海滩动力地貌研究与应用、海洋中二甲基硫（DMS）的生物地球化学、工厂化鱼类高密度养殖设施的工程优化技术等6项。

四、小　结

中国的海洋管理实践顺应世界和历史的发展潮流，按照科学发展观的要求，从各个方面和领域努力确保经济社会可持续发展的长远大计，通过不断改进和完善管理的理念和方式、方法，促进沿海经济社会全面协调可持续发展，提高海洋开发利用对国家社会经济的贡献率。

由于海洋开发与管理工作实践的特殊性与复杂性，海洋综合管理成为国际海洋管理的必然趋势，为世界海洋大国所广泛实践。近年来，中国的海洋事业快速发展，海洋开发利用等活动的深度和广度不断扩大。随着国家海洋行政主管部门综合协调职能的加强以及《海域使用管理法》等重要法律法规的实施，中国在海洋管理与综合协调方面取得了长足进步。2010 年，中国的海洋管理在重点领域继续突出计划性，并建立健全海洋领域标准体系，不断向海洋管理制度化、计划性、标准化和科学化迈进，在海域使用管理、海洋资源、海洋环境和生态保护、海洋科技及海洋防灾减灾等方面做了大量工作，成效显著。

第二十一章　中国海洋执法

一、海洋执法概述

《联合国海洋法公约》正式生效后，沿海各国管辖海域范围扩大，海洋权益内容有所增加。为了维护海洋权益，各国纷纷加强海上执法力量建设，强化海洋行政执法管理，提高执法效能。海上执法是现代海洋管理的一个重要方式和手段，也是海洋管理能力的一项重要体现。由于各国国情不同，历史不同，地理位置不同，海上执法力量的体制、职能、隶属关系等也各不相同。

（一）海洋执法的概念、特点和原则

海洋执法是指国家行政机关及其工作人员依法行使行政管理职权，履行行政职责，执行和实施法律、法规和规章的活动。海洋执法是我国行政执法体系的一个重要组成部分。广义的海洋执法是指国家涉海管理部门为实现国家海洋行政管理的目的，依照法定职权和法定程序，执行海洋法律、法规和规章，实施的直接影响海洋行政相对人权利义务的行为。

海洋执法是行政执法范畴内的一类专业执法工作。海洋法调整对象和适用范围的特殊性，决定了海洋执法同其他领域或行业的行政执法有着许多不同的特点。第一，多部门或多行业性。海洋事业是一类区域性的、综合性的社会事业。虽然国家海洋行政主管是单一的，但参与海洋事业活动和管理的部门是多元的，以陆地开发、保护的经济和社会事业部门，都可能延伸到海洋领域中去，并形成相应的执法系统。第二，与司法制度的协调和衔接性。我国海洋执法和司法的本质决定于国体和政体，其基本任务是为维护国家海洋权益和合理的海洋开发利用秩序，及时发现、处理各种违法违规事件，惩治海上犯罪，保护人民的合法用海活动。第三，海洋执法和司法具有很强的科学技术性。海洋执法和司法的科学技术性特点，是由海洋法的科学技术特点和涉海案件、事件处理的技术标准决定的。

海洋执法的原则，是针对海洋执法机关组织开展海洋执法活动的具体原则。海洋执法在性质上属于行政执法，一般行政执法的普遍原则，同样适用于海洋执法的指导。我国海洋执法应遵循三个原则。第一，合法性原则。指海洋执法机关及其执法人员的

执法行为必须有明确的法律、法规的规定依据，不得发生无法律依据的执法行为，合法性是行政执法基础原则。第二，合理性原则。合理性是海洋执法事件或案件的处理、判定得以顺利执行的基本保证。合理性执法原则的含义是海洋执法机关及其执法人员的行政行为必须公正、适当、合理，以避免发生因主、客观原因而造成的偏向、过失或错误行为。第三，及时性和应急快速反应原则。海洋执法必须遵照法律法规的规定时间及时执行其合法的行政行为。海上一旦发生或出现违法、违规案件或其他海事事件和异常问题时，海洋执法机关应该在规定时间内赶赴现场，按照应急计划进行调查取证和海上处理。

（二）海上执法体制

随着《公约》的生效，国际海洋事务迅猛发展，呈现出三个显著特点。在发展战略上，沿海国家以谋求更多的海上利益为核心，纷纷调整本国的海洋政策，强化海洋的综合管理。在管理体制上，许多沿海国家重新整合海洋管理机构，从过去的分散型、行业型管理体制向统一型、综合型方向转变。在执法方式上，各沿海国家正逐步建立起统一、多功能、准军事化的海上执法队伍，并通过加大执法力度，维护本国海洋权益和利益。从执法方式来讲，沿海国的海上执法力量主要可以分两大类，即由单一执法机构实施的集中统一的海上执法和多个部门的多个执法机构实施的分散的海上执法。

1. 集中统一的执法体制

集中统一的海上执法又可分为两种类型，一是行政部门执法，一是军队执法。目前，世界上许多沿海国家，不论是实行集中类型的海洋管理体制，还是实行半集中类型或分散类型的管理体制的国家，大多都拥有统一的海上执法力量，在海上由一个机构执法。这些国家包括：美国、日本、韩国、加拿大、英国、澳大利亚、瑞典、荷兰、冰岛、意大利、印度、越南、菲律宾、巴勒斯坦、阿根廷、科威特、牙买加、厄瓜多尔、墨西哥、以色列、新加坡、土耳其等国。

2. 分散的执法体制

有些沿海国家实行多个部门执法，其中包括军队。德国的海上执法部门有联邦边防保护警察和海关、船舶交通警察等。葡萄牙由海军负责海上巡逻，空军承担空中巡逻和侦察走私、海洋事故和非法捕鱼，内政部设有税务警察，国防部有海上警察和港口管理局，这些单位共同负责查处海上走私、偷渡和渔事纠纷案件。泰国海军负责海洋执法工作，缉私由海军、海警和海关负责；船舶事故和海洋污染由港务局负责处理；涉外渔事纠纷由海军负责处理。印度尼西亚负责海上执法的部门主要有海洋与渔业部、交通部、海关、警察和海军等。马来西亚负责海上执法任务的主要有海上执法局、海军、皇家海关及国税局、交通部以及科学技术及环境部。

（三）国外主要海上执法队伍

世界主要海洋国家大都建立了统一的海上执法队伍，其职能覆盖广泛，战时常作为海军的辅助和后备力量。美国、加拿大、韩国、日本、印度、越南、英国、瑞典、澳大利亚等大多数海洋国家都拥有海岸警卫队。海岸警卫队（Coast Guard）是一个准军事化组织，主要负责一个国家所有海岸线上的警戒、巡逻、执法等任务。

1. 美国海岸警卫队

美国海岸警卫队（US Coast Guard）是一支具备执行多种任务能力的海上武装执法力量，是美国五大军事力量之一、联邦政府最大部门"国土安全部"当中的最大机构，也是和平时期唯一属于政府领导的部队。从内陆水道到海岸带以至深海，海岸警卫队的任务包括缉私、培训船舶驾驶员、援救海上失事，创建水上通道、管理航运业，保护海洋资源和环境，打击、防御恐怖主义活动和国家行船安全检查。在政府机构中，海岸警卫队是唯一能担当管理、执法、检查、紧急事件反应、军事、环境和执行人道主义行动等多种任务的机构。美国海岸警卫队总部设在华盛顿，下设大西洋区、太平洋区。现役人员 39 000 名。

2. 加拿大海岸警备队

加拿大海岸警备队（Canadian Coast Guard）成立于 1867 年，1996 年由运输部转归海洋与渔业部，属于非军事性质。其主要职责是海上搜救、海洋污染案件处理、海上缉私、破冰、海上航行服务、非商业用途船只的登记管理、现场处理渔事纠纷等。总部设在渥太华，在温哥华、魁北克、哈利法斯克斯、纽芬兰和北极地区分别设有 5 个大的管区，各区设管区指挥部，现有工作人员 7 000 多人。

3. 韩国海洋警察厅

韩国海洋警察厅（Korea Coast Guard）于 1953 年组建，当时称作"韩国海洋警察队"，属内务部管理。1996 年 8 月 8 日，韩国政府修改《政府组织法》，海洋警察厅归属国土海洋部领导。其主要职责是维护韩国主权和海洋权益，保障海上安全，保护海洋经济活动，保护海洋环境，维护海上秩序，制止海上犯罪和打击恐怖活动以及负责导航、航路安全和海难救助等。韩国海洋警察厅下设警务局、警备救助局、情报搜集局、海洋污染管理局等 4 个局，现有人员近 8 000 人。

4. 日本海上保安厅

日本海上保安厅（Japan Coast Guard）成立于1948年，是日本管理与控制海洋的专门机构，最早归属运输省领导，2001年归属国土交通省领导，同时也接受国家安全委员会领导，战时自动成为海上自卫队的下属机构。其主要职责是维持海上治安，打击海上犯罪，确保海上交通安全，海上救助，海洋防灾，保护海洋环境，保障海上休闲娱乐安全，海上防灾，应对海洋灾害，海洋调查及提供海洋情报，航道标志业务等。日本海上保安厅由中央和地方机构组成，根据“广阔海域巡逻体制”要求，日本海上保安厅必须确保在距离日本沿岸1 200海里的广大海域内能进行巡逻、搜救等活动。

5. 越南海上警察

越南于1998年3月公布了《越南海上警察力量法令》，同年7月又颁布了《关于越南海上警察力量的组织与活动的政府决定》，标志着越南海上统一执法力量的设立。越南海上警察属于国家武装力量，隶属越南国防部。其主要职责是在领海和毗连区内进行检查控制，以保护其主权、安全、资源，防止和处置环境污染、维持秩序、打击偷渡、走私等犯罪行为。在专属经济区和大陆架内进行巡逻和管控，以保护其主权权利和管辖权，防止和处置环境污染、打击海盗、奴隶贩运、毒品运输等海上犯罪。

二、中国海洋执法体制

中国的海洋执法队伍是维护国家海洋权益和实施海洋综合管理的重要保障。海上执法力量的性质是由其使命所决定的。新中国成立以后，政府在海洋领域开展了卓有成效的工作，在中央与地方相结合的海洋管理体制的建立和不断完善过程中，海洋综合管理逐步得到加强，海洋执法队伍开始建立。新中国成立之初到改革开放前这一时期的海洋观念和政策是以海洋防卫为重点的，因此早期的海上执法多由海军行使。随着海上交通安全、海洋渔业资源的利用和保护、海洋权益和海洋环境保护等法律法规的制定与实施，中国主要的海上执法监督、监察的力量也相继建立起来，形成了以海监、渔政、海事、边防、海关等为行政执法队伍，海军为军事执法队伍的分散型海上执法体制。

我国对海洋行使管理职能和执法的部门多达十余个，国务院多个部委（局）拥有本部门的执法部门，主要有交通运输部直属的中国海事局，农业部直属的中国渔政局、公安部的边防管理局、海关总署的缉私局和国家海洋局的中国海监总队；而沿海地方人民政府的公安、交通、渔业、环保、海洋等部门也各自拥有本部门所属的海上执法队伍，分别担负着海上治安管理、海上交通安全监督、船舶海上污染防治、海上缉私和维护海洋权益、海域使用监督管理、海洋环境保护等方面的执法任务。另外，为保障海上安全和权益，海军是我国的海上军事执法力量。

（一）中国海监

自1998年成立以来，中国海监执法队伍的建设和管理逐渐完善和提高，执法能力逐年增强，海监船舶和海监飞机的巡航艘次或架次逐年增多，覆盖海域逐步扩大，海上行政执法已逐步走上法制化轨道。中国海监已成长为一支具有一定规模和广泛社会影响力的海上执法队伍。

中国海监队伍由中国海监总队，3个海区总队，11个沿海省、自治区、直辖市总队及其所属97个支队、205个大队组成，共有执法人员8 000余人。其中，中国海监国家队伍由中国海监总队机关、3个海区总队（北海、东海、南海）、10个行政执法支队、3个航空支队、3个维权执法支队、1个西中南沙执法站组成，执法人员2 300名。中国海监地方队伍由11个沿海省、自治区、直辖市总队及其所属81个支队（地级市支队52个、直属支队19个、自然保护区支队10个）、205个县（市）大队组成，执法人员6 000余人。目前，中国海监拥有各类船艇266艘。其中千吨级以上船舶26艘，千吨级以下钢制船40艘，执法艇200艘；海监飞机9架，其中直升机2架，固定翼5架；各类执法指挥车、执法车288辆；具备现代化航空遥感、远程监视取证、卫星实时通信及快速反应能力，是一支列入解放军预备役、实行准军事化管理的现代化、规范化执法队伍。中国海监已与海军建立了海上行动协调机制，在中国管辖海域开展了全海域维权巡航执法。

1. 中国海监的主要职责

根据国务院办公厅印发的《关于印发国家海洋局主要职责内设机构和人员编制规定的通知》（国办发［2008］63号），其中职责中包括：在我国管辖海域实施定期维权巡航执法制度；查处违法活动；监督涉外海洋科学调查研究活动；和监督涉外的海洋设施建造、海底工程和其他开发活动。

1998年10月，经中央编制委员会办公室批准，国家海洋局设置中国海监总队（部委正厅级），参照国家公务员制度管理。根据国家海洋局印发的《关于印发中国海监总队主要职责内设机构和人员编制规定的通知》（国海人字［2010］359号）的规定，中国海监总队的主要职能是代表国家海洋局建设和管理中国海监队伍，组织、指导、监督海洋行政执法，组织实施海洋维权执法。其主要指责包括：负责拟订中国海监发展战略、规划和政策，制定并监督实施中国海监工作计划及规章制度；组织实施我国管辖海域维权巡航执法，协调、指挥重大海上执法行动；组织开展海洋行政执法，依法查处违法活动，负责编制海洋执法公报、专报和通报；负责中国海监业务体系建设；负责中国海监船舶、飞机、专用装备及陆岸设施等的能力建设和监督管理；组织开展中国海监队伍督察工作，承担中国海监队伍培训工作；承担国家海洋局应急管理相关工作，组织协调海上重大突发事件的应急响应行动等。

2. 中国海监的执法依据

海洋行政执法活动应当具有严格的法定性，必须遵守依法行政的基本要求。各级海洋行政主管部门及其所属中国海监机构进行执法活动，严格根据法律的规定，有法必依、执法必严。中国海监执法的法律依据，主要包括宪法、法律、行政法规、规章、其他规范性文件及有关国际公约和国际协定等（详见表21－1）。

表21－1　海洋行政执法的主要法律依据

内　容	主要法律依据
海洋基本法律	全国人民代表大会常务委员会关于批准《联合国海洋法公约》的决定
	联合国海洋法公约
	中华人民共和国政府关于领海的声明
	中华人民共和国政府关于中华人民共和国领海基线的声明
	中华人民共和国领海及毗连区法
	中华人民共和国专属经济区和大陆架法
海域使用管理	中华人民共和国物权法
	中华人民共和国海域使用管理法
	中华人民共和国海域使用权管理规定
海洋环境保护	1972伦敦公约
	1972伦敦公约/1996议定书
	中华人民共和国海洋环境保护法
	中华人民共和国环境影响评价法
	中华人民共和国防治海洋工程建设项目污染损害海洋环境管理条例
	中华人民共和国海洋倾废管理条例
	中华人民共和国海洋石油勘探开发环境保护管理条例
	中华人民共和国自然保护区条例
海洋维权	中华人民共和国涉外海洋科学研究管理规定
	铺设海底电缆管道管理规定
	海底电缆管道保护规定

续表

内　容	主要法律依据
海洋行政处罚与监督	中华人民共和国行政处罚法
	中华人民共和国行政复议法
	中华人民共和国行政诉讼法
	最高人民法院关于行政诉讼证据若干问题的规定
	中华人民共和国国家赔偿法
相关法律	中华人民共和国土地管理法
	中华人民共和国渔业法
	中华人民共和国矿产资源法
	中华人民共和国海上交通安全法

国家海洋局海洋发展战略研究所制表

3. 中国海监的执法任务

中国海监的执法任务可以分为海洋行政执法和定期维权巡航执法，在具体表现上，主要是对我国管辖海域（包括海岸带）实施巡航监视，对侵犯海洋权益、违法使用海域、损害海洋环境与资源、破坏海上设施、扰乱海上秩序等违法、违规的行为进行查处，并组织协调海上重大突发事件的应急响应行动以及根据委托或授权进行其他海上执法工作。

海洋行政执法。从执法政策和策略上看，中国海监主要是在特定时期、特定区域，针对特定目标，集中优势，整合资源，开展专门的执法。专项执法行动主要包括“海盾”专项执法和“碧海”专项执法。

定期维权巡航执法。1999—2001 年，是中国海监涉外维权执法的起步阶段，主要以对外海洋科研监管和电缆管道调查执法为重要内容开展执法。2001—2006 年，是中国海监维权执法工作迅速发展的时期，多次圆满完成国家重大海上维权执法任务，有力地捍卫了中国的海洋权益。2007 年，中国海监定期维权巡航执法制度的范围已经覆盖中国全部管辖海域，并建立了规章制度体系，有效地推进了这项工作向前发展。2009 年，中国海监巡航范围北至鸭绿江口，南至曾母暗沙，已真正实现了对我国全部主张管辖海域的巡航执法。维护国家海洋权益是国务院赋予国家海洋局的重要职责，也是中国海监的重要任务。中国海监定期维权巡航执法工作制度的建立和发展，为维护我国海洋权益作出了重要的贡献。

（二）中国海事

中国海事是海上交通执法监督队伍。海事局系统分为直属海事局和地方海事局两支队伍，分别在不同的水域行使海事管理职能。直属海事局管辖的水域包括沿海（包括岛屿）海域和港口、对外开放水域；这些水域以外的内河、湖泊和水库等的水上安全监督工作，由省、自治区、直辖市人民政府负责。交通部共设置14个直属海事局，机构的名称统一为“中华人民共和国XX海事局”。直属海事局为事业单位，参照公务员管理。其中，上海、天津、辽宁、山东、江苏、浙江、福建、广东、广西、海南、长江、深圳等12个海事局为正厅级单位，河北、黑龙江两个海事局为副厅级单位。在全国31个省、自治区、直辖市（不含港澳台地区）中，设置了27个地方海事机构。

1. 中国海事的主要职责

中国海事局的机构职能如下：①拟定和组织实施国家水上安全监督管理和防止船舶污染、船舶及海上设施检验、航海保障以及交通行业安全生产的方针、政策、法规和技术规范、标准。②统一管理水上安全和防止船舶污染。监督管理船舶所有人安全生产条件和水运企业安全管理体系；调查、处理水上交通事故、船舶污染事故及水上交通违法案件；归口管理交通行业安全生产工作。③负责船舶、海上设施检验行业管理以及船舶适航和船舶技术管理；管理船舶及海上设施法定检验、发证工作；审定船舶检验机构和验船师资质、审批外国验船组织在华设立代表机构并进行监督管理；负责中国籍船舶登记、发证、检查和进出港（境）签证；负责外国籍船舶入出境及在我国港口、水域的监督管理；负责船舶载运危险货物及其他货物的安全监督。④负责船员、引航员适任资格培训、考试、发征管理。审核和监督管理船员、引航员培训机构资质及其质量体系；负责海员证件的管理工作。⑤管理通航秩序、通航环境。负责禁航区、航道（路）、交通管制区、港外锚地和安全作业区等水域的划定；负责禁航区、航道（路）、交通管制区、锚地和安全作业区等水域的监督管理，维护水上交通秩序；核定船舶靠泊安全条件；核准与通航安全有关的岸线使用和水上水下施工、作业；管理沉船沉物打捞和碍航物清除；管理和发布全国航行警（通）告，办理国际航行警告系统中国国家协调人的工作；审批外国籍船舶临时进入我国非开放水域；负责港口对外开放有关审批工作以及中国便利运输委员会日常工作。⑥航海保障工作。管理沿海航标无线电导航和水上安全通信；管理海区港口航道测绘并组织编印相关航海图书资料；归口管理交通行业测绘工作；组织、协调和指导水上搜寻救助，负责中国海上搜救中心的日常工作。⑦组织实施国际海事条约；履行“船旗国”及“港口国”监督管理义务，依法维护国家主权；负责有关海事业务国际组织事务和有关国际合作、交流事宜。⑧组织编制全国海事系统中长期发展规划和有关计划；管理所属单位基本建设、财务、教育、科技、人事、劳动工资、精神文明建设工作；负责船舶港务费、船舶吨税有关管理工作；负责全国海事系统统计和行风建设工作。

2. 中国海事的执法依据

根据我国相关法律、法规的授权，海事局负责行使国家水上安全监督和防止船舶污染、船舶及海上设施检验、航海保证管理和行政执法，并履行交通部安全生产等管理职能。海事局在海上执法类别主要包括：对船舶安全检查；危险货物运输安全管理；对船舶污染防治；维护通航环境、水上交通秩序；对船员、引航员考试、培训、发证；对交通事故调查；对船公司安全监督及有关海洋行政处罚等，依其不同的管辖对象和管理内容其所依据的法律法规也有所不同。主要执法依据包括：《中华人民共和国海上交通安全法》（1984 年）、《中华人民共和国船舶登记条例》（国务院令第 155 号 1994 年）、《中华人民共和国船舶载运危险货物安全监督管理规定》（交通运输部令 2003 年第 10 号）、《中华人民共和国船舶签证管理规则》（交通运输部令 2007 年第 7 号）、《中华人民共和国船舶安全检查规则》（交通运输部令 2009 年第 15 号）和《国际海运危险货物规则》（国际海事组织 1991 年）等国内法律法规和国际公约。

3. 中国海事的执法任务

中国海事的主要任务包括：管理水上安全和防止船舶污染，调查、处理水上交通事故、船舶污染事故及水上交通违法案件；负责外国籍船舶入出境及在中国港口、水域的监督管理；负责船舶载运危险货物及其他货物的安全监督；负责禁航区、航道（路）、交通管制区、安全作业区等水域的划定和禁航区、航道（路）、交通管制区、锚地和安全作业区等水域的监督管理；管理和发布全国航行警（通）告，办理国际航行警告系统中国国家协调人的工作；审批外国籍船舶临时进入中国非开放水域；管理沿海航标、无线电导航和水上安全通信；组织、协调和指导水上搜寻救助并负责中国搜救中心日常工作，等等。

（三）中国渔政

20 世纪 50 年代，国家渔业行政主管部门设立了渔政管理处，沿海主要省市渔业行政主管部门也建立了渔政监督管理机构。1978 年 3 月，国家水产总局成立，下设渔政渔港监督管理局，主管水产资源繁殖保护、渔船安全、渔船检验和渔业电信；同时对外加挂中华人民共和国渔政渔港监督管理局的牌子，代表国家行使渔政渔港监督管理权。同年，三个海区渔业指挥部设立渔政处。自此开始了真正意义上的渔政、渔港监督和渔船检验等渔政管理，渔政管理体系开始建立。

1983 年国务院批转《关于发展海洋渔业若干问题的报告》的通知中强调指出：“要健全渔业法规，加强渔政管理，严格保护、合理利用和积极增殖近海渔业资源”。在此指导思想下，全国上下普遍重视渔业法规和渔政机构的建设，并开始组建渔业执法队伍。1983 年 9 月，三个海区渔业指挥部划归原农牧渔业部领导①，加挂海区渔政分局的牌子，并在沿海若干个重要港口设立渔政管理站。1985 年原农牧渔业部正式下达文件，海区指挥部的主要职能从生产指挥向管理和服务转变，并逐步强化渔政管理职能，海区渔业指挥船改名为渔政船。1986 年《中华人民共和国渔业法》颁布实施以后，全国大部分省（区市）及其渔业县（市）建立了地方渔政管理机构，沿海和部分内陆省（市、县）相继组建了相应的渔业执法船队。1990 年，各海区渔政分局所属渔政船队改为渔政检查大队。1995 年，各海区渔政局所属渔政检查大队更名为“中国渔政××海总队”，省级为渔政总队、地市级为渔政支队、县级为渔政大队。目前，我国海洋渔政执法工作由黄渤海、东海、南海区渔政渔港监督管理局（对外称中华人民共和国黄渤海、东海、南海区渔政局）负责。

为适应新的国际海洋管理制度和国内渔业统一综合执法的需要，农业部渔政指挥中心于 2000 年正式成立。指挥中心专门负责组织协调全国重大渔业执法行动，特别是跨海域、大流域、跨省区的渔业执法行动，维护国家海洋权益，并指导全国渔政队伍建设工作。

表 21－2　渔政管理体制演变

时间	渔政管理部门	隶属部门
1957 年	渔政司	国家水产部
1958—1964 年	国家曾先后两次撤消又恢复渔政机构	
1978 年	渔政管理局	国家水产总局
1982 年	国家水产总局	农牧渔业部
1988	渔政渔港监督管理局（农业部内设机构）	农业部
1994 年	渔业局	农业部
1994 年	各海区渔政、渔港监督管理局	农业部

引自：《中国海洋发展报告（2010）》表 20－1。

① 1982 年 5 月 4 日，根据第五届全国人大常委会第二十三次会议批准的国务院部委机构改革实施方案，农业部、农垦部、国家水产总局合并，设置农牧渔业部。1988 年，国务院进行机构改革，农牧渔业部的职能需要扩大，农牧渔业部更名为农业部。

1. 中国渔政的主要职责

中国渔政执法队伍的职责主要体现在两个方面：一是渔业行政监督检查权；二是渔业行政处罚权。国家渔政机构、海区渔政机构和地方渔政机构都有各自具体的管辖范围和权限。农业部中国渔政指挥中心承担农业部履行的渔政管理具体行政执法及队伍建设职责，其相关的主要职责：一是承担全国渔业统一综合执法行动的指挥、协调任务；二是承担专属经济区渔业执法检查的指挥工作。根据双边渔业协定对共管水域组织实施渔业执法检查，受委托协调与有关国家和地区对口机构的联合执法检查；三是组织实施跨海区、大流域、跨省区和边境水域的渔业执法行动。负责拟订重要渔业执法检查计划，经批准后组织实施；四是负责处理涉外渔业事件和执行海损事件警报任务等。农业部渔政指挥中心的业务工作由渔业局归口管理，接受渔业局指导。

农业部在黄渤海区、东海区、南海区的渔政、渔港监督管理职责，分别由农业部黄渤海区渔政局（中华人民共和国黄渤海区渔政局）、农业部东海区渔政局（中华人民共和国东海区渔政局）、农业部南海区渔政局（中华人民共和国南海区渔政局）承担。海区渔政局的主要职责是：贯彻执行国家渔业法律法规和国家发展渔业的方针政策；组织指导、协调所属省、自治区、直辖市的渔政监督管理工作；进行本海区渔政工作计划，提出工作对策，办理审批、核发跨海区作业渔船和农业部或国家渔政渔港管理局委托其审批、核发的近海大型拖网、围网渔船的捕捞许可证，整顿渔业生产秩序；会同有关部门维护海上生产安全，处理渔业纠纷，防范自然灾害，协助海难救助等。

2. 中国渔政的执法依据

中国渔政的主要执法依据包括《联合国海洋法公约》（1996 年 7 月 7 日对我国生效），《中华人民共和国环境保护法》（1989 年）、《中华人民共和国专属经济区和大陆架法》（1998 年）、《中华人民共和国渔业法》（2004 年修正）、《中华人民共和国野生动物保护法》（2004 年）、《中华人民共和国物权法》（2007 年）、《中华人民共和国水污染防治法》（2008 年），《中华人民共和国渔业法实施细则》（原农牧渔业部 1987 年）、《专属经济区渔政巡航管理规定》（国渔指［2005］83 号）等国际公约、法律和法规。

专属经济区和大陆架的渔业管理是中国渔业执法体系中的重要组成部分，直接关系到中国在专属经济区和大陆架的渔业资源权益。农业部先后制定和颁布了《中华人民共和国管辖海域外国人、外国船舶活动管理暂行办法》、《专属经济区渔政巡航管理规定》、《中日渔业协定暂定措施水域管理暂行办法》、《中韩渔业协定暂定措施水域和过渡水域管理暂定办法》、《中越北部湾共同渔区渔业资源养护和管理规定》等规章，2005 年又对《专属经济区渔政巡航管理规定》进行了修订，初步形成了以《中华人民共和国渔业法》为骨干，相关规定配套齐全的专属经济区渔政管理法律体系。

3. 中国渔政的执法任务

中国渔业行政及执法管理队伍按照统一领导、分级管理的原则，农业部渔业局是全国海洋、内陆渔业水域渔政渔港监督管理的最高领导机关和仲裁单位。农业部履行的渔政管理具体行政执法及队伍建设职责由中国渔政指挥中心承担。中国渔政的执法范围覆盖我国全部管辖海域。在渔政巡航执法方面，中国渔政指挥中心负责渔政年度巡航的组织和指挥工作，包括计划的审核下达、组织协调和监督检查。农业部各海区渔政渔港监督管理局制定各海区渔政巡航年度巡航计划，报经渔政指挥中心审核下达后组织实施。海区渔政局主要管辖：海洋机动渔船拖网禁渔区线以外水域；重要渔场、渔汛；国家颁布的保护区、休渔区以及中日、中韩、中越渔业协定的水域。此外，东海区渔政局兼管长江流域的渔业资源及渔政管理工作。组织实施所负责海区的专属经济区渔政巡航是各海区渔政局一项重要职责。执行专属经济区渔政巡航任务的渔政船由海区渔政局具体落实。海区渔政局的渔政船不足时，可抽调符合条件的地方渔政船承担巡航任务。海区渔政局根据指挥中心下达的年度巡航计划，在巡航任务开始执行的 7 个工作日内向有关巡航渔政船所属的渔政机构下达《专属经济区渔政巡航航次任务通知书》。渔政船在执行巡航任务期间按照下级服从上级、地方服从中央的原则，由海区渔政局统一调度指挥。

（四）公安边防海警

公安边防部队（亦称中国人民武装警察边防部队）是国家部署在沿边沿海地区和口岸的一支重要武装执法力量，隶属于公安部，列入武警部队序列。公安边防部队在省、自治区、直辖市设公安边防总队，在边境和沿海地区（市、州、盟）设公安边防支队，在县（市、旗）设公安边防大队，在沿边沿海地区乡镇设边防派出所，在内地通往边境管理区的主要干道上设边防公安检查站；在沿海地区设海警支队、大队；在开放口岸设边防检查站。公安边防部队在各省（自治区、直辖市）设立公安边防总队 30 个（北京未设），在边境和沿海地区（市、州、盟）设公安边防支队 110 个，在沿海地区设海警支队 20 个。在开放口岸设现役边防检查站 207 个，在边境沿海地区县（市、旗）设公安边防大队 310 个，在沿边沿海地区乡（镇、苏木）设边防派出所

1 691个，在边境主要通道、要道设边境检查站46个，在边境地区的重点地段、方向部署机动队113个。公安边防海警部队作为公安边防部队的一支，是国家部署在沿边沿海地区和口岸的一支重要武装执法力量，负责海上治安。

表21－3　全国海警支队（20个）

单位	名称	所在地	名称	所在地	名称	所在地
福建边防总队海警	一支队	福州	二支队	泉州	三支队	厦门
广东边防总队海警	一支队	广州	二支队	汕头	三支队	湛江
辽宁边防总队海警	一支队	大连	二支队	丹东		
山东边防总队海警	一支队	威海	二支队	青岛		
浙江边防总队海警	一支队	台州	二支队	宁波		
海南边防总队海警	一支队	海口	二支队	三亚		
广西边防总队海警	一支队	北海	二支队	防城港		
上海边防总队海警	支队	上海				
天津边防总队海警	支队	天津				
河北边防总队海警	支队	秦皇岛				
江苏边防总队海警	支队	太仓				

国家海洋局海洋发展战略研究所制表。

公安边防海警（China Coast Guard），是指沿海公安边防总队及其所属的海警支队、海警大队，是维护海上治安秩序的执法力量。公安边防海警根据我国相关法律、法规、规章，对发生在我国内水、领海、毗连区、专属经济区和大陆架违反公安行政管理法律、法规、规章的违法行为或者涉嫌犯罪的行为行使管辖权①。沿海公安边防总队、海警支队和海警大队办理海上治安案件和刑事案件，分别行使地（市）级人民政府公安机关、县级人民政府公安机关和公安派出所相应的职权。

1. 公安边防海警的主要职责

1951年公安边防部队成立之初，海警部队的主要职责是维护边防辖区治安秩序，维护国家边防安全，重点任务是打击沿海及海上偷渡、走私、贩毒等违法犯罪活动。

① 中华人民共和国国务院新闻办公室发布，《2008年中国的国防》，2009年1月。

现阶段，根据《公安机关海上执法工作规定》（公通字［2007］63号），公安边防海警依法履行的职责主要是预防、制止、侦查海上违法犯罪活动，维护国家安全和海域治安秩序；负责海上重要目标的安全警卫；参与海上抢险救难，保护公共财产和公民人身财产安全；依照规定开展海上执法合作等方面。从公安海警部队成立之初到现阶段的职责对比上看，除了1951年被赋予的打击走私、贩毒和海上偷渡外，还增加了对渔民、出入境人员的管理以及涉外边防合作等职能。

2. 公安边防海警的执法依据

公安边防海警在执法过程中，其执法依据主要包括《中华人民共和国领海及毗连区法》（1992年）、《中华人民共和国专属经济区和大陆架法》（1998年）、《中华人民共和国刑事诉讼法》（1996年修正）、《中华人民共和国人民警察法》（1995年）、《中华人民共和国治安管理处罚法》（2006年），以及2007年12月1日起施行的《公安机关海上执法工作规定》（公通字［2007］63号）等有关法律、法规。《公安机关海上执法工作规定》明确了公安边防海警履行海上执法职责的主体地位。

3. 公安边防海警的执法任务

依据2007年12月1日起施行的《公安机关海上执法工作规定》，公安边防海警对发生在中国内水、领海、毗连区、专属经济区和大陆架违反公安行政管理法律、法规、规章的违法行为或者涉嫌犯罪的行为，由公安边防海警根据我国相关法律、法规，行使管辖权。其主要执法任务包括：对海上发生的违反公安行政管理法律、法规、规章的治安案件进行调查处理；对海上发生且属于公安机关管辖的刑事案件进行侦查；对违反公安行政管理法律、法规或者涉嫌犯罪的人员，以及与违法犯罪行为有关的工具或者物品，采取登临、检查、执行逮捕、扣留等措施；为防止和惩处在我国陆地领土、内水、领海内从事危害安全、走私、偷越国（边）境等违法犯罪行为，在毗连区内实施管制；对违反公安行政管理法律、法规或者涉嫌犯罪的外国船舶实施紧追；法律、法规规定由公安机关行使的其他职权。对有违法犯罪嫌疑的人员，海警部队可以依照《中华人民共和国人民警察法》（1995年）等法律、法规，行使当场盘问、检查权和继续盘问权。

（五）海关缉私警察

中华人民共和国海关总署缉私局（全国打击走私综合治理办公室）是中国海关缉私警察的领导、指挥机关，受海关总署与公安部双重领导，以海关总署领导为主。海关总署缉私局既是海关总署的一个内设局，又是公安部的一个序列局，为公安部第二十四局。

按照国务院有关规定，海关总署缉私局在广东分署设立广东分署缉私局，在全国41个直属海关分别设立各直属海关缉私局，在部分隶属海关还设有170个隶属海关缉私分局。各直属局及分局，同样接受双重垂直领导，其局长同时兼任所在海关副关长。广东分署缉私局、各直属海关缉私局同时列入所在地省级公安机关序列，为所在公安厅（局）走私犯罪侦查局。

1. 海关缉私警察的主要职责

海关缉私警察承担海关打击走私的刑事执法和行政执法的各项任务，其自身职能随着海关形势和任务的不断变化，也在不断调整和完善。缉私警察组建之初，根据国务院的有关规定，缉私警察是对走私犯罪案件依法进行侦查、拘留、执行逮捕、预审的专职刑警队伍。2000年7月，新修订的《中华人民共和国海关法》第4条规定："国家在海关总署设立专门侦查走私犯罪的公安机构，配备专职缉私警察，负责对其管辖的走私犯罪案件的侦查、拘留、执行逮捕、预审"、"海关侦查走私犯罪公安机构履行侦查、拘留、执行逮捕、预审职责，应当按照《中华人民共和国刑事诉讼法》的规定办理"等，以法律形式确定了缉私警察的设置、性质、职责、执法程序等。其次，为主动适应我国加入世贸组织后反走私斗争新形势的要求，充分发挥海关打击走私的整体效能，2002年，海关走私犯罪侦查局统一更名为海关缉私局，增加查处走私、违规案件的行政执法职能。

海关缉私警察现已成为承担海关打私任务的主要职能部门，承担打击走私的各项任务。具体包括：对走私犯罪案件和走私犯罪嫌疑人依法进行侦查、拘留、执行逮捕和预审工作；对侦查终结的走私犯罪案件向检察机关移送起诉；对依法不追究刑事责任的走私行为和违反海关监管规定的行为以及法律、行政法规规定由海关实施行政处罚的行为，进行立案调查和处理。海关总署缉私局还承担全国打击走私综合治理办公室职能。缉私警察职责范围涵盖了走私犯罪侦查、海上缉私、走私违规案件查处、缉私情报、国际执法合作等多项职能，涉及海关业务工作的方方面面，全面彻底地承担起了海关四项基本职能之一。

2. 海关缉私警察的执法依据

海关海上缉私是《中华人民共和国海关法》（2000年修正）赋予海关缉私人员的权力。海关执法主要包括行政执法和刑事执法，行政执法和刑事执法的主要依据如表所示。2003年缉私局成立之初，缉私局承担部分行政办案职能，2005年以后，则全面承担起行政案件的查处工作，成为集刑事、行政执法于一体的执法部门。

表 21－4　海关执法主要执法依据

执法手段	执法依据	具体法律
行政执法	法律	中华人民共和国海关法
		中华人民共和国行政复议法
		中华人民共和国行政处罚法
	行政法规	海关行政处罚实施条例
		中华人民共和国知识产权海关保护条例
		中华人民共和国知识产权海关保护条例
	行政规章	禁止进出境物品表
		限制进出境物品表
刑事执法	法律	中华人民共和国刑法
		中华人民共和国刑事诉讼法

对与毗连区有关的走私行为行使缉私管辖有两种情况：一是走私船舶已经进入中国内海、领海水域，我国海关连续追缉至毗连区将其截获的；二是在中国毗连区内运输、收购、贩卖国家禁止和限制货物、物品，没有合法证明，有准确情报指引系向中国走私的船舶的。依据《中华人民共和国领海和毗连区法》第 13 条规定，“中华人民共和国有权在毗连区内，为防止和惩处在其陆地领土、内水或者领海内违反有关安全、海关、财政、卫生或者入境出境管理的法律、法规的行为行使管制权”，海上缉私部门对这两种情况都有权进行查缉。对于在中国领海以内实施走私犯罪、违法、违规而逃逸至公海的船舶，海上缉私队伍按照国际法规则具有紧追的权力，紧追权的行使应符合《公约》的有关规定。

3. 海关缉私警察的执法任务

海关缉私执法的任务主要体现在四个方面：一是打击走私违法活动。主要是：组织查处走私违法案件，追究违法者的法律责任，定期与不定期开展专项行动和联合行动，扼制重点走私渠道、走私区域等；二是保护当事人合法权益。主要是在打击走私违法活动的同时，依法维护相对人的合法权益；三是规范企业经营行为。主要是教育、引导和规范企业等任务；四是开展反走私综合治理。

具体任务是，在中国海关境内，依法缉查涉税走私犯罪案件，对走私犯罪案件和走私犯罪嫌疑人依法进行侦查、拘留、逮捕和预审工作。对海关调查部门、地方公安机关（包括公安边防部门）和工商等行政执法部门查获移交的走私犯罪案件和走私犯罪嫌疑人，依法进行侦查、拘留、逮捕和预审工作。地方公安机关负责查处走私武器、弹药、毒品、伪造的货币、淫秽物品、反动宣传品、文物等非涉税走私犯罪案件。但是对于发生在海关监管区内的上述非涉税走私犯罪案件，由走私犯罪侦查机构立案侦查。对侦查终结的走私犯罪案件向检察机关移送起诉，对经侦查不构成走私犯罪的案件和虽然构成走私罪但司法机关依法不追究刑事责任的案件，移交海关调查部门处理。在地方公安机关配合下，负责制止在查办走私犯罪案件过程中发生的以暴力、威胁方法抗拒缉私和危害缉私人员人身安全的违法犯罪行为。依法受理、查办与走私犯罪案件有关的申诉，办理国家赔偿。

三、海洋执法活动

中国海监、海事、渔政、海警、缉私等海上执法队伍从各自所属的部门及行业管理角度出发，根据海洋综合协调与维护海洋权益、海上交通安全、渔业行政管理、打击海上刑事犯罪、维护海关秩序等方面的实际需要，开展海上执法工作。各执法队伍为各个部门行使专项管理职能发挥着重要的保障和促进作用。2009 年，各级海洋行政主管部门及海监机构全面落实我国管辖海域海洋权益维护执法、海域使用管理执法、海洋环境保护执法等工作，在强化执法监督检查、进一步规范海洋行政执法程序、继续加强执法能力建设等方面，都取得了一定的成效。沿海各地的区域联合执法行动进一步促进和保障了海洋行政执法工作的深入开展。

（一）海洋维权执法

2009 年，中国海监进一步实施全海域定期维权巡航执法，巡航范围北起鸭绿江口，南至曾母暗沙，东至冲绳海槽附近，基本覆盖了我国主张管辖海域。针对各海域的形势，划分了一般巡航区域与重点巡航区域，加强了对南沙群岛、黄岩岛附近海域及东海等重点海域的巡航监视。2009 年度海洋维权执法共派出海监船舶 130 艘次，巡航 1 435天、228 322 海里；派出海监飞机 540 架次、飞行 627 943 千米。监视进入中国管辖海域的外国船舶 426 艘次、飞机 106 架次，其他目标 227 次，拍摄监视照片 37 549 张，摄像资料 5 719 分钟，发现其他违法行为 75 次，进行喊话 196 次。2009 年 3 月，中国海监飞机在海南岛东南部执行南海定期维权巡航执法行动中，发现美国海军“无瑕”号海洋测量船，随即组织海监船舶、飞机对其行动及作业进行了跟踪监视、取证和喊话驱离。其后又对未经批准进入我国专属经济区实施调查作业的“马库斯·朗塞特”号科学考察船进行了跟踪、监视，有效维护了我国海洋权益。总体来看，中国海监完成了各项专项维权执法行动，省级海监机构维权巡航执法工作逐步开展，广东省、辽宁省、广西壮族自治区分别开展了本行政区毗连海域维权巡航执法工作。①

2009—2010 年，中国渔政进行了多次维权执法活动。2009 年 4 月 11 月间，他国军事测量船、海洋调查船多次非法进入中国南海、黄海专属经济区作业，并且开动大功率声纳严重破坏中国海域渔业等生物资源，中国渔政采取相应措施。为保护南海等海域生物资源发挥了重要作用。2009 年 5 月 24 日，中国渔政 44 183 船在西沙海域海面，发现外国侵渔渔船，中国渔政 44 183 船进行了拦截并驱逐。② 2009 年 11 月 26 日，由中国渔政"311 船"和"303 船"组成的渔政执法编队抵达西沙永兴岛，在中国南海海域履行捍卫中国渔业、渔民权益的任务。③ 2010 年 9 月 7 日，日本海上保安厅巡逻船在中国钓鱼岛附近海域与一艘中国拖网渔船发生碰撞，并于第二日逮捕了该渔船船长。中国外交部门在处理相关外交事务的同时，派遣中国渔政执法船前往相关海域执法，根据中国有关法律开展渔业管理活动，维护渔业生产秩序，保护中国渔民的生命和财产安全。④ 事后，中国渔政指挥中心表示，中国渔政将在钓鱼岛附近海域开展常态化巡航，而且要加大加强巡航力度，切实保护我渔民的生命财产安全。⑤

公安边防海警部队的海上执法也发挥了重要的作用。2009 年 5 月 26 日，海南、广东、广西三省（区）海警部队，奔赴北部湾中越中心线中方一侧海域巡逻监管。此次行动的目的是对北部湾实施有效的监督管理，查处违反南海伏季休渔规定作业的渔船，查处违反协定作业的外籍渔船以及其他违反中国法律法规的外籍、无国籍渔船，防范和打击侵渔等海上违法犯罪活动，保障中国渔民在北部湾的正常作业权利，更好地执行中越北部湾划界协定。⑥

2010 年，海事部门利用"海巡 11"、"海巡 21"和"海巡 31"三艘千吨级海巡艇，建立了"分散布点、区域负责"的大型巡逻船配布巡航模式，先后对中国南海、东海、黄海和渤海海区进行了多次巡航，维护了国家主权，保障了各海区良好的通航环境和

---

① 数据来源：国家海洋局，《2009 年中国海洋行政执法公报》，2010 年 2 月。

② 根据"中国渔政船在西沙海域驱逐四艘外国侵渔渔船"一文整理，人民网，http：//military. people. com. cn/GB/1076/52984/10475876. html.

③ 根据"中国渔政执法编队再抵西沙永兴岛"一文整理，人民网，http：//military. people. com. cn/GB/1076/52984/10475876. html.

④ 根据中国外交部发言人发言整理，中国外交部网站 http：//www. fmprc. gov. cn/chn/pds/wjdt/fyrbt/t753469. htm.

⑤ 引自"中国渔政将在钓鱼岛附近海域开展常态化巡航"一文，中国频道网，http：//news. eastday. com/c/20100927/u1a5466635. html.

⑥ 根据"我海警 8 舰打击侵渔活动"一文整理，人民网，http：//military. people. com. cn/GB/1076/52984/10475876. html.

通航秩序。[①]

（二）海域使用管理执法

2009年，中国海监以规范海域使用秩序为目的，开展近岸海域定期巡查和专项执法行动，重点查处非法大型围填海行为和养殖用海行为。海域使用检查项目和检查次数持续增加，检查项目达到28 611个。检查次数为67 499次，随着海洋行政执法工作的深入开展，海域使用者的依法用海意识增强。2009年海域使用执法检查中发现违法行为1 817起，比上年下降11.28%；行政处罚决定1 151件，比上年下降7.25%。[②] 中国海监在“海盾2009”专项执法中，立案69件，比“海盾2008”减少44件，下降38.94%，做出行政处罚决定64件，比“海盾2008”减少45件，下降41.28%；决定罚款额77 289.05万元，比“海盾2008”减少31 228.95万元，下降了28.78%；实际收缴罚款51 794.60万元，比2008年增加21 093.6万元，增加了68.71%。[③]

（三）海洋环境保护执法

中国海监对海洋石油勘探开发、海洋倾废、海岛开发等活动以及海洋自然保护区、海洋特别保护区、海洋生态监控区等展开海洋环境保护执法工作。2009年继续加强重点海域巡航监视和执法检查，首次组织了针对海洋环境违法行为的“碧海2009”专项执法行动，启动了“渤海石油勘探开发活动定期巡航”，有效地保护了海洋生态环境。全国各级海监机构共进行海洋工程环境监督检查17 170次，发现违法行为155起，做出行政处罚63件，决定罚款432.59万元；进行海洋倾废环境监督检查8 514次，发现违法行为185起，做出行政处罚162件，决定罚款801.18万元；进行海洋生态监督检查2 974次，发现违法行为291起，做出行政处罚188件，决定罚款851.26万元。[④]

（四）海上护渔执法

2009年5月，中国渔政东海总队在东海区共完成专属经济区渔政巡航任务16个航次，组织实施了东海区“护渔2009”第一、二次海上执法行动。中国渔政东海总队执行专属经济区渔政巡航任务10个航次（含长江口渔政应急值班任务3个航次），主要

---

① 根据“中国海事加强巡航执法两年共完成巡航1500多万海里”一文整理，中国船员网，“http://seafarers.msa.gov.cn/SysInfoPublish/CntListDetail.aspx?ID=35d3b928-d6b7-495c-8631-e33512b545a5&InfoType=200902251036080312.

② 数据来源：国家海洋局，《2009年中国海洋行政执法公报》，2010年2月。

③ 数据来源：国家海洋局，《2009年中国海洋行政执法公报》，2010年2月。

④ 数据来源：国家海洋局，《2009年中国海洋行政执法公报》，2010年2月。

巡航区域为长江口、吕泗、舟山、温台渔场和闽东、闽中、闽南渔场以及中韩、中日渔业协定暂定措施水域。共计巡航 92 天，航时 533 小时，航程 5 521 海里。在巡航过程中，观察记录各类渔船 84 艘，登临检查 122 艘，现场处理 18 艘，收缴罚没款 15.2 万元。移交地方处理 8 艘，收缴罚没款 11.08 万元，没收网具 27 顶、渔获物 815 千克。地方渔政船执行专属经济区渔政巡航任务 6 个航次，主要巡航区域为长江口、吕泗、舟山、温台渔场和闽东、闽中、闽南渔场以及中韩、中日渔业协定暂定措施水域。共计巡航 44 天，航时 241 小时，航程 3 347 海里。在巡航过程中，观察记录各类渔船 94 艘，登临检查 77 艘，现场处理 21 艘，收缴罚没款 25.6 万元，没收渔获物 65 千克，立案待处 9 艘。5、6 月份，东海区渔政船在巡航过程中未发现外籍渔船。[①]

为保障海洋伏季休渔制度和双边渔业协定顺利实施，规范渔船管理和维护正常渔业生产秩序，根据《农业部办公厅关于开展”护渔 2010”海洋渔业执法行动的通知》（农办渔［2010］8 号）要求，东海区渔政局于 2010 年 5 月 25 日至 6 月 3 日组织实施了东海区“护渔 2010”。参加东海区“护渔 2010”第一次海上渔业执法行动的渔政船有中国渔政“201”、“35001”、“35508”船。中国渔政“201 船”担任本次联合行动的指挥船。主要巡航区域为闽东、闽中、闽南渔场及中日渔业协定暂定措施水域。本次联合行动合计巡航 26 天，航时 122 小时，航程 1 679.5 海里，观察记录中国渔船 42 艘次，登临检查渔船 21 艘次（中国渔船 18 艘次，韩国钓船 3 艘次），通过渔船电子标识读写设备监测渔船 379 艘次（均符合规定），查处各类违法渔船 7 艘次（其中现场取证通过协查的渔船 4 艘次），现场处罚 2 艘次，立案待处 5 艘次。[②]

（五）海上突发事件应急执法

2009 年，全国海事系统逐步健全应急预案体系，在国务院应急办的指导下，修订《国家海上搜救应急预案》并经国务院办公厅批准印发；全面实施《海（水）上搜救奖励专项资金管理实施细则》，规范奖励积极参与搜救行动的社会力量。应急处置能力不断增强。全年共组织了 73 次应急扫测、应急设标 85 座，为迅速恢复通航水域交通秩序，保障船舶航行安全，保护水域环境起到了关键作用。正式使用海图数据库管理软件（HPD），完成沿海港口航道图测量面积近 20 000 平方千米，及时向海军和公安部的

① 数据出自“东海区 2009 年 5、6 月份专属经济区渔政执法动态”一文，中华人民共和国东海区渔政局网站，http://www.dhyzchina.gov.cn/article.asp? news_id = 8483.

② 根据“东海区护渔 2010 第一次海上渔业执法行动情况通报”一文整理，中华人民共和国东海区渔政局网站，http://www.dhyzchina.gov.cn/article.asp? news_id = 9044.

相关部门无偿提供航标动态、航行警告、港口航道图与电子海图等重要基础信息。[①] 制定发布《外国籍商船违法逃逸应急处置规定》，有效应对在中国管辖水域内发生违法行为的外国籍商船逃逸。海事系统全年共组织协调水上搜救行动1 964起，组织、协调各类船艇7 708艘次、飞机302架次参加救助行动，成功救助遇险人员18 397余人，救助成功率达96.2%。[②]

2010年7月16日，中石油大连大孤山新港码头的储油罐输油管线发生起火爆炸事故，致1 500吨原油泄漏入海，受污染海域约430平方千米，其中重度污染海域约为12平方千米，一般污染海域约为52平方千米。[③] 胡锦涛总书记、温家宝总理做出重要指示，强调要加强现场指挥协调，迅速转移人员，确保安全；调集消防等一切力量紧急救援，切断火源与油库及其他危险品的通道，有效制止火灾蔓延。[④] 以中国海事部门为主的各方应急处置力量，通过在溢油水域布设围油栏、使用吸油粘、吸油围栏、消油剂等清污方式，清理大量油污。国家海洋局同时启动“大连石油储备库输油管道爆炸事故应急方案”，由中国海监执行应急的具体工作。

四、执法保障体系建设

2009年，中国各支海洋队伍在职责授予、机构设置、人员配备、装备建设都有较大发展，为保障各执法队伍的海上执法活动起到了积极的保障和促进作用。

（一）能力建设

1. 执法装备能力建设

据了解，包括菲律宾、越南在内的东盟各国较少具备专业的海上行政执法船，它们在中国南海海域驱赶中国渔船时，多动用海军舰艇或边防力量。这表明，中国的各支海上执法队伍的巡航船所面对的不仅仅是非法进入中国管辖海域的外国渔船，还有可能是全副武装的外国军舰。因此，各支海上执法队伍的装备能力建设就显得非常重要。

---

① 根据“回眸2009：追求海事科学发展 护航现代交通运输”一文整理，《中国交通报》，http：//www.cngaosu.com/zhuanti/html/tuijianredian/meirituijian/2010/0130/41767.html.

② 根据“回眸2009：追求海事科学发展 护航现代交通运输”一文整理，《中国交通报》，http：//www.cngaosu.com/zhuanti/html/tuijianredian/meirituijian/2010/0130/41767.html.

③ 数据引自：“大连湾污染或将持续10年中国年发近百溢油事故”，http：//news.163.com/10/0726/01/6CFT5IOO0001124J.html.

④ 中华人民共和国中央人民政府网，http：//www.gov.cn/ldhd/2010－07/17/content_1656634.htm.

2009年中国海监的执法装备能力全面提高。新建造的21艘各类执法艇相继投入使用；全年各级海监机构新增执法专用车137辆；部分船舶装备了水下摄像等一系列专用高科技装备。中国海监专网建设成效显著。卫星数据传输网、地面数据传输网、船与飞机间无线视频传输系统、数据中心等子网络投入使用，全面实现了船舶、海区机构、中国海监指挥中心的数据传输。①

中国渔政南海区渔政局现有4艘1 000多吨的执法船，2010年，排水量2 500吨可搭载直升机的新型渔政执法船将于本年内投入使用，在未来的3~5年，还将有5艘3 000吨级的执法船下水。这些船都可搭载直升机，吨位可与海军护卫舰相匹敌，具有相当强的海上对峙能力。② 使用直升机不仅可以扩大执法船的巡航范围，还可实现危机快速化反应，可以更好更及时地保护渔民的生命财产安全。加上中国渔政“311船”，中国南海渔政巡航执法船队将逐渐形成。

2009年12月9日，南海海域最大的海警执法巡逻舰海警“44015舰”在珠海九洲港码头正式服役。海警“44015舰”属“618B型”巡逻舰，安装了“动中通”移动卫星通信系统、航行警报接收机、数传组合电台，装备带有海图功能的雷达、红外探测仪等先进设备，具有全天候、速度快、覆盖面广等特点，是目前南海海域吨位最大、航速最快、设备最先进的海警执法舰艇。该舰的正式归建列编，是广东边防总队加强海警部队建设的重大举措，极大地提高了广东海警在恶劣气象海况条件下的执法能力。③

中国目前排水量最大、装备最先进的3 000吨级海事巡视船——“海巡11”正式列编。该轮续航力6 000海里，自持力40天，适航无限航区，抗风等级可达12级，并能满足直升机在五级海况下的起降要求。该轮可对海上交通、海洋环境和海上目标进行24小时监视、跟踪和录像取证，并可与岸基海上船舶交通管理系统和船舶自动识别系统联网，也可将本船雷达数据和所监控海上动态实时传送到岸基各级指挥中心，实现了船舶助航、海事执法、应急指挥、辅助决策等信息的集成应用，使巡视船成为一个移动式、区域性的海上交通监控与指挥中心。④

---

① 数据来源：国家海洋局，《2009年中国海洋行政执法公报》，2010年2月。

② 根据“中国南海巡航舰队即将成军”一文整理，网易新闻网，http：//news.163.com/09/0323/14/553K855D000120GR.html.

③ 根据“粤港澳最大海警巡逻舰澳门回归十周年庆典安保指挥舰”一文整理，珠澳网，http：//www.sinazh.com.cn/NEWS/XWKB/200912/31587.html.

④ 根据“我国最大最先进的海事巡视船“海巡11”列编”一文整理，人民网，http：//politics.people.com.cn/GB/1026/10133852.html.

2. 机构建设

2009 年，中国海监西中南沙执法站在永兴岛挂牌成立。[①] 另外，随着上海市海洋管理体制的调整，中国海监上海市总队重新调整挂牌成立，进入执法工作新阶段，这是中国海监执法机构建设的主要发展之一。[②] 2009 年中国海监积极推进省级海监机构参与维权执法工作，在原来依靠三个海区海监机构开展维权执法工作的基础上，赋予省级海监机构参与海洋维权执法工作的职责，有效发挥了海监整体合力、提高了维权执法效率，取得了初步成效。

图 21 – 1　中国海监西中南沙执法站

图片来源：中国海监总队提供

国家船舶远程识别和跟踪系统（LRIT）数据中心也于 2009 年正式启用。通过该数据中心，不仅可以查到所有中国籍船舶的身份和实时位置信息，还能对靠近中国海岸线的外国船舶进行身份和实时位置查询，可进一步提高我国海事安保和搜救能力以及船舶的治理水平。系统储存了 5 000 多幅高精度海图，这些海图覆盖了全球海域，可以提供对船舶的全球识别与跟踪。[③]

交通运输部与中国海员建设工会、中国船东协会于 2009 年 12 月 23 日成立了全国

---

① 国家海洋局，《2009 年中国海洋行政执法公报》，2010 年 2 月。

② 国家海洋局，《2009 年中国海洋行政执法公报》，2010 年 2 月。

③ 上海国际海事信息与文献网，http://www.simic.net.cn/news/detail.jsp?id=45032.

海上劳动关系三方协调机制。[①] 海上劳动关系三方协调机制的建立，将会进一步加强政府海上交通主管部门、海员工会组织和航运企业组织三方之间的沟通与协调，有利于保护海上劳动关系双方的合法权益，构建和谐的海上劳动关系，促进经济社会发展的稳定。

2010 年 6 月 26 日公安海警学院在浙江宁波正式成立[②]。公安海警学院最早名为“武警水面船艇学校”，始建于 1983 年 7 月（国务院［1983］149 号文），隶属于武警总部，1985 年 9 月开始招生开学。1993 年 8 月，该学校移交公安部领导，归口边防局管理，更名“公安边防水面船艇学校”。1993 年 3 月，教育部下发《关于同意建立公安海警高等专科学校的通知》（教发［1999］18 号文件），该学校再次更名为“公安海警高等专科学校”，成为公安部直属的一所普通专科学校。2010 年 3 月 18 日，教育部正式批准“公安海警高等专科学校”升格为本科高校，并更名为公安海警学院，现为公安边防部队唯一的一所经教育部批准的进行独立招生的普通高等院校。

3. 实战演练

2009 年，中国海事部门成功组织了“2009 年国家海上搜救桌面演习暨东海搜救演习”、“2009 年中俄界河首次应急联合演习”、“2009 中韩联合海上搜救通信演习”和“2009 中日联合海上搜救通信演习”等演习和演练，应急搜救实战能力得到进一步提高。[③]

2009 年 8 月 20 日，山东海警在黄海海域进行“2009 海上冲突综合演练”，各参演部队分别就反偷渡、海上走私拦截、可疑船舶追踪、遇难船员搜救等科目进行了实兵演练，以检验和强化海警部队处理海上突发事件的能力。[④] 新中国成立 60 周年大庆前夕，9 月 24 日，上海市公安边防总队海警支队进行了“平安使命”国庆安保反恐演练。水底隐蔽侦察、海上搜索、特警战术配合等实战背景课目的演练确保了国庆安保工作万无一失。[⑤]

2010 年 8 月 29 日，中国渔政“201 船”开展了一次海上执法实战演练，收到了良好的效果。此次演练主要针对在专属经济区渔政巡航过程中的执法检查行为进行演练。

---

① 根据“全国海上劳动关系三方协调机制成立”一文整理，人民网，http：//acftu. people. com. cn/GB/10638155. html.

② 来源：人民网，http：//politics. people. com. cn/GB/1026/11982351. html.

③ 来源：新华网，http：//news. xinhuanet. com/photo/2009－09/04/content_11995915. htm.

④ 根据“山东海警突练精兵”一文整理，人民网，http：//military. people. com. cn/GB/1076/52984/10475876. html.

⑤ 根据“上海海警平安使命”一文整理，人民网，http：//military. people. com. cn/GB/1076/52984/10475876. html.

演练的内容包括对涉嫌违反中国渔业法律法规及有关渔业协定的我国渔船和外国船舶实施检查，和登临后的执法程序。[①]

4. 溢油应急和监测能力建设

目前，中国的海上溢油应急监测手段更加现代化，巡航飞机加装了机载溢油监视设备，建设了航空遥感监视系统，对溢油污染实现了大范围的动态监视和实时预警。海区巡航船基本配备了溢油监视雷达、紫外线探照灯、微光摄像机等设备，很大程度的提高了对溢油的监视和识别能力。2009 年，中国首次利用卫星遥感技术，对黄渤海海面溢油进行主动常规监视，填补了国内溢油监视领域的技术空白，使我国溢油监视技术达到了国际先进水平。[②] 保障在第一时间发现海面油污，迅速界定污染范围，既缩短了应急反应时间，又为海上溢油事故应急处置决策和污染索赔提供了重要依据；建立“船舶、海上石油平台油指纹库”，专门采集船舶用油和海上石油平台的“指纹”特征，溢油样本已有 800 多个，对提高溢油事故的调查成功率和调查效率起到了极大的促进作用。

（二）法律法规建设

2009 年 9 月 2 日，国务院第 79 次常务会议审议通过了《防治船舶污染海洋环境管理条例》，自 2010 年 3 月 1 日起实施。该《条例》针对船舶污染预防、应急处置、事故调查和损害赔偿设定了一系列新的制度，包括防污应急设备专项验收制度、污染物接收作业许可制度、污染危害性货物进出港许可制度、污染危害性不明货物评估制度、开箱查验制度、散装液体污染危害性货物过驳作业许可制度等。这些制度的实施，将对加强船舶安全管理和防治船舶污染起到极大的促进作用。另外，海事部门还修订完成了《中华人民共和国船舶安全检查规则》，制定发布了《建造中船舶抵押权登记暂行办法》，全面实施了《2001 年国际燃油污染损害赔偿民事责任公约》。此外，为推进海峡两岸船舶直航，海事部门及时部署研究两岸直航船舶安全监管，制定实施《两岸直航船舶技术条件复核实施办法》等管理办法，充分利用远程跟踪系统和巡航巡查等监管方式，提高直航船舶服务和保障水平，为海峡两岸海运直航构筑起坚实的安全保障。

2009 年，中国渔政进一步健全和完善渔业安全生产、防灾减灾和事故统计报告制度以及渔船、渔港和渔业船员管理等方面的法律法规和规章制度。加快制订事故预防和控制、应急救援和处置等方面的技术标准和渔船、渔机、网具、养殖机械、渔业通

---

① 来源：百度新闻搜索，http：//www. yiyannanjin. net/HOT/a/guanzhu/2010/0927/26769. html.

② 根据“中国海事部门利用卫星对海面溢油进行常规监视”一文整理，中国人民网，http：//www. cngaosu. com/zhuanti/html/tuijianredian/meirituijian/2010/0130/41767. html.

信导航及防灾救生等渔业装备安全标准，完善渔业安全生产操作技术规程。积极推动《渔船登记办法》、《渔业船舶水上生产安全事故报告和调查处理规则》等修订工作。加强对渔业安全生产法律法规的监督执行，把渔业安全生产逐步纳入法制化、规范化轨道。[①]

（三）交流与合作

2009 年，中国海监总队积极参加北太平洋海上执法六国机制、北太平洋地区海岸警备执法机构会议合作机制。该合作机制发起于 2000 年。论坛下设海上禁毒、联合行动、海上反偷渡、海上安全、信息交换、渔业执法共 6 个工作小组；倡导成员国海上执法机构在国际法框架和尊重各国国内法前提下，通过定期磋商，增进相互了解，推动多边合作。12 月 14 日—17 日，以国家海洋局副局长、中国海监总队总队长张宏声为团长的中国海监代表团应邀正式访问了韩国海洋警察厅，双方签署《中华人民共和国海监总队与大韩民国海洋警察厅合作谅解备忘录》，并就今后的合作达成了共识。[②]

图 21－2　中国海监与台湾“海洋巡防署”首次联合执法

图片来源：中国海监总队提供

中国海监总队与台湾“海岸巡防署”在沟通机制上进行了有益的尝试和探索。海峡两岸建立和加强海上执法交流合作机制，对于促进双方各自提高海洋管理、海上执法工作水平具有直接和现实的利益；对于稳定海上形势、营造和平气氛，增进互信友好，促进两岸关系健康、积极发展以及共同维护我国海洋权益，具有深远意义。目前，

① 农业部办公厅关于印发《2010 年渔业“安全生产年”活动实施方案》的通知农办渔［2010］35 号，2010 年 4 月 6 日。

② 国家海洋局，《2009 年中国海洋行政执法公报》，2010 年 2 月。

双方正在探索建立海上行动协调与配合机制以及建立海上平台共享机制。

2009 年 9 月 12 日，海峡两岸海洋执法部门，中国海监与台湾“海岸巡防署”首次联合执法，在厦门 - 金门海域启动打击海上违法采砂、违法倾废、电炸毒鱼等行为的专项执法行动[①]。此次专项行动受到两岸民众和媒体的关注，是海峡两岸海洋执法部门60 年来首次开展的联合执法行动，对于海峡两岸加强海洋资源保护，共同维护海洋环境的安全、稳定、和谐具有重要意义，对于加深、加强两岸的交流与合作，具有长远意义。2010 年，中国海监与台湾“海岸巡防署”加强了联合执法的合作力度，开展了一系列打击海上违法采砂、违法倾废、电炸毒鱼等行为的专项执法行动，进一步推进了两岸海上执法的合作与交流。

五、巡航执法的立法建议

为了切实维护海洋权益，加强专属经济区和大陆架巡航执法管理，中国政府可以考虑尽快出台《专属经济区和大陆架海洋巡航执法条例》，以彰显主权权利，实现管辖权。

（一）海上形势和国际趋势

近年来，中国维护海洋权益的形势严峻。海上维权涉及岛屿主权、国家安全等重大问题，一旦处理不当，将引发严重的海上对峙事件，影响双边关系大局，甚至成为影响地区稳定的重要因素。美国、俄罗斯、日本等均通过立法形式对其海洋权益详加规定，并制定专门的法律规范海上执法活动，对海上执法的主体、执法程序等做出明确的规定。如日本在 2007 年 4 月 27 日公布了《海洋基本法》和《日本海洋建筑物安全地带设置法》，为其维护海洋权益提供更加有力的法律保障。

（二）立法的必要性

中国于 1998 年 6 月 26 日通过《中华人民共和国专属经济区和大陆架法》，确立了中国的专属经济区和大陆架制度，这是维护中国在专属经济区和大陆架海洋权益的最主要、最直接的法律依据之一。但《专属经济区和大陆架法》只对中国专属经济区和大陆架的基本权利做了原则性宣示，却没有明确具体的执法主体、工作内容、管辖对象和职责权限等，因此缺乏现实的可操作性。特别是没有规定哪些执法队伍在开展巡

① 《中国海监前十个月工作成效显著》，文章来源：中国海洋在线 http：//www. oceanol. com 原文地址：http：//www. oceanol. com/news/？optionid =452&auto_id =3226.

航执法时可以对侵犯国家海洋权益的船舶等实施紧追、登临、检查和扣留等，也未对采取这些措施的程序和要求做出相应的规定，因而造成维权巡航执法中无法可依，使巡航执法的强制力和实际效果受到影响。

中国其他相关法律、法规也存在类似问题，如《中华人民共和国测绘法》（2002修订）、《中华人民共和国对外合作开采海洋石油资源条例》（2001年）、《中华人民共和国海洋环境保护法》（1999年修订）、《中华人民共和国矿产资源法》（1996修正），《涉外海洋科学研究管理规定》（1996年）和《铺设海底电缆管道管理规定》（1989年）等都较为注重实体权益的规定，对相关的海上活动如何监管、检查等程序规定得不够明确。这些立法上的欠缺对海上执法工作和外交交涉和都带来很多困难。目前，全面修订这些法律法规难度很大，出台主要规定海上执法程序的法规，是非常急需和可行的。

（三）执法内容、主体和方式

考虑出台的《专属经济区和大陆架海洋巡航执法条例》可以包括以下几个方面的执法内容：①海洋非生物资源的调查、勘探和开发；②海流、潮汐、风力等海洋能的开发和利用，以及海域空间资源、海水资源的开发和利用；③人工岛屿、设施与结构的建造、使用和拆除；④海洋科学研究活动及海洋军事调查等影响国家安全的活动；⑤海洋工程建设、废弃物倾倒、海洋自然保护区的管理；⑥海底电缆管道管理；⑦海底文物的保护、调查和打捞活动；⑧岛礁的开发、利用和保护。

从中国目前的执法体制现状来看，中国海监机构可以作为专属经济区和大陆架维权巡航的执法主体。2008年，国务院下发的国家海洋局新“三定方案”中赋予了中国海监在我全部管辖海域实施维权巡航执法的职责，明确规定：国家海洋局承担的在我国管辖海域实施定期维权巡航执法、查处违法活动的职责，由中国海监总队履行。此外，中国海监是唯一经国务院的批准，可以在全海域实施维权巡航执法的综合执法队伍。中国海监自完成组建以来，实施了一系列的执法行动，积累了丰富的巡航执法经验，并先后在东海、北黄海和南海南部开展了定期维权巡航执法工作，有效地维护了中国的海洋权益。

同时建议从执法程序上，考虑出台的《专属经济区和大陆架海洋巡航执法条例》可以明确，在巡航执法中，中国海监机构可依据现有法律法规的规定采取询问、跟踪监视、现场监管、登船检查、紧追、命令和强制措施等监管措施。

六、小　结

海洋行政执法是海洋管理的一项重要任务和法定职责，中国当前实行的是以海洋行业部门管理为主，综合管理为辅的分散式海洋执法管理体制，主要执法部门有中国海监、渔政、海事、边防（公安海警）和海关五支海上执法力量。2009—2010年，各海上执法队伍无论在职责授予、机构设置上，还是在人员配备、装备建设、业务开展上，都有较大发展，为各个部门行使专项管理职能发挥了重要作用。鉴于海上斗争形势日趋严峻，各种形式的海洋资源争夺日趋激烈以及完善中国海洋执法体制的需要，确应考虑尽快制定关于专属经济区和大陆架海洋巡航执法的法规，明确中国海监的执法主体地位和执法内容，并配套制定相关的程序和措施等，以有效维护中国专属经济区和大陆架的海洋权益，保障以和平为目的的海洋活动，制止、打击和查处各种违法行为。

同时，多头执法问题一直是困扰中国海洋行政执法的最突出问题。各支执法队伍表面上看各负其责、分工明确，但实际存在职能交叉和重叠的问题。随着中国经济社会和海洋事业的快速发展，海上执法任务日益繁重，因此对海上执法的人员、设备提出了更高的要求，各支海上执法力量的协作和协调问题就显得尤为重要。国际和周边海上执法的实践表明，海上执法由一个部门统一负责是适宜的，也是行之有效的。建立相对统一的海上综合维权执法队伍，逐步形成统一的海上综合维权执法力量，这是在国际海洋新秩序和新形势下维护海洋权益、发展海洋经济、保护海洋环境的客观需要，但是应考虑成熟的时机。

第二十二章　中国海洋资源开发战略

国土资源是国家实现现代化最重要的资源保障，事关民生福祉和国家发展的长远大局。海洋资源做为国土资源的重要组成部分，是国家社会经济发展的重要基础之一，研究海洋资源战略对于保障海洋事业发展、支撑国土资源可持续发展具有重要意义。目前，海洋资源战略研究已全面铺开，正处在不断推进和深化过程中①。

一、资源战略研究概况

为了更好地开发利用自然资源，从19世纪开始，世界许多国家开始了资源领域的系列研究工作。为了将资源转化为现实财富，缓解经济社会发展的资源供需矛盾，中国加强了对资源开发利用与管理的研究与技术开发，并获取了丰富的成果，为资源开发利用奠定了良好的基础。

（一）资源战略研究的发展历程

在19世纪到20世纪中叶，国外对自然资源的研究主要是围绕自然资源的地理分布和特定区域资源状况、土地资源、生物资源展开。在自然资源中，土地资源首先受到重视。第二次世界大战以后，新技术革命推动了全球生产力的持续提高，全球经济进入前所未有的高速增长期。随着经济发展和科技水平的提高，土地资源由于人口急剧增长和工业化日益加速而显得不足。1949年，英国学者福格特从人地关系出发，讨论土地人口承载力问题。1962年，美国学者卡尔逊发表了《寂静的春天》，全面阐述空气、海洋、河流、土壤、动植物等自然资源的退化和环境污染与人类活动的关系，向人类敲响了资源环境危机的警钟。20世纪70年代，两次石油危机，资源有限的思想逐渐被人类所接受。1972年罗马俱乐部关于全球问题的《增长的极限》的报告，系统地考察了加速工业化，快速增长的人口增长、普遍的营养不良、不可更新资源枯竭、环境加速恶化等问题。20世纪80年代，人类社会对人口、资源、环境与发展问题日益觉醒，“资源可持续利用”为核心的全球可持续发展观深入人心。1984年世界环境与发

① 本章节属学术研究成果，仅代表学者个人观点。部分资料参考了“海洋资源战略研究”成果及战略所相关课题的研究成果，在此对相关人员一并致谢。

展委员会成立，并在1987年发表了《共同的未来》，明确提出大同世界的“可持续发展：既满足当代人的需要，又不对后代人满足其需要的能力构成危害的发展”。1992年联合国通过《21世纪议程》，进一步确定了资源可持续利用的全球发展观。此后，世界各国纷纷制定本国的远景发展目标，将资源核算纳入到国民经济核算中。20世纪末期，随着太阳能、风能、水能和海洋能等资源的开发及现代技术进步，资源开发与利用开始向以生物工程、太阳能工程、海洋能工程等大规模利用非耗竭性资源，合理利用可更新土地和生物资源、保持生命系统的可持续性和节约使用不可更新的矿产资源、化石能源过渡。

中国是一个发展中的人口大国，社会经济的发展需要有雄厚的资源基础，特别是在建设小康社会的征途中，为了实现各阶段的发展目标，中国现已颁布了10多部关于资源、环境的法律，连同中央、地方政府颁布的600多部资源与环境保护的行政法规，以及国务院有关部门制定的300多项规章和近400项国家环境标准，一个由《宪法》、《民法通则》、《刑法》等有关章节、条款；资源行业法、单项资源法、资源保护法等组成的资源法律体系已经初步形成。目前，我国现行的资源行业法有《森林法》、《草原法》、《水产（渔业）资源法》、《矿产资源法》等；专项资源法律有《土地法》、《水资源法》；自然资源保护法有《中华人民共和国环境保护法》、《海洋环境保护法》、《中华人民共和国野生动物保护法》、《中华人民共和国自然保护区条例》、《森林和野生动物类型自然保护区管理办法》、《中华人民共和国野生植物保护条例》、《野生药材资源保护管理条例》等。为了加强对资源管理，我国还制定了一系列的规章制度，如资源产权制度、资源勘查与调查制度、资源登记制度、资源许可制度、资源有偿使用制度、资源保护制度等，使资源得到合理开发和有效保护。

（二）中国资源战略研究概况

资源是国民经济发展的最基本要素之一。为保证各类资源的开发利用最大限度的服务于经济社会的可持续发展，中国相关机构和部门的重要任务之一就是要组织编制资源战略、指导资源管理，因此各资源管理部门开展了大量相关研究工作。分析梳理涉资源部门的主要战略研究情况，总结涉资源部门战略研究的组织形式、采用的方式方法，提炼出战略研究的经验和教训，可以为跨学科、跨部门的资源战略研究提供参考。以下是近年来各领域战略研究成果的基本情况（表22－1）。

表 22－1　近年来各领域战略研究主要成果

	部　门	战　略
宏观经济部门	国务院	国家可持续发展战略——《中国 21 世纪议程》（人口、经济、社会、资源、环境、军事、外交）
	国家发展与改革委员会	综合交通网中长期发展规划 21 世纪初中国可持续发展战略研究 中国资源利用战略研究（刘江，2002） 中国农村可持续发展战略研究 21 世纪初中国农业发展战略（1998—1999）
	科技部	国家中长期科学和技术发展规划战略研究
	知识产权局	国家知识产权战略纲要
	国家人口与计划生育委员会	中国国家人口发展战略研究报告（2004—2007）
	国务院信息办	国家信息化发展战略
资源环境部门	农业部	21 世纪初中国农业发展战略（1998—1999） 现代农业发展战略研究，2007 年 中国农业可持续发展若干战略问题研究 中国草业可持续发展战略研究
	交通运输部	综合交通网中长期发展规划 公路水路交通科技发展战略，2005 年
	国土资源部	矿产资源战略分析 中国矿产资源 21 世纪议程 中国矿产资源走出去战略研究 中国油气资源可持续共给战略研究报告 中国矿产资源全球战略研究报告 21 世纪初我国耕地资源前景分析及保护对策
	水利部	中国可持续发展水资源战略，2001
	环保部	中国环境宏观战略研究，2007
国家局	国家能源局	对中国能源问题的思考
	林业局	中国可持续发展林业战略研究，2002
	国家海洋局	中国海洋 21 世纪议程 国家海洋事业发展规划纲要
	国家测绘局	中国测绘发展战略研究
	国家地调局	中国地质调查战略研究
	国家粮食局	21 世纪初期中国粮食安全发展战略与对策研究

续表

	部　门	战　略
	中国科学院	《中国可持续发展战略报告》（2002—2008，牛文元，可持续发展战略研究组） 21 世纪上半叶我国能源可持续发展体系战略研究（2008，中国科学院学部咨询研究组）
	中国工程院	《中国可持续发展水资源战略》，2001 年 《中国可持续发展油气资源战略研究》2004 年 《中国可持续发展矿产资源战略研究》 《中国信息化持续发展战略研究》（2005—2007 年） 《我国城市化进程中的可持续发展战略研究》
		《中国农业可持续发展若干战略问题研究》 《中国老工业基地可持续发展战略研究》，2006 年 《节约型社会战略咨询研究》 《中国环境宏观战略研究》 《中国可再生能源发展战略研究》 《中国可持续发展能源战略研究》，1998 年 《中国能源中长期发展战略研究》，2008 年 《西北地区水资源配置、生态环境建设和可持续发展战略研究》 《东北地区水土资源配置、生态环境建设和可持续发展战略研究》 《中国国家人口发展战略研究报告》（2004—2007）

二、海洋资源战略背景

资源与环境是人类生存和发展的基本条件。地球 71% 的表面被海水所覆盖，海洋蕴藏着极其丰富的各类资源，对于人类生存和发展具有极其重要的战略价值。21 世纪是全世界大规模开发利用海洋资源、扩大海洋产业、发展海洋经济的新时期，海洋空间利用日益多元化，人类生存和发展正在向海洋延伸。在海洋资源开发利用与保护方面，海洋资源开发与保护的生态经济学理念和持续性原则，已经取得越来越多的共识。

海洋资源是一个相对独立的整体，不仅关系资源储量、技术设备与开发前景分析问题，还与政治、外交、军事相融合。进入 21 世纪后，沿海各国加大了向海洋索取资源的力度和强度，大力开发利用海洋资源、有效保护海洋环境，积极发展海洋经济已是大势所趋。人类全面开发利用海洋的时代已经到来。中国是人口大国，也是海洋大国。依据《联合国海洋法公约》和中国政府的主张，中国的管辖海域约 300 万平方千米。“十二五”时期中国处于工业化、城镇化加快发展阶段，资源供需矛盾更加突出，随着陆地资源的日趋紧张，如何研究制定和实施海洋资源战略、合理开发利用和有效保护海洋资源成为摆在我们面前的迫切课题。

（一）海洋资源战略形势

1. 海洋国土的组成

根据《联合国海洋法公约》，领海、专属经济区、大陆架（总面积约1.09亿平方千米，约占海洋面积的30%）属于沿海国家的管辖海域；其中，领海是水体覆盖的宝贵国土，专属经济区、大陆架正在向国土化方向发展。公海和国际海底区域（2.5亿多平方千米）是世界各国都可以利用的“国际海域”。中国有约300万平方千米管辖海域，是宝贵的生产生活空间；中国是世界人口最多的国家，实现中华民族伟大复兴，必须积极维护国家管辖海域的政治利益、经济价值、通道安全及科学研究等，并积极行使和利用在国际海域的权利，更多地开发利用其资源，向大海寻求发展空间。

2. 海洋拥有巨大的资源潜力

海洋是富饶而未充分开发的资源宝库，可持续发展的财富来源。海洋中的生物资源多达20万种以上，为人类提供了丰富的蛋白质补充；全球的海洋石油探明储量约200亿吨，占陆地石油储量的30%~50%；全球已有130多个国家应用海水淡化技术，海水淡化解决了1亿多人的供水问题；全球海洋能技术上允许利用的功率为64亿千瓦，是全世界发电机总容量的两倍。目前，开发利用海洋形成的海洋产业超过20个，海洋经济产值超过世界GDP总量的4%，成为新的经济领域和增长点。海洋和沿海生态系统以及各种海洋用途，为全世界数十亿人口提供粮食、能源、运输和就业。正在探索开发的新领域包括：发展海水直接利用、海水淡化、海水化学元素提取、深海水利用等海水利用产业；探索开发海洋砂矿、海底油气、海洋磷灰岩矿、多金属硫化物、多金属结核、钴结壳、天然气水合物等海底矿产资源及深海生物资源开发等。随着科技进步的逐渐加快，目前人类对海洋的调查研究仍在取得新的成就，不断发现新的可开发资源。

3. 海洋是融入世界的大通道

地球上的海洋是连在一起的，海洋是各国融入世界的大通道，经济全球化离不开海洋。自从国家出现之后，世界上就有许多大国，有更多的小国。其中，积极走向海洋和善于利用海洋的国家，无论大国或小国，都可以发展得更快、更好。《共产党宣言》认为，“世界市场”形成之后，世界性的生产和消费，各民族的相互往来，都与“交通的极其便利”密不可分，其中主要是全球海上交通。目前，中国经济的对外依存度已高达60%，对外贸易运输量的90%是通过海上运输完成的。在新的经济全球化形势下，国家之间的经济贸易往来更加频繁，更需要利用海洋通道。海洋通道出问题，就会严重影响经济发展。21世纪是经济全球化时代，世界强国必须利用海洋通道进入全球经济体系。

4. 海洋是国际竞争的重要舞台

海洋历来是国际政治、经济和军事斗争的重要舞台。岛礁主权争端、海洋划界争议、海洋油气资源争端、渔业资源争端、深海矿产资源勘探开发以及深海生物资源利用的竞争十分激烈，甚至引起局部地区的海上武装冲突，乃至小规模战争；海洋还是沿海国家防御外来入侵的前沿，强国进攻其他国家的通道；争夺海洋的力量由单纯的武装力量发展到政治外交力量、经济开发能力和海洋科技力量与军事力量相结合的综合海上力量。

5. 和平发展必须走向海洋

海洋事务是重要的国际事务之一。联合国每年都要讨论海洋事务。沿海国家都要与周边国家磋商解决海洋边界划分问题、海洋资源争端问题。霸权国家要利用海洋威胁和干涉别国事务，大多数沿海国家要维护自己的海洋安全。世界强国要争夺公海利用权益、争夺国际海底资源、争夺海洋空间的军事利用利益等。没有能力参与国际海洋事务的国家，就难以成为世界强国。21世纪人类社会正在以全新的姿态向海洋进军，国际海洋竞争也将日趋激烈。为此，许多国家制定了新的海洋开发战略。世界上的任何国家都有海洋利益，越是大国，越是发达国家，海洋利益越多。中国在明代是世界强国，也是海洋强国。中国在21世纪要实现民族复兴，必须重返海洋；中国的和平发展，必须走向海洋。

（二）海洋资源战略研究的现实需求

保持资源的相对充足，是国家社会经济可持续发展的重要前提。中国虽然幅员辽阔，但陆地自然资源人均值低于世界平均水平，多种陆地资源日渐短缺。目前中国的海洋资源开发利用程度不高，拥有巨大潜力。研究制定并实施海洋资源战略，是国家解决粮食（食品）安全、能源安全、水安全问题的出路之一。

1. 缓解资源紧缺的重要途径

中国人口众多，陆地资源禀赋较差，维系人们基本生存的耕地资源和淡水资源、支撑经济持续增长的能源和重要矿产资源等均严重短缺。特别是随着城镇化建设步伐的不断加快，东部沿海地区人口聚集，向海洋要资源、要空间的趋势日益明显，大规模、多种类、高强度开发利用海洋的时期已经到来，海洋资源、环境和生态的压力显著增加。

中国管辖海域资源丰富。海洋水产品年产量达2 000多万吨，可发展海水养殖的30米以内浅海区域就相当于0.67亿公顷的农田，等同于陆地农作物播种面积的40%以上。已探明的石油资源量240亿吨，天然气资源量14万亿立方米，初步推算南海海域天然气水合物总资源量可达820亿吨油当量；海洋能储量极为丰富，仅海洋潮汐能资源量就达1.1亿千瓦，年发电量可达2 750亿千瓦小时。储量巨大的海盐中含有丰富的镁、溴、钾和铀等元素；海水资源更是取之不尽，用之不竭，既可提取淡水，又可直接利用。近年来，中国每年围填海面积已达120～150平方千米，在支持沿海地区经济发展、缓解建设用地紧张等方面发挥了重要作用。由此可见，实施海洋开发战略必将为缓解中国经济和社会发展中面临的资源短缺压力开辟广阔的前景。

2. 全面建设小康社会的重要保证

海洋为人类创造了巨大财富，为全球经济发展提供了广阔空间。海洋经济已成为世界各国经济增长的关注点。20世纪70年代以来，世界海洋产业总产值10年左右翻一番，从60年代末的1 100亿美元，已达到目前的约1万亿美元。“十一五”期间，中国主要海洋产业增加值年均增长13.6%。高于同期国内生产总值增速2.4个百分点。2009年全国海洋生产总值突破3万亿元，占国内生产总值的9.53%①。大力发展海洋经济，对促进沿海地区经济的可持续发展具有重大意义。通过海洋开发，可以缓解人口、资源和环境压力，可以提供数量巨大的海产品，还可以向海洋扩展空间，为实现全面建设小康社会目标创造物质基础。

3. 维护海洋权益和国家安全的迫切需要

海洋权益是海洋权利和海洋利益的总称。海洋权利属于国家主权范畴，是国家领土向海洋延伸形成的主权权利。维护海洋权益就是维护国家的海洋权利和海洋利益，基本目标是保证海洋权益不受侵犯，最大限度地获取海洋利益。当前，中国与周边国家及地区存在复杂的海洋权益和岛屿主权争端，原因是多方面的，因此，需要从战略角度考虑问题，既要充分挖掘本国海洋资源的潜力，也要走出去，采取各种形式，关注世界海洋资源，多元化利用国外海洋资源、积极参与分享世界共有海洋资源，进一

---

① 胡浩：“2009年全国海洋生产总值破3万亿元 占GDP的9.53%”，中央政府门户网站 www.gov.cn 来源：新华社。

步提升中国在国际海洋事务中的话语权和影响力，切实维护海洋权益和国家安全。

4. 实现可持续发展的重要保障

温家宝总理在第十一届全国人大第一次会议上所做的《政府工作报告》中谈及2008年的任务时，在“加大节能减排和环境保护力度”部分，提到了“搞好海洋资源保护和合理利用，发展海洋经济。”近年来，中国海洋经济迅猛发展，新的海洋问题也不断凸现，比如海洋产业布局不合理，近岸开发过度，资源环境损害代价大，海洋环境污染加重等，已严重影响中国海洋经济的持续、健康发展。这种形势迫切需要我们在推动海洋经济快速发展的同时，对海洋资源开发活动进行组织、指导、协调、控制和监督，做到科学合理地开发利用海洋资源，不断提高海洋资源的开发利用水平及能力，力求形成一个科学合理的海洋资源开发体系，以保证合理利用各种海洋资源，促进各行业协调有序发展，提高整个海区的经济效益、社会效益和生态环境效益，实现海洋资源与海洋经济、海洋环境的协调发展，确保海洋资源生态环境的可持续发展。

（三）海洋资源的基础条件

1. 丰富的优势海洋资源

中国大陆濒临四大边缘海，渤海、黄海、东海与南海的面积共计约470万平方千米，海域南北跨度为38个纬度，兼有热带、亚热带和温带三个气候带的海域特征，开发利用环境条件良好。数量可观的优势海洋资源，是发展经济的重要物质基础。

在中国的海洋资源中，港湾资源和生物资源，特别是滩涂和浅海养殖增值区域的开发利用对国家经济和社会发展有重要的影响，可以说是国家级战略资源之一。

中国是世界上海岸线最长的国家之一，港口资源条件良好。在经济全球化进程中，利用优良港湾建设港口、保护出海通道、利用全球航道具有重要战略意义。据《2009中国航运发展报告》显示，在全球货物吞吐量排名前10大港口中，中国仍占有8席，上海港继续保持全球第一大港的位置，大连港由2008年的第10位上升到第8位。2009年货物吞吐量超过亿吨的港口由2008年的16个上升到20个，厦门、湛江、湖州、江阴四港首次进入亿吨大港行列。中国海运船队保持世界第四，拥有船队总量1.019亿载重吨，占世界船队比重为8.3%，与排名第三位的德国差距缩小到200多万载重吨[①]。目前，在国内运输中，海洋运输占有极其重要的地位。中国对外贸易运输量的90%是

---

① “全球十大港口中国稳占八席”，来源：中国水运报，http://www.cnss.com.cn/article/37279.html，中国海事服务网，2010-7-19。

通过海上运输完成的，中国商船队的航迹遍布世界 1 200 多个港口。

中国 30 米等深线以内海域面积约有 20 亿亩（1 亩 =0. 066 7 公顷），如果充分利用其生物生产力，就相当于 10 亿亩农田。另外，中国近海渔业资源的持续可捕量大约 330 万吨/年。据人口学专家推测，2030 年可能会成为中国人口的拐点，届时中国人口数量将达到峰值 15 亿①，到 2050 年，人口总量将突破 16 亿，这意味着，中国政府需要为今后 30 ~50 年内大约 3 亿 ~3. 5 亿的新增人口提供粮食、副食品，为巨大的新增人口提供资源增量。目前浅海滩涂的开发利用尚有较大潜力，大规模发展增养殖业，可以提供更多的水产品，改善食物结构。

中国的海洋行业性优势资源还有油气资源和海水资源。海洋中沉积盆地的面积占全国沉积盆地面积的 20% 以上，海上石油资源量占全国总储量的 10% 以上。目前海上石油开发还处于起步阶段，预计到 21 世纪中叶海洋油气在国家油气行业中将占据举足轻重的地位。海水资源是一种无限资源，海盐资源也是一种可永续开发的资源，目前海盐产量在制盐行业中占据重要份额。

2. 海洋资源开发形成海洋产业群

海洋资源开发利用是海洋产业形成、海洋经济发展的基础和条件。经过多年的发展，开发利用海洋资源已经形成了水产、交通、石油、旅游、海盐业等海洋产业。随着人类开发利用海洋的深度和广度的加大，不仅传统的海洋产业得到了发展，而且已经形成一些新型的海洋产业，如海水增养殖业、海洋油气工业、滨海旅游娱乐业、海水直接利用业、海洋医药和食品工业等。由于海洋科技水平越来越高，海洋高技术产业迅速发展。另外，还有一些正处于技术储备阶段的未来海洋产业，如海洋能利用、深海采矿业、海洋信息产业、海水综合利用等，这其中有一些产业已经形成了一定的产业规模。

21 世纪海洋的大规模开发利用，将使得海洋开发实物产量不断增多，就海洋资源基础来看，将可能长期提供 60% 左右的水产品，10% 左右的石油和天然气，70% 左右的原盐，70% 左右的外贸货运量以及不断增多的海洋药物、海洋化工、海洋矿产、海洋电力、生产和生活用水等方面的产品。开发利用海洋来缓解 21 世纪社会经济发展所需的食物、能源和水资源紧张局面，具备现实需求的必要性和经济技术的可能性。

综上所述，中国大陆濒临西北太平洋，是陆海兼备的大国，海洋环境条件优越，海洋资源丰富，适宜于开发利用。党中央、国务院十分重视海洋事业的发展。党的十

---

① 申玉彪："2030 年中国人口总量或达 15 亿峰值 亟需均衡发展"，来源：中广网，http：//www.hinews.cn/news/system/2010/10/23/011335063.shtml，2010 -10 -29。

六大、十七大分别提出了“实施海洋开发”和“发展海洋产业”的要求，在党中央的重视和关怀下，海洋工作取得长足进展，海洋经济多年保持较快发展，为国民经济做出应有贡献。沿海地区经济和社会快速发展，成为中国可率先实现现代化的黄金地带。综合国力的大幅提高，具备了实施海洋资源战略部署的经济和科技能力。国家有能力加大海洋的开发利用，研究制订和全面实施海洋资源开发战略已经具备了良好的物质基础和条件保障。

三、战略思想与基本思路

资源问题是长远发展战略问题，需要国家统筹规划。为拓展国家的生存与发展空间，海洋资源战略研究涉及区域应包括约 300 万平方千米的中国主权和管辖海域（内水、领海、专属经济区和大陆架），也涉及 2.5 亿平方千米的国际海底区域和公海。中国人口众多，资源相对匮乏，虽然是世界上人口最多的沿海国家，但还不是一个海洋强国。面对 21 世纪的海洋新世纪，中国的可持续发展与兴盛越来越依赖海洋。因此，要树立符合科学发展观的海洋资源战略思想，研究确定中国 21 世纪初期海洋资源有效保护与合理利用的战略思路。

（一）战略思想

强化全面协调可持续发展理念。科学发展观就是全面协调可持续发展。科学发展观的第一要义是发展，这一点也适合中国海洋事业。海洋资源是海洋经济发展的前提和基础，首先必须确立资源的基础地位。海洋经济是海洋产业和相关活动的总和，而海洋渔业、海洋油气业、海洋旅游业、海洋能发电、海水利用业等，都是资源性产业，其基础是海洋资源，包括海域空间、海洋自然资源与环境，资源制约这些产业的形成和可持续发展。要确立海洋资源的基础地位，一方面鼓励开发尚有潜力的海洋资源，支持经济社会发展；另一方面以有限的海洋资源制约经济社会发展的过度需求，用体制、机制和制度扭转资源换发展、粗放开发换发展、牺牲环境换发展等不可持续的开发利用方式，建立以生态系统为基础的管理方式，保证海洋资源可持续利用。要在科学发展观的指导下，避免片面追求资源开发，忽视生态环境建设和全面协调可持续发展。

树立处理海洋事务的全球视野。一是处理国际海洋事务的全球视野。海洋事务已经成为国际事务的热点领域，处理国际海洋事务形成了许多重要原则和共识，中国作为负责任大国，也要遵循这些国际原则。例如：公平分享海洋利益原则，公平解决海洋边界争端原则，以和平方法解决海洋争端原则等。二是海洋开发利用的全球视野。中国有13亿人口，占世界人口的1/5，中国的发展有必要也有权利利用全球资源。中国主张的管辖海域约300万平方千米，在3.61亿平方千米海洋中所占比例很小，人均占有海域面积更是远远低于世界平均水平。因此，中国有必要依法利用全球海洋资源。三是海洋环境保护的全球视野。世界的海洋是连在一起的，许多海洋生态破坏、海洋环境污染都有超出国界的区域影响和全球影响。海洋中污染物漂移扩散、水质严重污染、跨国界的海洋生态系统破坏，都会引发地区性政治、外交矛盾。因此，保护海洋生态环境要有区域视野、全球视野。

（二）基本思路

所谓资源，《辞海》谓之“资财的来源”。联合国环境规划署对资源的定义是：“所谓资源，特别是自然资源是指在一定时期、地点条件下能够产生经济价值，以提高人类当前和将来福利的自然因素和条件。”① 从经济学的内涵讲，资源本质上就是发展要素。海洋本身就是一种资源，海洋的开发利用可以产生经济价值，可以创造人类的生活福利，为了保护好海洋资源这种发展要素，必须树立正确的海洋资源战略思想，在此基础上研究确定符合科学发展观的海洋资源合理开发利用与保护战略。

战略是对事物的总体谋划，总体方略和策略。目前，中国实行的是开放型资源发展战略，注重利用两个市场、两种资源已成为我国资源战略的一个重要指导原则。做为发展中的海洋大国，中国也应该有海洋的总体资源战略，这个战略应该是一个体系，从战略区域层面上讲，应包括两类战略，一是合理开发本国海洋资源战略，二是积极开发世界海洋资源战略；从战略任务上讲，既包括各种海洋自然资源（生物、油气、海水等）开发战略，又包括海洋生态环境保护战略，还可以包括具有独立特征的海洋区域战略、海洋科技发展战略等。

2003年5月，国务院发布的《全国海洋经济发展规划纲要》，提出了海洋经济发展的总体目标，即：“海洋经济在国民经济中所占比重进一步提高，海洋经济结构和产业布局得到优化，海洋科学技术贡献率显著加大，海洋支柱产业、新兴产业快速发展，海洋产业国际竞争能力进一步加强，海洋生态环境质量明显改善。形成各具特色的海洋经济区域，海洋经济成为国民经济新的增长点，逐步把我国建设成为海洋强国。”2008年2月，国务院批复的《国家海洋事业发展规划纲要》，强调要以建设海洋强国为目标，统筹国家海洋事业发展。《国家海洋事业发展规划纲要》的发布对促进中国海洋

① “资源、资产、资金、资本”，百科，http：//www.chinavalue.net/wiki/showcontent.aspx? titleid = 193157，2010 - 12 - 2。

事业的全面、协调、可持续发展和加快建设海洋强国具有重要的指导意义，并已成为指导一定时期中国海洋事业发展的纲领性文件。

围绕着建设海洋强国的战略目标，研究确定现阶段中国海洋资源战略的基本思路是，树立大海洋思想，拓展海洋开发利用空间，多元化利用外国海洋资源，积极开发利用国际海底区域和公海，开发利用和保护好中国管辖海域海洋资源。依靠科技进步促进海洋资源开发保护、发展海洋生态经济，最终实现使海洋成为战略性资源基地、海洋资源永续利用、促进经济和社会持续发展的战略目标。

四、海洋资源开发的目标与任务

中国的海洋资源勘探开发程度远远低于陆地，潜力巨大，在资源配置向全球化方向发展、国家经济社会发展越来越需要海洋资源、海洋共有资源利用和保护成为全球共同性任务的新形势下，围绕着建设海洋强国的总体目标，要形成新的海洋资源战略：合理开发、积极保护我管辖海域海洋资源，放眼关注和多元化利用世界海洋资源，加快勘探、积极利用争议海区海洋资源，依靠科技进步促进海洋资源开发保护、发展海洋生态经济，使海洋成为战略性资源基地、促进经济社会又好又快发展的战略目标早日实现。

（一）海洋资源开发的总体目标

海洋资源既有赋存于国家管辖海域的资源，又有分布于公海和国际海底的共有海洋资源。许多发达国家在海洋开发中捷足先登，抢占公海资源，开发边缘海资源，保护本土资源。基于《国家海洋事业发展规划纲要》及国家和沿海省市国民经济发展总体规划要求，在综合分析、全面考虑科技进步和其他影响海洋经济发展要素的基础上，研究确定未来10年中国海洋开发的总体目标是：海洋开发格局得到优化，海洋经济的贡献率进一步提高，海洋生态、环境质量明显改善，到2020年基本形成各具特色的海洋经济区域，为把中国建设成为海洋强国提供基础支撑和保障。

（二）海洋资源开发的战略选择

要树立符合科学发展观的海洋资源战略思想，研究确定中国21世纪初期海洋资源有效保护与合理利用的战略思路，研究制定并实施符合国情的海洋资源战略。

1. 合理开发、积极保护管辖海域资源

中国管辖海域的海洋资源既有巨大的开发潜力，又有急需加强保护的双重任务，

应该实行合理开发、积极保护战略，使国家管辖海域成为海洋资源可持续开发利用基地。重点开发的资源包括：海洋石油和天然气资源，海洋天然气水合物资源，海水资源，海洋能资源；合理开发与有效保护的资源包括：海洋渔业资源，滩涂浅海可养殖海域，滨海旅游娱乐资源。

2. 多元化利用国外海洋资源

根据中国国情和海洋资源特点，从战略角度考虑，既要充分挖掘本国海洋资源的潜力，也要走出去，采取各种形式，多元化利用国外海洋资源。通过合作等多种方式开发国外的海洋资源尚有很大潜力。一是通过各种方式，与渔业资源潜力大的国家合作，开发利用相关国家管辖海域的渔业资源；二是通过适当的安排，与海上邻国合作，延长中国渔船在传统渔场的捕捞活动；三是合作勘探开发外国管辖海域的油气资源。

3. 积极利用世界共有海洋资源

国际海域（公海和国际海底区域）的资源是世界各国都可以开发利用的公共资源。要树立长远战略眼光，积极参与国际海域的调查研究和勘探开发。进一步加强具有潜在战略价值的国际海底多金属结核资源、钴结壳资源、多金属硫化物资源、深海生物基因资源勘探与研究，为建立深海产业打下基础。公海渔业资源丰富，要积极开展调查研究，参与联合国公海渔业资源管理规章的制定，参与国际和地区渔业组织，发展公海渔业。

加强极地科考与资源战略研究。进一步了解南、北极在全球气候变化中的作用以及对中国气候的影响，开展南、北极潜在油气及矿产资源的调查，做好前瞻性布局。开展南北极航道的综合性研究和试航工作，推动北极考察全面发展。研发南北极探测装备，促进国家技术创新发展。进一步完善中国南北极站、船考察平台的建设和整合。

（三）海洋资源开发的主要任务

依据不同资源的特点，确定和安排中国重要海洋资源的开发目标和任务。统筹安排海洋交通运输业、海洋渔业、海洋油气资源勘探开发、海洋旅游业、海水利用和国防建设用海的要求，促进海洋经济持续、快速发展。到 2020 年，使近海海域开发利用更加科学合理，综合效益显著提高。

1. 港口资源

港口特别是深水港口的资源和环境备择性窄，港口建设要坚持深水深用、浅水浅用、远近结合、各得其所的原则，优化港口布局，加大港口建设力度，调整港口结构调，拓展港口服务功能，合理使用有限的港口资源。

21 世纪初，我国社会经济发展对港口吞吐量需求呈跳跃式增长、货物结构动态调整趋势更加明显。要加大港口建设力度，在港口总量规模发展中调整能力结构，以能力结构调整促进总量规模的发展。拓展港口服务功能，逐步转向市场化发展的道路。到 2020 年，形成干线港、支线港、喂给港合理布局的集装箱运输系统，沿海港口密度达到发达国家的水平，港口总体能力完全适应国民经济发展要求，适应中国逐步成为中等发达国家对海洋运输业的要求。

2. 生物资源

在海洋生物资源开发保护方面，适度捕捞近海资源、大力发展外海捕捞业，利用浅海、海湾和滩涂发展海水增养殖业。要坚持养护和合理利用相结合的方针，逐步实现限额捕捞制度，加强渔业资源保护，促进海洋渔业资源可持续利用。恢复和保护海洋生物资源和海洋自然生态系统的良性循环。

2020 年以前主要是保护和恢复近海资源，建立一批专业化、工厂化养殖基地，积极推广高效生态养殖技术，建立养殖清洁生产示范工程，保持海水增养殖业持续快速发展；加强海产品的加工和综合利用，发展保活、保鲜技术，开发新型加工产品，开拓国内外市场。到本世纪中叶，使我国管辖海域成为海上农牧化基地、稳定的海产食物开发区。

3. 非生物资源

加强海洋油气资源勘探开发，开辟海域找油新层位、新地区、新领域，寻找新的油气资源战略接替区。

在南沙海域努力开展自营勘探开发，并争取与周边国家共同开发；加快开展东海陆架含油气盆地以及冲绳海槽盆地的勘探开发速度；全面开展海洋天然气水合物调查，查清资源分布状况和资源量；中国海岸带及其临近的浅海固体矿产资源矿种多，开采程度较低，储量和产量不能满足国民经济建设需求量，要在成矿远景区加强普查找矿，以期发现和查明更多的新矿床。

开发目标是，到 2020 年油气资源勘探要有重大发现，为国民经济发展提供能源基础；到 2050 年要基本摸清中国管辖海域各种矿产资源的家底，特别是浅海砂矿资源、深海区的油气资源、陆坡区天然气水合物资源状况，为国家寻找矿产资源战略接替区提供可靠依据。

4. 海洋旅游资源

大力发展海滨度假旅游、海上观光旅游和涉海专项旅游，加强旅游基础设施与生态环境建设；切实加强旅游资源保护，严格控制采矿和养殖等不利于旅游资源与环境保护的活动；科学确定旅游环境容量，有效控制游客流量，促进旅游业可持续发展。

2020 年以前，要以海岸带为依托，以滨海主要旅游城市的景区建设为重点，构建自北向南多个区域性旅游景区网络；充分利用基础设施较好、离岸较近，且已有人烟涉及港湾内岛和近岸岛屿，开辟海洋公园等，开辟海岛旅游景区，发展岛屿观光度假游；建设近海海中潜水游乐场，组织岛间旅游线路网，建设海上蓝色高速公路，抓住机遇，开辟西沙群岛旅游线路。

5. 海水资源

我国沿海大多数地区淡水资源满足不了经济发展的需要，应走引水与淡化相结合的道路，逐步扩大海水利用范围和规模。制定鼓励利用海水的政策和法规，促进海水直接利用和海水综合利用产业的形成。在大连、青岛、天津、烟台、秦皇岛等缺水的沿海城市和海岛，大力发展海水直接利用，积极开展海水淡化。同时，加速海水化学物质的提取研究，积极开展海冰资源的开发试验研究。

2020 年，积极发展以膜法为主的海水淡化技术，形成淡化技术装备产业，生产廉价优质的淡化水，为缓解沿海水资源紧张作出贡献；建设沿海缺水城市大型海水直接利用工程，形成每年300 亿吨的用水规模。2050 年，使海水直接利用达到1 000 亿吨的规模，接近日本、欧盟和美国的水平。海水淡化也有较大规模的发展。

6. 海洋能资源

重视海洋能资源的开发利用。2020 年以前，海洋能的开发应以潮汐发电为主，适当发展波浪、潮流和温差发电，并开展其他海洋能利用技术研发。重点开发建设杭州湾乍浦、三门湾潮汐发电站；波浪发电以广东、海南和山东沿岸为主；潮流发电以舟山群岛海域为主；温差发电以西沙群岛附近海域为主。到 2050 年，建成万千瓦级潮汐电站，形成由一定规模的潮汐发电、波浪发电、潮流发电、温差发电组成的海洋能电力产业。

五、海洋资源开发利用与保护的对策措施

为合理开发利用海洋资源，有效保护海洋生态环境，保障海洋的可持续发展，必须研究制定相关的对策和措施。

（一）加强海洋战略研究制定工作

“加强海洋战略研究和对海洋事务的综合协调”是国务院赋予国家海洋行政主管部

门的重要职责，为做好海洋战略研究和制定工作，近期内可考虑开展以下几个方面研究项目：①国际海洋事务发展大势研究。包括：国际海洋科学界关注的重点问题，国际组织关注的重点海洋问题，大国关注的重点海洋事务，与我国发展全局有关的海洋事务等。②维护海洋权益的难点和热点问题研究。包括：岛礁主权争端及其对海洋划界的影响问题，如钓鱼岛、南沙群岛的主权争端，中沙群岛和曾母暗沙的法律地位问题，油气勘探开发争端，外国军事测量船进入中国近海调查测量问题，出海通道安全问题等。③建设海洋强国战略规划研究。建议由国家有关部门、重要科技咨询机构等，组成合作研究班子，开展建设海洋强国战略规划系列研究工作。

（二）加强海洋战略性、区域性调查评价

调查和评价海洋资源环境，可以不断发现新的可利用资源，随着科技进步，使资源的有用性得到扩大和挖掘，并为未来海洋总体开发规划提供科学的决策依据。为了对海洋资源开发作出战略性的安排，必须加强海洋战略性、区域性调查评价。中国管辖海域的战略性、区域性调查评价可包括：开展周期性重点海区海洋资源环境普查工作，深化重点海区的基础调查与评价；开展以地质、地球物理为主的海域综合地质调查；开展矿产资源特别是海洋油气资源的潜力调查，并对资源远景作出战略预测和评价；开展国际海底区域的矿产资源勘查，同时对热液硫化物、深海生物基因资源和其他潜在的非传统资源进行综合调查评价研究，为商业性勘探开采做好资源和技术准备；进行天然气水合物资源的调查取样，圈定管辖海域天然气水合物资源远景区，查明资源量和探明一定的地质储量；加强海洋生物资源调查及动态监测，有针对性地随时调整开发策略和措施。

（三）积极参与全球海洋科学研究和资源开发保护

开展生物资源开发和保护的国际合作。加强公海海洋生物资源的科学研究，开发和增加海洋生物资源的潜力，以满足国民不断增加的营养需要；发展、扩大可持续开发利用公海生物资源方面的信息交流，积极参加公海生物资源变动的有效监测及公海捕鱼活动的国际事务，以更好地利用公海生物资源；参加有关公海生物资源保护和开发的国际或区域协议，继续履行中国政府加入或批准的有关国际协定或公约的权利和义务；建立国家利用公海生物资源管理机构。负责国家公海捕鱼活动与国际有关协定的协调，制订国家发展公海生物资源利用规划并组织实施，逐步建立中国远洋渔业基地，实施国家远洋渔业战略。

加强油气资源勘探开发及国际海底区域资源勘探开发与环境保护的国际合作。积极参与国际海底管理局的工作，履行先驱投资者的权利和义务，并使国内业务工作与

国际海底区域制度相适应。加强与有关国家及有关利益集团在海底资源开发方面的政策协调与调整，开展深海采矿新技术的合作与交流。

（四）制定鼓励利用世界海洋资源的政策措施

中国的海洋资源虽然种类多、数量大，但分布不均，人均值小，居于世界平均水平之下。因此既要充分挖掘我国的海洋资源潜力，也要利用国外资源，制定鼓励利用世界海洋资源的政策措施。

为鼓励和引导“走出去”开发利用世界海洋资源，应建立部委间协调机制，统一规划管理，简化审批。相关的驻外机构提供有关信息，建立联系渠道，为“走出去”开发利用世界海洋资源提供联络和服务。对于在重点海区和国家的海洋资源开发利用前期工作，安排专项经费支持，以减少风险，鼓励和引导开发利用国外海洋资源的积极性。积极扶持开发利用世界海洋资源的项目，增加出口信贷额度，放宽信贷条件。对在国外开发海洋资源所取得的份额产品，在进口配额、进口许可方面给予特殊安排，并实行优惠的关税政策。开展世界范围内的海洋资源可供性研究，建立“走出去”开发利用世界海洋资源的服务和支持系统，为实施全球战略提供决策支持。

（五）完善海洋资源综合管理体系

海洋是一个立体空间，资源赋存具有特殊性，海洋开发涉及众多行业、部门和地区。为了使海洋资源的综合优势和潜力得到充分的发挥，要加强宏观管理，完善海洋资源综合管理体系。海洋综合管理是海洋资源合理开发和经济发展的重要保障，应从国家的海洋权益、海洋资源、海洋环境的整体利益出发，通过政策、法规、区划、规划的制定和实施以及组织协调，综合平衡有关产业部门和沿海地区在开发利用海洋中的关系。海洋资源管理是一个系统工程，首先，要以海域使用管理为基础，加强海洋综合管理的体制建设，健全国家、省、地、县的多级海洋综合管理机构；明确各级海洋管理机构的综合管理权限；建立和巩固部门间和地区间稳定、有效的协调机制和磋商制度；第二，要加强海洋综合管理行政措施的制定，包括维护海洋权益、合理开发和利用海洋资源、保护海洋生态环境等多方面海洋政策以及海洋资源开发和保护规划等；第三，要逐步建立健全海洋资源开发与保护的法律法规体系，努力完善海域使用管理的各项配套制度。

（六）加强海洋环境保护和生态系统建设

海洋资源开发与海洋环境保护、海洋生态建设要紧密结合起来，逐步淘汰污染严重、浪费资源的开发活动，控制污染物排放总量，减轻环境污染和生态破坏的压力。

①建立和完善海洋环境监测、观测系统与评价体系，加强总量控制、污染防治和生态保护，减缓和遏制近岸重点海域环境污染和生态环境破坏的势头。

②加强生物物种和生态环境的保护，有计划地建立相当规模和数量的海洋自然保护区，建立海洋自然保护区网，保护好重要生态系统、珍稀物种和海洋生物多样性；建立珊瑚礁、红树林、海草床、海岛保护区以及海湾和沿岸鱼虾蟹产卵场、育肥场保护区，保护好物种和特殊生态系统，保护海洋生物资源可持续利用。

③发展生态型养殖业和滨海旅游业，建立沿海生态城市、生态示范区，把海洋经济快速增长建立在海洋生态良性循环的基础上。

④合理开发利用适合养殖的区域，发展清洁养殖技术，改进捕捞技术和方法；适度捕捞经济鱼类，维持经济鱼类的世代繁殖和可持续利用，发展海洋农牧化技术，人工增殖优质资源。

（七）建立海洋资源开发规划体系

海洋资源勘探开发需要有宏观规划指导，要建立资源规划体系，制定各类专项资源规划，如渔业资源规划、海洋油气资源规划等以及地方的区域性规划，形成国家、省、市（县）规划体系。要理顺不同种类海洋资源规划之间的关系，协调资源开发与环境保护之间的关系，确保海洋资源的合理开发与有效保护。在建立资源规划体系的同时，加紧制定相关的资源开发规划法规，明确各项规划的法律地位，规范规划的内容、制定办法、执行与监督，协调各项规划之间的关系，理顺不同种类海洋资源之间的关系与管理职权，确保规划落到实处。

六、小　结

保持资源的相对充足，是国家社会经济可持续发展的重要前提。海洋资源作为国土资源的重要组成部分，在国家发展战略中占有重要地位。目前人类生存和发展正在向海洋延伸，海洋空间利用日益多元化，海洋经济已经成为世界经济的新兴领域。中国拥有广阔的管辖海域和丰富的海洋资源，具有发展海洋经济的雄厚基础，在陆地资源日益减少、经济社会发展面临资源供给不足的严峻形势下，必须大力开发利用海洋资源，解决资源瓶颈制约问题，使海洋成为支撑中国经济社会可持续发展的战略性资源基地，为小康社会建设提供资源保障，为中国经济的可持续发展做出更大的贡献。

海洋资源既有赋存于国家管辖海域的国土资源，又有分布于公海和国际海底的共有海洋资源。围绕着建设海洋强国的战略目标，研究未来10年中国海洋开发的总体目标，即：海洋开发格局得到优化，海洋经济的贡献率进一步提高，海洋生态、环境质量明显改善，到2020年基本形成各具特色的海洋经济区域，为建设海洋强国提供基础支撑和保障。研究认为，新世纪海洋资源战略主要包括：合理开发、积极保护管辖海域海洋资源；放眼关注、多元化利用世界海洋资源；加快勘探、积极利用争议海区海洋资源；依靠科技进步、促进海洋资源开发保护；发展海洋生态经济。通过研究制订和实施海洋资源战略，合理开发和保护海洋资源，使海洋成为战略性资源基地，促进国家社会经济又好又快发展。

结　语

2010 年是中国发展进程中承上启下、值得关注的一年。这一年海洋世纪的头十年与我们挥手作别；我国经济社会发展“十一五”规划圆满收官。2010 年，我国海洋生产总值达到 3.8 万亿元，比上年增长超过 15%，占国内生产总值的 9.6%，创造了 3200 多万个就业岗位。海洋经济已成为国民经济新的增长点。

“十一五”时期是我国发展史上极不平凡的五年，也是海洋事业取得巨大进步的五年。尽管受到国际金融危机的影响，但海洋经济依然保持快速发展的强劲势头。“十一五”以来，我国海洋生产的总值从“十五”末期的 1.77 万元，增长到 2010 年的 3.8 万亿元；占沿海地区生产总值的比重从“十五”末期的 15% 增加到 2010 年的约 16%。整个“十一五”期间，我国海洋经济年均增速为 13.5%，远远超出同期国民经济发展的速度。五年来，海洋立法和规划取得了重大进展，海洋政策法规体系日臻完善，为海洋事业的健康发展创造了良好有序的法制环境；海洋综合管理能力不断提高，管理制度逐步完善，基本改变了海域使用无序、无度和无偿的状态；海洋科技支撑能力显著增强，海洋观测预报体系和能力建设进一步完善，海洋防灾减灾和军事服务保障能力显著提升；海洋国际合作进一步深化，权益研究与维权执法工作迈上新台阶；极地考察工作开创新局面，大洋勘探工作实现新跨越；海洋工作体制机制不断优化，海洋人才队伍与基础能力建设大力推进。我国海洋事业的发展实现了历史性的跨越。

海洋世纪的新一个十年悄然到来，我国海洋事业发展站在一个新的历史起点上。党和国家近年来高度重视发展海洋事业。党的十七届五中全会通过的《关于制订国民经济和社会发展第十二个五年规划的建议》，明确提出了关于海洋工作的“百字方针”：“坚持陆海统筹，制定和实施海洋发展战略，提高海洋开发、控制、综合管理能力。科学规划海洋经济发展，发展海洋油气、运输、渔业等产业，合理开发利用海洋资源，加强渔港建设，保护海岛、海岸带和海洋生态环境。保障海上通道安全，维护我国海洋权益。”这一重要论述从战略高度对新时期海洋事业发展做出了全面部署，为我国的海洋工作指明了前进方向，是当前和今后一个时期全力做好海洋工作必须牢牢遵循的指导方针。我们要从国家 21 世纪可持续发展的战略高度，深刻理解和领会中央海洋工作“百字方针”的内涵和精髓，全面贯彻和落实这一纲领性文件提出的要求和任务。

制定和实施国家海洋发展战略是中央“十二五”规划关于海洋工作建议的画龙点睛之笔。中国是陆海兼备的大国，但海洋的地位和作用从来没有像现在这样与国家的发展和人民生活如此密切相关。沿海地区已发展成为中国人口密度最大、经济最活跃、社会发展最快的地区，并由此带动了中、西部地区的发展。可以毫不夸张地说，海洋是支撑中国改革开放历史格局的重要载体。未来十年，中国将进入全面建设小康社会的攻坚阶段和转变经济发展方式的重要时期，国家战略空间的拓展和安全需要海洋来实现，改革开放的经济格局需要海上通道的安全来保障，东部沿海地区的继续率先发展需要海洋的支持。这是21世纪初迫切需要制定中国海洋发展战略的宏观时代背景和现实要求。制定和实施海洋发展战略，进一步提高海洋开发利用，综合管理和实际控制的能力和水平，是“十二五”时期海洋事业发展的方向和目标。

实施陆海统筹是在党和国家的重要纲领性文件中首次提出的一个全新发展理念。这是新中国成立后乃至有史以来中华民族对国家物质基础和发展方向进行实践和认识的进一步升华，突破了自古以来黄土文化和农耕文明的思想和实践。实行陆海统筹，就是要破除长久以来重陆轻海的传统观念和束缚，综合协调和正确处理陆地和海洋开发的关系，确立陆海一体、陆海联动发展的战略思路。实施陆海统筹，就是要加强陆海之间的相互联系和支援。海洋开发即要以陆地为依托，又要积极带动和促进陆地发展，努力做到海陆并举。贯彻陆海统筹，就是要在全面建设小康社会的进程中，统一筹划我国广袤陆域和广阔海洋这两大系统中的资源开发利用、经济社会发展、生态环境保护、区域政策协调、陆海空间开发关系，实现经济社会发展海陆双向的高度协调一致。

大力发展海洋经济是中央“十二五”规划关于海洋工作建议的核心内容。党和国家一贯重视海洋经济的发展。最近几年国务院陆续批复了涉及海洋和沿海地区的一系列区域发展战略规划，标志着沿海地区发展规划已上升到国家发展战略层面，为大力发展海洋经济创造了良好的政策环境。今后五年是海洋经济大发展的重要战略机遇期，也是实现海洋经济发展方式转变的重要攻坚期。海洋经济发展的思路、内容和方向是积极转变海洋经济发展方式，促进海洋产业结构调整，优化海洋产业布局，大力培育海洋支柱产业，不断扩大海洋产业群，加快发展的海洋高新产业，建设各具特色的海洋经济区，实现海洋产业又好又快发展。战略性新兴产业是“十二五”期间国民经济发展的重点领域，海洋应该是培育和发展战略性新兴产业的主战场之一。加快培育海洋战略性新兴产业，支持和培育海洋生物育种和健康养殖业、海洋医药和功能食品业、高端船舶与海洋工程装备制造业、现代海洋服务业、海洋可再生能源利用业，加快海水淡化和综合利用产业化进程，发展深海资源开发技术，适时发展多金属结核、多金属硫化物、钴结壳采矿业以及深海生物基因产业等一系列战略新兴产业，进一步提升海洋经济对国民经济和社会发展的贡献。

保障海上通道安全也是中央在“十二五”规划建议中首次提出的一项重要命题和

任务。海上通道安全是典型的海上非传统安全问题，也是整个中国海洋安全问题的软肋。我国国际贸易货物运输总量的90%是通过海上运输完成的，商船队的航迹遍布世界1200多个港口，经济对外依存度已高达60%。国民经济已经成为高度依赖海洋的开放型经济。2010年石油进口达到创纪录的2.393亿吨，比2009年增加了17.5%。其中国内油轮承担的运输量不足1/5，其余全部依靠外国油轮运输，存在着较大的海上石油运输政治风险。中国向海面临多条“岛链”的封锁，世界上用于国际航行的主要海峡，包括马六甲海峡，都处于传统海洋大国的控制之下。海上运输通道安全不仅仅是海洋发展战略的重要内容，也应该上升成为国家战略的一部分。因此，中国必须谋划地缘政治的关键区域，发展和壮大海上力量，保障海洋运输通道安全。2008年底，在郑和下西洋600年后，中国海军远出国门开赴亚丁湾执行护航任务，迈出了保障海上通道安全的实质性一步。

维护国家海洋权益是新时期统筹国家安全和发展两个大局的重要举措和突破。进入21世纪以来，我国周边海洋形势愈加复杂多变。围绕资源争夺、岛礁权属、海域划界的传统争端态势进一步加剧；海盗袭击、通道安全、恐怖走私等非传统安全领域的威胁也日渐增多。维护海洋权益的任务面临诸多新的变化和新的挑战。维护海洋权益事关国家根本利益，是当前和今后一段时期国家发展必然面临的一项重要的政治任务。为了更好地维护海洋权益，一要制定和出台海洋战略、规划和立法；二要确立军民结合、经略海洋的战略思想，在重要领域积极推行屯海戍疆活动；三要经略重大海洋开发项目，通过海洋开发达到维权和维稳的目的。维护海洋权益应坚持主权属我、搁置争议、共同开发的基本方针，力争扭转目前局面，掌握维护海洋权益的主动权和主导权。

党中央关于新时期海洋工作的“百字方针”，清晰地勾勒出21世纪初中国海洋发展战略的框架和路线图：战略目标是建设海洋强国；主要战略任务包括维护海洋权益，发展海洋经济，实施海洋综合管理和加强海洋安全建设等；重大的战略措施包括把海洋发展战略列为国家战略，推动建设国际和谐海洋等方面。

长风破浪会有时，直挂云帆济沧海！让我们站在新的历史起点上，认真把握世界海洋发展的潮流，充分认识海洋的战略重要性，树立科学的海洋发展观，全面推动海洋事业实现跨越性发展，为建设海洋强国，实现中华民族伟大复兴的宏伟目标做出更大贡献。

附　　件

附件一

中华人民共和国大陆领海的部分基线和西沙群岛的领海基线示意图

国家海洋局海洋发展战略研究所 制图 2009.12

附件二

中华人民共和国国民经济和社会发展第十二个五年（2011—2015 年）规划纲要有关“推进海洋经济发展”的内容

2010 年 10 月 18 日中国共产党第十七届中央委员会第五次全体会议通过的《中共中央关于制定国民经济和社会发展第十二个五个规划的建议》中，专门就“发展海洋经济”作出建议。

2011 年 3 月 14 日第十一届全国人民代表大会第四次会议批准了《中华人民共和国国民经济和社会发展第十二个五年（2011—2015 年）规划纲要》。《纲要》第十四章对“推进海洋经济发展”做出了规划。

第十四章　推进海洋经济发展

坚持陆海统筹，制定和实施海洋发展战略，提高海洋开发、控制、综合管理能力。

第一节　优化海洋产业结构

科学规划海洋经济发展，合理开发利用海洋资源，积极发展海洋油气、海洋运输、海洋渔业、滨海旅游等产业，培育壮大海洋生物医药、海水综合利用、海洋工程装备制造等新兴产业。加强海洋基础性、前瞻性、关键性技术研发，提高海洋科技水平，增强海洋开发利用能力。深化港口岸线资源整合和优化港口布局。制定实施海洋主体功能区规划，优化海洋经济空间布局。推进山东、浙江、广东等海洋经济发展试点。

第二节　加强海洋综合管理

加强统筹协调，完善海洋管理体制。强化海域和海岛管理，健全海域使用权市场机制，推进海岛保护利用，扶持边远海岛发展。统筹海洋环境保护与陆源污染防治，加强海洋生态系统保护和修复。控制近海资源过度开发，加强围填海管理，严格规范无居民海岛利用活动。完善海洋防灾减灾体系，增强海上突发事件应急处置能力。加强海洋综合调查与测绘工作，积极开展极地、大洋科学考察。完善涉海法律法规和政策，加大海洋执法力度，维护海洋资源开发秩序。加强双边多边海洋事务磋商，积极参与国际海洋事务，保障海上运输通道安全，维护我国海洋权益。

附件三

2010 年中央领导同志对海洋工作的指示

2010 年 6 月 7 日，中共中央总书记、国家主席、中央军委主席胡锦涛同志在中国科学院第十五次院士大会、中国工程院第十次院士大会的讲话中明确指出“要提高海洋探测及应用研究能力和海洋资源开发利用能力，使我国海洋科技水平进入世界前列，增强我国海洋能力拓展，支撑我国海洋事业发展，保护和利用海洋。”

在 2010 年《政府工作报告》中，中共中央政治局常委、国务院总理温家宝提出：“合理开发利用和保护海洋资源”、“前瞻部署生物、纳米、量子调控、信息网络、气候变化、空天海洋等领域基础研究和前沿技术研究”。

2010 年 2 月 11 日，中共中央政治局常委、国务院副总理李克强同志在慰问南极、北极和大洋上执行任务的中国科考队员时强调，要统筹国内发展和对外开放，大力发展海洋事业，加强极地和大洋科学考察工作，服务祖国，造福人类。

2010 年 9 月 3 日，中共中央政治局常委、国务院副总理李克强同志在会见来京参加第 33 届世界海洋和平大会暨联合国政府间海洋学委员会 50 周年庆典活动的中外代表时指出：

海洋是世界贸易的主要通道，是潜力巨大的资源宝库，是人类生存和发展的战略空间，也是全球气候与环境的重要调节器。合理开发利用海洋资源，保护好海洋环境，是世界各国人民的共同愿望。

中国作为一个发展中大国，面临着发展经济和保护环境的双重挑战。我们将坚持在开发中保护、在保护中开发，积极发展海洋绿色经济，推进海洋生态环境保护与修复，提高海洋防灾减灾能力，把我们的海洋建设成为和平、和谐、安全之海。中国愿与世界其他国家和联合国等国际组织加强合作，深入参与国际海洋事务，促进海洋和人类经济社会可持续发展。

2010 年 12 月 2 日，中共中央政治局常委、国务院副总理李克强同志在会见全国海洋系统先进集体先进工作者代表时指出：

海洋事业在我国经济社会发展中具有十分重要的战略地位。我们要认真贯彻党的十七届五中全会精神，坚持陆海统筹，制定和实施海洋发展战略，提高海洋开发、控制和综合管理能力，促进海洋经济和海洋事业全面协调可持续发展。

当今世界，海洋开发利用方兴未艾，海洋科技进步日新月异。随着我国经济发展和人民生活水平的提高，广大人民群众对海洋产品与服务的需求不断增长，海洋经济发展的潜力巨大。同时，海洋生态环境保护和可持续发展等任务也十分艰巨。他强调，要深入贯彻落实科学发展观，按照加快转变经济发展方式的要求，统筹国际国内两个大局，科学规划海洋经济发展，大力发展海洋油气、运输、渔业等产业；进一步规范海洋开发秩序，合理开发利用宝贵的海洋资源，保护好海岛、海岸带和海洋生态环境，提高海洋防灾减灾能力，全面发展海洋事业，在现代化建设中发挥更加重要的作用。

发展海洋经济和海洋事业，要加强科技支撑，加快培养所需要的各方面人才，积极推进海洋科学研究和技术应用，深入开展极地考察和大洋考察，着力提升海洋科技创新能力。要不断加强海洋综合管理，提高海洋执法能力，保障海上通道安全，切实维护我国海洋权益。要积极参与国际海洋事务，加强与周边国家的沟通和交流，不断扩大海洋领域对外开放和国际合作，推动我们的海洋事业和海洋经济发展再上新台阶。

附件四

2009 年《中国海洋行政执法公报》（摘录）

综　述

2009 年，各级海洋行政主管部门及海监机构依据《中华人民共和国领海及毗连区法》、《中华人民共和国专属经济区和大陆架法》、《中华人民共和国海域使用管理法》、《中华人民共和国海洋环境保护法》、《中华人民共和国涉外海洋科学研究管理规定》等法律法规，全面落实我国管辖海域海洋权益维护执法、海域使用管理执法、海洋环境保护执法等工作，在强化执法监督检查，进一步规范海洋行政执法程序，继续加强执法能力建设等方面，取得了一定的成效。

本年度，对我国管辖海域全面实施了定期维权巡航执法制度，组织开展了系列专项维权执法行动；海域使用执法在做好日常执法工作的同时，组织了“海盾 2009”专项行动，规范了海域使用秩序；海洋环境保护执法专门组织了“碧海 2009”专项行动和“渤海石油勘探开发活动定期巡航”，加大了海洋环境保护专项执法巡航力度，着力制止污染海洋环境、破坏海洋生态的行为；海岛保护执法组织开展了海岛巡查和海岛保护执法试点，加大了海岛保护力度，有力配合了《中华人民共和国海岛保护法》的出台。沿海各地的区域联合执法行动进一步促进和保障了海洋行政执法工作的深入开展。

全年海洋执法共派出海监飞机 886 架次，海监船艇 10 153 艘次。作出行政处罚 1 578 件，决定罚款总额为 82 872. 77 万元。

海洋行政执法

海洋权益维护执法

2009 年，中国海监进一步实施全海域定期维权巡航执法，巡航范围北起鸭绿江口，南至曾母暗沙，东至冲绳海槽附近，基本覆盖了我国管辖海域。针对各海域的形势，划分了一船巡航区域与重点巡航区域，加强了对南沙群岛、黄岩岛附近海域及东海等重点海域的巡航监视。

本年度海洋维权执法共派出海监船舶130艘次，巡航1 435天、228 322海里；派出海监飞机540架次、飞行627 943公里。监视进入中国管辖海域的外国船舶426艘次、飞机106架次，其他目标227次，拍摄监视照片37 549张，摄像资料5 719分钟，发现其他违法行为75次，进行喊话196次。

3月，中国海监飞机在海南岛东南部执行南海定期维权巡航执法行动中，发现美国海军“无瑕”号海洋测量船，随后组织海监船舶、飞机对其行动及作业进行了跟踪监视、取证和喊话驱离。其后对未经批准进入我管辖海域实施调查作业的马库斯·朗塞特号科学考察船进行了跟踪监视。

5~8月，完成了各项专项维权执法行动。

省级海监机构维权巡航执法工作逐步开展，广东省、辽宁省、广西壮族自治区分别开展了本行政区毗连海域维权巡航执法工作。

海域使用管理执法

2009年，中国海监以规范海域使用秩序为目的，开展近岸海域定期巡查和专项执法行动，重点查处非法大型围填海行为和养殖用海行为。同时，继续组织“海盾2009”专项执法行动，查处海域使用领域的大案、要案。

全年海域使用执法对28 611个用海项目进行了检查，检查次数67 499次，发现违法用海行为1 817起，作出处罚决定1 151件，决定罚款80 758.84万元。

在已发现的用海违法行为中，非法占用海域行为数量居首位，约占83.71%（其中渔业用海、围海造地用海和工矿用海分别约占1/2、1/5和1/11），其他的用海违法行为主要是超批准面积使用海域和擅自改变海域用途等。

海洋环境保护执法

2009年中国海监对海洋石油勘探开发、海洋倾废、海岛开发等活动以及海洋自然保护区、海洋特别保护区、海洋生态监控区等展开海洋环境保护执法工作。继续加强重点海域巡航监视和执法检查，首次组织了针对海洋环境违法行为的“碧海2009”专项执法行动，启动了“渤海石油勘探开发活动定期巡航”，有效地保护了海洋环境和生态。

全国各级海监机构共进行海洋工程环境监督检查17 170次，发现违法行为155起，作出行政处罚63件，决定罚款432.59万元；进行海洋倾废环境监督检查8 514次，发现违法行为为185起，作出行政处罚162件，决定罚款801.18万元；进行海洋生态监督检查2 974次，发现违法行为为291起，作出行政处罚188件，决定罚款851.26万元。

执法能力建设

海监执法机构建设

中国海监西中南沙执法站在永兴岛挂牌成立。

随着上海市海洋管理体制的调整，中国海监上海市总队重新调整挂牌成立，进入执法工作新阶段。

海监执法队伍建设

作为大培训、大演练的重要组成部分，2009 年举办了三期沿海省（区、市）执法人中培训班，培训人员 282 名；中国海监远程教育培训网络完成建设并开始运行。

颁布了《中国海监体能训练规定（试行）》和《中国海监礼仪规定（试行）》，首次将中国海监队伍的礼仪和体能训练制度化。

海监执法装备建设

2009 年海监执法装备能力全面提高。新建造的 21 艘各类执法艇已相继投入使用；全年各级海监机构新增执法专用车 137 辆；部分船舶装备了水下摄像等一系列专用高科技装备。2009 年底，中国海监队伍陆续换发“09 式”海监制服。

交流与合作

开展国际合作

中国海监总队积极参加北太平洋海上执法六国机制；与韩国海洋警察厅签署《中华人民共和国海监总队与大韩民国海洋警察厅合作谅解备忘录》；与日本海上保安厅进行了执法合作的交流和沟通。

开展海峡两岸执法联动

2009 年，中国海监总队与台湾地区海岸巡防署正式建立了沟通机制。中国海监福建省总队组织厦门市支队等海监机构与台湾地区海岸巡防署金门海巡队共同开展了“厦金海域打击非法采砂专项联合执法行动”，对占用海域挖采海砂等违法行为进行查处或移送处理，共发现和处理了 6 件海上违法案件。

附件五

2009 年《海域使用管理公报》（摘录）

1 基本概况

1.1 海岛立法与管理

2009 年 12 月 26 日，全国人大常委会表决通过了《中华人民共和国海岛保护法》，自 2010 年 3 月 1 日起施行。

协助全国人大赴沿海省市开展海岛保护法立法调研。会同财政部赴浙江、广东开展无居民海岛有偿使用专题调研。

2009 年 11 月 10 日，第十五次全国海岛联席会议在福建省厦门市举行。来自 6 个省市的 14 个海岛县、区政府领导及海洋部门的负责同志围绕“加强海岛规划管理，促进海岛科学发展”的主题进行了交流与研讨。

印发《关于开展无居民海岛使用情况调查工作的通知》，在全国范围启动无居民海岛使用情况调查工作。

加强海岛保护与规划管理，组织浙江、福建、广东和广西等省和自治区开展海岛保护与利用规划试点工作。

1.2 海洋功能区划

正式启动省级海洋功能区划修编工作，下发《关于开展省级海洋功能区划修编工作的通知》和《省级海洋功能区划修编技术要求（试行）》，对修编的指导思想、基本原则、主要任务、实施步骤和技术成果做出明确要求。举办两期共 300 余人参加的海洋功能区划修编技术培训班。

5 月，国家海洋功能区划专家委员会第二次全体会议暨海洋功能区划学术研讨会在广州召开。

沿海省、自治区、直辖市海岸保护与利用规划编制工作有序开展，力争与海洋功能区划修编同步完成，确保区划、规划管理体系的形成。

1.3 海域权属管理

落实国家宏观经济政策，充分发挥项目用海预审的闸门作用，优先保障国家能源、重大基础设施建设和交通运输等重点建设项目的用海需求，全年报经国务院批准32个重大建设项目用海。

澳门特别行政区新城区建设填海造地项目经国务院批准。

2009年，全国共发放海域使用权证书5 327本，确权海域面积17.84万公顷。

1.4 围填海管理

出台《建设项目填海规模指标管理暂行办法》，对2009年建设项目填海规模试行计划指标管理。

与国家发展改革委联合下发《关于加强围填海规划计划管理的通知》，正式建立围填海计划管理制度，通知同时对区域建设用海和区域农业围垦用海规划管理、建设项目用海预审等制度做出了明确规定。

1.5 国家海域使用动态监视监测管理系统建设

国家海域使用动态监视监测管理系统建设全部完成，国家、省、市三级业务机构基本建立，64个节点全部连通，进入业务化运行阶段。2月，在天津召开了国家海域使用动态监视监测管理系统建设工作总结暨业务化运行启动大会。

完成江苏、海南、广西、上海三省一市的高精度卫星遥感监视监测。

省、市海域使用动态监管中心开展海域权属核查、重点在建项目监测、疑点疑区核查等地面监视监测工作。

加强部分地区县级海域使用动态监视监测能力建设，布设安装远程视频监控系统。

1.6 海域使用论证资质管理

下发《关于进一步加强海域使用论证工作的若干意见》。

召开全国海域使用论证工作会议，对全国海域使用论证工作先进单位和个人进行了表彰。

完成海域使用论证资质单位的资质年检工作，吊销2家单位的论证资质，注销3家单位的论证资质。

举办四期海域使用论证业务培训班。经考试，核发海域使用论证岗位培训证书856本。截至2009年底，全国持证上岗人数为2 002人。

1.7 专项行动

6 月—8 月，国家海洋局组织对《关于进一步规范海域使用项目审批工作的意见》和《关于进一步规范地方海域使用论证报告评审工作的若干意见》两个文件的贯彻落实情况进行了检查。北海、东海、南海分局分别组成三个检查小组，赴沿海 11 个省、20 个地级市和 102 个示范县查阅文件、听取汇报。通过检查验收，各省、市、县均按照文件要求，完善规范了项目申请审批、论证评审等工作程序，成立了海域使用项目审核委员会和海域使用论证报告专家评审委员会，组建省级海域使用论证报告评审专家库。

2 各省情况

2.1 辽宁省

《辽宁省海洋功能区划》修编工作已基本完成。36 条县际间海域界线和 2 条省际间海域界线均已签字，并将正式上报国家海洋局。海域使用动态监视监测管理系统目前已实现国家、省本级和沿海六市三级数据传输专线网络平台互联互通。

2009 年辽宁省、市、县三级共发放海域使用权证书 751 本，确权海域面积 76 553.67 公顷，征收海域使用金 9.20 亿元。其中，养殖用海共发放海域使用权证书 622 本，确权海域面积 71 453.35 公顷；填海造地确权海域面积3 115.73 公顷，征收海域使用金 7.39 亿元。

2.2 河北省

启动《河北省海洋功能区划》修编和《河北省海岸保护与利用规划》编制工作。养殖用海普查登记工作圆满完成，示范县养殖用海登记率和确权发证率 100%，全省达到 95% 以上。省、市两级海域使用动态监管中心全部建设完成。全省海籍调查工作全面展开。出台《关于进一步优化海洋工程建设项目审批管理工作的意见》和《河北省海域使用权招标拍卖出让管理办法》。

2009 年，河北省、市、县三级共发放海域使用权证书 88 本，确权海域面积 3 755.35 公顷，征收海域使用金 1.06 亿元。其中填海造地确权海域面积 2 696.02 公顷，征收海域使用金 0.93 亿元。

2.3 天津市

出台《天津市海域使用权抵押贷款实施意见》和《天津市海域使用权抵押登记办

法》；制定《关于海域使用金分期缴纳的意见》。

天津市海域使用动态监管中心被评为系统建设优秀单位。全市海域使用动态监视监测系统已全面进入业务化运行。

2009 年，天津市共发放海域使用权证书 52 本，确权海域面积 3 278.84 公顷，征收海域使用金 12.65 亿元。其中，养殖用海发放海域使用权证书 3 本，确权海域面积 297.04 公顷；填海造地确权海域面积 1 401.68 公顷，征收海域使用金 12.49 亿元。

2.4 山东省

坚持节约集约用海，全省统筹规划了 9 大集中集约用海区。

启动《山东省海洋功能区划》修编及《山东省海岸保护与利用规划》编制工作。

2009 年初，山东省人民政府办公厅转发了省海洋与渔业厅《关于为扩大内需促进经济平稳较快发展做好海洋服务保障工作的意见》。

严把建设用海闸门，年内否决不符合规定的用海项目 4 宗，限批用海项目 19 宗，要求另外选址用海项目 1 宗，调整用海方案项目 46 宗。

2009 年，山东省、市、县三级共发放海域使用权证书 373 本，确权海域面积 25 620.62 公顷，征收海域使用金 11.81 亿元。其中，养殖用海发放海域使用权证书 222 本，确权海域面积 21 071.92 公顷；填海造地确权海域面积 1 292.58 公顷，征收海域使用金 10.53 亿元。

2.5 江苏省

创新海域使用权融资政策。省人民政府办公厅转发省海洋与渔业局、省政府金融办、人民银行南京分行、江苏银监局《关于推进海域使用权抵押贷款工作意见的通知》，省海洋与渔业局出台《江苏省海域使用权抵押登记暂行办法》，至 2009 年底，全省海域使用权抵押贷款累计约 25 亿元。

全省率先将海域使用动态监视监测系统建设到县区。截至目前，沿海 13 个县（市、区）基本具备业务化运行的条件和能力。

2009 年江苏省、市、县三级共发放海域使用权证书 212 本，确权海域面积 30 536.48 公顷，征收海域使用金 1.36 亿元。其中，养殖用海发放海域使用权证书 154 本，确权海域面积 29 434.65 公顷；填海造地确权海域面积 590.31 公顷，征收海域使用金 0.65 亿元。

2.6 上海市

2009 年上海市海洋局与上海市水务局合署办公。

制定《上海市海洋局行政许可办事指南（试行）》，通过政府网站对外公布。制订《关于进一步规范海域使用项目审批工作的实施意见》、《上海市海域使用论证评审专家库管理办法》。

组织开展《上海市海岸保护与利用规划》的编制工作。在完成对上海市全部无居民海岛调查的基础上，会同上海市民政局、上海市地名办等部门完成佘山岛等3个海岛的设标工作。继续推进《上海岛屿志》编撰等工作，海岛补充调查等工作已全面启动。开发、完善上海市海岛管理信息系统。

2009年，上海市共发放海域使用权证书4本，确权海域面积51.45公顷，征收海域使用金1 567.59万元。

2.7 浙江省

出台《关于进一步提升海洋管理效率 为海洋经济发展做好服务工作的通知》。为64个用海业主办理海域使用权证抵押，抵押资金达8.78亿元，依法减免海域使用金390.58万元。

全面展开海洋功能区划评估，启动《浙江省海岸保护与利用规划》编制。修改完善《浙江省海域使用金征收管理办法》、《浙江省海域使用金减免管理办法》。与浙江省财政厅、中国人民银行杭州支行联合下发《关于加强海域使用金征收管理有关具体问题的通知》。完成全省已确权的项目用海类型、用海方式转换工作。实现证书网上统一配号和海域使用申请网上办理。制订《海域坐标系转换规范》。按季度向省政府提供用海动态信息。

2009年，浙江省、市、县三级共发放海域使用权证书345本，确权海域面积11 733.10公顷，征收海域使用金5.19亿元。其中，养殖用海发放海域使用权证书74本，确权海域面积8 077.76公顷；填海造地确权海域面积2 827.54公顷，征收海域使用金4.39亿元。

2.8 福建省

启动《福建省海洋功能区划》修编工作。编制完成六个《重点海湾海域使用规划》。启动《福建省无居民海岛保护和利用控制性详细规划》编制工作，对全省1 332个无居民海岛进行科学规划。

大力推进海域使用权抵押贷款工作。全省共办理海域使用权抵押贷款93宗，贷款14亿元。

2009年福建省、市、县三级共发放海域使用权证书2 159本，确权海域面积8 540.12公顷，征收海域使用金9.69亿元。其中，养殖用海共发放海域使用权证书

2 072本，确权海域面积4 679.75公顷；填海造地确权海域面积2 502.56公顷，征收海域使用金9.46亿元，带动投资94亿元。

2.9 广东省

省海洋与渔业局推动节约集约用海，将填海造地单位面积投资强度作为填海面积审查条件。海域管理处在今年全省开展的政风行风民主评议中，被推荐为“人民满意公务员集体”。为海域使用管理重点县配备的全国第一艘海域使用动态监管公务船已下水投入使用。启动编制省、市海岸保护与利用规划和广东省海岛保护与利用规划。

2009年广东省、市、县三级共发放海域使用权证书469本，确权海域面积9 042.54公顷，征收海域使用金1.46亿元。其中，养殖用海发放海域使用权证书410本，确权海域面积8 699.06公顷；填海造地确权海域面积119.15公顷，征收海域使用金1.09亿元。

2.10 广西壮族自治区

全年通过招标拍卖方式出让养殖用海海域使用权17宗，涉海面积506.80公顷。有居民海岛岸线修测工作取得积极进展，涠洲岛等11个有居民海岛岸线修测外业测绘工作已经完成。正式启动《广西海岸保护与利用规划》编制工作。海域使用动态监视监测管理系统运行通过国家视频检查。

2009年，广西区、市、县三级共发放海域使用权证书167本，确权海域面积2 297.20公顷，征收海域使用金5.14亿元，创征收海域使用金历史新高。其中，养殖用海发放海域使用权证书112本，确权海域面积1 161.38公顷；填海造地确权海域面积1 068.05公顷，征收海域使用金5.11亿元。

2.11 海南省

启动《海南省海洋功能区划》修编和《海南省海岸保护与利用规划》编制工作。完成《海南省围填海专题研究报告》。

完成省级、海口市和三亚市海域使用动态监管中心建设，实现互联互通。规范海域使用项目档案归档、市县备案项目核对制度。建立沿海市县海域测量工作体系和多种坐标转换机制。

2009年，海南省、市、县三级共发放海域使用权证书646本，确权海域面积1 427.28公顷，征收海域使用金1.72亿元。其中，养殖用海发放证书565本，确权海域面积237.48公顷；旅游娱乐用海发放证书35本，确权海域面积478.05公顷；填海造地确权海域面积279.80公顷，征收海域使用金1.29亿元。

3 统计分析

3.1 海域使用确权情况

2009年，全国共确权海域面积178 366.86公顷，其中经营性项目173 586.65公顷，公益性项目4 780.21公顷；发放海域使用权证书5 327本，其中经营性项目5 195本，公益性项目132本。

3.1.1 各用海类型确权情况

各用海类型的确权面积分别为：渔业用海147 817.05公顷，工业用海10 520.27公顷，交通运输用海10 202.03公顷，旅游娱乐用海1611.38公顷，海底工程用海904.49公顷，排污倾倒用海272.60公顷，造地工程用海6 037.30公顷，特殊用海216.34公顷，其他用海785.40公顷。

渔业用海确权面积147 817.05公顷，其中渔业基础设施用海确权面积2 265.92公顷，围海养殖用海确权面积12 260.93公顷，开放式养殖用海确权面积132 851.56公顷，人工鱼礁用海确权面积438.64公顷。2009年渔业用海确权面积比2008年减少48 352.48公顷。

3.1.2 各用海方式确权情况

各用海方式的确权面积分别为：填海造地17 888.09公顷，构筑物1 508.08公顷，围海19 305.49公顷，开放式137 335.34公顷，其他方式2 329.86公顷。

填海造地确权面积17 888.09公顷，比2008年增加6 887.38公顷，其中建设填海造地16 767.45公顷，农业填海造地1 093.65公顷，废弃物处置填海造地26.99公顷。沿海省、自治区、直辖市填海造地确权面积分别为辽宁省3 256.47公顷，河北省2 696.02公顷，天津市2 807.99公顷，山东省1 292.58公顷，江苏省631.91公顷，浙江省2 852.35公顷，福建省2 760.21公顷，广东省242.71公顷，广西壮族自治区1 068.05公顷，海南省279.80公顷。

3.2 海域使用金征收减免情况

2009年，全国共征收海域使用金78 6251.54万元，减免海域使用金39 663.15万元。

3.2.1 各用海类型海域使用金征收情况

2009 年，各用海类型的海域使用金征收金额分别为：渔业用海 53 956.43 万元，工业用海 267 685.47 万元，交通运输用海 295 323.06 万元，旅游娱乐用海 34 920.03 万元，海底工程用海 6 218.47 万元，排污倾倒用海 507.89 万元，造地工程用海 127 416.25 万元，特殊用海 69.48 万元，其他用海 154.46 万元。

3.2.2 各用海方式海域使用金征收情况

2009 年，各用海方式海域使用金征收金额分别为：填海造地 704 010.31 万元，构筑物 145 36.64 万元，围海 22 823.24 万元，开放式 22 646.88 万元，其他方式 22 234.47 万元。

填海造地征收海域使用金 704 010.31 万元，其中建设填海造地 702 323.09 万元，农业填海造地 1 012.30 万元，废弃物处置填海造地 674.92 万元。沿海省、自治区、直辖市填海造地海域使用金征收金额分别为辽宁省 80 869.55 万元，河北省 10 067.69 万元，天津市 211 533.88 万元，山东省 108 669.38 万元，江苏省 6 553.65 万元，浙江省 49 401.62 万元，福建省 117 472.89 万元，广东省 54 992.81 万元，广西壮族自治区 51 111.96 万元，海南省 13 336.88 万元。

3.2.3 各用海类型海域使用金减免情况

2009 年，各用海类型海域使用金减免金额分别为：渔业用海 11 106.55 万元，工业用海 8 599.00 万元，交通运输用海 7 513.56 万元，旅游娱乐用海 60.24 万元，海底工程用海 9.17 万元，造地工程用海 12 363.01 万元，特殊用海 5.32 万元，其他用海 6.30 万元。

3.3 海域使用权招标拍卖情况

2009 年，全国共有 5 个省（自治区、直辖市）开展了海域使用权招标、拍卖工作，通过招标、拍卖设定海域使用权 40 宗，确权海域面积 4 620.89 公顷。其中，通过拍卖方式，辽宁省 4 本，面积 1 315.37 公顷，海域使用金征收金额 225.32 万元；天津市 3 本，面积 59.00 公顷，海域使用金征收金额 4 269.70 万元；广西壮族自治区 14 本，面积 446.80 公顷，海域使用金征收金额 76.56 万元。通过招标方式，山东省 1 本，面积 133.37 公顷，海域使用金征收金额 100.95 万元；福建省 15 本，面积 2 606.35 公顷，海域使用金征收金额 77.29 万元；广西壮族自治区 3 本，面积 60.00 公顷，海域使用金征收金额 13.5 万元。

3.4 海域使用权注销、变更情况

2009 年，全国共注销海域使用权证书 650 本，其中经营性项目 642 本，公益性项目 8 本；注销海域面积 37 311.55 公顷，其中经营性项目 35 782.45 公顷，公益性项目 1 529.10 公顷。

2009 年，全国办理海域使用权变更登记的证书数量为 1053 本，面积为 137 867.37 公顷。

3.5 海域使用权抵押情况

2009 年，全国办理海域使用权抵押登记的证书为 865 本，抵押面积 72 375.74 公顷，评估金额 942 882.36 万元，抵押金额 575 260.38 万元。其中，填海造地用海中办理海域使用权抵押登记的证书有 45 本，抵押面积 1 575.85 公顷，评估金额 495 554.42 万元，抵押金额 318 280.96 万元。

3.6 临时用海管理情况

2009 年，全国共发放临时海域使用权证书 26 本，批准临时用海项目使用海域面积 90.88 公顷，征收海域使用金 107.13 万元。

3.7 国务院批准的项目用海情况

2009 年，国务院批准确权海域使用面积 5 530.20 公顷；发放海域使用权证书 61 本，征收海域使用金 191 828.45 万元（其中缴入中央国库 60 635.68 万元，缴入地方国库 131 192.77 万元）。

附件六

2009年《中国海洋环境质量公报》（摘录）

1 概 述

2009年，国家海洋局组织沿海各级海洋行政主管部门，贯彻落实海洋环境保护分级管理责任制，切实履行海洋环境监督管理的职责，深化海洋领域节能减排工作，加强海洋环境监测评价体系建设，提高监测评价能力和水平，在全面做好我国管辖海域环境质量现状和趋势监测、海洋功能区监测、入海污染源监测、海洋环境灾害及突发事件监测的基础上，重点加强了渤海等海域的环境监测，进一步深化了近岸生态系统健康评价工作，积极推进了海－气二氧化碳交换通量业务化监测工作，开创了海洋环境监测评价工作新局面。

2009年，全海域未达到清洁海域水质标准的面积为146 980平方公里，比上年增加7.3%。严重污染海域主要分布在辽东湾、渤海湾、莱州湾、长江口、杭州湾、珠江口和部分大中城市近岸局部水域。海水中的主要污染物是无机氮、活性磷酸盐和石油类。局部海域沉积物受到重金属和石油类污染。部分贝类体内污染物残留水平依然较高。海水增养殖区环境状况基本满足其功能要求。滨海旅游度假区、海水浴场环境状况良好。海洋倾倒区和油气区环境质量基本符合其功能区环境保护要求。处于健康、亚健康和不健康状态的近岸海洋生态系统分别占所监测海洋生态系统的24%、52%和24%。

河流携带入海的污染物总量较上年有较大增长。73.7%的入海排污口超标排放污染物，部分排污口邻近海域环境污染呈加重趋势。铜等重金属在长江口、珠江口海域的大气输入通量仍呈上升趋势。海洋垃圾数量总体处于较低水平。

全年发现赤潮68次，累计面积约14 100平方公里；赤潮发现次数与上年相同，累计面积基本持平；赤潮多发区主要集中在东海海域。海岸侵蚀范围和速度加大。渤海滨海地区海水入侵和土壤盐渍化加重。

2 全海域环境质量状况

2.1 海水环境质量

1. 全海域海水环境质量

2009年，全海域未达到清洁海域水质标准的面积为146 980平方公里，其中较清洁海域面积70 920平方公里，轻度污染海域面积25 500平方公里，中度污染海域面积20 840平方公里，严重污染海域面积29 720平方公里。严重污染海域主要分布在辽东湾、渤海湾、莱州湾、长江口、杭州湾、珠江口和部分大中城市近岸局部水域。

海水中的主要污染物依然是无机氮、活性磷酸盐和石油类。

2. 各海区海水环境质量

渤海 未达到清洁海域水质标准的面积为21 550平方公里，其中较清洁海域面积8 970平方公里，轻度污染海域面积5 660平方公里，中度污染海域面积4 190平方公里，严重污染海域面积2 730平方公里。严重污染海域主要集中在辽东湾、渤海湾和莱州湾近岸。主要污染物为无机氮、活性磷酸盐和石油类。

黄海 未达到清洁海域水质标准的面积为26 490平方公里，其中较清洁海域面积11 250平方公里，轻度污染海域面积7 930平方公里，中度污染海域面积5 160平方公里，严重污染海域面积2 150平方公里。严重污染海域主要集中在大连湾和江苏沿岸。主要污染物为无机氮、活性磷酸盐和石油类。

东海 未达到清洁海域水质标准的面积为68 190平方公里，其中较清洁海域面积30 830平方公里，轻度污染海域面积9 030平方公里，中度污染海域面积8 710平方公里，严重污染海域面积19 620平方公里。严重污染海域主要集中在长江口、杭州湾、象山港和乐清湾海域。主要污染物为无机氮和活性磷酸盐。

南海 未达到清洁海域水质标准的面积为30 750平方公里，其中较清洁海域面积19 870平方公里，轻度污染海域面积2 880平方公里，中度污染海域面积2 780平方公里，严重污染海域面积5 220平方公里。严重污染海域主要集中在珠江口海域。主要污染物为无机氮、活性磷酸盐和石油类。

2009 年全国海域水质等级分布示意图

2005—2009 年各海区未达到清洁海域水质标准的面积（平方公里）

海区	年度	较清洁	轻度污染	中度污染	严重污染	合计
渤海	2005	8 990	6 240	2 910	1 750	19 890
	2006	8 190	7 370	1 750	2 770	20 080
	2007	7 260	5 540	5 380	6 120	24 300
	2008	7 560	5 600	5 140	3 070	21 370
	2009	8 970	5 660	4 190	2 730	21 550
黄海	2005	21 880	13 870	4 040	3 150	42 940
	2006	17 300	12 060	4 840	9 230	43 430
	2007	9 150	12 380	3 790	2 970	28 290
	2008	11 630	6 720	2 760	2 550	23 660
	2009	11 250	7 930	5 160	2 150	26 490
东海	2005	21 080	10 490	10 730	22 950	65 250
	2006	20 860	23 110	8 380	14 660	67 010
	2007	22 430	25 780	5 500	16 970	70 680
	2008	34 140	9 630	6 930	15 910	66 610
	2009	30 830	9 030	8 710	19 620	68 190
南海	2005	5 850	3 460	470	1 420	11 200
	2006	4 670	9 600	2 470	1 710	18 450
	2007	12 450	3 810	2 090	3 660	22 010
	2008	12 150	6 890	2 590	3 730	25 360
	2009	19 870	2 880	2 780	5 220	30 750
合计	2005	57 800	34 060	18 150	29 270	139 280
	2006	51 020	52 140	17 440	28 370	148 970
	2007	51 290	47 510	16 760	29 720	145 280
	2008	65 480	28 840	17 420	25 260	137 000
	2009	70 920	25 500	20 840	29 720	146 980

2.2 沉积物质量

2009 年全海域沉积物质量状况总体良好。近岸局部海域沉积物受到镉、铜、滴滴涕和石油类污染，上述污染物含量超第一类海洋沉积物质量标准的站位比例分别为 10.6%、7.9%、7.6%和 7.5%。

渤海　近岸海域沉积物质量状况一般。其中莱州湾沉积物质量状况良好；大连渤海近岸沉积物质量状况总体良好，主要污染物为石油类；辽东湾沉积物质量状况一般，局部海域受到镉、砷和石油类污染，个别站位砷污染严重；渤海湾沉积物质量状况较差，主要污染物为多氯联苯。

黄海　近岸海域沉积物质量状况良好。其中烟台至威海近岸、青岛近岸和苏北近岸海域沉积物质量状况良好；黄海北部近岸沉积物质量状况较差，主要污染物为石油类和滴滴涕。

东海　近岸海域沉积物质量状况良好。其中长江口、杭州湾、台州和温州近岸沉积物质量状况良好；宁德近岸沉积物质量状况一般，主要污染物为滴滴涕；闽江口至厦门近岸沉积物质量状况一般，局部海域受到滴滴涕污染，个别站位滴滴涕和石油类污染严重。

南海　近岸海域沉积物质量状况良好。其中粤东近岸和粤西近岸沉积物质量状况良好；海南近岸沉积物质量状况总体良好，主要污染物为镉；珠江口沉积物质量状况一般，主要污染物为铜，部分海域受到石油类污染；广西近岸沉积物质量状况一般，局部海域镉污染严重。

多年监测与评价结果表明，辽东湾、莱州湾、青岛近岸、苏北近岸和广西近岸海域沉积物中石油类含量呈显著上升趋势；渤海湾和长江口沉积物中镉含量呈显著下降趋势。

海域	主要污染物	1997~2009年变化趋势							
		汞	镉	铅	砷	铜	石油类	滴滴涕	多氯联苯
1 辽东湾	—	⇔	⇔	⇔	⇔	●	⬈	⇔	⇔
2 渤海湾	多氯联苯	⇔	⬊	⇔	⇔	⇔	⇔	⇔	⇔
3 莱州湾	—	⇔	⇔	⇔	⇔	●	⬈	⇔	⇔
4 大连渤海近岸	石油类	⇔	⇔	⇔	↗	⇔	⇔	⇔	⇔
5 黄海北部近岸	滴滴涕 石油类	⇔	⇔	⇔	⇔	⇔	⇔	⇔	↘
6 烟台至威海近岸	—	⇔	⇔	↗	⇔	⇔	⇔	↘	⇔
7 青岛近岸	—	↘	⇔	⇔	⇔	●	⬈	⇔	⇔
8 苏北近岸	—	⇔	⇔	⇔	⇔	⇔	⬈	⇔	⇔
9 长江口	—	⇔	⬊	⇔	⇔	⇔	⇔	⇔	⇔
10 杭州湾	—	⇔	⇔	⇔	⇔	⇔	⇔	⇔	⇔
11 台州和温州近岸	—	⇔	⇔	⇔	⇔	⇔	⇔	⇔	⇔
12 宁德近岸	滴滴涕	⇔	⇔	⇔	⇔	⇔	⇔	⇔	⇔
13 闽江口至厦门	—	⇔	⇔	⇔	⇔	⇔	↗	⇔	⇔
14 粤东近岸	—	⇔	⇔	⇔	↘	⇔	⇔	↘	⇔
15 珠江口海域	铜	⇔	⇔	⇔	⇔	⇔	⇔	⇔	↗
16 粤西近岸	—	⇔	⇔	⇔	⇔	⇔	⇔	⇔	↘
17 广西近岸	—	⇔	⇔	↘	⇔	⇔	⬈	⇔	⇔
18 海南近岸	镉	⇔	⇔	⇔	⇔	●	⇔	⇔	⇔

沉积物综合质量

良好　一般　较差

污染物变化趋势

⬈ 显著升高　↗ 升高　⇔ 无明显变化趋势

⬊ 显著降低　↘ 降低　● 数据年限不够

1997—2009 年近岸海域贝类体内污染物残留水平变化趋势

海域		石油烃	总汞	镉	铅	砷	六六六	滴滴涕	多氯联苯
辽东	湾	⇔	⇔	⇔	⇔	⇔	⇔	⇔	⇔
渤海	湾	⇔	⇔	↘	⇔	↗	⇔	⇔	⇔
莱州	湾	⇔	↘	⇔	⇔	↘	⇔	⇔	⇔
大连渤海近	岸	⇔	⇔	⇔	⇔	⇔	⇔	⇔	⇔
黄海北部近	岸	⇔	⇔	⇔	⇔	↗	⇔	↗	⇔
烟台至威海近	岸	⇔	↗	⇔	⇔	⇔	⇔	⇔	⇔
青岛近	岸	⇔	⇔	⇔	⇔	⇔	⇔	⇔	⇔
苏北近	岸	⇔	⇔	⇔	⇔	⇔	⇔	⇔	⇔
杭州湾和宁波近	岸	↘	↘	⇔	⇔	⇔	⇔	⇔	⇔
台州和温州近	岸	⇔	⇔	⇔	⇔	⇔	⇔	⇔	⇔
宁德近	岸	⇔	⇔	⇔	⇔	↘	⇔	⇔	⇔
闽江口至厦门近	岸	⇔	⇔	↘	⇔	⇔	⇔	⇔	↘
粤东近	岸	⇔	⇔	⇔	↘	↘	⇔	↘	↘
珠江	口	⇔	⇔	⇔	⇔	↘	⇔	⇔	⇔
粤西近	岸	⇔	⇔	⇔	↘	↘	⇔	↘	⇔
广西近	岸	⇔	⇔	⇔	⇔	⇔	⇔	⇔	⇔
海南近	岸	⇔	⇔	⇔	⇔	⇔	⇔	↘	⇔

图例说明　↗ 显著升高　↘ 显著降低　⇔ 无明显变化趋势

3　海洋功能区环境状况

3.1　海水增养殖区环境状况

2009 年，对全国 66 个海水增养殖区开展了水质、沉积物质量和生物质量综合监测。

水质状况 55% 的海水增养殖区水质状况良好，各项监测指标符合第二类海水水质标准，比上年提高 4%。影响增养殖区水质的主要原因是营养盐含量超标，部分重点增养殖区营养状态指数较高，水体呈富营养化状态，增养殖区及毗邻海域多次发生赤潮。

沉积物质量状况 52% 的海水增养殖区沉积物质量符合第一类海洋沉积物质量标准，比上年降低 3%。主要污染指标为粪大肠菌群、滴滴涕和铜等。

养殖病害发生状况 9 个增养殖区发生了养殖病害，主要病害为白点病或缩曲症。发生病害的增养殖区主要有福建三沙湾、江苏如东、福建罗源湾、深圳南澳和福建闽江口等。

增养殖区综合环境质量状况 66 个增养殖区环境质量综合指数评价结果表明，12% 的增养殖区环境质量为“优良”，45% 为“良好”，32% 为“较好”，11% 为“及格”。

2009 年全国增养殖区环境质量状况

增养殖区名称	综合指数	环境质量等级	增养殖区名称	综合指数	环境质量等级
辽宁东港	92	良好	山东莱州虎头崖增养殖区	81	良好
大连獐子岛	93	良好	山东莱州金城增养殖区	90	良好
辽宁葫芦岛	86	良好	山东牟平养马岛东部扇贝养殖区	91	良好
天津汉沽	70	较好	山东乳山腰岛养殖区	86	良好
河北北戴河	90	良好	山东威海湾养殖区	100	优良
山东烟台	77	较好	山东荣成湾养殖区	100	优良
江苏海州湾	85	良好	山东乳山口养殖区	100	优良
浙江舟山（嵊泗）	83	良好	山东桑沟湾养殖区	98	优良
浙江岱山	79	较好	山东五垒岛养殖区	100	优良
浙江象山港	78	较好	江苏省级启东贝类增养殖区	78	较好
浙江洞头	82	良好	江苏省级如东紫菜增养殖区	81	良好

续表

增养殖区名称	综合指数	环境质量等级	增养殖区名称	综合指数	环境质量等级
福建三沙湾	77	较好	浙江嵊泗绿华海水增养殖区	78	较好
福建闽江口	75	较好	浙江普陀增养殖区	83	良好
福建平潭沿海	87	良好	浙江舟山普陀中街山海水增养殖区	85	良好
厦门沿岸	62	及格	浙江三门湾海水增养殖区	78	较好
广东柘林湾	68	较好	浙江温岭大港湾海水增养殖区	76	较好
深圳南澳	80	良好	浙江乐清湾海水增养殖区	76	较好
广西涠洲岛	86	良好	浙江大渔湾增养殖区	82	良好
海南陵水新村	83	良好	福建三沙湾海水增养殖区	55	及格
辽宁丹东市增养殖区	93	良好	福建罗源湾海水增养殖区	56	及格
辽宁黄海北部海水增养殖区	80	良好	福建东山湾海水增养殖区	77	较好
大连市庄河滩涂贝类养殖区	64	及格	厦门大小嶝海域海水增养殖区	83	良好
大连市大李家浮筏养殖区	71	较好	广东茂名水东湾网箱养殖区	56	及格
大连市交流岛滩涂及池塘养殖区	59	及格	广东雷州湾经济鱼类养殖区	80	良好
辽宁盘锦大洼蛤蜊岗	79	较好	广东流沙湾经济鱼类养殖区	94	良好
辽宁辽东湾海水增养殖区	85	良好	深圳东山海水增养殖区	82	良好
辽宁锦州湾海水增养殖区	83	良好	广西防城港市红沙大蚝养殖区	88	良好
河北昌黎新开口浅海扇贝养殖区	83	良好	广西防城港市珍珠湾珍珠养殖区	100	优良
河北滦河口贝类养殖区	71	较好	广西钦州市茅尾海大蚝养殖区	55	及格
河北乐亭捞鱼尖养殖区	76	较好	广西北海市廉州湾对虾养殖区	75	较好
河北黄骅李家堡养殖区	75	较好	海南海口东寨港海水增养殖区	73	较好
山东滨州市无棣浅海贝类增养殖区	96	优良	海南澄迈花场湾海水增养殖区	79	较好
山东滨州市沾化浅海贝类增养殖区	96	优良	海南临高后水湾海水增养殖区	82	良好

3.2 海水浴场环境状况

2009 年 5 月 1 日至 10 月 30 日，通过中央电视台、国家海洋局政府网、人民网、新浪网等媒体每日发布我国沿海 23 个重点海水浴场的水质状况及未来三天的健康指数、游泳适宜度和最佳游泳时段预报。

2009 年海水浴场综合环境等级

浴场名称	水质状况	健康指数	适宜、较适宜游泳时间（%）	不适宜游泳的主要因素	影响水质的潜在因素
三亚亚龙湾海水浴场	优	97	87	天气不佳	/
海口假日海滩海水浴场	良	69	81	水质一般	排污口污染物排放
防城港金滩海水浴场	良	86	85	天气不佳	/
北海银滩海水浴场	良	91	89	天气不佳	排污口污染物排放
湛江东海岛海水浴场	良	85	79	天气不佳	排污口污染物排放
广东阳江闸坡海水浴场	优	93	85	天气不佳	排污口污染物排放
广东江门飞沙滩海水浴场	良	97	82	天气不佳	/
深圳大小梅沙海水浴场	良	87	87	天气不佳	排污口污染物排放
广东汕尾红海湾海水浴场	良	95	73	风浪偏大	/
广东南澳青澳湾海水浴场	优	94	86	天气不佳	/
福建东山马銮湾海水浴场	良	89	95	–	排污口污染物排放
厦门黄厝海水浴场	良	88	85	水质一般	河流污染物输入
福建平潭龙王头海水浴场	良	88	66	风浪偏大	/
温州南麂大沙岙海水浴场	优	95	70	风浪偏大	/
舟山朱家尖海水浴场	优	97	93	–	/
连云港连岛海水浴场	良	93	71	天气不佳	/
山东日照海水浴场	优	98	82	天气不佳	/
青岛第一海水浴场	优	94	92	水母、漂浮海草	排污口污染物排放
威海国际海水浴场	良	95	77	水温偏低	/
烟台金沙滩海水浴场	优	94	85	水温偏低	河流污染物输入
北戴河老虎石海水浴场	良	88	82	天气不佳	排污口污染物排放
大连金石滩海水浴场	优	97	81	水温偏低	/
葫芦岛绥中海水浴场	良	96	80	天气不佳	/

水质状况 23 个海水浴场的监测结果表明，水质为优和良的天数分别占 69% 和 29%，水质为差的天数占 2%。三亚亚龙湾、广东南澳青澳湾、温州南麂大沙岙、舟山朱家尖和山东日照等 5 个海水浴场水质为优的天数达 95% 以上。受排污口污染物排放、河流污染物输入和降雨的影响，部分海水浴场微生物含量较高。其中，海口假日、深圳大小梅沙和厦门黄厝海水浴场部分时段水质较差，粪大肠菌群含量严重超标。个别海水浴场由于赤潮、溢油等原因短期关闭。

健康风险　健康指数是表征海水浴场环境状况对人体健康产生潜在危害程度的综合评价指标。评价结果表明，23 个重点海水浴场健康指数均达到了优良水平，其中 96% 的海水浴场健康指数为优。

游泳适宜度　游泳适宜度是根据海水浴场的水质、水文和气象等要素对海水浴场环境状况进行的综合性评价。评价结果表明，监测时段内，23 个重点海水浴场适宜和较适宜游泳的天数比例为 82%，不适宜游泳的天数比例为 18%，不适宜游泳的天数比上年下降 4%。造成不适宜游泳的主要原因为天气不佳和水温偏低，以及部分时段水体中粪大肠菌群数量超标等。

3.3 滨海旅游度假区环境状况

2009 年 5 月 1 日至 10 月 30 日，通过旅游卫视、中国教育电视台等媒体每日发布我国沿海 16 个重点滨海旅游度假区的环境指数和专项休闲（观光）活动指数。

2009 年重点滨海旅游度假区环境状况指数

度假区名称	环境状况指数		休闲（观光）活动指数								影响各类休闲（观光）活动的主要因素	影响水质的潜在因素
	水质	海面状况	海底观光	海上观光	海滨观光	游泳适宜度	海上休闲	沙滩娱乐	海钓	平均指数		
营口月牙湾	5.0	4.0	–	4.7	4.7	2.4	–	4.5	–	4.1	水温偏低、水母	/
大连金石滩	5.0	3.1	–	3.8	3.8	2.7	–	3.9	–	3.6	水温偏低	/
秦皇岛亚运村	4.5	3.5	–	3.0	3.0	2.9	3.1	3.7	4.5	3.4	水温偏低	河流污染物输入
山东蓬莱阁	4.8	4.1	–	4.8	4.8	3.3	3.4	4.7	4.9	4.1	水温偏低	/
烟台金沙滩	4.4	3.9	–	4.2	4.3	3.3	3.5	4.5	–	4.0	水温偏低	河流污染物输入
青岛石老人	4.6	4.4	–	4.0	4.0	4.1	4.1	4.3	4.6	4.2	漂浮海草	排污口污染物排放
连云港东西连岛	5.0	3.6	1.0	3.7	3.7	3.2	3.3	3.6	4.0	3.2	天气不佳	/
上海金山城市沙滩	4.3	4.1	–	4.2	4.4	3.5	3.9	4.0	–	4.0	天气不佳	河流污染物输入
浙江嵊泗列岛	5.0	4.0	–	4.1	4.3	3.5	3.5	4.0	4.3	4.0	天气不佳	/
福建平潭	4.2	3.1	–	3.4	4.4	2.6	2.9	3.2	2.9	3.2	风浪偏大	/
厦门环岛东路海域	3.5	4.5	–	4.4	4.5	3.2	4.3	4.2	–	4.1	水质一般	河流污染物输入
厦门鼓浪屿	3.8	4.5	–	4.4	4.5	3.5	4.3	4.2	–	4.2	水质一般	河流污染物输入
广东湛江东海岛	4.6	4.3	4.4	4.1	4.5	4.0	4.3	4.4	4.2	4.3	天气不佳	排污口污染物排放

续表

度假区名称	环境状况指数		休闲（观光）活动指数								影响各类休闲（观光）活动的主要因素	影响水质的潜在因素
	水质	海面状况	海底观光	海上观光	海滨观光	游泳适宜度	海上休闲	沙滩娱乐	海钓	平均指数		
深圳大小梅沙	4.3	4.3	–	3.7	3.7	3.6	4.2	4.3	–	3.9	天气不佳	排污口污染物排放
广西北海银滩	4.7	4.6	4.8	4.6	4.6	4.1	–	4.5	–	4.5	//	排污口污染物排放
海南三亚亚龙湾	4.9	4.5	4.8	4.4	4.6	4.2	4.4	4.4	4.4	4.5	//	/

水质状况　16个重点监测的滨海旅游度假区的平均水质指数为4.5。水质为良好及以上的天数占97%，水质为一般和较差的天数占3%。综合评价结果表明，营口月牙湾、大连金石滩、连云港东西连岛、舟山嵊泗列岛和海南三亚亚龙湾等5个滨海旅游度假区水质极佳的天数达90%以上。影响水质的主要原因是微生物含量较高，以及海面出现水草、垃圾等漂浮物。其中，厦门环岛东路度假区和厦门鼓浪屿度假区受河流污染物输入的影响，部分时段水体中粪大肠菌群含量严重超标。

海面状况　海面状况指数是表征滨海旅游度假区水文和气象环境状况的综合评价指标。评价结果表明，16个重点监测的滨海旅游度假区的平均海面状况指数为4.0，海面状况优良。

专项休闲（观光）活动指数　专项休闲（观光）活动指数是根据水质、水文和气象等要素对在滨海旅游度假区开展各类休闲（观光）活动的适宜度进行的综合性评价。度假区综合环境质量优良，16个重点监测的滨海旅游度假区的平均休闲（观光）活动指数为4.0，很适宜开展海滨观光、海上观光、沙滩娱乐等多种休闲（观光）活动。受降雨等因素的影响，部分时段不适宜开展游泳和海上休闲运动等娱乐活动。

3.4　海洋保护区环境状况

2009年，国家和沿海各级海洋行政主管部门不断深化海洋保护区的各项管理工作，采取有效措施加大对红树林、珊瑚礁、海湾、海岛、入海河口和滨海湿地等脆弱海洋生态系统的保护力度。

本年度国家海洋局批准建立了辽宁锦州大笔架山国家级海洋特别保护区、山东东营莱州湾蛏类生态国家级海洋特别保护区、山东东营广饶沙蚕类生态国家级海洋特别保护区、山东龙口黄水河口海洋生态国家级海洋特别保护区、山东威海刘公岛海洋生态国家级海洋特别保护区和山东文登海洋生态国家级海洋特别保护区。

2009 年批建的国家级海洋特别保护区概况

名 称	面积（公顷）	主要保护目标
辽宁锦州大笔架山国家级海洋特别保护区	3 240	海岛生态系统、天然连岛砾石堤、海岛历史遗迹与景观
山东东营莱州湾蛏类生态国家级海洋特别保护区	21 024	小刀蛏、大竹蛏、缢蛏等蛏类资源及其栖息环境
山东东营广饶沙蚕类生态国家级海洋特别保护区	6 460	沙蚕等底栖生物的种质资源及其栖息环境
山东龙口黄水河口海洋生态国家级海洋特别保护区	2 556	河口浅滩自然地貌及底栖生物多样性
山东威海刘公岛海洋生态国家级海洋特别保护区	1 188	海岛生态系统及生物多样性
山东文登海洋生态国家级海洋特别保护区	519	河口与海湾生态系统、松江鲈鱼资源及其栖息环境

2009 年，实施监测的国家级海洋保护区生境质量基本良好，海水化学需氧量（CODMn）均符合第一类海水水质标准要求，广东徐闻珊瑚礁、海南三亚珊瑚礁和万宁大洲岛国家级海洋自然保护区海水中无机氮、活性磷酸盐及石油类含量均符合第一类海水水质标准要求，但个别保护区海水中无机氮和活性磷酸盐含量超第一类海水水质标准。河北昌黎黄金海岸、山东滨州贝壳堤岛与湿地、浙江南麂列岛、厦门珍稀海洋物种、广东徐闻珊瑚礁、海南三亚珊瑚礁、万宁大洲岛和江苏海门蛎岈山、浙江嵊泗马鞍列岛、浙江普陀中街山列岛、浙江乐清西门岛等国家级海洋保护区沉积物中有机碳、硫化物及石油类含量均符合第一类海洋沉积物质量标准要求。浙江南麂列岛等海洋保护区主要保护对象或保护目标保持稳定。

浙江南麂列岛等海洋保护区主要保护对象（或保护目标）变化趋势

名 称	监测的主要保护对象（或保护目标）	与 2008 年相比
浙江南麂列岛国家级海洋自然保护区	贝藻类生物多样性	保持稳定
厦门珍稀海洋物种国家级海洋自然保护区	文昌鱼	保持稳定
广西山口红树林国家级海洋自然保护区	红树林	保持稳定
广西北仑河口国家级海洋自然保护区	红树林	保持稳定
浙江嵊泗马鞍列岛国家级海洋特别保护区	岛礁地貌	保持稳定
浙江普陀中街山列岛国家级海洋特别保护区	岛礁地貌	保持稳定
浙江乐清西门岛国家级海洋特别保护区	红树林	保持稳定

3.5 海洋倾倒区环境状况

2009 年，全国新批准倾倒区 14 个，关闭倾倒区 13 个，实际使用的倾倒区 57 个，全年共签发倾倒许可证 347 份。倾倒的废弃物主要为疏浚物，倾倒量为 12 144 万立方米，比上年减少 302 万立方米，减少了 2.4%。2001—2009 年倾倒情况统计结果显示，废弃物倾倒量在 2007 年达到峰值后，已连续两年下降。

2009 年全国各海区疏浚物海洋倾倒情况统计

海　区	使用倾倒区（个）	倾倒量（万立方米）	签发许可证（份）
渤海、黄海	15	3 648	51
东　海	26	5 513	239
南　海	16	2 983	57
合　计	57	12 144	347

注：表中数据为 2008 年 12 月至 2009 年 11 月统计结果。

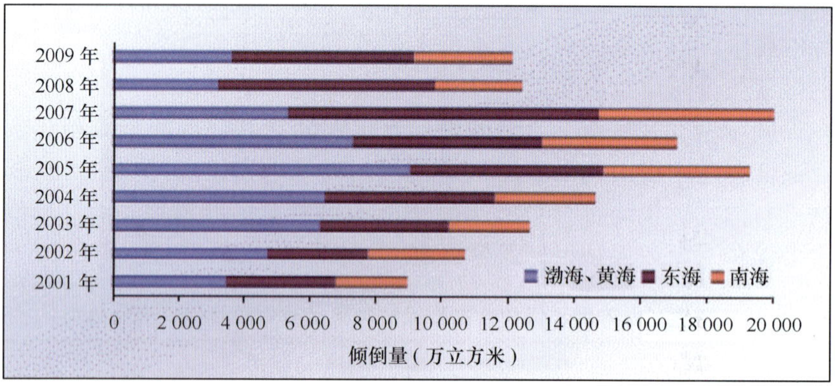

2001—2009 年全国各海区疏浚物海洋倾倒情况

2009 年，国家海洋局进一步扩大了倾倒区环境状况监测的覆盖面，提高了监测频率。监测内容主要包括倾倒区水深、水质、沉积物质量、底栖生物种类和密度等。监测与评价结果表明，倾倒区及周边海域水深无明显变化，局部淤浅状况依然存在；倾倒区的水质和沉积物质量基本符合功能区环境保护要求；底栖生物群落结构及底栖环境状况基本正常，未因倾倒活动而产生明显变化。

综合评价结果显示，倾倒活动未对所在海域环境质量和邻近海域其他用海项目造成显著影响，倾倒区功能发挥基本正常。但应注意防范由于倾倒不到位和倾倒区使用不合理可能导致的局部淤浅状况加重，以免影响倾倒区的功能。

3.6 海洋油气区环境状况

2009 年，全国共有海上油气平台 214 个。生产污水、钻井泥浆和钻屑的年排海量与上年相比分别增长 4 786 万立方米、3 579 立方米和 9 240 立方米。

本年度，国家海洋局继续对海洋油气区周边海域实施专项监测，并提高监测频率，监测内容包括水质、沉积物质量、底栖生物种类和密度等。监测与评价结果表明，油气区周边海域水质和沉积物质量总体良好，海洋油气勘探开发未造成邻近海域石油类污染，符合海洋开发作业区的环境质量要求；底栖生物的种类数量和密度与往年相比变化不大，环境状况基本稳定。油气勘探开发活动未对邻近海域功能产生明显影响，未发生重大溢油事件。

2009 年各海区海上油（气）田排污状况统计

海　区	油气平台数量（个）	生产污水排放量（万立方米）	钻井泥浆排放量（立方米）	钻屑排放量（立方米）
渤　海	165	676	13 743	37 188
东　海	6	108	1 663	203
南　海	43	15 678	44 089	11 073
合　计	214	16 462	59 495	48 464

注：表中数据为 2008 年 12 月至 2009 年 11 月统计结果。

4 近岸海洋生态系统健康状况

2009 年，国家海洋局继续对 18 个海洋生态监控区开展监测。18 个监控区中有 15 个分布在国家沿海经济战略布局区域，共涉及 21 个海洋生态系统，主要类型为海湾、河口、滨海湿地、珊瑚礁、红树林和海草床等。监测内容包括环境质量、生物群落结构、产卵场功能以及开发活动等。

2009 年全国海洋生态监控区基本情况

生态监控区	所在经济区或行政区	面　积（平方公里）	主要生态系统类型	健康状况
双台子河口	辽宁沿海经济带	3 000	河　口	亚健康
锦州湾	辽宁沿海经济带	650	海　湾	不健康

续表

生态监控区	所在经济区或行政区	面　积（平方公里）	主要生态系统类型	健康状况
滦河口－北戴河	河北省	900	河　口	亚健康
渤海湾	天津滨海新区	3 000	海　湾	不健康
黄河口	黄河三角洲高效生态经济区	2 600	河　口	亚健康
莱州湾	黄河三角洲高效生态经济区	3 770	海　湾	不健康
苏北浅滩	江苏沿海经济区	3 090	湿　地	亚健康
长江口	长江三角洲经济区	13 668	河　口	亚健康
杭州湾	长江三角洲经济区	5 000	海　湾	不健康
乐清湾	浙江省	464	海　湾	亚健康
闽东沿岸	海峡西岸经济区	5 063	海　湾	亚健康
大亚湾	珠江三角洲经济区	1 200	海　湾	亚健康
珠江口	珠江三角洲经济区	3 980	河　口	不健康
雷州半岛西南沿岸	广东省	1 150	珊瑚礁	亚健康
广西北海	广西北部湾经济区	120	珊瑚礁	健　康
			红树林	健　康
			海草床	亚健康
北仑河口	广西北部湾经济区	150	红树林	健　康
海南东海岸	海南国际旅游岛（规划）	3 750	珊瑚礁	健　康
			海草床	健　康
西沙珊瑚礁	海南国际旅游岛（规划）	400	珊瑚礁	亚健康

监测与评价结果表明，处于健康、亚健康和不健康状态的海洋生态系统分别占24%、52%和24%。我国近岸海洋生态系统面临的主要生态问题包括环境污染、生境丧失、生物入侵和生物多样性低等，这些问题在本世纪初已经显现，现在愈加突出。总体而言，我国近岸海洋生态系统健康状况恶化的趋势仍未得到有效缓解，生态保护与建设处于关键阶段。

污染压力居高不下　不健康和多数亚健康海洋生态系统仍然承受巨大的污染压力。2009年由陆源排污口排入生态监控区的污染物主要包括悬浮物、化学需氧量（COD_{Cr}）、营养盐、石油类和重金属。河口、海湾生态系统普遍受到营养盐污染，黄河口、长江口、珠江口、渤海湾、杭州湾和乐清湾等生态监控区营养盐污染严重。

生境丧失　滨海湿地生境和生态功能因大规模围填海活动而大量永久性丧失。渤海湾沿岸众多的工程建设项目用海需求巨大，导致2004年以来渤海湾生态监控区内丧失的海域面积超过300平方公里。围填海等工程使莱州湾四分之三的岸线平直化，近岸生态功能受损。

生物入侵　外来生物入侵导致生物多样性降低。福建东吾洋沿岸滩涂原有海洋生物种类丰富，互花米草蔓延后，海洋生物种类大量减少。莱州湾西岸滩涂历史上未见泥螺分布记录，2001年引种泥螺后分布面积急速扩大，栖息密度和生物量迅速增加，本土托氏蜎螺和四角蛤蜊等优势地位被取代，托氏蜎螺栖息密度减少30%，四角蛤蜊栖息密度也明显下降。

生物多样性低　我国主要河口和海湾生态系统的海洋生物群落结构发生明显改变，群落结构趋于简单化，生物多样性低，处于不稳定状态。

2004—2009年海洋生态监控区底栖生物多样性指数等级

生态监控区	2004年	2005年	2006年	2007年	2008年	2009年
双台子河口	较差	差	较差	—	差	差
锦州湾	—	差	—	—	—	差
滦河口－北戴河	中	较差	中	较差	中	中
渤海湾	较差	中	较差	中	中	较差
莱州湾	中	中	中	中	较差	中
黄河口	中	中	中	中	较差	较差
苏北浅滩	中	中	中	中	中	较差
长江口	较差	中	中	中	较差	较差
杭州湾	差	差	差	差	差	差
乐清湾	差	差	较差	较差	较差	较差
闽东沿岸	中	较差	中	中	中	中
大亚湾	中	较差	较差	较差	较差	差
珠江口	较差	较差	较差	较差	较差	较差
雷州半岛西南沿岸	差	差	较差	较差	差	差

注：“—”数据缺失。

5　主要入海污染源状况

5.1　主要河流污染物入海量

2009 年，对全国 40 条主要河流实施了污染物入海总量监测，结果显示，全年由河流入海的 COD_{Cr}、石油类、营养盐（氨氮、总磷）、重金属（铜、铅、锌、镉、汞）和砷等主要污染物总量为 1 367 万吨，比上年增加 218 万吨。其中，COD_{Cr} 1 311 万吨，比上年增加 209 万吨；营养盐 47 万吨（其中氨氮 24 万吨、总磷 23 万吨）；石油类 54 626 吨；重金属 33 908 吨（其中铜 3 722 吨、铅 2 874 吨、锌 27 027 吨、镉 226 吨、汞 59 吨）；砷 3 918 吨。

2009 年部分河流排放入海的污染物量（吨）

河流名称	COD_{Cr}	营养盐	石油类	重金属	砷	合计
长江	6 784 125	273 943	21 483	21 487	2 169	7 103 207
钱塘江	977 680	24 891	2 619	749	44	1 005 983
闽江	966 238	19 927	2 369	2 863	73	991 470
珠江	715 510	53 768	12 544	3 308	1 019	786 149
长江口北支	718 200	15 363	327	1520	117	735 527
瓯江	443 875	10 534	749	748	39	455 945
黄河	433 065	4 650	6 472	579	152	444 918
灌河	382 800	1 818	96	406	8	385 128
小清河	356 168	1 536	1 350	61	7	359 122
射阳河	166 487	5 584	74	178	17	172 340
飞云江	139 418	7 236	91	350	18	147 113
椒江	130 169	2 365	235	98	27	132 894
甬江	109 589	5 554	424	69	4	115 640
九龙江	101 000	7 900	444	43	29	109 416
南渡江	100 553	3 280	140	167	22	104 162
鳌江	101 068	2 603	96	73	8	103 848
晋江	73 143	5 574	249	34	6	79 006
敖江	72 210	519	217	28	2	72 976
东江南支流	44 194	3 222	100	163	5	47 684

续表

河流名称	COD_{Cr}	营养盐	石油类	重金属	砷	合计
大沽河	34 056	1 284	3 010	75	4	38 428
滦河	36 797	749	218	23	2	37 789
大凌河	33 075	972	8	0	5	34 060

5.2 入海排污口及邻近海域环境质量状况

2009 年，国家海洋局组织地方海洋行政主管部门对 457 个陆源入海排污口开展监督性监测，并重点监测了 76 个排污口邻近海域的环境质量状况。其中，工业和市政排污口占 67.0%，排污河和其他类排污口占 33.0%。从排污口邻近海域功能区分布来看，设置在海洋保护区、渔业资源利用与养护区、旅游区等海洋功能区周边的入海排污口数量为 193 个，占监测排污口总数的 42.2%。排污口设置不合理的现象依然存在。

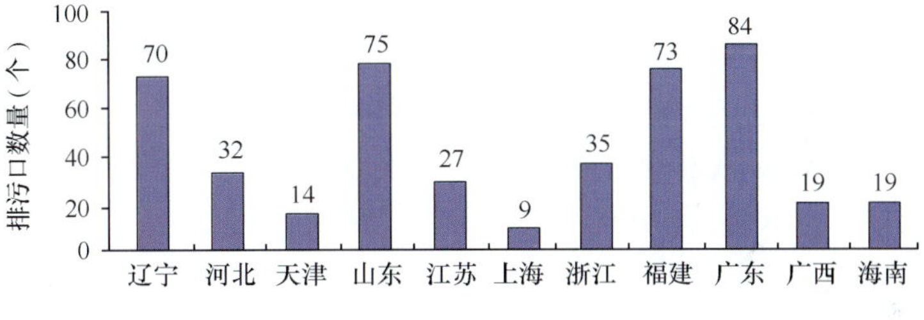

2009 年各省（自治区、直辖市）实施监测的入海排污口数量

6 海洋环境灾害

6.1 海洋赤潮

2009 年，全海域共发现赤潮 68 次，累计面积约 14 100 平方公里，与上年相比基本持平。其中，500 平方公里以上的大面积和较大面积赤潮 6 次，分别发生在渤海湾、长江口外和浙江舟山北部、浙江中部渔山列岛至台州列岛、浙江台州外侧海域、山东日照、海阳至乳山附近海域，累计面积 9 120 平方公里，约占全年累计面积的 65%。

2008—2009 年全国各海区赤潮发生情况对比

海区	发生次数		累计面积（平方公里）	
	2008 年	2009 年	2008 年	2009 年
渤海	1	4	30	5 279
黄海	12	13	1 578	1 878
东海	47	43	12 070	6 554
南海	8	8	60	391
合计	68	68	13 738	14 102

引发我国海域赤潮的优势生物种类主要为夜光藻、赤潮异弯藻、中肋骨条藻、米氏凯伦藻和具齿原甲藻等。其中，夜光藻引发赤潮 13 次，累计面积 1 833 平方公里；赤潮异弯藻引发赤潮 4 次，累计面积最大，达 4 514 平方公里；中肋骨条藻引发赤潮 8 次，累计面积 943 平方公里；米氏凯伦藻引发赤潮 7 次，累计面积 359 平方公里；具齿原甲藻引发赤潮 5 次，累计面积 360 平方公里。上述 5 种优势种引发的赤潮分别占有种类记录赤潮总次数的 66% 和累计面积的 83%。

全国赤潮监控区赤潮风险评价结果表明，浙江嵊泗、福建闽江口、厦门近岸、浙江洞头、山东烟台、福建三沙湾、江苏海州湾和天津汉沽监控区赤潮发生风险较高；19 个赤潮监控区及毗邻海域发现赤潮 24 次，累计面积约 7 890 平方公里。

进入本世纪以来，我国海域每年赤潮发生次数在 28 ~ 119 次之间，年平均 79 次；累计面积在 10 150 ~ 27 070 平方公里之间，年均 16 300 多平方公里，赤潮发生次数和累计面积均为上世纪 90 年代的 3. 4 倍。从多年变化趋势看，赤潮发生有从局部海域向全部近岸海域扩展的趋势。赤潮频发海域为：长江口东南部、浙江中南部、渤海湾、辽东湾河北昌黎 - 秦皇岛近岸、福建厦门近岸、江苏海州湾、莱州湾黄河口东南部、福建三沙湾附近、广东柘林湾和珠江口深圳、珠海附近海域。每年赤潮频发时段为 5 ~ 8 月；频繁引发赤潮的优势种类是具齿原甲藻、米氏凯伦藻、中肋骨条藻和夜光藻。

6. 2　重点岸段侵蚀状况

2009 年，国家海洋局继续开展重点海岸现场监测和航空遥感比对监测。监测与评价结果表明，龙口至烟台岸段和海口长流镇镇海村岸段的砂质海岸侵蚀速度加快；营口盖州 - 鲅鱼圈岸段和葫芦岛绥中岸段、连云港至射阳河口岸段和崇明东滩岸段，海岸侵蚀速度减缓。

在营口盖州 - 鲅鱼圈岸段长 60. 0 公里的岸线中，近 13. 5 公里的岸段受蚀后退，最大侵蚀宽度位置在腾房身海岸附近，侵蚀速度约 1. 5 米/年；在葫芦岛市绥中岸段长

82.0 公里的岸线中，六股河南至新立屯 30 多公里岸线遭受侵蚀，最大海岸侵蚀宽度位置在南江屯附近，长达 2.0 公里的岸线，侵蚀速度约 5.0 米/年，主要是由于六股河口门外海底大量采砂和岸上突堤工程拦截泥沙所致。上述两处监测岸段由于受海岸围填海等开发活动的影响，人工岸线增加，侵蚀海岸长度和侵蚀平均速度比 2006 年监测结果略有降低。

2003—2009 年重点岸段海岸侵蚀状况及变化趋势

监测岸段	海岸类型	监测内容	2003—2006 年	2006—2009 年	变化趋势
辽宁营口盖州－鲅鱼圈岸段	砂质	侵蚀岸线长度（公里）	15.0	13.5	↘
		最大侵蚀速度（米/年）	2.0	1.5	↘
		平均侵蚀速度（米/年）	0.7	0.5	↘
辽宁葫芦岛市绥中岸段	砂质	侵蚀岸线长度（公里）	40.8	30.0	↘
		最大侵蚀速度（米/年）	4.1	5.0	↗
		平均侵蚀速度（米/年）	3.0	2.5	↘
山东省龙口至烟台岸段	砂质	侵蚀岸线长度（公里）	28.8	49.7	↗
		最大侵蚀速度（米/年）	19.0	25.0	↗
		平均侵蚀速度（米/年）	4.4	4.6	↗
江苏省连云港至射阳河口岸段	淤泥质	侵蚀岸线长度（公里）	49.6	49.6	⇔
		最大侵蚀速度（米/年）	37.8	26.7	↘
		平均侵蚀速度（米/年）	16.8	13.2	↘
上海市崇明东滩岸段	淤泥质	侵蚀岸线长度（公里）	8.1	8.1	⇔
		最大侵蚀速度（米/年）	67.0	33.3	↘
		平均侵蚀速度（米/年）	37.0	11.2	↘
海南省海口市镇海村岸段	砂质	侵蚀岸线长度（公里）	1.5	0.7	↘
		最大侵蚀速度（米/年）	8.0	9.0	↗
		平均侵蚀速度（米/年）	3.0	5.0	↗

图例说明 ↗ 升高 ↘ 降低 ⇔ 基本稳定

6.3 海水入侵和土壤盐渍化

2009 年，国家和地方海洋行政主管部门继续对全国沿海地区进行海水入侵和土壤盐渍化监测。监测与评价结果表明，渤海滨海地区大部分监测区域海水入侵和土壤盐渍化范围有所增加；黄海、东海和南海滨海地区基本稳定。

海水入侵状况 海水入侵严重地区分布于渤海沿岸辽宁盘锦、河北秦皇岛、唐山和黄骅、山东滨州和潍坊滨海平原地区，海水入侵距离（地下水中氯度大于250毫克/升）一般距岸20~30公里。与上年监测结果相比，辽宁锦州、葫芦岛，山东滨州、潍坊寒亭区央子镇和昌邑卜庄镇西峰村、烟台莱州朱旺村的监测区海水入侵范围扩大，氯度增加。辽宁营口、河北秦皇岛抚宁滨海地区与上年相比基本一致，山东潍坊滨海经济开发区监测区呈下降趋势。黄海滨海地区的丹东和威海监测区海水入侵距离为距岸5公里左右，海水入侵范围与上年基本一致。

东海和南海监测区海水入侵范围一般在距岸2公里以内，氯度一般小于500毫克/升，为轻度入侵，与上年相比大部分监测区海水入侵范围变化不大；福建福州、泉州和漳州，广东潮州、广西北海监测区，海水入侵范围稍有增加，近岸个别监测站位由于地下水过度开采，氯度和矿化度呈上升趋势，并且受季节的影响，氯度和矿化度在3~4月份明显升高、8~9月份降低。广东阳江和福建泉州监测区内的部分近岸农用水井和饮用水井已受海水入侵影响。

土壤盐渍化状况 土壤盐渍化较严重的区域主要分布在辽宁、河北、天津和山东的滨海平原地区，分布范围一般距岸20~30公里，主要类型为氯化物型和硫酸盐-氯化物型盐土、重盐渍化土。与上年监测结果相比，土壤盐渍化范围和含盐量增加的区域主要在辽宁营口团山乡、盘锦荣兴现代社区、锦州小凌河东西两侧，河北唐山南堡镇马庄子，天津市汉沽区大神堂，山东滨州和潍坊监测区，其他监测区呈稳定状态；黄海沿岸丹东和威海监测区盐渍化范围距岸1公里以内，主要类型为硫酸盐-氯化物型、硫酸盐型盐渍化土，与上年监测结果基本一致。

东海和南海沿岸监测区土壤盐渍化范围，一般距岸2~3公里以内，土壤盐渍化类型为氯化物型盐渍化土、硫酸盐-氯化物型盐土和硫酸盐型盐渍化土。福建漳浦梅宅村和刘板村、广东港江市麻章区、广西北海监测区土壤盐渍化范围和含盐量稍有增加。海南三亚监测区土壤盐渍化程度高，为氯化物型盐土，土壤盐渍化范围和含盐量与上年监测结果基本一致。

7 海-气二氧化碳交换通量

2009年，海-气二氧化碳（CO_2）交换通量业务化监测工作进入全面实施阶段。目前已完成渤黄海区六条断面、东海区五条断面、南海区四条断面各一个航次，以及北黄海西部试点区五条断面四个航次的监测工作。以北黄海西部试点区为示范，探索性地评估了监测海域海-气 CO_2 交换通量的季节分布格局，并分析了其主要的调控因子。

附件七

2009 年《中国海洋灾害公报》（摘录）

一、概 况

2009 年我国累计发生 132 次风暴潮、海浪和赤潮过程，其中 33 次造成灾害，各类海洋灾害（含海冰、浒苔等灾害）造成直接经济损失 100.23 亿元，死亡（含失踪）95 人。

与 1989 年以来海洋灾害平均状况相比，2009 年的海洋灾害直接经济损失低于多年平均值，死亡（含失踪）人数也少于多年平均数。

2009 年灾情最严重的省份为广东省，直接经济损失 40.01 亿元，死亡（含失踪）23 人；直接经济损失较为严重的省份为浙江省和福建省，均超过 10 亿元。

2009 年沿海各省（自治区、直辖市）海洋灾害损失见表 1。

表 1　2009 年沿海各省（自治区、直辖市）主要海洋灾害损失统计

省（自治区、直辖市）	致灾原因	死亡（含失踪）人数	直接经济损失（亿元）
辽宁省	风暴潮、海浪、海冰	0	2.59
河北省	风暴潮、海冰	0	0.80
天津市	风暴潮	9	2.49
山东省	风暴潮、海冰、浒苔	0	9.44
江苏省	风暴潮、海浪	10	1.13
上海市	海浪	4	0.03
浙江省	风暴潮、海浪	17	11.87
福建省	风暴潮、海浪、赤潮	5	23.84
广东省	风暴潮、海浪	23	40.01
广西壮族自治区	风暴潮	8	0.14
海南省	风暴潮、海浪	19	7.89
合　计	—	95	100.23

本年度我国海洋灾害损失主要由风暴潮（含近岸浪）造成，其中0908“莫拉克”台风风暴潮（含近岸浪）导致江苏省、浙江省和福建省沿海受灾，直接经济损失32.65亿元，死亡（含失踪）7人；0915“巨爵”台风风暴潮（含近岸浪）导致广东省、广西壮族自治区和海南省沿海受灾，直接经济损失24.04亿元，死亡（含失踪）19人。

2009年各类海洋灾害损失见表2。

表2　2009年各类海洋灾害损失统计

灾害种类	死亡（含失踪）人数	直接经济损失（亿元）
风暴潮（含近岸浪）	57	84.97
海浪	38	8.03
海冰	无	0.17
海啸	无	无
赤潮	无	0.65
浒苔	无	6.41
海岸侵蚀	无	—
海水入侵和土壤盐渍化	无	—
咸潮入侵	无	—
海平面变化	无	—
合计	95	100.23

二、风暴潮灾害

（一）总体灾情

2009年我国沿海共发生风暴潮过程32次，其中台风风暴潮10次，5次造成灾害；温带风暴潮22次，3次造成灾害。风暴潮灾害直接经济损失84.97亿元，死亡（含失踪）57人。

2009年风暴潮灾害的特点：一是温带风暴潮灾害发生次数为2005年以来最多；二是台风风暴潮灾害发生地点集中，广东省全年共遭受8次台风风暴潮袭击，其中3次造成灾害。

沿海各省（自治区、直辖市）风暴潮（含近岸浪）灾害损失见表3。

表 3 2009 年风暴潮（含近岸浪）灾害损失统计

省（自治区、直辖市）	受灾人口		农业、养殖受灾面积		设施损毁			直接经济损失（亿元）
	受灾人口（万人）	死亡（含失踪人数）	农作物（千公顷）	海水养殖（千公顷）	房屋（万间）	海岸工程（公里）	船只（艘）	
辽宁省	0	0	0	0.2	0	2.8	0	0.74
河北省	5	0	0	7	0	23.5	20	0.70
天津市	—	9	0	0	0	16.4	2	2.49
山东省	6.5	0	0	2.27	0.006 5	5.4	24	3.01
江苏省	—	2	0	20.26	0	40	186	0.97
浙江省	—	1	0	42.21	0	13.82	920	11.85
福建省	165.0	4	66.06	7.46	0.14	27.123	1 152	19.83
广东省	361.24	21	274.05	15.9	0.63	136.97	—	38.99
广西壮族自治区	8.45	8	4.05	—	0.000 4	0.42	3	0.14
海南省	325.93	12	92.16	4.55	0.11	1.38	740	6.25
合计	872.12	57	436.32	99.85	0.89	267.81	3 047	84.97

（二）主要风暴潮灾害过程

1. 0908“莫拉克”台风风暴潮

台风“莫拉克”于 8 月 9 日 16 时 20 分在福建省霞浦县北壁乡登陆。受风暴潮和近岸浪的共同影响，福建、浙江和江苏省直接经济损失 32.65 亿元。

沿海最大风暴增水为 232 厘米，发生在福建省连江县琯头站；浙江、福建两省沿海共有 16 个验潮站的增水超过 100 厘米，其中浙江省 8 个，福建省 8 个；沿海共有 11 个验潮站的最高潮位达到或超过当地警戒潮位，其中福建省长乐市白岩潭站超过当地警戒潮位达 88 厘米。

福建省受灾人口 165 万人，农田受淹 66 060 公顷，海洋水产养殖受损 7 460 公顷，其中池塘养殖受损 4 600 公顷，网箱损坏 62 654 个；防波堤损坏 9.2 公里，护岸受损 17.92 公里，码头毁坏 1 167 个；船只损毁 1 152 艘。长乐市外文武海堤外堤受损约 35 米，防浪墙被摧毁，约 10 米宽的堤顶被巨浪击碎。宁德市霞浦县牙城镇洪山海堤损坏，堤内 1 200 亩滩涂养殖受损。全省直接经济损失 19.83 亿元。

浙江省池塘养殖受损 42 209 公顷，网箱损坏 17 474 个，海洋水产养殖损失 66 473 吨；防波堤损坏 7.73 公里，护岸受损 6.09 公里，码头毁坏 100 个；船只损毁 920 艘。

全省直接经济损失 11.85 亿元。

江苏省水产养殖受损 20 262 公顷（12 830 吨）；防波堤损毁 40 公里，毁坏码头 46 个。全省直接经济损失 0.97 亿元。

2. 0915“巨爵”台风风暴潮

台风“巨爵”于 9 月 15 日 07 时在广东省台山市北陡镇附近登陆。受风暴潮和近岸浪的共同影响，广东省、广西壮族自治区和海南省直接经济损失 24.04 亿元。

广东省沿海风暴增水超过 100 厘米的验潮站有 12 个，其中最大增水 210 厘米，出现在珠海市三灶站。9 个验潮站的最高潮位超过当地警戒潮位，其中三灶站超过当地警戒潮位达 109 厘米。

广东省沿海 38 个县市 331 个乡镇受影响，受灾人口 167.82 万人，死亡 13 人，失踪 6 人；农作物受灾面积 117 439.60 公顷；海洋水产养殖损失 15 900 公顷（41 000 吨）；损坏防波堤 726 处、塘坝 624 座、护岸 768 处。台山市北陡镇部分江海堤被冲毁，大面积禾苗被淹，工业、农业和交通运输业、水利等方面均受到灾害影响。珠海市多处低洼地区被淹，堤防设施被冲毁，雷蛛垦区万亩鱼塘被淹。全省直接经济损失 23.93 亿元。

广西壮族自治区北海、钦州和防城港沿海三市受灾人口 6.91 万人，海洋水产养殖损失 283 吨，堤防损坏 0.42 公里，护岸损坏 7 处。全省直接经济损失 0.10 亿元。

海南省损毁船只一艘，直接经济损失 20 万元。

3. “04·15”温带风暴潮

4 月 15 日，渤海沿岸发生一次强温带风暴潮过程，河北省、天津市、山东省因灾造成直接经济损失 6.20 亿元。

沿海最大风暴增水发生在河北省沧州市黄骅站，为 176 厘米，最高潮位超过当地警戒潮位 34 厘米；河北省曹妃甸、京唐港、天津塘沽、山东龙口等多个验潮站风暴增水超过 100 厘米。

河北省沧州市受灾人口 5 万人，水产养殖受损 7 000 公顷（1 000 吨），防波堤损坏 3.5 公里，护岸受损 3 处。全省直接经济损失 0.70 亿元。

天津市 3 人死亡，6 人失踪，防波堤损坏 3.7 公里，护坡损坏 350 平方米，大港油田公司 630 多口油井停产。全市直接经济损失 2.49 亿元。

山东省受灾人口 6.5 万人，水产养殖受损 2 270 公顷（7 000 吨），防波堤损坏 5.4 公里，护岸受损 2 处，船只损毁 24 艘。全省直接经济损失 3.01 亿元。

2009 年风暴潮（含近岸浪）灾害过程及损失见表 4。

表4　2009年风暴潮（含近岸浪）灾害过程及损失统计

灾害过程	发生时间	受灾地区	直接经济损失（亿元）
0906“莫拉菲”风暴潮	7月18日至20日	广东省	4.65
0907“天鹅”风暴潮	8月3日至5日	广东省、广西壮族自治区、海南省	14.29
0908“莫拉克”风暴潮	8月7日至9日	江苏省、浙江省、福建省	32.65
0915“巨爵”风暴潮	9月14日至15日	广东省、广西壮族自治区	24.04
0917“芭玛”风暴潮	10月10日至12日	广西壮族自治区、海南省	2.40
“04·15”温带风暴潮	4月14日至15日	河北省、天津市、山东省	6.20
“05·09”温带风暴潮	5月9日至10日	天津市	0.0005
“06·24”温带风暴潮	6月23日至24日	辽宁省	0.74
合 计			84.97

三、海浪灾害

（一）总体灾情

2009年我国近海海域共发生灾害性海浪过程32次，其中台风浪12次，冷空气浪和气旋浪20次。海浪灾害造成直接经济损失8.03亿元，死亡（含失踪）38人。

海浪灾害造成的直接经济损失多于2008年，死亡（含失踪）人数少于2008年。受台风浪的影响，台湾海峡及南海沿岸海域遭受的直接经济损失较大，占全部损失的70%以上。

沿海各省（自治区、直辖市）海浪灾害损失见表5。

表5　2009年海浪灾害损失统计

省（自治区、直辖市）	死亡（含失踪）人数	海水养殖受损（十公顷）	海岸工程受损长度（公里）	船只沉听损（艘）	直接经济损失（万元）
辽宁省	0	1.2	10.45	0	18 000
江苏省	8	2.6	0	10	1 572.20
上海市	4	0	0	7	256
浙江省	16	0	0	7	291.1
福建省	1	12.68	4.09	256	33 600
广东省	2	0	12.6	3	10 163
海南省	7	0	0	54	16 448
合计	38	16.48	27.14	337	80 330.30

（二）主要海浪灾害过程

1. 0903“莲花”台风浪

0903号热带风暴“莲花”于2009年6月18日14时在南海生成，台湾海峡21日13时至22日11时出现了4.0米到6.0米的巨浪和狂浪；东海南部出现了4.0米到5.5米的巨浪。福建省崇武站22日11时观测到3.5米的大浪，广东省东部、福建省和浙江省南部沿海多个海洋站观测到2.0米到2.5米的中到大浪。

受其影响，福建沿海海域共损失各类渔船256艘，死亡1人，海水养殖损失12 680公顷，防波堤损毁1.76公里，护岸损毁2.18公里。因灾造成直接经济损失3.36亿元。

2. “10·29”冷空气浪

10月29日至11月5日冷空气浪过程影响了我国大部分海域，中国近海出现了4.0米到6.0米的巨浪到狂浪，其中位于黄海的浮标观测到4.0米的巨浪，位于东海的浮标观测到5.5米的巨浪。本次冷空气浪过程造成辽宁省海水养殖损失400公顷，防波堤、护岸等损毁3.35公里，并造成沿海多处码头、海上工程设施损毁。因灾造成直接经济损失7550万元。

2009年海浪灾害过程及损失见表6。

表6　2009年海浪灾害过程及损失

致灾原因	发生时间	受灾地区	直接经济损失（万元）
冷空气浪	1月4日至12日	江苏省、广东省	15
冷空气浪	1月22日至24日	海南省	5
冷空气浪	2月12日至13日	浙江省	25
冷空气浪	2月16日至17日	广东省	10
气旋浪	2月19日至22日	江苏省、上海市、浙江省	2
气旋浪	3月20日至21日	上海市	2
冷空气浪	3月31日	江苏省	8
冷空气浪	4月9日至10日	江苏省	900
气旋浪	4月18日至19日	海南省	50
冷空气浪	4月26日至27日	广东省	10
0903“莲花”台风浪	6月20日至22日	福建省	33 600
0904“浪卡”台风浪	6月26日至28日	广东省	3 670

续表

致灾原因	发生时间	受灾地区	直接经济损失（万元）
气旋浪	6月29日至30日	浙江省	41.1
气旋浪	7月8日、11日	上海市	102
0905“苏迪罗”台风浪	7月14日至15日	广东省	4 603
冷空气浪	8月28日至29日	江苏省	5
冷空气浪	9月18日	辽宁省	10 450
冷空气浪	9月7日、25日	江苏省	571.20
0913“彩虹”台风浪	9月10日至12日	广东省、海南省	7 503
0916“凯撒娜”台风浪	9月29日至10月1日	海南省	10 750
冷空气浪	10月6日至12日	上海市、浙江省	135
冷空气浪	10月29日至11月5日	辽宁省、浙江省	7 730
冷空气浪	11月8日至24日	江苏省、浙江省	90
合 计			80 330.30

四、海冰灾害

2008/2009年度冬季渤海及黄海北部的冰情为常年偏轻。除莱州湾外，渤海其他海区的初冰期较常年推后20天至30天，终冰期提前10天至20天；冰期较常年缩短30多天，整个冬季的冰情与上一年度大致相同。

2009年1月下旬至2月上旬为本年度冰情最严重时期，海冰覆盖范围见图8。辽东湾最大浮冰范围出现在2月初，为65海里，一般冰厚为5厘米至15厘米，最大为30厘米；渤海湾最大浮冰范围出现在1月下旬，为18海里，一般冰厚为5厘米至10厘米，最大为20厘米；莱州湾最大浮冰范围出现在1月下旬，为32海里，一般冰厚为5厘米至10厘米，最大为15厘米；黄海北部最大浮冰范围出现在2月初，为20海里，一般冰厚为5厘米至10厘米，最大为30厘米。

海冰对渤海及黄海北部的港口造成不同程度的影响和损失，直接经济损失1 700万元。其中，辽宁省盘锦市1个码头封航120天，直接经济损失500万元；河北省沿岸7个码头封冻共计60多天，水产养殖损失1 000万元；山东省昌邑市1个码头封冻滞航，11艘船只受损，直接经济损失200万元。

五、海啸灾害

2009 年我国未发生海啸灾害。国家海洋局对 29 次发生在我国周边及全球大洋其他海域的海底地震发布了海啸信息，这些地震海啸均未对我国产生影响，沿海验潮站也没有监测到海啸波。

六、赤潮灾害

（一）总体灾情

2009 年中国沿海共发生赤潮 68 次，累计面积 14 102 平方公里，造成直接经济损失 0. 65 亿元。其中，渤海 4 次，累计面积 5 279 平方公里；黄海 13 次，累计面积 1878 平方公里；东海 43 次，累计面积 6 554 平方公里；南海 8 次，累计面积 391 平方公里。

2009 年赤潮多发期为 4 月至 8 月，高发区为东海（发生次数和累计面积分别占全海域的 63. 2% 和 46. 5%），大面积赤潮主要发生在渤海湾和浙江沿海海域。有毒赤潮共发生 11 次，占全海域的 16. 2%。引发赤潮的生物种类主要为夜光藻、中肋骨条藻、赤潮异弯藻、米氏凯伦藻等，一些赤潮是由两种或两种以上赤潮生物共同形成的。

与 2001 年至 2008 年年均次数和年均面积相比，2009 年全海域赤潮发生次数偏少，累计面积变化不大。渤海、黄海赤潮发生次数略有减少，但累计面积大幅增加。东海赤潮发生次数和累计面积均有所减少。南海赤潮发生次数和累计面积变化不大。

与 2008 年相比，2009 年全海域赤潮发生次数没有变化，累计面积增加 364 平方公里。渤海、黄海赤潮发生次数增加 4 次，累计面积增加 5 549 平方公里。东海赤潮发生次数减少 4 次，累计面积减少 5 516 平方公里。南海赤潮发生次数与 2008 年持平，累计面积增加 331 平方公里。

（二）主要赤潮过程

2009 年面积为 100 平方公里以上的赤潮共发生 20 次，累计面积为 12940 平方公里，分别占全海域赤潮发生次数和累计面积的 29. 4% 和 91. 8%。其中面积 1 000 平方公里以上的赤潮发生 3 次，累计面积为 7 290 平方公里。

1. 渤海湾附近海域赤潮

5 月 31 日渤海湾附近海域发生大面积赤潮，持续时间 14 天，最大面积约 4 460 平方公里，赤潮区水体呈酱紫色，赤潮优势种为赤潮异弯藻，此次赤潮是本年度发生面积最大的一次。

2. 福建省莆田市南日岛周边海域赤潮

5月17日福建省莆田市南日岛周边海域发生赤潮，持续了8天，面积为10平方公里，赤潮优势种为夜光藻，赤潮区水体呈红色条状分布，此次赤潮灾害造成海洋水产养殖损失0.6亿元。

3. 福建省平潭县龙王头海水浴场及流水码头海域赤潮

5月23日福建省平潭县龙王头海水浴场及流水码头海域发生赤潮，持续时间2天，面积为20平方公里，赤潮优势种为夜光藻，赤潮区水体呈暗红色条状分布，此次赤潮灾害造成海洋水产养殖损失0.05亿元。

2009年面积100平方公里以上的赤潮过程见表7。

表7 2009年中国沿海面积100平方公里以上的赤潮过程

起止时间	影响区域	最大面积（平方公里）	赤潮优势种
4月9日	长江口海域	100	–
4月28日	台州外侧海域	700	裸甲藻 *Gymnodinium*
5月2日至5月7日	渔山列岛–台州列岛海域	1330	–
5月7日至5月12日	山东日照附近海域	580	夜光藻 *Noctiluca scientillans*
5月7日至5月12日	温州苍南大渔湾海域	200	东海原甲藻 *Prorocentrum*
5月10日	舟山北部海域	360	–
5月16日至5月18日	台湾海峡东碇岛以东海域	200	夜光藻 *Noctiluca scientillans*
5月19日至5月30日	长江口外、舟山北部海域	1500	–
5月26日至6月1日	山东海阳至乳山附近海域	550	夜光藻 *Noctiluca scientillans*
5月26日至6月1日	河北昌黎新开口附近海域	460	夜光藻 *Noctiluca scientillans*

续表

起止时间	影响区域	最大面积（平方公里）	赤潮优势种
5月31日至6月13日	渤海湾附近海域	4 460	赤潮异弯藻 *Heterosigm akashiwo*
6月4日	舟山北部海域	400	–
6月11日	江苏南通外海海域	350	–
6月17日至6月22日	舟山朱家尖岛以东海域	310	中肋骨条藻和旋链角毛藻 *Skeletonema costatum*、*Chaetoceros curvisetus*
6月17日至6月22日	嵊山西南海域	230	中肋骨条藻和旋链角毛藻 *Skeletonema costatum*、*Chaetoceros curvisetus*
7月18日至7月23日	连云港市东西连岛及拦海大堤东北海域	210	米氏凯伦藻 *Karenia mikimotoi*
7月27日	舟山岛东部海域	300	–
8月1日至8月3日	天津港航道以北至汉沽近岸海域	300	中肋骨条藻 *Skeletonema costatum*
8月4日至8月5日	舟山朱家尖东部海域	120	梭角藻 *Ceratium fusus*
10月27日至11月9日	珠海市淇澳岛附近海域	280	多环旋沟藻、红色裸甲藻和中肋骨条藻 *Cochlodinium polykrikoides*、*Gymnodinium*、*Skeletonema costatum*

七、浒苔灾害

2009年3月24日首次在江苏省吕泗以东海域发现零星漂浮浒苔，6月4日在江苏省盐城以东约100公里海域处发现漂浮浒苔，分布面积约6 550平方公里，覆盖面积约42平方公里。随着浒苔的漂移、生长，7月初浒苔的分布面积达到最大，约58 000平方公里，实际覆盖面积约2 100平方公里，分别比2008年增加132%和223%，主要影响山东省南部近岸海域，见图11。进入8月份以后，黄海浒苔逐渐减少，至8月下旬，山东近岸海域浒苔消失。

此次黄海浒苔灾害爆发面积大，持续时间长，对渔业、水产养殖、海洋环境、景观和生态服务功能产生严重影响，山东省直接经济损失为6.41亿元。

八、海岸侵蚀

砂质海岸侵蚀严重的地区主要在辽宁省的营口鲅鱼圈海岸和葫芦岛绥中海岸、河北省秦皇岛海岸、山东省龙口至烟台海岸、福建省闽江口以东海岸和莆田海岸、海南省文昌和南渡江口海岸。淤泥质海岸侵蚀严重的地区主要在江苏省连云港至射阳河口沿岸。

2009年重点岸段海岸侵蚀监测显示，辽宁省绥中海岸侵蚀主要在六股河南至新立屯30多公里岸线，平均侵蚀速率为2.5米/年，最大海岸侵蚀宽度在南江屯附近，一年海岸侵蚀5米。表8为其他重点岸段海岸侵蚀监测结果。

表8　重点岸段海岸侵蚀监测结果

省（自治区、直辖市）	重点岸段	平均年侵蚀速率（米/年）
辽宁省	营口盖州鲅鱼圈	0.5
山东省	龙口至烟台	4.6
江苏省	连云港至射阳	13.2
上海市	崇明东滩岸段	11.2
海南省	海口市镇海村	5.0

海岸和海上采砂、修建不合理海岸工程、河流水利、水电工程拦截泥沙、沿岸开采地下水和采伐红树林等人为活动，是造成海岸侵蚀灾害的重要原因，同时海平面上升进一步加剧了海岸侵蚀。

九、海水入侵与土壤盐渍化

与2008年监测结果相比，海水入侵范围增大的地区主要有辽宁省锦州和葫芦岛、河北省秦皇岛和唐山、山东省滨州、福建省长乐市和漳浦县的部分区域；辽宁省丹东东港、山东省威海初村镇和张村镇滨海地区、广东省潮州市和广西壮族自治区北海市部分区域海水入侵呈加重趋势。福建省泉州市、广东省阳江市部分区域居民区的饮用水井和农用灌溉水井已受海水入侵影响。

土壤盐渍化较严重的区域主要分布于辽宁、河北、天津和山东的滨海平原地区。

与2008年监测结果比较，辽宁省营口盖州、锦州小凌河东西两侧、葫芦岛龙港区、河北省唐山梨树园村和南堡镇、黄骅南排河镇、沧州渤海新区、山东省潍坊和威海张村镇等部分区域盐渍化范围呈扩大趋势。

十、咸潮入侵

10月份以来，广东省西江、北江三角洲遭遇了4次严重的咸潮袭击。期间，西江下游磨刀门水道的珠海平岗泵站最大含氯度达3 820毫克/升，其中最长连续8天含氯度超过250毫克/升，珠海、中山、澳门供水受到较大影响；东江三角洲的咸潮上溯已经影响到东江北干流的新塘水厂，以及东江南支流的东莞第二水厂。截止12月7日，东莞第二水厂取水点最大含氯度达650毫克/升。

上海市宝钢水库取水口共发生咸潮入侵12次。上半年冬春季咸潮入侵发生在1月至4月，共7次，平均持续5.2天；下半年秋冬季咸潮入侵出现在10月至12月，共5次，平均持续5天。其中，持续时间最长、影响最严重的咸潮入侵过程出现在2月12日至22日，持续9.7天，2月17日最大含氯度达1334毫克/升。

附件八

2009 年《中国海平面公报》（摘录）

1 概述

监测与分析结果表明：近 30 年来，中国沿海海平面总体呈波动上升趋势，平均上升速率为 2.6 毫米/年，高于全球海平面平均上升速率。

2009 年，中国沿海海平面处于近 30 年高位，分别比常年*和 2008 年高 68 毫米和 8 毫米。受气候变化的影响，中国沿海海平面区域和时间变化特征明显，南部沿海海平面升幅高于北部，北部沿海 2 月份海平面和南部沿海 9 月份海平面均达到了近 30 年来同期最高值。

2009 年，在全球气候变化和海平面持续上升背景下，我国辽宁、河北和山东沿海受海水入侵影响较为严重，长江口、珠江口的咸潮灾害进一步加重。同时，海平面上升加剧了沿海风暴潮灾害影响，给当地经济社会的可持续发展和人民群众的日常生活造成了一定影响。

预计未来 30 年，中国沿海海平面还将继续上升，比 2009 年升高 80 ~ 130 毫米，各级沿海政府应密切关注其变化和由此带来的影响。

* 本公报依据全球海平面监测系统（GLOSS）的约定，将 1975—1993 年的平均海平面定为常年平均海平面（简称常年）；该期间的月平均海平面定为常年月均海平面。

2 中国海平面变化状况

2.1 全海域海平面变化状况

监测与分析结果表明：中国沿海海平面呈波动上升趋势，平均上升速率为 2.6 毫米/年，高于全球平均水平。

2009 年，中国沿海海平面比常年高 68 毫米，处于近 30 年高位。与 2008 年相比，总体升高 8 毫米；其中南海升幅最高，达 18 毫米，东海次之，上升 15 毫米，黄海、渤海基本持平。

2009 年 2 月份，中国北部沿海气温和海温较常年同期偏高，平均海平面比常年同期高约 150 毫米，为 30 年来最高值。

2009 年 9 月份，受夏季异常高温等因素的影响，中国南部沿海平均海平面达 30 年来最高值，比常年同期高 180 毫米。

2.2 海区海平面变化状况

- 渤海

渤海海平面平均上升速率为 2.3 毫米/年。

2009 年，渤海海平面比常年高 53 毫米。与 2008 年相比，基本持平；其中，2 月份和 9 月份海平面分别比同期偏高 128 毫米和 78 毫米，3～5 月海平面比同期偏低 50～94 毫米。

预计未来 30 年，渤海海平面将比 2009 年升高 68～118 毫米。

- 黄海

黄海海平面平均上升速率为 2.6 毫米/年。

2009 年，黄海海平面比常年高 65 毫米。与 2008 年相比，基本持平；其中，2 月份海平面比同期偏高 136 毫米，3～5 月海平面比同期偏低 45～79 毫米。

预计未来 30 年，黄海海平面将比 2009 年升高 82～126 毫米。

- 东海

东海海平面平均上升速率为 2.9 毫米/年。

2009 年，东海海平面比常年高 62 毫米。与 2008 年相比，总体上升 15 毫米；其中，8～10 月海平面明显偏高，比同期高 75～95 毫米。

预计未来 30 年，东海海平面将比 2009 年升高 86～138 毫米。

- 南海

南海海平面平均上升速率为 2.7 毫米/年。

2009 年，南海海平面比常年高 88 毫米。与 2008 年相比，总体上升 18 毫米；其中，9 月份和 10 月份的海平面显著偏高，比同期分别高 129 毫米和 118 毫米。

预计未来 30 年，南海海平面将比 2009 年升高 73～127 毫米。

3 海平面上升与气候变化

2009 年，我国沿海海平面变化异常，北部沿海 2 月份海平面和南部沿海 9～10 月海平面较常年同期明显偏高，其中 2 月份和 9 月份均为近 30 年来最高值。高温异常天气和季风变动等是引起上述异常变化的重要原因。

2 月，我国北部沿海地区气温和海温普遍偏高，分别比常年同期高 2.4℃和 1.3℃，气压比常年同期偏低 4.1 百帕，造成海平面比常年同期高 146 毫米。

8 月中旬开始，我国南部沿海地区遭遇大范围持续高温天气，8～9 月南部沿海的气温为近 30 年同期第二高值，比常年同期高 1.3℃，同时，9 月份海温达到了近 30 年同期最高值，为 28.5℃，导致 9 月份海平面比常年同期高 180 毫米。

2009 年，南海夏季风于 10 月中旬结束，比多年平均时间（9 月底）偏晚 15 天左右，延续了南海海域海水的向北堆积，导致我国南海沿岸 10 月份海平面比常年同期偏高 96 毫米。

4 海平面上升与海洋灾害

海平面上升作为一种缓发性海洋灾害，其长期的累积效应将加剧风暴潮、海岸侵蚀、海水入侵与土壤盐渍化、咸潮入侵等海洋灾害的致灾程度。

风暴潮 2009 年 8～10 月，台风“莫拉克”、“巨爵”和“芭玛”先后侵袭我国南部沿海，登陆时均恰逢天文大潮和季节性高海平面期，台风、海平面异常偏高和天文大潮共同作用，造成了严重的风暴潮灾害，致使数百万人受灾，经济损失超过 50 亿元。

海岸侵蚀 海平面上升使潮差和波高增大，加重了海岸侵蚀的强度。我国海岸侵蚀严重的地区主要分布在河北、海南、山东、江苏、广东和辽宁等沿海地区的部分岸段。根据 2009 年海平面变化影响调查成果，河北省东部局部海岸属于严重侵蚀岸段，海岸侵蚀速率接近 5 米/年；海南省三亚湾部分岸滩受海岸侵蚀影响逐年后退，侵蚀速率为 1.6 米/年。

海水入侵与土壤盐渍化 海平面上升和地下水位下降等因素导致海水入侵，环渤海地区是受海水入侵和土壤盐渍化影响较为严重的区域。根据 2009 年海平面变化影响调查成果，辽宁大连沿海海水入侵面积超过 800 平方千米，严重区域的最大氯度达到 1 000毫克/升；河北海水入侵最大距离超过 53 千米；山东海水入侵最大距离超过 30 千米。

咸潮入侵 2009 年，异常高海平面加剧了咸潮入侵程度，长江口和珠江口多次遭遇咸潮入侵。上海市宝钢水库取水口共发生咸潮入侵 12 次，平均持续时间超过 5 天，其中，持续时间最长、影响最严重的咸潮入侵过程出现在 2 月 12 日至 22 日。10 月份，珠江口遭遇了 4 次严重的咸潮袭击，珠海、中山等地供水受到较大影响。

5　海平面上升与海岸带生态系统

海岸带生态系统具有防风消浪、护岸护堤、调节气候等功能，对抵御海洋灾害起重要作用。

海平面上升和不合理的海岸开发导致红树林海岸侵蚀加重、沙坝上移，造成红树林生存环境恶化，红树植物群落衰退，分布面积减小。根据2009年海平面变化影响调查成果，广西防城港市企沙半岛的红树林明显受到海岸侵蚀的影响，近30年来受侵蚀的红树林海岸长度达4千米，最大侵蚀距离为122米，红树林面积萎缩；广西北海市大冠沙红树林不断受沙坝上移影响，底栖动物群落的种数、密度和生物量分别下降了35%、75%和90%，红树林和底栖动物显著退化。

海平面上升的累积作用，导致海水倒灌程度加大和海岸侵蚀加剧，造成湿地面积减少、植被和底栖动物群落退化、湿地生态服务功能下降。在海平面上升已经成为不可逆转的条件下，只有切实加强湿地资源的保护，加强湿地生态系统的综合建设，才能有效缓解海平面上升与气候变化的不利影响。

6　应对海平面上升适应对策

国家海洋局为有效应对海平面上升的影响，在进一步加强海平面上升监测预测及影响评价业务化工作的基础上，继续开展基准潮位核定业务工作，并于2009年启动了我国沿海地区的海平面变化影响调查，全面掌握海平面变化规律及其影响状况。

沿海重点经济发展区域是我国经济发展的重要引擎，同时也是海平面上升影响的脆弱区，不同程度地受到海岸侵蚀、咸潮入侵、海水入侵与土壤盐渍化等海平面上升灾害的影响。为保证沿海重点经济区的可持续性发展，有效减缓海平面上升的影响，建议从以下几个方面合理应对：

（1）沿海各级地方政府应高度重视海平面上升的影响，加强海平面影响调查工作，掌握海平面上升对本地区的影响状况，在制定本地区发展规划时，充分考虑海平面上升因素。

（2）在沿海重点经济区开展海平面上升影响评价，对评价区域进行海平面上升脆弱区划，将评价结果和脆弱区划范围作为沿海重点经济区规划的重要指标。

（3）在辽宁沿海经济带、曹妃甸工业区和黄河三角洲高效生态区应密切关注海水入侵和土壤盐渍化灾害的影响，合理调配水资源，兴修水利设施，规划海水养殖区范围，缓解海平面上升所带来的海水入侵的影响。

（4）在天津滨海新区、长三角地区和珠江三角洲经济发达区，应严格控制建筑物高度与密度及地下水开采，有效减缓地面沉降，减少海平面的相对上升幅度。

（5）珠江口和长江口等受咸潮入侵严重区域，应合理调配全流域的水资源，蓄淡压咸，保障高海平面期和枯水期的供水安全。

（6）浙江、福建、广东和海南沿海地区应在季节性高海平面和天文大潮期间密切关注台风登陆地点和路径，在防灾减灾的预警预案中，充分考虑海平面上升的致灾作用，减小风暴潮的致灾程度。

（7）根据海平面上升的监测预测成果，修订堤防设施标准。

（8）在滨海湿地、红树林等海洋保护区沿岸，应建立海岸带生态系统立体保护网，减缓因海平面上升而导致的海岸侵蚀。

附件九

《2009年中国海洋经济统计公报》（摘录）

2009年，沿海各级政府坚持科学发展观，积极落实中央经济工作会议精神，以“保增长、调结构”为主线，采取积极措施应对国际金融危机等的不利影响，稳步推进海洋经济结构调整，不断提高海洋经济发展质量和效益，实现了海洋经济平稳发展。

一、海洋经济总体运行情况

据初步核算，2009年全国海洋生产总值31 964亿元，比上年增长8.6%，略低于同期国民经济增长速度。海洋生产总值占国内生产总值的9.53%，占沿海地区生产总值的15.5%。其中，海洋产业增加值18 742亿元，海洋相关产业增加值13 222亿元。海洋第一产业增加值1 879亿元，海洋第二产业增加值15 062亿元，海洋第三产业增加值15 023亿元。海洋经济三次产业结构5.9∶47.1∶47.0。2009年全国涉海就业人员3 270万人，其中新增就业52万人。

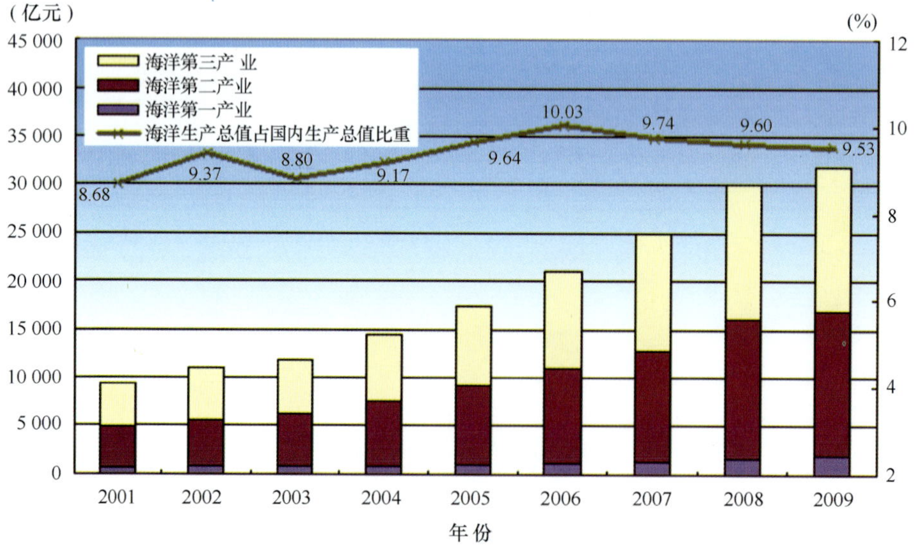

图1　2001—2009年全国海洋生产总值情况

二、主要海洋产业发展情况

2009 年，我国主要海洋产业总体保持稳步增长，实现增加值 12 989 亿元，比上年增长 8.7%。

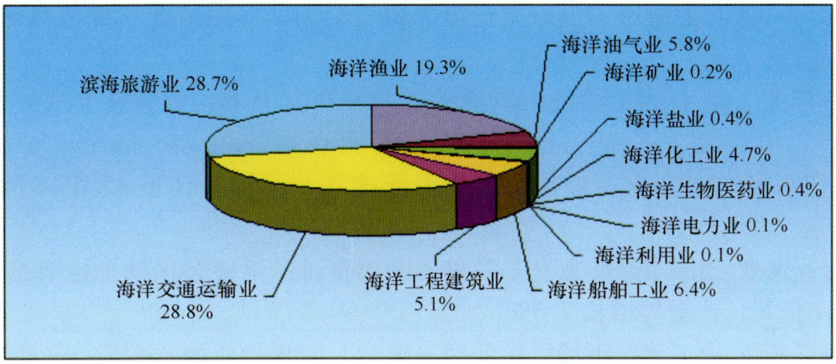

图 2 2009 年主要海洋产业增加值构成图

——海洋工程建筑业 沿海地区加快基础设施建设步伐，多座跨海大桥和港口改扩建工程相继施工，海洋工程建筑业发展较快，全年实现增加值 658 亿元，比上年增长 31.9%。

——海洋化工业 随着国家《石化产业调整和振兴规划》的实施，沿海地区纷纷启动海洋化工基地建设项目，海洋化工业继续向好发展，全年实现增加值 611 亿元，比上年增长 26.0%。

——海洋电力业 海洋电力业快速发展，沿海风电场建设项目相继运营投产，沿海风力发电和潮汐能发电全年实现增加值 12 亿元，比上年增长 25.2%。

——海水利用业 我国海水利用规模进一步扩大，自主创新能力不断提升，大生活用水技术、海水利用关键装备制造等领域取得重大突破。全年实现增加值 15 亿元，比上年增长 18.6%。

——海洋船舶工业 随着国家《船舶工业调整和振兴规划》的实施，海洋船舶工业保持平稳发展。全年实现增加值 828 亿元，比上年增长 15.8%。

——海洋生物医药业 在国家《促进生物产业加快发展的若干政策》的激励下，海洋生物医药业继续保持增长态势。全年实现增加值 59 亿元，比上年增长 12.6%。浙江省海洋生物医药业增加值占全国海洋生物医药业增加值比重 37.3%，位居全国第一。

——海洋渔业 全国海洋渔业保持平稳增长，海水养殖和海洋捕捞生产形势基本稳定。全年实现增加值2 509 亿元，比上年增长12.4%。山东省海洋渔业增加值占全国海洋渔业增加值比重32.6%，继续位居全国第一。

——滨海旅游业 在国家拉动内需、加大投入的政策驱动下，我国滨海旅游业总体保持平稳发展，国内旅游增长较快，国际旅游逐步恢复。全年实现增加值3 725 亿元，比上年增长12.3%。上海市滨海旅游业增加值占全国滨海旅游业增加值比重24.0%，位居全国第一。

——海洋油气业 我国继续加大海洋油气勘探开发力度，近年新发现的多个油气田陆续投产，海洋油气产量持续增长。全年实现增加值748 亿元，比上年增长8.5%。天津市海洋油气业增加值占全国海洋油气业增加值比重45.5%，位居全国第一。

——海洋矿业 我国海洋矿业开采品种不断丰富，产量继续保持平稳增长，全年实现增加值21 亿元，比上年增长7.5%。

——海洋盐业 受工业盐市场需求低靡等影响，海洋盐业增长缓慢，全年实现增加值55 亿元，比上年增长0.7%。

——海洋交通运输业 受国际金融危机影响，我国海洋交通运输业全年实现增加值3 748 亿元，比上年减少2.4%。

三、区域海洋经济发展情况

2009 年，环渤海经济区海洋生产总值12 015 亿元，占全国海洋生产总值的比重为37.6%，比上年增长1.5 个百分点。位居前列的主要海洋产业为海洋交通运输业、海洋渔业和滨海旅游业。

长江三角洲经济区海洋生产总值9 466 亿元，占全国海洋生产总值的比重为29.6%，比上年减少2.6 个百分点。位居前列的主要海洋产业为滨海旅游业、海洋交通运输业、海洋船舶工业和海洋渔业。

珠江三角洲经济区海洋生产总值6 614 亿元，占全国海洋生产总值的比重为20.7%，比上年增长0.5 个百分点。位居前列的主要海洋产业为滨海旅游业、海洋交通运输业、海洋化工业、海洋油气业和海洋渔业。

四、展望

2010 年，是实施“十一五”规划的最后一年，也是我国海洋经济持续健康发展的关键之年。面对未来复杂的经济形势，沿海各地区将坚定不移地贯彻党和国家的各项政策方针，大力推进海洋产业结构调整和自主创新，积极培育战略性海洋新兴产业，加快促进海洋经济发展方式的转变，努力提高海洋经济的质量和效益，促进海洋经济继续平稳较快发展。

附件十

2009 年《中国海洋卫星应用报告》（摘录）

1 概 述

2009 年度，我国海洋卫星工程取得重要进展，海洋卫星地面应用系统业务运行良好，海洋卫星应用工作得到进一步推广。

海洋一号 B（H Y－1 B）卫星在轨稳定运行，海洋卫星地面应用系统运行良好。全年共接收 HY－1B 卫星数据 2 018 轨，累计原始数据量达 8 472 GB；接收 MODIS 卫星资料 2 778 轨，累计原始数据量达 6 620 GB。

海洋卫星数据得到了进一步的推广和应用。国家卫星海洋应用中心（以下简称“卫星中心”）向海洋环境监测预报部门业务化提供实时数据，处理制作了各级海洋卫星数据产品，向国内海洋部门、科研院所、大专院校、航天部门和军事部门进行了分发；同时，积极推进环渤海及南海周边省市海洋卫星数据的应用工作，使海洋卫星数据得到了进一步广泛的应用，在海洋资源开发与管理、海洋环境监测与保护、海洋灾害监测与预报以及海洋科学研究和国际与地区合作等领域发挥了重要作用。

海洋卫星地面应用系统建设取得较好的成果，HY－1B 地面系统升级改造工作基本完成。牡丹江卫星地面站建设工作取得重要进展，具备接收 HY－1B 卫星数据的能力。

完成 HY－1C/1D 卫星技术指标的前期论证工作。海洋二号（HY－2）卫星工程研制工作阶段性开展，取得了阶段性的成果。

2 海洋卫星工程进展

为进一步推动海洋卫星工作进展，2009 年 9 月，国家海洋局组织召开了海洋系列业务卫星“十二五”专项工程立项建议评审会。全国人大、政协、中科院、中国航天科技集团公司、总参谋部、总装备部和海军等部门的领导和专家组成的专家组一致同意专项尽快立项。2009 年 12 月，立项建议报送国家有关主管部门，会签后上报国务院。

2009 年，海洋二号（HY－2）卫星工程研制完成了初样的研制工作，并转入正样研制，地面应用系统完成了建议书的评审与上报，DORIS 设备完成了引进工作，开展了 HY－2 卫星航空校飞工作。

2009 年，海洋卫星地面应用系统牡丹江地面站建设工作取得重要突破，初步具备接收海洋卫星数据的能力。

3 海洋卫星及地面应用系统运行

3.1 海洋卫星在轨运行情况

2009 年，HY－1B 卫星在轨运行状态良好，海洋水色扫描仪（COCTS）和海岸带成像仪（CZI）工作状态稳定。

截止至 2009 年 12 月 31 日，H Y－1B 卫星当年共运行 365 天，成功探测 2018 轨，其中对中国海域和陆地探测 711 轨，夜间数据回放 360 轨，境外探测 947 轨，探测区域已覆盖全球。

3.2 卫星地面应用系统运行情况

2009 年，卫星地面应用系统完成了 HY－1B 卫星的接收预处理、处理与存档工作，为地面应用系统业务化运行提供了保障。全年累计接收处理并存档 HY－1B 卫星数据量达 8.5TB。地面应用系统在完成 HY－1B 卫星业务运行工作的同时，还开展了对美国 EOS 系列卫星数据的接收和预处理工作。

2009 年，国家卫星海洋应用中心通过网站、数据介质和定向传输等方式向国内卫星数据用户实施数据分发，全年累计向国内 26 家单位分发了 408 GB 的 HY－1B 卫星产品数据，数据分发的单位涵盖了海洋管理部门、科研院所、大专院校、航天部门等。2009 年，卫星中心网站共有 23 582 人次访问，网站下载数据量达 40 GB。

3.3 卫星辐射校正与真实性检验

2009 年，针对 H Y－1 B 卫星数据辐射校正和真实性检验工作，国家卫星海洋应用中心在南海北部开展了辐射定标试验工作，并结合试验结果分别用 6 种定标方法对 HY－1B 卫星的两个传感器进行了定标。定标方法包括同步试验替代定标、系统定标、MODIS 交叉定标、MERIS 交叉定标等。通过试验和定标，保证了 HY－1B 卫星数据的真实性和可靠性，进一步提高了 HY－1B 卫星数据的质量，为 HY－1B 卫星数据的应用和推广奠定了基础。

4　卫星海洋应用

2009 年，国家卫星海洋应用中心积极向沿海省市进行海洋卫星数据的推广应用，并且利用其他卫星数据，在海温监测、海冰监测、赤潮和绿潮监测等方面开展了业务化工作，使海洋卫星数据在海洋灾害监测与预报、海洋环境监测与保护、国际与地区合作等方面得到了广泛的应用。

4.1　海洋灾害监测与预报

（1）海上溢油监测

2009 年，国家卫星海洋应用中心对我国渤海、东海和南海重点海区进行了全年实时监测，制作了溢油监测专题报告及专题图件，向中国海监总队及北海、东海、南海总队等单位进行提供。

2009 年 10 月 12 日—26 日，根据卫星遥感监测信息，国家海洋局北海环境监测中心对埕岛油田管线溢油进行验证监测。

2009 年，为更好地开展我国海域溢油监测工作，国家卫星海洋应用中心大力提高卫星遥感监测频度，在渤海达到 2 ~ 3 天的监测频度，在东海和南海达到 3 ~ 4 天监测频度；紧急情况下，能保证 1 ~ 2 天的监测频度。同时，国家卫星海洋应用中心与中国海监总队建立了溢油遥感监测应急联动机制。

（2）海洋赤潮监测

2009 年，对我国的海的绿潮和赤潮进行了监测，全年共赂有关单位发布 94 期卫星监测绿潮通报、2 期卫星监测赤潮通报，为赤潮、绿潮灾害的监测和防空减灾提供了信息服务。

（3）海冰监测

2009 年，利用 HY－1B 卫星数据，结合相关资料，对我国渤海和黄海北部的海冰进行实时监测，制作海冰监测实时产品，并向国家海洋环境预报中心、国家海洋局北海分局、国家海洋环境监测中心和环渤海三省一市用户提供。

4.2　海洋环境监测与保护

（1）水色环境监测

2009 年，利用 HY－1B 卫星结合相关资料，定期制作完成了我国管辖海域及周边海域的 8 天平均、月平均、季平均的叶绿素浓度分布等海洋水色信息，不定期制作完成了大洋部分区域的海洋水色环境信息产品，并提交相关行业和部门使用。

2009年，上海海洋大学与国家卫星海洋应用中心、国家海洋环境预报中心挂牌成立了远洋渔业环境与渔情预报产业化基地。该基地瞄准我国远洋渔业产业的需求，相继开发了HY－1B卫星遥感北太平洋柔鱼渔情速报服务系统、HY－1B卫星遥感海洋渔业海况信息速报服务系统、东南太平洋秘鲁茎柔鱼渔场信息速报服务系统、西南大西洋阿根廷滑柔鱼渔场信息速报服务系统等软件。

（2）海表温度监测

2009年，国家卫星海洋应用中心制作了365份境内日海温数据产品，36份境内旬平均海温数据产品，12份境内月平均海温数据产品。同时制作了东南太平洋、西北太平洋、西南大西洋等渔场海温数据。海洋预报部门及海洋渔业部门利用这些海温产品制作出相应的海温预报和海洋渔业环境产品，服务于社会公众和相关海洋产业部门。

（3）悬浮泥沙和岸线监测

2009年，利用HY－1B卫星对长江口流域悬浮泥沙和岸线进行了监测，得到了长江口的悬浮泥沙和岸线分布情况。

2009年，对黄河河口的悬浮泥沙进行了长期监测。

4.3 国际与地区合作

2009年，海洋卫星国际合作进一步得到加强，卫星中心积极开展相关国际合作，继续推进海洋卫星国际合作项目，完成HY－2卫星精密定轨设备的引进以及HY－2卫星国际卫星频率协调等工作。

为加强中澳两国的科技交流与合作，卫星中心与澳大利亚悉尼新南威尔士大学（UNSW）和澳大利亚墨尔本空间信息合作研究中心（CRCSI）签订了科技交流与合作谅解备忘录，在利用海洋卫星进行合作观测、研究人员交流、研究培训等方面都达成了一致意见。

2009年10月，国家卫星海洋应用中心在西安组织召开了由中法两国科学家共同参与的卫星数据应用技术交流会。来自两国的60余名专家和学者参加了此次会议，就相关课题进行了广泛而有效的交流，探讨了海洋卫星数据在海洋环境保护、海洋灾害预报等各个方面的应用。

2009年11月18日，来自33个滨海发展中国家的85位海洋与渔业部门官员对国家卫星海洋应用中心进行了参观访问。

附件十一

我国主要海洋法律文件

类别	法律文件	发布机关	发布时间	生效时间
基本法律	中华人民共和国政府关于领海的声明	全国人大常委会批准，中国政府宣布	1958－09－04	1958－09－04
	全国人民代表大会常务委员会关于批准《联合国海洋法公约》的决定	全国人大常委会	1996－05－15	1996－05－15
	中华人民共和国领海及毗连区法	全国人大常委会	1992－02－25	1992－02－25
	中华人民共和国政府关于领海基线的声明	国务院	1996－05－15	1996－05－15
	中华人民共和国专属经济区和大陆架法	全国人大常委会	1998－06－26	1998－06－26
	中华人民共和国海域使用管理法	全国人大常委会	2001－10－27	2002－01－01
	中华人民共和国海岛保护法	全国人大常委会	2009－12－26	2009－12－26
	外国籍非军用船舶通过琼州海峡管理规则	国务院	1964－06－08	1964－06－08
	中华人民共和国交通部海港引航工作规定	交通部	1976－11－12	1976－11－12
	中华人民共和国对外国籍船舶管理规则	国务院批准，交通部公布	1979－09－18	1979－09－18
	中华人民共和国海上交通安全法	全国人大常委会	1983－09－02	1984－01－01
	中华人民共和国海上交通事故调查处理条例	国务院批准，交通部公布	1990－03－03	1990－03－03
	中华人民共和国船舶和海上设施检验条例	国务院	1993－02－14	1993－02－14
	中华人民共和国海上航行警告和航行通告管理规定	国务院批准，交通部发布	1993－01－11	1993－02－01
	国际航行船舶进出中华人民共和国口岸检查办法	国务院	1995－03－21	1995－03－21
	中华人民共和国航道管理条例	国务院	1987－10－01	1987－10－01
	中华人民共和国航道管理条例实施细则	交通部	1991－08－29/2009－06－23	1991－10－01/2009－06－23
	中华人民共和国航标条例	国务院	1995－12－03	1995－12－03
	沿海航标管理办法	交通部	2003－07－10	2003－09－01
	中华人民共和国国际海运条例	国务院	2001－12－11	2002－01－01

续表

类别	法律文件	发布机关	发布时间	生效时间
基本法律	中华人民共和国港口法	全国人大常委会	2003－06－28	2004－01－01
	中华人民共和国海商法	全国人大常委会	1992－11－07	1993－07－01
海洋资源开发与保护	水产资源繁殖保护条例	国务院	1979－02－10	1979－02－10
	中华人民共和国渔业法	全国人大常委会	1986－01－20/ 2000－10－31 /2004－08－28 日	1986－07－01/ 2000－12－01/ 2004－08－28
	中华人民共和国渔业法实施细则	国务院批准，农牧渔业部发布	1987－10－20	1987－10－20 日
	中华人民共和国渔港水域交通安全管理条例	国务院	1989－05－05	1989－08－01
	中华人民共和国水生野生动物保护实施条例	国务院批准，农业部发布	1993－10－05	1993－10－05
	中华人民共和国渔业船舶检验条例	国务院	2003－06－27	2003－08－01
	中华人民共和国矿产资源法	全国人大常委会	1986－03－19/ 1996－08－29	1986－10－01/ 1997－01－01
	中华人民共和国对外合作开采海洋石油资源条例	国务院	1982－01－30/ 2001－09－23	1982－01－30/ 2001－09－23
文物	中华人民共和国水下文物保护管理条例	国务院	1989－10－20	1989－10－20
海洋生态环境保护	中华人民共和国海洋环境保护法	全国人大常委会	1982－08－23/ 1999－12－25	1983－03－01/ 2000－04－01
	中华人民共和国海洋石油勘探开发环境保护管理条例	国务院	1983－12－29	1983－12－29
	中华人民共和国防止船舶污染海域管理条例（废止）	国务院	1983－12－29	1983－12－29
	中华人民共和国防治船舶污染海洋环境管理条例	国务院	2009－09－09	2010－03－01
	中华人民共和国海洋倾废管理条例	国务院	1985－03－06	1985－04－01
	中华人民共和国防止拆船污染环境管理条例	国务院	1988－05－18	1988－06－01
	中华人民共和国防治陆源污染物污染损害海洋环境管理条例	国务院	1990－06－22	1990－08－01
	中华人民共和国防治海岸工程建设项目污染损害海洋环境管理条例	国务院	1990－06－25/ 2007－09－25	1990－08－01/ 2008－01－01
	防治海洋工程建设项目污染损害海洋环境管理条例	国务院	2006－09－19	2006－11－01

续表

类别	法律文件	发布机关	发布时间	生效时间
测绘与地质	中华人民共和国测绘法	全国人大常委会	1992－12－28/2002－08－29	1993－07－01/2002－12－01
	基础测绘条例	国务院	2009－05－12	2009－08－01
	地质资料管理条例	国务院	2002－03－19	2002－07－01
其他重要法律文件	中国依《联合国海洋法公约》第298条规定提交排除性声明		2006－08－25提交	2006－08－25
	中华人民共和国关于确定二百海里以外大陆架外部界限的初步信息		2009－05－11提交	
	中华人民共和国和越南社会主义共和国关于两国在北部湾领海、专属经济区和大陆架的划界协定		2000－12－25签署	2004－06－30
	中华人民共和国和日本国渔业协定		1997－11－11签署	2000－06－01
	中华人民共和国政府和大韩民国政府渔业协定		2000－08－03签署	2001－06－30
	中华人民共和国政府和越南社会主义共和国政府北部湾渔业合作协定		2000－12－25签署	2004－06－30
	国务院办公厅、中央军委办公厅转发外交部等部门关于加强东海海上航行和渔业安全意见的通知		1993－05－27	1993－05－27
	中华人民共和国海关总署关于转发《国务院关于海关执行缉私任务的船舶在海上行使紧追权的批复》和执行《领海及毗连区法》有关问题的通知	海关总署	1993－03－18	1993－03－18
	专属经济区渔政巡航管理规定	渔政渔港监督管理局	2005－11－14	2005－11－14
	中华人民共和国管辖海域外国人、外国船舶渔业活动管理暂行规定	农业部	1999－06－24	1999－06－24
	海底电缆管道保护规定	国土资源部	2004－01－09	2004－03－01
	关于外商参与打捞中国沿海水域沉船沉物管理办法	国务院	1992－07－12	1992－07－12
	外国的组织或者个人来华测绘管理暂行办法	国土资源部	2007－01－19	2007－03－01

上述我国主要海洋法律文件根据以下网站资料整理：中央政府网站、全国人大网站、外交部网站、国土资源部网站、交通运输部网站、农业部网站等。

附件十二

中国对有关国家大陆架划界案和初步信息致联合国秘书长的照会

（1）就日本提交200海里外大陆架划界案致联合国秘书长的照会

中华人民共和国常驻联合国代表团

PERMANENT MISSION OF THE PEOPLE'S REPUBLIC OF CHINA TO THE UNITED NATIONS

350 East 35th Street, New York, NY 10016　　TEL.: (212) 655-6100

CML/2/2009

纽约
联合国秘书长
潘基文先生阁下

中华人民共和国常驻联合国代表团向联合国秘书长致意，并谨就日本国2008年11月12日向大陆架界限委员会（下称“委员会”）提交的200海里以外大陆架划界案表明如下立场：

中国政府认为，《联合国海洋法公约》（下称“《公约》”）缔约国提交200海里以外大陆架的外部界限划界案，是其依《公约》应享有的权利。同时，《公约》缔约国在行使其确定大陆架外部界限的权利的同时，也负有确保尊重作为人类共同继承财产的国际海底区域（下称“区域”）范围的义务，不应影响国际社会的整体利益。《公约》的所有缔约国都应全面遵守《公约》，确保《公约》的完整性，特别是不使“区域”范围受到任何不合法的侵蚀。

中国政府认真研究了日本划界案的执行摘要，尤其注意到该划界案以“冲之鸟岛”为基点划出的200海里大陆架范围，以及以“冲之鸟岛”为基点延伸的SKB、MIT和KPR三处200海里外大陆架。应当注意，所谓的“冲之鸟岛”实际上是《公约》第121条第3款所指的岩礁。因此中国政府提请委员会委

中华人民共和国常驻联合国代表团

PERMANENT MISSION OF THE PEOPLE'S REPUBLIC OF CHINA TO THE UNITED NATIONS

350 East 35th Street, New York, NY 10016　　*TEL.: (212) 655-6100*

员、《公约》缔约国和联合国会员国注意，日本将冲之鸟礁列入其划界案中是不符合《公约》的。

《公约》第 121 条第 3 款规定，“不能维持人类居住或其本身的经济生活的岩礁，不应有专属经济区和大陆架。”现有的科学资料充分表明，冲之鸟礁依其自然状况，显然是不能维持人类居住或其本身的经济生活的岩礁，不应有专属经济区和大陆架，更不具备扩展 200 海里以外大陆架的权利。

鉴于冲之鸟礁不具备拥有任何范围大陆架的权利基础，日本划界案中以冲之鸟礁为基点划出的 200 海里以内及以外的部分均超出了《公约》有关委员会作出建议的授权。中国政府谨要求委员会不对上述部分采取任何行动。

中华人民共和国常驻联合国代表团请秘书长将上述立场周知委员会全体委员、《公约》全体缔约国和联合国全体会员国。

顺致最崇高敬意。

二 00 九年二月六日于纽约

（2）就马来西亚和越南联合提交200海里外大陆架划界案致联合国秘书长的照会

中华人民共和国常驻联合国代表团

PERMANENT MISSION OF THE PEOPLE'S REPUBLIC OF CHINA TO THE UNITED NATIONS

350 East 35th Street, New York, NY 10016 *TEL.: (212) 655-6100*

CML/17/2009

纽约
联合国秘书长
潘基文先生阁下

中华人民共和国常驻联合国代表团向联合国秘书长致意，并谨就马来西亚和越南联合于2009年5月6日向大陆架界限委员会（下称“委员会”）提交的二百海里以外大陆架划界案表达如下立场：

中国对南海诸岛及其附近海域拥有无可争辩的主权，并对相关海域及其海床和底土享有主权权利和管辖权（见附图）。中国政府的这一一贯立场为国际社会所周知。

上述马来西亚和越南联合划界案所涉二百海里以外大陆架区块，严重侵害了中国在南海的主权、主权权利和管辖权。根据《大陆架界限委员会议事规则》附件一第5条（a）项，中国政府郑重要求委员会对马来西亚和越南联合划界案不予审理。中国政府已将上述立场知会马来西亚和越南。

中华人民共和国常驻联合国代表团请秘书长将本照会周知大陆架界限委员会全体委员、《联合国海洋法公约》全体缔约国和联合国全体会员国。

顺致最崇高敬意。

二00九年五月七日于纽约

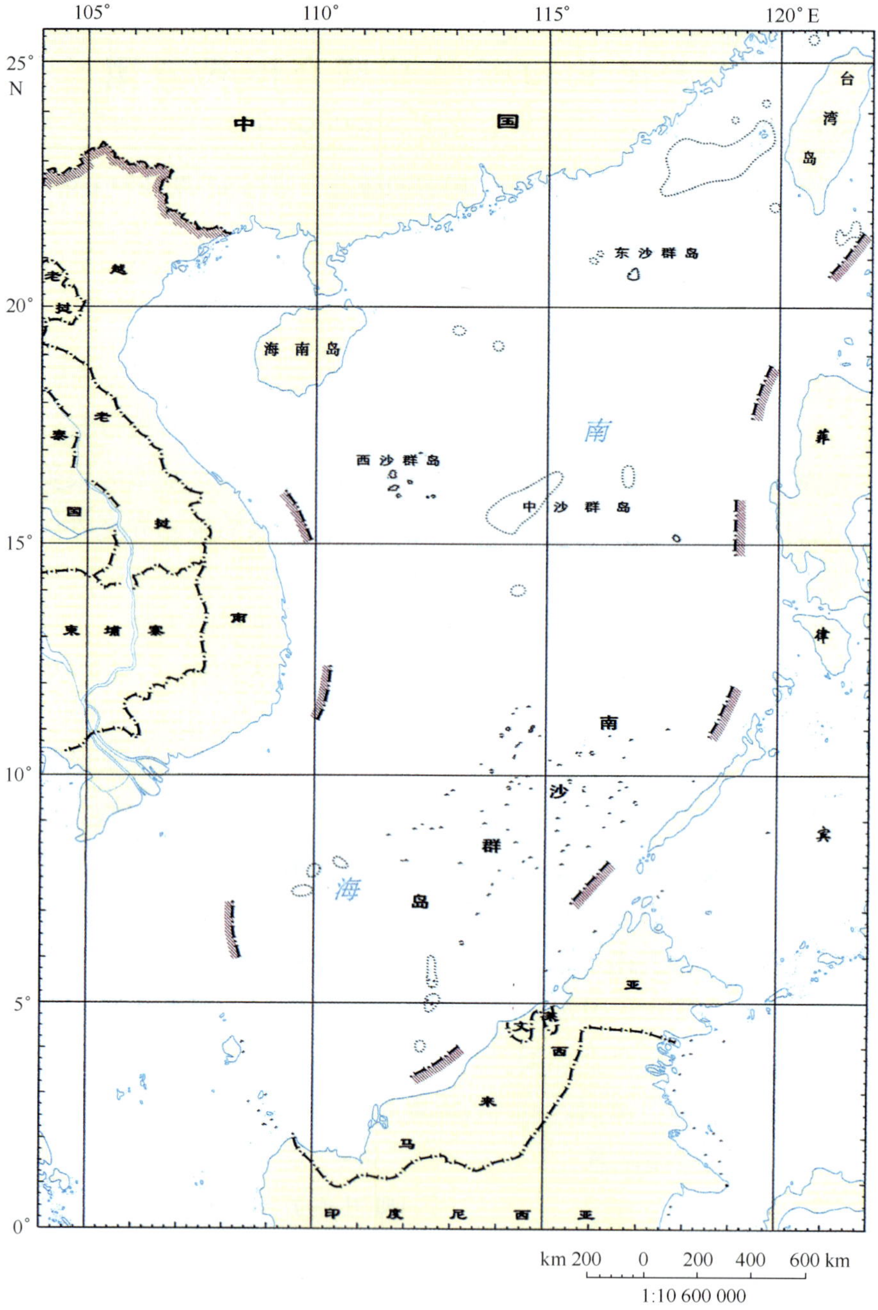
105°
110°
115°
120° E
25° N
20°
15°
10°
5°
0°
中国
台湾岛
越南
老挝
泰国
柬埔寨
海南岛
东沙群岛
西沙群岛
中沙群岛
南海
南沙群岛
菲律宾
马来西亚
文莱
印度尼西亚
km 200 0 200 400 600 km
1:10 600 000

（3）就越南提交200海里外大陆架划界案致联合国秘书长的照会

中华人民共和国常驻联合国代表团

PERMANENT MISSION OF THE PEOPLE'S REPUBLIC OF CHINA TO THE UNITED NATIONS

350 East 35th Street, New York, NY 10016   TEL.: (212) 655-6100

CML/18/2009

纽约
联合国秘书长
潘基文先生阁下

中华人民共和国常驻联合国代表团向联合国秘书长致意，并谨就越南于2009年5月7日向大陆架界限委员会（下称“委员会”）提交的二百海里以外大陆架划界案表达如下立场：

中国对南海诸岛及其附近海域拥有无可争辩的主权，并对相关海域及其海床和底土享有主权权利和管辖权（见附图）。中国政府的这一一贯立场为国际社会所周知。

上述越南划界案，严重侵害了中国在南海的主权、主权权利和管辖权。根据《大陆架界限委员会议事规则》附件一第5条（a）项，中国政府郑重要求委员会对越南划界案不予审理。中国政府已将上述立场知会越南。

中华人民共和国常驻联合国代表团请秘书长将本照会周知大陆架界限委员会全体委员、《联合国海洋法公约》全体缔约国和联合国全体会员国。

顺致最崇高敬意。

二00九年五月七日于纽约

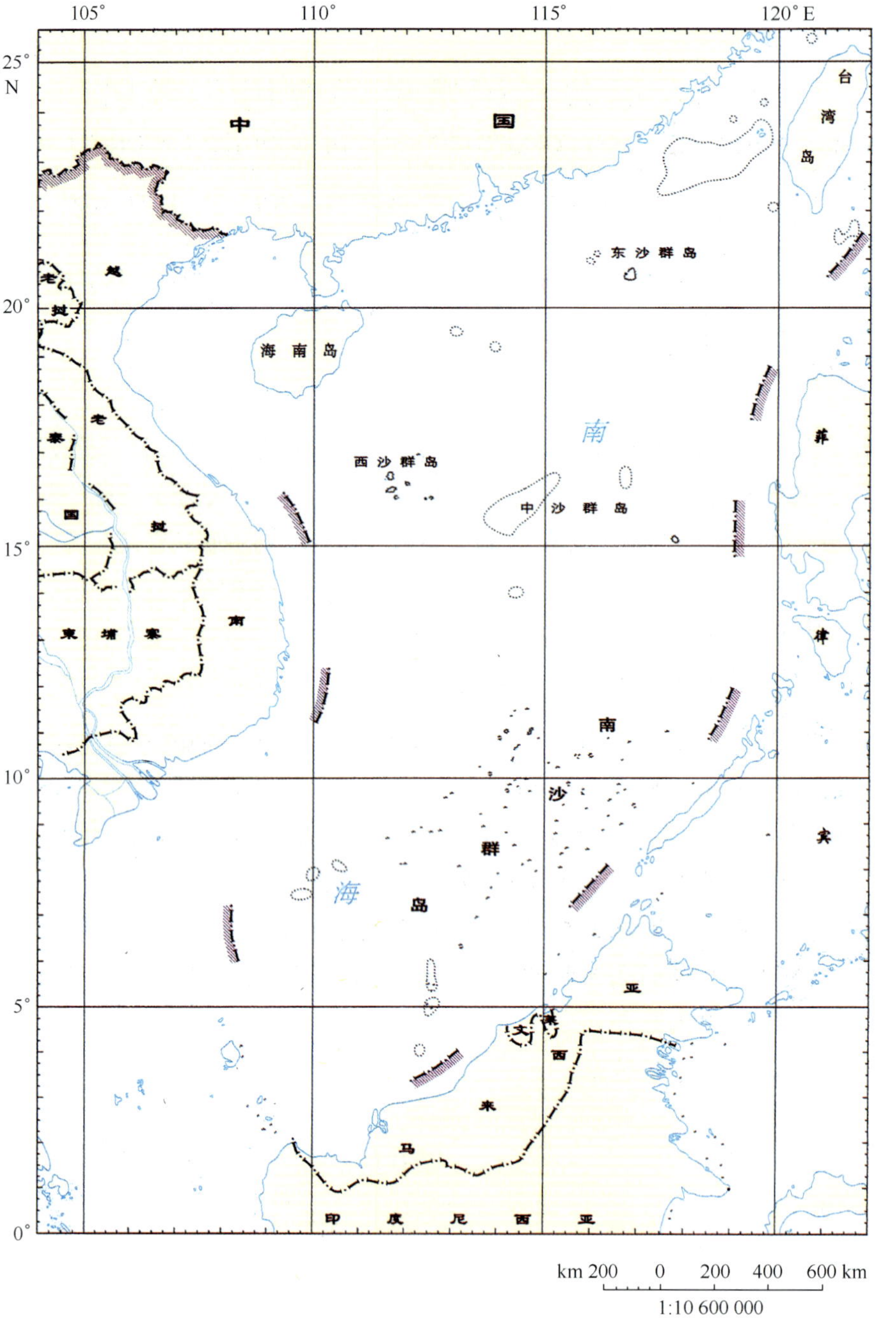
105°
110°
115°
120°E
25°
N
20°
15°
10°
5°
0°
中国
台湾岛
东沙群岛
越南
老挝
泰国
柬埔寨
海南岛
西沙群岛
中沙群岛
南海
菲律宾
南沙群岛
马来西亚
文莱
印度尼西亚
km 200 0 200 400 600 km
1:10 600 000

附件十三

中国就“区域”内活动担保国责任与义务问题向国际海洋法法庭海底争端分庭提交的书面意见

2010 年 5 月 6 日，国际海底管理局（下称“管理局”）理事会通过第 ISBA/16/C/13 号决定，请求国际海洋法法庭海底争端分庭（下称“海底争端分庭”或“分庭”）就如下问题提出咨询意见：

“1.《公约》缔约国在依照《公约》特别是依照第 11 部分以及 1994 年《关于执行 1982 年 12 月 10 日 <联合国海洋法公约> 第 11 部分协定》担保“区域”内的活动方面有哪些法律责任和义务？

2. 如果某个缔约国依照《公约》第 153 条第 2 款（b）项担保的实体没有遵守《公约》特别是第 11 部分以及 1994 年《协定》的规定，该缔约国应担负何种程度的赔偿责任？

3. 担保国必须采取何种必要和适当措施来履行《公约》特别是第 139 条和附件三以及 1994 年《协定》为其规定的责任？”

2010 年 5 月 18 日，通过第 2010/3 号文书，海底争端分庭庭长邀请《联合国海洋法公约》（下称“《公约》”）各缔约国、管理局和作为观察员参加管理局大会的政府间组织就上述问题向海底争端分庭提出书面意见。2010 年 7 月 28 日，通过第 2010/4 号文书，分庭庭长将提出书面意见的截止日期确定为 2010 年 8 月 19 日。

据此，中国提出如下书面意见：

管辖权

关于海底争端分庭咨询管辖权的规定载于《公约》第 191 条。根据该条，“经大会或理事会请求，海底争端分庭应对它们活动范围内发生的法律问题提出咨询意见”。

在管理局理事会通过关于请求分庭发表咨询意见的决定时，没有反对意见[1]。该决

① 参见理事会第 SB/16/19 号新闻简报。

定以协商一致的方式作出[①]，符合1994年《关于执行1982年12月10日<联合国海洋法公约>第十一部分的协定》（下称“1994年《协定》”）关于理事会决策的要求[②]，合法有效。

理事会上述决定中提出的三个问题分别涉及担保国承担何种法律责任和义务、所承担赔偿责任的程度以及如何履行《公约》规定的义务，均属于法律事项。

管理局是《公约》缔约国组织和控制“区域”内活动的组织[③]。理事会是管理局的执行机关[④]，在组织和控制“区域”内活动方面承担重要职责[⑤]。理事会决定中提出的三个问题均与缔约国担保“区域”内活动有关，属于理事会活动范围内发生的问题。

鉴于上述，中国认为，海底争端分庭有权对管理局理事会提出的问题发表咨询意见。

总　论

《公约》及1994年《协定》确立了“区域”制度，是关于“区域”内活动担保国责任问题的主要法律渊源。

根据《公约》，“区域”及其资源是人类的共同继承财产[⑥]；“区域”内活动应为全人类的利益而进行，并特别考虑发展中国家的利益和需要[⑦]。管理局代表全人类行使对“区域”内资源的一切权利[⑧]，“区域”内活动应由管理局代表全人类按照《公约》及其他有关规定，予以安排、进行和控制[⑨]；在缔约国的担保下，国营企业、自然人和法人可通过与管理局的协作，从事“区域”内活动[⑩]。

就“区域”内活动而言，维护全人类的利益主要体现为两方面：一是鼓励按照《公约》及其他有关规定从事“区域”内活动，通过勘探和开发“区域”内资源增进

---

① 《公约》第161条第8款（e）项规定，“……‘协商一致’是指没有任何正式的反对意见”。

② 1994年《协定》附件第3节第2段规定，“作为一般规则，管理局各机关的决策应当采取协商一致方式”。

③ 参见《公约》第157条第1款。

④ 参见《公约》第162条第1款。

⑤ 《公约》第162条对理事会的权力和职务作出一般规定。根据该条，除其他外，理事会“有权制订管理局对于其权限范围以内的任何问题或事项所应遵循的具体政策”（第1款），并“就管理局职权范围内所有问题和事项监督和协调《公约》第11部分规定的实施”［第2款（a）项］。

⑥ 参见《公约》第136条。

⑦ 参见《公约》第140条第1款。

⑧ 参见《公约》第137条第2款。

⑨ 参见《公约》第153条第1款。

⑩ 参见《公约》第153条第2款（b）项、《“区域”内多金属结核探矿和勘探规章》第11条第1款和《“区域”内多金属硫化物探矿和勘探规章》第11条第1款。

全人类的福利，各国可从中分享利益；二是“区域”内活动应有序开展，须防止、减少和控制“区域”内活动可能造成的损害。

当前，“区域”内活动总体上处于初级阶段。“区域”资源的商业开采前景仍不明朗，“区域”内活动尚未大规模开展，发展中国家对“区域”内活动的有效参与较为有限。现有“区域”内活动中，尚未出现因承包者①不法行为造成损害的情形，也未出现担保国因未履行《公约》规定的义务而承担赔偿责任的情形。

鉴于上述，处理“区域”内活动的担保国责任和义务问题，应当严格遵守和适用《公约》及 1994 年《协定》，考虑“区域”内活动现状，体现维护全人类利益的要求，并顾及发展中国家有效参与“区域”内活动的利益和需要。

关于问题一的评论

问题一：“《公约》缔约国在依照《公约》特别是依照第 11 部分以及 1994 年《关于执行 1982 年 12 月 10 日 <联合国海洋法公约>第 11 部分协定》担保“区域”内的活动方面有哪些法律责任和义务?”

《公约》第 139 条、第 153 条第 4 款和附件三第 4 条第 4 款就缔约国在担保“区域”内活动方面所承担的法律责任和义务作出规定。在为所担保的国营企业或其他实体②出具的担保书中，担保国应声明按上述《公约》条款承担责任③。

根据上述《公约》条款，担保国有责任确保其担保的实体在从事“区域”内活动时遵守《公约》和其他有关规则，这是担保国依据《公约》所承担的国际义务；如果担保国未履行该“确保遵守”责任，将对由此造成的损害负有赔偿责任，这是担保国因违背其国际义务所承担的法律后果。

一、“确保遵守”责任

《公约》有三项条款提及担保国的“确保遵守”责任。

---

① 承包者是指根据《公约》第 153 条第 2 款有权从事“区域”内活动，且其工作计划已获管理局核准的任何实体。在缔约国担保“区域”内活动的情形下，承包者包括国营企业、具有缔约国国籍或在这些国家或其国民有效控制下的自然人或法人。

② 《“区域”内多金属结核探矿和勘探规章》第 11 条第 1 款和《“区域”内多金属硫化物探矿和勘探规章》第 11 条第 1 款均规定，国营企业或规章第 9 条（b）项所述实体的申请书应附国家开具的担保书。前述规章第 9 条（b）项规定的实体包括具有缔约国国籍或在这些国家或其国民有效控制下并由国家担保的自然人和法人。

③ 《“区域”内多金属结核探矿和勘探规章》第 11 条第 3 款和《“区域”内多金属硫化物探矿和勘探规章》第 11 条第 3 款均规定，“每一份担保书应以提交该担保书的国家名义正式签署，并应载有：……（f）担保国按照《公约》第 139 条、第 153 条第 4 款和附件三第 4 条第 4 款承担责任的声明”。

《公约》第139条第1款规定，缔约国有责任确保“区域”内活动一律依据《公约》第11部分进行。[①]《公约》第153条第4款规定，缔约国应协助管理局确保《公约》有关规定、管理局的规则、规章和程序以及管理局核准的工作计划得到遵守[②]。

《公约》附件三第4条第4款专门针对担保国，要求担保国“负责在其法律制度范围内，确保所担保的承包者应依据合同条款及其在本公约下的义务进行‘区域’内活动”[③]。

综合上述条款，“确保遵守”责任可被理解为：担保国应在其法律制度范围内，确保其所担保的承包者在从事“区域”内活动时遵守有关规则。这些规则既包括承包者与管理局订立的合同，也包括管理局制定的规则、规章和程序以及《公约》的相关规定。

《公约》对“确保”一词的含义未作出明确规定。对于担保国的“确保遵守”责任，中方认为：

第一、“确保遵守”责任的目的是防止承包者从事的“区域”内活动违反合同和《公约》及其他有关规则。为此，担保国应在其法律制度范围内对承包者的活动实施监管。

第二、担保国应善意履行其“确保遵守”责任。善意履行公约义务是国际法上一项基本规则[④]。《公约》第300条和第157条第4款也明确规定，缔约国应善意履行根据本公约承担的义务[⑤]。

第三、“确保遵守”责任并非要求担保国绝对保证承包者不违反合同和《公约》等规则。担保国有责任对承包者进行监管，但并不替代承包者直接从事“区域”内活动。因此，即使担保国采取极为严格的监管措施，也无法完全排除承包者违反有关规则的可能性。换言之，承包者违反有关规则的行为并不必然意味着担保国未履行“确保遵守”的责任。

第四、只要担保国按《公约》规定采取了必要和适当的措施，则可被认为履行了

---

① 《公约》第139条第1款规定：“缔约国应有责任确保‘’‘区域’内活动，不论是由缔约国、国营企业、或具有缔约国国籍或由这类国家或其国民有效控制的自然人或法人所从事者，一律依照本部分进行。”

② 《公约》第153条第4款规定，“管理局为确保本部分和与其有关的附件的有关规定，和管理局的规则、规章和程序以及按照第3款核准的工作计划得到遵守的目的，应对“区域”内活动行使必要的控制。缔约国应按照第139条采取一切必要措施，协助管理局确保这些规定得到遵守”。

③ 《公约》附件三第4条第4款规定，“担保国应按照第139条，负责在其法律制度范围内，确保所担保的承包者应依据合同条款及其在本公约下的义务进行“区域”内活动……”。

④ 许多重要的国际文书均确认缔约国应善意履行条约义务，如《维也纳条约法公约》第26条规定，“凡有效之条约对其各当事国有拘束力，必须由各该国善意履行”。

⑤ 《公约》第300条规定，“缔约国应善意履行根据本公约承担的义务并应以不致构成滥用权利的方式，行使本公约所承认的权利、管辖权和自由”。《公约》第157条第4款也规定，“管理局所有成员应善意履行按照本部分承担的义务，以确保其全体作为成员享有的权利和利益”。

“确保遵守”的责任。《公约》第139条第2款规定，如缔约国为实现确保遵守的目的已采取必要和适当措施，包括履行了监管责任，则可被认为履行了“确保遵守”的责任。《公约》第139条第2款规定，如缔约国为实现确保遵守的目的已采取必要和适当措施，则对其所担保的承包者未遵守《公约》所造成的损害，应无应无赔偿责任[①]。据此，是否采取上述必要和适当的措施，可被视为担保国是否履行其“确保遵守”责任的判断标准。

二、损害赔偿责任

《公约》第139条第2款提及担保国的损害赔偿责任。该款规定，“在不妨害国际法规则和附件三第22条的情形下，缔约国……应对由于其没有履行本部分规定的义务而造成的损害负有赔偿责任……”。该条款的适用范围无特殊限制，应适用于缔约国“作为担保国”时的情形。

根据该款，担保国承担赔偿责任必须同时满足以下条件：第一、担保国未履行《公约》规定的义务；第二、有损害事实发生；第三、担保国未履行上述《公约》义务与损害事实之间存在关联性。

对于担保国承担的损害赔偿责任，中方有如下看法：

第一、该赔偿责任产生于担保国对其“确保遵守”义务的违反。尽管担保国对承包者的“区域”内活动提供担保，但担保国并非为该承包者的不法行为承担赔偿责任，而是对其自身违反《公约》义务的行为承担赔偿责任。在缔约国担保“区域”内活动的情形下，担保国根据《公约》承担的义务即为前述“确保遵守”义务。

第二、该赔偿责任所涉损害由承包者的行为直接造成。在缔约国担保“区域”内活动的情形下，与担保国赔偿责任有关的损害发生在“区域”活动中。承包者是“区域”内活动的实施者，其行为直接导致损害的发生。担保国不履行《公约》规定的“确保遵守”义务，对承包者的行为有所影响，但因担保国仅仅是担保而非从事“区域”内活动，其不履行《公约》义务的行为不会直接产生损害，仅通过对承包者行为的影响，对损害的发生间接产生作用。

第三、担保国承担赔偿责任不妨害承包者和其他主体应承担的赔偿责任。如前所述，在不妨害《公约》附件三第22条的情形下，担保国按照有关规定承担赔偿责任[②]。

---

① 《公约》第139条第2款规定：“如缔约国已依据153条第4款和附件三第4条第4款采取一切必要和适当措施，以确保其根据第153条第2款（b）项担保的人切实遵守规定，则该缔约国对于因这种人没有遵守本部分规定而造成的损害，应无赔偿责任”。

② 同时参见《公约》第139条第2款的规定，“在不妨害国际法规则和附件三第22条的情形下，缔约国……应对由于其没有履行本部分规定的义务而造成的损害负有赔偿责任……”。

根据《公约》附件三第22条，承包者和管理局均应对其各自的不法行为所致损害承担赔偿责任，但应彼此顾及对方有辅助作用的行为或不行为[①]。对于承包者的不法行为所致损害，承包者应承担赔偿责任；如管理局的不法行为对造成上述损害具有辅助作用，亦应承担相应的赔偿责任。在此情形下，确定担保国的赔偿责任，应考虑承包者和管理局应承担的赔偿责任。

关于问题二的评论

问题二："如果某个缔约国依照《公约》第153条第2款（b）项担保的实体没有遵守《公约》特别是第11部分以及1994年《协定》的规定，该缔约国应担负何种程度的赔偿责任?"

在缔约国所担保的实体没有遵守《公约》及其他有关规定的情形下，担保国并不必然承担赔偿责任。如果承包者未遵守《公约》的行为没有造成损害，则不存在赔偿的问题；即使承包者未遵守《公约》的行为造成损害，如担保国为履行其"确保遵守"义务已按《公约》规定采取必要和适当的措施，则对有关损害应无赔偿责任[②]。

如担保国未履行《公约》规定的"确保遵守"义务，应对由此造成的损害承担赔偿责任。在此情形下，结合前述有关担保国赔偿责任的分析，对于担保国所承担赔偿责任的程度，中方有如下看法：

第一、担保国所承担的赔偿责任应与其未履行《公约》义务的程度以及担保国未履行《公约》义务与损害事实之间的关联程度成比例。担保国完全不履行《公约》义务时所承担的赔偿责任应大于其部分不履行《公约》义务时的赔偿责任；担保国未履行《公约》义务与损害事实之间的关联程度越高，其应承担的赔偿责任越大。

第二、《公约》、管理局的规则和规章以及承包者同管理局签订的合同均未规定，担保国与承包者应承担连带或剩余赔偿责任。在确定担保国赔偿责任时，如要求担保国对承包者不法行为所致损害承担连带或剩余责任，缺乏法律依据。

第三、与直接从事"区域"内活动的承包者相比，担保国所承担的赔偿责任处于次要地位。

---

① 《公约》附件三第22条规定，"承包者进行其业务时由于其不法行为造成的损害，其责任应由承包者负担，但应顾及有辅助作用的管理局的行为或不行为。同样地，管理局行使权力和职务时由于其不法行为，其中包括第168条第2款所指违职行为造成的损害，其责任应由管理局负担，但应顾及有辅助作用的承包者的行为或不行为……"。

② 《公约》第139条第2款规定："如缔约国已依据153条第4款和附件三第4条第4款采取一切必要和适当措施，以确保其根据第153条第2款（b）项担保的人切实遵守规定，则该缔约国对于因这种人没有遵守本部分规定而造成的损害，应无赔偿责任"。

第四、在管理局的不法行为对承包者不法行为所致损害有辅助作用的情形下，对于依据《公约》应由管理局承担的赔偿责任，担保国不予承担。

关于问题三的评论

问题三："担保国必须采取何种必要和适当措施来履行《公约》特别是第139条和附件三以及1994年《协定》为其规定的责任?"

如前所述，《公约》为担保国规定了"确保遵守"的责任。但是，对于担保国"必须"采取何种必要和适当的措施来履行该项责任，《公约》并未作出具体规定。

《公约》第139条第2款提及"必要和适当的措施"，但此种措施是针对担保国不承担赔偿责任的情形而言的。[①]鉴于担保国承担赔偿责任的前提条件之一是其未履行《公约》义务，而采取上述"必要和适当措施"将产生不承担赔偿责任的效果，则担保国采取此种"必要和适当措施"可被认为已履行了《公约》规定的义务。因此，《公约》第139条第2款中所称的"必要和适当措施"对确定担保国为履行《公约》义务所"必须"采取的必要和适当措施具有重要参考价值。

《公约》第139条第2款并未对何为"必要和适当措施"作出具体规定，但这些措施的含义在《公约》附件三第4条第4款中有所体现。该款也对担保国不承担赔偿责任的情形作出规定，即"担保国已制定法律和规章并采取行政措施，而这些法律和规章及行政措施在其法律制度范围内可以合理地认为足以使在其管辖下的人遵守"。[②]鉴于此规定与《公约》第139条第2款所称"必要和适当措施"产生同样的效果，可作为对后者的一种阐述。

结合上述分析，对于担保国为履行《公约》义务所必须采取的必要和适当措施，中方有如下看法：

第一、担保国为履行《公约》义务应制定有关法律和规章并采取监管等行政措施。

第二、担保国采取的上述立法和行政措施应确保承包者依据合同、管理局的规则、规章和程序以及《公约》所承担的义务在担保国内可得到承认和执行。

第三、担保国必须采取的必要和适当措施应由担保国在其法律制度框架下自行确

---

① 《公约》第139条第2款规定："如缔约国已依据153条第4款和附件三第4条第4款采取一切必要和适当措施，以确保其根据第153条第2款（b）项担保的人切实遵守规定，则该缔约国对于因这种人没有遵守本部分规定而造成的损害，应无赔偿责任"。

② 附件三第4条第4款规定："如该担保国已制定法律和规章并采取行政措施，而这些法律和规章及行政措施在其法律制度范围内可以合理地认为足以使在其管辖下的人遵守时，则该国对其所担保的承包者因不履行义务而造成的损害，应无赔偿责任。"

定。判断有关措施能否满足担保国履行“确保遵守”义务的要求，应考虑该国法律制度的具体情况。

第四、担保国所采取的措施的效力不应低于业已存在的规范相关“区域”内活动的国际规则、规章和程序。①

结 论

在担保“区域”内活动方面，担保国有“确保遵守”的责任，即应在其法律制度范围内，确保所担保的承包者在“区域”内活动中遵守合同、管理局规则、规章和程序以及《公约》的有关规定。

为履行其“确保遵守”责任，担保国应采取必要和适当的措施，包括制订有关法律和规章以及采取监管等行政措施。上述措施应由担保国在其法律制度框架下自行确定。判断担保国有关措施能否满足其履行《公约》义务的要求，应考虑该国法律制度的具体情况。

对于承包者在从事“区域”内活动时因其不法行为所致损害，如担保国为履行“确保遵守”责任已采取《公约》规定的必要和适当措施，则应无赔偿责任。

如缔约国未履行其“确保遵守”的责任，对由此产生的损害应承担相应的赔偿责任。

对于担保国所承担的赔偿责任，应根据担保国未履行《公约》义务的程度以及担保国未履行《公约》义务与损害事实之间的关联程度等因素加以确定。

同直接造成损害的承包者相比，担保国的赔偿责任应处于次要地位。

总之，担保国依据《公约》及 1994 年《协定》所承担的责任和义务应合理、适度，既能对承包者实施监管，又避免给担保国造成过重负担。

中华人民共和国外交部条约法律司司长
段洁龙（签字）
二〇一〇年八月十八日

---

① 例如，根据《公约》第 209 条规定，各国应制定法律和规章，以防止、减少和控制由悬挂其旗帜或在其国内登记或在其权力下经营的船只、设施、结构和其他装置所进行的“区域”活动造成对海洋环境的污染。这种法律和规章的要求的效力应不低于按照《公约》第 11 部分制订的，旨在防止、减少和控制‘区域’内活动对海洋环境的污染的国际规则、规章和程序。

附件十四

中国海军赴索马里海域护航情况

批次	力量	启航日期	开始执行任务日期	结束任务日期	护航情况
第1批	南海舰队“武汉”号、“海口”号导弹驱逐舰和“微山湖”号综合补给舰组成，并搭载两架舰载直升机和部分海军特战队员，整个编队800余人	2008－12－26	2009－1－6	2009－4－16	共为212艘船舶护航，其中伴随护航41批166艘、区域护航46艘。此外，首批护航编队还解救了3艘遇袭船舶，接护1艘渔船（天裕8号）
第2批	南海舰队“深圳”号导弹驱逐舰、“黄山”号导弹护卫舰和首批护航编队留下来的“微山湖”号综合补给舰，以及两架舰载直升机和部分特战人员组成，整个编队共800余人	2009－4－2	2009－4－16	2009－8－1	完成了45批393艘船舶的护航任务，解救遭海盗袭击的外国商船4艘，接护获释外国商船1艘
第3批	东海舰队“舟山”号和“徐州”号两艘导弹护卫舰及“千岛湖”号综合补给舰，以及2架舰载直升机和数十名特战队员组成，整个编队800余人	2009－7－16	2009－8－1	2009－11－27	完成了52批568艘中外商船的护航任务，首次成功组织了中俄舰艇编队联合护航、联合军演等
第4批	东海舰队“马鞍山”号、“温州”号两艘国产新型导弹护卫舰和第三批护航编队中的“千岛湖”号综合补给舰，以及两架舰载直升机、数十名特战队员组成，整个编队共700多人	2009－10－30	2009－11－27	2010－03－18	完成了46批次600多艘中外船舶的护航任务，累计航程近4万海里，改写了多项中国海军亚丁湾、索马里海域执行护航任务的记录①

① Http：//news. xinhuanet. com/mil/2010－03/21/content_13217010. htm

续表

批次	力量	启航日期	开始执行任务日期	结束任务日期	护航情况
第5批	南海舰队“广州”号导弹驱逐舰、“微山湖”号综合补给舰、2架舰载直升机和数十名特战队员、以及先期到达亚丁湾、索马里海域执行护航任务的“巢湖”号导弹护卫舰组成，整个编队共800余人	2010－03－04	2010－03－18	2010－07－16	安全护送商船41批588艘，编队3艘舰艇累计安全航行68254海里，护送中外船舶总吨位超过3096万吨，创造了中国海军单批护实船舶总数量最多等式项纪录①
第6批	南海舰队“昆仑山”号舰坞登陆舰、“兰州”号导弹驱逐舰和正在执行第五批护航任务的“微山湖”号综合补给舰，以及4架舰载直升机和部分特战队员组成，整个编队1000余人。	2010－06－30	2010－07－16	2010－11－24	航程81500海里，共为49批615艘次船舶实施安全护航，总吨位3988万吨，驱离可疑船只190艘次，实施解救行动3次。②
第7批	东海舰队由“舟山”号、“徐州”号两艘导弹护卫舰和“千岛湖”号综合补给舰，以及2架舰载直升机组成。整个编队780余人，包括数十名特战队员和担负医疗救护、心理咨询、通信值班等任务的25名女舰员。	2010－11－02	2010－11－24		
自2008年12月26日以来，海军7批护航编队6000余名官兵，圆满完成278批3100艘中外船舶护航任务，持续保持了护航船舶百分之百安全的纪录③					

根据公开资料整理，资料截止至2010年12月26日。

① http：//military. people. com. cn/gb/172467/12194617. html

② http：//mil. news. sina. com. cn/2010－11－24/0652620492. html

③ 2010年12月26日海军司令员吴胜利在慰问第六、第七批护航编队官兵时的讲话，http：//mil. news. sina. com. cn/2010－12－26/1805625440. html

附件十五

提交200海里以外大陆架划界案和初步信息情况

（一）提交划界案情况

序号	国家	递交日期	审议情况	提出照会的国家
1	俄罗斯	2001－12－20	2002－06－27作出建议	加拿大、丹麦、日本、挪威、美国
2	巴西	2004－05－17	2007－04－04作出建议	美国
3	澳大利亚	2004－11－15	2008－04－09作出建议	美国、俄罗斯、日本、东帝汶、法国、荷兰、德国、印度
4	爱尔兰（关于波丘派恩深海平原地区）	2005－05－25	2007－04－05作出建议	丹麦、冰岛
5	新西兰	2006－04－19	2008－08－22作出建议	斐济、日本、法国、荷兰、汤加
6	法国、英国、爱尔兰和西班牙（关于凯尔特海和比斯开湾地区）	2006－05－19	2009－03－24作出建议	—
7	挪威（关于东北大西洋和北冰洋）	2006－11－27	2009－03－27作出建议	丹麦、冰岛、俄罗斯、西班牙
8	法国（关于法属圭亚那和新喀里多尼亚）	2007－05－22	2009－09－02作出建议	瓦努阿图、新西兰、苏里南
9	墨西哥（关于墨西哥湾西部多边形区域）	2007－12－13	2009－03－31作出建议	—

续表

序号	国家	递交日期	审议情况	提出照会的国家
10	巴巴多斯	2008－05－08	2010－04－15 作出建议	苏里南、特立尼达和多巴哥、委内瑞拉
11	英国（关于亚松森岛）	2008－05－09	2010－04－15 作出建议	荷兰、日本
12	印度尼西亚（关于苏门答腊岛西北）	2008－06－16	在审	印度
13	日本	2008－11－12	在审	美国、中国、韩国、帕劳
14	毛里求斯和塞舌尔（关于马斯卡林海台）	2008－12－01	在审	—
15	苏里南	2008－12－05	在审	法国、特立尼达和多巴哥、巴巴多斯
16	缅甸	2008－12－16	等待中	斯里兰卡、印度、肯尼亚、孟加拉
17	法国（关于法属安的列斯和凯尔盖朗群岛）	2009－02－05	等待中	荷兰、日本
18	也门（关于索科垂岛东南）	2009－03－20	等待中	索马里
19	英国（关于哈顿·罗卡尔区域）	2009－03－31	等待中	冰岛、丹麦
20	爱尔兰（关于哈顿·罗卡尔区域）	2009－03－31	等待中	冰岛、丹麦
21	乌拉圭	2009－04－07	等待中	—
22	菲律宾（关于宾汉隆起区域）	2009－04－08	等待中	—
23	库克群岛（关于马尼希基海台）	2009－04－16	等待中	新西兰
24	斐济	2009－04－20	等待中	新西兰、瓦努阿图
25	阿根廷	2009－04－21	等待中	英国、美国、俄罗斯、印度、荷兰、日本
26	加纳	2009－04－28	等待中	尼日利亚
27	冰岛（关于埃吉尔海盆地地区和雷克珍海脊西部和南部）	2009－04－29	等待中	丹麦、挪威

续表

序号	国家	递交日期	审议情况	提出照会的国家
28	丹麦（关于法罗群岛）	2009-04-29	等待中	冰岛、挪威
29	巴基斯坦	2009-04-30	等待中	阿曼
30	挪威（关于布韦岛和德龙宁毛德地）	2009-05-04	等待中	美国、俄罗斯、印度、荷兰、日本
31	南非（关于其领土大陆）	2009-05-05	等待中	—
32	密克罗尼西亚、巴布亚新几内亚和所罗门岛（关于翁通瓜哇海台）	2009-05-05	等待中	—
33	马来西亚和越南（关于南海南部）	2009-05-06	等待中	中国、菲律宾、印度尼西亚
34	法国和南非（关于克罗泽群岛和爱德华王子群岛）	2009-05-06	等待中	—
35	肯尼亚	2009-05-06	等待中	斯里兰卡、索马里
36	毛里求斯（关于罗德里格斯岛）	2009-05-06	等待中	—
37	越南（关于北部区域（VNM-N））	2009-05-07	等待中	中国、菲律宾
38	尼日利亚	2009-05-07	等待中	加纳
39	塞舌尔（关于北部海台区）	2009-05-07	等待中	—
40	法国（关于留尼汪岛和圣保罗和阿姆斯特丹群岛）	2009-05-08	等待中	—
41	帕劳	2009-05-08	等待中	菲律宾
42	科特迪瓦	2009-05-08	等待中	加纳
43	斯里兰卡	2009-05-08	等待中	马尔代夫、印度
44	葡萄牙	2009-05-11	等待中	摩洛哥、西班牙
45	英国（关于福克兰群岛、南乔治亚群岛和南桑威奇群岛）	2009-05-11	等待中	阿根廷
46	汤加	2009-05-11	等待中	新西兰
47	西班牙（关于加利西亚地区）	2009-05-11	等待中	摩洛哥、葡萄牙

续表

序号	国家	递交日期	审议情况	提出照会的国家
48	印度	2009－05－11	等待中	缅甸、孟加拉、阿曼
49	特立尼达和多巴哥	2009－05－12	等待中	苏里南
50	纳米比亚	2009－05－12	等待中	—
51	古巴	2009－06－01	等待中	美国、墨西哥
52	莫桑比克	2010－07－07	等待中	—
53	马尔代夫	2010－07－26	等待中	英国
54	丹麦－法罗，洛卡尔高原地区	2010－12－02	等待中	

资料来源：根据大陆架界限委员会网站（http：//www. un. org/Deps/los/clcs new/clcs home. htm）资料编制整理。截止2010年12月2日

（二）提交初步信息情况

序号	国家	递交日期	对初步信息提出照会国
1	贝宁、多哥	2009－04－02	—
2	索马里	2009－04－14	—
3	阿曼	2009－04－15	—
4	斐济	2009－04－21	—
5	斐济、所罗门	2009－04－21	—
6	斐济、所罗门、瓦努阿图	2009－04－21	—
7	赞比亚	2009－05－04	—
8	密克罗尼西亚	2009－05－05	—
9	巴布亚新几内亚	2009－05－05	—
10	所罗门群岛	2009－05－05	—
11	毛里求斯	2009－05－06	—
12	墨西哥	2009－05－06	—
13	佛得角	2009－05－07	—
14	坦桑尼亚	2009－05－07	—
15	智利	2009－05－08	秘鲁
16	法国（法属波利尼西亚和法属瓦利斯和富图纳群岛）	2009－05－08	—

续表

序号	国家	递交日期	对初步信息提出照会国
17	法国（圣皮埃尔和密克隆群岛）	2009-05-08	加拿大
18	几内亚比绍	2009-05-08	—
19	塞舌尔	2009-05-08	—
20	多哥	2009-05-08	—
21	喀麦隆	2009-05-11	赤道几内亚
22	中国	2009-05-11	日本
23	哥斯达黎加	2009-05-11	尼加拉瓜
24	刚果民主共和国	2009-05-11	安哥拉
25	几内亚	2009-05-11	—
26	毛里塔尼亚	2009-05-11	摩洛哥
27	莫桑比克	2009-05-11	—
28	新西兰（托克劳）	2009-05-11	—
29	韩国	2009-05-11	日本
30	西班牙（西加那利群岛）	2009-05-11	摩洛哥
31	安哥拉	2009-05-12	民主刚果共和国
32	巴哈马	2009-05-12	—
33	贝宁	2009-05-12	—
34	文莱	2009-05-12	—
35	刚果	2009-05-12	—
36	古巴	2009-05-12	—
37	加蓬	2009-05-12	—
38	圭亚那	2009-05-12	—
39	塞内加尔	2009-05-12	—
40	塞拉利昂	2009-05-12	—
41	圣多美和普林西比	2009-05-13	—
42	赤道几内亚	2009-05-14	—
43	科摩罗	2009-06-02	—
44	瓦努阿图	2009-08-10	—
45	尼加拉瓜	2010-04-07	—

资料来源：根据大陆架界限委员会网站（http://www.un.org/Deps/los/clcs new/clcs home.htm）资料编制整理。

附件十六

主要涉海国际条约和协定

领域	条约名称	生效日期	中国参加情况
	1982 年联合国海洋法公约	1994－11－16	1982 年 12 月 10 日签署 1996 年 6 月 7 日 交存批准书 1996 年 7 月 7 日 对我生效
国际海事组织	1974 年国际海上人命安全公约	1980－05－25	1975 年 6 月 20 日签署 1980 年 1 月 7 日交存核准书
	1966 年国际载重线公约	1968－07－21	1973 年 10 月 5 日交存加入书对公约附则二第 49 和第 50 条持有保留
	1971 年特种业务客船协定	1974－01－02	—
	1973 年特种业务客船舱室要求议定书	1977－06－02	—
	1972 年国际海上避碰公约	1977－07－15	1980 年 1 月 7 日交存加入书 同日对中国生效
	1972 年国际集装箱安全公约	1977－09－06	1980 年 9 月 23 日交存加入书 1981 年 9 月 23 日对中国生效
	1976 年国际海事卫星组织公约	1979－07－16	1979 年 7 月 13 日签署 1979 年 7 月 16 日对中国生效
	1977 年托列莫利诺斯国际渔船安全公约	—	—
	1978 年国际海员培训、发证和值班标准公约	1984－04－28	1979 年 6 月 3 日签署 1984 年 4 月 28 日对中国生效
	1995 年渔船人员培训，发证和值班标准国际公约	—	—
	1979 年国际海上搜寻救助公约	1985－06－22	1980 年 9 月 11 日签署 1985 年 6 月 24 日交存核准书
	经 1978 年议定书修正的 1973 年国际防止船舶造成污染公约	1983－10－02	1983 年 7 月 1 日交存加入书 1983 年 10 月 2 日对中国生效
	1969 年国际干预公海油污事故公约	1975－05－06	1990 年 2 月 23 日交存加入书 1990 年 5 月 24 日对中国生效

续表

领域	条约名称	生效日期	中国参加情况
国际海事组织	1972 年防止倾倒废物及其他物质污染海洋的公约	1975-08-30	1985 年 11 月 14 日交存加入书
	1990 年国际油污防备、反应和合作公约	1995-05-13	1998 年 3 月 30 日交存加入书 1998 年 6 月 30 日对中国生效
	2000 年有毒有害物质污染防备、响应和合作协议	2007-06-14	—
	2001 年国际控制船舶有害船底防污系统公约	2008-09-17	—
	2004 年控制管理船舶压载水和沉积物国际公约	—	—
	1969 年国际油污损害民事责任公约	1975-06-19	1980 年 1 月 30 日交存接受书 1980 年 4 月 30 日对中国生效
	1971 年设立国际油污损害赔偿基金国际公约	1978-10-16	—
	1971 年有关海上载运核材料民事责任协定	1975-07-15	—
	1974 年海上旅客及其行李运输雅典公约	1987-04-28	—
	1976 年海事索赔责任限制公约	1986-12-01	—
	1996 年国际载运有毒有害物质损害的责任和赔偿公约	—	—
	2001 年国际燃油污染损害民事责任公约	2008-11-21	2008 年 12 月 9 日递交加入书 2009 年 3 月 9 日对中国生效
	1965 年便利国际海上运输公约	1967-03-05	1995 年 1 月 16 日交存加入书 1995 年 3 月 16 日对中国生效
	1969 年国际船舶吨位丈量公约	1982-07-18	1980 年 4 月 8 日交存加入书 1982 年 7 月 18 日对中国生效
	1988 年制止危及海上航行安全非法行为公约	1992-03-01	1988 年 10 月 25 日签署 1991 年 8 月 20 日提交批准通知书 1992 年 3 月 1 日开始对中国生效 不受公约第 16 条第 1 款规定约束
	1989 年国际救助公约	1996-07-14	1994 年 3 月 30 日 交存加入书 1996 年 7 月 14 日 对中国生效
海洋渔业	1993 年促进公海渔船遵守国际养护和管理措施的协定》	2003-04-24	—

续表

领域	条约名称	生效日期	中国参加情况
海洋渔业	1995年执行1982年12月10日联合国海洋法公约有关养护和管理跨界鱼类种群和高度洄游鱼类种群的规定的协定	2001－12－11	1996年11月6日签署了该协定
	1946年国际管制捕鲸公约	1948－11－10	1980年9月24日通知加入 同日对我生效
	1994年中白令海峡狭鳕资源养护和管理公约	1995－12－08	1994年6月16日签署
	1966年养护大西洋金枪鱼国际公约	1969－03－21	1996年10月2日交存批准书 同日对我生效
	2000年中西部太平洋高度洄游鱼类养护与管理公约	2004－06－19	2004年7月9日国务院决定加入 暂不适用于香港特区 2004年11月2日交存加入书 2004年12月2日对中国生效
文物	2001年保护水下文化遗产公约	2009－01－02	—
海洋生物多样性	1992年生物多样性公约	1993－12－29	1992年6月11日签署 1993年1月5日交存批准书
	2000年卡塔赫纳生物安全议定书	2003－09－11	2000年8月8日签署 2005年9月6日对我生效
	1979年养护野生动物移栖物种公约	1983－12－01	—
	1973年濒危野生动植物种国际贸易公约	1975－07－01	1981年1月8日交存加入书 1981年4月8日对中国生效
	1971年关于特别是作为水禽栖息地的国际重要湿地公约	1975－12－21	1992年3月31日 交存加入书 1992年7月31日对我生效
	1959年南极条约	1961－06－23	1983年6月8日交存加入书 同日对中国生效
	1980年南极海洋生物资源养护公约	1982－04－07	2006年9月8日国务院决定加入 9月19日交存加入书 10月19日对中国生效
气候变化	1992年联合国气候变化框架公约	1994－03－21	1992年6月11日签署 1993年1月5日 交存批准书
	1997年京都议定书	2005－02－16	1992年6月11日签署 1993年1月5日交存批准书

附件十七

中国历次南极科学考察成果

次	日期	任务及成果
第1次	1984-11-20—1985-04-10	建立南极“长城”站
第2次	1986-03-30—1987-01-02	对“长城”站上设施进行了维护和装修，并开展了陆上科学考察活动；建成了“长城”站通讯房并安装了卫星通讯设备
第3次	1986-10-31—1987-05-17	完成了“长城”站的扩建、陆上科学考察、开展了中国首次环球航行，海上科学考察
第4次	1987-11-08—1988-03-19	对“长城”站上设施进行了维护和装修。冰川学、地貌学和生物学是这次考察的重点学科
第5次	1988-11-20—1989-04-10	首次东南极考察，建成中国第二个南极考察基地——中国南极“中山”站，实现了中国人在东南极建站的夙愿
第6次	1989-10-30—1990-01	首次实施了“一船两站”的方案，开辟了连结“长城”站和“中山”站的新航线，完成了“中山”站二期工程和“长城”站改造工程，同时开展了陆上和海上科学考察活动
第7次	1990-10-25—1991-04	以科学考察和环境调查为主，进行“两船两站”的科学考察，首次开展了南极南大洋地质地球物理综合考察
第8次	1991-11—1992-04	“长城”站完成柯林斯冰盖的钻取冰芯和考察任务；对菲尔德斯海峡断层运动形变进行监测。“中山”站进行了气象、地磁、高空物理、电离层等常规观测，开展了地质地貌、测绘、地理环境、固体潮及淡水生物生态的研究。南大洋科学考察以磷虾资源调查为中心
第9次	1992	“长城”站的科学考察包括岩石圈采样项目、土壤微生物采样项目、海上采样项目等。“中山”站的科学考察包括固体地球物理、空间物理、极隙区动力学、气象等6个课题的常规观测分析研究。开展东南极克拉通资源潜力分析和地壳演化两个课题的现场考察。重点踏勘了拉斯曼丘陵的12个岛屿或半岛。总计采集岩矿标本400余块进行了中、俄、澳 三国大地原点的GPS联测。对站区水准原点、基准点和大地原点进行了水准测量。建设安装了臭氧总量探测系统，并开展正常观测工作。成功地安装了高分辨率极轨气象卫星资料接收和处理系统，开展正常工作。南大洋考察队以走航观测和测区定点观测两种方式较圆满地完成了“八五”“磷虾项目”观测，并完成了“气候项目”和“晚更新项目”中与大洋有关的课题观测与采样

续表

次	日期	任务及成果
第10次	1993	“长城”站的科学考察包括4项常规观测，4项“南极菲尔德斯半岛及其附近地区生态系统研究”项目的现场考察，3项“南极大陆、陆架盆地岩石团结构、形成、演化和地球动力学以及重要矿产资源潜力的研究”项目的现场考察，2项“南极环境对人体生理、心理健康及劳动能力的影响和医学保障”项目的现场考察。“中山”站科学考察包括6项常规观测
第11次	1994-10-28—1995-03-05	“长城”站的科学考察包括4项常规观测，5项“南极菲尔德斯半岛及其附近地区生态系统研究”项目的现场考察，1项“南极大陆、陆架盆地岩石圈结构、形成、演化和地球动力学以及重要矿产资源潜力的研究”项目的现场考察，1项“晚更新晚期以来南极气候与环境演变及现代环境背景研究”项目，1项“南极环境对人体生理、心理健康及劳动能力的影响和医学保障”项目的现场考察。“中山”站科学考察包括5项常规观测，2项“南极大陆、陆架盆地岩石圈构、形成、演化和地球动力学以及重要矿产资源潜力的研究”项目的现场考察，1项“南极与全球气候环境的相互作用和影响”项目现场考察，4项“南极地区日地系统整体行为研究”项目现场观测（其中包括1项中日合作观测）。南大洋考察包括“南大洋磷虾资源开发与综合利用预研究”项目现场调查和“晚更新晚期以来南极气候与环境演变及现代环境背景研究”项目中的海底沉积物取样工作
第12次	1995-11-20—1996-04	在“长城”站进行常规地面气象观测、电离层常规观测、地震常规观测；在“中山”站进行常规地面气象观测天气预报、臭氧观测、高空大气物理观测、地磁观测
第13次	1996-11-18—1997-04-20	进行中国首次内陆冰盖考察
第14次	1997-11-15—1998-04	国际GPS联测；NOAA气象卫星接收系统改进和更新；国际98GPS会战观测；南极内陆冰盖考察；拉斯曼丘陵地质构造事件关系考察；南大洋科学考察；船载气象卫星云图接收系统航行实验及使用；“长城”站和“中山”站附近海域锚地水深测量；97/98赴西班牙南极考察站地质考察。
第15次	1998-11-05—1999-04	“长城”站地区环境考察和国际GPS联测及气象、高分辨卫星云图接收和地震常规观测等科学考察工作。“中山”站自然环境过程与环境指示研究，“中山”站水体、冰藻类的UVB生态效应现场考察、“中山”站区环境专题研究及气象、极光、臭氧等科学考察项目。成功抵达Dome-A（A冰穹）地区。南大洋考察共完成29个综合站和两个48h生物、化学、海洋水文要素的连续站的调查任务
第16次	1999-11-01—2000-04-05	进行GPS国际联测、地质与生态环境考察以及长城站环境影响评价，进行了气象及高分辨率卫星云图接收等观测项目
第17次	分别于2000年12月初和2001年1月在“长城”站和“中山”站执行度夏和越冬的科学考察任务	在“长城”站进行国际GPS联测、人类活动对南极乔治王岛海岛生态的影响、气象常规观测；在“中山”站进行气象常规和臭氧观测、中日合作高空大气物理观察、国际GPS联测与海平面监测

续表

次	日期	任务及成果
第 18 次	2001－11－15—2002－04	此次南极考察的主要任务包括“长城”站和“中山”站的度夏考察、越冬考察，南大洋考察和南极内陆考察等 6 个方面的专项科研课题，涉及到的具体科研项目有“长城”站 GPS 观测、生态环境观测、湖泊环境研究、气象观测、卫星云图接受；“中山”站臭氧观测、GPS 观测、地磁观测、验潮观测、自动气象站和冰盖研究、拉斯曼热变质事件研究、拉斯曼冰盖变迁、湖泊沉积事件、重力考察、气象观测、卫星云图接受，以及南大洋重点海域综合调查、国际合作研究项目中的“长城”站中德合作海鸟观测、“中山”站中日合作空间物理激光观测等
第 19 次	2002－11－20—2003－03－20	首次对南极三大冰架之一——埃默里冰架进行了深入考察，在国际上率先成功钻取了一支 301.8 米连续完整的冰芯样品，取得钻孔测温资料，顺利完成了对埃默里冰架冰川学综合断面的调查工作，和冰架前缘断面海水温度、盐度、深度和流场观测任务。这一成果具有重大的社会和科学意义，使我国在国际极地科学研究领域中的地位显著上升。利用自行设计的海冰观测仪器，中国考察队员在世界上首次对南极海冰的厚度变化进行了跟踪监测，获得了海冰变化的第一手资料，在海冰生长消融整体过程的研究方面填补了国际空白。在南极格罗夫山地区，收集到 2000 多块陨石，从而使中国陨石的拥有量跃升至世界第三位。对南极 3200 平方千米的格罗夫山进行了 1:10 万全面遥感测图，这是人类在南极格罗夫山首次进行的大范围全面遥感测图，为科学界今后进行多学科考察提供了准确的地理区域信息。大洋考察获得各类采样 700 多个，投放抛弃式测温探头 120 个，是历次南极航线上投放探头最多的一次，为多学科研究提供了大量的观测资料和样品
第 20 次	2004－12－04—2005－01－16	开展了极地环境生态研究；普里兹湾水团和环流特征与冰架相互作用过程研究
第 21 次	2004－10－25—2005－02－18	对南极冰盖的最高点、海拔 4039 米的“DOME－A”（冰穹 A）进行考察
第 22 次	2006－01－18—2006－03－28	共收集陨石 5354 块，其中包括中国科学家发现的第一块月球陨石，并绘出了格罗夫山地区的准确地图
第 23 次	2006－12－03—2007－04	主要任务包括国际 GPS 联测、法尔兹半岛生物群落时空分异现场信息采集、工程地形图绘制等。利用我国自主创新的地理信息系统（简称 GIS）平台软件 SuperMapGIS，在南极长城站绘制 1:1000 数字化大比例尺地形图，并将这些成果建成空间数据库。
第 24 次	2007－11－12—2008－04	登上南极最高点冰穹 A，开展冰川、天文、地质地球物理学考察和第三个南极考察站建设的选址工作
第 25 次	2008－10－20—2009－04－10	成功建立南极内陆考察站——中国南极“昆仑”站；完成“长城”“中山”两站改造；顺利实施国际极地年中国 PANDA 计划（该计划包括普里兹湾海洋综合考察、埃默里冰架综合考察、站基协同观测、格罗夫山综合考察以及中山站－冰穹 A 断面综合考察等五部分）

资料来源：根据中国极地考察网（http://www.chinare.gov.cn/caa/）资料整理。

附件十八

全球沿海国家名录

洲	地区	国别	海区	单面临海	2 面临海	3 面临海	4 面临海
亚洲（36 个国家）	东亚	中国	渤海、黄海、东海、西太平洋、南海				
		朝鲜	黄海、日本海				
		韩国	黄海、日本海				
		日本	东海、日本海、鄂霍次克海、太平洋				
	东南亚	菲律宾	南海、苏拉威西海、菲律宾海、苏禄海				
		越南	南海				
		柬埔寨	泰国湾				
		缅甸	孟加拉海、安达曼海				
		泰国	安达曼海、泰国湾				
		马来西亚	安达曼海、泰国湾、南海、苏拉威西海、苏禄海				
		文莱	南海				
		新加坡	马六甲海峡				
		印度尼西亚	苏拉威西海、爪哇海、班达海、印度洋				
		东帝汶	阿拉弗拉海、帝汶海、班达海				
	南亚	孟加拉国	孟加拉湾				
		印度	阿拉伯海、孟加拉湾、印度洋				
		巴基斯坦	阿拉伯海				
		斯里兰卡	印度洋				
		马尔代夫	印度洋				
	西亚	伊拉克	波斯湾				
		伊朗	波斯湾、里海				
		叙利亚	地中海				
		约旦	红海				

续表

洲	地区	国别	海区	单面临海	2 面临海	3 面临海	4 面临海
亚　洲（36 个国家）	西亚	黎巴嫩	地中海				
		以色列	地中海				
		巴勒斯坦					
		沙特阿拉伯	红海、波斯湾				
		巴林	波斯湾				
		卡塔尔	波斯湾				
		科威特	波斯湾				
		阿拉伯联合酋长国（阿联酋）	波斯湾				
		阿曼	阿拉伯海				
		也门	阿拉伯海、红海				
		格鲁吉亚	黑海				
		土耳其	黑海、地中海				
		塞浦路					
欧　洲（29 个国家/1 个地区）	北欧	芬兰	波罗的海、波的尼亚湾				
		瑞典	波罗的海、波的尼亚湾、北海				
		挪威	挪威海、北海				
		冰岛	大西洋、挪威海				
		丹麦	北海				
		法罗群岛（丹）	挪威海、大西洋				
	东欧	爱沙尼亚	波罗的海				
		拉脱维亚	波罗的海				
		立陶宛	波罗的海				
		俄罗斯	北冰洋、白令海、鄂霍次克海、里海、黑海、亚速海				
		乌克兰	黑海、亚速海				
	中欧	波兰	波罗的海				
		德国	北海				

续表

洲	地区	国别	海区	单面临海	2 面临海	3 面临海	4 面临海
欧洲（29 个国家/1 个地区）	西欧	英国	北海、大西洋				
		爱尔兰	大西洋				
		荷兰	北海				
		比利时	北海				
		法国	大西洋				
		摩纳哥	地中海				
	南欧	罗马尼亚	黑海				
		保加利亚	黑海				
		黑山	亚得里亚海				
		阿尔巴尼亚	亚得里亚海				
		希腊	爱琴海、地中海				
		斯洛文尼亚	亚得里亚海				
		克罗地亚	亚得里亚海				
		意大利	亚得里亚海、第勒尼安海、地中海				
		马耳他	地中海				
		西班牙	地中海、大西洋				
		葡萄牙	大西洋				
非洲（38 个国家/6 个地区）	北非	埃及	地中海、红海				
		利比亚	地中海				
		苏丹	红海				
		突尼斯	地中海				
		阿尔及利亚	大西洋、地中海				
		摩洛哥	大西洋、直布罗陀海峡				
		亚速尔群岛（葡）	大西洋				
		马德拉群岛（葡）	大西洋				
	东非	厄立特里亚	红海				
		索马里	阿拉伯海				
		吉布提	阿拉伯海				

续表

洲	地区	国别	海区	单面临海	2 面临海	3 面临海	4 面临海
非 洲（38 个国家/6 个地区）	东非	肯尼亚	阿拉伯海				
		坦桑尼亚	阿拉伯海				
		塞舌尔	印度洋				
	中非	喀麦隆	几内亚湾				
		赤道几内亚	几内亚湾				
		加蓬	大西洋				
		刚果共和国（即：刚果（布））	大西洋				
		刚果民主共和国（即：刚果（金））	大西洋				
		圣多美及普林西比	大西洋				
	西非	毛里塔尼亚	大西洋				
		西撒哈拉（注：未独立）	大西洋				
		塞内加尔	大西洋				
		冈比亚	大西洋				
		几内亚	大西洋				
		几内亚比绍	大西洋				
		佛得角	大西洋				
		塞拉利昂	大西洋				
		利比里亚	大西洋				
		科特迪瓦	几内亚湾				
		加纳	几内亚湾				
		多哥	几内亚湾				
		贝宁	几内亚湾				
		尼日利亚	几内亚湾				
		加那利群岛（西）	大西洋				

续表

洲	地区	国别	海区	单面临海	2 面临海	3 面临海	4 面临海
非 洲（38 个国家/6 个地区）	南非	安哥拉	大西洋				
		莫桑比克	莫桑比克海峡				
		纳米比亚	大西洋				
		南非	大西洋				
		马达加斯加	印度洋				
		科摩罗	印度洋				
		毛里求斯	印度洋				
		留尼旺（法）	印度洋				
		圣赫勒拿（英）	大西洋				
大洋洲（14 个国家/10 个地区）		澳大利亚	印度洋、太平洋				
		新西兰	太平洋				
		巴布亚新几内亚	太平洋				
		所罗门群岛	太平洋				
		瓦努阿图	太平洋				
		密克罗尼西亚	太平洋				
		马绍尔群岛	太平洋				
		帕劳	太平洋				
		瑙鲁	太平洋				
		基里巴斯	太平洋				
		图瓦卢	太平洋				
		萨摩亚	太平洋				
		斐济群岛	太平洋				
		汤加	太平洋				
		库克群岛（新）	太平洋				
		关岛（美）	太平洋				
		新喀里多尼亚（法）	太平洋				

续表

洲	地区	国别	海区	单面临海	2 面临海	3 面临海	4 面临海
大洋洲（14 个国家/10 个地区）		法属波利尼西亚	太平洋				
		皮特凯恩岛（英）	太平洋				
		瓦利斯与富图纳（法）	太平洋				
		纽埃（新）	太平洋				
		托克劳（新）	太平洋				
		美属萨摩亚	太平洋				
		北马里亚纳（美）	太平洋				
北美洲（23 个国家/13 个地区）	北美	加拿大	太平洋、大西洋、巴芬湾				
		美国	太平洋、大西洋、阿拉斯加湾、波弗特海、白令海、墨西哥湾				
		墨西哥	太平洋、墨西哥湾				
		格陵兰（丹）	大西洋、巴芬湾				
	中美洲	危地马拉	太平洋				
		伯利兹	加勒比海				
		萨尔瓦多	太平洋				
		洪都拉斯	加勒比海				
		尼加拉瓜	加勒比海、太平洋				
		哥斯达黎加	人平洋				
		巴拿马	加勒比海、太平洋				
	加勒比海地区	巴哈马	大西洋、加勒比海				
		古巴	加勒比海				
		牙买加	加勒比海				
		海地	加勒比海				
		多米尼加共和国	加勒比海				

续表

洲	地区	国别	海区	单面临海	2 面临海	3 面临海	4 面临海
北美洲（23 个国家/13 个地区）	加勒比海地区	安提瓜和巴布达	加勒比海				
		圣基茨和尼维斯	加勒比海				
		多米尼克	加勒比海				
		圣卢西亚	加勒比海				
		圣文森特和格林纳丁斯	加勒比海				
		格林纳达	加勒比海				
		巴巴多斯	加勒比海、大西洋				
		特立尼达和多巴哥	加勒比海、大西洋				
		波多黎各（美）	加勒比海、大西洋				
		英属维尔京群岛	加勒比海				
		美属维尔京群岛	加勒比海				
		安圭拉（英）	加勒比海				
		蒙特塞拉特（英）	加勒比海				
		瓜德罗普(法)	加勒比海				
		马提尼克(法)	加勒比海				
		荷属安的列斯	加勒比海				
		阿鲁巴（荷）	加勒比海				
		特克斯和凯科斯群岛（英）	加勒比海				
		开曼群岛(英)	加勒比海				
		百慕大（英）	加勒比海				

续表

洲	地区	国别	海区	单面临海	2 面临海	3 面临海	4 面临海
南美洲（10 个国家/1 个地区）	北部	哥伦比亚	太平洋				
		委内瑞拉	加勒比海				
		圭亚那	大西洋				
		法属圭亚那	大西洋				
		苏里南	大西洋				
	中西部	厄瓜多尔	太平洋				
		秘鲁	太平洋				
	东部	巴西	大西洋				
	南部	智利	太平洋				
		阿根廷	大西洋				
		乌拉圭	大西洋				

附件十九

全球部分岛礁争端情况

<table>
<tr><th colspan="2">岛屿名称</th><th rowspan="2">面积（km^2）</th><th rowspan="2">位置</th><th rowspan="2">当事国</th><th rowspan="2">备注</th></tr>
<tr><th>英文名称</th><th>中文名称</th></tr>
<tr><td colspan="6">亚洲</td></tr>
<tr><td>Lower Kurile Islands</td><td>南千岛群岛（北方四岛）</td><td>4996</td><td>鄂霍次克海、西太平洋</td><td>俄罗斯 日本</td><td>战略位置、渔业资源</td></tr>
<tr><td>Liancourt Rocks</td><td>独岛（竹岛）</td><td>0. 187</td><td>日本海</td><td>韩国 日本</td><td>海域</td></tr>
<tr><td>Abu Musa Island</td><td>阿布穆萨岛</td><td>12</td><td rowspan="2">霍尔木兹海峡</td><td rowspan="2">伊朗 阿联酋</td><td rowspan="2">战略要地（霍尔木兹海峡）、石油</td></tr>
<tr><td>Greater and Lesser Tunbs</td><td>大小通布岛</td><td>12. 3</td></tr>
<tr><td>Socotra</td><td>索科特拉群岛</td><td>3625</td><td>阿拉伯海</td><td>也门 索马里</td><td>海域、战略要地</td></tr>
<tr><td>Imia</td><td>伊米亚岛</td><td>0 +①</td><td rowspan="2">爱琴海</td><td rowspan="2">希腊 土耳其</td><td>大陆架</td></tr>
<tr><td>Gavdos</td><td></td><td>0 +</td><td></td></tr>
<tr><td>al – Duwaima island</td><td></td><td>NA</td><td>红海</td><td>也门 沙特阿拉伯</td><td>战略要地</td></tr>
<tr><td>Kachatheevu</td><td></td><td>NA</td><td>保克海峡</td><td>印度 斯里兰卡</td><td>要地</td></tr>
<tr><td>Karang Unarang reef</td><td></td><td>NA</td><td>苏拉威西海</td><td>印度尼西亚 马来西亚</td><td>石油天然气</td></tr>
<tr><td>Khuriya Muriya Islands</td><td></td><td>73</td><td>阿拉伯海</td><td>阿曼 也门</td><td></td></tr>
<tr><td>Chagos Archipelago</td><td>查戈斯群岛</td><td>63. 17</td><td>印度洋中部</td><td>英国 毛里求斯 塞舌尔</td><td></td></tr>
<tr><td colspan="6">非　洲</td></tr>
<tr><td>Savage Islands</td><td></td><td>2. 73</td><td>北非西沿海</td><td>西班牙 葡萄牙</td><td>海域</td></tr>
</table>

① 表示面积极小。

续表

岛屿名称		面积（km^2）	位置	当事国	备注
英文名称	中文名称				
Perejil	佩雷西尔岛	0.15	地中海摩洛哥沿海	西班牙 摩洛哥	交通要道
Alboran island (Isla de Alboran)		NA			
Chafarinas Islands	查法里纳斯群岛	0.525			
Alhucemas Islands		0.046			
Mayotte	马约特岛	374	莫桑比克海峡北端入口处	法国 科摩罗	
Tromelin	特罗姆兰	0. 8	印度洋西部	法国 毛里求斯 马达加斯加	海域
mbane island		NA	几内亚湾	加蓬 赤道几内亚	石油
cocotiers island		NA			石油
congas island		NA			石油
Glorioso Islands	格罗里索群岛	5	莫桑比克海峡北端	法国 马达加斯加 塞舌尔 科摩罗	
Bassas da India	印度礁	0.2	莫桑比克海峡	法国 马达加斯加	
Europa Island	欧罗巴岛	28			
Juan de Nova Island	新胡安岛	4.4			
北美洲					
Sea Otter Rocks, Sea Lion Rock and Copper Island		186	白令海	美国 俄罗斯	
Hans Island	汉斯岛	1.3	中密斯海峡	加拿大 丹麦	交通要道
Machias Seal Island		0.08	缅因湾	美国 加拿大	海洋划界
North Rock		NA			
Conejo Island		NA	东太平洋，丰塞卡湾	洪都拉斯 萨尔瓦多	海洋划界
Bajo Nuevo Bank (Petrel Islands)	巴霍努埃沃礁	0+	加勒比海	哥伦比亚 美国 牙买加 尼加拉瓜 洪都拉斯	
Santa Barbara Islands		NA	东太平洋	美国 墨西哥	

续表

岛屿名称		面积（km^2）	位置	当事国	备注
英文名称	中文名称				
Sapodilla Cays		NA	加勒比海	伯利兹 危地马拉 洪都拉斯	海域
Serranilla Bank		0 +	加勒比海	美国 哥伦比亚 洪都拉斯 尼加拉瓜	
Navassa Island	纳瓦萨岛	5.2	加勒比海	美国 海地	战略位置
南美洲					
The Falkland Islands	福克兰群岛（马尔维纳斯群岛）	12173	南大西洋	英国 阿根廷	石油 天然气
South Georgia island	南乔治亚岛和南桑德韦奇群岛	3756	南大西洋	英国 阿根廷	渔业
South Sandwich islands	南桑德韦奇岛	310	南大西洋	英国 阿根廷	渔业
Aves Island	阿韦斯岛	0.018	加勒比海东部	多米尼加 委内瑞拉	
Los Monjes Archipelago		0.2	加勒比海	哥伦比亚 委内瑞拉	
Quita Sueño Bank	基塔苏埃尼奥浅滩	0 +	加勒比海	哥伦比亚 尼加拉瓜	海域
Archipelago of San Andres, Providencia and Santa Catalina	圣安德烈斯群岛、普罗维登西亚岛和圣卡特林那岛	52	加勒比海	哥伦比亚 尼加拉瓜	海域
欧洲					
Tuzla Island		0 +	刻赤海峡	乌克兰 俄罗斯	要地
rockall	罗卡尔岛	0 +	北大西洋	英国 冰岛 爱尔兰 丹麦	石油、渔业资源
大洋洲					
Swains Island		1.865	西南太平洋	美国 托克劳	
Wake Island		0.737	西太平洋	美国 马绍尔群岛	战略要地
Banaba Island		6.5	太平洋	基里巴斯 斐济	
Bougainville Island	不干维尔岛	10000	所罗门海	巴布亚新几内亚 所罗门群岛	铜矿
Matthew and Hunter Islands	马修岛和亨特岛	NA	南太平洋	法国 瓦努阿图	
Minerva Reefs		NA	南太平洋	汤加 斐济	

参考文献

[1] 陈颙，史培军编著．自然灾害．北京师范大学出版社，2007 年版，2007 年 9 月．

[2] 邓力群等编著．当代中国的海洋事业．北京：中国社会科学出版社 1985 年版．

[3] 冯士筰等主编．海洋科学导论．高等教育出版社，1999 年版，2006 年 6 月．

[4] 高之国，张海文主编．海洋国策研究文集．北京：海洋出版社，2007.

[5] 葛剑雄著．历史上的中国．上海锦绣文章出版社，2007 年版，2007 年 9 月．

[6] 勾红洋．低碳阴谋．山西经济出版社 2010 年版，2010 年 5 月．

[7] 郭琨编著．海洋手册．1984 年版，1984 年 3 月．

[8] 国家海洋局国际合作司等编．国际海洋组织议事规则选编．海洋出版社，2004 年版，2004 年 6 月．

[9] 国家海洋局政策法规办公室．中华人民共和国海洋法规选编．北京：海洋出版社，2001 年．

[10] 姜旭朝．中华人民共和国海洋经济史，经济科学出版社，2008 年．

[11] 梁二平著．谁在地球的另一边——从古代海图看世界．三联书店（香港）有限公司，2010 年 10 月香港第一版，2010 年 10 月．

[12] 刘刚著．古地图密码：1418 中国发现世界的玄机．联经出版事业股份有限公司，2010 年 11 月初版，2010 年 12 月，台北．

[13] 刘中民等，国际海洋环境制度导论，北京：海洋出版社，2007 年．

[14] 鹿守本．海洋管理通论．北京：海洋出版社，1997 年．

[15] 鹿守本著．海洋管理通论．北京：海洋出版社，1997 年．

[16] 罗钰如等．海洋与中华民族．北京：海军军事学术研究所，1991 年．

[17] 王琪等编著．海洋管理—从理念到制度．北京：海洋出版社，2007 年．

[18] 王曙光．论中国海洋管理．北京：海洋出版社，2004 年．

[19] 王铁崖．国际法．北京：法律出版社，1995 年．

[20] 魏敏主编．海洋法．法律出版社，1987 年版，1989 年 6 月．

[21] 星球地图出版社编．世界地图册，星球地图出版社，2002 年版，

[22] 徐质斌．中国海洋经济发展战略研究，广东经济出版社，2007 年．

[23] 杨金森，高之国编著．亚太地区的海洋政策．北京：海洋出版社 1990 年版．

[24] 杨金森，刘容子．海岸带管理指南—基本概念、分析方法、规划模式．北京：海洋出版社，1999 年．

[25] 杨金森．中国海洋战略研究文集．北京：海洋出版社，2006 年．

[26] 张海文等．联合国海洋法公约图解．北京：法律出版社，2010 年．

［27］ 张海文主编．联合国海洋法公约释义集．北京：海洋出版社，2006 年．
［28］ 张宏声主编．全国海洋功能区划概要．北京：海洋出版社，2003 年．
［29］ 张炜．国家海上安全．北京：海潮出版社，2008 年．
［30］ 郑贵斌．海洋经济集成战略．人民出版社，2008 年．
［31］ 中国科学院海洋领域战略研究组．中国至 2050 年海洋科技发展路线图．科学出版社，2010 年．
［32］ 中国自然资源丛书编撰委员会编著．中国自然资源丛书海洋卷．中国环境科学出版社，1995 年 3 月第 1 版，1995 年．
［33］ 中华人民共和国海岛保护法释义．北京：法律出版社，2010 年．
［34］ 周子亚．海洋法的形成和发展．吉林大学社会科学学报，1982 年第 3 期．
［35］ 朱听昌主编．中国周边安全环境与安全战略．北京：时事出版社，2002 年．
［36］ 总参谋部测绘局编制．世界地图集．星球地图出版社，2006 年 3 月第 3 版，2008 年 1 月．
［37］ 邹仁林．中国动物志，腔肠动物门，珊瑚虫纲，石珊瑚目，造礁石珊瑚．北京：科学出版社，2001.
［38］ 柏成寿．外来入侵物种管理与生扬多样性保护，环境保护，2002，8：21－23.
［39］ 崔胜辉，洪华生，黄云凤，薛雄志，生态安全研究进展，生态学报，2005，25（4）：861－868.
［40］ 戴昌凤．气候变迁，珊瑚白化与珊瑚礁的未来．全球变迁通讯杂志．2002（35）：25－33.
［41］ 丁德文，徐惠民，丁永生，张永刚，吕吉斌．关于“国家海洋生态环境安全”问题的思考．太平洋学报，2005，10：61－64.
［42］ 冯梁、张春．中国海上通道安全及其面临的挑战．国际问题论坛，2007 年秋季号（总第 48 期）．
［43］ 付保荣，惠秀娟，生态环境安全与管理．北京：化学工业出版社，2005 年．
［44］ 顾悦婷，孙波，陈丹红，姜梅．南极特别管理区现状分析与未来展望．极地研究，第 22 卷第 4 期，2010 年 12 月．
［45］ 关希，排他性的“海权论”可以休矣—析日本流行的“海洋国家战略”．日本学刊，2006 年第 4 期．
［46］ 管华诗，王曙光．海洋管理概论．青岛：中国海洋大学出版社 2003，第 7 页．
［47］ 环境保护部．2009 年中国环境状况公报．2010 年．
［48］ 江怀友等．世界海洋石油工业勘探现状与方法．石油知识 2008 年第 5 期．
［49］ 李景光、阎季惠．英国海洋事业的新篇章——谈 2009 年 < 英国海洋法 >．海洋开发与管理 2010 年第 2 期．
［50］ 李平日，方国祥等．海平面上升对珠江三角经济建设的可能影响及对策．地理学报．1993，48（6）：527－534.
［51］ 李文睿．当代海洋管理与中国海洋管理史研究．中国社会经济史研究 2007 年第 4 期．
［52］ 联合国开发计划署．2007/2008 年人类发展报告－应对气候变化：分化世界中的人类团结．2008 年．

[53] 粮食与农业组织：世界的红树林 1980－2005，2007 年.
[54] 林而达，许吟隆，蒋金荷等. 气候变化国家评估报告（II）：气候变化的影响与适应，气候变化研究进展. 2006，2（2）：51－56.
[55] 孟方. 聚焦欧盟. 中国船检，2006 年 9 月.
[56] 秘书长关于海洋和海洋法的报告 1999 年.
[57] 秘书长海洋和海洋法报告，A/65/69.
[58] 丘君，赵景柱等. 基于生态系统的海洋管理：原则、实践和建议. 海洋环境科学 2008 年第 1 期.
[59] 曲格平. 关注生态安全之一：生态环境问题已经成为国家安全的热门话题. 环境保护，2002，5：3－4.
[60] 全球环境基金. 科技咨询小组报告展望 GEF－5 及之后的新科技、新机遇. 2010 年 5 月.
[61] 唐启升. 大海洋生态系研究——一个新的海洋资源保护和管理概念及策略正在发展. 海洋科学，1991 年第 4 期.
[62] 王传远，贺世杰，李延太等. 中国海洋溢油污染现状及其生态影响研究. 海洋科学，2009，33（6）：57－60.
[63] 王根绪，程国栋，钱鞠，生态安全评价研究中的若干问题. 应用生态学报，2003；14（9）：1551－1556.
[64] 王建廷. 我国地方海洋立法技术分析. 海洋环境科学，第 28 卷第 1 期，2009 年 2 月.
[65] 我国启动新一轮沿海开发战略. 经济政策信息，2009 年第 19 期.
[66] 吴继陆. 海洋行政管理及其主要任务初探. 海洋发展战略研究动态，2008 年第 13 期.
[67] 吴险峰，韩鹏. 我国海洋环境保护国际合作现状与展望. 环境保护，2006 年 20 期.
[68] 夏东兴，刘振夏等. 海面上升对渤海湾西岸的影响与对策，海洋学报，1994，16（1）：61－67.
[69] 肖笃宁，陈文波，郭福良. 论生态安全的基本概念和研究内容. 应用生态学报，2002，23（3）：354－358.
[70] 杨桂山，施雅风. 中国沿岸海平面上升及影响研究的现状与问题. 地球科学进展，1995；10（5）：475－482.
[71] 于辉. 共同开发海洋矿物资源的国际法问题. 中国国际法年刊，中国对外翻译出版公司，1994 年.
[72] 于向东. 越南全面海洋战略的形成述略. 当代亚太 2008 年第 5 期.
[73] 张珞平，洪华生，陈伟琪，刘泓. 海洋环境安全：一种可持续发展的观点. 厦门大学学报（自然科学版）2004；43：254－257.
[74] 张乔民，余克服，施祺，赵美霞. 全球珊瑚礁监测与管理保护评述. 热带海洋学报，2006，25（2）：71－78.
[75] 赵美霞，余克服，张乔民. 珊瑚礁区的生物多样性及其生态功能. 生态学报 2006；26（1）：186－94.
[76] 政府间气候变化专门委员会第四次评估报告第一工作组的报告. 气候变化 2007：自然科学基

础，2007.

[77] 周鲁闽．厦门新一轮综合管理的理论与实践．厦门大学博士论文，2007 年 5 月．

[78] 周秋麟，杨圣云，陈宝红．我国海洋生物物种多样性研究．科技导报，2005，23（2）：12－16.

[79] 朱凤岚．亚太国家维护海洋权益的举措．中国社会科学院院报，2006 年 4 月 4 日．

[80] 朱季文，季子修等．海平面上升时长江三角及邻近地区的影响．地理科学，1994，14（2）：109－117.

[81] 朱进、王光厚．冷战后东盟一体化论析．北京科技大学学报（社会科学版），2009 年 3 月第 25 卷第 1 期．

[82] 【德】魏格纳．海陆的起源，李旭丹译．北京大学出版社，2006 年版，2008 年 10 月．

[83] 【加拿大】巴里·布赞．海底政治．时富鑫译，生活读书新知三联书店，1981 年版，1981 年 7 月．

[84] 【美】J·J·巴特．海洋学——探索世界海洋，1982 年．

[85] 【美】艾伦·韦斯曼．没有我们的世界，赵舒静译．上海科学技术文献出版社，2007 年版，2007 年 9 月．

[86] 【美】蕾切尔·卡森．海洋传，方淑惠、余佳玲译．译林出版社，2010 年版，2010 年 2 月．

[87] Bertrand Imbert. 向极地挑战，郝运译．上海世纪出版集团，2001 年版，2001 年 11 月．

[88] R·法菲尔德，南极的国际研究，国家海洋环境预报中心南极研究组译，海洋出版社，1989 年版，1989 年 10 月．

[89] 格温·戴尔．气候战争，冯斌译．中信出版社 2010 年版，2010 年 4 月．

[90] 威廉·恩道尔．石油战争，赵刚等译．知识产权出版社，2008 年版，2008 年 7 月．

[91] Benjamin S. Halpern, Shaun Walbridge, Kimberly A. Selkoe etc. A Global Map of Human Impact on Marine Ecosystems, Science, 2008, 319 (5865): 948－952.

[92] BeUwood D R, HtIshes T P, Folke C, et a1. Confronting the coral reef crisis. Nature, 2004, 429: 827—833.

[93] Food and Agriculture Organization of the United Nations, World Aquaculture Production by Inland and Marine Waters 2008, Yearbooks of Fishery Statistics Summary Tables, Rome, 2010.

[94] Harvell CD, Kim K, Burkholder JM, Colwell RR, Epstein PR, Grimes DJ, Hofmann EE, Lipp EK, Osterhaus A, Overstreet RM. Emerging Marine Diseases－－Climate Links and Anthropogenic Factors. Science 1999; 285 (5433): 1505－1510.

[95] Hoegh－Guldberg O. Climate change, coral bleaching and the future of the world's coral reefs. Marine & Freshwater Research 1999; 50 (8): 839－866.

[96] International Energy Agency Implementing Agreement on Ocean Energy Systems, OES－IA Annual Report, Portugal, 2009.

[97] International Energy Agency Implementing Agreement on Ocean Energy Systems, OES－IA Annual Report, Portugal, 2009.

[98] International Energy Agency, Key World Energy Statistics 2009, Paris, 2009.

[99] Joint Group of Experts on the Scientific Aspects of Marine Environmental Protection, A Sea of Troubles, 2001.

[100] Michelle Waycott, Carlos Duarte, Tim Carruthers, et. al. Accelerating loss of seagrasses across the globe threatens coastal ecosystems. Proceedings of the National Academy of Sciences, 2009, 106 (30): 12377 - 12381.

[101] Spalding M D, Corinna R, Green E P. World atlas of coral reefs. Berkeley and Los Angeles. London University of California Press, 2001.

[102] Tom Denniss, Tapping the Energy of Waves and Tides, 2009, Issue No. 64.

[103] UNCTAD , UNCTAD Handbook of Statistics 2010, United Nations, P. 319 - 328.

[104] UNCTAD, Review of Maritime Transport 2010.

[105] UNEP and IOC - UNESCO 2009, An Assessment of Assessments, Findings of the Group of Experts. Start - up Phase of a Regular Process for Global Reporting and Assessment of the State of the Marine Environment including Socio - economic Aspects. ISBN 978 - 92 - 807 - 2976 - 4, 2009.

[106] UNWTO, Tourism Highlights, 2010 Edition, United Nations World Tourism Organization, Facts and Figures section at www. unwto. org.

[107] Wilkinson, C. R. Global and local threats to coral reef functioning and existence: review and predictions. Marine Freshwater Research. 1999, 50: 867 - 878.